中国国家标准汇编

2008年修订-96

中国标准出版社　编

中国标准出版社
北京

图书在版编目（CIP）数据

中国国家标准汇编：2008 年修订．96/中国标准出版社编．—北京：中国标准出版社，2009

ISBN 978-7-5066-5567-5

Ⅰ.中…　Ⅱ.中…　Ⅲ.国家标准-汇编-中国-2008　Ⅳ.T-652.1

中国版本图书馆 CIP 数据核字（2009）第 198762 号

中国标准出版社出版发行
北京复兴门外三里河北街 16 号
邮政编码：100045

网址 www.spc.net.cn
电话：68523946　68517548
中国标准出版社秦皇岛印刷厂印刷
各地新华书店经销

*

开本 880×1230　1/16　印张 35.75　字数 1 084 千字
2009 年 12 月第一版　2009 年 12 月第一次印刷

*

定价 200.00 元

ISBN 978-7-5066-5567-5

出 版 说 明

1.《中国国家标准汇编》是一部大型综合性国家标准全集。自1983年起,按国家标准顺序号以精装本、平装本两种装帧形式陆续分册汇编出版。它在一定程度上反映了我国建国以来标准化事业发展的基本情况和主要成就,是各级标准化管理机构,工矿企事业单位,农林牧副渔系统,科研、设计、教学等部门必不可少的工具书。

2.《中国国家标准汇编》收入我国每年正式发布的全部国家标准,分为"制定"卷和"修订"卷两种编辑版本。

"制定"卷收入上年度我国发布的、新制定的国家标准,顺延前年度标准编号分成若干分册,封面和书脊上注明"20××年制定"字样及分册号,分册号一直连续。各分册中的标准是按照标准编号顺序连续排列的,如有标准顺序号缺号的,除特殊情况注明外,暂为空号。

"修订"卷收入上年度我国发布的、被修订的国家标准,视篇幅分设若干分册,但与"制定"卷分册号无关联,仅在封面和书脊上注明"20××年修订-1,-2,-3,……"字样。"修订"卷各分册中的标准,仍按标准编号顺序排列(但不连续);如有遗漏的,均在当年最后一分册中补齐。需提请读者注意的是,个别非顺延前年度标准编号的新制定的国家标准没有收入在"制定"卷中,而是收入在"修订"卷中。

读者配套购买《中国国家标准汇编》"制定"卷和"修订"卷则可收齐上一年度我国制定和修订的全部国家标准。

3. 由于读者需求的变化,自1996年起,《中国国家标准汇编》仅出版精装本。

4. 2008年制修订国家标准共5946项。本分册为"2008年修订-96",收入新制修订的国家标准22项。

中国标准出版社

2009年10月

目　　录

ICS 35.040
A 24

GB

中华人民共和国国家标准

GB/T 17295—2008
代替 GB/T 17295—1998

国际贸易计量单位代码

Codes for units of measure used in international trade

2008-06-18 发布　　　　2008-11-01 实施

中华人民共和国国家质量监督检验检疫总局
中国国家标准化管理委员会　发布

前　言

本标准参照联合国贸易促进与电子商务中心(UN/CEFACT)国际贸易程序简化工作组第20号建议的第4版《国际贸易计量单位代码》(CEFACT/ICG/2006/IC001)。

本标准与国际标准的主要差异在于：

——根据GB/T 1.1—2000对国际标准结构进行了微调；

——删除国际标准附录的代码表说明部分，将部分内容综合补充到修订标准的第4、5章中；

——代码表结构沿用GB/T 17295—1998《国际贸易用计量单位代码》，综合国际标准附录Ⅰ、Ⅱ和Ⅲ形成修订标准的附录A的表A.1和表A.2，并按计量单位英文名称和通用代码分别对附录A排序，形成附录B和附录C。

本标准代替GB/T 17295—1998《国际贸易用计量单位代码》。

本标准与GB/T 17295—1998的主要差异包括：

——增加了引言部分；

——根据国际标准的第9、10章对GB/T 17295—1998的第4、5、6章内容进行了综合、补充和完善，形成本标准的第4、5、6章；

——根据国际标准的附录Ⅱ、附录Ⅲ对GB/T 17295—1998的代码表进行了增补、修改和完善，计量单位从1095个增至1189个，其中新增95个计量单位，修改35个计量单位的中文名称，增加364个计量单位的描述信息，并重新编制计量单位的交叉引用号。

本标准的附录A是规范性附录，附录B和附录C是资料性附录。

本标准由中国标准化研究院提出。

本标准由全国电子业务标准化技术委员会归口。

本标准的主要起草单位：中国标准化研究院、成都市标准化所。

本标准的主要起草人：马胜男、林希、任冠华、章建方、胡涵景、孙文峰、徐成华、罗军。

本标准于1998年第一次发布。

引　言

在国际贸易中，应当明确使用计量单位，这样不但便于商业合同的履行，而且也便于国际贸易程序法律法规的应用。

国际计量局(BIPM)于1875年在法国色佛尔成立。在第一次国际计量大会上，国际计量局签署了国际米制公约。国际计量局的双语(英语和法语)网址为 http://www.bipm.fr。

国际单位制(International System of Units，简称SI(参见上述BIPM网址))于1960年举行的第11届国际计量大会上被采纳为国际标准。

上述工作和其他相关国际活动(即利用标准化计量方法的通用规则来统一计量单位并确保结果具有可比性的国际活动)的目的是促进贸易参与方间的相互理解，改善海关结关条件，并确保国际贸易和运输统计的可比性。

联合国通过联合国贸易促进与电子商务中心(UN/CEFACT)致力于支持改善发达国家、发展中国家以及经济转型国家的商业、贸易和行政机构进行有效交换产品和相关服务的能力。其关键在于通过对程序和信息流的简化和协调来促进国际贸易。

UN/CEFACT的工作计划强调研制本建议的目的是简化和协调目前国际交易中的惯例和过程。因此，UN/CEFACT的信息内容管理组(Information Content Management Group，简称ICG)的作用是确保代码集和代码结构的质量、实用性和有效性，以便UN/CEFACT管理并维护与代码相关的联合国欧洲经济委员会(UN/ECE)的建议。

UN/CEFACT在2005年3月举行的全会上，将UN/ECE第20号建议第4版(CEFACT/ICG/2006/IC001)的代码表附录替代了UN/ECE第20号建议第3版(TRADE/CEFACT/2005)的代码表附录。

本标准的目的是：

——易于通信的标准化；

——通过比较，明确和简化计量单位的使用；

——满足实际用户的需要；

——易于代码维护。

因此，本标准给出了在行政、商业、运输、科学和技术中广泛使用的计量单位代码表。

本标准所列的计量单位为用户提供了国际或地区贸易中正在使用的物理量的表示方法。所收录的计量单位中不包括地址量或非物理量的计量单位，也不包括曾经使用但现在不常用的计量单位。

国际贸易计量单位代码

1 范围

本标准规定了表示行政、商业和运输业等领域中使用的长度、质量(重量)、体积和其他量(包括计数单位)的计量单位代码。

本标准适用于国际贸易和其他经济、科学技术活动的参与方之间进行人工和自动信息交换。

本标准不影响国际贸易各方间使用本标准附录中未包括、而在国际公约或协议中进行了规定的其他代码。

2 规范性引用文件

下列文件中的条款通过本标准的引用而成为本标准的条款。凡是注日期的引用文件,其随后所有的修改单(不包括勘误的内容)或修订版均不适用于本标准,然而,鼓励根据本标准达成协议的各方研究是否可使用这些文件的最新版本。凡是不注日期的引用文件,其最新版本适用于本标准。

GB 3100—1993 国际单位制及其应用(eqv ISO 1000:1992)

GB 3101 有关量、单位和符号的一般原则(GB 3101—1993,eqv ISO 31-0:1992)

GB 3102(所有部分) 量和单位[GB 3102—1993,eqv ISO 31(除 31-0 外的其他部分):1992]

GB/T 16472—1996 货物类型、包装类型和包装材料类型代码(eqv UN/ECE 21)

ANSI ASC X12 Data Element Number 355—Unit or basis for measurement code

3 术语和定义

下列术语和定义适用于本标准。

计量单位 unit of measure

根据约定而定义和采用的特定量。其他同类的量与之进行比较,可以得出其相对于该特定量的大小(量级)。

4 代码表收录原则

4.1 本标准给出了用于信息交换的计量单位代码表。日常贸易中电子数据交换量的不断增加促进了此类代码的制定。对于在电子数据交换(EDI)中使用联合国贸易单证系统(基于联合国贸易单证样式),或使用联合国贸易数据元目录和/或联合国贸易数据交换目录的企业,代码表是另一种保持贸易术语一致的国际通用工具,其目的是使国际贸易的实施更加清晰和简便。

4.2 为了保障国际范围内计量单位协调统一的需求,将此代码表分为三级:

1 级(标准级):用 SI 表示的 GB 3102 中的计量单位。其中包括 GB 3100～3102 中的有关单位的前缀加 SI 词头。

2 级(等效标准级):可与 SI 单位进行换算的计量单位。

3 级(信息级):不适宜放入 1 级和 2 级中,但为了满足用户的需求而收录的计量单位。包括:

——国际上广泛使用的计量单位;

——在有广泛国际影响的地区级使用的计量单位;

——仅在地区使用的计量单位。

计量单位标准化分级的整体结构如图 1 所示。

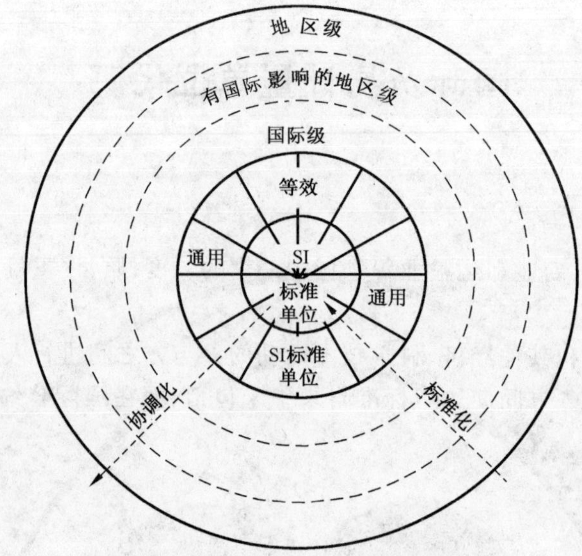

图 1 计量单位标准化分级图

4.3 代码表的收录原则为：

——只收录加 SI 词头构成的单位，例如由兆(mega，M)、吉[咖](giga，G)构成的标准倍数的计量单位；

——非标准倍数的计量单位不能作为独立计量单位给出代码，例如由 10 M、100 M 构成的计量单位；

——数值不是计量单位，例如 10、25，不给出代码形式。

5 代码结构和表示法

5.1 本标准对 SI 单位、英制单位和其他计量单位的名称进行了规范，并将其作为计量单位的标记符号。当要求使用计量单位名称的缩写时，与对外贸易相关的法律法规通常强制要求使用这些标记符号。

5.2 本标准中单位名称、单位符号和中文符号的书写符合 GB 3100 的规定。

除了根据固有名称确定的计量单位名称需要首字母大写以外，计量单位标记符号通常应是小写字母。例如：

米	m	metre
秒	s	second
安[培]	A	ampere
韦[伯]	Wb	weber

5.3 通用代码编制原则：

通用代码的代码值应以不定长的 3 个字母数字(an..3)表示，而且代码赋值的优先顺序应依照下述原则进行：

——计量单位的字母代码值优先选用 UN/ECE 第 20 号建议第 1 版(1985 年版)；

——计量单位的字母数字代码值优先选用美国国家标准学会标准数据元 355(ANSI ASC X12 T-355)；

注：当 UN/ECE 第 20 号建议第 1 版的代码值和美国国家标准学会标准数据元 355 的代码值同时表示一个计量单位时，则只保留 UN/ECE 第 20 号建议第 1 版中的代码值。

——计量单位的代码值应按照“字母-数字-数字(ann)”格式给出顺序编码，其值为 A01～Z99。

6 代码表的构成及说明

6.1 代码表组成部分

代码表包括三个部分：

附录 A（规范性附录） 按计量单位的量和信息排列的代码表；

附录 B（资料性附录） 按计量单位的英文名称排列的代码表；

附录 C（资料性附录） 按计量单位的通用代码排列的代码表。

6.2 代码表属性

6.2.1 状态标识

指出某个计量单位的维护状态。其具体取值说明如下：

——加号（+）：新增条目，指出代码表中新增的计量单位。

——井号（#）：变更名称，指出代码表中名称进行了变更的计量单位。

——竖线（|）：变更特性，指出代码表中对除名称外的其他信息进行了变更的计量单位，例如级/类别信息变更。

——字母 D(D)：不赞成使用，指出国际计量局不赞成使用的计量单位。

——字母 X(X)：标记为已删除，指出本代码表保留的、但被标记为已删除的计量单位。在适当的时候，这些计量单位可以通过维护程序进行恢复。

——等号（=）：恢复条目，在本代码表中恢复的、曾被标记为已删除的计量单位。

6.2.2 量

计量物理现象的名称。

——1 级和 2 级（SI 单位或 SI 等效单位）中的计量单位，与特定类相关的物理现象是按照给出 GB 3101和 GB 3102 中相关部分名称的标题列出的；

——3 级中的计量单位按照 6.2.3.3 中的定义被划分为 9 类。

在大多数情况下，每个量只给出一个名称，当一个量给出两个以上的名称而未加以区别时，则它们处于同等的地位。

6.2.3 级/类别

计量单位标准级或信息级的标识。

6.2.3.1 1 级：标准级，即 SI 标准单位、标准及常用倍数单位。

注：标准倍数单位表示为“S”，常用倍数单位表示为“M”，例如“1 米”、“1S 厘米”、“1M 百米”。

6.2.3.2 2 级：等效标准级，即与 SI 等效的标准单位（英制、美制等）和常用倍数单位。

6.2.3.3 3 级：信息级，即如图 2 所示的 9 类信息级计量单位（计数单位和其他各种单位），其中多数没有与 SI 单位的换算因子。这些计量单位用于给出信息，并促进对这些计量单位通用代码的赋值和使用：

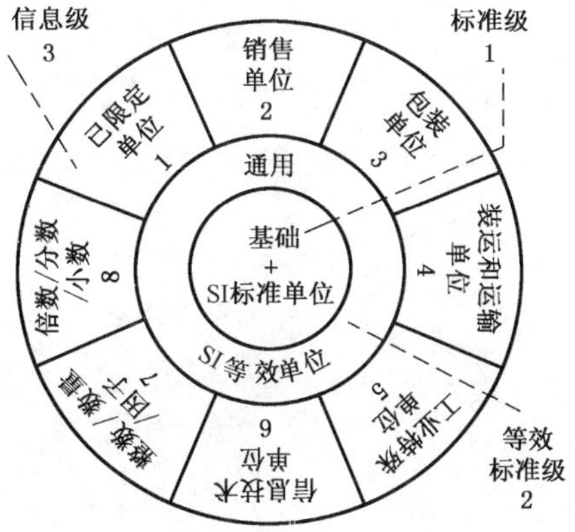

图 2 计量单位级/类别框架组成

——3.1 1级和2级中已限定的基准单位；

——3.2 销售单位；

——3.3 包装单位；

——3.4 装运和运输单位；

——3.5 工业特殊单位(各种)；

——3.6 信息技术单位；

——3.7 整数/数量/因子；

——3.8 倍数/分数/小数；

——3.9 杂类。

6.2.4 单位名称

计量单位的名称，包括中文名称和英文名称。

计量单位中文名称的命名基本符合 GB 3100—1993 中第5章的规定。

有些计量单位的中文名称中带有圆括号，该圆括号中的名称是它前面名称的同义词(表示英制、美制或说明性文字除外)。

有些计量单位的中文名称中带有方括号，保留方括号中的字为全称，省略方括号中的字即为简称。在不致引起混淆、误解的情况下，方括号中的字可以省略。

6.2.5 说明

计量单位的文字说明。这些说明文本应是逐渐被添加到代码表中现有的单位条目，如果可能，应指出该说明文本的来源。代码表中没有 SI 单位换算因子的所有新单位条目应有说明文本。具有 SI 单位换算因子的单位条目可以有说明文本，也可以没有。

6.2.6 SI 单位换算因子

如果有必要，则可将其他单位转换为等效的 SI 单位。此列中的数值如果是准确的，则在数值后面加注"(准确值)"字样。

6.2.7 表示符号

表示计量单位的符号。本标准中所用符号均为国际通用符号。

6.2.8 通用代码

通用代码是本标准推荐的标准代码。

6.2.9 交叉引用号

用于在附录 A、附录 B 和附录 C 的代码表中进行检索的顺序号。

附录 A 的代码表中在"交叉引用号"栏内标有"*"的计量单位为 GB 3102 中规定的我国法定计量单位，其中的量的名称、计量单位的名称和符号均与 GB 3102 一致(公顷的符号采用国际符号 ha)。

6.3 代码表组成说明

本标准使用三个附录列出代码表。

6.3.1 按计量单位的量和信息排列的代码表

附录 A 为规范性附录，仅包括1级和2级单位条目。附录 A 中的表 A.1 和表 A.2 所设栏目包括：

——量；

——级/类别；

——状态标识；

——单位名称；

——换算因子；

——表示符号；

——描述；

——通用代码；

——交叉引用号。

其中表 A.1 是按计量单位的量排列的代码表，表 A.2 是按计量单位的信息排列的代码表。

6.3.2 按计量单位的英文名称排列的代码表

附录 B 为资料性附录，包括 1 级、2 级和 3 级单位条目。附录 B 中的表 B.1 所设栏目包括：

——单位名称；

——表示符号；

——通用代码；

——级/类别；

——状态标识；

——交叉引用号。

表 B.1 是按计量单位的英文名称排列的代码表。其中各栏目中的内容均与附录 A 相应栏目的内容一致。

6.3.3 按计量单位的通用代码排列的代码表

附录 C 为资料性附录，包括 1 级、2 级和 3 级单位条目。附录 C 中的表 C.1 所设栏目包括：

——通用代码；

——单位名称；

——级/类别；

——状态标识；

——现有代码；

——交叉引用号。

表 C.1 是按计量单位的通用代码排列的代码表。其中现有代码一栏设有 4 部分内容：

——UN/ECE 第 20 号建议第 1 版的 3 数字代码；

——UN/ECE 第 20 号建议第 1 版的 3 字母代码；

——GB/T 16472—1996 的 2 字母/数字代码；

——美国国家标准学会标准数据元 355(ANSI ASC X12 T-355)的 2 字母数字代码。

7 维护规则

7.1 本标准中所提供的计量单位代码表旨在易于维护、协调和简化。

7.2 如果从代码表中删除计量单位时，则为其指定的通用代码将不再分配给其他计量单位。

附 录 A
（规范性附录）
按计量单位的量和信息排列的代码表

表 A.1 按计量单位的量排列的代码表

量		级/类别	状态标识	单位名称		换算因子	表示符号	描述	通用代码	交叉引用号
中文名称	英文名称			中文名称	英文名称					
空间和时间 SPACE AND TIME										
[平面]角	angle(plane)	1		弧度	radian	$m \times m^{-1} = 1$	rad		C81	1 *
		1S		毫弧度	milliradian	10^{-3} rad（准确值）	mrad		C25	2
		1S		微弧度	microradian	10^{-6} rad（准确值）	μrad		B97	3
		1	|	[角]度	degree[unit of angle]	$1.745\ 329 \times 10^{-2}$ rad	°		DD	4 *
		1		[角]分	minute[unit of angle]	$2.908\ 882 \times 10^{-4}$ rad	′		D61	5 *
		1		[角]秒	second[unit of angle]	$4.848\ 137 \times 10^{-6}$ rad	″		D62	6 *
		2	D	冈	grade	同 gon			A91	7 *
		2		冈	gon	$1.570\ 796 \times 10^{-2}$ rad	gon		A91	8 *
立体角	solid angle	1		球面度	steradian	$m^2 \times m^{-2} = 1$	sr		D27	9 *
长度 宽度 高度 厚度 半径 曲率半径 笛卡尔坐标 直径 程长 距离	length breadth height thickness radius radius of curvature cartesian coordinates diameter length of path distance	1		米	metre	m	m		MTR	10 *
		1M		分米	decimetre	10^{-1} m（准确值）	dm		DMT	11
		1S		厘米	centimetre	10^{-2} m（准确值）	cm		CMT	12
		1S		微米	micrometre (micron)	10^{-6} m（准确值）	μm		4H	13
		1S		毫米	millimetre	10^{-3} m（准确值）	mm		MMT	14
		1M		百米	hectometre	10^2 m（准确值）	hm		HMT	15
		1S	X	千米（公里）	kilometre	10^3 m（准确值）	km		KTM	16
		1S		千米（公里）	kilometre	10^3 m（准确值）	km		KMT	17
		1S		纳[诺]米	nanometre	10^{-9} m（准确值）	nm		C45	18
		1S		皮[可]米	picometre	10^{-12} m（准确值）	pm		C52	19
		1S		飞[母托]米	femtometre	10^{-15} m（准确值）	fm		A71	20
		1M		十米	decametre	10 m（准确值）	dam		A45	21
		1		海里	nautical mile	1 852 m（准确值）	n mile		NMI	22 *
		1		埃	angstrom	10^{-10} m（准确值）	Å		A11	23
		1		天文单位	astronomical unit	$1.495\ 978\ 70 \times 10^{11}$ m	AU		A12	24
		1		秒差距	parsec	$3.085\ 678 \times 10^{16}$ m	pc		C63	25
		2		英寻	fathom	1.828 8 m（准确值）	fth		AK	26
		2		测绘链	chain	20.116 8 m	ch		X1	27
		2		英寸	inch	25.4×10^{-3} m（准确值）	in		INH	28
		2		微英寸	micro-inch	25.4×10^{-9} m（准确值）	μin		M7	29
		2		英尺	foot	0.304 8 m（准确值）	ft		FOT	30
		2		码	yard	0.914 4 m（准确值）	yd		YRD	31

表 A.1（续）

量		级/类别	状态标识	单位名称		换算因子	表示符号	描述	通用代码	交叉引用号
中文名称	英文名称			中文名称	英文名称					
		2		微英寸	micro-inch	25.4×10^{-9} m（准确值）	μin		M7	29
		2		英尺	foot	0.304 8 m（准确值）	ft		FOT	30
		2		码	yard	0.914 4 m（准确值）	yd		YRD	31
		2		英里	mile（statute mile）	1 609.344 m（准确值）	mile		SMI	32
		2		毫英寸	milli-inch	25.4×10^{-6} m（准确值）	mil		77	33
		2		光年	light year	$9.460\ 53\times10^{15}$ m	l·y.		B57	34
面积	area	1		平方米	square metre	m^2	m^2		MTK	35 *
		1S	|	平方千米	square kilometre	10^6 m^2（准确值）	km^2		KMK	36
		1		公亩	are	10^2 m^2（准确值）	à		ARE	37
		1M		十公亩	decare	10^3 m^2（准确值）	daa		DAA	38
		1S		公顷	hectare	10^4 m^2（准确值）	ha		HAR	39 *
		1S		平方厘米	square centimetre	10^{-4} m^2（准确值）	cm^2		CMK	40
		1S		平方分米	square decimetre	10^{-2} m^2（准确值）	dm^2		DMK	41
		1S		平方毫米	square millimetre	10^{-6} m^2（准确值）	mm^2		MMK	42
		2		平方英寸	square inch	$6.451\ 6\times10^{-4}$ m^2（准确值）	in^2		INK	43
		2		平方英尺	square foot	$9.290\ 304\times10^{-2}$ m^2（准确值）	ft^2		FTK	44
		2	|	平方码	square yard	$8.361\ 274\times10^{-1}$ m^2（准确值）	yd^2		YDK	45
		2		平方英里	square mile	2.589 988 km^2	$mile^2$		MIK	46
		2		英亩	acre	4 046.856 m^2	acre		ACR	47
体积	volume	1		立方米	cubic metre	m^3	m^3		MTQ	48 *
		1M		兆升	mega litre	10^3 m^3（准确值）	Ml		MAL	49
		1		升	litre	10^{-3} m^3（准确值）	l		LTR	50 *
		1S	|	立方毫米	cubic millimetre	10^{-9} m^3（准确值）	mm^3		MMQ	51
		1S	|	立方厘米	cubic centimetre	10^{-6} m^3（准确值）	cm^3		CMQ	52
		1S	|	立方分米	cubic decimetre	10^{-3} m^3（准确值）	dm^3		DMQ	53
		1S		毫升	millilitre	10^{-6} m^3（准确值）	ml		MLT	54

表 A.1（续）

量		级/类别	状态标识	单位名称		换算因子	表示符号	描述	通用代码	交叉引用号
中文名称	英文名称			中文名称	英文名称					
体积	volume	1S	|	百升	hectolitre	10^{-1} m^3（准确值）	hl		HLT	55
		1S		厘升	centilitre	10^{-5} m^3（准确值）	cl		CLT	56
		1M		分升	decilitre	10^{-4} m^3（准确值）	dl		DLT	57
		1M		微升	microlitre	10^{-9} m^3（准确值）	μl		4G	58
		1M		千升	kilolitre	m^3	kl		K6	59
		1M		十升	decalitre	10^{-2} m^3（准确值）	dal		A44	60
		2		标准立方英尺	standard cubic foot	4.672 m^3（准确值）	std		5I	61
		2		立方英寸	cubic inch	16.387 064× 10^{-6} m^3（准确值）	in^3		INQ	62
		2		立方英尺	cubic foot	2.831 685× 10^{-2} m^3（准确值）	ft^3		FTQ	63
		2		立方码	cubic yard	0.764 555 m^3	yd^3		YDQ	64
		2		加仑（英）	gallon(UK)	4.546 092× 10^{-3} m^3（准确值）	gal(UK)		GLI	65
		2		加仑（美）	gallon(US)	3.785 412× 10^{-3} m^3（准确值）	gal (US)		GLL	66
		2		品脱（美）	pint(US)	4.731 76× 10^{-4} m^3（准确值）	pt(US)		PT	67
		2		品脱（英）	pint(UK)	5.682 61× 10^{-4} m^3（准确值）	pt(UK)		PTI	68
		2		夸脱（英）	quart (UK)	1.136 522 5× 10^{-3} m^3	qt(UK)		QTI	69
		2		液品脱（美）	liquid pint (US)	0.473 176 5 dm^3	liq pt(US)		PTL	70
		2		液夸脱（美）	liquid quart (US)	0.946 353 dm^3	liq qt(US)		QTL	71
		2		干品脱（美）	dry pint (US)	5.506 105× 10^{-4} m^3	dry pt(US)		PTD	72
		2		液盎司（英）	fluid ounce (UK)	2.841 306× 10^{-5} m^3	fl oz(UK)		OZI	73
		2		夸脱（美）	quart(US)	0.946 352 9× 10^{-3} m^3	qt(US)		QT	74
		2		液盎司（美）	fluid ounce (US)	2.957 353× 10^{-5} m^3	fl oz(US)		OZA	75
		2		蒲式耳（英）	bushel (UK)	3.636 872× 10^{-2} m^3	bushel(UK)		BUI	76
		2		蒲式耳（美）	bushel(US)	3.523 907× 10^{-2} m^3	bu(US)		BUA	77

表 A.1（续）

量		级/类别	状态标识	单位名称		换算因子	表示符号	描述	通用代码	交叉引用号
中文名称	英文名称			中文名称	英文名称					
体积	volume	2	|	桶(美)	barrel(US)	158.987 3×10^{-3} m^3	barrel(US)		BLL	78
		2		干桶(美)	dry barrel (US)	1.156 27×10^{-1} m^3	bbl(US)		BLD	79
		2		干加仑(美)	dry gallon (US)	4.404 884×10^{-3} m^3	dry gal(US)		GLD	80
		2		干夸脱(美)	dry quart (US)	1.101 221×10^{-3} m^3	dry qt(US)		QTD	81
时间	time	1		秒(时间单位)	second[unit of time]	s	s		SEC	82 *
		1		分	minute[unit of time]	60 s(准确值)	min		MIN	83 *
		1		[小]时	hour	3 600 s(准确值)	h		HUR	84 *
		1		日(天)	day	86 400 s(准确值)	d		DAY	85 *
		1S		千秒	kilosecond	10^3 s(准确值)	ks		B52	86
		1S		毫秒	millisecond	10^{-3} s(准确值)	ms		C26	87
		1S		微秒	microsecond	10^{-6} s(准确值)	μs		B98	88
		1S		纳[诺]秒	nanosecond	10^{-9} s(准确值)	ns		C47	89
		2	|	星期(周)	week	6.048×10^5 s(准确值)	wk		WEE	90
		2	|	月	month	2.629 746×10^6 s	mo		MON	91
		2		年	year	3.155 76×10^7 s	a		ANN	92
		2	|	回归年	tropical year	3.155 692 6×10^7 s	atrop		D42	93
角速度	angular velocity	1	|	弧度每秒	radian per second	l/s	rad/s		2A	94 *
角加速度	angular acceleration	1	|	弧度每二次方秒	radian per second squared	l/s^2	rad/s^2		2B	95 *
速度 相速度 群速度	velocity phase velocity group velocity	1		米每秒	metre per second	m/s	m/s		MTS	96 *
		1S		千米每[小]时	kilometre per hour	0.277 778 m/s	km/h		KMH	97 *
		1S		毫米每秒	millimetre per second	10^{-3} m/s(准确值)	mm/s		C16	98
		1S		厘米每秒	centimetre per second	10^{-2} m/s(准确值)	cm/s		2M	99
		1M		米每分	metre per minute	0.016 666 m/s	m/min		2X	100
		1		节	knot	0.514 444 m/s	kn		KNT	101 *
		2		英尺每分	foot per minute	5.08×10^{-3} m/s	ft/min		FR	102

表 A.1（续）

量		级/类别	状态标识	单位名称		换算因子	表示符号	描述	通用代码	交叉引用号
中文名称	英文名称			中文名称	英文名称					
速度 相速度 群速度	velocity phase velocity group velocity	2	X	英寸每秒（振动）	inch per second (vibration)		in/s		IU	103
		2		英寸每秒（线速度）	inch per second	0.025 4 m/s	in/s		IU	104
		2		英尺每秒	foot per second	0.304 8 m/s（准确值）	ft/s		FS	105
		2		英里每[小]时	mile per hour	0.447 04 m/s（准确值）	mile/h		HM	106
加速度 自由落体加速度 重力加速度	acceleration acceleration of free fall acceleration due to gravity	1		米每二次方秒	metre per second squared	m/s^2	m/s^2		MSK	107 *
		1S		伽	gal	10^{-2} m/s^2（准确值）	Gal		A76	108
		1M		毫伽	milligal	10^{-5} m/s^2（准确值）	mGal		C11	109
		2		英尺每二次方秒	foot per second squared	0.304 8 m/s^2（准确值）	ft/s^2		A73	110
		2	X	英寸每二次方秒（加速度）	inch per second squared (acceleration)	0.025 4 m/s^2（准确值）	in/s^2		Ⅳ	111
		2		英寸每二次方秒	inch per second squared	0.025 4 m/s^2（准确值）	in/s^2		Ⅳ	112
曲率	curvature	1		每米	reciprocal metre	m^{-1}	m^{-1}		C92	113 *
周期及其有关现象 PERIODIC AND RELATED PHENOMENA										
频率	frequency	1		赫[兹]	hertz	Hz	Hz		HTZ	114 *
		1S		千赫[兹]	kilohertz	10^3 Hz(准确值)	kHz		KHZ	115
		1S		兆赫[兹]	megahertz	10^6 Hz(准确值)	MHz		MHZ	116
		1S		太[拉]赫[兹]	terahertz	10^{12} Hz(准确值)	THz		D29	117
		1S		吉[咖]赫[兹]	gigahertz	10^9 Hz(准确值)	GHz		A86	118
旋转频率	rotational frequency	1		每秒	reciprocal second	s^{-1}	s^{-1}		C97	119 *
		1	|	转每秒	revolutions per second	1/s	r/s		RPS	120 *
		1	|	转每分	revolutions per minute	1.67×10^{-2}/s	r/min		RPM	121 *
		1S	|	每分	reciprocal minute	1.666 667×10^{-2} s	min^{-1}		C94	122

表 A.1（续）

量		级/类别	状态标识	单位名称		换算因子	表示符号	描述	通用代码	交叉引用号
中文名称	英文名称			中文名称	英文名称					
角频率	angular frequency, pulsatance	1	|	弧度每秒	radian per second	1/s	rad/s		2A	123 *
		1		每秒	reciprocal second	s^{-1}	s^{-1}		C97	124 *
波长	wavelength	1		米	metre	m	m		MTR	125 *
		1		埃	angstrom	10^{-10} m(准确值)	Å		A11	126 *
波数 衰减系数 相位系数 传播系数	wave number attenuation coefficient phase coefficient propagation coefficient repetency	1		每米	reciprocal metre	m^{-1}	m^{-1}		C92	127 *
场[量]级	level of a field quantity	1		奈培	neper	Np	Np		C50	128 *
功率[量]级	level of a power quantity	1		分贝	decibel	0.115 129 3 Np	dB		2N	129 *
阻尼系数	damping coefficient	1		每秒	reciprocal second	s^{-1}	s^{-1}		C97	130 *
		1		奈培每秒	neper per second	Np/s	Np/s		C51	131 *
对数减缩	logarithmic decrement	1		奈培	neper	Np	Np		C50	132 *
力学　MECHANICS										
质量（重量）	mass	1S		微克	microgram	10^{-9} kg（准确值）	μg		MC	133
		1M		十克	decagram	10^{-2} kg（准确值）	dag		DJ	134
		1M		分克	decigram	10^{-4} kg（准确值）	dg		DG	135
		1		千克（公斤）	kilogram	kg	kg	质量单位，等于一千克	KGM	136 *
		1S		克	gram	10^{-3} kg（准确值）	g		GRM	137
		1M		厘克	centigram	10^{-5} kg（准确值）	cg		CGM	138
		1S		吨（米制吨）	tonne (metric ton)	10^{3} kg(准确值)	t		TNE	139 *
		1M		分吨	decitonne	10^{2} kg(准确值)	dt 或 dtn		DTN	140
		1S		毫克	milligram	10^{-6} kg(准确值)	mg		MGM	141

表 A.1（续）

量		级/类别	状态标识	单位名称		换算因子	表示符号	描述	通用代码	交叉引用号
中文名称	英文名称			中文名称	英文名称					
质量（重量）	mass	1M	|	百克	hectogram	10^{-1} kg（准确值）	hg		HGM	142
		1M		千吨	kilotonne	10^{6} kg（准确值）	kt		KTN	143
		1S		兆克	megagram	10^{3} kg（准确值）	Mg		2U	144
		2		磅	pound	0.453 592 37 kg（准确值）	lb		LBR	145
		2		格令	grain	64.798 91×10^{-6} kg（准确值）	gr		GRN	146
		2		盎司（常衡）	ounce	2.834 952×10^{-2} kg	oz		ONZ	147
		2		英担（英）	hundred weight(UK)	50.802 35 kg	cwt（UK）		CWI	148
		2		担（美）	hundred pounds (cwt)/hundred weight(US)	45.359 2 kg（准确值）	cwt(US)		CWA	149
		2		吨（英）或长吨（美）	ton（UK）or long ton(US)	1.016 047×10^{3} kg	ton(UK)		LTN	150
		2		石（英）	stone(UK)	6.350 293 kg	st		STI	151
		2		吨（美）或短吨（英/美）	ton（US）or short ton (UK/US)	0.907 184 7×10^{3} kg	ton(US)		STN	152
		2		金衡盎司或药衡盎司	troy ounce or apothecary ounce	31.103 476 8 g（准确值）	tr oz		APZ	153
密度 质量［密度］ 体积质量	density mass density volumic mass	1		千克每立方米	kilogram per cubic metre	kg/m³	kg/m³	质量单位，以千克表示的一立方米体积内的物质	KMQ	154 *
		1S		克每立方厘米	gram per cubic centimetre	10^{3} kg/m³（准确值）	g/cm³		23	155
		1S		吨每立方米	tonne per cubic metre	10^{3} kg/m³（准确值）	t/m³		D41	156 *
		1S		克每毫升	gram per millilitre	10^{3} kg/m³（准确值）	g/ml		GJ	157
		1S		千克每升	kilogram per litre	10^{3} kg/m³（准确值）	kg/l 或 kg/L		B35	158 *
		1S		克每升	gram per litre	kg/m³	g/l		GL	159
		1M		克每立方米	gram per cubic metre	10^{-3} kg/m³（准确值）	g/m³		A93	160
		1M		毫克每立方米	milligram per cubic metre	10^{-6} kg/m³（准确值）	mg/m³		GP	161

表 A.1（续）

量		级/类别	状态标识	单位名称		换算因子	表示符号	描述	通用代码	交叉引用号
中文名称	英文名称			中文名称	英文名称					
密度 质量［密度］ 体积质量	density mass density volumic mass	1S		兆克每立方米	megagram per cubic metre	10^3 kg/m^3（准确值）	Mg/m^3		B72	162
		1S		千克每立方分米	kilogram per cubic decimetre	10^3 kg/m^3（准确值）	kg/dm^3		B34	163
		1M		毫克每升	milligram per litre	10^{-3} kg/m^3（准确值）	mg/l		M1	164
		1M		微克每立方米	microgram per cubic metre	10^{-9} kg/m^3（准确值）	μg/m^3		GQ	165
		2	|	磅每立方英尺	pound per cubic foot	1.601 846×10^1 kg/m^3	lb/ft^3		87	166
		2	|	磅每加仑（美）	pound per gallon(US)	1.198 264×10^2 kg/m^3	lb/gal(US)		GE	167
		2	|	磅每立方英寸	pound per cubic inch	2.767 990×10^4 kg/m^3	lb/in^3		LA	168
相对密度 相对质量密度	relative density relative mass density	1		—	one	1	1		C62	169
比体积 质量体积	specific volume massic volume	1		立方米每千克	cubic metre per kilogram	m^3/kg	m^3/kg		A39	170 *
		1M		分升每克	decilitre per gram	10^{-1} m^3/kg（准确值）	dl/g		22	171
		1M		毫升每千克	millilitre per kilogram	10^{-6} m^3/kg（准确值）	ml/kg		KX	172
线密度 线质量	linear density linear mass	1		千克每米	kilogram per metre	kg/m	kg/m		KL	173 *
		1M		克每米（克每100厘米）	gram per metre (gram per 100 centimetres)	10^{-3} kg/m（准确值）	g/m		GF	174
		1M		千克每毫米	kilograms per millimetre	10^3 kg/m（准确值）	kg/mm		KW	175
		1S		毫克每米	milligram per metre	10^{-6} kg/m（准确值）	mg/m		C12	176
		2		磅每英尺	pound per foot	1.488 164 kg/m	lb/ft		P2	177
		2	|	磅每英寸	pound per inch of length	1.785 797×10^1 kg/m	lb/in		PO	178
面密度 面质量	surface density areic mass	1		毫克每平方米	milligrams per square metre	10^{-6} kg/m^2（准确值）	mg/m^2		GO	179
		1M		克每平方厘米	gram per square centimetre	10 kg/m^2（准确值）	g/cm^2		25	180

表 A.1（续）

量		级/类别	状态标识	单位名称		换算因子	表示符号	描述	通用代码	交叉引用号
中文名称	英文名称			中文名称	英文名称					
面密度 面质量	surface density areic mass	1M		克每平方米	gram per square metre	10^{-3} kg/m² （准确值）	g/m²		GM	181
		1M		千克每平方米	kilogram per square metre	kg/m²	kg/m²		28	182 *
		2		盎司每平方码	ounce per square yard	3.390 575× 10^{-2} kg/m²	oz/yd²		ON	183
		2		盎司每平方英尺	ounce per square foot	0.305 151 7 kg/m²	oz/ft²		37	184
动量	momentum	1		千克米每秒	kilogram metre per second	kg×m/s	kg·m/s		B31	185 *
动量矩 角动量	moment of momentum angular momentum	1		千克平方米每秒	kilogram metre squared per second	kg×m²/s	kg·m²/s		B33	186 *
转动惯量（惯性矩）	moment of inertia （dynamic moment of inertia）	1		千克平方米	kilogram metre squared	kg×m²	kg·m²		B32	187 *
力 重力	force weight	1		牛[顿]	newton	(kg×m)/s²	N		NEW	188 *
		1S		兆牛[顿]	meganewton	10^6 N(准确值)	MN		B73	189
		1S		千牛[顿]	kilonewton	10^3 N(准确值)	kN		B47	190
		1S		毫牛[顿]	millinewton	10^{-3} N(准确值)	mN		C20	191
		1S		微牛[顿]	micronewton	10^{-6} N(准确值)	μN		B92	192
		2	D	达因	dyne	10^{-5} N(准确值)	dyn		DU	193
		2		磅力	pound-force	4.448 222 N	lbf		C78	194
		2	D|	千克力（公斤力）	kilogram-force	9.806 65 N （准确值）	kgf		B37	195
		2	D|	千克力（公斤力）	kilopond	9.806 65 N （准确值）	kp		B51	196
引力常量	gravitational constant	1		牛[顿]平方米每二次方千克	newton metre squared kilogram squared	N×m²/kg²	N·m²/kg²		C54	197 *
力矩 力偶矩 转矩	moment of force moment of a couple torque	1		牛[顿]米	newton metre	N×m	N·m		NU	198 *
		1S		兆牛[顿]米	meganewton metre	10^6 N×m （准确值）	MN·m		B74	199
		1S		千牛[顿]米	kilonewton metre	10^3 N×m （准确值）	kN·m		B48	200
		1S		毫牛[顿]米	millinewton metre	10^{-3} N×m （准确值）	mN·m		D83	201

表 A.1（续）

量		级/类别	状态标识	单位名称		换算因子	表示符号	描述	通用代码	交叉引用号
中文名称	英文名称			中文名称	英文名称					
力矩 力偶矩 转矩	moment of force moment of a couple torque	1S		微牛[顿]米	micronewton metre	10^{-6} N×m（准确值）	μN·m		B93	202
		1S		分牛[顿]米	decinewton metre	10^{-1} N×m（准确值）	dN·m		DN	203
		2		英尺磅力	foot pound-force	1.355 818 J	ft·lbf		85	204
		2	D	千克力米	kilogram-force metre	9.806 65 N×m（准确值）	kgf·m		B38	205
		2		英寸磅力（磅力英寸）	inch pound (pound inch)	1.152 12×10^{-2} kg×m	in·lb		IA	206
		2		盎司力英寸	ounce inch	7.200 778×10^{-4} kg×m	oz·in		4Q	207
		2		盎司力英尺	ounce foot	8.640 933×10^{-3} kg×m	oz·ft		4R	208
冲量	impulse	1		牛[顿]秒	newton second	N×s	N·s		C57	209 *
角冲量	angular impulse	1		牛[顿]米秒	newton metre second	N×m×s	N·m·s		C53	210 *
压力，压强 正应力 切应力 弹性模量 切变模量， 刚量模量 体积模量， 压缩模量	pressure normal stress shear stress modulus of elasticity shear modulus modulus of rigidity bulk modulus modulus of compression	1S		毫帕[斯卡]	millipascal	10^{-3} Pa（准确值）	mPa		74	211
		1S		兆帕[斯卡]	megapascal	10^{6} Pa（准确值）	MPa		MPA	212
		1		帕[斯卡]	pascal	Pa	Pa		PAL	213 *
		1S		千帕[斯卡]	kilopascal	10^{3} Pa（准确值）	kPa		KPA	214
		1		巴（压强单位）	bar[unit of pressure]	10^{5} Pa（准确值）	bar		BAR	215
		1M		百巴	hectobar	10^{7} Pa（准确值）	hbar		HBA	216
		1S		毫巴	millibar	10^{2} Pa（准确值）	mbar		MBR	217
		1M		千巴	kilobar	10^{8} Pa（准确值）	kbar		KBA	218
		1		标准大气压	standard atmosphere	1 013 25 Pa（准确值）	atm		ATM	219
		1S		吉[咖]帕[斯卡]	gigapascal	10^{9} Pa（准确值）	GPa		A89	220
		1S		微帕[斯卡]	micropascal	10^{-6} Pa（准确值）	μPa		B96	221
		1S		百帕[斯卡]	hectopascal	10^{2} Pa（准确值）	hPa		A97	222
		1S		微巴	microbar	10^{-1} Pa（准确值）	μbar		B85	223
		1S		牛[顿]每平方米	newton per square metre	Pa	N/m^2		C55	224 *

表 A.1（续）

量		级/类别	状态标识	单位名称		换算因子	表示符号	描述	通用代码	交叉引用号
中文名称	英文名称			中文名称	英文名称					
		1S		牛[顿]每平方毫米	newton per square millimetre	10^6 Pa(准确值)	N/mm^2		C56	225
		2		磅每平方英尺	pound per square foot	4.882 428 kg/m^2	lb/ft^2		FP	226
		2		磅力每平方英寸	pound-force per square inch	6.894 757×10^3 Pa	lbf/in^2		PS	227
		2	D	千克力每平方米	kilogram-force per square metre	9.806 65 Pa (准确值)	kgf/m^2		B40	228
		2	D	托	torr	133.322 4 Pa	Torr		UA	229
		2	D	工业大气压	technical atmosphere	98 066.5 Pa (准确值)	at		ATT	230
		2		磅力每平方英寸（绝对压力）	pounds per square inch absolute	7.030 696×10^2 kg/m^2	lb/in^2		80	231
		2	D	约定毫米水柱	conventional millimetre of water	9.806 65 Pa (准确值)	mm H_2O		HP	232
		2		千克每平方厘米	kilogram per square centimetre	10^4 kg/m^2(准确值)	kg/cm^2		D5	233
		2	D	约定毫米汞柱	conventional millimetre of mercury	133.322 4 Pa	mmHg		HN	234
线应变 相对变形 切应变 体应变	linear strain relative elongation shear strain volume or bulk strain	1		—	one	1	1		C62	235 *
泊松比 泊松数	poisson ratio poisson number	1		—	one	1	1		C62	236 *
[体积]压缩率	compressibility bulk compressibility	1		每帕[斯卡]	reciprocal pascal or pascal to the power minus one	Pa^{-1}	Pa^{-1}		C96	237 *

表 A.1(续)

量		级/类别	状态标识	单位名称		换算因子	表示符号	描述	通用代码	交叉引用号
中文名称	英文名称			中文名称	英文名称					
截面二次矩 截面二次轴矩	second moment of area second axial moment of area	1		四次方米	metre to the fourth power	m^4	m^4		B83	238 *
截面二次极矩	second polar moment of area	2		四次方英寸	inch to the fourth power	$41.623\ 14\times10^{-8}\ m^4$	in^4		D69	239
截面系数	section modulus	1		立方米	metre cubed	m^3	m^3		MTQ	240 *
		2		立方英寸	inch cubed	$16.387\ 064\times10^{-6}\ m^3$(准确值)	in^3		INQ	241
摩擦因数 摩擦系数	friction factor coefficient of friction	1		一	one	1	1		C62	242 *
[动力]粘度	viscosity (dynamic viscosity)	1		帕[斯卡]秒	pascal second	Pa×s	Pa·s		C65	243 *
		1S		毫帕[斯卡]秒	millipascal second	10^{-3} Pa×s (准确值)	mPa·s		C24	244
		2		泊	poise	0.1 Pa×s	P		89	245
		2		厘泊	centipoise	10^{-3} Pa×s(准确值)	cP		C7	246
运动粘度	kinematic viscosity	1		平方米每秒(平方米/秒(美))	metre squared per second (square metres/second US)	m^2/s	m^2/s		S4	247 *
		1S		平方毫米每秒	millimetre squared per second	$10^{-6}\ m^2/s$(准确值)	mm^2/s		C17	248
		2		斯[托克斯]	stokes	$10^{-4}\ m^2/s$(准确值)	St		91	249
		2		厘斯[托克斯]	centistokes	$10^{-6}\ m^2/s$(准确值)	cSt		4C	250
		2		平方英尺每秒	foot squared per second	$0.092\ 903\ 04\ m^2/s$	ft^2/s		S3	251
表面张力	surface tension	1		牛[顿]每米	newton per metre	N/m	N/m		4P	252 *
		1S		毫牛[顿]每米	millinewton per metre	10^{-3} N(准确值)	mN/m		C22	253
		2	D	达因每厘米	dyne per centimetre	10^{-3} N/m(准确值)	dyn/cm		DX	254

表 A.1（续）

量		级/类别	状态标识	单位名称		换算因子	表示符号	描述	通用代码	交叉引用号
中文名称	英文名称			中文名称	英文名称					
功能[量] 势能，位能 动能	work energy potential energy kinetic energy	1		焦[耳]	joule	J	J		JOU	255 *
		1S		千焦[耳]	kilojoule	10^3 J	kJ		KJO	256
		1S		艾[可萨]焦[耳]	exajoule	10^{18} J	EJ		A68	257
		1S		拍[它]焦[耳]	petajoule	10^{15} J	PJ		C68	258
		1S		太[拉]焦[耳]	terajoule	10^{12} J	TJ		D30	259
		1S		吉[咖]焦[耳]	gigajoule	10^9 J	GJ		GV	260
		1S		兆焦[耳]	megajoule	10^6 J	MJ		3B	261
		1S		毫焦[耳]	millijoule	10^{-3} J	mJ		C15	262
		1S		飞[母托]焦[耳]	femtojoule	10^{-15} J	fJ		A70	263
		1S		阿[托]焦[耳]	attojoule	10^{-18} J	aJ		A13	264
		1		瓦[特][小]时	watt hour	3.6×10^3 J	W·h		WHR	265 *
		1S	|	兆瓦[特][小]时（1 000 千瓦[特][小]时）	megawatt hour (1 000 kW·h)	3.6×10^9 J	MW·h	功率单位，定义成批输送或消费的能量总量	MWH	266
		1S	|	千瓦[特][小]时	kilowatt hour	3.6×10^6 J	kW·h		KWH	267
		1S	|	吉[咖]瓦[特][小]时	gigawatt hour	3.6×10^{12} J	GW·h		GWH	268
		1S	|	太[拉]瓦[特][小]时	terawatt hour	3.6×10^{15} J	TW·h		D32	269
		1		电子伏	electronvolt	$1.602\,177\,33\times10^{-19}$ J	eV		A53	270 *
		1S		兆电子伏	megaelectronvolt	10^6 eV	MeV		B71	271
		1S		吉[咖]电子伏	giga-electronvolt	10^9 eV	GeV		A85	272
		1S		千电子伏	kiloelectronvolt	10^3 eV	keV		B29	273
		2	D	尔格	erg	10^{-7} J	erg		A57	274
		2		英尺磅力	foot pound-force	1.355 818 J	ft·lbf		85	275
		2	D	千克力米	kilogram-force metre	9.806 65 J	kgf·m		B38	276
功率	power	1		瓦[特]	watt	W	W		WTT	277*
		1S		千瓦[特]	kilowatt	10^3 W	kW		KWT	278
		1S		兆瓦[特]	megawatt	10^6 W	MW	功率单位，定义整功率因数下 1 000 伏特电压导致 1 000 安培电流时传输或消费能量的速率	MAW	279

表 A.1（续）

量		级/类别	状态标识	单位名称		换算因子	表示符号	描述	通用代码	交叉引用号
中文名称	英文名称			中文名称	英文名称					
功率	power	1S		吉[咖]瓦[特]	gigawatt	10^9 W	GW		A90	280
		1S		毫瓦[特]	milliwatt	10^{-3} W	mW		C31	281
		1S		微瓦[特]	microwatt	10^{-6} W	μW		D80	282
		2		水马力	hydraulic horse power	7.460 43×10^2 W			5J	283
		2	D	尔格每秒	erg per second	10^{-7} W	erg/s		A63	284
		2		英尺磅力每秒	foot pound-force per second	1.355 818 W	ft·lbf/s		A74	285
		2	D	千克力米每秒	kilogram-force metre per second	9.806 65 W	kgf·m/s		B39	286
		2	D	米制马力	metric horse power	735.498 75 W	metric hp		HJ	287
		2	D	米制马力	cheval vapeur	7.354 988×10^2 W	CV		A25	288
		2	|	制动马力	brake horse power	7.457×10^2 W	BHP		BHP	289
质量流量	mass flow rate	1		千克每秒	kilogram per second	kg/s	kg/s		KGS	290 *
		1M		毫克每[小]时	milligram per hour	2.777 78×10^{-10} kg/s	mg/h		4M	291
		2	|	吨每[小]时(美)	ton (US) per hour	2.519 958×10^{-1} kg/s	ton (US) /h		4W	292
		2		磅每[小]时	pound per hour	1.259 979×10^{-4} kg/s	lb/h		4U	293
体积流量	volume flow rate	1		立方米每秒	cubic metre per second	m^3/s	m^3/s		MQS	294 *
		1M		立方米每[小]时	cubic metre per hour	2.777 78×10^{-4} m^3/s	m^3/h		MQH	295
		1M		毫升每秒	millilitre per second	10^{-6} m^3/s	ml/s		40	296
		1M		毫升每分	millilitre per minute	1.666 67×10^{-8} m^3/s	ml/min		41	297
		1M		升每日	litre per day	1.157 41×10^{-8} m^3/s	l/d		LD	298
		1S		立方厘米每秒	cubic centimetre per second	10^{-6} m^3/s	cm^3/s		2J	299
		1M		千升每[小]时	kilolitre per hour	2.777 78×10^{-4} m^3/s	kl/h		4X	300
		1M		升每分	litre per minute	1.666 67×10^{-5} m^3/s	l/min		L2	301
		2		立方英尺每[小]时	cubic foot per hour	7.865 79×10^{-6} m^3/s	ft^3/h		2K	302

表 A.1（续）

量		级/类别	状态标识	单位名称		换算因子	表示符号	描述	通用代码	交叉引用号
中文名称	英文名称			中文名称	英文名称					
体积流量	volume flow rate	2		立方英尺每分	cubic foot per minute	4.719 474×10^{-4} m^3/s	ft^3/min		2L	303
		2		桶每分（美）	barrel（US） per minute	2.649 79×10^{-3} m^3/s	barrel(US)/min		5A	304
		2		加仑每分（美）	US gallon per minute	6.309 020×10^{-5} m^3/s	gal（US）/min		G2	305
		2		加仑每分（英）	Imperial gallon per minute	7.576 82×10^{-5} m^3/s	gal（UK）/min		G3	306
热学　HEAT										
热力学温度	thermodynamic temperature	1		开[尔文]	kelvin	℃	K		KEL	307 *
		2		兰氏度	degree Rankin	5/9 K	°R		A48	308
摄氏温度	celsius temperature	1		摄氏度	degree Celsius	℃	℃		CEL	309 *
华氏温度	fahrenheit temperature	2		华氏度	degree Fahrenheit	9/5(℃)+32℃	°F		FAH	310
线[膨]胀系数 体[膨]胀系数 相对压力系数	linear expansion coefficient cubic expansion coefficient relative pressure coefficient	1		每开[尔文]	reciprocal kelvin or kelvin to the power minus one	K^{-1}	K^{-1}		C91	311 *
压力系数	pressure coefficient	1		帕[斯卡]每开[尔文]	pascal per kelvin	Pa/K	Pa/K		C64	312 *
等温压缩率 等熵压缩率	isothermal compressibility isentropic compressibility	1		每帕[斯卡]	reciprocal pascal or pascal to the power minus one	Pa^{-1}	Pa^{-1}		C96	313 *
热，热量 能[量] 热力学能 焓 亥姆霍兹函数 亥姆霍兹自由能	heat, quantity of heat energy thermodynamic energy enthalpy Helmholtz function Helmholtz free energy	1		焦耳	joule	J	J		JOU	314 *
		2		英制热单位	British thermal unit	1 055.056 J	Btu		BTU	315
		2	D	15 ℃卡	15 ℃ calorie	4.185 5 J	cal_{15}		A1	316
		2	D	国际蒸汽表卡	International Table（IT） calorie	4.186 8 J	calIT		D70	317

表 A.1（续）

量		级/类别	状态标识	单位名称		换算因子	表示符号	描述	通用代码	交叉引用号
中文名称	英文名称			中文名称	英文名称					
吉布斯函数 吉布斯自由能	Gibbs function Gibbs free energy	2	D	热化学卡	thermochemical calorie	4.184 J	calth		D35	318
热流量	heat flow rate	1		瓦[特]	watt	W	W		WTT	319 *
		1S		千瓦[特]	kilowatt	10^3 W	kW		KWT	320
		2		英制热单位每[小]时	British thermal unit per hour	0.293 071 1 W	Btu/h		2I	321
热流[量]密度	density of heat flow rate	1		瓦[特]每平方米	watt per square metre	W/m^2	W/m^2		D54	322 *
热导率	thermal conductivity	1		瓦[特]每米开[尔文]	watt per metre kelvin	W/(m×K)	W/(m·K)		D53	323
		2		英制热单位每秒英尺兰氏度	British thermal unit per second foot degree Rankin	6 230.64 W/(m×K)	Btu/(s·ft·°R)		A22	324
		2	D	国际蒸汽表卡每秒厘米开[尔文]	International Table (IT) calorie per second centimetre kelvin	418.68W/(m×K)	calIT/(s·cm·K)		D71	325
		2	D	热化学卡每秒厘米开[尔文]	thermochemical calorie per second centimetre kelvin	418.4W/(m×K)	calth/(s·cm·K)		D38	326
传热系数	coefficient of heat transfer	1		瓦[特]每平方米开[尔文]	watt per square metre kelvin	W/(m^2×K)	W/(m^2·K)		D55	327 *
表面传热系数	surface coefficient of heat transfer	2	D	国际蒸汽表卡每秒平方厘米开[尔文]	International Table (IT) calorie per second square centimetre kelvin	4.186 8×10^4 W/(m^2×K)	calIT/(s·cm^2·K)		D72	328
		2	D	热化学卡每秒平方厘米开[尔文]	thermochemical calorie per second square centimetre kelvin	4.184×10^4 W/(m^2×K)	calth/(s·cm^2·K)		D39	329
		2		英制热单位每秒平方英尺兰氏度	British thermal unit per second square foot degree Rankin	20 441.7W/(m^2×K)	Btu/(s·ft^2·°R)		A20	330

表 A.1（续）

量		级/类别	状态标识	单位名称		换算因子	表示符号	描述	通用代码	交叉引用号
中文名称	英文名称			中文名称	英文名称					
表面传热系数	surface coefficient of heat transfer	2		英制热单位每[小]时平方英尺兰氏度	British thermal unit per hour square foot degree Rankin	5.678 26 W/(m²×K)	Btu/(h·ft²·°R)		A23	331
热绝缘系数	thermal insulance, coefficient of thermal insulation	1		平方米开[尔文]每瓦[特]	square metre kelvin per watt	m²×K/W	m²·K/W		D19	332 *
热阻	thermal resistance	1	|	开[尔文]每瓦[特]	kelvin per watt	K/W	K/W		B21	333 *
热导	thermal conductance	1		瓦[特]每开[尔文]	watt per kelvin	W/K	W/K		D52	334 *
热扩散率	thermal diffusivity	1		平方米每秒	square metre per second	m²/s	m²/s		S4	335 *
		2		平方英尺每秒	square foot per second	0.092 903 04 m²/s	ft²/s		S3	336
热容熵	heat capacity entropy	1		焦[耳]每开[尔文]	joule per kelvin	J/K	J/K		JE	337 *
		1S		千焦[耳]每开[尔文]	kilojoule per kelvin	10³ J/K	kJ/K		B41	338
比热容 质量热容	specific heat capacity massic heat capacity	1		焦[耳]每千克开[尔文]	joule per kilogram kelvin	J/(kg×K)	J/(kg·K)		B11	339 *
比定压热容 比定容热容 比饱和热容	specific heat capacity at: -constant pressure, -constant volume, -saturation	1S		千焦[耳]每千克开[尔文]	kilojoule per kilogram kelvin	10³ J/(kg×K)	kJ/(kg·K)		B43	340
		2		英制热单位每磅兰氏度	British thermal unit per pound degree Rankin	4 186.8 J/(kg×K)	Btu/(lb·°R)		A21	341
		2	D	国际蒸汽表卡每克开[尔文]	International Table (IT) calorie per gram kelvin	4 186.8 J/(kg×K)	calIT/(g·K)		D76	342
比熵 质量熵	specific entropy massic entropy	2	D	热化学卡每克开[尔文]	thermo-chemical calorie per gram kelvin	4 184 J/(kg×K)	calth/(g·K)		D37	343

表 A.1（续）

量		级/类别	状态标识	单位名称		换算因子	表示符号	描述	通用代码	交叉引用号
中文名称	英文名称			中文名称	英文名称					
比热[容]比，质量热容比 等熵指数	ratio of the specific heat capacities, ratio of the massic heat capacity isentropic exponent	1		—	one	1	1		C62	344 *
马休函数 普朗克函数	massieu function, planck function	1		焦[耳]每开[尔文]	joule per kelvin	J/K	J/K		JE	345 *
质量能，比能	massic energy specific energy	1		焦[耳]每千克	joule per kilogram	J/kg	J/kg		J2	346 *
		1S		焦[耳]每克	joule per gram	J/(10^{-3}×kg)	J/g		D95	347
		1S		兆焦[耳]每千克	megajoule per kilogram	10^6 J/kg	MJ/kg		JK	348
		1S		千焦[耳]每千克	kilojoule per kilogram	10^3 J/kg	kJ/kg		B42	349
		2		英制热单位每磅	British thermal unit per pound	2 326 J/kg	Btu/lb		AZ	350
比亥霍姆兹自由能	specific Helmholtz free energy	2	D	国际蒸汽表卡每克	International Table (IT) calorie per gram	4 186.8 J/kg	calIT/g		D75	351
比亥霍姆兹函数 质量吉布斯自由能 比吉布斯自由能	specific Helmholtz function massic Gibbs free energy specific Gibbs free energy	2	D	热化学卡每克	thermo-chemical calorie per gram	4 184 J/kg	calth/g		B36	352
电学和磁学　ELECTRICITY AND MAGNETISM										
电流 磁位差，(磁势差) 磁通势，磁动势 电流链	electric current magnetic potential difference magnetomotive force current linkage	1		安[培]	ampere	A	A		AMP	353 *
		1S		千安[培]	kiloampere	10^3 A	kA		B22	354
		1S		毫安[培]	milliampere	10^{-3} A	mA		4K	355
		1S		微安[培]	microampere	10^{-6} A	μA		B84	356
		1S		纳[诺]安[培]	nanoampere	10^{-9} A	nA		C39	357
		1S		皮[可]安[培]	picoampere	10^{-12} A	pA		C70	358

表 A.1（续）

量		级/类别	状态标识	单位名称		换算因子	表示符号	描述	通用代码	交叉引用号
中文名称	英文名称			中文名称	英文名称					
电荷[量] 电通[量]	electric charge, quantity of electricity electric flux (flux of displacement)	1		库[仑]	coulomb	A×s	C		COU	359 *
		1		安[培]秒	ampere second	C	A·s		A8	360
		1M		安[培][小]时	ampere hour	3.6×10³ C	A·h	负载功率单位，表示为安[培][小]时的输送速率	AMH	361
		1M	|	千安[培][小]时	kiloampere hour (thousand ampere hour)	3.6×10⁶ C	kA·h		TAH	362
		1S		兆库[仑]	megacoulomb	10⁶ C	MC		D77	363
		1S		毫库[仑]	millicoulomb	10⁻³ C	mC		D86	364
		1S		千库[仑]	kilocoulomb	10³ C	kC		B26	365
		1S		微库[仑]	microcoulomb	10⁻⁶ C	μC		B86	366
		1S		纳[诺]库[仑]	nanocoulomb	10⁻⁹ C	nC		C40	367
		1S		皮[可]库[仑]	picocoulomb	10⁻¹² C	pC		C71	368
电荷[体]密度 体积电荷	volume density of charge, charge density volumic charge	1	|	库[仑]每立方米	coulomb per cubic metre	C/m³	C/m³		A29	369 *
		1S		吉[咖]库[仑]每立方米	gigacoulomb per cubic metre	10⁹ C/m³	GC/m³		A84	370
		1S	|	库[仑]每立方毫米	coulomb per cubic millimetre	10⁹ C/m³	C/mm³		A30	371
		1S		兆库[仑]每立方米	megacoulomb per cubic metre	10⁶ C/m³	MC/m³		B69	372
		1S	|	库[仑]每立方厘米	coulomb per cubic centimetre	10⁶ C/m³	C/cm³		A28	373
		1S		千库[仑]每立方米	kilocoulomb per cubic metre	10³ C/m³	kC/m³		B27	374
		1S		毫库[仑]每立方米	millicoulomb per cubic metre	10⁻³ C/m³	mC/m³		D88	375
		1S		微库[仑]每立方米	microcoulomb per cubic metre	10⁻⁶ C/m³	μC/m³		B87	376

表 A.1（续）

量		级/类别	状态标识	单位名称		换算因子	表示符号	描述	通用代码	交叉引用号
中文名称	英文名称			中文名称	英文名称					
电荷面密度 电通[量]密度 电位移 电极化强度	surface density of charge electric flux density displacement electric polarization	1		库[仑]每平方米	coulomb per square metre	C/m^2	C/m^2		A34	377 *
		1S		兆库[仑]每平方米	megacoulomb per square metre	$10^6\ C/m^2$	MC/m^2		B70	378
		1S		库[仑]每平方毫米	coulomb per square millimetre	$10^6\ C/m^2$	C/mm^2		A35	379
		1S		库[仑]每平方厘米	coulomb per square centimetre	$10^4\ C/m^2$	C/cm^2		A33	380
		1S		千库[仑]每平方米	kilocoulomb per square metre	$10^3\ C/m^2$	kC/m^2		B28	381
		1S		毫库[仑]每平方米	millicoulomb per square metre	$10^{-3}\ C/m^2$	mC/m^2		D89	382
		1S		微库[仑]每平方米	microcoulomb per square metre	$10^{-6}\ C/m^2$	$\mu C/m^2$		B88	383
电场强度	electric field strength	1		伏[特]每米	volt per metre	V/m	V/m		D50	384 *
		1S		兆伏[特]每米	megavolt per metre	$10^6\ V/m$	MV/m		B79	385
		1S		千伏[特]每米	kilovolt per metre	$10^3\ V/m$	kV/m		B55	386
		1S		伏[特]每毫米	volt per millimetre	kV/m	V/mm		D51	387
		1S		伏[特]每厘米	volt per centimetre	V/m^{-2}	V/cm		D47	388
		1S		毫伏[特]每米	millivolt per metre	$10^{-3}\ V/m$	mV/m		C30	389
		1S		微伏[特]每米	microvolt per metre	$10^{-6}\ V/m$	$\mu V/m$		C3	390
电位,(电势) 电位差,(电势差) 电压 电动势	electric potential potential difference tension voltage electromotive force	1		伏[特]	volt	V	V		VLT	391 *
		1S		兆伏[特]	megavolt	$10^6\ V$	MV		B78	392
		1S		千伏[特]	kilovolt	$10^3\ V$	kV		KVT	393
		1S		毫伏[特]	millivolt	$10^{-3}\ V$	mV		2Z	394
		1S		微伏[特]	microvolt	$10^{-6}\ V$	μV		D82	395

表 A.1(续)

量		级/类别	状态标识	单位名称		换算因子	表示符号	描述	通用代码	交叉引用号
中文名称	英文名称			中文名称	英文名称					
电容	capacitance	1	|	法[拉]	farad	F	F		FAR	396 *
		1S		毫法[拉]	millifarad	10^{-3} F	mF		C10	397
		1S		微法[拉]	microfarad	10^{-6} F	μF		4O	398
		1S		纳[诺]法[拉]	nanofarad	10^{-9} F	nF		C41	399
		1S		皮[可]法[拉]	picofarad	10^{-12} F	pF		4T	400
频率 旋转频率 角频率	frequency rotational frequency angular frequence	注释:见"周期及其有关现象"								
介电常数,(电容率) 真空介电常数,(真空电容率)	permittivity permittivity of vacuum,(electric constant)	1		法[拉]每米	farad per metre	$kg^{-1}\times m^{-3}\times s^4\times A^2$	F/m		A69	401 *
		1S		微法[拉]每米	microfarad per metre	10^{-6} F/m	μF/m		B89	402
		1S		纳[诺]法[拉]每米	nanofarad per metre	10^{-9} F/m	nF/m		C42	403
		1S		皮[可]法[拉]每米	picofarad per metre	10^{-12} F/m	pF/m		C72	404
相对介电常数,(相对电容率)	relative permittivity	1		—	one	1	1		C62	405 *
电极化率	electric susceptibility	1		—	one	1	1		C62	406 *
电偶极矩	electric dipole moment	1		库[仑]米	coulomb metre	A×s×m	C·m		A26	407 *
电流密度	current density	1		安[培]每平方米	ampere per square metre	A/m^2	A/m^2		A41	408 *
		1S		兆安[培]每平方米	megaampere per square metre	10^6 A/m^2	MA/m^2		B66	409
		1S		安[培]每平方毫米	ampere per square millimetre	10^6 A/m^2	A/mm^2		A7	410
		1S		安[培]每平方厘米	ampere per square centimetre	10^4 A/m^2	A/cm^2		A4	411
		1S		千安[培]每平方米	kiloampere per square metre	10^3 A/m^2	kA/m^2		B23	412

表 A.1（续）

量		级/类别	状态标识	单位名称		换算因子	表示符号	描述	通用代码	交叉引用号
中文名称	英文名称			中文名称	英文名称					
电流线密度 线电流 磁场强度	linear electric current density lineic electric current magnetic field strength	1		安[培]每米	ampere per metre	A/m	A/m		AE	413 *
		1S	|	千安[培]每米	kiloampere per metre	10^3 A/m	kA/m		B24	414
		1S		安[培]每毫米	ampere per millimetre	10^3 A/m	A/mm		A3	415
		1S		安[培]每厘米	ampere per centimetre	10^2 A/m	A/cm		A2	416
磁通[量]密度 磁感应强度 磁极化强度	magnetic flux density magnetic induction magnetic polarization	1		特[斯拉]	tesla	T	T		D33	417 *
		1S		毫特[斯拉]	millitesla	10^{-3} T	mT		C29	418
		1S		微特[斯拉]	microtesla	10^{-6} T	μT		D81	419
		1S		纳[诺]特[斯拉]	nanotesla	10^{-9} T	nT		C48	420
磁通[量]	magnetic flux	1		韦[伯]	weber	Wb	Wb		WEB	421 *
		1S		毫韦[伯]	milliweber	10^{-3} Wb	mWb		C33	422
磁矢位，(磁矢势)	magnetic vector potential	1		韦[伯]每米	weber per metre	Wb/m	Wb/m		D59	423 *
		1S	|	千韦[伯]每米	kiloweber per metre	10^3 Wb/m	kWb/m		B56	424
		1S	|	韦[伯]每毫米	weber per millimetre	10^3 Wb/m	Wb/mm		D60	425
自感 互感 磁导	self inductance mutual inductance permeance	1		亨[利]	henry	H	H		81	426 *
		1S		毫亨[利]	millihenry	10^{-3} H	mH		C14	427
		1S		微亨[利]	microhenry	10^{-6} H	μH		B90	428
		1S		纳[诺]亨[利]	nanohenry	10^{-9} H	nH		C43	429
		1S		皮[可]亨[利]	picohenry	10^{-12} H	pH		C73	430
耦合因数 漏磁因数	coupling coefficient leakage coefficient	1		—	one	1	1		C62	431 *
绕组的匝数 相数 极对数	number of turns in a winding number of phases number of pairs of poles	1		—	one	1	1		C62	432 *

表 A.1（续）

量		级/类别	状态标识	单位名称		换算因子	表示符号	描述	通用代码	交叉引用号
中文名称	英文名称			中文名称	英文名称					
磁导率 真空磁导率 磁场数	permeability permeability of vacuum magnetic constant	1		亨[利]每米	henry per metre	H/m	H/m		A98	433 *
		1S		微亨[利]每米	microhenry per metre	10^{-6} H/m	μH/m		B91	434
		1S		纳[诺]亨[利]每米	nanohenry per metre	10^{-9} H/m	nH/m		C44	435
相对磁导率	relative permeability	1		—	one	1	1		C62	436 *
磁化率	magnetic susceptibility	1		—	one	1	1		C62	437 *
[面]磁矩	electromagnetic moment, magnetic moment, (magnetic area moment)	1		安[培]平方米	ampere square metre	A×m^2	A·m^2		A5	438 *
磁化强度	magnetization	1		安[培]每米	ampere per metre	A/m	A/m		AE	439 *
电磁能密度 体积电磁能	electromagnetic energy density volumic electromagnetic energy	1		焦[耳]每立方米	joule per cubic metre	J/m^3	J/m^3		B8	440 *
坡印廷矢量	Poynting vector	1		瓦[特]每平方米	watt per square metre	W/m^2	W/m^2		D54	441 *
电磁波的相平面速度	phase velocity of electromagnetic waves, phase speed of electromagnetic waves	1		米每秒	metre per second	m/s	m/s		MTS	442 *
电磁波在真空中的传播速度	velocity of electromagnetic waves in vacuum, speed of electromagnetic waves in vacuum	（见“空间和时间——速度”）								

表 A.1（续）

量		级/类别	状态标识	单位名称		换算因子	表示符号	描述	通用代码	交叉引用号
中文名称	英文名称			中文名称	英文名称					
[直流]电阻 阻抗,(复[数]阻抗) 阻抗模,(阻抗) [交流]电阻 电抗	resistance (to direct current) impedance (complex impedances) modulus of impedance resistance (to alternating current) reactance	1		欧[姆]	ohm	Ω	Ω		OHM	443 *
		1S		吉[咖]欧[姆]	gigaohm	10^9 Ω	GΩ		A87	444
		1S		兆欧[姆]	megaohm	10^6 Ω	MΩ		B75	445
		1S		千欧[姆]	kiloohm	10^3 Ω	kΩ		B49	446
		1S	+	毫欧[姆]	milliohm	10^{-3} Ω	mΩ		E45	447
		1S		微欧[姆]	microohm	10^{-6} Ω	μΩ		B94	448
[直流]电导 导纳,(复[数]导纳) 导纳模,(导纳) [交流]电导	conductance (for direct current) admittance (complex admittance) modulus of admittance (admittance) conductance (for alternating current)	1		西[门子]	siemens	A/V	S		SIE	449 *
		1S		千西[门子]	kilosiemens	10^3 S	kS		B53	450
		1S		毫西[门子]	millisiemens	10^{-3} S	mS		C27	451
		1S		微西[门子]	microsiemens	10^{-6} S	μS		B99	452
电纳	susceptance	2	D	姆欧	mho	S			NQ	453
		2	D	微姆欧	micromho	10^{-6} S			NR	454
电阻率	resistivity	1		欧[姆]米	ohm metre	Ω×m	Ω·m		C61	455 *
		1S		吉[咖]欧[姆]米	gigaohm metre	10^9 Ω×m	GΩ·m		A88	456
		1S		兆欧[姆]米	megaohm metre	10^6 Ω×m	MΩ·m		B76	457
		1S		千欧[姆]米	kiloohm metre	10^3 Ω×m	kΩ·m		B50	458
		1S		欧[姆]厘米	ohm centimetre	Ω×m×10^{-2}	Ω·cm		C60	459
		1S		毫欧[姆]米	milliohm metre	10^{-3} Ω×m	mΩ·m		C23	460
		1S		微欧[姆]米	microohm metre	10^{-6} Ω×m	μΩ·m		B95	461
		1S		纳[诺]欧[姆]米	nanoohm metre	10^{-9} Ω·m	nΩ·m		C46	462

表 A.1（续）

量		级/类别	状态标识	单位名称		换算因子	表示符号	描述	通用代码	交叉引用号
中文名称	英文名称			中文名称	英文名称					
电导率	conductivity	1		西[门子]每米	siemens per metre	S/m	S/m		D10	463 *
		1S		兆西[门子]每米	megasiemens per metre	10^6 S/m	MS/m		B77	464
		1S		千西[门子]每米	kilosiemens per metre	10^3 S/m	kS/m		B54	465
磁阻	reluctance	1		每亨[利]	reciprocal henry	H^{-1}	H^{-1}		C89	466 *
相[位]差，相[位]移，损耗角	phase difference, phase displacement, loss angle	1		弧度	radian	$m\times m^{-1}=1$	rad		C81	467 *
[直流]功率 [有功]功率	power (for direct current) active power	1		瓦[特]	watt	W	W		WTT	468 *
		1S		千瓦[特]	kilowatt	10^3 W	kW		KWT	469
		1S		兆瓦[特]	megawatt	10^6 W	MW	功率单位，定义整功率因数下 1 000 伏特电压导致 1 000 安培电流时传输或消费能量的速率	MAW	470
		1S		吉[咖]瓦[特]	gigawatt	10^9 W	GW		A90	471
		1S		太[拉]瓦[特]	terawatt	10^{12} W	TW		D31	472
		1S		毫瓦[特]	milliwatt	10^{-3} W	mW		C31	473
		1S		微瓦[特]	microwatt	10^{-6} W	μW		D80	474
		1S		纳[诺]瓦[特]	nanowatt	10^{-9} W	nW		C49	475
		1S		皮[可]瓦[特]	picowatt	10^{-12} W	pW		C75	476
视在功率（表观功率）	apparent power	1		伏[特]安[培]	volt-ampere	W	V·A		D46	477 *
		1S		兆伏[特]安[培]	megavolt-ampere	10^6 V×A	MV·A		MVA	478
		1S		千伏[特]安[培]	kilovolt-ampere	10^3 V×A	kV·A		KVA	479
		1S		千伏[特]安[培](无功)	kilovolt ampere (reactive)	10^3 V×A	kV·A		K5	480

表 A.1（续）

量 中文名称	量 英文名称	级/类别	状态标识	单位名称 中文名称	单位名称 英文名称	换算因子	表示符号	描述	通用代码	交叉引用号
无功功率	reactive power	1		乏	var	V×A	var	此单位的名称是 volt-ampere-reactive 首字母的缩写	D44	481
		1S	|	千乏	kilovar	10^3 V×A	kvar		KVR	482
[有功]电能[量]	active energy	1		焦[耳]	joule	J	J		JOU	483 *
		1		瓦[特][小]时	watt hour	3.6×10^3 J	W·h		WHR	484 *
光及有关电磁辐射　LIGHT AND RELATED ELECTROMAGNETIC RADIATIONS										
频率	frequency	1		赫[兹]	hertz	Hz	Hz		HTZ	485 *
圆频率	circular frequency	1		每秒	reciprocal second	s^{-1}	s^{-1}		C97	486 *
		1	|	弧度每秒	radian per second	1/s	rad/s		2A	487
波长	wavelength	1		米	metre	m	m		MTR	488 *
		1		埃	angstrom	10^{-10} m	Å		A11	489
波数 波率	wavenumber repetency	1		每米	reciprocal metre	m^{-1}	m^{-1}		C92	490 *
角波数 角波率	angular wave number angular repetency	1		弧度每米	radian per metre	0.159 155/m	rad/m		C84	491 *
电磁波在真空中的速度	velocity (speed) on propagation of electromagnetic waves in vacuo	1		米每秒	metre per second	m/s	m/s		MTS	492 *
辐[射]能	radiant energy	1		焦[耳]	joule	J	J		JOU	493 *
辐[射]能密度	radiant energy density	1		焦[耳]每立方米	joule per cubic metre	J/m^3	J/m^3		B8	494 *
		1M		兆焦[耳]每立方米	megajoule per cubic metre	10^6 J/m^3	MJ/m^3		JM	495
辐[射]能密度的光谱密集度 光谱辐[射]能密度	spectral concentration of radiant energy density (in terms of wavelength), spectral radiant energy density (in terms of wave length)	1		焦[耳]每四次方米	joule per metre to the fourth power	J/m^4	J/m^4		B14	496 *

表 A.1（续）

量		级/类别	状态标识	单位名称		换算因子	表示符号	描述	通用代码	交叉引用号
中文名称	英文名称			中文名称	英文名称					
辐[射]功率 辐[射能]通量	radiant power，(radiant energy flux)	1		瓦[特]	watt	W	W		WTT	497 *
辐[射]能流 曝辐[射]量	radiant energy fluence，radiance exposure	1		焦[耳]每平方米	joule per metre squared	J/m^2	J/m^2		B13	498 *
光子通量	photon flux	1		每秒	reciprocal second	s^{-1}	s^{-1}		C97	499 *
光子强度	photon intensity	1		每秒球面度	reciprocal second per steradian	s^{-1}/sr	s^{-1}/sr		D1	500 *
光子亮度	photon luminance，photon radiance	1		每秒球面度平方米	reciprocal second per steradian metre squared	$s^{-1}/(sr \cdot m^2)$	$s^{-1}/(sr \cdot m^2)$		D2	501 *
光子出射度 光子照度	photon exitance，photon irradiance	1		每秒平方米	reciprocal second per metre squared	s^{-1}/m^2	s^{-1}/m^2		C99	502 *
曝光子量	photon exposure	1		每平方米	reciprocal metre squared	m^{-2}	m^{-2}		C93	503 *
辐[射]能流率 辐[射]出[射]度 辐[射]照度	radiant energy fluence rate radiant exitance irradiance，first radiation constant	1		瓦[特]每平方米	watt per square metre	W/m^2	W/m^2		D54	504 *
辐[射]强度	radiant intensity	1		瓦[特]每球面度	watt per steradian	W/sr	W/sr		D57	505 *
辐[射]亮度 辐[射]度	radiance	1		瓦[特]每球面度平方米	watt per steradian square metre	$W/(sr \times m^2)$	$W/(sr \cdot m^2)$		D58	506 *
斯忒藩-玻耳兹曼常量	Stefan-Boltzmann constant	1		瓦[特]每平方米四次方开[尔文]	watt per square metre kelvin to the fourth power	$W/(m^2 \times K^4)$	$W/(m^2 \cdot K^4)$		D56	507 *

表 A.1（续）

量		级/类别	状态标识	单位名称		换算因子	表示符号	描述	通用代码	交叉引用号
中文名称	英文名称			中文名称	英文名称					
第二辐射常量	second radiation constant	1		米开[尔文]	metre kelvin	m×K	m・K		D18	508 *
发射率 光谱发射率 光谱定向发射率	emissivity spectral emissivity emissivity at a specified wavelength directional spectral emissivity	1		一	one	1	1		C62	509 *
发光强度	luminous intensity	1		坎[德拉]	candela	cd	cd		CDL	510 *
光通量	luminous flux	1		流[明]	lumen	7.957 75×10^{-2} cd	lm		LUM	511 *
光量	quantity of light	1		流[明]秒	lumen second	7.957 75×10^{-2} s×cd	lm・s		B62	512 *
		1S	|	流[明][小]时	lumen hour	3.6×10^{3} s×cd/sr	lm・h		B59	513 *
[光]亮度	luminance	1		坎[德拉]每平方米	candela per square metre	cd/m^2	cd/m^2		A24	514 *
光出射度	luminous exitance	1		流[明]每平方米	lumen per square metre	7.957 75×10^{-2} cd/m^2	lm/m^2		B60	515 *
[光]照度	illuminance	1		勒[克斯]	lux	7.957 75×10^{-2} cd/m^2	lx		LUX	516 *
曝光量	light exposure	1		勒[克斯]秒	lux second	7.957 75×10^{-2} s×cd/m^2	lx・s		B64	517 *
		1S	|	勒[克斯][小]时	lux hour	3.6×10^{3} s×cd/(sr×m^2)	lx・h		B63	518 *
光视效能 光谱光视效能 最大光谱光视效能	luminious efficacy, spectral luminous efficacy, luminous efficacy at a specified wavelength, maximum spectral luminous efficacy	1		流[明]每瓦[特]	lumen per watt	7.957 75×10^{-2} cd/W	lm/W		B61	519 *

表 A.1（续）

量		级/类别	状态标识	单位名称		换算因子	表示符号	描述	通用代码	交叉引用号
中文名称	英文名称			中文名称	英文名称					
光视效率 光谱光视效率,(视见函数)	luminous efficiency, spectral luminous efficiency, luminous efficiency at a specified wavelength	1		—	one	1	1		C62	520 *
CIE 色度函数, CIE 光谱三刺激值	CIE colorimetric functions	1		—	one	1	1		C62	521 *
色品坐标,三色坐标	coordinates trichromatic	1		—	one	1	1		C62	522 *
光谱吸收因数, 光谱吸收比 光谱反射因数, 光谱反射比 光谱透射因数, 光谱透射比 光谱辐[射]亮度因数	spectral absorption factor, spectral absorptance, spectral reflectionfactor, spectral reflectance, spectral transmission factor, spectral transmittance, spectral radiance factor	1		—	one	1	1		C62	523 *
[光谱]光密度	optical density	1		—	one	1	1		C62	524 *
折射率	refractive index	1		—	one	1	1		C62	525 *
线性衰减系数 线性消光系数 线性吸收系数	linear attenuation coefficient, linear extinction coefficient, linear absorption coefficient	1		每米	reciprocal metre	m^{-1}	m^{-1}		C92	526 *

表 A.1（续）

量		级/类别	状态标识	单位名称		换算因子	表示符号	描述	通用代码	交叉引用号
中文名称	英文名称			中文名称	英文名称					
摩尔吸收系数	molar absorption coefficient	1		平方米每摩[尔]	square metre per mole	m^2/mol	m^2/mol		D22	527 *
物距 像距 焦距	object distance image distance focal distance	1		米	metre	m	m		MTR	528 *
透镜焦度，(光焦度)	vergence, lens power	1		每米	reciprocal metre	m^{-1}	m^{-1}		C92	529 *
声学　ACOUSTICS										
周期	period, periodic time	1		秒（时间单位）	second（unit of time）	s	s		SEC	530 *
频率	frequency	1		赫[兹]	hertz	Hz	Hz		HTZ	531 *
频程	frequency interval	1		倍频程，八度音阶（音程）	octave			用于音乐中的单位，描述音高（音程）间频率的比例	C59	532 *
角频率	angular frequency pulsatance	1		每秒	reciprocal second	s^{-1}	s^{-1}		C97	533 *
		1		弧度每秒	radian per second	1/s	rad/s		2A	534 *
波长	wavelength	1		米	metre	m	m		MTR	535 *
波数	repetency wavenumber	1		每米	reciprocal metre	m^{-1}	m^{-1}		C92	536 *
角波数	angular repetency angular wavenumber	1		弧度每米	radian per metre	0.159 155/m	rad/m		C84	537 *
[质量]密度	volumic mass density mass density	1		千克每立方米	kilogram per cubic metre	kg/m^3	kg/m^3	以千克表示的一立方米体积中的物质	KMQ	538 *
静压 (瞬时)声压	static pressure (instantaneous) sound pressure	1		帕[斯卡]	pascal	Pa	Pa		PAL	539 *
		1		巴（压力单位）	bar [unit of pressure]	10^5 Pa	bar		BAR	540
		2	D	达因每平方厘米	dyne per square centimetre	10^{-1} Pa	dyn/cm^2		D9	541

表 A.1(续)

量		级/类别	状态标识	单位名称		换算因子	表示符号	描述	通用代码	交叉引用号
中文名称	英文名称			中文名称	英文名称					
(瞬时)[声]质点位移	(instantaneous) sound particle displacement	1		米	metre	m	m		MTR	542 *
(瞬时)[声]质点速度	(instantaneous) sound particle velocity	1		米每秒	metre per second	m/s	m/s		MTS	543 *
(瞬时)[声]质点加速度	(instantaneous) sound particle acceleration	1		米每二次方秒	metre per second squared	m/s^2	m/s^2		MSK	544 *
(瞬时)[声]体积流量	(instantaneous) volume flow rate	1		立方米每秒	cubic metre per second	m^3/s	m^3/s		MQS	545 *
声速,(相速)群速	velocity of sound (phase velocity), group velocity	1		米每秒	metre per second	m/s	m/s		MTS	546 *
声能密度	sound energy density, volumic sound energy	1		焦[耳]每立方米	joule per cubic metre	J/m^3	J/m^3		B8	547 *
		2	D	尔格每立方厘米	erg per cubic centimetre	10^{-1} J/m^3(准确值)	erg/cm^3		A60	548
声功率	sound power	1		瓦[特]	watt	W	W		WTT	549 *
		2	D	尔格每秒	erg per second	10^{-7} W(准确值)	erg/s		A63	550
声强[度]	sound intensity	1		瓦[特]每平方米	watt per square metre	W/m^2	W/m^2		D54	551 *
		1S		毫瓦[特]每平方米	milliwatt per square metre	10^{-3} W/m^2(准确值)	mW/m^2		C32	552
		1S		微瓦[特]每平方米	microwatt per square metre	10^{-6} W/m^2(准确值)	$\mu W/m^2$		D85	553
		1S		皮[可]瓦[特]每平方米	picowatt per square metre	10^{-12} W/m^2(准确值)	pW/m^2		C76	554
		2	D	尔格每秒平方厘米	erg per second square centimetre	10^{-3} W/m^2(准确值)	$erg/(s \cdot cm^2)$		A64	555

表 A.1（续）

量		级/类别	状态标识	单位名称		换算因子	表示符号	描述	通用代码	交叉引用号
中文名称	英文名称			中文名称	英文名称					
[媒质的声]特性阻抗	characteristic impedance of a medium	1		帕[斯卡]秒每米	pascal second per metre	Pa×s/m	Pa · s/m		C67	556 *
声阻抗率	surface density of mechanical impedance	2	D	达因秒每立方厘米	dyne second per cubic centimetre	10 Pa×s/m（准确值）	dyn · s/cm^3		A50	557
声阻抗	acoustic impedance	1		帕[斯卡]秒每立方米	pascal second per cubic metre	Pa×s/m^3	Pa · s/m^3		C66	558
		2	D	达因秒每五次方厘米	dyne second per centimetre to the fifth power	10^5 Pa×s/m^3（准确值）	dyn · s/cm^5		A52	559
力阻抗	mechanical impedance	1		牛[顿]秒每米	newton second per metre	N×s/m	N · s/m		C58	560 *
		2	D	达因秒每厘米	dyne second per centimetre	10^{-3} N×s/m（准确值）	dyn · s/cm		A51	561
声压级，声功率级	sound pressure level, sound power level	1		分贝	decibel	0.115 129 3 Np	dB		2N	562 *
阻尼系数	damping coefficient	1		每秒	reciprocal second	s^{-1}	s^{-1}		C97	563 *
		1		奈培每秒	neper per second	Np/s	Np/s		C51	564 *
时间常数，驰豫时间	time constant, relaxation time	1		秒（时间单位）	second(unit of time)	s	s		SEC	565 *
对数减缩率	logarithmic decrement	1		奈培	neper	Np	Np		C50	566 *
衰减系数，相位系数，传播系数	attenuation coefficient, phase coefficient, propagation coefficient	1		每米	reciprocal metre	m^{-1}	m^{-1}		C92	567 *

表 A.1（续）

量		级/类别	状态标识	单位名称		换算因子	表示符号	描述	通用代码	交叉引用号
中文名称	英文名称			中文名称	英文名称					
损耗因数 反射因数 透射因数 吸收因数	dissipation factor, dissipance, reflection factor, reflectance, transmission factor, transmittance, absorption factor, absorbance	1		—	one	1	1		C62	568 *
隔声量	sound reduction index	1		分贝	decibel	0.115 129 3 Np	dB		2N	569 *
吸声量	equivalent absorption area of a surface or object	1		平方米	square metre	m^2	m^2		MTK	570 *
混响时间	reverberation time	1		秒[时间单位]	second [unit of time]	s	s		SEC	571 *
响度级	loudness level	1		方	phon			声音响度的主观单位，在数量上等于把1 000赫兹声音作测量音时的分贝强度	C69	572 *
响度	loudness	1		宋	sone			声音响度的主观单位，等于40分贝时为1 000赫兹的无泛音的纯音的高度	D15	573 *
物理化学和分子物理学 PHYSICAL CHEMISTRY AND MOLECULAR PHYSICS										
相对原子质量	relative atomic mass	1		—	one	1	1		C62	574 *
相对分子质量	relative molecular mass	1		—	one	1	1		C62	575 *

表 A.1（续）

量		级/类别	状态标识	单位名称		换算因子	表示符号	描述	通用代码	交叉引用号
中文名称	英文名称			中文名称	英文名称					
分子或其他基本单元数	number of molecules or other elementary entities	1		一	one	1	1		C62	576 *
物质的量	amount of substance	1		摩[尔]	mole	mol	mol		C34	577 *
		1S		千摩[尔]	kilomole	10^3 mol	kmol		B45	578
		1S		毫摩[尔]	millimole	10^{-3} mol	mmol		C18	579
		1S		微摩[尔]	micromole	10^{-6} mol	μmol		FH	580
阿伏加德罗常数	Avogadro constant	1		每摩[尔]	reciprocal mole	mol^{-1}	mol^{-1}		C95	581 *
摩尔质量	molar mass	1		千克每摩[尔]	kilogram per mole	kg/mol	kg/mol		D74	582
		1S		克每摩[尔]	gram per mole	10^{-3} kg/mol	g/mol		A94	583
摩尔体积	molar volume	1		立方米每摩[尔]	cubic metre per mole	m^3/mol	m^3/mol		A40	584 *
		1S		立方分米每摩[尔]	cubic decimetre per mole	10^{-3} m^3/mol	dm^3/mol		A37	585
		1S		立方厘米每摩[尔]	cubic centimetre per mole	10^{-6} m^3/mol	cm^3/mol		A36	586
		1M		升每摩[尔]	litre per mole	10^{-3} m^3/mol（准确值）	1/mol		B58	587
摩尔热力学能	molar thermodynamic energy	1		焦[耳]每摩[尔]	joule per mole	J/mol	J/mol		B15	588 *
		1S		千焦[耳]每摩[尔]	kilojoule per mole	10^3 J/mol	kJ/mol		B44	589
化学势	chemical potential	1		焦[耳]每摩[尔]	joule per mole	J/mol	J/mol		B15	590 *
绝对活度	absolute activity	1		一	one	1	1		C62	591
[化学反应]亲和势	affinity(of a chemical reaction)	1		焦[耳]每摩[尔]	joule per mole	J/mol	J/mol		B15	592 *
标准平衡常数	standard equilibrium constant	1		一	one	1	1		C62	593 *

表 A.1（续）

量		级/类别	状态标识	单位名称		换算因子	表示符号	描述	通用代码	交叉引用号
中文名称	英文名称			中文名称	英文名称					
摩尔热容 摩尔熵 摩尔气体常数	molar heat capacity molar entropy molar gas constant	1		焦[耳]每摩[尔]开[尔文]	joule per mole kelvin	J/(mol×K)	J/(mol·K)		B16	594 *
体积分子(或粒子)数 分子(或粒子)数密度 B的分子浓度	volumic number of molecules (or particles), number density of molecules (or particles) molecular concentration of B	1		每立方米	reciprocal cubic metre	m^{-3}	m^{-3}		C86	595 *
体积质量, 质量密度, 密度, B的质量浓度	volumic mass, mass density, density, mass concentration of B	1		千克每立方米	kilogram per cubic metre	kg/m^3	kg/m^3	重量单位，以千克表示的一立方米体积中的物质	KMQ	596 *
		1		千克每升	kilogram per litre	10^3 kg/m^3	kg/l 或 kg/L		B35	597 *
B的浓度, B的物质的浓度	concentration of B, amount of substance concentration of B	1		摩[尔]每立方米	mole per cubic metre	mol/m^3	mol/m^3		C36	598 *
		1	|	摩[尔]每升	mole per litre	10^3 mol/m^3	mol/l		C38	599
		1S	|	摩[尔]每立方分米	mole per cubic decimetre	10^3 mol/m^3	mol/dm^3		C35	600
		1S		千摩[尔]每立方米	kilomole per cubic metre	10^3 mol/m^3	$kmol/m^3$		B46	601
B的体积分数	volume fraction of B	1		—	one	1	1		C62	602 *
B的摩尔分数 溶质B的摩尔比	mole fraction of B, mole ratio of solute B	1		—	one	1	1		C62	603 *

表 A.1（续）

量		级/类别	状态标识	单位名称		换算因子	表示符号	描述	通用代码	交叉引用号
中文名称	英文名称			中文名称	英文名称					
溶质B的质量摩尔浓度	molality of solute B	1		摩[尔]每千克	mole per kilogram	mol/kg	mol/kg		C19	604 *
离子强度	ionic strength	1S		毫摩[尔]每千克	millimole per kilogram	10^{-3} mol/kg	mmol/kg		D87	605
解离度	degree of dissociation	1		—	one	1	1		C62	606 *
B的分压力（在气体混合物中） B的逸度（在气体混合物中） 渗透压力	partial pressure of B (in a gaseous mixture), fugacity of B (in a gaseous mixture), osmotic pressure	1		帕[斯卡]	pascal	Pa	Pa		PAL	607 *
B的标准绝对活度（在气体混合物中）	standard absolute activity of B (in a gaseous mixture)	1		—	one	1	1		C62	608 *
B的活度系数（在液体或固体混合物中）	activity coefficient of B (in a liquid as a solid mixture)	1		—	one	1	1		C62	609 *
B的标准绝对活度（在液体或固体混合物中）	standard absolute activity of B(in a liquid or a solid mixture)	1		—	one	1	1		C62	610 *
溶质B的活度系数（特别是在稀薄液体溶液中） 溶质B的标准绝对活度（特别是在稀薄液体溶液中）	activity coefficient of solute B (especially in a dilute solution), standard absolute activity of solute B (especially in a dilute solution)	1		—	one	1	1		C62	611 *

表 A.1(续)

量		级/类别	状态标识	单位名称		换算因子	表示符号	描述	通用代码	交叉引用号
中文名称	英文名称			中文名称	英文名称					
溶剂A的活度 溶剂A的相对活度(特别是在稀薄液体溶液中) 溶剂A的渗透因子(特别是在稀薄液体溶液中) 溶剂A的标准绝对活度(特别是在稀薄液体溶液中)	activity of solvent A, relative activity of solvent A (especially in a dilute solution), osmotic coefficient of the solvent A (especially in a dilute solution), standard absolute activity of solvent A (especially in a dilute solution)	1		一	one	1	1		C62	612 *
B的化学计量数	stoichio-metric number of B	1		一	one	1	1		C62	613 *
分子质量	mass of molecule	1		千克	kilogram	kg	kg	质量单位,等于一千克	KGM	614 *
		1		原子质量单位	unified atomic mass unit	$1.660\ 540\ 2\times 10^{-27}$ kg	u		D43	615 *
分子电偶极矩	electric dipole moment of molecule	1		库[仑]米	coulomb metre	A×s×m	C·m		A26	616 *
分子电极化率	electric polarizability of a molecule	1		库[仑]平方米每伏[特]	coulomb metre squared per volt	$A^2\times s^4/kg$	$C\cdot m^2/V$		A27	617 *

表 A.1（续）

量		级/类别	状态标识	单位名称		换算因子	表示符号	描述	通用代码	交叉引用号
中文名称	英文名称			中文名称	英文名称					
微正则配分函数 正则配分函数 巨正则配分函数 分子配分函数	microcanonical partition function, canonical partition function, grand-canonical partition function, grand partition function, molecular partition function, partition function of a molecule	1		—	one	1	1		C62	618 *
统计权重	statistical weight	1		—	one	1	1		C62	619 *
玻耳兹曼常数	Boltzmann constant	1		焦[尔]每开[尔文]	joule per kelvin	J/K	J/K		JE	620 *
平均自由程	mean free path	1		米	metre	m	m		MTR	621 *
扩散系数	diffusion coefficient	1		平方米每秒	square metre per second	m^2/s	m^2/s		S4	622 *
热扩散比 热扩散因子	thermal diffusion ratio, thermal diffusion factor	1		—	one	1	1		C62	623 *
热扩散系数	thermal diffusion coefficient	1		平方米每秒	square metre per second	m^2/s	m^2/s		S4	624 *
质子数	proton number	1		—	one	1	1		C62	625 *
元电荷	elementary charge	1		库[仑]	coulomb	A×s	C		COU	626 *
离子电荷数的	charge number of ion	1		—	one	1	1		C62	627 *
法拉第常数	Faraday constant	1		库[仑]每摩[尔]	coulomb per mole	A×s/mol	C/mol		A32	628 *

表 A.1(续)

量		级/类别	状态标识	单位名称		换算因子	表示符号	描述	通用代码	交叉引用号
中文名称	英文名称			中文名称	英文名称					
电解质电导率	electrolytic conductivity	1		西[门子]每米	siemens per metre	S/m	S/m		D10	629 *
摩尔电导率	molar conductivity	1		西[门子]平方米每摩[尔]	siemens square metre per mole	S×m^2/mol	S·m^2/mol		D12	630 *
离子B的迁移数 离子B的电流分数	transport number of ion B, current fraction of ion B	1		一	one	1	1		C62	631 *
旋光角	angle of optical rotation	1		弧度	radian	m×m^{-1}=1	rad		C81	632 *
摩尔旋光本领	molar optical rotatory power	1		弧度平方米每摩[尔]	radian square metre per mole	0.159 155 m^2/mol	rad·m^2/mol		C82	633 *
质量旋光本领, 比旋光本领	massic optical, rotatory power, specific optical rotatory power	1		弧度平方米每克	radian square metre per kilogram	0.159 155 m^2/kg	rad·m^2/kg		C83	634 *
原子物理学和核物理学 ATOMIC AND NUCLEAR PHYSICS										
质子数, 原子序数	proton number, atomic number	1		一	one	1	1		C62	635 *
中子数	neutron number	1		一	one	1	1		C62	636 *
核子数, 质量数	nucleon number, mass number	1		一	one	1	1		C62	637 *
[核素X的]原子质量, 核素质量	mass of atom (of a nuclide X), nuclidic mass	1		千克	kilogram	kg	kg	质量单位,等于一千克	KGM	638 *
[核素X的]原子质量, 核素质量 原子质量常量	mass of atom (of a nuclide X), nuclidic mass, unified atomic mass constant	1		原子质量单位	unified atomi mass unit	1.660 540 2×10^{-27} kg	u		D43	639 *

表 A.1（续）

量		级/类别	状态标识	单位名称		换算因子	表示符号	描述	通用代码	交叉引用号
中文名称	英文名称			中文名称	英文名称					
电子[静]质量 质子[静]质量 中子[静]质量	(rest) mass of electron, (rest) mass of proton, (rest) mass of neutron	1		一	one	1	1		C62	640 *
质量过剩	mass excess	1		千克	kilogram	kg	kg	质量单位，等于一千克	KGM	641 *
质量亏损	mass defect	1		原子质量单位	unified atomic mass unit	1.660 540 2× 10^{-27} kg	u		D43	642 *
相对质量过剩 相对质量亏损	relative mass excess, relative mass defect	1		一	one	1	1		C62	643
敛集率 结合率	packing fraction, binding fraction	1		一	one	1	1		C62	644
元电荷	elementary charge	1		库[仑]	coulomb	A×s	C		COU	645 *
普朗克常量	Planck constant	1		焦[耳]秒	joule second	J×s	J·s		B18	646 *
玻尔半径	Bohr radius	1		米	metre	m	m		MTR	647 *
		1		埃	angstrom	10^{-10} m(准确值)	Å		A11	648
里德伯常量	Rydberg constant	1		每米	reciprocal metre	m^{-1}	m^{-1}		C92	649 *
哈特里能[量]	Hartree energy	1		焦[耳]	joule	J	J		JOU	650 *
粒子或原子核的磁矩 玻尔磁子 核磁子	magnetic moment of particle, Bohr magneton, nuclear magneton or nucleus	1		安[培]平方米	ampere square metre	A×m^2	A·m^2		A5	651 *
磁旋系数，(磁旋比)	gyromagnetic coefficient, (gyromagnetic ratio)	1		安[培]平方米每焦[耳]秒	ampere square metre per joule second	(A×s)/kg	A·m^2/(J·s)		A10	652 *
原子或电子的 g 因数 原子核或核子的 g 因数	g-factor of atom or electron, g-factor of nucleus	1		一	one	1	1		C62	653 *
拉莫尔频率	Larmor angular frequency	1		每秒	reciprocal second	s^{-1}	s^{-1}		C97	654 *

表 A.1（续）

量		级/类别	状态标识	单位名称		换算因子	表示符号	描述	通用代码	交叉引用号
中文名称	英文名称			中文名称	英文名称					
核进动角频率 回旋角频率	nuclear precession, cyclotron angular frequency	1	|	弧度每秒	radian per second	1/s	rad/s		2A	655 *
核四极矩	nuclear quadrupole moment	1		平方米	square metre	m^2	m^2		MTK	656 *
核半径 电子半径 康普顿波长	nuclear radius, electron radius, Compton wavelength	1		米	metre	m	m		MTR	657 *
轨道角动量量子数	orbital angular momentum quantum number	1		一	one	1	1		C62	658
自旋角动量量子数	spin angular momentum quantum number	1		一	one	1	1		C62	659 *
总角动量量子数	total angular momentum quantum number	1		一	one	1	1		C62	660 *
核自旋量子数	nuclear spin quantum number	1		一	one	1	1		C62	661 *
超精细结构量子数	hyperfine structure quantum number	1		一	one	1	1		C62	662 *
主量子数	principle quantum number	1		一	one	1	1		C62	663 *
磁量子数	magnetic quantum number	1		一	one	1	1		C62	664 *
精细结构常数	fine structure constant	1		一	one	1	1		C62	665 *
平均寿命 半衰期	mean life, half life	1		秒(时间单位)	second(unit of time)	s	s		SEC	666 *
能级宽度 α衰变能	level width, alpha disintegration energy	1		焦[耳]	joule	J	J		JOU	667 *

表 A.1（续）

量		级/类别	状态标识	单位名称		换算因子	表示符号	描述	通用代码	交叉引用号
中文名称	英文名称			中文名称	英文名称					
β最大衰变能，β衰变能	maximum beta particle energy, beta disintegration energy	1		电子伏	electronvolt	1.602 177 33×10^{-19} J	eV		A53	668
内转换因数	internal conversion factor	1		一	one	1	1		C62	669 *
［放射性］活度	activity	2		居里	curie	3.7×10^{10} Bq（准确值）	Ci		CUR	670
		2S		毫居里	millicurie	3.7×10^{7} Bq（准确值）	mCi		MCU	671
		2S		微居里	microcurie	3.7×10^{4} Bq（准确值）	μCi		M5	672
		2S	|	千居里	kilocurie	3.7×10^{13} Bq（准确值）	kCi		2R	673
		1		贝可［勒尔］	becquerel	27.027×10^{-12} Ci	Bq		BQL	674 *
		1M		吉［咖］贝可［勒尔］	gigabecquerel	10^{9} Bq（准确值）	GBq		GBQ	675
		1S		千贝可［勒尔］	kilobecquerel	10^{3} Bq（准确值）	kBq		2Q	676
		1S		兆贝可［勒尔］	megabecquerel	10^{6} Bq（准确值）	MBq		4N	677
比活度	specific activity in a sample	2		居里每千克	curie per kilogram	3.7×10^{10} Bq/kg（准确值）	Ci/kg		A42	678
		1		贝可［勒尔］每千克	becquerel per kilogram	27.027×10^{-12} Ci/kg（准确值）	Bq/kg		A18	679 *
		1S		兆贝可［勒尔］每千克	megabecquerel per kilogram	10^{6} Bq/kg（准确值）	MBq/kg		B67	680
		1S		千贝可［勒尔］每千克	kilobecquerel per kilogram	10^{3} Bq/kg（准确值）	kBq/kg		B25	681
体积活度，活度浓度	volumic activity, activity concentration	1		贝可［勒尔］每立方米	becquerel per metre cubed	27.027×10^{-12} Ci/m^3	Bq/m^3		A19	682
衰变常量	decay constant, disintegration constant	1		每秒	reciprocal second	s^{-1}	s^{-1}		C97	683

表 A.1（续）

量		级/类别	状态标识	单位名称		换算因子	表示符号	描述	通用代码	交叉引用号
中文名称	英文名称			中文名称	英文名称					
核反应和电离辐射	**NUCLEAR REACTIONS AND IONIZING RADIATION**									
反应能	reaction energy	1		焦[耳]	joule	J	J		JOU	684 *
共振能	resonance energy	1		电子伏	electronvolt	$1.602\,177\,33\times10^{-19}$ J	eV		A53	685 *
形成每对离子平均损失的能量	average energy loss per ion,pair formed,(average energy loss per elementary charge of the same sign produced)	2	D	尔格	erg	10^{-7} J	erg		A57	686
截面	cross-section	1		平方米	square metre	m^2	m^2		MTK	687 *
总截面	total cross-section	1		靶恩	barn	10^{-28} m^2	b		A14	688
角截面	angular cross-section	1		平方米每球面度	square metre per steradian	m^2/sr	m^2/sr		D24	689 *
		1		靶恩每球面度	barn per steradian	$1.256\,64\times10^{-27}$ m^2	b/sr		A17	690
能谱截面	spectral cross-section	1		平方米每焦[耳]	square metre per joule	m^2/J	m^2/J		D20	691 *
		1		靶恩每电子伏	barn per electron volt	$6.241\,46\times10^{-10}$ m^2/J	b/eV		A15	692
		2		平方厘米每尔格	square centimetre per erg	10^3 m^2/J	cm^2/erg		D16	693
能谱角截面	spectral angular cross-section	1		平方米每球面度焦[耳]	square metre per steradian joule	$m^2/(sr\times J)$	$m^2/(sr\cdot J)$		D25	694 *
		1		靶恩每球面度电子伏	barn per steradian electronvolt	$6.241\,46\times10^{-10}$ $m^2/(sr\times J)$	$b/(sr\cdot eV)$		A16	695
		2		平方厘米每球面度尔格	square centimetre per steradian erg	10^3 $m^2/(sr\times J)$	$cm^2/(sr\cdot erg)$		D17	696
宏观截面，体积截面 体积总截面，宏观总截面	macroscopic cross-section, volumic cross-section, volumic total cross-section, macroscopic total cross-section	1		每米	reciprocal metre	m^{-1}	m^{-1}		C92	697 *

表 A.1（续）

量 中文名称	量 英文名称	级/类别	状态标识	单位名称 中文名称	单位名称 英文名称	换算因子	表示符号	描述	通用代码	交叉引用号
粒子注量	particle fluence	1		每平方米	reciprocal square metre	m^{-2}	m^{-2}		C93	698 *
粒子注量率，(粒子通量密度)，中子注量率，(中子通量密度)，粒子流密度	particle fluence rate，(partical flux density)，neutron fluence rate，(neutronflux density)，current density of particles	1		每平方米秒	reciprocal metre squared reciprocal second	m^{-2}/s	m^{-2}/s		B81	699 *
能注量	energy fluence	1		焦[耳]每平方米	joule per square metre	J/m^2	J/m^2		B13	700 *
能注量率，(能通量率)	energy fluence rate，(energy flux density)	1		瓦[特]每平方米	watt per square metre	W/m^2	W/m^2		D54	701 *
		2	D	尔格每平方厘米秒	erg per square centimetre second	10^{-3} W/m^2	$erg/(cm^2 \cdot s)$		A65	702
线衰减系数	linear attenuation coefficient	1		每米	reciprocal metre	m^{-1}	m^{-1}		C92	703 *
质量衰减系数	mass attenuation coefficient	1		平方米每千克	square metre per kilogram	m^2/kg	m^2/kg		D21	704 *
摩尔衰减系数	molar attenuation coefficient	1		平方米每摩[尔]	square metre per mole	m^2/mol	m^2/mol		D22	705 *
原子衰减系数	atomic attenuation coefficient	1		平方米	square metre	m^2	m^2		MTK	706 *
慢化面积，扩散面积，迁徙面积	slowing down area，diffusion area，migration area	1		平方米	square metre	m^2	m^2		MTK	707 *

表 A.1（续）

量		级/类别	状态标识	单位名称		换算因子	表示符号	描述	通用代码	交叉引用号
中文名称	英文名称			中文名称	英文名称					
半厚度	half-thickness, half-value thickness	1		米	metre	m	m		MTR	708 *
平均[线]射程 平均自由程	mean linear range, mean free path	1		米	metre	m	m		MTR	709 *
慢化长度 扩散长度 迁徙长度	slowing-down length, diffusion length, migration length	1		米	metre	m	m		MTR	710 *
每次裂变的中子产额 每次吸收的中子产额	neutron yield per fission, neutron yield per absorption	1		—	one	1	1		C62	711 *
快中子增殖因数	fast fission factor	1		—	one	1	1		C62	712 *
热中子利用因数	thermal utilization factor	1		—	one	1	1		C62	713 *
不泄露概率	non leakage probability	1		—	one	1	1		C62	714 *
增殖因数 无限介质增殖因数 有效增殖因数	multiplication factor, infinite medium multiplication factor, effective multiplication factor	1		—	one	1	1		C62	715 *
中子注量率的扩散系数，（中子通量密度的扩散系数）	diffusion coefficient for neutron fluence rate, (diffusion coefficient for neutron flux density)	1		米	metre	m	m		MTR	716 *

表 A.1(续)

量		级/类别	状态标识	单位名称		换算因子	表示符号	描述	通用代码	交叉引用号
中文名称	英文名称			中文名称	英文名称					
总线阻止本领	total linear stopping power	1		焦[耳]每米	joule per metre	J/m	J/m		B12	717 *
		1		电子伏每米	electronvolt per metre	1.602 177 33×10^{-19} J/m	eV/m		A54	718 *
		2	D	尔格每厘米	erg per centimetre	10^{-5} J/m	erg/cm		A58	719
总原子阻止本领	total atomic stopping power	1		焦[耳]平方米	joule square metre	J×m^2	J·m^2		D73	720 *
		1		电子伏平方米	electronvolt square metre	1.602 177 33×10^{-19} J×m^2	eV·m^2		A55	721 *
		2	D	尔格平方厘米	erg square centimetre	10^{-11} J×m^2	erg·cm^2		A66	722
总质量阻止本领	total mass stopping power	1		焦[耳]平方米每千克	joule square metre per kilogram	J×m^2/kg	J·m^2/kg		B20	723 *
		1		电子伏平方米每千克	electronvolt square metre per kilogram	1.602 177 33×10^{-19} J×m^2/kg	eV·m^2/kg		A56	724 *
		2	D	尔格平方厘米每克	erg square centimetre per gram	10^{-8} J×m^2/kg	erg·cm^2/g		A67	725
平均质量射程	mean mass range	1		千克每平方米	kilogram per square metre	kg/m^2	kg/m^2		28	726 *
粒子线电离 粒子总电离	linear ionization by a particle total ionization by a particle	1		每米	reciprocal metre	m^{-1}	m^{-1}		C92	727 *
迁移率	mobility	1		平方米每伏[特]秒	square metre per volt second	m^2/(V×s)	m^2/(V·s)		D26	728 *
离子数密度 离子密度 中子数密度	ion number density, ion density, neutron number density	1		每立方米	reciprocal cubic metre	m^{-3}	m^{-3}		C86	729 *
复合系数	recombination coefficient	1		立方米每秒	cubic metre per second	m^3/s	m^3/s		MQS	730 *
中子速度	neutron speed	1		米每秒	metre per second	m/s	m/s		MTS	731 *
扩散系数 中子数密度的扩散系数	diffusion coefficient, diffusion coefficient for neutron number density	1		平方米每秒	square metre per second	m^2/s	m^2/s		S4	732 *

表 A.1（续）

量		级/类别	状态标识	单位名称		换算因子	表示符号	描述	通用代码	交叉引用号
中文名称	英文名称			中文名称	英文名称					
总中子源密度	neutron source density	1		每立方米秒	reciprocal second per cubic metre	s^{-1}/m^3	s^{-1}/m^3		C98	733 *
慢化密度	slowing down density	1		每立方米秒	reciprocal cubic metre per second	m^{-3}/s	m^{-3}/s		C87	734 *
逃脱共振俘获概率	resonance escape probability	1		一	one	1	1		C62	735 *
对数能降	lethargy	1		一	one	1	1		C62	736 *
平均对数能降	average logarithmic energy decrement	1		一	one	1	1		C62	737 *
反应性	reactivity	1		一	one	1	1		C62	738 *
反应堆时间常数	reactor time constant	1		秒[时间单位]	second [unit of time]	s	s		SEC	739 *
[放射性]活度	activity	1		贝可[勒尔]	becquerel	27.027×10^{-12} Ci	Bq		BQL	740 *
		2		居里	curie	3.7×10^{10} Bq	Ci		CUR	741 *
授[予]能，平均授[予]能	energy imparted, mean energy imparted	1		焦[耳]	joule	J	J		JOU	742 *
比授[予]能	specific energy imparted, massic energy imparted	1		戈[瑞]	gray	m^2/s^2	Gy		A95	743 *
		1S		毫戈[瑞]	milligray	10^{-3} Gy	mGy		C13	744
吸收剂量	absorbed dose	2		拉德	rad	10^{-2} Gy	rad		C80	745
比释动能	kerma	2	D	尔格每克	erg per gram	10^{-4} J/kg	erg/g		A61	746
剂量当量	dose equivalent	1		希[沃特]	sievert	m^2/s^2	Sv		D13	747 *
		1S		毫希[沃特]	millisievert	10^{-3} Sv	mSv		C28	748
		2		雷姆	rem	10^{-2} Sv	rem		D91	749
吸收剂量率	absorbed dose rate	1		戈[瑞]每秒	gray per second	m^2/s^3	Gy/s		A96	750 *
比释动能率	kerma rate	2	D	尔格每克秒	erg per gram second	10^{-4} W/kg	erg/(g·s)		A62	751

表 A.1（续）

量		级/类别	状态标识	单位名称		换算因子	表示符号	描述	通用代码	交叉引用号
中文名称	英文名称			中文名称	英文名称					
传能线密度	linear energy transfer	1		焦[耳]每米	joule per metre	J/m	J/m		B12	752 *
		1		电子伏每米	electronvolt per metre	1.602 177 33×10^{-19} J/m	eV/m		A54	753 *
		2	D	尔格每厘米	erg per centimetre	10^{-5} J/m	erg/cm		A58	754
质能转移系数	mass energy transfer coefficient	1		平方米每千克	square metre per kilogram	m^2/kg	m^2/kg		D21	755
照射量	exposure	1		库[仑]每千克	coulomb per kilogram	A×s/kg	C/kg		CKG	756 *
		1S		毫库[仑]每千克	millicoulomb per kilogram	10^{-3} C/kg	mC/kg		C8	757 *
		2		伦琴	roentgen	2.58×10^{-4} C/kg	R		2C	758
		2	#|	毫伦琴	milliroentgen	2.58×10^{-7} C/kg	mR		2Y	759
		2	|	千伦琴	kiloroentgen	2.58×10^{-1} C/kg	kR		KR	760
照射量率	exposure rate	1		库[仑]每千克秒	coulomb per kilogram second	A/kg	C/(kg·s)		A31	761 *
		2		伦琴每秒	roentgen per second	2.58×10^{-4} C/(kg×s)	R/s		D6	762
特征数（无量纲参数） CHARACTERISTIC NUMBERS (dimensionless parameters)										
动量传递 Momentum Transport										
雷诺数	Reynolds number	1	—		one	1	1		C62	763 *
欧拉数	Euler number	1	—		one	1	1		C62	764 *
弗劳德数	Froude number	1	—		one	1	1		C62	765 *
格拉晓夫数	Grashof number	1	—		one	1	1		C62	766 *
韦伯数	Weber number	1	—		one	1	1		C62	767 *
马赫数	Mach number	1	—		one	1	1		C62	768 *
克努森数	Knudsen number	1	—		one	1	1		C62	769 *
斯特劳哈尔数	Strouhal number	1	—		one	1	1		C62	770 *
热量传递 Transport of Heat										
傅里叶数	Fourier number	1	—		one	1	1		C62	771 *

表 A.1(续)

量		级/类别	状态标识	单位名称		换算因子	表示符号	描述	通用代码	交叉引用号
中文名称	英文名称			中文名称	英文名称					
贝克来数	Peclet number	1		一	one	1	1		C62	772 *
瑞利数	Rayleigh number	1		一	one	1	1		C62	773 *
努塞尔数	Nusselt number	1		一	one	1	1		C62	774 *
斯坦顿数	Stanton number	1		一	one	1	1		C62	775 *
双组分混合物中的质量传递	Transport of Matter in a Binary Mixture									
传质傅里叶数	Fourier number for mass transfer	1		一	one	1	1		C62	776 *
传质贝克来数	Peclet number for mass transfer	1		一	one	1	1		C62	777 *
传质格拉晓夫数	Grashof number for mass transfer	1		一	one	1	1		C62	778 *
传质努塞尔数	Nusselt number for mass transfer	1		一	one	1	1		C62	779 *
传质斯坦顿数	Stanton number for mass transfer	1		一	one	1	1		C62	780 *
物性常数　Constants of Matter										
普朗特数	Prandtl number	1		一	one	1	1		C62	781
施密特数	Schmidt number	1		一	one	1	1		C62	782
路易斯数	Lewis number	1		一	one	1	1		C62	783
磁流体动力学　Magnetohydrodyn-amics										
磁雷诺数	magnetic Reynolds number	1		一	one	1	1		C62	784 *
阿尔芬数	Alfven number	1		一	one	1	1		C62	785 *

表 A.1（续）

量		级/类别	状态标识	单位名称		换算因子	表示符号	描述	通用代码	交叉引用号
中文名称	英文名称			中文名称	英文名称					
哈脱曼数	Hartmann number	1		—	one	1	1		C62	786＊
考林数	Cowling number	1		—	one	1	1		C62	787＊
固体物理学　SDLID STATE PHYSICS										
点阵矢[量]，[晶]格矢[量] 点阵基矢[量]，[晶]格基矢[量]	lattice vector， fundamental lattice vector	1		米	metre	m	m		MTR	788＊
点阵屏面间距，晶面间距 伯格斯矢量	lattice plane spacing， Burgers vector	1		埃	angstrom	10^{-10} m	Å		A11	789
布喇格角	Bragg angle	1		弧度	radian	$m \times m^{-1} = 1$	rad		C81	790＊
		1	|	度[角度单位]	degree（unit of angle）	$1.745\ 329 \times 10^{-2}$ rad	°		DD	791＊
反射级	order of reflexion	1		—	one	1	1		C62	792＊
短程序参量 长程序参量	short-range order parameter， long-range order parameter	1		—	one	1	1		C62	793＊
弛豫时间 载流子寿命	relaxation time， carrier life time	1		秒[时间单位]	second（unit of time）	s	s		SEC	794＊
磁通量子	magnetic flux quantum	1		韦[伯]	weber	Wb	Wb		WEB	795＊
粒子位[置]矢[量] 离子或原子平衡位[置]矢[量] 离子或原子位移矢[量]	particle position vector， equilibrium position vector of ion or atom， displacement vector of ion or atom	1		米	metre	m	m		MTR	796＊
德拜-瓦勒因数	Debye-Walle factor	1		—	one	1	1		C62	797＊

表 A.1(续)

量		级/类别	状态标识	单位名称		换算因子	表示符号	描述	通用代码	交叉引用号
中文名称	英文名称			中文名称	英文名称					
声子平均自由程 电子平均自由程 伦敦穿透深度 相干长度 扩散长度	mean free path of phonons or electrons, London penetration depth, coherence length, diffusion length	1		米	metre	m	m		MTR	798 *
[角]波数	angular repetency, angular wave number	1		每米	reciprocal metre	m^{-1}	m^{-1}		C92	799 *
费密[角]波数	Fermi angular repetency, Fermi angular wave number	1		每埃	reciprocal angstrom	$10^{10}\ m^{-1}$	$Å^{-1}$		C85	800 *
德拜[角]波数	Debye angular repetency, Debye angular wave number	1		弧度每米	radian per metre	0.159 155/m	rad/m		C84	801 *
倒易点阵矢[量], 倒格[子]矢[量] 倒易点阵基矢[量], 倒格[子]基矢[量]	angular reciprocal lattice vector, fundamental reciprocal lattice vector	1		每米	reciprocal metre	m^{-1}	m^{-1}		C92	802 *
德拜[角]频率	Debye angular frequency	1	|	弧度每秒	radian per second	1/s	rad/s		2A	803 *
		1		每秒	reciprocal second	s^{-1}	s^{-1}		C97	804 *
德拜温度 居里温度 奈耳温度 费密温度 超导体转变温度	Debye temperature, Curie temperature, Néel temperature, Fermi temperature, Super conductor transition temperature	1		开[尔文]	kelvin	℃	K		KEL	805 *

表 A.1(续)

量		级/类别	状态标识	单位名称		换算因子	表示符号	描述	通用代码	交叉引用号
中文名称	英文名称			中文名称	英文名称					
点阵振动模式密度,晶格振动模式密度	spectral concentration of vibrational modes (in terms of angular frequency)	1		秒每立方米	second per cubic metre	s/m^3	s/m^3		D93	806 *
		1		秒每弧度立方米	second per radian cubic metre	s/(6.283 19×m^3)	s/(rad · m^3)		D94	807 *
格林爱森参量	Grüneisen parameter	1		—	one	1	1		C62	808 *
马德隆常量	Madelung constant	1		—	one	1	1		C62	809 *
朗道-京茨堡参量	Landau-Ginzburg number	1		—	one	1	1		C62	810 *
态密度	density of states	1		每焦[耳]立方米	reciprocal joule per cubic metre	J^{-1}/m^3	J^{-1}/m^3		C90	811 *
		1		每电子伏立方米	reciprocal electron volt per cubic metre	6.241 46×10^{18} J^{-1}/m^3	eV^{-1}/m^3		C88	812 *
剩余电阻率	residual resistivity	1		欧[姆]米	ohm metre	Ω×m	Ω · m		C61	813 *
洛伦兹系数	Lorenz coefficient	1		二次方伏[特]每二次方开[尔文]	volt squared per kelvin squared	V^2/K^2	V^2/K^2		D45	814 *
霍耳系数	Hall coefficient	1		立方米每库[仑]	cubic metre per coulomb	m^3/A×s	m^3/C		A38	815 *
物质 a 与 b 之间的温差电动势 物质 a 和 b 的珀耳贴系数	thermoelectromotive force between substances a and b, Peltier coefficient for substances a and b	1		伏[特]	volt	V	V		VLT	816 *

表 A.1（续）

量		级/类别	状态标识	单位名称		换算因子	表示符号	描述	通用代码	交叉引用号
中文名称	英文名称			中文名称	英文名称					
热力学超导临界磁通[量]密度 下临界磁通[量]密度 上临界磁通[量]密度	thermodynamic critical magnetic flux density, lower critical magnetic flux density, upper critical magnetic flux density	1		特[斯拉]	tesla	T	T		D33	817 *
物质a和b的塞贝克系数	Seebeck coefficient for substances a and b	1	|	伏[特]每开[尔文]	volt per kelvin	V/K	V/K		D48	818 *
汤姆逊系数	Thompson coefficient	1S		毫伏[特]每开[尔文]	millivolt per kelvin	10^{-3} V/K	mV/K		D49	819
功函数	work function	1		焦[耳]	joule	J	J		JOU	820 *
费密能[量]	Fermi energy	1		电子伏	electronvolt	1.602 177 33×10^{-19} J	eV		A53	821 *
禁带宽度	gap energy	1S		飞[母托]焦[耳]	femtojoule	10^{-15} J	fJ		A70	822
施主电离能 受主电离能 交换积分 超导体能隙参数 电子亲和能	donor ionization energy, acceptor ionization energy, exchange intergral, superconductor energy gap, electron affinity	1S		阿[托]焦[耳]	attojoule	10^{-18} J	aJ		A13	823
里查逊常量	Richardson constant	1		安[培]每平方米二次方开[尔文]	ampere per square metre kelvin squared	A/(m^2×K^2)	A/(m^2·K^2)		A6	824 *

表 A.1（续）

量		级/类别	状态标识	单位名称		换算因子	表示符号	描述	通用代码	交叉引用号
中文名称	英文名称			中文名称	英文名称					
电子浓度，电子数密度，空穴浓度，空穴数密度，施主浓度，施主数密度，本征载流子浓度，本征载流子密度，受主浓度，受主数密度	electron number density，volumic electron number，hole number density，volumic hole number，donor number density，volumic donor number，intrinsic number density，volumic intrinsis number，acceptor number density，volumic acceptor number	1		每立方米	reciprocal cubic metre	m^{-3}	m^{-3}		C86	825 *
有效质量	effective mass	1		千克	kilogram	kg	kg	等于一千克的质量单位	KGM	826 *
迁移率比	mobility ratio	1		—	one	1	1		C62	827 *
其他 MISCELLANEOUS(to be found a suitable quantity)										
爆破指数	bust index	1M		千帕［斯卡］平方米每克	kilopascal square metres per gram	10^6 m/s²	kPa・m²/g		33	828
硬度指数	hardness index	1M	|	千帕［斯卡］平方米每毫米	kilopascals per millimetre	10^6 kg/(m²×s²)	kPa・m²/mm		34	829
孔隙率	porosity	1M		毫升每平方厘米秒	millilitres per square centimetre second	10^{-2} m/s	ml/(cm²・s)		35	830
		1M	X	立方英尺每分平方英尺	cubic feet per minute per square foot		ft³/(min・ft²)	需要定义转换因子	36	831
板密度	sheet density	1M		盎司每平方英尺每厘米英寸	ounces per square foot per 0.01inch		oz/(ft²/cmin)		38	832

表 A.2 按计量单位的信息排列的代码表

量		级/类别	状态标识	单位名称		换算因子	表示符号	描述	通用代码	交叉引用号
中文名称	英文名称			中文名称	英文名称					
已限定的单位 QUALIFIED BASE UNITS										
		3.1A		纯酒精百升	hectolitre of pure alcohol			体积单位,等于一百升纯酒精	HPA	833
		3.1A		纯酒精升	litre of pure alcohol			体积单位,等于一升纯酒精	LPA	834
		3.1A		标准加仑	proof gallon			体积单位,等于一加仑含标准酒精量的酒或其酒精当量。用于测量蒸馏得到的蒸馏酒浓度,表示为特定温度下标准混合的酒精含量百分比	PGL	835
		3.1A		裂变同位素克	gram of fissile isotope		gi F/S	质量单位,定义裂变同位素克数(裂变同位素:核子在低能量中子的辐射下能够分解的同位素)	GFI	836
		3.1A		指定物质千克	kilogram named substance			质量单位,等于一千克指定物质	KNS	837
		3.1A		氮千克	kilogram of nitrogen		kg N	质量单位,等于一千克氮	KNI	838
		3.1A		五氧化二磷千克	kilogram of phosphorus pentoxide (phosphoric anhydride)			质量单位,等于一千克五氧化二磷	KPP	839
		3.1A		氢氧化钾千克	kilogram of potassium hydroxide (caustic potash)		kg KOH	质量单位,等于一千克氢氧化钾(苛性钾)	KPH	840
		3.1A		氧化钾千克	kilogram of potassium oxide		kg K_2O	质量单位,等于一千克氧化钾	KPO	841
		3.1A		氢氧化钠千克	kilogram of sodium hydroxide (caustic soda)		kg NaOH	质量单位,等于一千克氢氧化钠(苛性钠)	KSH	842
		3.1A		90%干燥物质千克	kilogram of substance 90% dry		kg 90% sdt	质量单位,等于一千克指定物质90%干燥物质	KSD	843
		3.1A		铀千克	kilogram of uranium		kg U	质量单位,等于一千克铀	KUR	844
		3.1A	X	蒸汽吨每[小]时	ton of steam per hour				TSH	845
		3.1A	X	90%干燥物质吨(米制吨)	tonne of substance 90% dry				TSD	846

表 A.2(续)

量		级/类别	状态标识	单位名称		换算因子	表示符号	描述	通用代码	交叉引用号
中文名称	英文名称			中文名称	英文名称					
		3.1B		干磅	dry pound			质量单位,定义不包括产品中水分的产品磅数	DB	847
		3.1B		湿磅	wet pound			质量单位,定义包括产品中水分的产品磅数	WB	848
		3.1B	X	总桶重	gross barrel				GD	849
		3.1B	X	总加仑	gross gallon				GN	850
		3.1B		总千克	gross kilogram			质量单位,定义未扣除(某种成分)前的总千克数	E4	851
		3.1B	X	总码	gross yard				GY	852
		3.1B		总吨	gross ton			质量单位,等于2440磅,参见吨(英)。参考船舶吨位测量国际公约。同:米制总吨	GT	853
		3.1B	X	立方米(净量)	cubic metre (net)				D90	854
		3.1B		工时	labour hour			时间单位,定义工作时数	LH	855
		3.1B		加班[小]时	overtime hour			时间单位,定义加班小时数	OT	856
		3.1B	X	净桶重	net barrel				ND	857
		3.1B	X	净升	net litre				NE	858
		3.1B	X	净加仑(美)	net gallon (us)				NG	859
		3.1B	X	净加仑(英)	net imperial gallon				NI	860
		3.1B		工作月	working month			时间单位,定义工作月份数	WM	861
		3.1B		湿千克	wet kilo			质量单位,定义包括产品中水分的产品千克数	W2	862
		3.1B		干吨	dry ton			质量单位,定义不包括产品中水分的产品吨数	DT	863
		3.1B		湿吨	wet ton			质量单位,定义包括产品中水分的产品吨数	WE	864
		3.1C		当量加仑	equivalent gallon			体积单位,定义浓缩产品加仑数	EQ	865
		3.1C		葡萄酒加仑	wine gallon			体积单位,等于231立方英寸	WG	866
		3.1C	X	理论千克	theoretical kilograms				53	867
		3.1C		净千克	net kilogram			质量单位,定义扣除(其余物质)后总千克数	58	868

表 A.2(续)

量		级/类别	状态标识	单位名称		换算因子	表示符号	描述	通用代码	交叉引用号
中文名称	英文名称			中文名称	英文名称					
		3.1C	X	实际吨	actual ton				26	869
		3.1C		理论吨	theoretical ton			质量单位,用吨数表示指定物质质量	27	870
		3.1C		除锈吨	flake ton			质量单位,定义片状剥落物质吨数(flake:小块片状碎片)	FL	871
		3.1C	|	千克每毫米宽度	kilogram per millimetre width	10^3 kg/m			KI	872
		3.1C	X	理论吨(米制吨)	theoretical tonne				54	873
		3.1C		理论磅	theoretical pound			质量单位,用磅数表示指定物质质量	24	874
		3.1C	X	铝磅	aluminium pound only				AP	875
		3.1C		软化液磅	batting pound			质量单位,定义填充纤维磅数	B3	876
		3.1C		液体磅	liquid pound			质量单位,定义液体物质磅数	LP	877
		3.1C	D	磅力每平方英寸(表压)	pound per square inch, gauge	7.030 696×10^2 kg/m^2			64	878
		3.1C	X	磅每英寸宽度	pound per inch of width				PW	879
		3.1C	X	延厘米	linear centimetre				LC	880
		3.1C		延英尺	linear foot			计数单位,定义约定宽度物体长度的英尺(12英寸)数	LF	881
		3.1C	X	延英寸	linear inch				LI	882
		3.1C	D	水的英寸	inches of water			压强单位,定义水柱的英寸数	IF	883
		3.1C		工作或操作[小]时	running or operating hour			时间单位,定义运行或操作时数	RH	884
		3.1C		延米	linear metre			计数单位,定义约定宽度物体长度的米数	LM	885
		3.1C		风干的吨(米制吨)	air dry metric ton			计数单位,定义不包括产品中水分在内的产品吨(米制吨)数	MD	886
		3.1C		米制长吨	metric long ton			米制质量单位,等于1 016.047千克(2 240磅)	E5	887
		3.1C	D	金衡盎司(英)	ounce av			计量单位,等于1/16磅(英)或约28.349 5克(英制常衡)	OZ	888
		3.1C	X	延码每磅	linear yard per pound				LX	889

表 A.2(续)

量		级/类别	状态标识	单位名称		换算因子	表示符号	描述	通用代码	交叉引用号
中文名称	英文名称			中文名称	英文名称					
		3.1C	X	毫克每平方英尺每边	milligram per square foot per side				MF	890
		3.1C	X	磅当量	pound equivalent				PE	891
		3.1C	X	总磅	pound gross				D96	892
		3.1C	X	标准磅	pound gage				C77	893
		3.1C	X	百分比磅	pound percentage				PM	894
		3.1C	X	净磅	pound net				PN	895
		3.1C	X	质量磅	mass pound				D98	896
		3.1C	X	固体磅	solid pound				SD	897
		3.1C	D	水的毫升	millilitre of water			体积单位,定义水的毫升数	WW	898
		3.1		吨(米制吨),润滑油	metric ton, lubricating oil			质量单位,定义润滑油吨(米制吨)数	LUB	899
		3.1		产品指定项克	content gram			质量单位,定义产品中指定项克数	CTG	900
		3.1		产品指定项吨(米制吨)	content ton (metric)			质量单位,定义产品中指定项吨(米制吨)数	CTN	901
		3.1		英寸每延英尺	inch per linear foot			长度单位,定义英寸每延英尺	B82	902
		3.1		千伏[特]安[培][小]时	kilovolt ampere hour		kVAh	储[蓄]能单位,定义为以千伏[特]安[培][小]时表示的储蓄能量	C79	903
		3.1		千瓦[特][小]时每[小]时	kilowatt hour per hour		kW·h/h	储[蓄]能单位,定义为以千瓦[特][小]时表示的储蓄能量	D03	904
		3.1		兆焦[耳]每秒	megajoule per second		MJ/s	储[蓄]能速率单位,定义为一秒内以一百万焦[耳]表示的储能	D78	905
		3.1		标准千升	standard kilolitre			体积单位,定义 15 摄氏度下产品千升数,特别是与烃油相比	DMO	906

表 A.2（续）

量		级/类别	状态标识	单位名称		换算因子	表示符号	描述	通用代码	交叉引用号
中文名称	英文名称			中文名称	英文名称					
		3.1		牛［顿］每平方厘米	newton per square centimetre	10^4 Pa	N/cm^2	压强单位，定义为一平方厘米内以牛［顿］表示的压力	E01	907
		3.1		兆瓦［特］［小］时每［小］时	megawatt hour per hour		MW·h/h	储［蓄］能单位，定义为一小时内以一百万瓦［特］［小］时表示的储能	E07	908
		3.1		兆瓦［特］每赫［兹］	megawatt per hertz		MW/Hz	能量单位，定义为一赫兹内以百万瓦［特］计的负载变化	E08	909
		3.1		毫安［培］［小］时	milliampere hour	3.6 C	mA·h	负载功率单位，定义为以千分之一安［培］［小］时表示的输送速率	E09	910
		3.1		百万 BTU（IT）每［小］时	million BTU（IT）per hour	293 071.1 W	MBTU/h	定义为一小时内以一百万 BTU 表示的热单位功率	E16	911
		3.1		立方英尺每秒	cubic foot per second	$2.831\ 685 \times 10^{-2}\ m^3/s$	ft^3/s	体积流量单位，定义一秒钟内通过指定点的以立方英尺表示的流量	E17	912
		3.1		吨（米制吨）每［小］时	tonne per hour			质量流量单位，定义一小时内通过指定点的以吨表示的流量	E18	913
		3.1		坪	ping	$3.305\ m^2$		面积单位，等于 3.3 平方米	E19	914
		3.1		风干的干吨	air dry ton			质量单位，定义不包括产品中水分的产品吨数	E28	915
		3.1		平方米每升	square metre per litre		m^2/l	计数单位，定义为一升内以平方米数表示的计数单位	E31	916
		3.1		升每［小］时	litre per hour	$2.777\ 78 \times 10^{-7}\ m^3/s$	l/h	体积流量单位，定义一小时内通过指定点的以升表示的流量	E32	917
		3.1	|	千分之英寸	foot per thousand	3.048×10^{-4} m		计数单位，定义千分之一英寸数	E33	918
		3.1	+	千瓦［特］［小］时每立方米	kilowatt hour per cubic metre	$3.6 \times 10^6\ J/m^3$	kWh/m^3	能量消耗单位，定义为一立方米内以千瓦［特］［小］时表示的能量消耗	E46	919
		3.1	+	千瓦［特］［小］时每开［尔文］	kilowatt hour per kelvin	3.6×10^6 J/K	kWh/K	能量消耗单位，定义为一开［尔文］内以千瓦［特］［小］时表示的能量消耗	E47	920
		3.1		纤维米	fibre metre			长度单位，定义单条纤维（纤维制品）米数	FBM	921

表 A.2（续）

量		级/类别	状态标识	单位名称		换算因子	表示符号	描述	通用代码	交叉引用号
中文名称	英文名称			中文名称	英文名称					
		3.1		克，干重	gram, dry weight			质量单位，定义不包括产品中水分的产品克数	GDW	922
		3.1		克，包括容器	gram, including container			质量单位，定义包括产品容器在内的产品克数	GIC	923
		3.1		克，包括内包装	gram, including inner packaging			质量单位，定义包括产品内包装物在内的产品克数	GIP	924
		3.1		百千克，干重	hundred kilogram, dry weight			质量单位，定义不包括产品中水分的产品一百千克数	HDW	925
		3.1		百千克，净质量	hundred kilogram, net mass			质量单位，定义扣除（附加成分）后产品的百千克数	HKM	926
		3.1		百米	hundred metre			计数单位，定义100米长度数	JPS	927
		3.1		氯胆碱千克	kilogram of choline chloride		kg $C_5H_{14}ClNO$	质量单位，等于一千克氯胆碱	KCC	928
		3.1		干净重千克	kilogram drained net weight		kg/net eda	质量单位，定义不包括产品中液体内容的产品净千克数	KDW	929
		3.1		过氧化氢千克	kilogram of hydrogen peroxide		kg H_2O_2	质量单位，等于一千克过氧化氢	KHY	930
		3.1		千克，包括容器	kilogram, including container			质量单位，定义包括产品容器在内的产品千克数	KIC	931
		3.1		千克，包括内包装	kilogram, including inner packaging			质量单位，定义包括产品内包装物在内的产品千克数	KIP	932
		3.1		甲胺千克	kilogram of methylamine		kg met. am.	质量单位，等于一千克甲胺	KMA	933

表 A.2（续）

量		级/类别	状态标识	单位名称		换算因子	表示符号	描述	通用代码	交叉引用号
中文名称	英文名称			中文名称	英文名称					
		3.1		三氧化钨千克	kilogram of tungsten trioxide		kg WO_3		KWO	934
		3.1		延码	linear yard			计数单位，以 36 英寸为单位长度定义约定宽度物体长度	LY	935
		3.1		无功兆伏[特]安[培][小]时	megavolt ampere reactive hours		MV·A·r·h	电力无功能量单位，定义电力系统中以一百万伏[特]安[培][小]时表示的总无功功率(值)	MAH	936
		3.1		无功兆伏[特]安[培]	megavolt ampere reactive		MV·A·r	电力无功功率单位，表示为相角正弦为 1 时，一千伏特电位差引起的一千安培电流	MAR	937
		3.1		千克，干重	kilogram, dry weight			质量单位，定义不包括产品中水分在内的产品千克数	MND	938
		3.1		臭氧损耗当量	ozone depletion equivalent			当量单位，定义相对于参考物质氯氟甲烷(CFC-11)的计算损耗，一种产品可能造成的臭氧损耗当量数	ODE	939
		3.1		标准升	proof litre			体积单位，等于一升含标准酒精量的酒或其酒精当量。用于测量蒸馏得到的蒸馏酒浓度，表示为特定温度下标准混合的酒精含量百分比	PFL	940
		3.1		平方，屋顶	square, roofing			计数单位，定义屋顶材料平方数，表示为 100 平方英尺的倍数	SQR	941
		3.1		标准升	standard litre			体积单位，定义 15 摄氏度下产品升数，特别是与烃油相比	STL	942
		3.1		吨(米制吨)，包括容器	metric ton, including container			质量单位，定义包括产品容器在内的产品吨(米制吨)数	TIC	943
		3.1		吨(米制吨)，包括内包装	metric ton, including inner packaging			质量单位，定义包括产品内包装物在内的产品吨(米制吨)数	TIP	944

表 A.2（续）

量		级/类别	状态标识	单位名称		换算因子	表示符号	描述	通用代码	交叉引用号
中文名称	英文名称			中文名称	英文名称					
销售单位(中文名称按商品约定)　SALES UNITS										
		3.2		活性	activity			计数单位，定义活性程度(活性：工作或动作单位)	ACT	945
		3.2		劳[特](重量单位)	lot[unit of weight]			重量单位，等于约1/2盎司或15克	D04	946
		3.2A		组(批、副、对、集……)	set			计数单位，定义组数(组：组合在一起的物品)	SET	947
		3.2A		十天	ten day			时间单位，定义以10为倍数计量的天数	DAD	948
		3.2A		十二对	dozen pair			计数单位，定义以12为倍数计量的对数(对：两个一组描述的条目)	DPR	949
		3.2A		十二包	dozen pack			计数单位，定义以12为倍数计量的包数(包：标准包装单位)	DZP	950
		3.2A		十二件	dozen piece			计数单位，定义以12为倍数计量的件数(件：较大整体中独立的部分)	DPC	951
		3.2A		十二卷	dozen roll			计数单位，定义以12为倍数计量的卷数	DRL	952
		3.2A		百盒	hundred boxes			计数单位，定义以100为倍数计量的盒数	HBX	953
		3.2B		每个	each			计数单位，定义作为独立单位的条目数	EA	954
		3.2B		套	kit			计数单位，定义套数(套：盆、桶或提桶)	KT	955
		3.2C	X	二包	two pack				OP	956
		3.2C	X	三包	three pack				P3	957
		3.2C	X	四包	four pack				P4	958
		3.2C		五包	five pack			计数单位，以五包为基数定义数量(五包：一组五件包装在一起)	P5	959
		3.2C	X	六包	six pack				P6	960
		3.2C	X	七包	seven pack				P7	961
		3.2C	X	八包	eight pack				P8	962
		3.2C	X	九包	nine pack				P9	963
		3.2C		十包	ten pack			计数单位，以十包为基数定义数量	TP	964
		3.2C	X	十一包	eleven pack				EP	965
		3.2C	X	二十包	twenty pack				4E	966
包装单位(包括限制条件)　PACKAGE UNITS(INCLUDED ARE ANY QUALIFICATIONS ON THEM)										
		3.3A	X	包	pack			采用GB/T 16472—1996	PK	967
		3.3A	X	小包裹	packet			采用GB/T 16472—1996	PA	968
		3.3A	X	棒(包装单位)	bar(unit of packaging)			采用GB/T 16472—1996	BR	969
		3.3A	X	袋	bag			采用GB/T 16472—1996	BG	970
		3.3A	X	金属桶	drum			采用GB/T 16472—1996	DR	971
		3.3A	X	袋	sack			采用GB/T 16472—1996	SA	972

表 A.2（续）

量		级/类别	状态标识	单位名称		换算因子	表示符号	描述	通用代码	交叉引用号
中文名称	英文名称			中文名称	英文名称					
		3.3A	X	听、罐	tin			采用 GB/T 16472—1996	TN	973
		3.3A	X	包	bale			采用 GB/T 16472—1996	BL	974
		3.3A	X	箱	case			采用 GB/T 16472—1996	CS	975
		3.3A	X	纸板箱	carton			采用 GB/T 16472—1996	CT	976
		3.3A	X	罐	can			采用 GB/T 16472—1996	CA	977
		3.3A	X	盒	box			采用 GB/T 16472—1996	BX	978
		3.3A	X	安瓿瓶	ampoule			采用 GB/T 16472—1996	AM	979
		3.3A	X	瓶	bottle			采用 GB/T 16472—1996	BO	980
		3.3A	X	带筐	carboy			采用 GB/T 16472—1996	CO	981
		3.3A	X	吊桶	bucket			采用 GB/T 16472—1996	BJ	982
		3.3A	X	桶	keg			采用 GB/T 16472—1996	KG	983
		3.3A	X	捆	bundle			采用 GB/T 16472—1996	BE	984
		3.3A	X	卷筒	reel			采用 GB/T 16472—1996	RL	985
		3.3A	X	圆柱	cylinder			采用 GB/T 16472—1996	CY	986
		3.3A	X	板条箱	crate			采用 GB/T 16472—1996	CR	987
		3.3A	X	圈	coil			采用 GB/T 16472—1996	CL	988
		3.3A	X	桶	pail			采用 GB/T 16472—1996	PL	989
		3.3A	X	管	tube			采用 GB/T 16472—1996	TU	990
		3.3A	X	小玻璃瓶	vial			采用 GB/T 16472—1996	VI	991
		3.3A	X	钢筋	rod			采用 GB/T 16472—1996	RD	992
		3.3A	X	薄板	sheet			采用 GB/T 16472—1996	ST	993
		3.3A	X	板	board			采用 GB/T 16472—1996	BD	994
		3.3A	X	纸卷	bolt			采用 GB/T 16472—1996	BT	995
		3.3A	X	散装液化气	bulk			采用 GB/T 16472—1996	VQ	996
		3.3A	X	料箱	bin			作为计量单位的堆存集装箱。采用 GB/T 16472—1996	2W	997
		3.3A	X	细绳	bobbin			采用 GB/T 16472—1996	4A	998
		3.3A	X	盒，胶囊	capsule			采用 GB/T 16472—1996	AV	999
		3.3A 3.9		片剂	tablet			计数单位，定义片数（片剂：小块扁平的或压实的物品）	U2	1000
		3.3A	X	栓剂	suppository				AR	1001
		3.3A	X	装满粉末的小瓶	powder filled vial				AW	1002
		3.3A	X	筐	basket			采用 GB/T 16472—1996	BK	1003
		3.3A	X	杯	cup			采用 GB/T 16472—1996	CU	1004
		3.3A	X	包裹	cover			采用 GB/T 16472—1996	CV	1005
		3.3A	X	大口瓶	jar			采用 GB/T 16472—1996	JR	1006
		3.3A	X	带柄水罐	jug			采用 GB/T 16472—1996	JG	1007
		3.3A	X	麻袋	mat			采用 GB/T 16472—1996	MT	1008
		3.3A	X	金属薄板	plate			采用 GB/T 16472—1996	PG	1009
		3.3A	X	环	ring			采用 GB/T 16472—1996	RG	1010
		3.3A	X	卷钢	roll			采用 GB/T 16472—1996	RO	1011
		3.3A	X	薄衬纸	slipsheet			采用 GB/T 16472—1996	SL	1012
		3.3A	X	超大袋	super bulk bag			按托盘尺寸制作的包装服装的敷料或纸袋。采用 GB/T 16472—1996	43	1013
		3.3A	X	托盘/托盘包装	tray/tray pack			采用 GB/T 16472—1996	PU	1014
		3.3B	X	百 15 kg 桶	hundred fifteen kg drum				16	1015

表 A.2（续）

量		级/类别	状态标识	单位名称		换算因子	表示符号	描述	通用代码	交叉引用号
中文名称	英文名称			中文名称	英文名称					
		3.3B	X	百磅桶	hundred lb drum				17	1016
		3.3B	X	55 加仑(美)桶	fiftyfive gallon (US) drum				18	1017
		3.3B	X	10 kg 桶	ten kg drum				97	1018
		3.3B	X	15 kg 桶	fifteen kg drum				98	1019
		3.3B	X	500 kg 大袋	fivehundred kg bulk bag				44	1020
		3.3B	X	300 kg 大袋	threehun-dred kg bulk bag				45	1021
		3.3B	X	50 磅袋	fifty lb bag				47	1022
		3.3B	X	50 磅大袋	fifty lb bulk bag				46	1023
		3.3B		散装	bulk pack		pk	计数单位,定义散装的项目数	AB	1024
		3.3B	X	杆	beam				D79	1025
		3.3B	X	配料器	dispenser				DI	1026
		3.3B	X	托盘(起吊)	pallet (lift)			采用 GB/T 16472—1996	PF	1027
		3.3B	X	轴	spool			采用 GB/T 16472—1996	SO	1028
		3.3B	X	手提包	tote				TE	1029
		3.3C	X	包裹	wrap				WR	1030
		3.3C	X	米制薄板	sheet metric measure				SS	1031
		3.3C	X	米制卷钢	roll metric measure				RK	1032
		3.3C	X	支架	rack				RA	1033
		3.3C	X	套筒	sleeve				D99	1034
		3.3C	X	木箱	chest			采用 GB/T 16472—1996	Z2	1035
		3.3C	X	木桶	cask			采用 GB/T 16472—1996	Z3	1036
		3.3C	X	大啤酒桶	hogshead			采用 GB/T 16472—1996	Z4	1037
装运和运输单位	**SHIPPING AND TRANSPORTATION UNITS**									
		3.4A		用吨(米制吨)表示的装载量	carrying capacity in metric ton			质量单位,用吨(米制吨)表示的装载量	CCT	1038
		3.4A	X	矩形油箱	tank, rectangular			采用 GB/T 16472—1996	TK	1039
		3.4A	X	圆柱形油箱	tank, cylindrical			采用 GB/T 16472—1996	TY	1040
		3.4A		排水量	displacement tonnage			质量单位,定义船只排出的海水体积,用吨数表示	DPT	1041
		3.4A		总载重吨	deadweight tonnage			质量单位,定义以吨数表示的船只在完全负载和完全空载情况下的差值	A43	1042
		3.4A		净吨(2 000 磅)	net ton			质量单位,等于 2 000 磅,参见吨(美制)。参考船舶吨位测量国际公约	NT	1043

表 A.2（续）

量		级/类别	状态标识	单位名称		换算因子	表示符号	描述	通用代码	交叉引用号
中文名称	英文名称			中文名称	英文名称					
		3.4A	D	总登记吨	gross register ton			质量单位，等于未扣除（附加成分）的总立方英尺数，其中 1 登记吨位等于 100 立方英尺。参考船舶吨位测量国际公约	GRT	1044
		3.4A	D	净登记吨	net register ton			质量单位，等于已扣除（附加成分）的总立方英尺数，其中 1 登记吨位等于 100 立方英尺。参考船舶吨位测量国际公约	NTT	1045
		3.4A		运费吨	freight ton			信息单位，用于给出运费信息这一特定目的，定义为货物重量或体积较大者的吨（米制吨）数	A75	1046
		3.4A	D	装运吨	shipping ton			质量单位，定义运载吨数	SHT	1047
		3.4B	X	托盘/成组装载	pallet/unit load			采用 GB/T 16472—1996	D97	1048
		3.4B		装运	shipment			计数单位，定义装运吨数（装运吨：装载或运输货物的数量）	SX	1049
		3.4B	X	集装箱	container			采用 GB/T 16472—1996	CH	1050
		3.4B		20 英尺集装箱	twenty foot container			计数单位，定义长度为 20 英尺的集装箱数量	20	1051
		3.4B		40 英尺集装箱	forty foot container			计数单位，定义长度为 40 英尺的集装箱数量	21	1052
		3.4B	X	重货	jumbo				JB	1053
		3.4B	X	均分油罐车	split tank truck				SK	1054
		3.4B	X	油罐车	tank truck			装载液体的公路货车，使用矩形罐或圆柱形罐	19	1055
		3.4B	X	一卡车的装载量	truckload				TC	1056
		3.4B	X	驳船	barge				NB	1057
		3.4B	X	拖车	trailer				E3	1058
		3.4C	X	车辆	vehicle				NV	1059
		3.4C	X	散装车载重	bulk car load				48	1060
		3.4C		载重	load			体积单位，定义载重数（载重：同一时间内运载或处理的项目数量）	NL	1061
		3.4C		运费吨英里	revenue ton mile			信息单位，用于给出运费信息这一特定目的，表示为运输距离为 1 英里的运费吨数（运费吨：吨（米制吨）或立方米中体积较大者）	RT	1062
		3.4C	X	2 万加仑（美）油罐车	twenty thousand gallon (US) tankcar				95	1063
		3.4C	X	1 万加仑（美）油罐车	ten thousand gallon (US) tankcar				96	1064

表 A.2（续）

量		级/类别	状态标识	单位名称		换算因子	表示符号	描述	通用代码	交叉引用号
中文名称	英文名称			中文名称	英文名称					
		3.4C	X	起重车	lift van				Z1	1065
		3.4		TEU	TEU			计数单位，定义集装箱运量的统计单位，以长 20 英尺的集装箱为标准计数(TE-Us)	E22	1066
工业特殊单位　INDUSTRY SPECIFIC UNITS										
木材	Lumber	3.5A		考德	cord	3.63 m^3		体积单位，用于度量木材量。一板英尺等于 1/12 立方英尺	WCD	1067
		3.5A		板英尺	board foot		fbm	体积单位，定义考德(cord)数(考德：木材堆的体积单位，等于 128 立方英尺)	BFT	1068
		3.5A		百板英尺	hundred board feet			体积单位，等于一百板英尺	BP	1069
		3.5A		千板英尺	thousand board feet			体积单位，等于一千板英尺	MBF	1070
		3.5A		千标准砖当量	thousand standard brick equivalent			计数单位，定义一千块标准砖等价单位的数量	MBE	1071
		3.5A		标准	standard	4.672 m^3	std	体积单位，用于度量已处理完的木材量，等于 165 立方英尺	WSD	1072
饮料，酒	Drink	3.5A		用质量表示的酒精浓度	alcoholic strength by mass			质量单位，定义一种液体中的酒精浓度	ASM	1073
		3.5A		用体积表示的酒精强度	alcoholic strength by volume			体积单位，定义一种液体中的酒精浓度(例如蒸馏酒、葡萄酒、啤酒等)，通常是在特定温度下的测度值	ASU	1074
金属	Metal	3.5A		金属薄片	leaf			计数单位，定义金属薄片的数量	LEF	1075
纸张	Paper	3.5B		刀	quire		qr	计数单位，用于计量纸数量，表示为刀数(刀：纸张数，通常为 25 张)	QR	1076
		3.5B		令	ream			计数单位，用于计量纸数量，表示为令数(令：纸张数，通常为 500 张)	RM	1077
		3.5C	X	米制令	ream metric measure				RN	1078
		3.5C		磅每令	pound per ream			质量单位，用于计量纸质量，表示为磅每令。(令：纸张数，通常为 500 张)	RP	1079

表 A.2（续）

量		级/类别	状态标识	单位名称		换算因子	表示符号	描述	通用代码	交叉引用号
中文名称	英文名称			中文名称	英文名称					
印刷	Printing	3.5B		间距，印刷密度	pitch			计数单位，定义1水平英寸中排列的字符数	PI	1080
		3.5B		版每英寸	page per inch		ppi	定义装订好出版物的厚度的计量单位，表示为每英寸厚度中的页数	PQ	1081
		3.5B		点	print point	0.013 8 in (approx)			N3	1082
		3.5B		12点	pica	$4.217\ 518 \times 10^{-3}$ m		计数单位，排版计量的等义单位，定义12点活字字行长度数。(12点活字的字行长度：印刷排版长度等于12点活字长度，约等于4.22 mm)	R1	1083
		3.5C		版	page			计数单位，定义版面数	ZP	1084
		3.5C		传真版面	page-facsimile			计数单位，定义传真版面数量	QA	1085
		3.5C		硬拷贝版面	page-hardcopy			计数单位，定义硬拷贝版面的数量(硬拷贝版面：打印或书写到纸质、胶片、或其他永久性介质上形成的版面)	QB	1086
纺织	Textile	3.5B		特[克斯]	tex	10^{-6} kg/m	tex (g/km)	纱密度单位。一特[克斯]等于每1千米长度质量为1克	D34	1087
		3.5B		分特[克斯]	decitex		dtex (g/10 km)	纱密度单位。一分特[克斯]等于每10千米长度质量为1克	A47	1088
		3.5B		旦[尼尔]	denier		den (g/9 km)	纱密度单位。一旦[尼尔]等于每9千米长度质量为1克	A49	1089
石油	Petroleum	3.5B		桶(美)每日	barrel (US) per day	$1.840\ 13 \times 10^{-6}$ m^3/s	barrel (US/d)		B1	1090
		3.5C		加仑(美)每日	gallon (US) per day	$4.381\ 264 \times 10^{-8}$ m^3/s	gal (US/d)		GB	1091
铁路	Railroad	3.5C	X	车厢英里	car mile				1A	1092
		3.5C	X	火车英里	train mile				1F	1093
		3.5C	X	守车英里	caboose mile				1H	1094
		3.5C	X	吨英里	ton mile				1J	1095
		3.5C	X	机车英里	locomotive mile				1K	1096
		3.5C	X	总车厢英里	total car mile				1M	1097
		3.5C	X	车厢数	car count				1B	1098

表 A.2（续）

量		级/类别	状态标识	单位名称		换算因子	表示符号	描述	通用代码	交叉引用号
中文名称	英文名称			中文名称	英文名称					
铁路	Railroad	3.5C	X	机车数	locomotive count				1C	1099
		3.5C	X	空车厢	empty car				1E	1100
		3.5C	X	燃油加仑(美)	fuel usage gallon (US)				1G	1101
		3.5C	X	总车厢数	total car count				1L	1102
		3.5C	X	轨距英尺	track foot				FE	1103
		3.5C	X	车厢载重	carload				C4	1104
		3.5C	X	车厢	car				NC	1105
		3.5C	X	火车	train				NN	1106
		3.5C	X	守车数	caboose count				1D	1107
		3.5C	X	车厢组	carset				C2	1108
电话	Telephone	3.5C		附加分钟	additional minute			时间单位，定义超过电信服务允许的分钟数	AH	1109
		3.5C		每次呼叫的平均分钟	average minute per call			计数单位，定义每次呼叫的平均分钟数	AI	1110
		3.5C		接入线	access line			计数单位，定义电话接入线数量	AL	1111
		3.5C	X	会议电话点	conference point				Z6	1112
		3.5C		呼叫	call			计数单位，定义电话呼叫次数（呼叫：通讯 session or visitation）	C0	1113
		3.5C	X	信息[小]时	message hour				NH	1114
		3.5C		处于业务的通信线	telecommunication line in service			计数单位，定义处于业务中的通信线数	T0	1115
		3.5C		处于业务的平均通信线	telecommunication line in service average			计数单位，定义处于业务中的平均通信线数	UB	1116
		3.5C		电信端口	telecommunication port			计数单位，定义通信网络中接入端口的数量	UC	1117
		3.5C	X	每条通信线的平均话务量	usage per telecommunication line average				UF	1118

表 A.2（续）

量		级/类别	状态标识	单位名称		换算因子	表示符号	描述	通用代码	交叉引用号
中文名称	英文名称			中文名称	英文名称					
电	Electrical	3.5C		需用千瓦[特]	kilowatt demand			测量单位，定义预定间隔的加载功率	K1	1119
		3.5C		需用千伏[特]安[培]	kilovolt ampere reactive demand			测量单位，定义用户设备需用的无功功率，等于一千伏特安培的无功功率	K2	1120
		3.5C		千伏[特]安[培][小]时	kilovolt ampere reactive hour			测量单位，定义用户设备积累的无功能量，定义一小时内以一千伏特安培表示的无功功率	K3	1121
高斯电流	Gaussian electric current	3.5C	D	电流的高斯 CGS 单位	Gaussian CGS unit of electic current				A78	1122
高斯电荷 高斯电量	Gaussian electric charge	3.5C	D	电荷的高斯 CGS 单位	Gaussian CGS unit of electric charge				A79	1123
高斯电场强度		3.5C	D	电场强度的高斯 CGS 单位	Gaussian CGS unit of electric field strength				A80	1124
高斯电位（高斯电势）		3.5C	D	电势的高斯 CGS 单位	Gaussian CGS unit of electric potential				A82	1125
高斯电通量密度		3.5C	D	电位移的高斯 CGS 单位	Gaussian CGS unit of displacement				A77	1126
高斯电极化强度		3.5	D	电极化强度的高斯 CGS 单位	Gaussian CGS unit of electric polarization				A81	1127
高斯磁化强度		3.5C	D	磁化强度的高斯 CGS 单位	Gaussian CGS unit of magnetization				A83	1128
高斯磁场强度		3.5C	D	奥斯特	oersted	7.957 747×10 A/m	Oe		66	1129

表 A.2(续)

量		级/类别	状态标识	单位名称		换算因子	表示符号	描述	通用代码	交叉引用号
中文名称	英文名称			中文名称	英文名称					
高斯磁通密度 高斯磁感应强度		3.5C	D	高斯	gauss	10^{-4} T	Gs		76	1130
		3.5C	DI	千高斯	kilogauss	10^{-1} T	kGs		78	1131
高斯磁通[量]		3.5C	D	麦克斯韦	maxwell	10^{-8} Wb	Mx		B65	1132
其他 Miscellaneous										
火柴	Matches	3.5C	X	无标准(7 200 根)	short standard (7 200 matches)				SST	1133
杂类	Miscellaneous	3.5		打兰(英)(药衡)	drachm (UK)	3.887 935 g			DRM	1134
		3.5		千磅每平方英寸	kilopound per square inch	7.030 696×10^5 kg/m^2	klb/in^2	压强单位,定义每平方英寸上作用的千磅力	84	1135
		3.5	X	毫克每平方英尺	milligram per square inch		mg/in^2		MK	1136
		3.5	X	马力日每风干吨(米制吨)	horse power day per air dry metric ton				30	1137
		3.5	X	千克每风干吨(米制吨)	kilogram per air dry metric ton				32	1138
		3.5	X	磅每风干吨(米制吨)	pound per air dry metric ton				NY	1139
		3.5	X	加仑每千立方英尺	gallon per thousand cubic feet				GW	1140
		3.5		夸脱(英)	quarter (UK)	12.700 586 kg			QTR	1141
		3.5		斯克鲁普	scruple	1.295 982 g			SCR	1142
		3.5		本尼威特	pennyweight	1.555 174 g			DWT	1143
		3.5	X	百分之一克拉	hundredth of a carat				HE	1144
		3.5		金衡磅(美)	troy pound (US)	373.242 g			LBT	1145
		3.5		米制克拉	metric carat	200 mg			CTM	1146

表 A.2（续）

量		级/类别	状态标识	单位名称		换算因子	表示符号	描述	通用代码	交叉引用号
中文名称	英文名称			中文名称	英文名称					
杂类	Miscellaneous	3.5		百磅(英)	cental (UK)	45.359 237 kg		质量单位，等于一份美制二十分之一吨	CNT	1147
		3.5	D	卡[路里]	calorie	4.186 8 J	cal		R4	1148
		3.5	D	卡每克	calorie per gram	4.186 8×10^3 J/kg	cal/g		93	1149
		3.5		打兰（美）(常衡)	dram (US)	3.887 935 g			DRA	1150
		3.5		打兰（英）(常衡)	dram (UK)	1.771 745 g			DRI	1151
		3.5	X	英寸每分	inch per minute				IL	1152
		3.5	X	干配克(美)	peck dry (US)				PY	1153
		3.5	X	干配克(英)	peck dry (UK)				PZ	1154
		3.5		桶(英)	barrel, imperial			体积单位，用于测度葡萄酒或啤酒类液体的体积。一桶等于 36 英制加仑	B4	1155
		3.5		吉耳(美)	gill (US)	11.829 4 cm^3			GIA	1156
		3.5		吉耳(英)	gill (UK)	0.142 065 dm^3			GII	1157
		3.5	+	服务单位	service unit			计数单位，定义服务单位的数量(服务单位：定义供应时期/性质/设备/效用)	E48	1158
		3.5	+	工作日	working day			计数单位，定义工作天数(工作日：通常情况下需要进行工作的一天)	E49	1159
		3.5	+	会计单位	accounting unit			计数单位，定义会计单位的数量	E50	1160
		3.5		底座箱	base box			面积单位，等于 112 块千分之一英寸厚的马口铁皮，每块马口铁皮面积等于 14 英寸乘以 20 英寸(马口铁，非镀锡薄板或铁板)；或者等于 31.360 平方英寸	BB	1161
		3.5		度日	degree days		deg da	用于气象学的测量单位，用于测量在指定周期内升温或降温的需求量	E10	1162
		3.5	D	吉[咖]卡[路里]	gigacalorie	10^9 cal		热能单位，等于十亿卡路里	E11	1163
		3.5		千卡[路里]	kilocalorie (IT)	4 186.8 J		热能单位，等于一千卡路里	E14	1164
		3.5		千卡[路里]每[小]时	kilocalorie (TH) per hour			热能速率单位，定义一小时内以千卡[路里]表示的热能。	E15	1165

表 A.2（续）

量		级/类别	状态标识	单位名称		换算因子	表示符号	描述	通用代码	交叉引用号
中文名称	英文名称			中文名称	英文名称					
		3.5		千克力每平方毫米	kilogram force per square millimetre	9.806 65×10^6 Pa	kgf/mm^2	压强单位，定义每平方毫米上作用的千克力数	E41	1166
		3.5		千克力每平方厘米	kilogram force per square centimetre	9.806 65×10^4 Pa	kgf/cm^2	压强单位，定义每平方厘米上作用的千克力数	E42	1167
		3.5		焦[耳]每平方厘米	joule per square centimetre	10^4 J/m^2	J/cm^2	能量单位，定义每平方厘米上分布的焦[耳]数	E43	1168
		3.5		千克力米每平方厘米	kilogram-force metre per square centimetre		kgf·m/cm^2	能量单位，定义每平方厘米上作用的千克力米数	E44	1169
		3.5		国际糖度	international sugar degree			浓度单位，定义溶液中的糖含量，表示为度	ISD	1170
		3.5		乳干物质百分比	lactic dry material percentage			比例单位，定义产品中乳干物质的百分比	KLK	1171
		3.5		乳糖超额百分比	lactose excess percentage			比例单位，定义产品中超出指定百分比水平的乳糖的百分比	LAC	1172
		3.5		糖度	degree Plato		°P	浓度单位，定义产品（特别是啤酒）中的糖含量	PLA	1173
		3.5		下水较少的进口肉类千克	kilogram of imported meat, less offal			质量单位，等于一千克进口肉类，不包括其中较少的诸如内脏在内的有价值的副产品	TMS	1174
信息技术单位 INFORMATION TECHNOLOGY UNITS										
		3.6B	|	兆字节	megabyte		MB	信息单位，等于 10^6(1 000 000)字节	4L	1175
		3.6B	|	千字节	kilobyte		kB	信息单位，等于 10^3(1 000)字节	2P	1176
		3.6B	|	千段	kilosegment			信息单位，等于 10^3(1 000)段	KJ	1177
		3.6B		字节	byte		B	信息单位，等于 8 比特	AD	1178
		3.6B	X	数据记录	data record				DQ	1179
		3.6C	X	磁带	magnetic tape				M0	1180

表 A.2(续)

量		级/类别	状态标识	单位名称		换算因子	表示符号	描述	通用代码	交叉引用号
中文名称	英文名称			中文名称	英文名称					
		3.6		比特	bit		bit	信息单位,等于一个二进制位	A99	1181
		3.6		比特每秒	bit per second		bit/s	信息单位,等于每秒一个二进制位	B10	1182
		3.6		G比特	gibibit		Gibit	信息单位,等于 2^{30} 比特(二进制位)	B30	1183
		3.6		吉[咖]比特	gigabit		Gbit	信息单位,等于 10^9 比特(二进制位)	B68	1184
		3.6		吉[咖]比特每秒	gigabit per second		Gbit/s	信息单位,等于每秒 10^9 比特(二进制位)	B80	1185
		3.6		K比特	kibibit		Kibit	信息单位,等于 2^{10}(1 024)比特(二进制位)	C21	1186
		3.6		千比特	kilobit		kbit	信息单位,等于 10^3(1 000)比特(二进制位)	C37	1187
		3.6		千比特每秒	kilobit per second		kbit/s	信息单位,等于每秒 10^3(1 000)比特(二进制位)	C74	1188
		3.6		M比特	mebibit		Mibit	信息单位,等于 2^{20}(1 048 576)比特(二进制位)	D11	1189
		3.6		兆比特	megabit		Mbit	信息单位,等于 10^6(1 000 000)比特(二进制位)	D36	1190
		3.6		兆比特每秒	megabit per second		Mbit/s	信息单位,等于每秒 10^6(1 000 000)比特(二进制位)	E20	1191
		3.6		吉[咖]字节	gigabyte		GB	信息单位,等于 10^9 字节	E34	1192
		3.6		太[拉]字节	terabyte		TB	信息单位,等于 10^{12} 字节	E35	1193
		3.6		拍[它]字节	petabyte		PB	信息单位,等于 10^{15} 字节	E36	1194
		3.6		像素	pixel			计数单位,定义像素数(像素:图像元素)	E37	1195
		3.6		兆像素	megapixel			计数单位,等于 10^6(1 000 000)像素(图像元素)	E38	1196
		3.6		每英寸点数	dots per inch		dpi	信息单位,定义每线性英寸点数,作为图像分辨率和清晰度的量度	E39	1197
整数/数量/系数 INTEGERS/NUMBERS/RATIOS										
		3.7A		物品数	number of articles			计数单位,定义物品的数量(物品:物品项目)	NAR	1198
		3.7A	X	线轴数	number of bobbins				NBB	1199

表 A.2(续)

量		级/类别	状态标识	单位名称		换算因子	表示符号	描述	通用代码	交叉引用号
中文名称	英文名称			中文名称	英文名称					
		3.7A		元件数	number of cells			计数单位,定义单元的数量(单元:封闭的或限定的空间、孔洞或体积)	NCL	1200
		3.7A		国际单位数	number of international units			计数单位,定义国际单位的数量	NIU	1201
		3.7A		包装件数	number of packs			计数单位,定义包装件数(包:一套包装在一起的物品)	NMP	1202
		3.7A	D	对数	number of pairs	use pair		计数单位,定义(物品的)对数(对:两个一组描述的条目)	NPR	1203
		3.7A	X	包裹数	number of parcels				NPL	1204
		3.7A		部件数	number of parts			计数单位,定义部件数(部件:一个较大实体中的构件)	NPT	1205
		3.7A	X	辊数	number of rolls			采用 GB/T 16472—1996	NRL	1206
		3.7A		万亿(欧洲)	billion (EUR)	10^{12}		同:万亿(美制)	BIL	1207
		3.7A		十亿	milliard	10^{9}		同:十亿(美制),billion (US)	MLD	1208
		3.7A		打	dozen	12	DOZ	计数单位,以 12 为倍数定义数量的单位	DZN	1209
		3.7A		罗	gross	144	gr	计数单位,以 144(12×12)为倍数定义数量的单位	GRO	1210
		3.7A		大罗	great gross	1728		计数单位,以 1 728(12×12×12)为倍数定义数量的单位。	GGR	1211
		3.7A		百	hundred	100		计数单位,以 100 为倍数定义数量的单位	CEN	1212
		3.7A		百万	million	10^{6}			MIO	1213
		3.7A		念	score	20		计数单位,以 20 为倍数定义数量的单位	SCO	1214
		3.7A		千	thousand	10^{3}			MIL	1215
		3.7A		百亿亿(欧洲)	trillion (EUR)	10^{18}			TRL	1216
		3.7A		百国际单位	hundred international unit			计数单位,以 100 为倍数定义数量的国际单位	HIU	1217
		3.7A		百万国际单位	million international unit			计数单位,以 10^{6} 为倍数定义数量的国际单位	MIU	1218

表 A.2（续）

量		级/类别	状态标识	单位名称		换算因子	表示符号	描述	通用代码	交叉引用号
中文名称	英文名称			中文名称	英文名称					
		3.7B		百万分之一	part per million	1×10^{-6}	ppm	比例单位，等于 10^{-6}	59	1219
		3.7B		十亿分之一(美)	part per billion (US)	1×10^{-9}	ppb	比例单位，等于 10^{-9}	61	1220
		3.7B		百分率	percent	1×10^{-2}	% or pct	比例单位，等于 10^{-2}	P1	1221
		3.7B		对	pair	2		计数单位，定义物品的对数(对:两个一组描述的条目)	PR	1222
		3.7B		千分之一	part per thousand	1×10^{-3}	ppth or ppt	比例单位，等于 10^{-3}	NX	1223
		3.7C	X	四分之一打	quarter dozen	3			QD	1224
		3.7C	X	半打	half dozen	6			HD	1225
		3.7C	X	二十	draize score				D8	1226
		3.7C		重量百分率	percent weight	1×10^{-2}		比例单位，等于 10^{-2}	60	1227
		3.7C	X	每千[小]时百分率	percent per 1 000 hour				62	1228
		3.7C		百位计数	hundred count			计数单位，以 100 为倍数定义数量的单位	HC	1229
		3.7C	X	克每百克	gram per 100 gram				GC	1230
		3.7C	X	克每千克	gram per kilogram				GK	1231
		3.7C	X	毫克每千克	milligram per kilogram				NA	1232
		3.7C	X	倍数	number of mults				MV	1233
		3.7C	X	筛孔数	number of screens				NJ	1234
		3.7		数位	digit			信息单位，定义构成一个数的数字的个数	B19	1235
		3.7		词数	number of words			计数单位，定义单词数	D68	1236
		3.7		份	shares			计数单位，定义份数(份:整体或部分地将业务实体资金分成几个部分)	E21	1237

表 A.2（续）

量		级/类别	状态标识	单位名称		换算因子	表示符号	描述	通用代码	交叉引用号
中文名称	英文名称			中文名称	英文名称					
		3.7		轮胎	tyre			计数单位，定义轮胎数量（轮胎：环绕并装配到胎环上的连续的实心、半实心或充气的橡胶垫，用于构成与地面的软接触、吸收振动并提供牵引）	E23	1238
		3.7		线	strand			计数单位，定义线数（线：长、细、柔软的单根线，纤维带，组分细丝或多根相同的细丝组成的线）	E30	1239
		3.7		十万分之一	part per hundred thousand	1×10^{-5}	ppht	比例单位，等于 10^{-5}	E40	1240
		3.7		宝石数	number of jewels			计数单位，定义宝石数量（宝石：珍贵而稀有宝石）	JWL	1241
倍数因子	**MULTIPLES FRACTIONS**									
		3.8A		百叶	hundred leave			计数单位，定义叶片数量，以一百叶为单位表示	CLF	1242
		3.2 3.8A		百包	hundred pack			计数单位，以百包为基数定义数量（百包：一组一百件包装在一起）	CNP	1243
		3.8A		十对	ten pair			计数单位，以 10 为倍数定义（物品）对数（对：两个一组描述的条目）	TPR	1244
		3.8A		百万立方米	million cubic metre		Mm^3	体积单位，等于一百万立方米	HMQ	1245
		3.8A		半年（6个月）	half year (6 months)			时间单位，定义半年的数量（6个月）	SAN	1246
		3.8A		季	quarter (of a year)			时间单位，定义季数（3个月）	QAN	1247
		3.8A		旬	decade			计数单位，定义旬的数量（旬：数量上等于 10 或时间上等于 10 年）	DEC	1248
		3.8A	|	千立方米每日	thousand cubic metre per day	$1.157\ 41\times10^{-2}\ m^3/s$	km^3/d	体积单位，等于每天一千立方米	TQD	1249
		3.8A		兆米	megametre	10^6 m	Mm		MAM	1250
		3.8B	X	百万英制热单位	million BTUs				BZ	1251
		3.8B	X	四分之一英里	quarter mile				1X	1252
		3.8B	X	兆克每[小]时	megagram per hour		Mg/h		2V	1253

表 A.2（续）

量		级/类别	状态标识	单位名称		换算因子	表示符号	描述	通用代码	交叉引用号
中文名称	英文名称			中文名称	英文名称					
		3.8B	X	六十四分之一英寸	sixty fourths of an inch				S5	1254
		3.8B	X	百万单位	million unit				UM	1255
		3.8B	X	色姆	therm	1 055.056×10^5 J			TD	1256
		3.8B	X	千加仑(美)	thousand gallon (US)	3.785 412 m^3			T6	1257
		3.8B	X	十分之一分	tenth minute	6 s			UD	1258
		3.8B	X	十分之一[小]时	tenth hour	360 s			UE	1259
		3.8B	X	两星期	two week				W4	1260
		3.8C	X	千米	thousand metre	10^3 m			MQ	1261
		3.8C	X	平方杆	square rod	25.292 9 m^2	rd^2		SN	1262
		3.8C	X	百万立方英尺	million cubic feet		Mft^3		FM	1263
		3.8C		千立方英尺	thousand cubic feet		kft^3	体积单位，等于一千立方英尺	FC	1264
		3.8C	X	半加仑(美)	half gallon (US)				GH	1265
		3.8C	X	半品脱(美)	half pint (US)				PV	1266
		3.8C	X	四分之一[小]时	quarter hour	900 s			QH	1267
		3.8C	X	半[小]时	half hour				HT	1268
		3.8C	X	磅每千平方英尺	pound per thousand square feet		lb/kft^2		29	1269
		3.8C	X	百延英尺	hundred feet (linear)				HL	1270
		3.8C	X	百英尺	hundred feet				HF	1271
		3.8C	X	百立方英尺	hundred cubic feet				HH	1272
		3.8C	X	百张	hundred sheet				HI	1273
		3.8C	X	百千克	hundred kilogram				HK	1274
		3.8C	X	百金衡盎司	hundred troy ounce				HO	1275

表 A.2（续）

量		级/类别	状态标识	单位名称		换算因子	表示符号	描述	通用代码	交叉引用号
中文名称	英文名称			中文名称	英文名称					
		3.8C	X	百平方英尺	hundred square feet				HS	1276
		3.8C	X	百码	hundred yard				HY	1277
		3.8C	X	百延码	hundred linear yard				YL	1278
		3.8C	X	十平方码	ten square yard				TF	1279
		3.8C	X	十平方英尺	ten square feet				TR	1280
		3.8C	X	十码	ten yard				YT	1281
		3.8C	X	偶数英寸	pair inch				PB	1282
		3.8C	X	千磅总量	thousand pound gross				T1	1283
		3.8C		千件	thousand piece			计数单位，以 10^3 为倍数定义件数（件：较大整体中的独立部分）	T3	1284
		3.8C	X	千包	thousand bag				T4	1285
		3.8C	X	千箱	thousand casing				T5	1286
		3.8C	X	千版	thousand impression				T7	1287
		3.8C	X	千延英寸	thousand linear inch				T8	1288
		3.8C	X	千平方英寸	thousand square inch				TI	1289
		3.8C	X	千平方厘米	thousand square centimetre				TJ	1290
		3.8C	X	千延英尺	thousand feet (linear)				TL	1291
		3.8C	X	千英尺	thousand feet				TQ	1292
		3.8C	X	千平方英尺	thousand square feet				TS	1293
		3.8C	X	千延米	thousand linear metre				TT	1294

表 A.2（续）

量		级/类别	状态标识	单位名称		换算因子	表示符号	描述	通用代码	交叉引用号
中文名称	英文名称			中文名称	英文名称					
		3.8C	X	千延码	thousand linear yard				D14	1295
		3.8C	X	千千克	thousand kilogram	10^3 kg			TV	1296
		3.8C	X	千张	thousand sheet				TW	1297
		3.8C	X	十分之一立方英尺	tenth cubic foot				TA	1298
		3.8C	X	千立方英尺每日	thousand cubic feet per day				F1	1299
		3.8C	X	半升	half litre				H2	1300
		3.8C	X	千磅每平方英尺	thousand pound per square inch				KS	1301
		3.8C		千立方米	thousand cubic metre	10^3 m^3		体积单位，等于一千立方米	R9	1302
		3.8C		百立方米	hundred cubic metre			体积单位，等于一百立方米	FF	1303
		3.8C	X	四分之一千克	quarter kilogram				QK	1304
		3.8C	X	千升	thousand litre	m^3			D40	1305
		3.8C	X	万码	ten thousand yard				UH	1306
杂类 **MISCELLAMEOUS**										
		3.9	X	小喷雾器	small spray				06	1307
		3.9	X	大喷雾器	large spray				LJ	1308
		3.9	X	升程	lift				05	1309
		3.9	X	热辐射块	heat lot				08	1310
		3.9		组	group			计数单位，定义组数（组：属于同类项目的集合）	10	1311
		3.9		成套设备	outfit			计数单位，定义成套设备的数量（成套设备：用于特定目的的一整套设备/材料/物品）	11	1312
		3.9		份	ration			计数单位，定义配给的份数（份：配给中的一部分）	13	1313
		3.9		杯	shot			液量单位，多用于蒸馏酒	14	1314
		3.9		根（军用）空军中连续投（跳）下的一批	stick, military			计数单位，定义军事中的根数（根（军用）：从飞行其中快速连续投下的炸弹或跳下的伞兵）	15	1315

表 A.2（续）

量		级/类别	状态标识	单位名称		换算因子	表示符号	描述	通用代码	交叉引用号
中文名称	英文名称			中文名称	英文名称					
		3.9		固定比率	fixed rate			比例单位，表示为预先确定或预先设定的使用一种设备或服务的比率	1I	1316
		3.9	X	无重量限制	catch weight				31	1317
		3.9		sitas	sitas			用于马口铁的面积单位，等于 100 平方米的表面面积	56	1318
		3.9	X	故障率	failure rate in time				63	1319
		3.9	X	特定测试尺度	test specific scale				69	1320
		3.9	X	伏[特]安[培]每磅	volt ampere per pound				71	1321
		3.9	X	瓦[特]每磅	watt per pound				72	1322
		3.9	X	安[培]匝每厘米	ampere tum per centimetre				73	1323
		3.9		周	cycle			计数单位，定义周期数（周期：重复出现的一定时间长度的过程）	B7	1324
		3.9	X	塞波特通用秒	Saybold universal second				90	1325
		3.9	X	卡每立方厘米	calorie per cubic centimetre				92	1326
		3.9	X	旋度单位	curl unit				94	1327
		3.9		球	ball			计数单位，定义球体数量（球：以球状形式出现的物体）	AA	1328
		3.9		套	assortment			计数单位，定义套数(套：一系列混合搭配的物品组合)。	AS	1329
		3.9		装配	assembly			计数单位，定义装配数量(装配：由零配件组成的物品)。	AY	1330
		3.9	X	英制热单位每立方英尺	Btu per cubic foot		BTU/ft^3		B0	1331
		3.9	X	斗	bunk				B2	1332
		3.9	X	小方坯	billet				B5	1333
		3.9	X	bun	bun				B6	1334
		3.9	X	棉胎	batt				B9	1335
		3.9	X	刷子	brush				BH	1336
		3.9	X	带	band				D92	1337

表 A.2（续）

量		级/类别	状态标识	单位名称		换算因子	表示符号	描述	通用代码	交叉引用号
中文名称	英文名称			中文名称	英文名称					
		3.9		册	book			计数单位，定义册数（册：装订在一起的文章或一种书写工具书写的文本）	D63	1338
		3.9	X	块	block				D64	1339
		3.9	X	带	belt				E2	1340
		3.9	X	基本重量	base weight				BW	1341
		3.9	X	产品总磅（总重量）	composite product pound (total weight)				C1	1342
		3.9	X	成本	cost				C5	1343
		3.9	X	单元	cell				C6	1344
		3.9		卷	coil group			计数单位，定义卷数（卷：以同心圆方式顺序缠绕的一组物品）	C9	1345
		3.9		卡	card			计数单位，定义卡数（卡：硬的厚纸或纸板）	CG	1346
		3.9	X	筒	cone			采用 GB/T 16472—1996	CJ	1347
		3.9	X	连接器	connector				CK	1348
		3.9	X	夹头	cartridge			采用 GB/T 16472—1996	CQ	1349
		3.9	X	箱	cassette				D66	1350
		3.9	X	组合	combo				CZ	1351
		3.9	X	盘	disk (disc)				DC	1352
		3.9	X	量	deal				DE	1353
		3.9	X	显示	display				DS	1354
		3.9	X	目录	directory book				DY	1355
		3.9		电子邮箱	electronic mail box			计数单位，定义电子邮箱的数量	EB	1356
		3.9	X	纤维每立方厘米空气	fibre per cubic centimetre of air				F9	1357
		3.9	X	字段	field				FB	1358
		3.9	X	百万粒子每立方英尺	million particle per cubic foot				FD	1359
		3.9	X	量规系统	gage system				GZ	1360
		3.9	X	半电子版面	half page-electronic				H1	1361
		3.9	X	电子版面	page-electronic				P0	1362
		3.9		亨司（英制长度单位），亨克	hank			长度单位，多用于度量纺线或纤维的长度	HA	1363

表 A.2（续）

量		级/类别	状态标识	单位名称		换算因子	表示符号	描述	通用代码	交叉引用号
中文名称	英文名称			中文名称	英文名称					
		3.9	X	每英寸次数	count per inch				IC	1364
		3.9	X	版	impression				IM	1365
		3.9	X	保险单	insurance policy				IP	1366
		3.9	X	每厘米次数	count per centimetre				IT	1367
		3.9	X	接头	joint				JO	1368
		3.9		熔块	cake			计数单位，定义熔块的数量（熔块：塑成扁平的紧实的物质）	KA	1369
		3.9	X	信封	envelope			采用 GB/T 16472—1996	EV	1370
		3.9		千字符	kilocharacter			信息单位，等于 10^3（1 000）字符	KB	1371
		3.9	X	十进制千克	kilogram decimal				KD	1372
		3.9	X	千包	kilopacket				KF	1373
		3.9		毫当量氢氧化钾每克产品	milliequivalence caustic potash per gram of product			计数单位，定义每克产品中的氢氧化钾毫克数，作为对产品中氢氧化钾浓度的度量	KO	1374
		3.9	X	矿物	lite				LE	1375
		3.9		令	link			距离单位，等于 0.01 测链的长度	LK	1376
		3.9		长度	length			距离单位，定义某物沿其最大尺寸边测量的长度	LN	1377
		3.9		批，采购单位	lot[unit of procurement]			计数单位，定义批数（批：一组相关联的物品）	LO	1378
		3.9		层	layer			计数单位，定义层数	LR	1379
		3.9		总数	lump sum			计数单位，定义总的或完整的账目的笔数	LS	1380
		3.9		币值	monetary value			度量单位，表示为一笔金额的数目	M4	1381
		3.9	X	每单位机器	machine per unit				MA	1382
		3.9	|	百万英制热单位每千立方英尺	million Btu per 1 000 cubic feet		MBTU/kft^3		M9	1383
		3.9		消息	message			计数单位，定义消息的数量。	NF	1384

表 A.2（续）

量		级/类别	状态标识	单位名称		换算因子	表示符号	描述	通用代码	交叉引用号
中文名称	英文名称			中文名称	英文名称					
		3.9		面板	panel			计数单位，定义面板数量（面板：物品表面独立的、通常是矩形的部件）	OA	1385
		3.9		圈	round			计数单位，定义圈数（圈：圆形的或圆筒状的物品）	D65	1386
		3.9	X	复原	reset				RS	1387
		3.9	X	纶	run				RU	1388
		3.9	X	会期	session				S6	1389
		3.9	X	存储单位	storage unit				S7	1390
		3.9	X	夹层	sandwich				D7	1391
		3.9	X	截面	section				SE	1392
		3.9		部分	segment			信息单位，等于 64 000 字节。	SG	1393
		3.9	X	隔板包装	shelf package				SP	1394
		3.9		正方形	square			计数单位，定义正方形的数量（正方：矩形形状）	SQ	1395
		3.9		条	strip			计数单位，定义条数（条：长而窄的一片物品）	SR	1396
		3.9	X	垫木	skid			采用 GB/T 16472—1996	SV	1397
		3.9		绞	skein			计数单位，定义绞数（绞：线或纱线绕成松的，伸长的一卷的长度）	SW	1398
		3.9		瓦［特］每千克	watt per kilogram	1 W/kg	W/kg		WA	1399
		3.9		伏［特］安［培］每千克	volt ampere per kilogram	1 VA/kg	VA/kg		VA	1400
		3.9	X	重量每平方英寸	weight per square inch				WI	1401
		3.9	X	轮	wheel				WH	1402
		3.9		相互协商定义	mutually defined			两方或多方协议认可的度量单位	ZZ	1403
		3.9	X	报纸的一栏	newspage agate line				Z8	1404
		3.9		处方卡	pen calorie			计数单位，定义为治疗肠胃开出的每日卡路里的量	N1	1405
		3.9		处方克（蛋白质）	pen gram (protein)			计数单位，定义用于处方的注射用/服用的氨基酸的克数	D23	1406
		3.9	X	标准广告单位	standard advertising unit				S8	1407

表 A.2（续）

量 中文名称	量 英文名称	级/类别	状态标识	单位名称 中文名称	单位名称 英文名称	换算因子	表示符号	描述	通用代码	交叉引用号
		3.9	X	船运集装箱	lug				Z5	1408
		3.9	X	堆	cap				4B	1409
		3.9	X	缩微平片张	microfiche sheet				G7	1410
		3.9		人	person				IE	1411
		3.9	X	栏英寸	column inch				II	1412
		3.9	X	行数	number of lines				N2	1413
		3.9	X	震级	seismic level				5P	1414
		3.9	X	地震带	seismic line				5Q	1415
		3.9	X	美元每[小]时	dollar per hour				D67	1416
		3.9		率	rate			计量单位，表示为一种设备或服务的使用率	A9	1417
		3.9		抗血友病因子(AHF)单位	anti-hemophilic factor (AHF) unit			量度血液力量的单位（美制）	AQ	1418
		3.9	X	每月一次	each per month				EC	1419
		3.9	X	植皮块	transdermal patch				FG	1420
		3.9		治疗	treatment			计数单位，定义治疗次数（疗程：化学的、物理的或生物的治疗方法）	U1	1421
		3.9	X	出诊	visit				VS	1422
		3.9	X	每分次数	count per minute				5K	1423
		3.9	X	阶段	stage				5H	1424
		3.9		筛目	mesh			计数单位，定义每英寸内的线数，作为对机织织物的细密度	57	1425
		3.9		批	batch			计数单位，定义批次数（批：一次生产的物资数量，或者一次出现的动物或人员）	5B	1426
		3.9	X	加仑（美）每千	gallon(US) per thousand				5C	1427
		3.9		MMSCF/日	MMSCF/day			体积单位，等于每天一百万(1 000 000)立方英尺的气体量。	5E	1428

表 A.2(续)

量		级/类别	状态标识	单位名称		换算因子	表示符号	描述	通用代码	交叉引用号
中文名称	英文名称			中文名称	英文名称					
		3.9	X	磅每千	pounds per thousand				5F	1429
		3.9	X	泵	pump				5G	1430
		3.9		人工作月	manmonth			计数单位,定义项目实施过程中一个人或多个人工作的月数	3C	1431
		3.9	X	磅每磅产品	pound per pound of product				3E	1432
		3.9	X	磅每件产品	pound per piece of product				3G	1433
		3.9	X	千克每千克产品	kilogram per kilogram of product				3H	1434
		3.9	X	千克每件产品	kilogram per piece of product				3I	1435
		3.9	X	管	syphon				D28	1436
		3.9	X	管纱	cop				AJ	1437
		3.9		餐	meal			计数单位,定义进餐次数(一餐:固定的吃饭时间)	Q3	1438
		3.9		八分之云量覆盖	8-part cloud cover			计数单位,定义空中八分之一云量覆盖的数量	A59	1439
		3.9		信用	credit			计数单位,定义账户中贷方栏中记录的账目笔数	B17	1440
		3.9		千	mille			计数单位,以 1 000 为单位定义香烟数量	E12	1441
		3.9		活性单位	active unit			计数单位,定义一种物质内部的活性单位的数量	E25	1442
		3.9		剂	dose			计数单位,定义剂量数(剂:药品或药剂的定量)	E27	1443
		3.9		簿	pad			计数单位,定义簿数(簿:一端装订在一起的一摞纸页)。	PD	1444
		3.9		根,香烟	stick, cigarette			计数单位,定义香烟数,盘存和/或计税中的最小单位。	STK	1445
		3.9		片剂	tablet			计数单位,定义片数(片剂:小块扁平的或压实的物品)。	U2	1446

附 录 B
（资料性附录）
按计量单位的英文名称排列的代码表

表 B.1 按计量单位的英文名称排列的代码表

单位名称		表示符号	通用代码	级/类别	状态标识	交叉引用号
中文名称	英文名称					
15℃卡	15℃ calorie	cal_{15}	A1	2	D	316
八分之云量覆盖	8-part cloud cover		A59	3.9		1439
A						
接入线	access line		AL	3.5C		1111
会计单位	accounting unit		E50	3.5	+	1160
英亩	acre	acre	ACR	2		47
活性单位	active unit		E25	3.9		1442
活性	activity		ACT	3.2		945
实际吨	actual ton		26	3.1C	X	869
附加分钟	additional minute		AH	3.5C		1109
风干的吨(米制吨)	air dry metric ton		MD	3.1C		886
风干的干吨	air dry ton		E28	3.1		915
用质量表示的酒精浓度	alcoholic strength by mass		ASM	3.5A		1073
用体积表示的酒精强度	alcoholic strength by volume		ASU	3.5A		1074
铝磅	aluminium pound only		AP	3.1C	X	875
安[培]	ampere	A	AMP	1		353 *
安[培][小]时	ampere hour	A·h	AMH	1M		361
安[培]每厘米	ampere per centimetre	A/cm	A2	1S		416
安[培]每米	ampere per metre	A/m	AE	1		413 * 439 *
安[培]每毫米	ampere per millimetre	A/mm	A3	1S		415
安[培]每平方厘米	ampere per square centimetre	A/cm^2	A4	1S		411
安[培]每平方米	ampere per square metre	A/m^2	A41	1		408 *
安[培]每平方米二次方开[尔文]	ampere per square metre kelvin squared	$A/(m^2 \cdot K^2)$	A6	1		824 *
安[培]每平方毫米	ampere per square millimetre	A/mm^2	A7	1S		410
安[培]秒	ampere second	A·s	A8	1		360
安[培]平方米	ampere square metre	$A \cdot m^2$	A5	1		438 * 651 *
安[培]平方米每焦[耳]秒	ampere square metre per joule second	$A \cdot m^2/(J \cdot s)$	A10	1		652 *
安[培]匝每厘米	ampere tum per centimetre		73	3.9	X	1323
安瓿瓶	ampoule		AM	3.3A	X	979
埃	angstrom	Å	A11	1		23 126 * 489 648 789
抗血友病因子(AHF)单位	anti-hemophilic factor (AHF) unit		AQ	3.9		1418
公亩	are	a	ARE	1		37

表 B.1（续）

单位名称		表示符号	通用代码	级/类别	状态标识	交叉引用号
中文名称	英文名称					
装配	assembly		AY	3.9		1330
套	assortment		AS	3.9		1329
天文单位	astronomical unit	AU	A12	1		24
阿[托]焦[耳]	attojoule	aJ	A13	1S		264
						823
每次呼叫的平均分钟	average minute per call		AI	3.5C		1110
B						
袋	bag		BG	3.3A	X	970
包	bale		BL	3.3A	X	974
球	ball		AA	3.9		1328
带	band		D92	3.9	X	1337
棒(包装单位)	bar (unit of packaging)		BR	3.3A	X	969
巴(压强单位)	bar (unit of pressure)	bar	BAR	1		215 540
驳船	barge		NB	3.4B	X	1057
靶恩	barn	b	A14	1		688
靶恩每电子伏	barn per electron volt	b/eV	A15	1		692
靶恩每球面度	barn per steradian	b/sr	A17	1		690
靶恩每球面度电子伏	barn per steradian electronvolt	b/(sr·eV)	A16	1		695
桶(美)	barrel (US)	barrel (US)	BLL	2	|	78
桶(美)每日	barrel (US) per day	barrel(US/d)	B1	3.5B		1090
桶每分(美)	barrel (US) per minute	barrel(US)/min	5A	2		304
桶(英)	barrel, imperial		B4	3.5		1155
底座箱	base box		BB	3.5		1161
基本重量	base weight		BW	3.9	X	1341
筐	basket		BK	3.3A	X	1003
批	batch		5B	3.9		1426
棉胎	batt		B9	3.9	X	1335
软化液磅	batting pound		B3	3.1C		876
杆	beam		D79	3.3B	X	1025
贝可[勒尔]	becquerel	Bq	BQL	1		674 * 740 *
贝可[勒尔]每千克	becquerel per kilogram	Bq/kg	A18	1		679 *
贝可[勒尔]每立方米	becquerel per metre cubed	Bq/m^3	A19	1		682
带	belt		E2	3.9	X	1340
小方坯	billet		B5	3.9	X	1333
万亿(欧洲)	billion (EUR)		BIL	3.7A		1207

表 B.1（续）

单 位 名 称		表示符号	通用代码	级/类别	状态标识	交叉引用号
中文名称	英文名称					
料箱	bin		2W	3.3A	X	997
比特	bit	bit	A99	3.6		1181
比特每秒	bit per second	bit/s	B10	3.6		1182
块	block		D64	3.9	X	1339
板	board		BD	3.3A	X	994
板英尺	board foot	fbm	BFT	3.5A		1068
细绳	bobbin		4A	3.3A	X	998
纸卷	bolt		BT	3.3A	X	995
册	book		D63	3.9		1338
瓶	bottle		BO	3.3A	X	980
盒	box		BX	3.3A	X	978
制动马力	brake horse power	BHP	BHP	2		289
英制热单位	British thermal unit	Btu	BTU	2		315
英制热单位每[小]时	British thermal unit per hour	Btu/h	2I	2		321
英制热单位每[小]时平方英尺兰氏度	British thermal unit per hour square foot degree Rankin	Btu/(h・ft^2・°R)	A23	2		331
英制热单位每磅	British thermal unit per pound	Btu/lb	AZ	2		350
英制热单位每磅兰氏度	British thermal unit per pound degree Rankin	Btu/(lb・°R)	A21	2		341
英制热单位每秒英尺兰氏度	British thermal unit per second foot degree Rankin	Btu/(s・ft・°R)	A22	2		324
英制热单位每秒平方英尺兰氏度	British thermal unit per second square foot degree Rankin	Btu/(s・ft^2・°R)	A20	2		330
刷子	brush		BH	3.9	X	1336
英制热单位每立方英尺	Btu per cubic foot	BTU/ft^3	B0	3.9	X	1331
吊桶	bucket		BJ	3.3A	X	982
散装液化气	bulk		VQ	3.3A	X	996
散装车载重	bulk car load		48	3.4C	X	1060
大包	bulk pack	pk	AB	3.3B		1024
bun	bun		B6	3.9	X	1334
捆	bundle		BE	3.3A	X	984
斗	bunk		B2	3.9	X	1332
蒲式耳(英)	bushel(UK)	bushel(UK)	BUI	2		76
蒲式耳(美)	bushel(US)	bu(US)	BUA	2		77
字节	byte	B	AD	3.6B		1178

表 B.1（续）

单位名称		表示符号	通用代码	级/类别	状态标识	交叉引用号
中文名称	英文名称					
C						
守车数	caboose count		1D	3.5C	X	1107
守车英里	caboose mile		1H	3.5C	X	1094
熔块	cake		KA	3.9		1369
呼叫	call		C0	3.5C		1113
卡[路里]	calorie	cal	R4	3.5	D	1148
卡每立方厘米	calorie per cubic centimetre		92	3.9	X	1326
卡每克	calorie per gram	cal/g	93	3.5	D	1149
罐	can		CA	3.3A	X	977
坎[德拉]	candela	cd	CDL	1		510 *
坎[德拉]每平方米	candela per square metre	cd/m^2	A24	1		514 *
堆	cap		4B	3.9	X	1409
盒,胶囊	capsule		AV	3.3A	X	999
车厢	car		NC	3.5C	X	1105
车厢数	car count		1B	3.5C	X	1098
车厢英里	car mile		1A	3.5C	X	1092
带筐	carboy		CO	3.3A	X	981
卡	card		CG	3.9		1346
车厢载重	carload		C4	3.5C	X	1104
用吨(米制吨)表示的装载量	carrying capacity in metric ton		CCT	3.4A		1038
车厢组	carset		C2	3.5C	X	1108
纸板箱	carton		CT	3.3A	X	976
夹头	cartridge		CQ	3.9	X	1349
箱	case		CS	3.3A	X	975
木桶	cask		Z3	3.3C	X	1036
箱	cassette		D66	3.9	X	1350
无重量限制	catch weight		31	3.9	X	1317
单元	cell		C6	3.9	X	1344
百磅(英)	cental(UK)		CNT	3.5		1147
厘克	centigram	cg	CGM	1M		138
厘升	centilitre	cl	CLT	1S		56
厘米	centimetre	cm	CMT	1S		12
厘米每秒	centimetre per second	cm/s	2M	1S		99
厘泊	centipoise	cP	C7	2		246

表 B.1（续）

单位名称		表示符号	通用代码	级/类别	状态标识	交叉引用号
中文名称	英文名称					
厘斯[托克斯]	centistokes	cSt	4C	2		250
测绘链	chain	ch	X1	2		27
木箱	chest		Z2	3.3C	X	1035
米制马力	cheval vapeur	CV	A25	2	D	288
圈	coil		CL	3.3A	X	988
卷	coil group		C9	3.9		1345
栏英寸	column inch		II	3.9	X	1412
组合	combo		CZ	3.9	X	1351
产品总磅(总重量)	composite product pound (total weight)		C1	3.9	X	1342
筒	cone		CJ	3.9	X	1347
会议电话点	conference point		Z6	3.5C	X	1112
连接器	connector		CK	3.9	X	1348
集装箱	container		CH	3.4B	X	1050
产品指定项克	content gram		CTG	3.1		900
产品指定项吨(米制吨)	content ton (metric)		CTN	3.1		901
约定毫米汞柱	conventional millimetre of mercury	mm Hg	HN	2	D	234
约定毫米水柱	conventional millimetre of water	mm H_2O	HP	2	D	232
管纱	cop		AJ	3.9	X	1437
考德	cord		WCD	3.5A		1067
成本	cost		C5	3.9	X	1343
库[仑]	coulomb	C	COU	1		359 *
						626 *
						645 *
库[仑]米	coulomb metre	C·m	A26	1		407 *
						616 *
库[仑]平方米每伏[特]	coulomb metre squared per volt	C·m²/V	A27	1		617 *
库[仑]每立方厘米	coulomb per cubic centimetre	C/cm³	A28	1S	|	373
库[仑]每立方米	coulomb per cubic metre	C/m³	A29	1	|	369 *
库[仑]每立方毫米	coulomb per cubic millimetre	C/mm³	A30	1S	|	371
库[仑]每千克	coulomb per kilogram	C/kg	CKG	1		756 *
库[仑]每千克秒	coulomb per kilogram second	C/(kg·s)	A31	1		761 *
库[仑]每摩[尔]	coulomb per mole	C/mol	A32	1		628 *
库[仑]每平方厘米	coulomb per square centimetre	C/cm²	A33	1S	|	380
库[仑]每平方米	coulomb per square metre	C/m²	A34	1	|	377 *

表 B.1（续）

单位名称		表示符号	通用代码	级/类别	状态标识	交叉引用号
中文名称	英文名称					
库[仑]每平方毫米	coulomb per square millimetre	C/mm^2	A35	1S	|	379
每厘米次数	count per centimetre		IT	3.9	X	1367
每英寸次数	count per inch		IC	3.9	X	1364
每分次数	count per minute		5K	3.9	X	1423
包裹	cover		CV	3.3A	X	1005
板条箱	crate		CR	3.3A	X	987
信用	credit		B17	3.9		1440
立方厘米	cubic centimetre	cm^3	CMQ	1S	|	52
立方厘米每摩[尔]	cubic centimetre per mole	cm^3/mol	A36	1S	|	586
立方厘米每秒	cubic centimetre per second	cm^3/s	2J	1S		299
立方分米	cubic decimetre	dm^3	DMQ	1S	|	53
立方分米每摩[尔]	cubic decimetre per mole	dm^3/mol	A37	1S		585
立方英尺每分平方英尺	cubic feet per minute per square foot	$ft^3/(min/ft^2)$	36	1M	X	831
立方英尺	cubic foot	ft^3	FTQ	2		63
立方英尺每[小]时	cubic foot per hour	ft^3/h	2K	2		302
立方英尺每分	cubic foot per minute	ft^3/min	2L	2		303
立方英尺每秒	cubic foot per second	ft^3/s	E17	3.1		912
立方英寸	cubic inch	in^3	INQ	2		62
立方米	cubic metre	m^3	MTQ	1		48 *
立方米(净量)	cubic metre (net)		D90	3.1B	X	854
立方米每库[仑]	cubic metre per coulomb	m^3/C	A38	1		815 *
立方米每[小]时	cubic metre per hour	m^3/h	MQH	1M		295
立方米每千克	cubic metre per kilogram	m^3/kg	A39	1		170 *
立方米每摩[尔]	cubic metre per mole	m^3/mol	A40	1		584 *
立方米每秒	cubic metre per second	m^3/s	MQS	1		294 * 545 * 730 *
立方毫米	cubic millimetre	mm^3	MMQ	1S	|	51
立方码	cubic yard	yd^3	YDQ	2		64
杯	cup		CU	3.3A	X	1004
居里	curie	Ci	CUR	2		670 741 *
居里每千克	curie per kilogram	Ci/kg	A42	2		678
旋度单位	curl unit		94	3.9	X	1327

表 B.1（续）

单位名称		表示符号	通用代码	级/类别	状态标识	交叉引用号
中文名称	英文名称					
周	cycle		B7	3.9		1324
圆柱	cylinder		CY	3.3A	X	986
D						
数据记录	data record		DQ	3.6B	X	1179
日（天）	day	d	DAY	1		85 *
总载重吨	deadweight tonnage		A43	3.4A		1042
量	deal		DE	3.9	X	1353
旬	decade		DEC	3.8A		1248
十克	decagram	dag	DJ	1M		134
十升	decalitre	dal	A44	1M		60
十米	decametre	dam	A45	1M		21
十公亩	decare	daa	DAA	1M		38
分贝	decibel	dB	2N	1		129 * 562 * 569 *
分克	decigram	dg	DG	1M		135
分升	decilitre	dl	DLT	1M		57
分升每克	decilitre per gram	dl/g	22	1M		171
分米	decimetre	dm	DMT	1M		11
分牛[顿]米	decinewton metre	dN·m	DN	1S		203
分特[克斯]	decitex	dtex(g/10 km)	A47	3.5B		1088
分吨	decitonne	dt or dtn	DTN	1M		140
[角]度	degree (unit of angle)	°	DD	1	|	4 *
度(角度单位)	degree (unit of angle)	°	DD	1	|	791 *
摄氏度	degree Celsius	℃	CEL	1		309 *
度日	degree days	deg da	E10	3.5		1162
华氏度	degree Fahrenheit	°F	FAH	2		310
糖度	degree Plato	°P	PLA	3.5		1173
兰氏度	degree Rankin	°R	A48	2		308
旦[尼尔]	denier	den(g/9 km)	A49	3.5B		1089
数位	digit		B19	3.7		1235
目录	directory book		DY	3.9	X	1355
盘	disk (disc)		DC	3.9	X	1352
配料器	dispenser		DI	3.3B	X	1026

表 B.1（续）

单位名称		表示符号	通用代码	级/类别	状态标识	交叉引用号
中文名称	英文名称					
排水量	displacement tonnage		DPT	3.4A		1041
显示	display		DS	3.9	X	1354
美元每[小]时	dollar per hour		D67	3.9	X	1416
剂	dose		E27	3.9		1443
每英寸点数	dots per inch	dpi	E39	3.6		1197
打	dozen	DOZ	DZN	3.7A		1209
十二包	dozen pack		DZP	3.2A		950
十二对	dozen pair		DPR	3.2A		949
十二件	dozen piece		DPC	3.2A		951
十二卷	dozen roll		DRL	3.2A		952
打兰(英)(药衡)	drachm(UK)		DRM	3.5		1134
二十	draize score		D8	3.7C	X	1226
打兰(英)(常衡)	dram(UK)		DRI	3.5		1151
打兰(美)(常衡)	dram(US)		DRA	3.5		1150
金属桶	drum		DR	3.3A	X	971
干桶(美)	dry barrel(US)	bbl(US)	BLD	2		79
干加仑(美)	dry gallon(US)	dry gal(US)	GLD	2		80
干品脱(美)	dry pint(US)	dry pt(US)	PTD	2		72
干磅	dry pound		DB	3.1B		847
干夸脱(美)	dry quart(US)	dry qt(US)	QTD	2		81
干吨	dry ton		DT	3.1B		863
达因	dyne	dyn	DU	2	D	193
达因每厘米	dyne per centimetre	dyn/cm	DX	2	D	254
达因每平方厘米	dyne per square centimetre	dyn/cm^2	D9	2	D	541
达因秒每厘米	dyne second per centimetre	dyn・s/cm	A51	2	D	561
达因秒每五次方厘米	dyne second per centimetre to the fifth power	$dyn \cdot s/cm^5$	A52	2	D	559
达因秒每立方厘米	dyne second per cubic centimetre	$dyn \cdot s/cm^3$	A50	2	D	557
E						
每个	each		EA	3.2B		954
每月一次	each per month		EC	3.9	X	1419
八包	eight pack		P8	3.2C	X	962
电子邮箱	electronic mail box		EB	3.9		1356
电子伏	electronvolt	eV	A53	1		270 * 668 685 * 821 *

表 B.1（续）

单位名称		表示符号	通用代码	级/类别	状态标识	交叉引用号
中文名称	英文名称					
电子伏每米	electronvolt per metre	eV/m	A54	1		718 * 753 *
电子伏平方米	electronvolt square metre	eV · m^2	A55	1		721 *
电子伏平方米每千克	electronvolt square metre per kilogram	eV · m^2/kg	A56	1		724 *
十一包	eleven pack		EP	3.2C	X	965
空车厢	empty car		1E	3.5C	X	1100
信封	envelope		EV	3.9	X	1370
当量加仑	equivalent gallon		EQ	3.1C		865
尔格	erg	erg	A57	2	D	274 686
尔格每厘米	erg per centimetre	erg/cm	A58	2	D	719 754
尔格每立方厘米	erg per cubic centimetre	erg/cm^3	A60	2	D	548
尔格每克	erg per gram	erg/g	A61	2	D	746
尔格每克秒	erg per gram second	erg/g · s	A62	2	D	751
尔格每秒	erg per second	erg/s	A63	2	D	284 550
尔格每秒平方厘米	erg per second square centimetre	erg/(s · cm^2)	A64	2	D	555
尔格每平方厘米秒	erg per square centimetre second	erg/(cm^2 · s)	A65	2	D	702
尔格平方厘米	erg square centimetre	erg · cm^2	A66	2	D	722
尔格平方厘米每克	erg square centimetre per gram	erg · cm^2/g	A67	2	D	725
艾[可萨]焦[耳]	exajoule	EJ	A68	1S		257
F						
故障率	failure rate in time		63	3.9	X	1319
法[拉]	farad	F	FAR	1		396 *
法[拉]每米	farad per metre	F/m	A69	1		401 *
英寻	fathom	fth	AK	2		26
飞[母托]焦[耳]	femtojoule	fJ	A70	1S		263 822
飞[母托]米	femtometre	fm	A71	1S		20
纤维米	fibre metre		FBM	3.1		921
纤维每立方厘米空气	fibre per cubic centimetre of air		F9	3.9	X	1357
字段	field		FB	3.9	X	1358
15 kg 桶	fifteen kg drum		98	3.3B	X	1019

表 B.1（续）

单位名称		表示符号	通用代码	级/类别	状态标识	交叉引用号
中文名称	英文名称					
50 磅袋	fifty lb bag		47	3.3B	X	1022
50 磅大袋	fifty lb bulk bag		46	3.3B	X	1023
55 加仑(美)桶	fiftyfive gallon (US) drum		18	3.3B	X	1017
五包	five pack		P5	3.2C		959
500 kg 大袋	fivehundred kg bulk bag		44	3.3B	X	1020
固定比例	fixed rate		1I	3.9		1316
除锈吨	flake ton		FL	3.1C		871
液盎司(英)	fluid ounce (UK)	fl oz (UK)	OZI	2		73
液盎司(美)	fluid ounce (US)	fl oz (US)	OZA	2		75
英尺	foot	ft	FOT	2		30
英尺每分	foot per minute	ft/min	FR	2		102
英尺每秒	foot per second	ft/s	FS	2		105
英尺每二次方秒	foot per second squared	ft/s^2	A73	2		110
千分之英寸	foot per thousand		E33	3.1		918
英尺磅力	foot pound-force	ft·lbf	85	2		204 275
英尺磅力每秒	foot pound-force per second	ft·lbf/s	A74	2		285
平方英尺每秒	foot squared per second	ft^2/s	S3	2		251
40 英尺集装箱	forty foot container		21	3.4B		1052
四包	four pack		P4	3.2C	X	958
运费吨	freight ton		A75	3.4A		1046
燃油加仑(美)	fuel usage gallon (US)		1G	3.5C	X	1101
		G				
量规系统	gage system		GZ	3.9	X	1360
伽	gal	Gal	A76	1S		108
加仑(英)	gallon (UK)	gal (UK)	GLI	2		65
加仑(美)	gallon (US)	gal (US)	GLL	2		66
加仑(美)每日	gallon (US) per day	gal (US/d)	GB	3.5C		1091
加仑每千立方英尺	gallon per thousand cubic feet		GW	3.5	X	1140
加仑(美)每千	gallon (US) per thousand		5C	3.9	X	1427
高斯	gauss	Gs	76	3.5C	D	1130
电位移的高斯 CGS 单位	Gaussian CGS unit of displacement		A77	3.5C	D	1126
电流的高斯 CGS 单位	Gaussian CGS unit of electic current		A78	3.5C	D	1122
电荷的高斯 CGS 单位	Gaussian CGS unit of electric charge		A79	3.5C	D	1123

表 B.1（续）

单位名称		表示符号	通用代码	级/类别	状态标识	交叉引用号
中文名称	英文名称					
电场强度的高斯 CGS 单位	Gaussian CGS unit of electric field strength		A80	3.5C	D	1124
电极化强度的高斯 CGS 单位	Gaussian CGS unit of electric polarization		A81	3.5	D	1127
电势的高斯 CGS 单位	Gaussian CGS unit of electric potential		A82	3.5C	D	1125
磁化强度的高斯 CGS 单位	Gaussian CGS unit of magnetization		A83	3.5C	D	1128
GB	gibibit	Gibit	B30	3.6		1183
吉[咖]贝可[勒尔]	gigabecquerel	GBq	GBQ	1M		675
吉[咖]比特	gigabit	Gbit	B68	3.6		1184
吉[咖]比特每秒	gigabit per second	Gbit/s	B80	3.6		1185
吉[咖]字节	gigabyte	GB	E34	3.6		1192
吉[咖]卡[路里]	gigacalorie		E11	3.5	D	1163
吉[咖]库[仑]每立方米	gigacoulomb per cubic metre	GC/m^3	A84	1S		370
吉[咖]电子伏	gigaelectronvolt	GeV	A85	1S		272
吉[咖]赫[兹]	gigahertz	GHz	A86	1S		118
吉[咖]焦[耳]	gigajoule	GJ	GV	1S		260
吉[咖]欧[姆]	gigaohm	GΩ	A87	1S		444
吉[咖]欧[姆]米	gigaohm metre	GΩ · m	A88	1S		456
吉[咖]帕[斯卡]	gigapascal	GPa	A89	1S		220
吉[咖]瓦[特]	gigawatt	GW	A90	1S		280 471
吉[咖]瓦[特][小]时	gigawatt hour	GW · h	GWH	1S		268
吉耳(英)	gill(UK)		GII	3.5		1157
吉耳(美)	gill(US)		GIA	3.5		1156
冈	gon	gon	A91	2		8 *
冈	grade		A91	2	D	7 *
格令	grain	gr	GRN	2		146
克	gram	g	GRM	1S		137
裂变同位素克	gram of fissile isotope	gi F/S	GFI	3.1A		836
克每百克	gram per 100 gram		GC	3.7C	X	1230
克每立方厘米	gram per cubic centimetre	g/cm^3	23	1S		155
克每立方米	gram per cubic metre	g/m^3	A93	1M		160
克每千克	gram per kilogram		GK	3.7C	X	1231
克每升	gram per litre	g/l	GL	1S		159

表 B.1（续）

单位名称		表示符号	通用代码	级/类别	状态标识	交叉引用号
中文名称	英文名称					
克每米(克每 100 厘米)	gram per metre (gram per 100 centimetres)	g/m	GF	1M		174
克每毫升	gram per millilitre	g/mL	GJ	1S		157
克每摩[尔]	gram per mole	g/mol	A94	1S		583
克每平方厘米	gram per square centimetre	g/cm^2	25	1M		180
克每平方米	gram per square metre	g/m^2	GM	1M		181
克，干重	gram, dry weight		GDW	3.1		922
克，包括容器	gram, including container		GIC	3.1		923
克，包括内包装	gram, including inner packaging		GIP	3.1		924
戈[瑞]	gray	Gy	A95	1		743 *
戈[瑞]每秒	gray per second	Gy/s	A96	1		750 *
大罗	great gross		GGR	3.7A		1211
罗	gross	gr	GRO	3.7A		1210
总桶重	gross barrel		GD	3.1B	X	849
总加仑	gross gallon		GN	3.1B	X	850
总千克	gross kilogram		E4	3.1B		851
总登记吨	gross register ton		GRT	3.4A	D	1044
总吨	gross ton		GT	3.1B		853
总码	gross yard		GY	3.1B	X	852
组	group		10	3.9		1311
H						
半打	half dozen		HD	3.7C	X	1225
半加仑(美)	half gallon (US)		GH	3.8C	X	1265
半[小]时	half hour		HT	3.8C	X	1268
半升	half litre		H2	3.8C	X	1300
半电子版面	half page-electronic		H1	3.9	X	1361
半品脱(美)	half pint (US)		PV	3.8C	X	1266
半年(6 个月)	half year (6 months)		SAN	3.8A		1246
亨司(英制长度单位)，亨克	hank		HA	3.9		1363
热辐射块	heat lot		8	3.9	X	1310
公顷	hectare	ha	HAR	1S		39 *
百巴	hectobar	hbar	HBA	1M		216
百克	hectogram	hg	HGM	1M	|	142
百升	hectolitre	hl	HLT	1S	|	55

表 B.1（续）

单位名称		表示符号	通用代码	级/类别	状态标识	交叉引用号
中文名称	英文名称					
纯酒精百升	hectolitre of pure alcohol		HPA	3.1A		833
百米	hectometre	hm	HMT	1M		15
百帕[斯卡]	hectopascal	hPa	A97	1S		222
亨[利]	henry	H	81	1		426 *
亨[利]每米	henry per metre	H/m	A98	1		433 *
赫[兹]	hertz	Hz	HTZ	1		114 *
						485 *
						531 *
大啤酒桶	hogshead		Z4	3.3C	X	1037
马力日每风干吨(米制吨)	horse power day per air dry metric ton		30	3.5	X	1137
[小]时	hour	h	HUR	1		84 *
百	hundred		CEN	3.7A		1212
百板英尺	hundred board feet		BP	3.5A		1069
百盒	hundred boxes		HBX	3.2A		953
百位计数	hundred count		HC	3.7C		1229
百立方英尺	hundred cubic feet		HH	3.8C	X	1272
百立方米	hundred cubic metre		FF	3.8C		1303
百英尺	hundred feet		HF	3.8C	X	1271
百延英尺	hundred feet (linear)		HL	3.8C	X	1270
百 15 kg 桶	hundred fifteen kg drum		16	3.3B	X	1015
百国际单位	hundred international unit		HIU	3.7A		1217
百千克	hundred kilogram		HK	3.8C	X	1274
百千克，干重	hundred kilogram, dry weight		HDW	3.1		925
百千克，净质量	hundred kilogram, net mass		HKM	3.1		926
百磅桶	hundred lb drum		17	3.3B	X	1016
百叶	hundred leaves		CLF	3.8A		1242
百延码	hundred linear yard		YL	3.8C	X	1278
百米	hundred metre		JPS	3.1		927
百包	hundred pack		CNP	3.2		1243
担(美)	hundred pounds(cwt) / hundred weight (US)	cwt(US)	CWA	2		149
百张	hundred sheet		HI	3.8C	X	1273
百平方英尺	hundred square feet		HS	3.8C	X	1276
百金衡盎司	hundred troy ounce		HO	3.8C	X	1275

表 B.1（续）

单位名称		表示符号	通用代码	级/类别	状态标识	交叉引用号
中文名称	英文名称					
英担(英)	hundred weight (UK)	cwt(UK)	CWI	2		148
百码	hundred yard		HY	3.8C	X	1277
百分之一克拉	hundredth of a carat		HE	3.5	X	1144
水马力	hydraulic horse power		5J	2		283
I						
加仑每分(英)	Imperial gallon per minute	gal(UK)/min	G3	2		306
版	impression		IM	3.9	X	1365
英寸	inch	in	INH	2		28
立方英寸	inch cubed	in^3	INQ	2		241
英寸每延英尺	inch per linear foot		B82	3.1		902
英寸每分	inch per minute		IL	3.5	X	1152
英寸每秒(线速度)	inch per second	in/s	IU	2		104
英寸每秒(振动)	inch per second (vibration)	in/s	IU	2	X	103
英寸每二次方秒	inch per second squared	in/s^2	IV	2		112
英寸每二次方秒(加速度)	inch per second squared (acceleration)	in/s^2	IV	2	X	111
英寸磅力(磅力英寸)	inch pound (pound inch)	in · lb	IA	2	|	206
四次方英寸	inch to the fourth power	in^4	D69	2		239
水的英寸	inches of water		IF	3.1C	D	883
保险单	insurance policy		IP	3.9	X	1366
国际糖度	international sugar degree		ISD	3.5		1170
国际蒸汽表卡	International Table(IT) calorie	calIT	D70	2	D	317
国际蒸汽表卡每克开[尔文]	International Table (IT) calorie per gram kelvin	calIT/(g · K)	D76	2	D	342
国际蒸汽表卡每秒厘米开[尔文]	International Table (IT) calorie per second centimetre kelvin	calIT/(s · cm · K)	D71	2	D	325
国际蒸汽表卡每秒平方厘米开[尔文]	International Table (IT) calorie per second square centimetre Kelvin	calIT/(s · cm^2 · K)	D72	2	D	328
国际蒸汽表卡每克	International Table (IT) calorie per gram	calIT/g	D75	2	D	351
J						
大口瓶	jar		JR	3.3A	X	1006
接头	joint		JO	3.9	X	1368
焦[耳]	joule	J	JOU	1		255 * 314 * 483 *

表 B.1（续）

单位名称		表示符号	通用代码	级/类别	状态标识	交叉引用号
中文名称	英文名称					
焦[耳]	joule	J	JOU	1		493 * 650 * 667 * 684 * 742 * 820 *
焦[耳]每立方米	joule per cubic metre	J/m^3	B8	1		440 * 494 * 547 *
焦[耳]每克	joule per gram	J/g	D95	1S		347
焦[耳]每开[尔文]	joule per kelvin	J/K	JE	1		337 * 345 * 620 *
焦[耳]每千克	joule per kilogram	J/kg	J2	1		346 *
焦[耳]每千克开[尔文]	joule per kilogram kelvin	J/(kg · K)	B11	1		339 *
焦[耳]每米	joule per metre	J/m	B12	1		717 * 752 *
焦[耳]每平方米	joule per metre squared	J/m^2	B13	1		498 *
焦[耳]每四次方米	joule per metre to the fourth power	J/m^4	B14	1		496 *
焦[耳]每摩[尔]	joule per mole	J/mol	B15	1		588 * 590 * 592 *
焦[耳]每摩[尔]开[尔文]	joule per mole kelvin	J/(mol · K)	B16	1		594 *
焦[耳]每平方厘米	joule per square centimetre	J/cm^2	E43	3.5		1168
焦[耳]每平方米	joule per square metre	J/m^2	B13	1		700 *
焦[耳]秒	joule second	J · s	B18	1		646 *
焦[耳]平方米	joule square metre	$J \cdot m^2$	D73	1		720 *
焦[耳]平方米每千克	joule square metre per kilogram	$J \cdot m^2/kg$	B20	1		723 *
带柄水罐	jug		JG	3.3A	X	1007
重货	jumbo		JB	3.4B	X	1053
K						
桶	keg		KG	3.3A	X	983
开[尔文]	kelvin	K	KEL	1		307 * 805 *

表 B.1（续）

单位名称		表示符号	通用代码	级/类别	状态标识	交叉引用号
中文名称	英文名称					
开[尔文]每瓦[特]	kelvin per watt	K/W	B21	1	|	333 *
KB	kibibit	Kibit	C21	3.6		1186
千安[培]	kiloampere	kA	B22	1S		354
千安[培][小]时	kiloampere hour (thousand ampere hour)	kA·h	TAH	1M	|	362
千安[培]每米	kiloampere per metre	kA/m	B24	1S	|	414
千安[培]每平方米	kiloampere per square metre	kA/m^2	B23	1S		412
千巴	kilobar	kbar	KBA	1M		218
千贝可[勒尔]	kilobecquerel	kBq	2Q	1S		676
千贝可[勒尔]每千克	kilobecquerel per kilogram	kBq/kg	B25	1S		681
千比特	kilobit	kbit	C37	3.6		1187
千比特每秒	kilobit per second	kbit/s	C74	3.6		1188
千字节	kilobyte	kB	2P	3.6B	|	1176
千卡[路里]	kilocalorie (IT)		E14	3.5		1164
千卡[路里]每[小]时	kilocalorie (TH) per hour		E15	3.5		1165
千字符	kilocharacter		KB	3.9		1371
千库[仑]	kilocoulomb	kC	B26	1S		365
千库[仑]每立方米	kilocoulomb per cubic metre	kC/m^3	B27	1S		374
千库[仑]每平方米	kilocoulomb per square metre	kC/m^2	B28	1S		381
千居里	kilocuric	kCi	2R	2S	|	673
千电子伏	kiloelectronvolt	keV	B29	1S		273
千高斯	kilogauss	kGs	78	3.5C	DI	1131
千克(公斤)	kilogram	kg	KGM	1		136 * 614 * 638 * 641 * 826 *
十进制千克	kilogram decimal		KD	3.9	X	1372
干净重千克	kilogram drained net weight	kg/net eda	KDW	3.1		929
千克力每平方厘米	kilogram force per square centimetre	kgf/cm^2	E42	3.5		1167
千克力每平方毫米	kilogram force per square millimetre	kgf/mm^2	E41	3.5		1166
千克米每秒	kilogram metre per second	kg·m/s	B31	1		185 *
千克平方米	kilogram metre squared	kg·m^2	B32	1		187 *
千克平方米每秒	kilogram metre squared per second	kg·m^2/s	B33	1		186 *

表 B.1（续）

单位名称		表示符号	通用代码	级/类别	状态标识	交叉引用号
中文名称	英文名称					
指定物质千克	kilogram named substance		KNS	3.1A		837
氯胆碱千克	kilogram of choline chloride	kg $C_5H_{14}ClNO$	KCC	3.1		928
过氧化氢千克	kilogram of hydrogen peroxide	kg H_2O_2	KHY	3.1		930
下水较少的进口肉类千克	kilogram of imported meat, less offal		TMS	3.5		1174
甲胺千克	kilogram of methylamine	kg met. am.	KMA	3.1		933
氮千克	kilogram of nitrogen	kg N	KNI	3.1A		838
五氧化二磷千克	kilogram of phosphorus pentoxide (phosphoric anhydride)		KPP	3.1A		839
氢氧化钾千克	kilogram of potassium hydroxide (caustic potash)	kg KOH	KPH	3.1A		840
氧化钾千克	kilogram of potassium oxide	kg K_2O	KPO	3.1A		841
氢氧化钠千克	kilogram of sodium hydroxide (caustic soda)	kg NaOH	KSH	3.1A		842
90%干燥物质千克	kilogram of substance 90% dry	kg 90% sdt	KSD	3.1A		843
三氧化钨千克	kilogram of tungsten trioxide	kg WO_3	KWO	3.1		934
铀千克	kilogram of uranium	kg U	KUR	3.1A		844
千克每风干吨(米制吨)	kilogram per air dry metric ton		32	3.5	X	1138
千克每立方分米	kilogram per cubic decimetre	kg/dm^3	B34	1S		163
千克每立方米	kilogram per cubic metre	kg/m^3	KMQ	1		154 * 538 * 596 *
千克每千克产品	kilogram per kilogram of product		3H	3.9	X	1434
千克每升	kilogram per litre	kg/l or kg/L	B35	1S		158 * 597 *
千克每米	kilogram per metre	kg/m	KL	1		173 *
千克每毫米宽度	kilogram per millimetre width		KI	3.1C	|	872
千克每摩[尔]	kilogram per mole	kg/mol	D74	1		582
千克每件产品	kilogram per piece of product		3I	3.9	X	1435
千克每秒	kilogram per second	kg/s	KGS	1		290 *
千克每平方厘米	kilogram per square centimetre	kg/cm^2	D5	2		233
千克每平方米	kilogram per square metre	kg/m^2	28	1M		182 *
千克每平方米	kilogram per square metre	kg/m^2	28	1		726 *
千克，干重	kilogram, dry weight		MND	3.1		938
千克，包括容器	kilogram, including container		KIC	3.1		931
千克，包括内包装	kilogram, including inner packaging		KIP	3.1		932
千克力(公斤力)	kilogram-force	kgf	B37	2	D|	195

表 B.1（续）

单位名称		表示符号	通用代码	级/类别	状态标识	交叉引用号
中文名称	英文名称					
千克力米	kilogram-force metre	kgf · m	B38	2	D|	205 276
千克力米每秒	kilogram-force metre per second	kgf · m/s	B39	2	D	286
千克力米每平方厘米	kilogram-force metre per square centimetre	kgf-m/cm^2	E44	3.5		1169
千克力每平方米	kilogram-force per square metre	kgf/m^2	B40	2	D	228
千克每毫米	kilograms per millimetre	kg/mm	KW	1M		175
千赫[兹]	kilohertz	kHz	KHZ	1S		115
千焦[耳]	kilojoule	kJ	KJO	1S		256
千焦[耳]每开[尔文]	kilojoule per kelvin	kJ/K	B41	1S		338
千焦[耳]每千克	kilojoule per kilogram	kJ/kg	B42	1S		349
千焦[耳]每千克开[尔文]	kilojoule per kilogram kelvin	kJ/(kg · K)	B43	1S		340
千焦[耳]每摩[尔]	kilojoule per mole	kJ/mol	B44	1S		589
千升	kilolitre	kl	K6	1M		59
千升每[小]时	kilolitre per hour	kl/h	4X	1M		300
千米(公里)	kilometre	km	KTM	1S	X	16 17
千米每[小]时	kilometre per hour	km/h	KMH	1S		97 *
千摩[尔]	kilomole	kmol	B45	1S		578
千摩[尔]每立方米	kilomole per cubic metre	kmol/m^3	B46	1S		601
千牛[顿]	kilonewton	kN	B47	1S		190
千牛[顿]米	kilonewton metre	kN · m	B48	1S		200
千欧[姆]	kiloohm	kΩ	B49	1S		446
千欧[姆]米	kiloohm metre	kΩ · m	B50	1S		458
千包	kilopacket		KF	3.9	X	1373
千帕[斯卡]	kilopascal	kPa	KPA	1S		214
千帕[斯卡]平方米每克	kilopascal square metres per gram	kPa · m^2/g	33	1M		828
千帕[斯卡]平方米每毫米	kilopascals per millimetre	kPa/mm	34	1M	|	829
千克力(公斤力)	kilopond	kp	B51	2	D|	196
千磅每平方英寸	kilopound per square inch	klb/in^2	84	3.5		1135
千伦琴	kiloroentgen	kR	KR	2	|	760
千秒	kilosecond	ks	B52	1S		86
千段	kilosegment		KJ	3.6B	|	1177
千西[门子]	kilosiemens	kS	B53	1S		450

表 B.1（续）

单位名称		表示符号	通用代码	级/类别	状态标识	交叉引用号
中文名称	英文名称					
千西[门子]每米	kilosiemens per metre	kS/m	B54	1S		465
千吨	kilotonne	kt	KTN	1M		143
千乏	kilovar	kvar	KVR	1S	|	482
千伏[特]	kilovolt	kV	KVT	1S		393
千伏[特]安[培]	kilovolt-ampere	kV・A	KVA	1S		479
千伏[特]安[培](无功)	kilovolt ampere (reactive)	kV・A	K5	1S		480
千伏[特]安[培][小]时	kilovolt ampere hour	kVAh	C79	3.1		903
需用千伏[特]安[培]	kilovolt ampere reactive demand		K2	3.5C		1120
千伏[特]安[培][小]时	kilovolt ampere reactive hour		K3	3.5C		1121
千伏[特]每米	kilovolt per metre	kV/m	B55	1S		386
千瓦[特]	kilowatt	kW	KWT	1S		278 320 469
需用千瓦[特]	kilowatt demand		K1	3.5C		1119
千瓦[特][小]时	kilowatt hour	kW・h	KWH	1S	|	267
千瓦[特][小]时每立方米	kilowatt hour per cubic metre	kWh/m³	E46	3.1	+	919
千瓦[特][小]时每[小]时	kilowatt hour per hour	kW・h/h	D03	3.1		904
千瓦[特][小]时每开[尔文]	kilowatt hour per kelvin	kWh/K	E47	3.1	+	920
千韦[伯]每米	kiloweber per metre	kWb/m	B56	1S	|	424
套	kit		KT	3.2B		955
节	knot	kn	KNT	1		101 *
	L					
工时	labour hour		LH	3.1B		855
乳干物质百分比	lactic dry material percentage		KLK	3.5		1171
乳糖超额百分比	lactose excess percentage		LAC	3.5		1172
大喷雾器	large spray		LJ	3.9	X	1308
层	layer		LR	3.9		1379
金属薄片	leaf		LEF	3.5A		1075
长度	length		LN	3.9		1377
升程	lift		5	3.9	X	1309
起重车	lift van		Z1	3.4C	X	1065
光年	light year	l・y.	B57	2		34
延厘米	linear centimetre		LC	3.1C	X	880
延英尺	linear foot		LF	3.1C		881

表 B.1（续）

单位名称		表示符号	通用代码	级/类别	状态标识	交叉引用号
中文名称	英文名称					
延英寸	linear inch		LI	3.1C	X	882
延米	linear metre		LM	3.1C		885
延码	linear yard		LY	3.1		935
延码每磅	linear yard per pound		LX	3.1C	X	889
令	link		LK	3.9		1376
液品脱(美)	liquid pint (US)	liq pt (US)	PTL	2		70
液体磅	liquid pound		LP	3.1C		877
液夸脱(美)	liquid quart (US)	liq qt (US)	QTL	2		71
矿物	lite		LE	3.9	X	1375
升	litre	l	LTR	1		50*
纯酒精升	litre of pure alcohol		LPA	3.1A		834
升每日	litre per day	l/d	LD	1M		298
升每[小]时	litre per hour	l/h	E32	3.1		917
升每分	litre per minute	l/min	L2	1M		301
升每摩[尔]	litre per mole	l/mol	B58	1M		587
载重	load		NL	3.4C		1061
机车数	locomotive count		1C	3.5C	X	1099
机车英里	locomotive mile		1K	3.5C	X	1096
批,采购单位	lot [unit of procurement]		LO	3.9		1378
劳[特](重量单位)	lot [unit of weight]		D04	3.2		946
船运集装箱	lug		Z5	3.9	X	1408
流[明]	lumen	lm	LUM	1		511*
流[明][小]时	lumen hour	lm·h	B59	1S	|	513*
流[明]每平方米	lumen per square metre	lm/m^2	B60	1		515*
流[明]每瓦[特]	lumen per watt	lm/W	B61	1		519*
流[明]秒	lumen second	lm·s	B62	1		512*
总数	lump sum		LS	3.9		1380
勒[克斯]	lux	lx	LUX	1		516*
勒[克斯][小]时	lux hour	lx·h	B63	1S	|	518*
勒[克斯]秒	lux second	lx·s	B64	1		517*
M						
每单位机器	machine per unit		MA	3.9	X	1382
磁带	magnetic tape		M0	3.6C	X	1180
人工作月	manmonth		3C	3.9		1431

表 B.1（续）

单位名称		表示符号	通用代码	级/类别	状态标识	交叉引用号
中文名称	英文名称					
质量磅	mass pound		D98	3.1C	X	896
麻袋	mat		MT	3.3A	X	1008
麦克斯韦	maxwell	Mx	B65	3.5C	D	1132
餐	meal		Q3	3.9		1438
M 比特	mebibit	Mibit	D11	3.6		1189
兆升	mega litre	Ml	MAL	1M		49
兆安[培]每平方米	megaampere per square metre	MA/m^2	B66	1S		409
兆贝可[勒尔]	megabecquerel	MBq	4N	1S		677
兆贝可[勒尔]每千克	megabecquerel per kilogram	MBq/kg	B67	1S		680
兆比特	megabit	Mbit	D36	3.6		1190
兆比特每秒	megabit per second	Mbit/s	E20	3.6		1191
兆字节	megabyte	MB	4L	3.6B	|	1175
兆库[仑]	megacoulomb	MC	D77	1S		363
兆库[仑]每立方米	megacoulomb per cubic metre	MC/m^3	B69	1S		372
兆库[仑]每平方米	megacoulomb per square metre	MC/m^2	B70	1S		378
兆电子伏	megaelectronvolt	MeV	B71	1S		271
兆克	megagram	Mg	2U	1S		144
兆克每立方米	megagram per cubic metre	Mg/m^3	B72	1S		162
兆克每[小]时	megagram per hour	Mg/h	2V	3.8B	X	1253
兆赫[兹]	megahertz	MHz	MHZ	1S		116
兆焦[耳]	megajoule	MJ	3B	1S		261
兆焦[耳]每立方米	megajoule per cubic metre	MJ/m^3	JM	1M		495
兆焦[耳]每千克	megajoule per kilogram	MJ/kg	JK	1S		348
兆焦[耳]每秒	megajoule per second	MJ/s	D78	3.1		905
兆米	megametre	Mm	MAM	3.8A		1250
兆牛[顿]	meganewton	MN	B73	1S		189
兆牛[顿]米	meganewton metre	MN·m	B74	1S		199
兆欧[姆]	megaohm	MΩ	B75	1S		445
兆欧[姆]米	megaohm metre	MΩ·m	B76	1S		457
兆帕[斯卡]	megapascal	MPa	MPA	1S		212
兆像素	megapixel		E38	3.6		1196
兆西[门子]每米	megasiemens per metre	MS/m	B77	1S		464
兆伏[特]	megavolt	MV	B78	1S		392
兆伏[特]安[培]	megavolt-ampere	MV·A	MVA	1S		478

表 B.1（续）

单位名称		表示符号	通用代码	级/类别	状态标识	交叉引用号
中文名称	英文名称					
无功兆伏[特]安[培]	megavolt ampere reactive	MV·A·r	MAR	3.1		937
无功兆伏[特]安[培]小时	megavolt ampere reactive hours	MV·A·r·h	MAH	3.1		936
兆伏[特]每米	megavolt per metre	MV/m	B79	1S		385
兆瓦[特]	megawatt	MW	MAW	1S		279
		MW	MAW	1S		470
兆瓦[特][小]时(1 000 千瓦[特][小]时)	megawatt hour(1 000 kW·h)	MW·h	MWH	1S		266
兆瓦[特][小]时每[小]时	megawatt hour per hour	MW·h/h	E07	3.1		908
兆瓦[特]每赫[兹]	megawatt per hertz	MW/Hz	E08	3.1		909
筛目	mesh		57	3.9		1425
消息	message		NF	3.9		1384
信息[小]时	message hour		NH	3.5C	X	1114
米	metre	m	MTR	1		10 *
						125 *
						488 *
						528 *
						535 *
						542 *
						621 *
						647 *
						657 *
						708 *
						709 *
						710 *
						716 *
						788 *
						796 *
						798 *
立方米	metre cubed	m^3	MTQ	1		240 *
米开[尔文]	metre kelvin	m·K	D18	1		508 *
米每分	metre per minute	m/min	2X	1M		100

表 B.1（续）

单位名称		表示符号	通用代码	级/类别	状态标识	交叉引用号
中文名称	英文名称					
米每秒	metre per second	m/s	MTS	1		96 * 442 * 492 * 543 * 546 * 731 *
米每二次方秒	metre per second squared	m/s^2	MSK	1		107 * 544 *
平方米每秒(平方米/秒(美))	metre squared per second (square metres/second US)	m^2/s	S4	1		247 *
四次方米	metre to the fourth power	m^4	B83	1		238 *
米制克拉	metric carat		CTM	3.5		1146
米制马力	metric horse power	metric hp	HJ	2	D	287
米制长吨	metric long ton		E5	3.1C		887
吨(米制吨),包括容器	metric ton, including container		TIC	3.1		943
吨(米制吨),包括内包装	metric ton, including inner packaging		TIP	3.1		944
吨(米制吨),润滑油	metric ton, lubricating oil		LUB	3.1		899
姆欧	mho		NQ	2	D	453
微安[培]	microampere	μA	B84	1S		356
微巴	microbar	μbar	B85	1S		223
微库[仑]	microcoulomb	μC	B86	1S		366
微库[仑]每立方米	microcoulomb per cubic metre	$\mu C/m^3$	B87	1S		376
微库[仑]每平方米	microcoulomb per square metre	$\mu C/m^2$	B88	1S		383
微居里	microcurie	μCi	M5	2S		672
微法[拉]	microfarad	μF	4O	1S		398
微法[拉]每米	microfarad per metre	μF/m	B89	1S		402
缩微平片张	microfiche sheet		G7	3.9	X	1410
微克	microgram	μg	MC	1S		133
微克每立方米	microgram per cubic metre	$\mu g/m^3$	GQ	1M		165
微亨[利]	microhenry	μH	B90	1S		428
微亨[利]每米	microhenry per metre	μH/m	B91	1S		434
微英寸	micro-inch	μin	M7	2		29
微升	microlitre	μl	4G	1M		58
微米	micrometre (micron)	μm	4H	1S		13

表 B.1（续）

单位名称		表示符号	通用代码	级/类别	状态标识	交叉引用号
中文名称	英文名称					
微姆欧	micromho		NR	2	D	454
微摩[尔]	micromole	μmol	FH	1S		580
微牛[顿]	micronewton	μN	B92	1S		192
微牛[顿]米	micronewton metre	μN·m	B93	1S		202
微欧[姆]	microohm	μΩ	B94	1S		448
微欧[姆]米	microohm metre	μΩ·m	B95	1S		461
微帕[斯卡]	micropascal	μPa	B96	1S		221
微弧度	microradian	μrad	B97	1S		3
微秒	microsecond	μs	B98	1S		88
微西[门子]	microsiemens	μS	B99	1S		452
微特[斯拉]	microtesla	μT	D81	1S		419
微伏[特]	microvolt	μV	D82	1S		395
微伏[特]每米	microvolt per metre	μV/m	C3	1S		390
微瓦[特]	microwatt	μW	D80	1S		282 474
微瓦[特]每平方米	microwatt per square metre	$\mu W/m^2$	D85	1S		553
英里	mile(statute mile)	mile	SMI	2		32
英里每[小]时	mile per hour	mile/h	HM	2		106
千	mille		E12	3.9		1441
毫安[培]	milliampere	mA	4K	1S		355
毫安[培][小]时	milliampere hour	mA·h	E09	3.1		910
十亿	milliard		MLD	3.7A		1208
毫巴	millibar	mbar	MBR	1S		217
毫库[仑]	millicoulomb	mC	D86	1S		364
毫库[仑]每立方米	millicoulomb per cubic metre	mC/m^3	D88	1S		375
毫库[仑]每千克	millicoulomb per kilogram	mC/kg	C8	1S		757*
毫库[仑]每平方米	millicoulomb per square metre	mC/m^2	D89	1S		382
毫居里	millicurie	mCi	MCU	2S		671
毫当量氢氧化钾每克产品	milliequivalence caustic potash per gram of product		KO	3.9		1374
毫法[拉]	millifarad	mF	C10	1S		397
毫伽	milligal	mGal	C11	1M		109
毫克	milligram	mg	MGM	1S		141
毫克每立方米	milligram per cubic metre	mg/m^3	GP	1M		161

表 B.1(续)

单 位 名 称		表示符号	通用代码	级/类别	状态标识	交叉引用号
中文名称	英文名称					
毫克每[小]时	milligram per hour	mg/h	4M	1M		291
毫克每千克	milligram per kilogram		NA	3.7C	X	1232
毫克每升	milligram per litre	mg/l	M1	1M		164
毫克每米	milligram per metre	mg/m	C12	1S		176
毫克每平方英尺每边	milligram per square foot per side		MF	3.1C	X	890
毫克每平方英尺	milligram per square inch	mg/in^2	MK	3.5	X	1136
毫克每平方米	milligrams per square metre	mg/m^2	GO	1		179
毫戈[瑞]	milligray	mGy	C13	1S		744
毫亨[利]	millihenry	mH	C14	1S		427
毫英寸	milli-inch	mil	77	2		33
毫焦[耳]	millijoule	mJ	C15	1S		262
毫升	millilitre	ml	MLT	1S		54
水的毫升	millilitre of water		WW	3.1C	D	898
毫升每千克	millilitre per kilogram	ml/kg	KX	1M		172
毫升每分	millilitre per minute	ml/min	41	1M		297
毫升每秒	millilitre per second	ml/s	40	1M		296
毫升每平方厘米秒	millilitres per square centimetre second	ml/(cm^2·s)	35	1M		830
毫米	millimetre	mm	MMT	1S		14
毫米每秒	millimetre per second	mm/s	C16	1S		98
平方毫米每秒	millimetre squared per second	mm^2/s	C17	1S	|	248
毫摩[尔]	millimole	mmol	C18	1S		579
毫摩[尔]每千克	millimole per kilogram	mmol/kg	D87	1S		605
毫牛[顿]	millinewton	mN	C20	1S		191
毫牛[顿]米	millinewton metre	mN·m	D83	1S		201
毫牛[顿]每米	millinewton per metre	mN/m	C22	1S		253
毫欧[姆]	milliohm	mΩ	E45	1S	+	447
毫欧[姆]米	milliohm metre	mΩ·m	C23	1S		460
百万	million		MIO	3.7A		1213
百万英制热单位每千立方英尺	million Btu per 1 000 cubic feet	MBTU/kft^3	M9	3.9	|	1383
百万 BTU(IT)每[小]时	million BTU(IT) per hour	MBTU/h	E16	3.1		911
百万英制热单位	million BTUs		BZ	3.8B	X	1251
百万立方英尺	million cubic feet	Mft^3	FM	3.8C	X	1263
百万立方米	million cubic metre	Mm^3	HMQ	3.8A		1245

表 B.1（续）

单位名称		表示符号	通用代码	级/类别	状态标识	交叉引用号
中文名称	英文名称					
百万国际单位	million international unit		MIU	3.7A		1218
百万粒子每立方英尺	million particle per cubic foot		FD	3.9	X	1359
百万单位	million unit		UM	3.8B	X	1255
毫帕[斯卡]	millipascal	mPa	74	1S		211
毫帕[斯卡]秒	millipascal second	mPa·s	C24	1S		244
毫弧度	milliradian	mrad	C25	1S		2
毫伦琴	milliroentgen	mR	2Y	2	#|	759
毫秒	millisecond	ms	C26	1S		87
毫西[门子]	millisiemens	mS	C27	1S		451
毫希[沃特]	millisievert	mSv	C28	1S		748
毫特[斯拉]	millitesla	mT	C29	1S		418
毫伏[特]	millivolt	mV	2Z	1S		394
毫伏[特]每开[尔文]	millivolt per kelvin	mV/K	D49	1S		819
毫伏[特]每米	millivolt per metre	mV/m	C30	1S		389
毫瓦[特]	milliwatt	mW	C31	1S		281 473
毫瓦[特]每平方米	milliwatt per square metre	mW/m^2	C32	1S		552
毫韦[伯]	milliweber	mWb	C33	1S		422
[角]分	minute [unit of angle]	′	D61	1		5 *
分	minute [unit of time]	min	MIN	1		83 *
MMSCF/日	MMSCF/day		5E	3.9		1428
摩[尔]	mole	mol	C34	1		577 *
摩[尔]每立方分米	mole per cubic decimetre	mol/dm^3	C35	1S	|	600
摩[尔]每立方米	mole per cubic metre	mol/m^3	C36	1		598 *
摩[尔]每千克	mole per kilogram	mol/kg	C19	1		604 *
摩[尔]每升	mole per litre	mol/l	C38	1	|	599
币值	monetary value		M4	3.9		1381
月	month	mo	MON	2	|	91
相互协商定义	mutually defined		ZZ	3.9		1403
N						
纳[诺]安[培]	nanoampere	nA	C39	1S		357
纳[诺]库[仑]	nanocoulomb	nC	C40	1S		367
纳[诺]法[拉]	nanofarad	nF	C41	1S		399
纳[诺]法[拉]每米	nanofarad per metre	nF/m	C42	1S		403

表 B.1（续）

单位名称		表示符号	通用代码	级/类别	状态标识	交叉引用号
中文名称	英文名称					
纳[诺]亨[利]	nanohenry	nH	C43	1S		429
纳[诺]亨[利]每米	nanohenry per metre	nH/m	C44	1S		435
纳[诺]米	nanometre	nm	C45	1S		18
纳[诺]欧[姆]米	nanoohm metre	nΩ · m	C46	1S		462
纳[诺]秒	nanosecond	ns	C47	1S		89
纳[诺]特[斯拉]	nanotesla	nT	C48	1S		420
纳[诺]瓦[特]	nanowatt	nW	C49	1S		475
海里	nautical mile	n mile	NMI	1		22 *
奈培	neper	Np	C50	1		128 * 132 * 566 *
奈培每秒	neper per second	Np/s	C51	1		131 *
奈培每秒	neper per second	Np/s	C51	1		564 *
净桶重	net barrel		ND	3.1B	X	857
净加仑(美)	net gallon (us)		NG	3.1B	X	859
净加仑(英)	net imperial gallon		NI	3.1B	X	860
净千克	net kilogram		58	3.1C		868
净升	net litre		NE	3.1B	X	858
净登记吨	net register ton		NTT	3.4A	D	1045
净吨(2 000 磅)	net ton		NT	3.4A		1043
报纸的一栏	newspage agate line		Z8	3.9	X	1404
牛[顿]	newton	N	NEW	1		188 *
牛[顿]米	newton metre	N · m	NU	1		198 *
牛[顿]米秒	newton metre second	N · m · s	C53	1		210 *
牛[顿]平方米每二次方千克	newton metre squared kilogram squared	$N \cdot m^2/kg^2$	C54	1		197 *
牛[顿]每米	newton per metre	N/m	4P	1		252 *
牛[顿]每平方厘米	newton per square centimetre	N/cm^2	E01	3.1		907
牛[顿]每平方米	newton per square metre	N/m^2	C55	1S		224 *
牛[顿]每平方毫米	newton per square millimetre	N/mm^2	C56	1S		225
牛[顿]秒	newton second	N · s	C57	1		209 *
牛[顿]秒每米	newton second per metre	N · s/m	C58	1		560 *
九包	nine pack		P9	3.2C	X	963
物品数	number of articles		NAR	3.7A		1198

表 B.1（续）

单位名称		表示符号	通用代码	级/类别	状态标识	交叉引用号
中文名称	英文名称					
线轴数	number of bobbins		NBB	3.7A	X	1199
元件数	number of cells		NCL	3.7A		1200
国际单位数	number of international units		NIU	3.7A		1201
宝石数	number of jewels		JWL	3.7		1241
行数	number of lines		N2	3.9	X	1413
倍数	number of mults		MV	3.7C	X	1233
包装件数	number of packs		NMP	3.7A		1202
对数	number of pairs		NPR	3.7A	D	1203
包裹数	number of parcels		NPL	3.7A	X	1204
部件数	number of parts		NPT	3.7A		1205
辊数	number of rolls		NRL	3.7A	X	1206
筛孔数	number of screens		NJ	3.7C	X	1234
词数	number of words		D68	3.7		1236
O						
倍频程，八度音阶（音程）	octave		C59	1		532 *
奥斯特	oersted	Oe	66	3.5C	D	1129
欧[姆]	ohm	Ω	OHM	1		443 *
欧[姆]厘米	ohm centimetre	Ω · cm	C60	1S		459
欧[姆]米	ohm metre	Ω · m	C61	1		455 * 813 *
一	one	1	C62	1		169 235 * 236 * 242 * 344 * 405 * 406 * 431 * 432 * 436 * 437 * 509 * 520 * 521 *

表 B.1（续）

单位名称		表示符号	通用代码	级/类别	状态标识	交叉引用号
中文名称	英文名称					
一	one	1	C62	1		522 *
						523 *
						524 *
						525 *
						568 *
						574 *
						575 *
						576 *
						591
						593 *
						602 *
						603 *
						606 *
						608 *
						609 *
						610 *
						611 *
						612 *
						613 *
						618 *
						619 *
						623 *
						625 *
						627 *
						631 *
						635 *
						636 *
						637 *
						640 *
						643
						644
						653 *
						658
						659 *
						660 *
						661 *
						662 *
						663 *
						664 *

表 B.1（续）

单位名称		表示符号	通用代码	级/类别	状态标识	交叉引用号
中文名称	英文名称					
—	one	1	C62	1		665 * 669 * 711 * 712 * 713 * 714 * 715 * 735 * 736 * 737 * 738 * 763 * 764 * 765 * 766 * 767 * 768 * 769 * 770 * 771 * 772 * 773 * 774 * 775 * 776 * 777 * 778 * 779 * 780 * 781 782 783 784 * 785 * 786 * 787 * 792 * 793 * 797 * 808 * 809 *

表 B.1（续）

单位名称		表示符号	通用代码	级/类别	状态标识	交叉引用号
中文名称	英文名称					
一	one	1	C62	1		810 * 827 *
盎司(常衡)	ounce	oz	ONZ	2		147
金衡盎司(英)	ounce av		OZ	3.1C	D	888
盎司力英尺	ounce foot	oz · ft	4R	2		208
盎司力英寸	ounce inch	oz · in	4Q	2		207
盎司每平方英尺	ounce per square foot	oz/ft^2	37	2		184
盎司每平方码	ounce per square yard	oz/yd^2	ON	2		183
盎司每平方英尺每厘米英寸	ounces per square foot per 0.01 inch	$oz/(ft^2/cin)$	38	1M		832
成套设备	outfit		11	3.9		1312
加班[小]时	overtime hour		OT	3.1B		856
臭氧损耗当量	ozone depletion equivalent		ODE	3.1		939
	P					
包	pack		PK	3.3A	X	967
小包裹	packet		PA	3.3A	X	968
簿	pad		PD	3.9		1444
版	page		ZP	3.5C		1084
电子版面	page-electronic		PO	3.9	X	1362
传真版面	page-facsimile		QA	3.5C		1085
硬拷贝版面	page-hardcopy		QB	3.5C		1086
版每英寸	page per inch	ppi	PQ	3.5B		1081
桶	pail		PL	3.3A	X	989
对	pair		PR	3.7B		1222
偶数英寸	pair inch		PB	3.8C	X	1282
托盘(起吊)	pallet(lift)		PF	3.3B	X	1027
托盘/成组装载	pallet/unit load		D97	3.4B	X	1048
面板	panel		OA	3.9		1385
秒差距	parsec	pc	C63	1		25
十亿分之一(美)	part per billion (US)	ppb	61	3.7B		1220
十万分之一	part per hundred thousand	ppht	E40	3.7		1240
百万分之一	part per million	ppm	59	3.7B		1219
千分之一	part per thousand	ppth or ppt	NX	3.7B		1223
帕[斯卡]	pascal	Pa	PAL	1		213 *

表 B.1（续）

单位名称 中文名称	英文名称	表示符号	通用代码	级/类别	状态标识	交叉引用号
帕[斯卡]	pascal	Pa	PAL	1		539 * 607 *
帕[斯卡]每开[尔文]	pascal per Kelvin	Pa/K	C64	1		312 *
帕[斯卡]秒	pascal second	Pa·s	C65	1		243 *
帕[斯卡]秒每立方米	pascal second per cubic metre	Pa·s/m^3	C66	1		558
帕[斯卡]秒每米	pascal second per metre	Pa· s/m	C67	1		556 *
干配克(英)	peck dry (UK)		PZ	3.5	X	1154
干配克(美)	peck dry (US)		PY	3.5	X	1153
处方卡	pen calorie		N1	3.9		1405
处方克(蛋白质)	pen gram (protein)		D23	3.9		1406
本尼威特	pennyweight		DWT	3.5		1143
百分率	percent	% or pct	P1	3.7B		1221
每千[小]时百分率	percent per 1 000 hour		62	3.7C	X	1228
重量百分率	percent weight		60	3.7C		1227
人	person		IE	3.9		1411
百万兆字节	petabyte	PB	E36	3.6		1194
拍[它]焦[耳]	petajoule	PJ	C68	1S		258
方	phon		C69	1		572 *
12 点	pica		R1	3.5B		1083
皮[可]安[培]	picoampere	pA	C70	1S		358
皮[可]库[仑]	picocoulomb	pC	C71	1S		368
皮[可]法[拉]	picofarad	pF	4T	1S		400
皮[可]法[拉]每米	picofarad per metre	pF/m	C72	1S		404
皮[可]亨[利]	picohenry	pH	C73	1S		430
皮[可]米	picometre	pm	C52	1S		19
皮[可]瓦[特]	picowatt	pW	C75	1S		476
皮[可]瓦[特]每平方米	picowatt per square metre	pW/m^2	C76	1S		554
坪	ping		E19	3.1		914
品脱(英)	pint (UK)	pt (UK)	PTI	2		68
品脱(美)	pint (US)	pt (US)	PT	2		67
间距,印刷密度	pitch		PI	3.5B		1080
像素	pixel		E37	3.6		1195
金属薄板	plate		PG	3.3A	X	1009
泊	poise	P	89	2		245

表 B.1（续）

单位名称		表示符号	通用代码	级/类别	状态标识	交叉引用号
中文名称	英文名称					
磅	pound	lb	LBR	2		145
磅当量	pound equivalent		PE	3.1C	X	891
标准磅	pound gage		C77	3.1C	X	893
总磅	pound gross		D96	3.1C	X	892
净磅	pound net		PN	3.1C	X	895
磅每风干吨(米制吨)	pound per air dry metric ton		NY	3.5	X	1139
磅每立方英尺	pound per cubic foot	lb/ft^3	87	2	|	166
磅每立方英寸	pound per cubic inch	lb/in^3	LA	2	|	168
磅每英尺	pound per foot	lb/ft	P2	2		177
磅每加仑(美)	pound per gallon (US)	lb/gal (US)	GE	2	|	167
磅每[小]时	pound per hour	lb/h	4U	2		293
磅每英寸	pound per inch of length	lb/in	PO	2	|	178
磅每英寸宽度	pound per inch of width		PW	3.1C	X	879
磅每件产品	pound per piece of product		3G	3.9	X	1433
磅每磅产品	pound per pound of product		3E	3.9	X	1432
磅每令	pound per ream		RP	3.5C		1079
磅每平方英尺	pound per square foot	lb/ft^2	FP	2		226
磅力每平方英寸(表压)	pound per square inch, gauge		64	3.1C	D	878
磅每千平方英尺	pound per thousand square feet	lb/kft^2	29	3.8C	X	1269
百分比磅	pound percentage		PM	3.1C	X	894
磅力	pound-force	lbf	C78	2		194
磅力每平方英寸	pound-force per square inch	lbf/in	PS	2		227
磅力每平方英寸(绝对压力)	pounds per square inch absolute	lb/in^2	80	2		231
磅每千	pounds per thousand		5F	3.9	X	1429
装满粉末的小瓶	powder filled vial		AW	3.3A	X	1002
点	print point		N3	3.5B		1082
标准加仑	proof gallon		PGL	3.1A		835
标准升	proof litre		PFL	3.1		940
泵	pump		5G	3.9	X	1430
Q						
夸脱(英)	quart(UK)	qt(UK)	QTI	2		69
夸脱(美)	quart(US)	qt(US)	QT	2		74

表 B.1（续）

单位名称		表示符号	通用代码	级/类别	状态标识	交叉引用号
中文名称	英文名称					
季	quarter (of a year)		QAN	3.8A		1247
夸脱(英)	quarter (UK)		QTR	3.5		1141
四分之一打	quarter dozen		QD	3.7C	X	1224
四分之一[小]时	quarter hour		QH	3.8C	X	1267
四分之一千克	quarter kilogram		QK	3.8C	X	1304
四分之一英里	quarter mile		1X	3.8B	X	1252
刀	quire	qr	QR	3.5B		1076
R						
支架	rack		RA	3.3C	X	1033
拉德	rad	rad	C80	2		745
弧度	radian	rad	C81	1		1 * 467 * 632 * 790 *
弧度每米	radian per metre	rad/m	C84	1		491 * 537 * 801 *
弧度每秒	radian per second	rad/s	2A	1	|	94 * 123 * 487 534 * 655 * 803 *
弧度每二次方秒	radian per second squared	rad/s^2	2B	1	|	95 *
弧度平方米每克	radian square metre per kilogram	$rad \cdot m^2/kg$	C83	1		634 *
弧度平方米每摩[尔]	radian square metre per mole	$rad \cdot m^2/mol$	C82	1		633 *
率	rate		A9	3.9		1417
份	ration		13	3.9		1313
令	ream		RM	3.5B		1077
米制令	ream metric measure		RN	3.5C	X	1078
每埃	reciprocal angstrom	$Å^{-1}$	C85	1		800 *
每立方米	reciprocal cubic metre	m^{-3}	C86	1		595 * 729 * 825 *

表 B.1（续）

单位名称		表示符号	通用代码	级/类别	状态标识	交叉引用号
中文名称	英文名称					
每立方米秒	reciprocal cubic metre per second	m^{-3}/s	C87	1		734 *
每电子伏立方米	reciprocal electron volt per cubic metre	eV^{-1}/m^3	C88	1		812 *
每亨[利]	reciprocal henry	H^{-1}	C89	1		466 *
每焦[耳]立方米	reciprocal joule per cubic metre	J^{-1}/m^3	C90	1		811 *
每开[尔文]	reciprocal kelvin or kelvin to the power minus one	K^{-1}	C91	1		311 *
每米	reciprocal metre	m^{-1}	C92	1		113 * 127 * 490 * 526 * 529 * 536 * 567 * 649 * 697 * 703 * 727 * 799 * 802 *
每平方米	reciprocal metre squared	m^{-2}	C93	1		503 *
每平方米秒	reciprocal metre squared reciprocal second	m^{-2}/s	B81	1		699 *
每分	reciprocal minute	min^{-1}	C94	1S	|	122
每摩[尔]	reciprocal mole	mol^{-1}	C95	1		581 *
每帕[斯卡]	reciprocal pascal or pascal to the power minus one	Pa^{-1}	C96	1		237 * 313 *
每秒	reciprocal second	s^{-1}	C97	1		119 * 124 * 130 * 486 * 499 * 533 * 563 * 654 * 683 804 *

表 B.1（续）

单位名称		表示符号	通用代码	级/类别	状态标识	交叉引用号
中文名称	英文名称					
每立方米秒	reciprocal second per cubic metre	s^{-1}/m^3	C98	1		733 *
每秒平方米	reciprocal second per metre squared	s^{-1}/m^2	C99	1		502 *
每秒球面度	reciprocal second per steradian	s^{-1}/sr	D1	1		500 *
每秒球面度平方米	reciprocal second per steradian metre squared	$s^{-1}/(sr \cdot m^2)$	D2	1		501 *
每平方米	reciprocal square metre	m^{-2}	C93	1		698 *
卷筒	reel		RL	3.3A	X	985
雷姆	rem	rem	D91	2		749
复原	reset		RS	3.9	X	1387
运费吨英里	revenue ton mile		RT	3.4C		1062
转每分	revolutions per minute	r/min	RPM	1	|	121 *
转每秒	revolutions per second	r/s	RPS	1	|	120 *
环	ring		RG	3.3A	X	1010
钢筋	rod		RD	3.3A	X	992
伦琴	roentgen	R	2C	2		758
伦琴每秒	roentgen per second	R/s	D6	2		762
卷钢	roll		RO	3.3A	X	1011
米制卷钢	roll metric measure		RK	3.3C	X	1032
圈	round		D65	3.9		1386
纶	run		RU	3.9	X	1388
工作或操作[小]时	running or operating hour		RH	3.1C		884
S						
袋	sack		SA	3.3A	X	972
夹层	sandwich		D7	3.9	X	1391
塞波特通用秒	Saybold universal second		90	3.9	X	1325
念	score		SCO	3.7A		1214
斯克鲁普	scruple		SCR	3.5		1142
[角]秒	second [unit of angle]	"	D62	1		6 *
秒(时间单位)	second [unit of time]	s	SEC	1		82 * 530 * 565 * 571 * 666 * 739 * 794 *

表 B.1（续）

单位名称		表示符号	通用代码	级/类别	状态标识	交叉引用号
中文名称	英文名称					
秒每立方米	second per cubic metre	s/m^3	D93	1		806 *
秒每弧度立方米	second per radian cubic metre	$s/(rad \cdot m^3)$	D94	1		807 *
截面	section		SE	3.9	X	1392
部分	segment		SG	3.9		1393
震级	seismic level		5P	3.9	X	1414
地震带	seismic line		5Q	3.9	X	1415
服务单位	service unit		E48	3.5	+	1158
会期	session		S6	3.9	X	1389
组(批、副、对、集…)	set		SET	3.2A		947
七包	seven pack		P7	3.2C	X	961
份	shares		E21	3.7		1237
薄板	sheet		ST	3.3A	X	993
米制薄板	sheet metric measure		SS	3.3C	X	1031
隔板包装	shelf package		SP	3.9	X	1394
装运	shipment		SX	3.4B		1049
装运吨	shipping ton		SHT	3.4A	D	1047
无标准(7 200 根)	short standard(7 200 matches)		SST	3.5C	X	1133
杯	shot		14	3.9		1314
西[门子]	siemens	S	SIE	1		449 *
西[门子]每米	siemens per metre	S/m	D10	1		463 *
						629 *
西[门子]平方米每摩[尔]	siemens square metre per mole	$S \cdot m^2/mol$	D12	1		630 *
希[沃特]	sievert	Sv	D13	1		747 *
sitas	sitas		56	3.9		1318
六包	six pack		P6	3.2C	X	960
六十四分之一英寸	sixty fourths of an inch		S5	3.8B	X	1254
绞	skein		SW	3.9		1398
垫木	skid		SV	3.9	X	1397
套筒	sleeve		D99	3.3C	X	1034
薄衬纸	slipsheet		SL	3.3A	X	1012
小喷雾器	small spray		6	3.9	X	1307
固体磅	solid pound		SD	3.1C	X	897
宋	sone		D15	1		573 *

表 B.1（续）

单 位 名 称		表示符号	通用代码	级/类别	状态标识	交叉引用号
中文名称	英文名称					
均分油罐车	split tank truck		SK	3.4B	X	1054
轴	spool		SO	3.3B	X	1028
正方形	square		SQ	3.9		1395
平方厘米	square centimetre	cm^2	CMK	1S		40
平方厘米每尔格	square centimetre per erg	cm^2/erg	D16	2		693
平方厘米每球面度尔格	square centimetre per steradian erg	$cm^2/(sr\cdot erg)$	D17	2		696
平方分米	square decimetre	dm^2	DMK	1S		41
平方英尺	square foot	ft^2	FTK	2		44
平方英尺每秒	square foot per second	ft^2/s	S3	2		336
平方英寸	square inch	in^2	INK	2		43
平方千米	square kilometre	km^2	KMK	1S		36
平方米(二次方米)	square metre	m^2	MTK	1		35 * 570 * 656 * 687 * 706 * 707 *
平方米开[尔文]每瓦[特]	square metre kelvin per watt	$m^2\cdot K/W$	D19	1		332 *
平方米每焦[耳]	square metre per joule	m^2/J	D20	1		691 *
平方米每千克	square metre per kilogram	m^2/kg	D21	1		704 * 755
平方米每升	square metre per litre	m^2/l	E31	3.1		916
平方米每摩[尔]	square metre per mole	m^2/mol	D22	1		527 * 705 *
平方米每秒	square metre per second	m^2/s	S4	1		335 * 622 * 624 * 732 *
平方米每球面度	square metre per steradian	m^2/sr	D24	1		689 *
平方米每球面度焦[耳]	square metre per steradian joule	$m^2/(sr\cdot J)$	D25	1		694 *
平方米每伏[特]秒	square metre per volt second	$m^2/(V\cdot s)$	D26	1		728 *
平方英里	square mile	$mile^2$	MIK	2		46
平方毫米	square millimetre	mm^2	MMK	1S		42

表 B.1（续）

单位名称		表示符号	通用代码	级/类别	状态标识	交叉引用号
中文名称	英文名称					
平方杆	square rod	rd^2	SN	3.8C	X	1262
平方码	square yard	yd^2	YDK	2		45
平方，屋顶	square，roofing		SQR	3.1		941
层	stage		5H	3.9	X	1424
标准	standard	std	WSD	3.5A		1072
标准广告单位	standard advertising unit		S8	3.9	X	1407
标准大气压	standard atmosphere	atm	ATM	1		219
标准立方英尺	standard cubic foot	std	5I	2		61
标准千升	standard kilolitre		DMO	3.1		906
标准升	standard litre		STL	3.1		942
球面度	steradian	sr	D27	1		9 *
根，香烟	stick，cigarette		STK	3.9		1445
根（军用）空军中连续投（跳）下的一批	stick，military		15	3.9		1315
斯[托克斯]	stokes	St	91	2		249
石（英）	stone（UK）	st	STI	2		151
存储单位	storage unit		S7	3.9	X	1390
线	strand		E30	3.7		1239
条	strip		SR	3.9		1396
超大袋	super bulk bag		43	3.3A	X	1013
栓剂	suppository		AR	3.3A	X	1001
管	syphon		D28	3.9	X	1436
T						
片剂	tablet		U2	3.3A 3.9		1000 1446
油罐车	tank truck		19	3.4B	X	1055
圆柱形油箱	tank，cylindrical		TY	3.4A	X	1040
矩形油箱	tank，rectangular		TK	3.4A	X	1039
工业大气压	technical atmosphere	at	ATT	2	D	230
处于业务的通信线	telecommunication line in service		T0	3.5C		1115
处于业务的平均通信线	telecommunication line in service average		UB	3.5C		1116
电信端口	telecommunication port		UC	3.5C		1117
十天	ten day		DAD	3.2A		948

表 B.1（续）

单位名称		表示符号	通用代码	级/类别	状态标识	交叉引用号
中文名称	英文名称					
10 kg 桶	ten kg drum		97	3.3B	X	1018
十包	ten pack		TP	3.2C		964
十对	ten pair		TPR	3.8A		1244
十平方英尺	ten square feet		TR	3.8C	X	1280
十平方码	ten square yard		TF	3.8C	X	1279
1万加仑(美)油罐车	ten thousand gallon (US) tankcar		96	3.4C	X	1064
万码	ten thousand yard		UH	3.8C	X	1306
十码	ten yard		YT	3.8C	X	1281
十分之一立方英尺	tenth cubic foot		TA	3.8C	X	1298
十分之一[小]时	tenth hour		UE	3.8B	X|	1259
十分之一分	tenth minute		UD	3.8B	X	1258
千兆字节	terabyte	TB	E35	3.6		1193
太[拉]赫[兹]	terahertz	THz	D29	1S		117
太[拉]焦[耳]	terajoule	TJ	D30	1S		259
太[拉]瓦[特]	terawatt	TW	D31	1S		472
太[拉]瓦[特][小]时	terawatt hour	TW·h	D32	1S	|	269
特[斯拉]	tesla	T	D33	1		417*
特定测试尺度	test specific scale		69	3.9	X	1320
TEU	TEU		E22	3.4		1066
特[克斯]	tex	tex(g/km)	D34	3.5B		1087
理论千克	theoretical kilograms		53	3.1C	X	867
理论磅	theoretical pound		24	3.1C		874
理论吨	theoretical ton		27	3.1C		870
理论吨(米制吨)	theoretical tonne		54	3.1C	X	873
色姆	therm		TD	3.8B	X	1256
热化学卡	thermochemical calorie	calth	D35	2	D	318
热化学卡每克	thermochemical calorie per gram	calth/g	B36	2	D|	352
热化学卡每克开[尔文]	thermochemical calorie per gram kelvin	calth/(g·K)	D37	2	D	343
热化学卡每秒厘米开[尔文]	thermochemical calorie per second centimetre kelvin	calth/(s·cm·K)	D38	2	D	326
热化学卡每秒平方厘米开[尔文]	thermochemical calorie per second square centimetre kelvin	calth/(s·cm^2·K)	D39	2	D	329
千	thousand		MIL	3.7A		1215
千包	thousand bag		T4	3.8C	X	1285

表 B.1(续)

单位名称		表示符号	通用代码	级/类别	状态标识	交叉引用号
中文名称	英文名称					
千板英尺	thousand board feet		MBF	3.5A		1070
千箱	thousand casing		T5	3.8C	X	1286
千立方英尺	thousand cubic feet	kft^3	FC	3.8C		1264
千立方英尺每日	thousand cubic feet per day		F1	3.8C	X	1299
千立方米	thousand cubic metre		R9	3.8C		1302
千立方米每日	thousand cubic metre per day	km^3/d	TQD	3.8A	|	1249
千英尺	thousand feet		TQ	3.8C	X	1292
千延英尺	thousand feet (linear)		TL	3.8C	X	1291
千加仑(美)	thousand gallon (US)		T6	3.8B	X	1257
千版	thousand impression		T7	3.8C	X	1287
千千克	thousand kilogram		TV	3.8C	X	1296
千延英寸	thousand linear inch		T8	3.8C	X	1288
千延米	thousand linear metre		TT	3.8C	X	1294
千延码	thousand linear yard		D14	3.8C	X	1295
千升	thousand litre		D40	3.8C	X	1305
千米	thousand metre		MQ	3.8C	X	1261
千件	thousand piece		T3	3.8C		1284
千磅总量	thousand pound gross		T1	3.8C	X	1283
千磅每平方英尺	thousand pound per square inch		KS	3.8C	X	1301
千张	thousand sheet		TW	3.8C	X	1297
千平方厘米	thousand square centimetre		TJ	3.8C	X	1290
千平方英尺	thousand square feet		TS	3.8C	X	1293
千平方英寸	thousand square inch		TI	3.8C	X	1289
千标准砖当量	thousand standard brick equivalent		MBE	3.5A		1071
三包	three pack		P3	3.2C	X	957
300kg 大袋	threehundred kg bulk bag		45	3.3B	X	1021
听、罐	tin		TN	3.3A	X	973
吨(英)或长吨(美)	ton (UK) or long ton (US)	ton (UK)	LTN	2		150
吨(美)或短吨(英/美)	ton (US) or short ton (UK/US)	ton (US)	STN	2		152
吨每[小]时(美)	ton (US) per hour	ton (US)/h	4W	2	|	292
吨英里	ton mile		1J	3.5C	X	1095
蒸汽吨每[小]时	ton of steam per hour		TSH	3.1A	X	845
吨(米制吨)	tonne (metric ton)	t	TNE	1S		139 *
90%干燥物质吨(米制吨)	tonne of substance 90% dry		TSD	3.1A	X	846

表 B.1（续）

单位名称		表示符号	通用代码	级/类别	状态标识	交叉引用号
中文名称	英文名称					
吨每立方米	tonne per cubic metre	t/m^3	D41	1S		156 *
吨(米制吨)每[小]时	tonne per hour		E18	3.1		913
托	torr	Torr	UA	2	D	229
总车厢数	total car count		1L	3.5C	X	1102
总车厢英里	total car mile		1M	3.5C	X	1097
总数	tote		TE	3.3B	X	1029
轨距英尺	track foot		FE	3.5C	X	1103
拖车	trailer		E3	3.4B	X	1058
火车	train		NN	3.5C	X	1106
火车英里	train mile		1F	3.5C	X	1093
植皮块	transdermal patch		FG	3.9	X	1420
托盘/托盘包装	tray/tray pack		PU	3.3A	X	1014
治疗	treatment		U1	3.9		1421
百亿亿(欧洲)	trillion (EUR)		TRL	3.7A		1216
回归年	tropical year	atrop	D42	2	|	93
金衡盎司或药衡盎司	troy ounce or apothecary ounce	tr oz	APZ	2		153
金衡磅(美)	troy pound (US)		LBT	3.5		1145
一卡车的装载量	truckload		TC	3.4B	X	1056
管	tube		TU	3.3A	X	990
20英尺集装箱	twenty foot container		20	3.4B		1051
二十包	twenty pack		4E	3.2C	X	966
2万加仑(美)油罐车	twenty thousand gallon (US) tankcar		95	3.4C	X	1063
二包	two pack		OP	3.2C	X	956
两星期	two week		W4	3.8B	X	1260
轮胎	tyre		E23	3.7		1238
U						
原子质量单位	unified atomic mass unit	u	D43	1		615 * 639 * 642 *
加仑每分(美)	US gallon per minute	gal(US)/min	G2	2	|	305
每条通信线的平均话务量	usage per telecommunication line average		UF	3.5C	X	1118
V						
乏	var	var	D44	1		481

表 B.1（续）

单位名称		表示符号	通用代码	级/类别	状态标识	交叉引用号
中文名称	英文名称					
车辆	vehicle		NV	3.4C	X	1059
小玻璃瓶	vial		VI	3.3A	X	991
出诊	visit		VS	3.9	X	1422
伏[特]	volt	V	VLT	1		391 * 816 *
伏[特]安[培]	volt-ampere	V·A	D46	1		477 *
伏[特]安[培]每千克	volt ampere per kilogram	VA/kg	VA	3.9		1400
伏[特]安[培]每磅	volt ampere per pound		71	3.9	X	1321
伏[特]每厘米	volt per centimetre	V/cm	D47	1S		388
伏[特]每开[尔文]	volt per kelvin	V/K	D48	1		818 *
伏[特]每米	volt per metre	V/m	D50	1		384 *
伏[特]每毫米	volt per millimetre	V/mm	D51	1S		387
二次方伏[特]每二次方开[尔文]	volt squared per kelvin squared	V^2/K^2	D45	1		814 *
瓦[特]	watt	W	WTT	1		277 * 319 * 468 * 497 * 549 *
瓦[特][小]时	watt hour	W·h	WHR	1		265 * 484 *
瓦[特]每开[尔文]	watt per kelvin	W/K	D52	1		334 *
瓦[特]每千克	watt per kilogram	W/kg	WA	3.9		1399
瓦[特]每米开[尔文]	watt per metre kelvin	W/(m·K)	D53	1		323
瓦[特]每磅	watt per pound		72	3.9	X	1322
瓦[特]每平方米	watt per square metre	W/m^2	D54	1		322 * 441 * 504 * 551 * 701 *
瓦[特]每平方米开[尔文]	watt per square metre kelvin	$W/(m^2 \cdot K)$	D55	1		327 *
瓦[特]每平方米四次方开[尔文]	watt per square metre kelvin to the fourth power	$W/(m^2 \cdot K^4)$	D56	1		507 *

表 B.1（续）

单位名称		表示符号	通用代码	级/类别	状态标识	交叉引用号
中文名称	英文名称					
瓦[特]每球面度	watt per steradian	W/sr	D57	1		505 *
瓦[特]每球面度平方米	watt per steradian square metre	$W/(sr\cdot m^2)$	D58	1		506 *
韦[伯]	Weber	Wb	WEB	1		421 * 795 *
韦[伯]每米	weber per metre	Wb/m	D59	1		423 *
韦[伯]每毫米	weber per millimetre	Wb/mm	D60	1S	|	425
星期(周)	week	wk	WEE	2	|	90
重量每平方英寸	weight per square inch		WI	3.9	X	1401
W						
湿千克	wet kilo		W2	3.1B		862
湿磅	wet pound		WB	3.1B		848
湿吨	wet ton		WE	3.1B		864
轮	wheel		WH	3.9	X	1402
葡萄酒加仑	wine gallon		WG	3.1C		866
工作日	working day		E49	3.5	+	1159
工作月	working month		WM	3.1B		861
包裹	wrap		WR	3.3C	X	1030
Y						
码	yard	yd	YRD	2		31
年	year	a	ANN	2		92

附 录 C
（资料性附录）
按计量单位的通用代码排列的代码表

表 C.1 按计量单位的通用代码排列的代码表

通用代码	单位名称		级/类别	状态标识	现有代码				交叉引用号
	中文名称	英文名称			r20 第一版		GB/T 16472	ANSI	
					3 数字	3 字母	2 字母/数字	T-355 值	
0									
05	升程	lift	3.9	X				05	1309
06	小喷雾器	small spray	3.9	X				06	1307
08	热辐射块	heat lot	3.9	X				08	1310
1									
10	组	group	3.9					10	1311
11	成套设备	outfit	3.9					11	1312
13	份	ration	3.9					13	1313
14	杯	shot	3.9					14	1314
15	根(军用)空军中连续投(跳)下的一批	stick, military	3.9					15	1315
16	百 15 kg 桶	hundred fifteen kg drum	3.3B	X				16	1015
17	百磅桶	hundred lb drum	3.3B	X				17	1016
18	55 加仑(美)桶	fiftyfive gallon (US) drum	3.3B	X				18	1017
19	油罐车	tank truck	3.4B	X				19	1055
1A	车厢英里	car mile	3.5C	X				1A	1092
1B	车厢数	car count	3.5C	X				1B	1098
1C	机车数	locomotive count	3.5C	X				1C	1099
1D	守车数	caboose count	3.5C	X				1D	1107
1E	空车厢	empty car	3.5C	X				1E	1100
1F	火车英里	train mile	3.5C	X				1F	1093
1G	燃油加仑(美)	fuel usage gallon (US)	3.5C	X				1G	1101
1H	守车英里	caboose mile	3.5C	X				1H	1094
1I	固定比例	fixed rate	3.9					1I	1316
1J	吨英里	ton mile	3.5C	X				1J	1095
1K	机车英里	locomotive mile	3.5C	X				1K	1096
1L	总车厢数	total car count	3.5C	X				1L	1102

表 C.1（续）

通用代码	单位名称		级/类别	状态标识	现有代码				交叉引用号
	中文名称	英文名称			r20 第一版		GB/T 16472	ANSI T-355 值	
					3 数字	3 字母	2 字母/数字		
1M	总车厢英里	total car mile	3.5C	X				1M	1097
1X	四分之一英里	quarter mile	3.8B	X				1X	1252
		2							
20	20 英尺集装箱	twenty foot container	3.4B					20	1051
21	40 英尺集装箱	forty foot container	3.4B					21	1052
22	分升每克	decilitre per gram	1M					22	171
23	克每立方厘米	gram per cubic centimetre	1S					23	155
24	理论磅	theoretical pound	3.1C					24	874
25	克每平方厘米	gram per square centimetre	1M					25	180
26	实际吨	actual ton	3.1C	X				26	869
27	理论吨	theoretical ton	3.1C					27	870
28	千克每平方米	kilogram per square metre	1M					28	182 *
28	千克每平方米	kilogram per square metre	1						726 *
29	磅每千平方英尺	pound per thousand square feet	3.8C	X				29	1269
2A	弧度每秒	radian per second	1	|				2A	94 *
									123 *
									487
									534 *
									655 *
									803 *
2B	弧度每二次方秒	radian per second squared	1	|				2B	95 *
2C	伦琴	roentgen	2					2C	758
2I	英制热单位每[小]时	British thermal unit per hour	2					2I	321
2J	立方厘米每秒	cubic centimetre per second	1S					2J	299
2K	立方英尺每[小]时	cubic foot per hour	2					2K	302
2L	立方英尺每分	cubic foot per minute	2					2L	303
2M	厘米每秒	centimetre per second	1S					2M	99
2N	分贝	decibel	1					2N	129 *
									562 *
									569 *
2P	千字节	kilobyte	3.6B	|				2P	1176

表 C.1（续）

通用代码	单位名称 中文名称	英文名称	级/类别	状态标识	现有代码 r20 第一版 3 数字	3 字母	GB/T 16472 2字母/数字	ANSI T-355 值	交叉引用号
2Q	千贝可[勒尔]	kilobecquerel	1S					2Q	676
2R	千居里	kilocurie	2S	|				2R	673
2U	兆克	megagram	1S					2U	144
2V	兆克每[小]时	megagram per hour	3.8B	X				2V	1253
2W	料箱	bin	3.3A	X				2W	997
2X	米每分	metre per minute	1M					2X	100
2Y	毫伦琴	milliroentgen	2	#|				2Y	759
2Z	毫伏[特]	millivolt	1S					2Z	394
		3							
30	马力日每风干吨(米制吨)	horse power day per air dry metric ton	3.5	X				30	1137
31	无重量限制	catch weight	3.9	X				31	1317
32	千克每风干吨(米制吨)	kilogram per air dry metric ton	3.5	X				32	1138
33	千帕[斯卡]平方米每克	kilopascal square metres per gram	1M					33	828
34	千帕[斯卡]平方米每毫米	kilopascals per millimetre	1M	|				34	829
35	毫升每平方厘米秒	millilitres per square centimetre second	1M					35	830
36	立方英尺每分平方英尺	cubic feet per minute per square foot	1M	X				36	831
37	盎司每平方英尺	ounce per square foot	2					37	184
38	盎司每平方英尺每厘米英寸	ounces per square foot per 0.01 inch	1M					38	832
3B	兆焦[耳]	megajoule	1S					3B	261
3C	人工作月	manmonth	3.9					3C	1431
3E	磅每磅产品	pound per pound of product	3.9	X				3E	1432
3G	磅每件产品	pound per piece of product	3.9	X				3G	1433
3H	千克每千克产品	kilogram per kilogram of product	3.9	X				3H	1434
3I	千克每件产品	kilogram per piece of product	3.9	X				3I	1435

表 C.1（续）

通用代码	单位名称		级/类别	状态标识	现有代码				交叉引用号
	中文名称	英文名称			r20 第一版		GB/T 16472	ANSI	
					3 数字	3 字母	2 字母/数字	T-355 值	
4									
40	毫升每秒	millilitre per second	1M					40	296
41	毫升每分	millilitre per minute	1M					41	297
43	超大袋	super bulk bag	3.3A	X				43	1013
44	500 kg 大袋	fivehundred kg bulk bag	3.3B	X				44	1020
45	300 kg 大袋	threehundred kg bulk bag	3.3B	X				45	1021
46	50 磅大袋	fifty lb bulk bag	3.3B	X				46	1023
47	50 磅袋	fifty lb bag	3.3B	X				47	1022
48	散装车载重	bulk car load	3.4C	X				48	1060
4A	细绳	bobbin	3.3A	X				4A	998
4B	堆	cap	3.9	X				4B	1409
4C	厘斯[托克斯]	centistokes	2					4C	250
4E	二十包	twenty pack	3.2C	X				4E	966
4G	微升	microlitre	1M					4G	58
4H	微米	micrometre (micron)	1S					4H	13
4K	毫安[培]	milliampere	1S					4K	355
4L	兆字节	megabyte	3.6B	|				4L	1175
4M	毫克每[小]时	milligram per hour	1M					4M	291
4N	兆贝可[勒尔]	megabecquerel	1S					4N	677
4O	微法[拉]	microfarad	1S					4O	398
4P	牛[顿]每米	newton per metre	1					4P	252 *
4Q	盎司力英寸	ounce inch	2					4Q	207
4R	盎司力英尺	ounce foot	2					4R	208
4T	皮[可]法[拉]	picofarad	1S					4T	400
4U	磅每[小]时	pound per hour	2					4U	293
4W	吨每[小]时(美)	ton (US) per hour	2	|				4W	292
4X	千升每[小]时	kilolitre per hour	1M					4X	300
5									
53	理论千克	theoretical kilograms	3.1C	X				53	867
54	理论吨(米制吨)	theoretical tonne	3.1C	X				54	873
56	sitas	sitas	3.9					56	1318
57	筛目	mesh	3.9					57	1425

表 C.1（续）

通用代码	单位名称		级/类别	状态标识	现有代码				交叉引用号
	中文名称	英文名称			r20 第一版		GB/T 16472	ANSI	
					3 数字	3 字母	2字母/数字	T-355 值	
58	净千克	net kilogram	3.1C					58	868
59	百万分之一	part per million	3.7B					59	1219
5A	桶每分(美)	barrel (US) per minute	2					5A	304
5B	批	batch	3.9					5B	1426
5C	加仑(美)每千	gallon (US) per thousand	3.9	X				5C	1427
5E	MMSCF/日	MMSCF/day	3.9					5E	1428
5F	磅每千	pounds per thousand	3.9	X				5F	1429
5G	泵	pump	3.9	X				5G	1430
5H	层	stage	3.9	X				5H	1424
5I	标准立方英尺	standard cubic foot	2					5I	61
5J	水马力	hydraulic horse power	2					5J	283
5K	每分次数	count per minute	3.9	X				5K	1423
5P	震级	seismic level	3.9	X				5P	1414
5Q	地震带	seismic line	3.9	X				5Q	1415
6									
60	重量百分率	percent weight	3.7C					60	1227
61	十亿分之一(美)	part per billion (US)	3.7B					61	1220
62	每千[小]时百分率	percent per 1 000 hour	3.7C	X				62	1228
63	故障率	failure rate in time	3.9	X				63	1319
64	磅力每平方英寸(表压)	pound per square inch, gauge	3.1C	D				64	878
66	奥斯特	oersted	3.5C	D				66	1129
69	特定测试尺度	test specific scale	3.9	X				69	1320
7									
71	伏[特]安[培]每磅	volt ampere per pound	3.9	X				71	1321
72	瓦[特]每磅	watt per pound	3.9	X				72	1322
73	安[培]匝每厘米	ampere tum per centimetre	3.9	X				73	1323
74	毫帕[斯卡]	millipascal	1S					74	211
76	高斯	gauss	3.5C	D				76	1130
77	毫英寸	milli-inch	2					77	33
78	千高斯	kilogauss	3.5C	DI				78	1131

表 C.1（续）

通用代码	单位名称		级/类别	状态标识	现有代码				交叉引用号
	中文名称	英文名称			r20 第一版		GB/T 16472	ANSI	
					3 数字	3 字母	2 字母/数字	T-355 值	
8									
80	磅力每平方英寸（绝对压力）	pounds per square inch absolute	2					80	231
81	亨[利]	henry	1					81	426 *
84	千磅每平方英寸	kilopound per square inch	3.5					84	1135
85	英尺磅力	foot pound-force	2					85	204
									275
87	磅每立方英尺	pound per cubic foot	2					87	166
89	泊	poise	2					89	245
9									
90	塞波特通用秒	Saybold universal second	3.9	X				90	1325
91	斯[托克斯]	stokes	2					91	249
92	卡每立方厘米	calorie per cubic centimetre	3.9	X				92	1326
93	卡每克	calorie per gram	3.5	D				93	1149
94	旋度单位	curl unit	3.9	X				94	1327
95	2 万加仑（美）油罐车	twenty thousand gallon (US) tankcar	3.4C	X				95	1063
96	1 万加仑（美）油罐车	ten thousand gallon (US) tankcar	3.4C	X				96	1064
97	10 kg 桶	ten kg drum	3.3B	X				97	1018
98	15 kg 桶	fifteen kg drum	3.3B	X				98	1019
A									
A1	15 ℃卡	15 ℃ calorie	2	D					316
A10	安[培]平方米每焦[耳]秒	ampere square metre per joule second	1						652 *
A11	埃	angstrom	1						23
									126 *
									489
									648
									789

表 C.1（续）

通用代码	单位名称		级/类别	状态标识	现有代码				交叉引用号
	中文名称	英文名称			r20 第一版		GB/T 16472	ANSI T-355 值	
					3 数字	3 字母	2 字母/数字		
A12	天文单位	astronomical unit	1						24
A13	阿[托]焦[耳]	attojoule	1S						264
									823
A14	靶恩	barn	1						688
A15	靶恩每电子伏	barn per electron volt	1						692
A16	靶恩每球面度电子伏	barn per steradian electronvolt	1						695
A17	靶恩每球面度	barn per steradian	1						690
A18	贝可[勒尔]每千克	becquerel per kilogram	1						679 *
A19	贝可[勒尔]每立方米	becquerel per metre cubed	1						682
A2	安[培]每厘米	ampere per centimetre	1S						416
A20	英制热单位每秒平方英尺兰氏度	British thermal unit per second square foot degree Rankin	2						330
A21	英制热单位每磅兰氏度	British thermal unit per pound degree Rankin	2						341
A22	英制热单位每秒英尺兰氏度	British thermal unit per second foot degree Rankin	2						324
A23	英制热单位每[小]时平方英尺兰氏度	British thermal unit per hour square foot degree Rankin	2						331
A24	坎[德拉]每平方米	candela per square metre	1						514 *
A25	米制马力	cheval vapeur	2	D					288
A26	库[仑]米	coulomb metre	1						407 *
									616 *
A27	库[仑]平方米每伏[特]	coulomb metre squared per volt	1						617 *
A28	库[仑]每立方厘米	coulomb per cubic centimetre	1S	|					373
A29	库[仑]每立方米	coulomb per cubic metre	1	|					369 *
A3	安[培]每毫米	ampere per millimetre	1S						415
A30	库[仑]每立方毫米	coulomb per cubic millimetre	1S	|					371
A31	库[仑]每千克秒	coulomb per kilogram second	1						761 *
A32	库[仑]每摩[尔]	coulomb per mole	1						628 *
A33	库[仑]每平方厘米	coulomb per square centimetre	1S	|					380
A34	库[仑]每平方米	coulomb per square metre	1	|					377 *
A35	库[仑]每平方毫米	coulomb per square millimetre	1S	|					379

表 C.1（续）

通用代码	单位名称		级/类别	状态标识	现有代码				交叉引用号
	中文名称	英文名称			r20 第一版		GB/T 16472	ANSI	
					3 数字	3 字母	2字母/数字	T-355 值	
A36	立方厘米每摩[尔]	cubic centimetre per mole	1S						586
A37	立方分米每摩[尔]	cubic decimetre per mole	1S						585
A38	立方米每库[仑]	cubic metre per coulomb	1						815 *
A39	立方米每千克	cubic metre per kilogram	1						170 *
A4	安[培]每平方厘米	ampere per square centimetre	1S						411
A40	立方米每摩[尔]	cubic metre per mole	1						584 *
A41	安[培]每平方米	ampere per square metre	1						408 *
A42	居里每千克	curie per kilogram	2						678
A43	总载重吨	deadweight tonnage	3.4A						1042
A44	十升	decalitre	1M						60
A45	十米	decametre	1M						21
A47	分特[克斯]	decitex	3.5B						1088
A48	兰氏度	degree Rankin	2						308
A49	旦[尼尔]	denier	3.5B						1089
A5	安[培]平方米	ampere square metre	1						438 *
									651 *
A50	达因秒每立方厘米	dyne second per cubic centimetre	2	D					557
A51	达因秒每厘米	dyne second per centimetre	2	D					561
A52	达因秒每五次方厘米	dyne second per centimetre to the fifth power	2	D					559
A53	电子伏	electronvolt	1					79	270 *
									668
									685 *
									821 *
A54	电子伏每米	electronvolt per metre	1						718 *
									753 *
A55	电子伏平方米	electronvolt square metre	1						721 *
A56	电子伏平方米每千克	electronvolt square metre per kilogram	1						724 *
A57	尔格	erg	2	D					274

表 C.1（续）

通用代码	单位名称		级/类别	状态标识	现有代码				交叉引用号
					r20 第一版		GB/T 16472	ANSI	
	中文名称	英文名称			3 数字	3 字母	2 字母/数字	T-355 值	
									686
A58	尔格每厘米	erg per centimetre	2	D					719
									754
A59	八分之云量覆盖	8-part cloud cover	3.9						1439
A6	安[培]每平方米二次方开[尔文]	ampere per square metre kelvin squared	1						824 *
A60	尔格每立方厘米	erg per cubic centimetre	2	D					548
A61	尔格每克	erg per gram	2	D					746
A62	尔格每克秒	erg per gram second	2	D					751
A63	尔格每秒	erg per second	2	D					284
									550
A64	尔格每秒平方厘米	erg per second square centimetre	2	D					555
A65	尔格每平方厘米秒	erg per square centimetre second	2	D					702
A66	尔格平方厘米	erg square centimetre	2	D					722
A67	尔格平方厘米每克	erg square centimetre per gram	2	D					725
A68	艾[可萨]焦[耳]	exajoule	1S						257
A69	法[拉]每米	farad per metre	1						401 *
A7	安[培]每平方毫米	ampere per square millimetre	1S						410
A70	飞[母托]焦[耳]	femtojoule	1S						263
									822
A71	飞[母托]米	femtometre	1S						20
A73	英尺每二次方秒	foot per second squared	2						110
A74	英尺磅力每秒	foot pound-force per second	2						285
A75	运费吨	freight ton	3.4A						1046
A76	伽	gal	1S						108
A77	电位移的高斯CGS单位	Gaussian CGS unit of displacement	3.5C	D					1126
A78	电流的高斯CGS单位	Gaussian CGS unit of electic current	3.5C	D					1122

表 C.1（续）

通用代码	单位名称		级/类别	状态标识	现有代码				交叉引用号
	中文名称	英文名称			r20 第一版		GB/T 16472	ANSI	
					3 数字	3 字母	2 字母/数字	T-355 值	
A79	电荷的高斯 CGS 单位	Gaussian CGS unit of electric charge	3.5C	D					1123
A8	安[培]秒	ampere second	1						360
A80	电场强度的高斯 CGS 单位	Gaussian CGS unit of electric field strength	3.5C	D					1124
A81	电极化强度的高斯 CGS 单位	Gaussian CGS unit of electric polarization	3.5	D					1127
A82	电势的高斯 CGS 单位	Gaussian CGS unit of electric potential	3.5C	D					1125
A83	磁化强度的高斯 CGS 单位	Gaussian CGS unit of magnetization	3.5C	D					1128
A84	吉[咖]库[仑]每立方米	gigacoulomb per cubic metre	1S						370
A85	吉[咖]电子伏	gigaelectronvolt	1S						272
A86	吉[咖]赫[兹]	gigahertz	1S						118
A87	吉[咖]欧[姆]	gigaohm	1S						444
A88	吉[咖]欧[姆]米	gigaohm metre	1S						456
A89	吉[咖]帕[斯卡]	gigapascal	1S						220
A9	率	rate	3.9					A9	1417
A90	吉[咖]瓦[特]	gigawatt	1S						280
									471
A91	冈	gon	2						8 *
A91	冈	grade	2	D					7 *
A93	克每立方米	gram per cubic metre	1M						160
A94	克每摩[尔]	gram per mole	1S						583
A95	戈[瑞]	gray	1						743 *
A96	戈[瑞]每秒	gray per second	1						750 *
A97	百帕[斯卡]	hectopascal	1S						222
A98	亨[利]每米	henry per metre	1						433 *
A99	比特	bit	3.6						1181
AA	球	ball	3.9					AA	1328
AB	大包	bulk pack	3.3B					AB	1024

表 C.1(续)

通用代码	单位名称		级/类别	状态标识	现有代码				交叉引用号
	中文名称	英文名称			r20 第一版		GB/T 16472	ANSI T-355 值	
					3 数字	3 字母	2 字母/数字		
ACR	英亩	acre	2		077	ACR		AC	47
ACT	活性	activity	3.2						945
AD	字节	byte	3.6B					AD	1178
AE	安[培]每米	ampere per metre	1					AE	413 *
									439 *
AH	附加分钟	additional minute	3.5C					AH	1109
AI	每次呼叫的平均分钟	average minute per call	3.5C					AI	1110
AJ	管纱	cop	3.9	X				AJ	1437
AK	英寻	fathom	2					AK	26
AL	接入线	access line	3.5C					AL	1111
AM	安瓿瓶	ampoule	3.3A	X		AM-AP/31		AM	979
AMH	安[培][小]时	ampere hour	1M		263	AMH			361
AMP	安[培]	ampere	1		260	AMP		68	353 *
ANN	年	year	2		366	ANN		YR	92
AP	铝磅	aluminium pound only	3.1C	X				AP	875
APZ	金衡盎司或药衡盎司	troy ounce or apothecary ounce	2		201	APZ		TO	153
AQ	抗血友病因子(AHF)单位	anti-hemophilic factor (AHF) unit	3.9					AQ	1418
AR	栓剂	suppository	3.3A	X				AR	1001
ARE	公亩	are	1		109	ARE			37
AS	套	assortment	3.9					AS	1329
ASM	用质量表示的酒精浓度	alcoholic strength by mass	3.5A		820	ASM			1073
ASU	用体积表示的酒精强度	alcoholic strength by volume	3.5A		821	ASU			1074
ATM	标准大气压	standard atmosphere	1		300	ATM		AT	219
ATT	工业大气压	technical atmosphere	2	D	301	ATT			230
AV	盒,胶囊	capsule	3.3A	X				AV	999
AW	装满粉末的小瓶	powder filled vial	3.3A	X				AW	1002

表 C.1（续）

通用代码	单位名称		级/类别	状态标识	现有代码				交叉引用号
	中文名称	英文名称			r20 第一版 3数字	r20 第一版 3字母	GB/T 16472 2字母/数字	ANSI T-355值	
AY	装配	assembly	3.9					AY	1330
AZ	英制热单位每磅	British thermal unit per pound	2					AZ	350
		B							
B0	英制热单位每立方英尺	Btu per cubic foot	3.9	X				B0	1331
B1	桶(美)每日	barrel (US) per day	3.5B					B1	1090
B10	比特每秒	bit per second	3.6						1182
B11	焦[耳]每千克开[尔文]	joule per kilogram kelvin	1						339 *
B12	焦[耳]每米	joule per metre	1						717 *
B12	焦[耳]每米	joule per metre	1						752 *
B13	焦[耳]每平方米	joule per metre squared	1						498 *
									700 *
B14	焦[耳]每四次方米	joule per metre to the fourth power	1						496 *
B15	焦[耳]每摩[尔]	joule per mole	1						588 *
									590 *
									592 *
B16	焦[耳]每摩[尔]开[尔文]	joule per mole kelvin	1						594 *
B17	信用	credit	3.9						1440
B18	焦[耳]秒	joule second	1						646 *
B19	数位	digit	3.7						1235
B2	斗	bunk	3.9	X				B2	1332
B20	焦[耳]平方米每千克	joule square metre per kilogram	1						723 *
B21	开[尔文]每瓦[特]	kelvin per watt	1						333 *
B22	千安[培]	kiloampere	1S						354
B23	千安[培]每平方米	kiloampere per square metre	1S						412
B24	千安[培]每米	kiloampere per metre	1S						414

表 C.1(续)

通用代码	单位名称		级/类别	状态标识	现有代码				交叉引用号
	中文名称	英文名称			r20 第一版		GB/T 16472	ANSI	
					3 数字	3 字母	2 字母/数字	T-355 值	
B25	千贝可[勒尔]每千克	kilobecquerel per kilogram	1S						681
B26	千库[仑]	kilocoulomb	1S						365
B27	千库[仑]每立方米	kilocoulomb per cubic metre	1S						374
B28	千库[仑]每平方米	kilocoulomb per square metre	1S						381
B29	千电子伏	kiloelectronvolt	1S						273
B3	软化液磅	batting pound	3.1C					B3	876
B30	GB	gibibit	3.6						1183
B31	千克米每秒	kilogram metre per second	1						185 *
B32	千克平方米	kilogram metre squared	1						187 *
B33	千克平方米每秒	kilogram metre squared per second	1						186 *
B34	千克每立方分米	kilogram per cubic decimetre	1S						163
B35	千克每升	kilogram per litre	1S						158 *
B35	千克每升	kilogram per litre	1						597 *
B36	热化学卡每克	thermochemical calorie per gram	2	D|				3F	352
B37	千克力(公斤力)	kilogram-force	2	D|					195
B38	千克力米	kilogram-force metre	2	D|					205
									276
B39	千克力米每秒	kilogram-force metre per second	2	D					286
B4	桶(英)	barrel, imperial	3.5					B4	1155
B40	千克力每平方米	kilogram-force per square metre	2	D					228
B41	千焦[耳]每开[尔文]	kilojoule per kelvin	1S						338
B42	千焦[耳]每千克	kilojoule per kilogram	1S						349
B43	千焦[耳]每千克开[尔文]	kilojoule per kilogram kelvin	1S						340
B44	千焦[耳]每摩[尔]	kilojoule per mole	1S						589
B45	千摩[尔]	kilomole	1S						578
B46	千摩[尔]每立方米	kilomole per cubic metre	1S						601
B47	千牛[顿]	kilonewton	1S						190

表 C.1（续）

通用代码	单位名称		级/类别	状态标识	现有代码				交叉引用号
	中文名称	英文名称			r20 第一版		GB/T 16472	ANSI	
					3 数字	3 字母	2 字母/数字	T-355 值	
B48	千牛[顿]米	kilonewton metre	1S						200
B49	千欧[姆]	kiloohm	1S						446
B5	小方坯	billet	3.9	X				B5	1333
B50	千欧[姆]米	kiloohm metre	1S						458
B51	千克力(公斤力)	kilopond	2	D|					196
B52	千秒	kilosecond	1S						86
B53	千西[门子]	kilosiemens	1S						450
B54	千西[门子]每米	kilosiemens per metre	1S						465
B55	千伏[特]每米	kilovolt per metre	1S						386
B56	千韦[伯]每米	kiloweber per metre	1S	|					424
B57	光年	light year	2						34
B58	升每摩[尔]	litre per mole	1M						587
B59	流[明][小]时	lumen hour	1S	|					513 *
B6	bun	bun	3.9	X				B6	1334
B60	流[明]每平方米	lumen per square metre	1						515 *
B61	流[明]每瓦[特]	lumen per watt	1						519 *
B62	流[明]秒	lumen second	1						512 *
B63	勒[克斯][小]时	lux hour	1S	|					518 *
B64	勒[克斯]秒	lux second	1						517 *
B65	麦克斯韦	maxwell	3.5C	D					1132
B66	兆安[培]每平方米	megaampere per square metre	1S						409
B67	兆贝可[勒尔]每千克	megabecquerel per kilogram	1S						680
B68	吉[咖]比特	gigabit	3.6						1184
B69	兆库[仑]每立方米	megacoulomb per cubic metre	1S						372
B7	周	cycle	3.9					B7	1324
B70	兆库[仑]每平方米	megacoulomb per square metre	1S						378
B71	兆电子伏	megaelectronvolt	1S						271

表 C.1（续）

通用代码	单位名称		级/类别	状态标识	现有代码				交叉引用号
	中文名称	英文名称			r20 第一版		GB/T 16472	ANSI	
					3 数字	3 字母	2 字母/数字	T-355 值	
B72	兆克每立方米	megagram per cubic metre	1S						162
B73	兆牛[顿]	meganewton	1S						189
B74	兆牛[顿]米	meganewton metre	1S						199
B75	兆欧[姆]	megaohm	1S						445
B76	兆欧[姆]米	megaohm metre	1S						457
B77	兆西[门子]每米	megasiemens per metre	1S						464
B78	兆伏[特]	megavolt	1S						392
B79	兆伏[特]每米	megavolt per metre	1S						385
B8	焦[耳]每立方米	joule per cubic metre	1						440 *
									494 *
									547 *
B80	吉[咖]比特每秒	gigabit per second	3.6						1185
B81	每平方米秒	reciprocal metre squared reciprocal second	1						699 *
B82	英寸每延英尺	inch per linear foot	3.1						902
B83	四次方米	metre to the fourth power	1						238 *
B84	微安[培]	microampere	1S						356
B85	微巴	microbar	1S						223
B86	微库[仑]	microcoulomb	1S						366
B87	微库[仑]每立方米	microcoulomb per cubic metre	1S						376
B88	微库[仑]每平方米	microcoulomb per square metre	1S						383
B89	微法[拉]每米	microfarad per metre	1S						402
B9	棉胎	batt	3.9	X				B9	1335
B90	微亨[利]	microhenry	1S						428
B91	微亨[利]每米	microhenry per metre	1S						434
B92	微牛[顿]	micronewton	1S						192
B93	微牛[顿]米	micronewton metre	1S						202

表 C.1（续）

通用代码	单位名称		级/类别	状态标识	现有代码				交叉引用号
	中文名称	英文名称			r20 第一版		GB/T 16472	ANSI	
					3 数字	3 字母	2 字母/数字	T-355 值	
B94	微欧[姆]	microohm	1S						448
B95	微欧[姆]米	microohm metre	1S						461
B96	微帕[斯卡]	micropascal	1S						221
B97	微弧度	microradian	1S						3
B98	微秒	microsecond	1S						88
B99	微西[门子]	microsiemens	1S						452
BAR	巴(压强单位)	bar (unit of pressure)	1		309	BAR			215
									540
BB	底座箱	base box	3.5					BB	1161
BD	板	board	3.3A	X			BD/16	B8	994
BE	捆	bundle	3.3A	X			BE/61 to 65	BD	984
BFT	板英尺	board foot	3.5A		154	BFT		BF	1068
BG	袋	bag	3.3A	X			BG/62-64	BG	970
BH	刷子	brush	3.9	X				BH	1336
BHP	制动马力	brake horse power	2	|	213	BHP		BQ	289
BIL	万亿(欧洲)	billion (EUR)	3.7A		801	BIL			1207
BJ	吊桶	bucket	3.3A	X			BJ/51	BC	982
BK	筐	basket	3.3A	X			BK/27	BS	1003
BL	包	bale	3.3A	X			BL-BN/65	BA	974
BLD	干桶(美)	dry barrel (US)	2		151	BLD			79
BLL	桶(美)	barrel (US)	2	|	146	BLL		BR	78
BO	瓶	bottle	3.3A	X			BO/32 or 33	BO	980
BP	百板英尺	hundred board feet	3.5A					BP	1069
BQL	贝可[勒尔]	becquerel	1		323	BQL		R2	674 *
									740 *
BR	棒(包装单位)	bar (unit of packaging)	3.3A	X			BR/16	BI	969
BT	纸卷	bolt	3.3A	X			BT/13	BM	995

表 C.1（续）

通用代码	单位名称		级/类别	状态标识	现有代码				交叉引用号
	中文名称	英文名称			r20 第一版 3 数字	r20 第一版 3 字母	GB/T 16472 2字母/数字	ANSI T-355 值	
BTU	英制热单位	British thermal unit	2		275	BTU		BY	315
BUA	蒲式耳(美)	bushel (US)	2		150	BUA		BU	77
BUI	蒲式耳(英)	bushel (UK)	2		140	BUI		BV	76
BW	基本重量	base weight	3.9	X				BW	1341
BX	盒	box	3.3A	X			BX/21 or 25	BX	978
BZ	百万英制热单位	million BTUs	3.8B	X				BZ	1251
C									
C0	呼叫	call	3.5C					C0	1113
C1	产品总磅(总重量)	composite product pound (total weight)	3.9	X				C1	1342
C10	毫法[拉]	millifarad	1S						397
C11	毫伽	milligal	1M						109
C12	毫克每米	milligram per metre	1S						176
C13	毫戈[瑞]	milligray	1S						744
C14	毫亨[利]	millihenry	1S						427
C15	毫焦[耳]	millijoule	1S						262
C16	毫米每秒	millimetre per second	1S						98
C17	平方毫米每秒	millimetre squared per second	1S						248
C18	毫摩[尔]	millimole	1S						579
C19	摩[尔]每千克	mole per kilogram	1						604 *
C2	车厢组	carset	3.5C	X				C2	1108
C20	毫牛[顿]	millinewton	1S						191
C21	KB	kibibit	3.6						1186
C22	毫牛[顿]每米	millinewton per metre	1S						253
C23	毫欧[姆]米	milliohm metre	1S						460
C24	毫帕[斯卡]秒	millipascal second	1S						244
C25	毫弧度	milliradian	1S						2
C26	毫秒	millisecond	1S						87
C27	毫西[门子]	millisiemens	1S						451
C28	毫希[沃特]	millisievert	1S						748
C29	毫特[斯拉]	millitesla	1S						418
C3	微伏[特]每米	microvolt per metre	1S						390

表 C.1（续）

通用代码	单位名称		级/类别	状态标识	现有代码				交叉引用号
	中文名称	英文名称			r20 第一版		GB/T 16472	ANSI	
					3 数字	3 字母	2 字母/数字	T-355 值	
C30	毫伏[特]每米	millivolt per metre	1S						389
C31	毫瓦[特]	milliwatt	1S						281
C31	毫瓦[特]	milliwatt	1S						473
C32	毫瓦[特]每平方米	milliwatt per square metre	1S						552
C33	毫韦[伯]	milliweber	1S						422
C34	摩[尔]	mole	1						577 *
C35	摩[尔]每立方分米	mole per cubic decimetre	1S	¦					600
C36	摩[尔]每立方米	mole per cubic metre	1						598 *
C37	千比特	kilobit	3.6						1187
C38	摩[尔]每升	mole per litre	1	¦					599
C39	纳[诺]安[培]	nanoampere	1S						357
C4	车厢载重	carload	3.5C	X				C4	1104
C40	纳[诺]库[仑]	nanocoulomb	1S						367
C41	纳[诺]法[拉]	nanofarad	1S						399
C42	纳[诺]法[拉]每米	nanofarad per metre	1S						403
C43	纳[诺]亨[利]	nanohenry	1S						429
C44	纳[诺]亨[利]每米	nanohenry per metre	1S						435
C45	纳[诺]米	nanometre	1S						18
C46	纳[诺]欧[姆]米	nanoohm metre	1S						462
C47	纳[诺]秒	nanosecond	1S						89
C48	纳[诺]特[斯拉]	nanotesla	1S						420
C49	纳[诺]瓦[特]	nanowatt	1S						475
C5	成本	cost	3.9	X				C5	1343
C50	奈培	neper	1						128 *
									132 *
									566 *
C51	奈培每秒	neper per second	1						131 *
									564 *
C52	皮[可]米	picometre	1S						19
C53	牛[顿]米秒	newton metre second	1						210 *
C54	牛[顿]平方米每二次方千克	newton metre squared kilogram squared	1						197 *

表 C.1（续）

通用代码	单位名称		级/类别	状态标识	现有代码				交叉引用号
	中文名称	英文名称			r20 第一版		GB/T 16472	ANSI T-355 值	
					3 数字	3 字母	2 字母/数字		
C55	牛[顿]每平方米	newton per square metre	1S						224 *
C56	牛[顿]每平方毫米	newton per square millimetre	1S						225
C57	牛[顿]秒	newton second	1						209 *
C58	牛[顿]秒每米	newton second per metre	1						560 *
C59	倍频程，八度音阶(音程)	octave	1						532 *
C6	单元	cell	3.9	X				C6	1344
C60	欧[姆]厘米	ohm centimetre	1S						459
C61	欧[姆]米	ohm metre	1						455 *
									813 *
C62	一	one	1						169
									235 *
									236 *
									242 *
									344 *
									405 *
									406 *
									431 *
									432 *
									436 *
									437 *
									509 *
									520 *
									521 *
									522 *
									523 *
									524 *
									525 *
									568 *
									574 *
									575 *
									576 *
									591

表 C.1（续）

通用代码	单位名称 中文名称	英文名称	级/类别	状态标识	现有代码 r20第一版 3数字	3字母	GB/T 16472 2字母/数字	ANSI T-355值	交叉引用号
									593 *
									602 *
									603 *
									606 *
									608 *
									609 *
									610 *
									611 *
									612 *
									613 *
									618 *
									619 *
									623 *
									625 *
									627 *
									631 *
									635 *
									636 *
									637 *
									640 *
									643
									644
									653 *
									658
									659 *
									660 *
									661 *
									662 *
									663 *
									664 *
									665 *
									669 *

表 C.1（续）

通用代码	单位名称		级/类别	状态标识	现有代码				交叉引用号
	中文名称	英文名称			r20 第一版		GB/T 16472	ANSI	
					3 数字	3 字母	2 字母/数字	T-355 值	
									711 *
									712 *
									713 *
									714 *
									715 *
									735 *
									736 *
									737 *
									738 *
									763 *
									764 *
									765 *
									766 *
									767 *
									768 *
									769 *
									770 *
									771 *
									772 *
									773 *
									774 *
									775 *
									776 *
									777 *
									778 *
									779 *
									780 *
									781
									782
									783
									784 *
									785 *

表 C.1（续）

通用代码	单位名称		级/类别	状态标识	现有代码				交叉引用号
	中文名称	英文名称			r20 第一版		GB/T 16472	ANSI	
					3 数字	3 字母	2 字母/数字	T-355 值	
									786 *
									787 *
									792 *
									793 *
									797 *
									808 *
									809 *
									810 *
									827 *
C63	秒差距	parsec	1						25
C64	帕[斯卡]每开[尔文]	pascal per Kelvin	1						312 *
C65	帕[斯卡]秒	pascal second	1						243 *
C66	帕[斯卡]秒每立方米	pascal second per cubic metre	1						558
C67	帕[斯卡]秒每米	pascal second per metre	1						556 *
C68	拍[它]焦[耳]	petajoule	1S						258
C69	方	phon	1						572 *
C7	厘泊	centipoise	2					C7	246
C70	皮[可]安[培]	picoampere	1S						358
C71	皮[可]库[仑]	picocoulomb	1S						368
C72	皮[可]法[拉]每米	picofarad per metre	1S						404
C73	皮[可]亨[利]	picohenry	1S						430
C74	千比特每秒	kilobit per second	3.6						1188
C75	皮[可]瓦[特]	picowatt	1S						476
C76	皮[可]瓦[特]每平方米	picowatt per square metre	1S						554
C77	标准磅	pound gage	3.1C	X					893
C78	磅力	pound-force	2						194
C79	千伏[特]安[培][小]时	kilovolt ampere hour	3.1						903
C8	毫库[仑]每千克	millicoulomb per kilogram	1S						757 *
C80	拉德	rad	2						745
C81	弧度	radian	1						1 *
									467 *
									632 *

表 C.1（续）

通用代码	单位名称		级/类别	状态标识	现有代码				交叉引用号
	中文名称	英文名称			r20 第一版		GB/T 16472	ANSI	
					3 数字	3 字母	2 字母/数字	T-355 值	
									790 *
C82	弧度平方米每摩[尔]	radian square metre per mole	1						633 *
C83	弧度平方米每克	radian square metre per kilogram	1						634 *
C84	弧度每米	radian per metre	1						491 *
									537 *
									801 *
C85	每埃	reciprocal angstrom	1						800 *
C86	每立方米	reciprocal cubic metre	1						595 *
									729 *
									825 *
C87	每立方米秒	reciprocal cubic metre per second	1						734 *
C88	每电子伏立方米	reciprocal electron volt per cubic metre	1						812 *
C89	每亨[利]	reciprocal henry	1						466 *
C9	卷	coil group	3.9					C9	1345
C90	每焦[耳]立方米	reciprocal joule per cubic metre	1						811 *
C91	每开[尔文]	reciprocal kelvin or kelvin to the power minus one	1						311 *
C92	每米	reciprocal metre	1						113 *
									127 *
									490 *
									526 *
									529 *
									536 *
									567 *
									649 *
									697 *
									703 *
									727 *
									799 *
									802 *
C93	每平方米	reciprocal metre squared	1						503 *
									698 *
C94	每分	reciprocal minute	1S						122

表 C.1（续）

通用代码	单位名称		级/类别	状态标识	现有代码				交叉引用号
	中文名称	英文名称			r20 第一版		GB/T 16472	ANSI	
					3 数字	3 字母	2字母/数字	T-355 值	
C95	每摩[尔]	reciprocal mole	1						581 *
C96	每帕[斯卡]	reciprocal pascal or pascal to the power minus one	1						237 *
C96	每帕[斯卡]	reciprocal pascal or pascal to the power minus one	1						313 *
C97	每秒	reciprocal second	1						119 *
									124 *
									130 *
									486 *
									499 *
									533 *
									563 *
									654 *
									683
									804 *
C98	每立方米秒	reciprocal second per cubic metre	1						733 *
C99	每秒平方米	reciprocal second per metre squared	1						502 *
CA	罐	can	3.3A	X			CA-CX/22-32	CN	977
CCT	用吨（米制吨）表示的装载量	carrying capacity in metric ton	3.4A		185	CCT			1038
CDL	坎[德拉]	candela	1		282	CDL			510 *
CEL	摄氏度	degree Celsius	1		280	CEL		CE	309 *
CEN	百	hundred	3.7A		797	CEN		HU	1212
CG	卡	card	3.9					CG	1346
CGM	厘克	centigram	1M		173	CGM		AF	138
CH	集装箱	container	3.4B	X				CH	1050
CJ	筒	cone	3.9	X				CJ	1347
CK	连接器	connector	3.9	X				CK	1348
CKG	库[仑]每千克	coulomb per kilogram	1		349	CKG			756 *
CL	圈	coil	3.3A	X			CL/14	CX	988
CLF	百叶	hundred leaves	3.8A		626	CLF			1242
CLT	厘升	centilitre	1S		117	CLT		C3	56
CMK	平方厘米	square centimetre	1S		051	CMK		SC	40
CMQ	立方厘米	cubic centimetre	1S	|	111	CMQ		CC	52
CMT	厘米	centimetre	1S		004	CMT		CM	12

表 C.1（续）

通用代码	单位名称		级/类别	状态标识	现有代码				交叉引用号
	中文名称	英文名称			r20 第一版		GB/T 16472	ANSI	
					3 数字	3 字母	2 字母/数字	T-355 值	
CNP	百包	hundred pack	3.2		781	CNP			1243
CNT	百磅(英)	cental (UK)	3.5		192	CNT			1147
CO	带筐	carboy	3.3A	X			CO/CP	CB	981
COU	库[仑]	coulomb	1		270	COU		65	359 *
									626 *
									645 *
CQ	夹头	cartridge	3.9	X				CQ	1349
CR	板条箱	crate	3.3A	X			CR/24 or 25	CP	987
CS	箱	case	3.3A	X			CS/21 or 25	CA	975
CT	纸板箱	carton	3.3A	X			CT/22 or 24	CT	976
CTG	产品指定项克	content gram	3.1						900
CTM	米制克拉	metric carat	3.5		162	CTM			1146
CTN	产品指定项吨(米制吨)	content ton (metric)	3.1						901
CU	杯	cup	3.3A	X			CU/51	CU	1004
CUR	居里	curie	2		305	CUR		4D	670
									741 *
CV	包裹	cover	3.3A	X			CV/67	CV	1005
CWA	担(美)	hundred pounds (cwt)/hundred weight (US)	2		193	CWA		CW HV	149
CWI	英担(英)	hundred weight (UK)	2		194	CWI		HW	148
CY	圆柱	cylinder	3.3A	X			CY/12	CL	986
CZ	组合	combo	3.9	X				CZ	1351
D									
D03	千瓦[特][小]时每[小]时	kilowatt hour per hour	3.1						904
D04	劳[特](重量单位)	lot [unit of weight]	3.2						946
D1	每秒球面度	reciprocal second per steradian	1						500 *
D10	西[门子]每米	siemens per metre	1						463 *
									629 *
D11	M 比特	mebibit	3.6						1189
D12	西[门子]平方米每摩[尔]	siemens square metre per mole	1						630 *
D13	希[沃特]	sievert	1						747 *
D14	千延码	thousand linear yard	3.8C	X				TU	1295

表 C.1（续）

通用代码	单位名称		级/类别	状态标识	现有代码				交叉引用号
	中文名称	英文名称			r20 第一版 3数字	r20 第一版 3字母	GB/T 16472 2字母/数字	ANSI T-355值	
D15	宋	sone	1						573 *
D16	平方厘米每尔格	square centimetre per erg	2						693
D17	平方厘米每球面度尔格	square centimetre per steradian erg	2						696
D18	米开[尔文]	metre kelvin	1						508 *
D19	平方米开[尔文]每瓦[特]	square metre kelvin per watt	1						332 *
D2	每秒球面度平方米	reciprocal second per steradian metre squared	1						501 *
D20	平方米每焦[耳]	square metre per joule	1						691 *
D21	平方米每千克	square metre per kilogram	1						704 *
									755
D22	平方米每摩[尔]	square metre per mole	1						527 *
									705 *
D23	处方克(蛋白质)	pen gram (protein)	3.9					4N	1406
D24	平方米每球面度	square metre per steradian	1						689 *
D25	平方米每球面度焦[耳]	square metre per steradian joule	1						694 *
D26	平方米每伏[特]秒	square metre per volt second	1						728 *
D27	球面度	steradian	1						9 *
D28	管	syphon	3.9	X					1436
D29	太[拉]赫[兹]	terahertz	1S						117
D30	太[拉]焦[耳]	terajoule	1S						259
D31	太[拉]瓦[特]	terawatt	1S						472
D32	太[拉]瓦[特][小]时	terawatt hour	1S						269
D33	特[斯拉]	tesla	1						417 *
									817 *
D34	特[克斯]	tex	3.5B						1087
D35	热化学卡	thermochemical calorie	2	D					318
D36	兆比特	megabit	3.6						1190
D37	热化学卡每克开[尔文]	thermochemical calorie per gram kelvin	2	D					343
D38	热化学卡每秒厘米开[尔文]	thermochemical calorie per second centimetre kelvin	2	D					326

表 C.1（续）

通用代码	单位名称		级/类别	状态标识	现有代码				交叉引用号
	中文名称	英文名称			r20 第一版		GB/T 16472	ANSI	
					3 数字	3 字母	2 字母/数字	T-355 值	
D39	热化学卡每秒平方厘米开[尔文]	thermochemical calorie per second square centimetre kelvin	2	D					329
D40	千升	thousand litre	3.8C	X					1305
D41	吨每立方米	tonne per cubic metre	1S						156 *
D42	回归年	tropical year	2	|					93
D43	原子质量单位	unified atomic mass unit	1						615 *
									639 *
									642 *
D44	乏	var	1						481
D45	二次方伏[特]每二次方开[尔文]	volt squared per kelvin squared	1						814 *
D46	伏[特]安[培]	volt-ampere	1						477 *
D47	伏[特]每厘米	volt per centimetre	1S						388
D48	伏[特]每开[尔文]	volt per kelvin	1	|					818 *
D49	毫伏[特]每开[尔文]	millivolt per kelvin	1S						819
D5	千克每平方厘米	kilogram per square centimetre	2					D5	233
D50	伏[特]每米	volt per metre	1						384 *
D51	伏[特]每毫米	volt per millimetre	1S						387
D52	瓦[特]每开[尔文]	watt per kelvin	1						334 *
D53	瓦[特]每米开[尔文]	watt per metre kelvin	1						323
D54	瓦[特]每平方米	watt per square metre	1						322 *
									441 *
									504 *
									551 *
									701 *
D55	瓦[特]每平方米开[尔文]	watt per square metre kelvin	1						327 *
D56	瓦[特]每平方米四次方开[尔文]	watt per square metre kelvin to the fourth power	1						507 *
D57	瓦[特]每球面度	watt per steradian	1						505 *
D58	瓦[特]每球面度平方米	watt per steradian square metre	1						506 *
D59	韦[伯]每米	weber per metre	1						423 *
D6	伦琴每秒	roentgen per second	2						762

表 C.1（续）

通用代码	单位名称		级/类别	状态标识	现有代码				交叉引用号
	中文名称	英文名称			r20 第一版		GB/T 16472	ANSI	
					3 数字	3 字母	2 字母/数字	T-355 值	
D60	韦[伯]每毫米	weber per millimetre	1S						425
D61	[角]分	minute [unit of angle]	1						5 *
D62	[角]秒	second [unit of angle]	1					03	6 *
D63	册	book	3.9					BK	1338
D64	块	block	3.9	X				BL	1339
D65	圈	round	3.9					RO	1386
D66	箱	cassette	3.9	X				CS	1350
D67	美元每[小]时	dollar per hour	3.9	X				A8	1416
D68	词数	number of words	3.7						1236
D69	四次方英寸	inch to the fourth power	2						239
D7	夹层	sandwich	3.9	X				SA	1391
D70	国际蒸汽表卡	International Table (IT) calorie	2	D					317
D71	国际蒸汽表卡每秒厘米开[尔文]	International Table (IT) calorie per second centimetre kelvin	2	D					325
D72	国际蒸汽表卡每秒平方厘米开[尔文]	International Table (IT) calorie per second square centimetre kelvin	2	D					328
D73	焦[耳]平方米	joule square metre	1						720 *
D74	千克每摩[尔]	kilogram per mole	1						582
D75	国际蒸汽表卡每克	International Table (IT) calorie per gram	2	D					351
D76	国际蒸汽表卡每克开[尔文]	International Table (IT) calorie per gram kelvin	2	D					342
D77	兆库[仑]	megacoulomb	1S						363
D78	兆焦[耳]每秒	megajoule per second	3.1						905
D79	杆	beam	3.3B	X				BE	1025
D8	二十	draize score	3.7C	X				D8	1226
D80	微瓦[特]	microwatt	1S						282
									474
D81	微特[斯拉]	microtesla	1S						419
D82	微伏[特]	microvolt	1S						395
D83	毫牛[顿]米	millinewton metre	1S						201
D85	微瓦[特]每平方米	microwatt per square metre	1S						553

表 C.1（续）

通用代码	单位名称		级/类别	状态标识	现有代码				交叉引用号
	中文名称	英文名称			r20 第一版		GB/T 16472	ANSI	
					3 数字	3 字母	2 字母/数字	T-355 值	
D86	毫库[仑]	millicoulomb	1S						364
D87	毫摩[尔]每千克	millimole per kilogram	1S						605
D88	毫库[仑]每立方米	millicoulomb per cubic metre	1S						375
D89	毫库[仑]每平方米	millicoulomb per square metre	1S						382
D9	达因每平方厘米	dyne per square centimetre	2	D				D9	541
D90	立方米(净量)	cubic metre(net)	3.1B	X				CO	854
D91	雷姆	rem	2						749
D92	带	band	3.9	X				BJ	1337
D93	秒每立方米	second per cubic metre	1						806 *
D94	秒每弧度立方米	second per radian cubic metre	1						807 *
D95	焦[耳]每克	joule per gram	1S					JG	347
D96	总磅	pound gross	3.1C	X				PG	892
D97	托盘/成组装载	pallet/unit load	3.4B	X				PL	1048
D98	质量磅	mass pound	3.1C	X				PU	896
D99	套筒	sleeve	3.3C	X				SL	1034
DAA	十公亩	decare	1M		058	DAA			38
DAD	十天	ten day	3.2A		361	DAD			948
DAY	日(天)	day	1		359	DAY		DA	85 *
DB	干磅	dry pound	3.1B					DB	847
DC	盘	disk(disc)	3.9	X				DC	1352
DD	[角]度	degree (unit of angle)	1	|				DD	4 *
DD	度(角度单位)	degree (unit of angle)	1	|				DD	791 *
DE	量	deal	3.9	X				DE	1353
DEC	旬	decade	3.8A		368	DEC			1248
DG	分克	decigram	1M					DG	135
DI	配料器	dispenser	3.3B	X				DI	1026
DJ	十克	decagram	1M					DJ	134
DLT	分升	decilitre	1M		118	DLT		DL	57
DMK	平方分米	square decimetre	1S		053	DMK		D3	41
DMO	标准千升	standard kilolitre	3.1						906
DMQ	立方分米	cubic decimetre	1S	|	112	DMQ		C8	53
DMT	分米	decimetre	1M		005	DMT		DM	11

表 C.1（续）

通用代码	单位名称		级/类别	状态标识	现有代码				交叉引用号
	中文名称	英文名称			r20 第一版		GB/T 16472	ANSI	
					3 数字	3 字母	2字母/数字	T-355 值	
DN	分牛[顿]米	decinewton metre	1S					DN	203
DPC	十二件	dozen piece	3.2A		740	DPC			951
DPR	十二对	dozen pair	3.2A		733	DPR		DP	949
DPT	排水量	displacement tonnage	3.4A		184	DPT			1041
DQ	数据记录	data record	3.6B	X				DQ	1179
DR	金属桶	drum	3.3A	X			DR/34	DR	971
DRA	打兰(美)(常衡)	dram (US)	3.5		200	DRA		DF	1150
DRI	打兰(英)(常衡)	dram (UK)	3.5		188	DRI			1151
DRL	十二卷	dozen roll	3.2A		737	DRL			952
DRM	打兰(英)(药衡)	drachm (UK)	3.5		199	DRM			1134
DS	显示	display	3.9	X				DS	1354
DT	干吨	dry ton	3.1B					DT	863
DTN	分吨	decitonne	1M			DTN			140
DU	达因	dyne	2	D				DU	193
DWT	本尼威特	pennyweight	3.5		198	DWT		WP	1143
DX	达因每厘米	dyne per centimetre	2	D				DX	254
DY	目录	directory book	3.9	X				DY	1355
DZN	打	dozen	3.7A		641	DZN		DZ	1209
DZP	十二包	dozen pack	3.2A		780	DZP			950
E									
E01	牛[顿]每平方厘米	newton per square centimetre	3.1						907
E07	兆瓦[特][小]时每[小]时	megawatt hour per hour	3.1						908
E08	兆瓦[特]每赫[兹]	megawatt per hertz	3.1						909
E09	毫安[培][小]时	milliampere hour	3.1						910
E10	度日	degree days	3.5						1162
E11	吉[咖]卡[路里]	gigacalorie	3.5	D					1163
E12	千	mille	3.9						1441
E14	千卡[路里]	kilocalorie (IT)	3.5						1164
E15	千卡[路里]每[小]时	kilocalorie (TH) per hour	3.5						1165
E16	百万 BTU(IT)每[小]时	million BTU (IT) per hour	3.1						911
E17	立方英尺每秒	cubic foot per second	3.1						912

表 C.1（续）

通用代码	单位名称		级/类别	状态标识	现有代码				交叉引用号
	中文名称	英文名称			r20 第一版		GB/T 16472	ANSI T-355 值	
					3 数字	3 字母	2字母/数字		
E18	吨（米制吨）每[小]时	tonne per hour	3.1						913
E19	坪	ping	3.1						914
E2	带	belt	3.9	X				BT	1340
E20	兆比特每秒	megabit per second	3.6						1191
E21	份	shares	3.7						1237
E22	TEU	TEU	3.4						1066
E23	轮胎	tyre	3.7						1238
E25	活性单位	active unit	3.9						1442
E27	剂	dose	3.9						1443
E28	风干的干吨	air dry ton	3.1						915
E3	拖车	trailer	3.4B	X				NT	1058
E30	线	strand	3.7						1239
E31	平方米每升	square metre per litre	3.1						916
E32	升每[小]时	litre per hour	3.1						917
E33	千分之英寸	foot per thousand	3.1						918
E34	吉[咖]字节	gigabyte	3.6						1192
E35	太[拉]字节	terabyte	3.6						1193
E36	拍[它]字节	petabyte	3.6						1194
E37	像素	pixel	3.6						1195
E38	兆像素	megapixel	3.6						1196
E39	每英寸点数	dots per inch	3.6						1197
E4	总千克	gross kilogram	3.1B					GT	851
E40	十万分之一	part per hundred thousand	3.7						1240
E41	千克力每平方毫米	kilogram force per square millimetre	3.5						1166
E42	千克力每平方厘米	kilogram force per square centimetre	3.5						1167
E43	焦[耳]每平方厘米	joule per square centimetre	3.5						1168
E44	千克力米每平方厘米	kilogram-force metre per square centimetre	3.5						1169
E45	毫欧[姆]	milliohm	1S	+					447
E46	千瓦[特][小]时每立方米	kilowatt hour per cubic metre	3.1	+					919
E47	千瓦[特][小]时每开[尔文]	kilowatt hour per kelvin	3.1	+					920

表 C.1（续）

通用代码	单位名称		级/类别	状态标识	现有代码				交叉引用号
	中文名称	英文名称			r20 第一版		GB/T 16472	ANSI	
					3 数字	3 字母	2字母/数字	T-355值	
E48	服务单位	service unit	3.5	+					1158
E49	工作日	working day	3.5	+					1159
E5	米制长吨	metric long ton	3.1C					MT	887
E50	会计单位	accounting unit	3.5	+					1160
EA	每个	each	3.2B					EA	954
EB	电子邮箱	electronic mail box	3.9					EB	1356
EC	每月一次	each per month	3.9	X				EC	1419
EP	十一包	eleven pack	3.2C	X				EP	965
EQ	当量加仑	equivalent gallon	3.1C					EQ	865
EV	信封	envelope	3.9	X				EV	1370
F									
F1	千立方英尺每日	thousand cubic feet per day	3.8C	X				F1	1299
F9	纤维每立方厘米空气	fibre per cubic centimetre of air	3.9	X				F9	1357
FAH	华氏度	degree Fahrenheit	2		281	FAH		FA	310
FAR	法[拉]	farad	1	|	314	FAR		83	396 *
FB	字段	field	3.9	X				FB	1358
FBM	纤维米	fibre metre	3.1						921
FC	千立方英尺	thousand cubic feet	3.8C					FC	1264
FD	百万粒子每立方英尺	million particle per cubic foot	3.9	X				FD	1359
FE	轨距英尺	track foot	3.5C	X				FE	1103
FF	百立方米	hundred cubic metre	3.8C					FF	1303
FG	植皮块	transdermal patch	3.9	X				FG	1420
FH	微摩[尔]	micromole	1S					FH	580
FL	除锈吨	flake ton	3.1C					FL	871
FM	百万立方英尺	million cubic feet	3.8C	X				FM	1263
FOT	英尺	foot	2		041	FOT		FT	30
FP	磅每平方英尺	pound per square foot	2					FP	226
FR	英尺每分	foot per minute	2					FR	102
FS	英尺每秒	foot per second	2					FS	105
FTK	平方英尺	square foot	2		073	FTK		SF	44
FTQ	立方英尺	cubic foot	2		132	FTQ		CF	63

表 C.1（续）

通用代码	单位名称		级/类别	状态标识	现有代码				交叉引用号
	中文名称	英文名称			r20 第一版		GB/T 16472	ANSI T-355 值	
					3 数字	3 字母	2 字母/数字		
G									
G2	加仑每分(美)	US gallon per minute	2	|				G2	305
G3	加仑每分(英)	Imperial gallon per minute	2					G3	306
G7	缩微平片张	microfiche sheet	3.9	X				G7	1410
GB	加仑(美)每日	gallon (US) per day	3.5C					GB	1091
GBQ	吉[咖]贝可[勒尔]	gigabecquerel	1M		302	GBQ		G4	675
GC	克每百克	gram per 100 gram	3.7C	X				GC	1230
GD	总桶重	gross barrel	3.1B	X				GD	849
GDW	克，干重	gram, dry weight	3.1						922
GE	磅每加仑(美)	pound per gallon (US)	2	|				GE	167
GF	克每米(克每 100 厘米)	gram per metre (gram per 100 centimetres)	1M					GF	174
GFI	裂变同位素克	gram of fissile isotope	3.1A		306	GFI			836
GGR	大罗	great gross	3.7A		731	GGR		GG	1211
GH	半加仑(美)	half gallon (US)	3.8C	X				GH	1265
GIA	吉耳(美)	gill (US)	3.5		142	GIA			1156
GIC	克，包括容器	gram, including container	3.1						923
GII	吉耳(英)	gill (UK)	3.5		136	GII		G5	1157
GIP	克，包括内包装	gram, including inner packaging	3.1						924
GJ	克每毫升	gram per millilitre	1S					GJ	157
GK	克每千克	gram per kilogram	3.7C	X				GK	1231
GL	克每升	gram per litre	1S					GL	159
GLD	干加仑(美)	dry gallon (US)	2		149	GLD			80
GLI	加仑(英)	gallon (UK)	2		139	GLI		GI	65
GLL	加仑(美)	gallon (US)	2		145	GLL		GA	66
GM	克每平方米	gram per square metre	1M					GM	181
GN	总加仑	gross gallon	3.1B	X				GN	850
GO	毫克每平方米	milligrams per square metre	1					GO	179
GP	毫克每立方米	milligram per cubic metre	1M					GP	161
GQ	微克每立方米	microgram per cubic metre	1M					GQ	165
GRM	克	gram	1S		163	GRM		GR	137
GRN	格令	grain	2		189	GRN		GX	146

表 C.1（续）

通用代码	单位名称		级/类别	状态标识	现有代码				交叉引用号
	中文名称	英文名称			r20 第一版		GB/T 16472	ANSI T-355 值	
					3 数字	3 字母	2 字母/数字		
GRO	罗	gross	3.7A		638	GRO		GS	1210
GRT	总登记吨	gross register ton	3.4A	D	181	GRT		GRT	1044
GT	总吨	gross ton	3.1B					TG	853
GV	吉[咖]焦[耳]	gigajoule	1S					GV	260
GW	加仑每千立方英尺	gallon per thousand cubic feet	3.5	X				GW	1140
GWH	吉[咖]瓦[特][小]时	gigawatt hour	1S	|	247	GWH			268
GY	总码	gross yard	3.1B	X				GY	852
GZ	量规系统	gage system	3.9	X				GZ	1360
		H							
H1	半电子版面	half page-electronic	3.9	X				H1	1361
H2	半升	half litre	3.8C	X				H2	1300
HA	亨司(英制长度单位)，亨克	hank	3.9					HA	1363
HAR	公顷	hectare	1S		059	HAR			39 *
HBA	百巴	hectobar	1M		310	HBA			216
HBX	百盒	hundred boxes	3.2A		683	HBX		HB	953
HC	百位计数	hundred count	3.7C					HC	1229
HD	半打	half dozen	3.7C	X				HD	1225
HDW	百千克，干重	hundred kilogram, dry weight	3.1						925
HE	百分之一克拉	hundredth of a carat	3.5	X				HE	1144
HF	百英尺	hundred feet	3.8C	X				HF	1271
HGM	百克	hectogram	1M	|				HG	142
HH	百立方英尺	hundred cubic feet	3.8C	X				HH	1272
HI	百张	hundred sheet	3.8C	X				HI	1273
HIU	百国际单位	hundred international unit	3.7A		853	HIU			1217
HJ	米制马力	metric horse power	2	D				HJ	287
HK	百千克	hundred kilogram	3.8C	X				HK	1274
HKM	百千克，净质量	hundred kilogram, net mass	3.1						926
HL	百延英尺	hundred feet (linear)	3.8C	X				HL	1270
HLT	百升	hectolitre	1S	|	122	HLT		H4	55
HM	英里每[小]时	mile per hour	2					HM	106
HMQ	百万立方米	million cubic metre	3.8A		159	HMQ			1245
HMT	百米	hectometre	1M		017	HMT		EI	15

表 C.1（续）

通用代码	单位名称		级/类别	状态标识	现有代码				交叉引用号
	中文名称	英文名称			r20 第一版		GB/T 16472	ANSI T-355 值	
					3 数字	3 字母	2 字母/数字		
HN	约定毫米汞柱	conventional millimetre of mercury	2	D				HN	234
HO	百金衡盎司	hundred troy ounce	3.8C	X				HO	1275
HP	约定毫米水柱	conventional millimetre of water	2	D				HP	232
HPA	纯酒精百升	hectolitre of pure alcohol	3.1A		833	HPA			833
HS	百平方英尺	hundred square feet	3.8C	X				HS	1276
HT	半[小]时	half hour	3.8C	X				HT	1268
HTZ	赫[兹]	hertz	1		290	HTZ			114 *
									485 *
									531 *
HUR	[小]时	hour	1		356	HUR		HR	84 *
HY	百码	hundred yard	3.8C	X				HY	1277
			I						
IA	英寸磅力(磅力英寸)	inch pound (pound inch)	2					IA	206
IC	每英寸次数	count per inch	3.9	X				IC	1364
IE	人	person	3.9					IE	1411
IF	水的英寸	inches of water	3.1C	D				IF	883
II	栏英寸	column inch	3.9	X				II	1412
IL	英寸每分	inch per minute	3.5	X				IL	1152
IM	版	impression	3.9	X				IM	1365
INH	英寸	inch	2		039	INH		IN	28
INK	平方英寸	square inch	2		071	INK		SI	43
INQ	立方英寸	cubic inch	2		131	INQ		CI	62
INQ	立方英寸	inch cubed	2						241
IP	保险单	insurance policy	3.9	X				IP	1366
ISD	国际糖度	international sugar degree	3.5						1170
IT	每厘米次数	count per centimetre	3.9	X				IT	1367
IU	英寸每秒(线速度)	inch per second	2					IB	104
IU	英寸每秒(振动)	inch per second (vibration)	2	X				IU	103
IV	英寸每二次方秒	inch per second squared	2					IV	112
IV	英寸每二次方秒(加速度)	inch per second squared (acceleration)	2	X				IW	111

表 C.1（续）

通用代码	单位名称		级/类别	状态标识	现有代码				交叉引用号
	中文名称	英文名称			r20 第一版		GB/T 16472	ANSI	
					3 数字	3 字母	2 字母/数字	T-355 值	
J									
J2	焦[耳]每千克	joule per kilogram	1					J2	346 *
JB	重货	jumbo	3.4B	X				JB	1053
JE	焦[耳]每开[尔文]	joule per kelvin	1					JE	337 *
									345 *
									620 *
JG	带柄水罐	jug	3.3A	X			JG/41	JU	1007
JK	兆焦[耳]每千克	megajoule per kilogram	1S					JK	348
JM	兆焦[耳]每立方米	megajoule per cubic metre	1M					JM	495
JO	接头	joint	3.9	X				JO	1368
JOU	焦[耳]	joule	1		271	JOU		86	255 *
									314 *
									483 *
									493 *
									650 *
									667 *
									684 *
									742 *
									820 *
JPS	百米	hundred metre	3.1						927
JR	大口瓶	jar	3.3A	X			JR/41	JR	1006
JWL	宝石数	number of jewels	3.7						1241
K									
K1	需用千瓦[特]	kilowatt demand	3.5C					K1	1119
K2	需用千伏[特]安[培]	kilovolt ampere reactive demand	3.5C					K2	1120
K3	千伏[特]安[培][小]时	kilovolt ampere reactive hour	3.5C					K3	1121
K5	千伏[特]安[培](无功)	kilovolt ampere (reactive)	1S					K5	480
K6	千升	kilolitre	1M					K6	59
KA	熔块	cake	3.9					KA	1369

表 C.1（续）

通用代码	单位名称		级/类别	状态标识	现有代码				交叉引用号
	中文名称	英文名称			r20 第一版		GB/T 16472	ANSI	
					3 数字	3 字母	2 字母/数字	T-355 值	
KB	千字符	kilocharacter	3.9					KB	1371
KBA	千巴	kilobar	1M		312	KBA			218
KCC	氯胆碱千克	kilogram of choline chloride	3.1						928
KD	十进制千克	kilogram decimal	3.9	X				KD	1372
KDW	干净重千克	kilogram drained net weight	3.1						929
KEL	开[尔文]	kelvin	1		288	KEL		KV	307 *
									805 *
KF	千包	kilopacket	3.9	X				KF	1373
KG	桶	keg	3.3A	X			KG/44 or 45	KE	983
KGM	千克(公斤)	kilogram	1		166	KGM		KG	136 *
									614 *
									638 *
									641 *
									826 *
KGS	千克每秒	kilogram per second	1		499	KGS			290 *
KHY	过氧化氢千克	kilogram of hydrogen peroxide	3.1						930
KHZ	千赫[兹]	kilohertz	1S		291	KHZ			115
KI	千克每毫米宽度	kilogram per millimetre width	3.1C	|				KI	872
KIC	千克，包括容器	kilogram, including container	3.1						931
KIP	千克，包括内包装	kilogram, including inner packaging	3.1						932
KJ	千段	kilosegment	3.6B	|				KJ	1177
KJO	千焦[耳]	kilojoule	1S		273	KJO			256
KL	千克每米	kilogram per metre	1					KL	173 *
KLK	乳干物质百分比	lactic dry material percentage	3.5						1171
KMA	甲胺千克	kilogram of methylamine	3.1						933
KMH	千米每[小]时	kilometre per hour	1S		333	KMH		KP	97 *
KMK	平方千米	square kilometre	1S	|	061	KMK			36
KMQ	千克每立方米	kilogram per cubic metre	1		316	KMQ		KC	154 *
									538 *
									596 *
KMT	千米(公里)	kilometre	1S			KMT			17
KNI	氮千克	kilogram of nitrogen	3.1A		861	KNI			838

表 C.1（续）

通用代码	单位名称		级/类别	状态标识	现有代码				交叉引用号
	中文名称	英文名称			r20 第一版		GB/T 16472	ANSI	
					3 数字	3 字母	2字母/数字	T-355 值	
KNS	指定物质千克	kilogram named substance	3.1A		841	KNS			837
KNT	节	knot	1		327	KNT			101 *
KO	毫当量氢氧化钾每克产品	milliequivalence caustic potash per gram of product	3.9					KO	1374
KPA	千帕[斯卡]	kilopascal	1S		297	KPA		KQ	214
KPH	氢氧化钾千克	kilogram of potassium hydroxide (caustic potash)	3.1A		859	KPH			840
KPO	氧化钾千克	kilogram of potassium oxide	3.1A		857	KPO			841
KPP	五氧化二磷千克	kilogram of phosphorus pentoxide (phosphoric anhydride)	3.1A		865	KPP			839
KR	千伦琴	kiloroentgen	2	|				KR	760
KS	千磅每平方英尺	thousand pound per square inch	3.8C	X				KS	1301
KSD	90%干燥物质千克	kilogram of substance 90% dry	3.1A		845	KSD			843
KSH	氢氧化钠千克	kilogram of sodium hydroxide (caustic soda)	3.1A		863	KSH			842
KT	套	kit	3.2B					KT	955
KTM	千米(公里)	kilometre	1S	X	008	KTM		DK	16
KTN	千吨	kilotonne	1M		170	KTN			143
KUR	铀千克	kilogram of uranium	3.1A		867	KUR			844
KVA	千伏[特]安[培]	kilovolt-ampere	1S		227	KVA		K4	479
KVR	千乏	kilovar	1S	|	230	KVR			482
KVT	千伏[特]	kilovolt	1S		223	KVT			393
KW	千克每毫米	kilograms per millimetre	1M					KW	175
KWH	千瓦[特][小]时	kilowatt hour	1S	|	245	KWH		KH	267
KWO	三氧化钨千克	kilogram of tungsten trioxide	3.1						934
KWT	千瓦[特]	kilowatt	1S		214	KWT		K7	278
									320
									469
KX	毫升每千克	millilitre per kilogram	1M					KX	172
		L							
L2	升每分	litre per minute	1M					L2	301
LA	磅每立方英寸	pound per cubic inch	2	|				LA	168
LAC	乳糖超额百分比	lactose excess percentage	3.5						1172

表 C.1（续）

通用代码	单位名称 中文名称	英文名称	级/类别	状态标识	现有代码 r20 第一版 3数字	3字母	GB/T 16472 2字母/数字	ANSI T-355 值	交叉引用号
LBR	磅	pound	2		186	LBR		LB	145
LBT	金衡磅(美)	troy pound (US)	3.5		202	LBT		TX	1145
LC	延厘米	linear centimetre	3.1C	X				LC	880
LD	升每日	litre per day	1M					LD/LQ	298
LE	矿物	lite	3.9	X				LE	1375
LEF	金属薄片	leaf	3.5A		625	LEF			1075
LF	延英尺	linear foot	3.1C					LF	881
LH	工时	labour hour	3.1B					LH	855
LI	延英寸	linear inch	3.1C	X				LI	882
LJ	大喷雾器	large spray	3.9	X				LJ	1308
LK	令	link	3.9					LK	1376
LM	延米	linear metre	3.1C					LM	885
LN	长度	length	3.9					LN	1377
LO	批,采购单位	lot [unit of procurement]	3.9					LO	1378
LP	液体磅	liquid pound	3.1C					LP	877
LPA	纯酒精升	litre of pure alcohol	3.1A		831	LPA			834
LR	层	layer	3.9					LR	1379
LS	总数	lump sum	3.9					LS	1380
LTN	吨(英)或长吨(美)	ton (UK) or long ton (US)	2		196	LTN		LG	150
LTR	升	litre	1		112	LTR		LT	50 *
LUB	吨(米制吨),润滑油	metric ton,lubricating oil	3.1						899
LUM	流[明]	lumen	1		284	LUM			511 *
LUX	勒[克斯]	lux	1		283	LUX			516 *
LX	延码每磅	linear yard per pound	3.1C	X				LX	889
LY	延码	linear yard	3.1					LY	935
		M							
M0	磁带	magnetic tape	3.6C	X				M0	1180
M1	毫克每升	milligram per litre	1M					M1	164
M4	币值	monetary value	3.9					M4	1381
M5	微居里	microcurie	2S					M5	672
M7	微英寸	micro-inch	2					M7	29
M9	百万英制热单位每千立方英尺	million Btu per 1 000 cubic feet	3.9					M9	1383

表 C.1（续）

通用代码	单位名称		级/类别	状态标识	现有代码				交叉引用号
	中文名称	英文名称			r20 第一版		GB/T 16472	ANSI	
					3 数字	3 字母	2 字母/数字	T-355 值	
MA	每单位机器	machine per unit	3.9	X				MA	1382
MAH	无功兆伏[特]安[培][小]时	megavolt ampere reactive hours	3.1						936
MAL	兆升	mega litre	1M		126	MAL			49
MAM	兆米	megametre	3.8A		009	MAM			1250
MAR	无功兆伏[特]安[培]	megavolt ampere reactive	3.1						937
MAW	兆瓦[特]	megawatt	1S		215	MAW			279
									470
MBE	千标准砖当量	thousand standard brick equivalent	3.5A		630	MBE			1071
MBF	千板英尺	thousand board feet	3.5A		155	MBF		TM	1070
MBR	毫巴	millibar	1S		308	MBR		M6	217
MC	微克	microgram	1S					MC	133
MCU	毫居里	millicurie	2S		304	MCU			671
MD	风干的吨(米制吨)	air dry metric ton	3.1C					MD	886
MF	毫克每平方英尺每边	milligram per square foot per side	3.1C	X				MF	890
MGM	毫克	milligram	1S		161	MGM		ME	141
MHZ	兆赫[兹]	megahertz	1S		292	MHZ		N6	116
MIK	平方英里	square mile	2		079	MIK		SB	46
MIL	千	thousand	3.7A		798	MIL		TH	1215
MIN	分	minute [unit of time]	1		355	MIN		MJ	83 *
MIO	百万	million	3.7A		799	MIO			1213
MIU	百万国际单位	million international unit	3.7A		855	MIU			1218
MK	毫克每平方英尺	milligram per square inch	3.5	X				MK	1136
MLD	十亿	milliard	3.7A		800	MLD			1208
MLT	毫升	millilitre	1S		111	MLT		ML	54
MMK	平方毫米	square millimetre	1S		050	MMK		MS	42
MMQ	立方毫米	cubic millimetre	1S	|	110	MMQ			51
MMT	毫米	millimetre	1S		003	MMT		MM	14
MND	千克，干重	kilogram, dry weight	3.1						938
MON	月	month	2	|	362	MON		MO	91
MPA	兆帕[斯卡]	megapascal	1S		298	MPA		M8	212
MQ	千米	thousand metre	3.8C	X				MQ	1261

表 C.1（续）

通用代码	单位名称		级/类别	状态标识	现有代码				交叉引用号
	中文名称	英文名称			r20 第一版 3 数字	r20 第一版 3 字母	GB/T 16472 2 字母/数字	ANSI T-355 值	
MQH	立方米每[小]时	cubic metre per hour	1M		598	MQH		4V	295
MQS	立方米每秒	cubic metre per second	1		596	MQS			294 *
									545 *
									730 *
MSK	米每二次方秒	metre per second squared	1		335	MSK		MSK	107 *
									544 *
MT	麻袋	mat	3.3A	X			MT/67	M3	1008
MTK	平方米	square metre	1		055	MTK		SM	35 *
									570 *
									656 *
									687 *
									706 *
									707 *
MTQ	立方米	cubic metre	1		113	MTQ		CR	48 *
MTQ	立方米	metre cubed	1						240 *
MTR	米	metre	1		006	MTR		MR	10 *
									125 *
									488 *
									528 *
									535 *
									542 *
									621 *
									647 *
									657 *
									708 *
									709 *
									710 *
									716 *
									788 *
									796 *
									798 *
MTS	米每秒	metre per second	1		328	MTS		4I	96 *

表 C.1（续）

通用代码	单位名称		级/类别	状态标识	现有代码				交叉引用号
	中文名称	英文名称			r20 第一版		GB/T 16472	ANSI	
					3 数字	3 字母	2字母/数字	T-355 值	
									442 *
									492 *
									543 *
									546 *
									731 *
MV	倍数	number of mults	3.7C	X				MV	1233
MVA	兆伏[特]安[培]	megavolt-ampere	1S		228	MVA			478
MWH	兆瓦[特][小]时(1 000 千瓦[特][小]时)	megawatt hour (1 000 kW. h)	1S		246	MWH		T9	266
		N							
N1	处方卡	pen calorie	3.9					N1	1405
N2	行数	number of lines	3.9	X				N2	1413
N3	点	print point	3.5B					N3	1082
NA	毫克每千克	milligram per kilogram	3.7C	X				NA	1232
NAR	物品数	number of articles	3.7A		657	NAR			1198
NB	驳船	barge	3.4B	X				NB	1057
NBB	线轴数	number of bobbins	3.7A	X	616	NBB			1199
NC	车厢	car	3.5C	X				NC	1105
NCL	元件数	number of cells	3.7A		745	NCL			1200
ND	净桶重	net barrel	3.1B	X				ND	857
NE	净升	net litre	3.1B	X				NE	858
NEW	牛[顿]	newton	1		289	NEW		NW/3A	188 *
NF	消息	message	3.9					NF	1384
NG	净加仑(美)	net gallon (us)	3.1B	X				NG	859
NH	信息[小]时	message hour	3.5C	X				NH	1114
NI	净加仑(英)	net imperial gallon	3.1B	X				NI	860
NIU	国际单位数	number of international units	3.7A		851	NIU			1201
NJ	筛孔数	number of screens	3.7C	X				NJ	1234
NL	载重	load	3.4C					NL	1061
NMI	海里	nautical mile	1		047	NMI		NM	22 *
NMP	包装件数	number of packs	3.7A		778	NMP			1202
NN	火车	train	3.5C	X				NN	1106

表 C.1（续）

通用代码	单位名称		级/类别	状态标识	现有代码				交叉引用号
	中文名称	英文名称			r20 第一版		GB/T 16472	ANSI	
					3 数字	3 字母	2 字母/数字	T 355 值	
NPL	包裹数	number of parcels	3.7A	X	734	NPL			1204
NPR	对数	number of pairs	3.7A	D	715	NPR			1203
NPT	部件数	number of parts	3.7A		735	NPT			1205
NQ	姆欧	mho	2	D				NQ	453
NR	微姆欧	micromho	2	D				NR	454
NRL	辊数	number of rolls	3.7A	X	736	NRL			1206
NT	净吨(2 000 磅)	net ton	3.4A					NT	1043
NTT	净登记吨	net register ton	3.4A	D	182	NTT			1045
NU	牛[顿]米	newton metre	1					NU	198 *
NV	车辆	vehicle	3.4C	X				NV	1059
NX	千分之一	part per thousand	3.7B					NX	1223
NY	磅每风干吨(米制吨)	pound per air dry metric ton	3.5	X				NY	1139
		O							
OA	面板	panel	3.9					OA	1385
ODE	臭氧损耗当量	ozone depletion equivalent	3.1						939
OHM	欧[姆]	ohm	1		274	OHM		82	443 *
ON	盎司每平方码	ounce per square yard	2					ON	183
ONZ	盎司(常衡)	ounce	2		187	ONZ			147
OP	二包	two pack	3.2C	X				OP	956
OT	加班[小]时	overtime hour	3.1B					OT	856
OZ	金衡盎司(英)	ounce av	3.1C	D				OZ	888
OZA	液盎司(美)	fluid ounce (US)	2		141	OZA		FO	75
OZI	液盎司(英)	fluid ounce (UK)	2		135	OZI		FZ	73
		P							
P0	电子版面	page-electronic	3.9	X				P0	1362
P1	百分率	percent	3.7B					P1	1221
P2	磅每英尺	pound per foot	2					P2	177
P3	三包	three pack	3.2C	X				P3	957
P4	四包	four pack	3.2C	X				P4	958
P5	五包	five pack	3.2C					P5	959
P6	六包	six pack	3.2C	X				P6	960
P7	七包	seven pack	3.2C	X				P7	961

表 C.1（续）

通用代码	单位名称		级/类别	状态标识	现有代码				交叉引用号
	中文名称	英文名称			r20 第一版		GB/T 16472	ANSI	
					3 数字	3 字母	2 字母/数字	T-355 值	
P8	八包	eight pack	3.2C	X				P8	962
P9	九包	nine pack	3.2C	X				P9	963
PA	小包裹	packet	3.3A	X			PA/21-23	12	968
PAL	帕[斯卡]	pascal	1		294	PAL		4S	213＊
									539＊
									607＊
PB	偶数英寸	pair inch	3.8C	X				PB	1282
PD	簿	pad	3.9					PD	1444
PE	磅当量	pound equivalent	3.1C	X				PE	891
PF	托盘(起吊)	pallet (lift)	3.3B	X				PF	1027
PFL	标准升	proof litre	3.1						940
PG	金属薄板	plate	3.3A	X			PG/15	PP	1009
PGL	标准加仑	proof gallon	3.1A		835	PGL			835
PI	间距,印刷密度	pitch	3.5B					PI	1080
PK	包	pack	3.3A	X			PK/21-23	PK	967
PL	桶	pail	3.3A	X			PL/51	PA	989
PLA	糖度	degree Plato	3.5						1173
PM	百分比磅	pound percentage	3.1C	X				PM	894
PN	净磅	pound net	3.1C	X				PN	895
PO	磅每英寸	pound per inch of length	2	¦				PO	178
PQ	版每英寸	page per inch	3.5B					PQ	1081
PR	对	pair	3.7B					PR	1222
PS	磅力每平方英寸	pound-force per square inch	2					PS	227
PT	品脱(美)	pint (US)	2					PT	67
PTD	干品脱(美)	dry pint (US)	2		147	PTD		Q2	72
PTI	品脱(英)	pint (UK)	2		137	PTI		PX	68
PTL	液品脱(美)	liquid pint (US)	2		143	PTL			70
PU	托盘/托盘包装	tray / tray pack	3.3A	X			PU/27	TY	1014
PV	半品脱(美)	half pint (US)	3.8C	X				PV	1266
PW	磅每英寸宽度	pound per inch of width	3.1C	X				PW	879
PY	干配克(美)	peck dry (US)	3.5	X				PY	1153
PZ	干配克(英)	peck dry (UK)	3.5	X				PZ	1154

表 C.1（续）

通用代码	单位名称		级/类别	状态标识	现有代码				交叉引用号
	中文名称	英文名称			r20 第一版		GB/T 16472	ANSI T-355 值	
					3 数字	3 字母	2 字母/数字		
Q									
Q3	餐	meal	3.9					Q3	1438
QA	传真版面	page-facsimile	3.5C					QA	1085
QAN	季	quarter (of a year)	3.8A		364	QAN		Q1	1247
QB	硬拷贝版面	page-hardcopy	3.5C					QB	1086
QD	四分之一打	quarter dozen	3.7C	X				QD	1224
QH	四分之一[小]时	quarter hour	3.8C	X				QH	1267
QK	四分之一千克	quarter kilogram	3.8C	X				QK	1304
QR	刀	quire	3.5B					QR	1076
QT	夸脱(美)	quart (US)	2					QT	74
QTD	干夸脱(美)	dry quart (US)	2		148	QTD		QS	81
QTI	夸脱(英)	quart (UK)	2		138	QTI		QU	69
QTL	液夸脱(美)	liquid quart (US)	2		144	QTL			71
QTR	夸脱(英)	quarter (UK)	3.5		191	QTR			1141
R									
R1	12 点	pica	3.5B					R1	1083
R4	卡[路里]	calorie	3.5	D				R4	1148
R9	千立方米	thousand cubic metre	3.8C					R9	1302
RA	支架	rack	3.3C	X				RA	1033
RD	钢筋	rod	3.3A	X			RD/RZ12	RD	992
RG	环	ring	3.3A	X			RG/14	RG	1010
RH	工作或操作[小]时	running or operating hour	3.1C					RH	884
RK	米制卷钢	roll metric measure	3.3C	X				RK	1032
RL	卷筒	reel	3.3A	X			RL/91	RE	985
RM	令	ream	3.5B					RM	1077
RN	米制令	ream metric measure	3.5C	X				RN	1078
RO	卷钢	roll	3.3A	X			RO/13	RL	1011
RP	磅每令	pound per ream	3.5C					RP	1079
RPM	转每分	revolutions per minute	1	|	331	RPM		R3	121 *
RPS	转每秒	revolutions per second	1	|	330	RPS			120 *
RS	复原	reset	3.9	X				RS	1387
RT	运费吨英里	revenue ton mile	3.4C					RT	1062

表 C.1（续）

通用代码	单位名称		级/类别	状态标识	现有代码				交叉引用号
	中文名称	英文名称			r20 第一版		GB/T 16472	ANSI	
					3数字	3字母	2字母/数字	T-355 值	
RU	纶	run	3.9	X				RU	1388
				S					
S3	平方英尺每秒	foot squared per second	2					S3	251
S3	平方英尺每秒	square foot per second	2						336
S4	平方米每秒(平方米/秒(美))	metre squared per second (square metres/second US)	1					S4	247 *
S4	平方米每秒	square metre per second	1						335 *
S4	平方米每秒	square metre per second	1						622 *
									624 *
									732 *
S5	六十四分之一英寸	sixty fourths of an inch	3.8B	X				S5	1254
S6	会期	session	3.9	X				S6	1389
S7	存储单位	storage unit	3.9	X				S7	1390
S8	标准广告单位	standard advertising unit	3.9	X				S8	1407
SA	袋	sack	3.3A	X			SA/65	SJ	972
SAN	半年(6 个月)	half year (6 months)	3.8A		365	SAN			1246
SCO	念	score	3.7A		730	SCO			1214
SCR	斯克鲁普	scruple	3.5		197	SCR			1142
SD	固体磅	solid pound	3.1C	X				SD	897
SE	截面	section	3.9	X				SE	1392
SEC	秒(时间单位)	second (unit of time)	1		354	SEC		03	82 *
									530 *
									565 *
									571 *
									666 *
									739 *
									794 *
SET	组(批、副、对、集…)	set	3.2A		704	SET		ST	947
SG	部分	segment	3.9					SG	1393
SHT	装运吨	shipping ton	3.4A	D	183	SHT			1047
SIE	西[门子]	siemens	1		296	SIE			449 *
SK	均分油罐车	split tank truck	3.4B	X				SK	1054
SL	薄衬纸	slipsheet	3.3A	X			SL/67	S9	1012

表 C.1（续）

通用代码	单位名称		级/类别	状态标识	现有代码				交叉引用号
	中文名称	英文名称			r20 第一版 3 数字	r20 第一版 3 字母	GB/T 16472 2 字母/数字	ANSI T-355 值	
SMI	英里	mile (statute mile)	2		045	SMI		02/DH	32
SN	平方杆	square rod	3.8C	X				SN	1262
SO	轴	spool	3.3B	X				SO	1028
SP	隔板包装	shelf package	3.9	X				SP	1394
SQ	正方形	square	3.9					SQ	1395
SQR	平方，屋顶	square, roofing	3.1						941
SR	条	strip	3.9					SR	1396
SS	米制薄板	sheet metric measure	3.3C	X				SS	1031
SST	无标准(7 200 根)	short standard (7 200 matches)	3.5C	X	738	SST			1133
ST	薄板	sheet	3.3A	X			ST/15	SH	993
STI	石(英)	stone (UK)	2		190	STI			151
STK	根，香烟	stick, cigarette	3.9						1445
STL	标准升	standard litre	3.1						942
STN	吨(美)或短吨(英/美)	ton (US) or short ton (UK/US)	2		195	STN		NS/SU	152
SV	垫木	skid	3.9	X				SV	1397
SW	绞	skein	3.9					SW	1398
SX	装运	shipment	3.4B					SX	1049
		T							
T0	处于业务的通信线	telecommunication line in service	3.5C					T0	1115
T1	千磅总量	thousand pound gross	3.8C	X				T1	1283
T3	千件	thousand piece	3.8C					T3	1284
T4	千包	thousand bag	3.8C	X				T4	1285
T5	千箱	thousand casing	3.8C	X				T5	1286
T6	千加仑(美)	thousand gallon (US)	3.8B	X				T6	1257
T7	千版	thousand impression	3.8C	X				T7	1287
T8	千延英寸	thousand linear inch	3.8C	X				T8	1288
TA	十分之一立方英尺	tenth cubic foot	3.8C	X				TA	1298
TAH	千安[培][小]时	kiloampere hour (thousand ampere hour)	1M	丨	264	TAH			362
TC	一卡车的装载量	truckload	3.4B	X				TC	1056
TD	色姆	therm	3.8B	X				TD	1256

表 C.1（续）

通用代码	单位名称		级/类别	状态标识	现有代码				交叉引用号
					r20 第一版		GB/T 16472	ANSI	
	中文名称	英文名称			3 数字	3 字母	2 字母/数字	T-355 值	
TE	总数	tote	3.3B	X				TE	1029
TF	十平方码	ten square yard	3.8C	X				TF	1279
TI	千平方英寸	thousand square inch	3.8C	X				TI	1289
TIC	吨(米制吨),包括容器	metric ton,including container	3.1						943
TIP	吨(米制吨),包括内包装	metric ton,including inner packaging	3.1						944
TJ	千平方厘米	thousand square centimetre	3.8C	X				TJ	1290
TK	矩形油箱	tank,rectangular	3.4A	X			TK/24 or 25	TK	1039
TL	千延英尺	thousand feet (linear)	3.8C	X				TL	1291
TMS	下水较少的进口肉类千克	kilogram of imported meat, less offal	3.5						1174
TN	听、罐	tin	3.3A	X			TN/21 or 22		973
TNE	吨(米制吨)	tonne (metric ton)	1S		168	TNE			139 *
TP	十包	ten pack	3.2C					TP	964
TPR	十对	ten pair	3.8A		732	TPR			1244
TQ	千英尺	thousand feet	3.8C	X				TQ	1292
TQD	千立方米每日	thousand cubic metre per day	3.8A	|	599	TQD			1249
TR	十平方英尺	ten square feet	3.8C	X				TR	1280
TRL	百亿亿(欧洲)	trillion (EUR)	3.7A		802	TRL			1216
TS	千平方英尺	thousand square feet	3.8C	X				TS	1293
TSD	90%干燥物质吨(米制吨)	tonne of substance 90% dry	3.1A	X	847	TSD			846
TSH	蒸汽吨每[小]时	ton of steam per hour	3.1A	X	533	TSH			845
TT	千延米	thousand linear metre	3.8C	X				TT	1294
TU	管	tube	3.3A	X			TU/11	TB	990
TV	千千克	thousand kilogram	3.8C	X				TV	1296
TW	千张	thousand sheet	3.8C	X				TW	1297
TY	圆柱形油箱	tank,cylindrical	3.4A	X			TY/34 or 35		1040
				U					
U1	治疗	treatment	3.9					U1	1421
U2	片剂	tablet	3.3A					U2	1000
U2	片剂	tablet	3.9						1446
UA	托	torr	2	D				UA	229

表 C.1（续）

通用代码	单位名称		级/类别	状态标识	现有代码				交叉引用号
	中文名称	英文名称			r20 第一版		GB/T 16472	ANSI	
					3 数字	3 字母	2 字母/数字	T-355 值	
UB	处于业务的平均通信线	telecommunication line in service average	3.5C					UB	1116
UC	电信端口	telecommunication port	3.5C					UC	1117
UD	十分之一分	tenth minute	3.8B	X				UD	1258
UE	十分之一[小]时	tenth hour	3.8B	X|				UE	1259
UF	每条通信线的平均话务量	usage per telecommunication line average	3.5C	X				UF	1118
UH	万码	ten thousand yard	3.8C	X				UH	1306
UM	百万单位	million unit	3.8B	X				UM	1255
				V					
VA	伏[特]安[培]每千克	volt ampere per kilogram	3.9					VA	1400
VI	小玻璃瓶	vial	3.3A	X			VI/31	VI	991
VLT	伏[特]	volt	1		222	VLT		70/VT	391 *
									816 *
VQ	散装液化气	bulk	3.3A	X			VQ/05	BN	996
VS	出诊	visit	3.9	X				VS	1422
				W					
W2	湿千克	wet kilo	3.1B					W2	862
W4	两星期	two week	3.8B	X				W4	1260
WA	瓦[特]每千克	watt per kilogram	3.9					WA	1399
WB	湿磅	wet pound	3.1B					WB	848
WCD	考德	cord	3.5A		153	WCD			1067
WE	湿吨	wet ton	3.1B					WE	864
WEB	韦[伯]	weber	1		324	WEB			421 *
									795 *
WEE	星期(周)	week	2	|	360	WEE		WK	90
WG	葡萄酒加仑	wine gallon	3.1C					WG	866
WH	轮	wheel	3.9	X				WH	1402
WHR	瓦[特][小]时	watt hour	1		243	WHR		WU	265 *
									484 *
WI	重量每平方英寸	weight per square inch	3.9	X				WI	1401
WM	工作月	working month	3.1B					WM	861
WR	包裹	wrap	3.3C	X				WR	1030

表 C.1（续）

通用代码	单位名称		级/类别	状态标识	现有代码				交叉引用号
	中文名称	英文名称			r20 第一版		GB/T 16472	ANSI	
					3 数字	3 字母	2 字母/数字	T-355 值	
WSD	标准	standard	3.5A		152	WSD			1072
WTT	瓦[特]	watt	1		212	WTT			277 *
WTT	瓦[特]	watt	1		212	WTT		WT	319 *
									468 *
									497 *
									549 *
WW	水的毫升	millilitre of water	3.1C	D				WW	898
X									
X1	测绘链	chain	2					X1	27
Y									
YDK	平方码	square yard	2		075	YDK		SY	45
YDQ	立方码	cubic yard	2		133	YDQ		CY	64
YL	百延码	hundred linear yard	3.8C	X				YL	1278
YRD	码	yard	2		043	YRD		YD	31
YT	十码	ten yard	3.8C	X				YT	1281
Z									
Z1	起重车	lift van	3.4C	X				Z1	1065
Z2	木箱	chest	3.3C	X				Z2	1035
Z3	木桶	cask	3.3C	X				Z3	1036
Z4	大啤酒桶	hogshead	3.3C	X				Z4	1037
Z5	船运集装箱	lug	3.9	X				Z5	1408
Z6	会议电话点	conference point	3.5C	X				Z6	1112
Z8	报纸的一栏	newspage agate line	3.9	X				Z8	1404
ZP	版	page	3.5C					ZP	1084
ZZ	相互协商定义	mutually defined	3.9					ZZ	1403

参 考 文 献

[1] Metre Convention, Paris 1875 http://www.bipm.fr/en/convention/

[2] International Convention Relating to Economic Statistics(1928) http://untreaty.un.org

[3] Decision by the eleventh General Conference on Weights and Measures, 1960, to adopt the Système international d'unités(International System of Units) with the abbreviation SI http://www.bipm.fr/en/si/

[4] UN/ECE Recommendation 20: Codes for units of measurement used in International Trade, Geneva, edition 1985(UN/ECE 第20号建议 第一版)

[5] GB/T 16472—1996 包装类型、包装材料和包装材料类型代码

[6] Statistical Papers, series M, No. 21, Rev. 1, (66. XVII. 3) World Weights and Measures. Handbook for Statisticians. Statistical Office of the United Nations, New York, 1966 http://unstats.un.org/

ICS 35.240.60
A 13

中华人民共和国国家标准

GB/T 17302.1—2008
代替 GB/T 17302.1—1998

中华人民共和国进出口许可证报文 第1部分:进口许可证报文

Import and export licences messages of the People's Republic of China—Part 1:Import licence message

2008-06-18 发布

2008-11-01 实施

中华人民共和国国家质量监督检验检疫总局
中国国家标准化管理委员会 发布

前　言

GB/T 17302《中华人民共和国进出口许可证报文》分为两个部分：

——第1部分：进口许可证报文；

——第2部分：出口许可证报文。

本部分为GB/T 17302的第1部分。

本部分代替GB/T 17302.1—1998。

本部分与GB/T 17302.1—1998相比主要变化为：

——对前言进行了更新；

——增加了引言部分；

——在规范性引用文件一章中引用了最新发布的国家标准；

——删除了上一版标准中的1.2原则；

——根据GB/T 14805.10—2005《用于行政、商业和运输业电子数据交换的应用级语法规则　第10部分：语法服务目录》对服务数据段的规定，更新了UNH、UNS、UNT的段格式；

——根据GB/T 15634—2008《行政、商业和运输业电子数据交换　段目录》对用户数据段的规定，更新了用户数据段的段格式；

——更新了附录A中报文实例，段格式描述中段注释的示例也作了相应的更新。

本部分的附录A为资料性附录。

本部分由中国标准化研究院提出。

本部分由全国电子业务标准化技术委员会归口。

本部分由中国标准化研究院、商务部负责起草。

本部分的主要起草人：胡涵景、李小林、刘颖、邢立强、史立武、张茵芬、张艳琦。

本部分所代替标准的历次版本发布情况为：

——GB/T 17302.1—1998。

引　言

本部分根据 GB/T 14805.1—2007《行政、商业和运输业电子数据交换(EDIFACT)应用级语法规则(语法版本号:4,语法发布号:1)　第1部分:公用的语法规则》、GB/T 15947—2001《用于行政、商业和运输业电子数据交换的报文设计规则》和 GB/T 15311.1—2008《中华人民共和国进出口许可证格式　第1部分:进口许可证格式》以及实际管理需求而制定。

本部分中的中华人民共和国进口许可证的报文类型为 CNIMLI。

中华人民共和国进出口许可证报文 第1部分:进口许可证报文

1 范围

GB/T 17302的本部分规定了进口许可证报文的报文结构、段描述和段格式。

本部分适用于国际贸易中进口许可证管理与使用的电子数据交换。

2 规范性引用文件

下列文件中的条款通过GB/T 17302的本部分的引用而成为本部分的条款。凡是注日期的引用文件,其随后所有的修改单(不包括勘误的内容)或修订版均不适用于本部分,然而,鼓励根据本部分达成协议的各方研究是否可使用这些文件的最新版本。凡是不注日期的引用文件,其最新版本适用于本部分。

GB/T 2659—2000 世界各国和地区名称代码(eqv ISO 3166-1:1997)

GB/T 12406—1996 表示货币和资金的代码(idt ISO 4217:1990)

GB/T 15421—2008 国际贸易方式代码

GB/T 15514—2008 中华人民共和国口岸及相关地点代码

GB/T 16833—2002 用于行政、商业和运输业电子数据交换的代码表

GB/T 17295—2008 国际贸易计量单位代码

海关进出口商品分类代码

3 报文结构

段表

位置标识符	标记	名称	状态	重复次数
标头节				
0010	UNH	报文头	M	1
0020	BGM	报文开始	M	1
0030	DTM	日期/时间/期限	M	3
0040	RFF	参考	C	1
0050	NAD	名称和地址	M	3
0060	DOC	单证/报文细目	C	1
0070	LOC	地点/位置标识	M	3
0080	CST	货物通关状态	M	1
0090	FTX	自由文本	C	1
细目节				
0100	段组 1		C	4
0110	LIN	行项	M	1
0120	MEA	计量	M	1
0130	MOA	货币金额	M	3
0140	FTX	自由文本	C	1

汇总节

0150	UNS	节控制	M	1
0160	CNT	控制总计	C	1
0170	—— 段组 2		M	2
0180	MEA	计量	M	1
0190	MOA	货币金额	M	2
0200	FTX	自由文本	C	1
0210	UNT	报文尾	M	1

注:“状态”标识中 M 为必备型,C 为条件型。

4 段描述

标头节

0010 UNH 报文头

开始并唯一标识报文的服务段。本报文的类型代码为“CNIMLI”。

0020 BGM 报文开始

用于唯一标识进口许可证编号及报文功能。

0030 DTM 日期/时间/期限

用于标识进口许可证签发日期、进口许可证有效截止日期和进口许可证删除或核销日期。第一次出现为进口许可证签发日期,第二次出现为进口许可证有效截止日期,第三次出现为进口许可证删除或核销日期。

0040 RFF 参考

用于标识进口许可证印刷流水号。

0050 NAD 名称和地址

用于标识进口商、收货人的名称和代码以及发证机关名称。采用 C082 和非结构化的 C058。

0060 DOC 单证/报文细目

用于标识申领进口许可证所附单证及其单证号。

0070 LOC 地点/位置标识

用于标识货物进口时的报关口岸名称和最初向进口国发货,在中转国内不发生任何商业交易的出口国或地区,以及根据原产地规则生产或制造商品的原产地国或地区。第一次出现为报关口岸,第二次出现为出口国(地区),第三次出现为原产地国(地区)。

0080 CST 货物通关状态

用于标识在合同中指明的贸易方式、外汇来源、商品用途和进口商品的编码。

0090 FTX 自由文本

用于标识进口的商品名称。

细目节

0100 段组 1-LIN-MEA-MOA-FTX

用于标识每项进口商品的规格、等级,单位,数量,单价,总值,总值折美元。

0110 LIN 行项

用于标识每项进口商品的顺序编号。

0120 MEA 计量

用于标识申请进口许可证的一项商品的计量单位及其量值。

0130 MOA 货币金额

用于标识申请进口许可证的一项商品的货币值,包括单价、总值和总值折美元。第一次出现为单价,第二次出现为总值,第三次出现为总值折美元。

0140 FTX 自由文本

用于标识申请进口许可证的一项商品的规格、等级。

汇总节

0150 UNS 节控制

用于分隔细目节与汇总节。

0160 CNT 控制总计

用于提供报文分项控制总数,由发送方提供,便于接收方核查。

0170 段组 2-MEA-MOA

用于标识进口商品的总数量、总金额以及总金额折美元值。

0180 MEA 计量

用于标识申请进口许可证商品的计量单位及其总数量。

0190 MOA 货币金额

用于标识所有申请进口许可证商品的总的货币值,包括总金额以及总金额折美元值。第一次出现为总金额,第二次出现为总金额折美元。

0200 FTX 自由文本

用于标识发证机关作出的备注。

0210 UNT 报文尾

结束报文,给出报文中段的数量和报文的控制参考号。

5 段格式

进口许可证报文由段组成,每一段列出 UN/EDIFACT 中数据元的状态、类型和长度及与本部分的对应关系,并作出适当注释和说明。

各段按其在报文中出现的顺序列出。段或段组标记后是 M(必备型)/C(条件型)指示符、最大重复次数和段描述。从左至右,第一栏是数据元标记和名称,第二栏是数据元在 EDIFACT 中的状态(M 或 C)、类型和长度。以上信息构成了原始 EDIFACT 的段格式定义。

第三栏和第四栏为本部分特定信息。第三栏是使用 EDIFACT 数据元的状态指示符,第四栏是说明及报文中特定数据元所用的代码值。本部分除使用 GB/T 16833—2002 中的代码值外,还使用国标代码和商务部代码。当使用国标代码时,将其标准发布号列于段注释中;当使用 GB/T 16833—2002 中代码和商务部代码时,将其具体代码值列于第四栏中。

EDIFACT 段中的必备型(M)数据元在本部分中保持其状态不变。

EDIFACT 段中的条件型(C)数据元在本部分中根据实际业务需要又进一步约定了三种状态,并且可用缩写表示,具体列举如下:

——必备型 M 指明数据元是必需的,必须发送;

——条件型 C 指明数据元是选择性的,可按用户要求发送;

——不使用 N 指明数据元不使用,应省略。

如果一个复合数据元被标为 N,其中的所有数据元的状态指示符栏为空白。

进口许可证报文的段格式描述见表 1～表 19。

表 1

UNH 报文头

功能:开始、标识并说明报文。

状态:M

重复次数:1

	EDIFACT	本部分	说　明
0062 报文参考号	M1 an..14	M	发送方的唯一报文参考。交换中报文的顺序号。它与 UNT 中的数据元 0062 具有相同值,由发送方生成
S009 报文标识符		M	
M1			
0065 报文类型	M an..6	M	CNIMLI——中华人民共和国进口许可证
0052 报文版本号	M an..3	M	D——草案
0054 报文发布号	M an..3	M	081——2008 年第一版
0051 管理机构,代码型	M an..3	M	SWB——商务部(自定义)
0057 团体分配的代码	C an..6	C	
0110 代码表目录版本号	C an..6	N	
0113 报文类型子功能标识	C an..6	N	
0068 公共访问参考	C1 an..35	N	
S010 传送状态	C1	N	
0070 传送顺序	M n..2		
0073 第一个和最后一个传送	C a1		
S016 报文子集标识	C1	N	
0115 报文子集标识	M an..14		
0116 报文子集版本号	C an..3		
0118 报文子集发布号	C an..3		
0051 管理机构,代码型	C an..3		
S016 报文实施指南标识	C1	N	
0121 报文实施指南标识	M an..14		
0122 报文实施指南版本号	C an..3		
0124 报文实施指南发布号	C an..3		
0051 管理机构,代码型	C an..3		
S018 剧本标识	C1	N	
0127 剧本标识	M an..14		
0128 剧本版本号	C an..3		
0130 剧本发布号	C an..3		
0051 管理机构,代码型	C an..3		

注:数据元 0065、0052、0054 和 0051:指明报文为由商务部(SWB)归口管理的进口许可证报文格式是 2008 年发布的第一版。

例如:

UNH+ME0001+CNIMLI:D:081:SWB'报文参考号为 ME0001 的进口许可证,管理机构为商务部,报文发布号为 081,版本号为 D。

表 2

BGM　报文开始

功能：指示报文类型和功能并传输标识号。
状态：M
重复次数：1

	EDIFACT	本部分	说　　明
C002　单证/报文名称	C1	M	
1001　单证名称代码	C　an..3	M	911——进口许可证
1131　代码表标识代码	C　an..3	N	
3055　代码表负责机构代码	C　an..3	N	
1000　单证名称	C　an..35	N	
C106　单证/报文标识	C1	M	
1004　单证标识符	C　an..35	M　an12	许可证编号由发证机关指定
1056　版本标识符	C　an..6	N	
1060　修订标识符	C　an..9	N	
1225　报文功能代码	C1　an..3	C	1——取消，5——代替，9——正常发证
4343　应答类型代码	C1　an..3	N	

注：数据元 1001 单证名称代码采用 GB/T 15422—1994，本部分中只能使用 911。
数据元 1225 中视报文用途不同而采用不同值，取消用于表示删证的情况，一般在公司退证、改证、管理机关宣布改证作废、打证出错等情况时，采用删证处理；代替用于表示核销；代码为 9(最初的)表示正常发证。
例如：
BGM+911+08-AA-S40648+9'进口许可证号为 08-AA-S40648，报文功能为 9 表示正常发证。

表 3

DTM　日期/时间/期限

功能：说明日期和/或时间或期限。
状态：M
重复次数：3

	EDIFACT	本部分	说　　明
C507　日期/时间/期限	M1	M	
2005　日期/时间/期限功能代码限定符	M　an..3	M	125——进口许可证日期　表示进口许可证签发日期 195——进口许可证有效截止日期 9——处理日期　表示删证或核销的日期
2380　日期/时间/期限	C　an..35	M　n8	
2379　日期/时间/期限格式代码	C　an..3	M	102——CCYYMMDD

表 3（续）

注：本段用于标识进口许可证的签发日期、有效截止日期及删证或核销日期。 数据元 2005 不同的值分别标识进口许可证不同的日期。当报文功能为 9(最初的)时，进口许可证签发日期与删证、核销日期相同；当报文功能为取消或代替时，进口许可证签发日期与删证或核销日期不同。 数据元 2379 选用代码 102，即进口许可证日期用统一格式 CCYYMMDD 表示。 例如： DTM+125:20080131:102'表示进口许可证签发日期为 2008 年 1 月 31 日 DTM+195:20080731:101'表示进口许可证有效截止日期为 2008 年 7 月 31 日

表 4

RFF 参考

功能：说明一个参考。
状态：C
重复次数：1

	EDIFACT	本部分	说　明
C506 参考	M1	C	
1153 参考代码限定符	M an..3	M	SE——流水号
1154 参考标识符	C an..70	M n7	单证的印刷流水号
1156 单证行标识符	C an..6	N	
1056 版本标识符	C an..9	N	
1060 修订标识符	C an..6	N	

段注释：
本段用于标识进口许可证单证的印刷流水号。
数据元 1153 选用代码 SE，即流水号。
例如：
RFF+SE:0000123'表示出口许可证印刷流水号为 0000123。

表 5

NAD 名称和地址

功能：说明名称/地址及其相关功能，可单独使用 C082 和/或非结构化的 C058 或结构化的 C080 至 3207。
状态：M
重复次数：3

	EDIFACT	本部分	说　明
3035 参与方功能代码限定符	M1 an..3	M	IM=进口商 CN=收货人 MS=单证/报文的签发方/发送方，表示发证机关
C082 参与方标识细目	C1	C	

表 5(续)

3039 参与方标识符	M an..35	M an13	进口商编码与收货人编码,均采用《中华人民共和国进出口企业资格证书》、《对外贸易经营者备案登记表》,或者《外商投资企业批准证书》中的13位企业代码
1131 代码表标识代码	C an..17	C	160——参与方标识
3055 代码表负责机构代码	C an..3	C	SWB——商务部(自定义)
C058 名称和地址	C1	C	
3124 名称和地址描述	M an..35	M an..35	进口商名称 收货人名称 发证机关名称
3124 名称和地址描述	M an..35	C an..35	
3124 名称和地址描述	M an..35	N	
3124 名称和地址描述	M an..35	N	
3124 名称和地址描述	M an..35	N	
C080 参与方名称	C	N	
3036 参与方名称	C an..35		
3036 参与方名称	C an..35		
3036 参与方名称	C an..35		
3036 参与方名称	C an..35		
3036 参与方名称	C an..35		
3045 参与方名称格式代码	C an..3		
C059 街道	C1	N	
3042 街道名称和门牌号码/邮政信箱标识符	M an..35		
3042 街道名称和门牌号码/邮政信箱标识符	M an..35		
3042 街道名称和门牌号码/邮政信箱标识符	M an..35		
3042 街道名称和门牌号码/邮政信箱标识符	M an..35		
3164 城市名称	C an..35		
C819 国家(地区)行政区划细目	C1	N	
3229 国家(地区)行政区划标识符	C an..9		
1131 代码表标识代码	C an..17		
3055 代码表负责机构代码	C an..3		
3228 国家(地区)行政区划名称	C an..70		
3251 邮政编码标识代码	C an..17	N	
3207 国家(地区)标识符	C an..3	N	

表 5（续）

注：本段用于标识进口许可证报文涉及的贸易各方及签证机关。当标识进口商时，必须采用 C082 标识其编码，可不采用 C058；当标识收货人时，可不采用 C082，当不采用 C082 时，必须采用非结构化的 C058 标识其名称；当标识签证机关时，C082 不采用，采用非结构化的 C058 给出其名称。

数据元 3039 用于标识进口商编码与收货人编码，采用《中华人民共和国进出口企业资格证书》、《对外贸易经营者备案登记表》，或者《外商投资企业批准证书》中的 13 位企业代码。

例如：

NAD＋IM＋1200103070984：160：SWB’进口商为中储发展股份有限公司，其企业代码为 1200103070984。

NAD＋CN＋＋唐山安泰钢铁有限公司’收货人为唐山安泰钢铁有限公司。

NAD＋MS＋＋配额许可证事务局’发证机关为配额许可证事务局。

表 6

DOC　单证/报文细目

功能：标识单证和直接与其相关的详细内容。
状态：C
重复次数：1

	EDIFACT	本部分	说　明
C002　单证/报文名称	M1	M	
1001　单证名称代码	C　an..3	M	966——配额预分配证书　表示进口批准文件
1131　代码表标识代码	C　an..17	N	
3055　代码表负责机构代码	C　an..3	N	
1000　单证名称	C　an..35	N	
C503　单证/报文细目	C1	M	
1004　单证标识符	C　an..35	M an..17	进口批准文件编号
1373　单证状态代码	C　an..3	N	
1366　单证出处描述	C　an..70	C	进口批准文件出处
3453　语言名称代码	C　an..3	N	
1056　版本标识符	C　an..9	N	
1060　发布标识符	C　an..6	N	
3153　通信媒介类型代码	C1　an..3	N	
1220　所需副本单证的份数	C1　n..2	N	
1218　所需正本单证的份数	C1　n..2	N	

注：本段用于标识进口批准文件编号，进口批准文件编号为申请进口许可证时所附的有关管理部门批准的进口批准文件的号码。

例如：

DOC＋966＋3100-08-12356’进口批准文件编号为 3100-08-12356。

表 7

LOC 地点/位置标识

功能：标识地点或位置和/或相关位置。
状态：M
重复次数：3

	EDIFACT	本部分	说明
3227 地点功能代码限定符	M1 an..3	M	22——结关地点表示报关口岸 35——出口国(地区) 27——原产地国(地区)
C517 地点标识	C1	M	
3225 地点标识符	C an..35	M	报关口岸代码：长度为 a5，代码采用 GB/T 15514—2008； 出口国(地区)、原产地国(地区)：代码长度为 a2，代码采用 GB/T 2659—2002
1131 代码表标识代码	C an..17	N	
3055 代码表负责机构代码	C an..3	N	
3224 地点名称	C an..256	N	
C519 第一相关地点标识	C1	N	
3223 第一相关地点/位置标识	C an..35		
1131 代码表标识代码	C an..17		
3055 代码表负责机构代码	C an..3		
3222 第一相关地点名称	C an..70		
C553 第二相关地点标识	C	N	
3233 第二相关地点/位置标识	C an..35		
1131 代码表标识代码	C an..17		
3055 代码表负责机构代码	C an..3		
3232 第二相关地点名称	C an..70		
5479 关系代码	C1 an..3	N	

注：本段标识报关口岸和商品的出口国(地区)或原产地国(地区)。

例如：

LOC+22+CNTXG'报关口岸为新港海关。

LOC+35+HK'出口国(地区)为香港。

LOC+27+IN'原产地国(地区)为印度。

表 8

CST 货物通关状态			
功能:以海关标识说明货物的状态和用途。 状态:M 重复次数:1			
	EDIFACT	本部分	说 明
1496 货物项号	C1 n..5	C	1
C246 海关标识代码	C1	M	
7361 海关监管货物标识符	M an..18	M n2	贸易方式代码,采用 GB/T 15421—2008
1131 代码表标识代码	C an..17	M	105——海关申报类型,表示贸易方式
3055 代码表负责机构代码	C an..3	C	
C246 海关标识代码	C1	M	
7361 海关监管货物标识符	C an..18	M n1	外汇来源代码 1 银行购汇 2 外资 3 贷款 4 赠送 5 索赔 6 无偿援助 7 劳务
1131 代码表标识代码	C an..17	M	42——业务功能 表示外汇来源
3055 代码表负责机构代码	C an..3	C	SWB——商务部(自定义)
C246 海关标识代码	C1	M	
7361 海关监管货物标识符	C an..18	M n1	商品用途代码 1 自用 2 生产用 3 内销 4 维修 5 样品
1131 代码表标识代码	C an..17	M	71——交易属性 表示商品用途
3055 代码表负责机构代码	C an..3	C	SWB——商务部(自定义)
C246 海关标识代码	C1	M	
7361 海关监管货物标识符	C an..18	M n10	商品编码采用海关进出口商品分类代码
1131 代码表标识代码	C an..17	M	122——商品
3055 代码表负责机构代码	C an..3	C	CNC——中国海关维护码
C246 海关标识代码	C1	N	
7361 海关监管货物标识符	C an..18		
1131 代码表标识代码	C an..17		
3055 代码表负责机构代码	C an..3		

表 8（续）

注：本段用于标识进口的贸易方式、外汇来源、商品用途和进口商品的编码。 数据元 7361 用于标识贸易方式、外汇来源、商品用途及进口商品的具体代码。 数据元 1131 用于标识本复合数据元表示的是贸易方式、外汇来源、商品用途或商品编码。 例如： CST+1+10:105+1:42:SWB+3:71:SWB+2601111000:122:CNC'货物项号为 1，贸易方式为一般贸易（一般贸易代码为 10），外汇来源为银行购汇（银行购汇代码为 1），商品用途为内销（内销代码为 3），进口商品编码为 2601111000

表 9

FTX　自由文本

功能：提供自由格式或代码型文本信息。
状态：C
重复次数：1

	EDIFACT	本部分	说　　明
4451　文本主题代码限定符	M　an..3	M	AAA——商品名称
4453　文本功能代码	C　an..3	N	
C107　文本参考	C1	N	
4441　自由文本描述代码	M　an..17		
1131　代码表标识代码	C　an..17		
3055　代码表负责机构代码	C　an..3		
C108　文字文本	C1	C	商品名称
4440　自由文本	M　an..512	M an..26	
4440　自由文本	C　an..512	C an..26	
4440　自由文本	C　an..512	N	
4440　自由文本	C　an..512	N	
4440　自由文本	C　an..512	N	
3453　语言名称代码	C1　an..3	N	
4447　自由文本格式代码	C1　an..3	N	

注：本段用于标识商品名称，商品名称长度不超过 an..26 * 2。
例如：
FTX+AAA+++铁矿砂'进口商品名称为铁矿砂。

表 10

段组 1　C4　LIN-MEA-MOA-FTX

LIN　行项

功能：标识行项和配置。
状态：M
重复次数：1

表 10（续）

	EDIFACT	本部分	说　明
1082　行项标识符	C1 an..6	M	每个行项商品的顺序编号
1229　行为代码	C1 an..3	N	
C212　项号标识	C1	N	
7140　项标识符	C an..35		
1131　代码表标识代码	C an..17		
3055　代码表负责机构代码	C an..3		
C829　分行信息	C1	N	
5495　分行指示符代码	C an..3		
1082　行项标识符	C an..6		
1222　配置等级号	C1 n..2	N	
7083　配置操作代码	C1 an..3	N	

注：本段用于标识每个行项商品的顺序编号。

例如：

LIN+1'表示第 1 个行项的商品。

表 11

段组 1　C4　LIN-MEA-MOA-FTX

MEA　计量

功能：说明包括尺寸公差、重量和数量在内的实际计量。

状态：M

重复次数：1

	EDIFACT	本部分	说　明
6311　计量目的代码限定符	C1 an..3	M	AAJ——签证数量　表示许可进口的商品数量
C502　计量细目	C1	N	
6313　计量性质代码	C an..3		
6321　计量意义代码	C an..3		
6155　非离散计量名称代码	C an..17		
6154　非离散计量名称	C an..70		
C174　值/范围	C1	M	
6411　计量单位代码	M an..3	M	计量单位代码，采用 GB/T 17295—2008
6314　计量	C n..18	M n..13	可含 1 位小数
6162　最小数量范围	C n..18	N	
6152　最大数量范围	C n..18	N	
6432　有效位数	C n..2	N	
7383　表面/内层代码	C1 an..3	N	

注：本段用于标识许可进口的商品数量。

例如：

MEA+AAJ++TNE:61000'许可进口的商品数量为 61 000 吨。

表 12

段组 1　C4　LIN-MEA-MOA-FTX			
MOA　货币金额			
功能：说明一项货币金额。 状态：M 重复次数：3			
	EDIFACT	本部分	说　明
C516　货币金额	M1	M	
5025　货币金额类型代码限定符	M　an..3	M	146——单价 66——每项商品总值 ZZZ——每项商品总值折美元值
5004　货币金额	C　n..35	C	标识单价时，长度为 n..13，可含 4 位小数 标识总值时，长度为 n..12 标识总值折美元时，长度为 n..9
6345　货币标识代码	C　an..3	C	货币代码采用 GB/T 12406—1996。 当表示总值折美元时，则货币代码为 USD
6343　货币类型代码限定符	C　an..3	N	
4405　状态描述代码	C　an..3	N	
注：本段必须出现三次，分别用于表示每项商品单价、总值及总值折美元值。 例如： MOA+146:81.000:USD'商品单价为 81.000 美元。 MOA+66:4941000:USD'该项商品总值为 4 941 000 美元。 MOA+ZZZ:4941000:USD'该项商品总值折美元为 4 941 000 美元。			

表 13

段组 1　C4　LIN-MEA-MOA-FTX			
FTX　自由文本			
功能：提供自由格式或代码型文本信息。 状态：C 重复次数：1			
	EDIFACT	本部分	说　明
4451　文本主题代码限定符	M　an..3	M	ZZZ——商品规格(自定义)
4453　文本功能代码	C　an..3	N	
C107　文本参考	C1	N	
4441　自由文本描述代码	M　an..17		
1131　代码表标识代码	C　an..17		
3055　代码表负责机构代码	C　an..3		

表 13（续）

C108　文字文本	C1	C	商品规格
4440　自由文本	M　an..512	M an..20	
4440　自由文本	C　an..512	N	
4440　自由文本	C　an..512	N	
4440　自由文本	C　an..512	N	
4440　自由文本	C　an..512	N	
3453　语言名称代码	C1 an..3	N	
4447　自由文本格式代码	C1 an..3	N	

注：本段用于标识每项商品的商品规格。
例如：
FTX+ZZZ+++425G＊24’商品规格为425G＊24。

表 14

UNS　节控制

功能：分隔报文的标头节、细目节和汇总节。
状态：M
重复次数：1

	EDIFACT	本部分	说　明
0081　节标识	M1 a1	M	代码为S表示分隔细目节与汇总节

注：此段用于区分细目节与汇总节。
例如：
UNS+S’。

表 15

CNT　控制总计

功能：提供报文控制总计。
状态：C
重复次数：1

	EDIFACT	本部分	说　明
C270　控制	M1	M	
6069　控制类型代码限定符	M　an..3	M	2＝报文中的行项数
6066　控制总量	M　n..18	M	行项总数
6411　计量单位代码	C　an..8	N	

注：本段用于提供报文中行项的总数，用于接收方核查。当细目节不出现时（删证和核销的情况），本段不使用。
例如：
CNT+2:1’表示报文中有1个行项，即1项商品。

表 16

段组 2　M2　MEA-MOA			
MEA　计量			
功能：说明包括尺寸公差、重量和数量在内的实际计量。 状态：M 重复次数：1			
	EDIFACT	本部分	说　明
6311　计量目的代码限定符	C1 an..3	M	AAJ——签证数量　表示许可进口的商品数量 AAK——许可证中扣减数量　表示实际进口的商品数量
C502　计量细目	C1	M	
6313　计量性质代码	C　an..3	M	ZZZ——总量信息(自定义)
6321　计量意义代码	C　an..3	N	
6155　非离散计量名称代码	C　an..17	N	
6154　非离散计量名称	C　an..70	N	
C174　值/范围	C1	M	
6411　计量单位代码	M　an..3	M	计量单位代码，采用 GB/T 17295—2008
6314　计量	C　n..18	M n..13	量值(可含 1 位小数)
6162　最小数量范围	C　n..18	N	
6152　最大数量范围	C　n..18	N	
6432　有效位数	C　n..2	N	
7383　表面/内层代码	C1 an..3	N	
注：本段用于表示一份许可证中许可进口或实际进口的商品数量的总和。 例如： MEA+AAJ+ZZZ+TNE:61000'一份许可证中许可进口的商品数量为 61000 吨。			

表 17

段组 2　M2　MEA-MOA			
MOA　货币金额			
功能：说明一项货币金额。 状态：M 重复次数：2			
	EDIFACT	本部分	说　明
C516　货币金额	M1	M	
5025　货币金额类型代码限定符	M　an..3	M	79=所有商品总值 ZZZ=所有商品总值折美元值

表 17（续）

5004　货币金额	C　n..35	M	标识总值时，长度为 n..12 标识总值折美元时，长度为 n..9
6345　货币标识代码	C　an..3	M	货币代码采用 GB/T 12406—1996。 当表示总值折美元时，则货币代码为 USD
6343　货币类型代码限定符	C　an..3	N	
4405　状态描述代码	C　an..3	N	
注：本段必须出现二次，分别表示所有商品总值及总值折美元值。 例如： MOA+79:4941000:USD'所有商品总值为 4 941 000 美元。 MOA+ZZZ:4941000:USD'所有商品总值折美元为 4 941 000 美元。			

表 18

FTX　自由文本			
功能：提供自由格式或代码型文本信息。 状态：C 重复次数：1			
	EDIFACT	本部分	说　明
4451　文本主题代码限定符	M　an..3	M	ACB——附加信息
4453　文本功能代码	C　an..3	N	
C107　文本参考	C1	N	
4441　自由文本描述代码	M　an..17		
1131　代码表标识代码	C　an..17		
3055　代码表负责机构代码	C　an..3		
C108　文字文本	C1	C	备注
4440　自由文本	M　an..512	M an..32	
4440　自由文本	C　an..512	C an..32	
4440　自由文本	C　an..512	N	
4440　自由文本	C　an..512	N	
4440　自由文本	C　an..512	N	
3453　语言名称代码	C1　an..3	N	
4447　自由文本格式代码	C1　an..3	N	
注：本段用于表示发证机关对许可证所作的必要的说明或其他事项。 例如： FTX+ACB++许可证有效期延长至 08 年 8 月 31 日'备注为"许可证有效期延长至 08 年 8 月 31 日"。			

表 19

UNT　报文尾			
功能：结束报文，并检查报文的完整性。 状态：M 重复次数：1			
	EDIFACT	本部分	说　明
0074　报文中的段数	M1 n..10	M	在此详述报文中段的总数
0062　报文参考号	M1 an..14	M	UNH 段用的参考号必须在此重现
注：本段是必备型段，它总是报文的最后一个段。 例如： UNT+25+ME0001'报文中段的数目是 25，报文参考号为 ME0001。			

附 录 A
（资料性附录）
中华人民共和国进口许可证报文用例

A.1 实例

本例为一份正常发证的进口许可证，各数据项内容大体按照许可证格式编号列举如下：

1. 进口商：中储发展股份有限公司，公司代码为1200103070984
2. 收货人：唐山安泰钢铁有限公司
3. 进口许可证号：08-AA-S40648，印刷流水号：0000123
4. 进口许可证有效截止日期：2008年7月31日
5. 贸易方式：一般贸易（代码值：10）
6. 外汇来源：银行购汇（代码值：1）
7. 报关口岸：新港海关（代码值：CNTXG）
8. 出口国（地区）：香港（代码值：HK）
9. 原产地国（地区）：印度（代码值：IN）
10. 商品用途：内销（代码值：3）
11. 商品名称：铁矿砂，商品编码：2601111000
12. 规格，等级：（无）
13. 计量单位：吨（代码值：TNE）
14. 数量：61 000.0吨
15. 单价：81.000美元/吨
16. 总值：4 941 000美元
17. 总值折美元：4 941 000美元
18. 总数量：61 000.0吨
19. 总计金额：4 941 000美元
20. 总计金额折美元值：4 941 000美元
21. 备注：（无）
22. 发证日期：2008年1月31日
23. 发证机关：商务部配额许可证事务局

A.2 相应报文

UNH+ME0001+CNIMLI:D:081:SWB'
BGM+911+08-AA-S40648+9'
DTM+125:20080131:102'
DTM+195:20080731:102'
DTM+9:20080131:102'
RFF+SE:0000123'
NAD+IM+1200103070984:160:SWB'
NAD+CN++唐山安泰钢铁有限公司'
NAD+MS++配额许可证事务局'
LOC+22+CNTXG'

LOC+35+HK'

LOC+27+IN'

CST+1+10:105+1:42:SWB+3:71:SWB+2601111000:122:CNC'

FTX+AAA+++铁矿砂'

LIN+1'

MEA+AAJ++TNE:61000

MOA+146:81.000:USD'

MOA+66:4941000:USD'

MOA+ZZZ:4941000:USD'

UNS+S'

CNT+2:1'

MEA+AAJ+::ZZZ+TNE:61000'

MOA+79:4941000:USD'

MOA+ZZZ:4941000:USD'

UNT+25+ME0001'

ICS 35.240.60
A 13

GB

中华人民共和国国家标准

GB/T 17302.2—2008
代替 GB/T 17302.2—1998

中华人民共和国进出口许可证报文 第2部分：出口许可证报文

Import and export licences messages of the People's Republic of China—Part 2：Export licence message

2008-06-18 发布　　2008-11-01 实施

中华人民共和国国家质量监督检验检疫总局
中国国家标准化管理委员会　发布

前 言

GB/T 17302《中华人民共和国进出口许可证报文》分为两个部分：

——第1部分：进口许可证报文；

——第2部分：出口许可证报文。

本部分为GB/T 17302的第2部分。

本部分代替GB/T 17302.2—1998。

本部分与GB/T 17302.2—1998相比主要变化为：

——对前言进行了更新；

——增加了引言部分；

——在规范性引用文件一章中引用了最新发布的国家标准；

——删除上一版标准中的1.2原则；

——根据GB/T 14805.10—2005《用于行政、商业和运输业电子数据交换的应用级语法规则 第10部分：语法服务目录》对服务数据段的规定，更新了UNH、UNS、UNT的段格式；

——根据GB/T 15634—2008《行政、商业和运输业电子数据交换 段目录》对用户数据段的规定，更新了用户数据段的段格式；

——更新了附录A中报文实例，段格式描述中段注释的示例也作了相应的更新。

本部分的附录A为资料性附录。

本部分由中国标准化研究院提出。

本部分由全国电子业务标准化技术委员会归口。

本部分由中国标准化研究院、商务部负责起草。

本部分的主要起草人：胡涵景、李小林、刘颖、邢立强、史立武、张茵芬、张艳琦。

本部分所代替标准的历次版本发布情况为：

——GB/T 17302.2—1998。

引　言

本部分根据 GB/T 14805.1—2007《行政、商业和运输业电子数据交换(EDIFACT)应用级语法规则(语法版本号:4,语法发布号:1) 第1部分:公用的语法规则》、GB/T 15947—2001《用于行政、商业和运输业电子数据交换的报文设计规则》和 GB/T 15311.2—2008《中华人民共和国进出口许可证格式 第2部分:出口许可证格式》以及实际管理需求而制定。

本部分中的中华人民共和国出口许可证的报文类型为 CNEXLI。

中华人民共和国进出口许可证报文 第2部分:出口许可证报文

1 范围

GB/T 17302的本部分规定了出口许可证报文的报文结构、段描述和段格式。

本部分适用于国际贸易中出口许可证管理与使用的电子数据交换。

2 规范性引用文件

下列文件中的条款通过GB/T 17302的本部分的引用而成为本部分的条款。凡是注日期的引用文件,其随后所有的修改单(不包括勘误的内容)或修订版均不适用于本部分,然而,鼓励根据本部分达成协议的各方研究是否可使用这些文件的最新版本。凡是不注日期的引用文件,其最新版本适用于本部分。

GB/T 2659—2000 世界各国和地区名称代码(eqv ISO 3166-1:1997)

GB/T 12406—1996 表示货币和资金的代码(idt ISO 4217:1990)

GB/T 15421—2008 国际贸易方式代码

GB/T 15514—2008 中华人民共和国口岸及相关地点代码

GB/T 16833—2002 用于行政、商业和运输业电子数据交换的代码表

GB/T 17295—2008 国际贸易计量单位代码

海关进出口商品分类代码

3 出口许可证报文

3.1 报文结构

段表位置标识符	标记	名称	状态	重复次数
标头节				
0010	UNH	报文头	M	1
0020	BGM	报文开始	M	1
0030	DTM	日期/时间/期限	M	3
0040	RFF	参考	C	1
0050	NAD	名称和地址	M	3
0060	CST	货物通关状态	M	1
0070	TDT	运输细目	M	2
0080	LOC	地点/位置标识	M	4
0090	DOC	单证/报文细目	M	1
0100	FTX	自由文本	C	1
细目节				
0110	段组 1		C	4
0120	LIN	行项	M	1
0130	MEA	计量	M	1
0140	MOA	货币金额	M	3
0150	FTX	自由文本	C	1

汇总节

0160	UNS	节控制	M	1
0170	CNT	控制总计	C	1
0180	段组 2		M	2
0190	MEA	计量	M	1
0200	MOA	货币金额	M	2
0210	FTX	自由文本	C	1
0220	UNT	报文尾	M	1

注："状态"标识中 M 为必备型，C 为条件型。

3.2 段描述

标头节

0010 UNH 报文头

开始并唯一标识报文的服务段。本报文的类型代码为"CNEXLI"。

0020 BGM 报文开始

用于唯一标识出口许可证编号及报文功能。

0030 DTM 日期/时间/期限

用于标识出口许可证签发日期、出口许可证有效截止日期和出口许可证删除或出运日期。第一次出现为出口许可证签发日期，第二次出现为出口许可证有效截止日期，第三次出现为出口许可证删除或出运日期。

0040 RFF 参考

用于标识出口许可证印刷流水号。

0050 NAD 名称和地址

用于标识出口商、发货人的名称和代码以及发证机关名称。采用 C082 和非结构化的 C058。

0060 CST 货物通关状态

用于标识在合同中指明的贸易方式、付款方式和出口商品的编码。

0070 TDT 运输细目

用于标识货物离境去境外时所使用的运输方式。只能填写一种运输方式。

0080 LOC 地点/位置标识

用于标识货物出口时出口商报关所在的报关口岸名称及发货人及其代理人发货时合同规定的最后收到货物的国家或地区。只允许填写一个报关关区。

0090 DOC 单证报文细目

用于标识申领出口许可证所附单证及其单证号。

0100 FTX 自由文本

用于标识出口的商品名称。

细目节

0110 段组 1-LIN-MEA-MOA-FTX

用于标识每项出口商品的规格、等级，单位，数量，单价，总值，总值折美元。

0120 LIN 行项

用于标识每项出口商品的顺序编号。

0130　MEA　计量

用于标识申请出口许可证的一项商品的计量单位及其量值。

0140　MOA　货币金额

用于标识申请出口许可证的一项商品的货币值，包括单价、总值和总值折美元。

第一次出现为单价，第二次出现为总值，第三次出现为总值折美元。

0150　FTX　自由文本

用于标识申请出口许可证的一项商品的规格、等级。

汇总节

0160　UNS　节控制

用于分隔细目节与汇总节。

0170　CNT　控制总计

用于提供报文分项控制总数，由发送方提供，便于接收方核查。

0180　段组 2-MEA-MOA

用于标识出口商品的总数量、总金额以及总金额折美元值。

0190　MEA　计量

用于标识申请出口许可证商品的计量单位及其总数量。

0200　MOA　货币金额

用于标识所有申请出口许可证商品的总的货币值，包括总金额以及总金额折美元值。第一次出现为总金额，第二次出现为总金额折美元。

0210　FTX　自由文本

用于标识签证机关作出的备注。

0220　UNT　报文尾

结束报文，给出报文中段的数量和报文的控制参考号。

3.3 段格式

出口许可证报文由段组成，每一段列出 UN/EDIFACT 中数据元的状态、类型和长度及与本部分的对应关系，并作出适当注释和说明。

各段按其在报文中出现的顺序列出。段或段组标记后是 M(必备型)/C(条件型)指示符、最大重复次数和段描述。从左至右，第一栏是数据元标记和名称，第二栏是数据元在 EDIFACT 中的状态(M 或 C)、类型和长度。以上信息构成了原始 EDIFACT 的段格式定义。

第三栏和第四栏为本部分特定信息。第三栏是使用 EDIFACT 数据元的状态指示符，第四栏是说明及报文中特定数据元所用的代码值。本部分除使用 GB/T 16833—2002 中的代码值外，还使用国标代码和商务部代码。当使用国标代码时，将其标准发布号列于段注释中；当使用 GB/T 16833—2002 中代码和商务部代码时，将其具体代码值列于第四栏中。

EDIFACT 段中的必备型(M)数据元在本部分中保持其状态不变。

EDIFACT 段中的条件型(C)数据元在本部分中根据实际业务需要又进一步约定了三种状态，并且可用缩写表示，具体列举如下：

——必备型 M 指明数据元是必需的，必须发送；

——条件型 C 指明数据元是选择性的，可按用户要求发送；

——不使用 N 指明数据元不使用，应省略。

如果一个复合数据元被标为 N，则该复合数据元中的所有数据元的状态指示符栏为空白。

出口许可证报文的段格式描述见表 1～表 20。

表 1

UNH　报文头			
功能:开始、标识并说明报文。 状态:M 重复次数:1			
	EDIFACT	本部分	说　明
0062　报文参考号	M1　an..14	M	发送方的唯一报文参考。交换中报文的顺序号。它与 UNT 中的数据元 0062 具有相同值,由发送方生成
S009　报文标识符	M1	M	
0065　报文类型	M　an..6	M	CNEXLI——中华人民共和国出口许可证
0052　报文版本号	M　an..3	M	D——草案
0054　报文发布号	M　an..3	M	081——2008 年第 1 版
0051　管理机构,代码型	M　an..3	M	SWB——商务部(自定义)
0057　团体分配的代码	C　an..6	C	
0110　代码表目录版本号	C　an..6	N	
0113　报文类型子功能标识	C　an..6	N	
0068　公共访问参考	C1 an..35	N	
S010　传送状态	C1	N	
0070　传送顺序	M　n..2		
0073　第一个和最后一个传送	C　a1		
S016　报文子集标识	C1	N	
0115　报文子集标识	M　an..14		
0116　报文子集版本号	C　an..3		
0118　报文子集发布号	C　an..3		
0051　管理机构,代码型	C　an..3		
S016　报文实施指南标识	C1	N	
0121　报文实施指南标识	M　an..14		
0122　报文实施指南版本号	C　an..3		
0124　报文实施指南发布号	C　an..3		
0051　管理机构,代码型	C　an..3		
S018　剧本标识	C1	N	
0127　剧本标识	M　an..14		
0128　剧本版本号	C　an..3		

表 1（续）

0130 剧本发布号	C an..3		
0051 管理机构，代码型	C an..3		

注：数据元 0065、0052、0054 和 0051：指明报文为由商务部(SWB)归口管理的出口许可证报文格式是 2008 年发布的第一版。
例如：
UNH+ME0002+CNEXLI:D:081:SWB'出口许可证的报文参考号为 ME0002，管理机构为商务部，报文发布号为 081，版本号为 D。

表 2

BGM 报文开始

功能：指示报文类型和功能并传输标识号。
状态：M
重复次数：1

	EDIFACT	本部分	说明
C002 单证/报文名称	C1	M	
1001 单证名称代码	C an..3	M	811——出口许可证
1131 代码表标识代码	C an..3	N	
3055 代码表负责机构代码	C an..3	N	
1000 单证名称	C an..35	N	
C106 单证/报文标识	C1	M	
1004 单证标识符	C an..35	M an12	许可证编号由发证机关指定
1056 版本标识符	C an..6	N	
1060 修订标识符	C an..9	N	
1225 报文功能代码	C1 an..3	C	1——取消，5——代替，9——正常发证
4343 应答类型代码	C1 an..3	N	

注：数据元 1001 单证名称代码采用 GB/T 15422—1994，本部分中只能使用 811。
数据元 1225 中视报文用途不同而采用不同值，取消用于表示删证的情况，一般在公司退证、改证、管理机关宣布改证作废、打证出错等情况时，采用删证处理；代替用于表示处理出运数的情况；代码为 9(最初的)，表示正常发证。
例如：
BGM+811+08-AA-902504+9'出口许可证号为 08-AA-902504，此证为正常发证，代码为 9。

表 3

DTM　日期/时间/期限			
功能：说明日期和/或时间或期限。 状态：M 重复次数：3			
	EDIFACT	本部分	说　明
C507　日期/时间/期限	M1	M	
2005　日期/时间/期限功能代码限定符	M　an..3	M	137——单证日期　表示出口许可证签发日期 147——出口许可证有效截止日期 9——处理日期 表示删证或处理出运数的日期
2380　日期/时间/期限	C　an..35	M　n8	
2379　日期/时间/期限格式代码	C　an..3	M	102——CCYYMMDD
注：本段用于标识出口许可证的签发日期、有效截止日期及删证或处理出运数日期。 数据元 2005 不同的值分别标识出口许可证不同的日期。当报文功能为 9(最初的)时，出口许可证签发日期与删证、处理出运数日期相同；当报文功能为取消或代替时，出口许可证签发日期与删证或处理出运数日期不同。 数据元 2379 选用代码 102，即出口许可证日期用统一格式 CCYYMMDD 表示。 例如： DTM+137:20080131:102'表示出口许可证签发日期为 2008 年 1 月 31 日。 DTM+147:20080731:101'表示出口许可证有效截止日期为 2008 年 7 月 31 日 。			

表 4

RFF　参考			
功能：说明一个参考。 状态：C 重复次数：1			
	EDIFACT	本部分	说　明
C506　参考	M1	C	
1153　参考代码限定符	M　an..3	M	SE——流水号
1154　参考标识符	C　an..70	M　n7	单证的印刷流水号
1156　单证行标识符	C　an..6	N	
1056　版本标识符	C　an..9	N	
1060　修订标识符	C　an..6	N	
注：本段用于标识出口许可证单证的印刷流水号。 数据元 1153 选用代码 SE，即流水号。 例如： RFF+SE:7481284'表示出口许可证印刷流水号为 7481284。			

表 5

NAD 名称和地址			
功能:说明名称/地址及其相关功能,可单独使用C082和/或非结构化的C058或结构化的C080至3207。 状态:M 重复次数:3			
	EDIFACT	本部分	说明
3035 参与方功能代码限定符	M1 an..3	M	EX——出口商、CZ——发货人、MS——单证/报文签发方/发送方,表示签发证机关
C082 参与方标识细目	C1	C	
3039 参与方标识符	M an..35	M n13	出口商编码与发货人编码,均采用《中华人民共和国进出口企业资格证书》、《对外贸易经营者备案登记表》,或者《外商投资企业批准证书》中的13位企业代码
1131 代码表标识代码	C an..17	C	160——参与方标识
3055 代码表负责机构代码	C an..3	C	SWB——商务部
C058 名称和地址	C1	C	
3124 名称和地址描述	M an..35	M an..35	出口商名称 发货人名称 发证机关名称
3124 名称和地址描述	M an..35	C an..35	
3124 名称和地址描述	M an..35	N	
3124 名称和地址描述	M an..35	N	
3124 名称和地址描述	M an..35	N	
C080 参与方名称	C	N	
3036 参与方名称	C an..35		
3036 参与方名称	C an..35		
3036 参与方名称	C an..35		
3036 参与方名称	C an..35		
3036 参与方名称	C an..35		
3045 参与方名称格式代码	C an..3		
C059 街道	C1	N	
3042 街道名称和门牌号码/邮政信箱标识符	M an..35		
3042 街道名称和门牌号码/邮政信箱标识符	M an..35		

表 5（续）

3042 街道名称和门牌号码/邮政信箱标识符	M an..35		
3042 街道名称和门牌号码/邮政信箱标识符	M an..35		
3164 城市名称	C an..35	N	
C819 国家(地区)行政区划细目	C1		
3229 国家(地区)行政区划标识符	C an..9	N	
1131 代码表标识代码	C an..17		
3055 代码表负责机构代码	C an..3		
3228 国家(地区)行政区划名称	C an..70		
3251 邮政编码标识代码	C an..17	N	
3207 国家(地区)标识符	C an..3	N	

注：本段用于标识出口许可证报文涉及的贸易各方及签证机关。当标识贸易各方时，必须采用 C082 标识其编码，C058 可不采用；当标识签证机关时，C082 不采用，采用非结构化的 C058 给出其名称。

数据元 3039 用于标识出口商编码与发货人编码，采用《中华人民共和国进出口企业资格证书》、《对外贸易经营者备案登记表》，或者《外商投资企业批准证书》中的 13 位企业代码。

例如：

NAD+EX+1100101100414:160:SWB'出口商为中粮集团有限公司，其企业代码为 1100101100414。

NAD+CZ+1100101146543:160:SWB'发货人为中粮粮油有限公司，其企业代码为 1100101146543。

NAD+MS++配额许可证事务局'签发证机关为配额许可证事务局。

表 6

CST 货物通关状态

功能：以海关标识说明货物的状态和用途。

状态：M

重复次数：1

	EDIFACT	本部分	说明
1496 货物项号	C1 n..5	C	1
C246 海关标识代码	C1	M	
7361 海关监管货物标识符	M an..18	M n2	贸易方式代码，采用 GB/T 15421—2008
1131 代码表标识代码	C an..17	M	105——海关申报类型表示贸易方式
3055 代码表负责机构代码	C an..3	C	

表 6（续）

C246 海关标识代码	C1	M	
7361 海关监管货物标识符	C an..18	M n1	付款方式代码，采用 GB/T 16962—1997
1131 代码表标识代码	C an..17	M	153——付款方式
3055 代码表负责机构代码	C an..3	C	
C246 海关标识代码	C1	M	
7361 海关监管货物标识符	C an..18	M n10	商品编码采用海关进出口商品分类代码
1131 代码表标识代码	C an..17	M	122——商品
3055 代码表负责机构代码	C an..3	C	CNC——中国海关维护码
C246 海关标识代码	C1	N	
7361 海关监管货物标识符	C an..18		
1131 代码表标识代码	C an..17		
3055 代码表负责机构代码	C an..3		
C246 海关标识代码	C1	N	
7361 海关监管货物标识符	C an..18		
1131 代码表标识代码	C an..17		
3055 代码表负责机构代码	C an..3		

注：本段用于标识出口的贸易方式、付款方式和出口商品的编码。

数据元 7361 用于标识贸易方式、付款方式及出口商品的具体代码。

数据元 1131 用于标识本复合数据元表示的是贸易方式、付款方式或商品编码。

例如：

CST+1+10:105+6:153 +1005900001:122:CNC'货物项号为 1，贸易方式为一般贸易（一般贸易代码为 10），付款方式为汇付（汇付代码为 6），出口商品编码为 1005900001。

表 7

TDT 运输细目

功能：说明有关运输的信息，如运输方式、运输工具、班次编号和运输工具标识。

状态：M

重复次数：1

	EDIFACT	本部分	说　明
8051 运输阶段代码限定符	M1 an..3	M	20——干线运输
8028 运输工具行程标识符	C1 an..17	N	
C220 运输方式	C1	M	

表 7（续）

8067　运输方式名称代码	C　an..3	M　n1	运输方式名称代码，采用 GB/T 6512—1998，但不允许使用其中的多式联运代码
8066　运输方式名称	C　an..17	C	
C001　运输工具	C1	N	
8179　运输工具描述代码	C　an..8		
1131　代码表标识代码	C　an..17		
3055　代码表负责机构代码	C　an..3		
8178　运输工具描述	C　an..17		
C040　承运人	C1	N	
3127　承运人标识符	C　an..17		
1131　代码表标识代码	C　an..17		
3055　代码表负责机构代码	C　an..3		
3126　承运人名称	C　an..35		
8101　运送方向指示代码	C1　an..3	N	
C401　额外运输信息	C1	N	
8457　额外运输原因代码	M　an..3		
8459　额外运输责任代码	M　an..3		
7130　客户装运授权标识符	C　an..17		
C222　运输标识	C1	N	
8213　运输工具标识名称标识符	C　an..9		
1131　代码表标识代码	C　an..17		
3055　代码表负责机构代码	C　an..3		
8212　运输工具标识名称	C　an..35		
8453　运输工具的国籍代码	C　an..3		
8281　运输工具所有权指示代码	C　an..3	N	

注：本段用于标识货物离境去境外时所使用的运输方式，只能填写一种运输方式。

数据元 8067 标识运输方式代码。

例如：

TDT＋20＋＋1'运输方式为海运。

表 8

LOC　地点/位置标识			
功能：标识地点或位置和/或相关位置。 状态：M 重复次数：2			
	EDIFACT	本部分	说　明
3227　地点功能代码限定符	M1　an..3	M	22——结关地点表示报关口岸 36——最终目的地国表示进口国(地区)报关口岸代码
C517　地点标识	C1	M	
3225　地点标识符	C　an..35	M	报关口岸代码为 a5，采用 GB/T 15514—2008； 进口国(地区)代码为 a2，采用 GB/T 2659—2002
1131　代码表标识代码	C　an..17	N	
3055　代码表负责机构代码	C　an..3	N	
3224　地点名称	C　an..256	N	
C519　第一相关地点标识	C1	N	
3223　第一相关地点/位置标识	C　an..35		
1131　代码表标识代码	C　an..17		
3055　代码表负责机构代码	C　an..3		
3222　第一相关地点名称	C　an..70		
C553　第二相关地点标识	C	N	
3233　第二相关地点/位置标识	C　an..35		
1131　代码表标识代码	C　an..17		
3055　代码表负责机构代码	C　an..3		
3232　第二相关地点名称	C　an..70		
5479　关系代码	C1　an..3	N	
注：本段标识报关口岸和商品的进口国(地区)，报关口岸只允许填写一个报关关区。例如： LOC+22+CNDLC'报关口岸为大连。 LOC+36+JP'进口国为日本。			

表 9

DOC　　单证/报文细目			
功能：标识单证和直接与其相关的详细内容。 状态：M 重复次数：1			
	EDIFACT	本部分	说　明
C002　单证/报文名称	M1	M	
1001　单证名称代码	C　an..3	M	315——合同
1131　代码表标识代码	C　an..17	N	
3055　代码表负责机构代码	C　an..3	N	
1000　单证名称	C　an..35	N	
C503　单证/报文细目	C1	M	
1004　单证标识符	C　an..35	M　an..16	合同号
1373　单证状态代码	C　an..3	N	
1366　单证出处描述	C　an..70	N	
3453　语言名称代码	C　an..3	N	
1056　版本标识符	C　an..9	N	
1060　发布标识符	C　an..6	N	
3153　通信媒介类型代码	C1　an..3	N	
1220　所需副本单证的份数	C1　n..2	C	
1218　所需正本单证的份数	C1　n..2	C	
注：本段用于标识合同号，其为申请出口许可证时所附合同的合同号。 例如： DOC＋315＋MZ074/2008'合同号为 MZ074/2008。			

表 10

FTX　C　an..99　　自由文本			
功能：提供自由格式或代码型文本信息。 状态：C 重复次数：1			
	EDIFACT	本部分	说　明
4451　文本主题代码限定符	M　an..3	M	AAA——商品名称
4453　文本功能代码	C　an..3	N	
C107　文本参考	C1	N	

表 10(续)

4441 自由文本描述代码	M an..17		
1131 代码表标识代码	C an..17		
3055 代码表负责机构代码	C an..3		
C108 文字文本	C1	M	商品名称
4440 自由文本	M an..512	M an..26	
4440 自由文本	C an..512	C an..26	
4440 自由文本	C an..512	N	
4440 自由文本	C an..512	N	
4440 自由文本	C an..512	N	
3453 语言名称代码	C1 an..3	N	
4447 自由文本格式代码	C1 an..3	N	
注:本段用于标识商品名称,商品名称长度不超过 an..26 * 2。 例如: FTX+AAA+++其他玉米'出口商品名称为其他玉米。			

表 11

段组 1 C4 LIN-MEA-MOA-FTX

LIN 行项

功能:标识行项和配置。
状态:M
重复次数:1

	EDIFACT	本部分	说 明
1082 行项标识符	C1 an..6	M	每个行项商品的顺序编号
1229 行为代码	C1 an..3	N	
C212 项号标识	C1	N	
7140 项标识符	C an..35		
1131 代码表标识代码	C an..17		
3055 代码表负责机构代码	C an..3		
C829 分行信息	C1	N	
5495 分行指示符代码	C an..3		
1082 行项标识符	C an..6		

表 11（续）

1222　配置等级号	C1 n..2	N	
7083　配置操作代码	C1 an..3	N	
注：本段用于标识每个行项商品的顺序编号。 例如： LIN+1'表示第1个行项的商品。			

表 12

段组 1　C4　LIN-MEA-MOA-FTX			
MEA　计量			
功能：说明包括尺寸公差、重量和数量在内的实际计量。 状态：M 重复次数：1			
	EDIFACT	本部分	说　明
6311　计量目的代码限定符	C1 an..3	M	AAJ——签证数量，表示许可出口的商品数量
C502　计量细目	C1	N	
6313　计量性质代码	C　an..3		
6321　计量意义代码	C　an..3		
6155　非离散计量名称代码	C　an..17		
6154　非离散计量名称	C　an..70		
C174　值/范围	C1	M	
6411　计量单位代码	M　an..3	M	计量单位代码，GB/T 17295—2008
6314　计量	C　n..18	M　n..13	可含1位小数
6162　最小数量范围	C　n..18	N	
6152　最大数量范围	C　n..18	N	
6432　有效位数	C　n..2	N	
7383　表面/内层代码	C1 an..3	N	
注：本段用于标识许可出口的商品数量。 例如： MEA+AAJ++KGM:161000.0'许可出口的商品数量为161 000.0 kg。			

表 13

段组 1　C4　LIN-MEA-MOA-FTX			
MOA　货币金额			
功能：说明一项货币金额。 状态：M 重复次数：3			
	EDIFACT	本部分	说　明
C516　货币金额	M1	M	
5025　货币金额类型代码限定符	M　an..3	M	146——单价 66——每项商品总值 ZZZ——每项商品总值折美元值
5004　货币金额	C　n..35	C	标识单价时，长度为 n..13，含 4 位小数 标识总值时，长度为 n..12 标识总值折美元时，长度为 n..9
6345　货币标识代码	C　an..3	C	货币代码采用 GB/T 12406—1996。 当表示总值折美元时，则货币代码为 USD。
6343　货币类型代码限定符	C　an..3	N	
4405　状态描述代码	C　an..3	N	
注：本段必须出现三次，分别用于表示每个行项商品单价、总值及总值折美元值。 例如： MOA+146:0.2750:USD'商品单价为 0.275 0 美元。 MOA+66:71775:USD'商品总值为 71 775 美元。 MOA+ZZZ:71775:USD'商品总值折美元值为 71 775 美元。			

表 14

段组 1　C4　LIN-MEA-MOA-FTX			
FTX　自由文本			
功能：提供自由格式或代码型文本信息。 状态：C 重复次数：1			
	EDIFACT	本部分	说　明
4451　文本主题代码限定符	M　an..3	M	ZZZ——商品规格(自定义)
4453　文本功能代码	C　an..3	N	

表 14（续）

C107 文本参考	C1	N	
4441 自由文本描述代码	M an..17		
1131 代码表标识代码	C an..17		
3055 代码表负责机构代码	C an..3		
C108 文字文本	C1	C	商品规格
4440 自由文本	M an..512	M an..20	
4440 自由文本	C an..512	N	
4440 自由文本	C an..512	N	
4440 自由文本	C an..512	N	
4440 自由文本	C an..512	N	
3453 语言名称代码	C1 an..3	N	
4447 自由文本格式代码	C1 an..3	N	

注：本段用于标识每个行项商品的商品规格。

例如：

FTX+ZZZ+++425G*24’商品规格为 425G*24。

表 15

UNS 节控制

功能：分隔报文的标头节、细目节和汇总节。

状态：M

重复次数：1

	EDIFACT	本部分	说 明
0081 节标识	M1 a1	M	代码为 S 表示分隔细目节与汇总节

注：此段用于区分细目节与汇总节。

例如：

UNS+S’

表 16

CNT 控制总计

功能：提供报文控制总计。

状态：C

重复次数：1

	EDIFACT	本部分	说 明
C270 控制	M1	M	

表 16（续）

6069　控制类型代码限定符	M　an..3	M	2——报文中的行项数
6066　控制总量	M　n..18	M	行项总数
6411　计量单位代码	C　an..8	N	

注：本段用于提供报文中行项的总数，用于接收方核查。当细目节不出现时（删证和核销的情况），本段不使用。
例如：
CNT+2:1'表示报文中一共有1个行项，即1个行项商品。

表 17

段组 2　M2　MEA-MOA

MEA　计量

功能：说明包括尺寸公差、重量和数量在内的实际计量。
状态：M
重复次数：1

	EDIFACT	本部分	说　明
6311　计量目的代码限定符	C1 an..3	M	AAJ——签证数量，表示许可出口的商品数量； AAK——许可证中扣减数量表示实际出运的商品数量
C502　计量细目	C1	M	
6313　计量性质代码	C　an..3	M	ZZZ——总数量（自定义）
6321　计量意义代码	C　an..3	N	
6155　非离散计量名称代码	C　an..17	N	
6154　非离散计量名称	C　an..70	N	
C174　值/范围	C1	M	
6411　计量单位代码	M　an..3	M	计量单位代码，GB/T 17295—2008
6314　计量	C　n..18	M　n..13	含1位小数
6162　最小数量范围	C　n..18	N	
6152　最大数量范围	C　n..18	N	
6432　有效位数	C　n..2	N	
7383　表面/内层代码	C1 an..3	N	

注：本段用于表示一份许可证中许可出口或实际出运的商品数量的总和。
例如：
MEA+AAJ+ZZZ+KGM:261000.0'一份许可证中许可出口的商品数量总和为261 000.0 kg。

表 18

段组 2　M2　MEA-MOA			
MOA　货币金额			
功能:说明一项货币金额。 状态:M 重复次数:3			
	EDIFACT	本部分	说　　明
C516　货币金额	M1	M	
5025　货币金额类型代码限定符	M　an..3	M	79——所有商品总值 ZZZ——所有商品总值折美元值
5004　货币金额	C　n..35	M	标识总值时,长度为 n..12 标识总值折美元时,长度为 n..9
6345　货币标识代码	C　an..3	M	货币代码采用 GB/T 12406—1996 当表示总值折美元时,货币代码为 USD
6343　货币类型代码限定符	C　an..3	N	
4405　状态描述代码	C　an..3	N	
注:本段必须出现二次,分别表示所有商品总值及总值折美元值。 例如: MOA+79:71775:USD'所有商品总值为 71 775 美元。 MOA+ZZZ:71775:USD'所有商品总值折美元值为 71 775 美元。			

表 19

FTX　自由文本			
功能:提供自由格式或代码型文本信息。 状态:C 重复次数:1			
	EDIFACT	本部分	说　　明
4451　文本主题代码限定符	M　an..3	M	ACB——附加信息
4453　文本功能代码	C　an..3	N	
C107　文本参考	C1	N	
4441　自由文本描述代码	M　an..17		
1131　代码表标识代码	C　an..17		
3055　代码表负责机构代码	C　an..3		
C108　文字文本	C1	C	备注
4440　自由文本	M　an..512	M　an..32	

表 19（续）

4440　自由文本	C　an..512	C　an..32	
4440　自由文本	C　an..512	N	
4440　自由文本	C　an..512	N	
4440　自由文本	C　an..512	N	
3453　语言名称代码	C1　an..3	N	
4447　自由文本格式代码	C1　an..3	N	
注：本段用于表示签证机关对许可证所作的必要的说明或其他事项。 例如： FTX+ACB+++非一批一证'备注为"非一批一证"。			

表 20

UNT　报文尾			
功能：结束报文，并检查报文的完整性。 状态：M 重复次数：1			
	EDIFACT	本部分	说　明
0074　报文中的段数	M1　n..10	M	在此详述报文中段的总数
0062　报文参考号	M1　an..14	M	UNH 段用的参考号必须在此重现
注：本段是必备型 UN/EDIFACT 段，它总是报文的最后一个段。 例如： UNT+26+ME0002'报文中段的数目是 26，报文参考号为 ME0002。			

附　录　A
（资料性附录）
中华人民共和国出口许可证报文用例

A.1　实例

本例为一份正常发证的出口许可证，各数据项内容大体按照许可证格式编号列举如下：

1. 出口商：中粮集团有限公司，其企业代码为1100101100414
2. 发货人：中粮粮油有限公司，其企业代码为1100101146543
3. 出口许可证号：08-AA-902504
4. 出口许可证有效截止日期：2008年7月31日
5. 出口许可证印刷流水号：7481284
6. 贸易方式：一般贸易
7. 合同号：MZ074/2008
8. 报关口岸：大连
9. 进口国(地区)：日本
10. 付款方式：汇付(代码为6)
11. 运输方式：海上运输(代码为1)
12. 商品名称：其他玉米，海关进出口商品分类代码(HS编码)：1005900001
13. 规格、等级：(无)
14. 计量单位：kg
15. 数量：261 000.0
16. 单价：0.275 0美元/kg
17. 总值：71 775美元
18. 总值折美元：71 775美元
19. 总数量：261 000.0 kg
20. 总计金额：71 775美元
21. 总计金额折美元值：71 775美元
22. 备注：非一批一证
23. 发证日期：2008年1月31日
24. 发证机关：商务部配额许可证事务局

A.2　相应报文

```
UNH+ME0002+CNEXLI:D:081:SWB'
BGM+811+08-AA-902504'
DTM+137:080131:102'
DTM+147:080731:101'
RFF+SE:7481284'
NAD+EX+1100101100414:160:SWB'
NAD+CZ+1100101146543:160:SWB'
NAD+MS++商务部配额许可证事务局'
CST+1+10:105+6:153+1005900001:122:CNC'
```

TDT+20++1'
LOC+22+CNDLC'
LOC+36+JP'
DOC+315+MZ074/2008'
FTX+AAA+++其他玉米'
LIN+1'
MEA+AAJ++KGM:261000.0'
MOA+146:0.2750:USD'
MOA+66:71775:USD'
MOA+ZZZ:71775:USD'
UNS+S'
CNT+2:4'
MEA+AAJ++KGM:261000.0'
MOA+79:71775:USD'
MOA+ZZZ:71775:USD'
FTX+ACB++非一批一证'
UNT+26+ME0002'

ICS 03.080.01
A 12

中华人民共和国国家标准

GB/T 17306—2008/ISO/IEC GUIDE 41:2003
代替 GB/T 17306—1998

包装　消费者的需求

Packaging—Addressing consumer needs

(ISO/IEC GUIDE 41：2003,IDT)

2008-11-13 发布　　2009-05-01 实施

中华人民共和国国家质量监督检验检疫总局
中国国家标准化管理委员会　发布

前 言

本标准等同采用 ISO/IEC 指南 41:2003《包装　消费者的需求》(英文版)。

本标准代替 GB/T 17306—1998《包装标准　消费者的需求》。

本标准与 GB/T 17306—1998 相比主要变化如下：

——标准名称由原来的《包装标准　消费者的需求》修改为《包装　消费者的需求》；

——第 1 章范围中，增加了标准制定的目的；根据 GB 5296.1—1997《消费品使用说明　总则》修改了“消费品”的定义；

——第 2 章将标题“人与环境安全”改为“包装材料与人和环境的安全”；在 2.1 中，删除了部分内容；2.2 中，修改 2.2.1 中部分内容，增加“d)防止儿童接触的包装应参照 ISO 8317 的规定”；2.3 中，删除 2.3.3；

——第 3 章将标题“适用性”改为“实用性”，将原有的 3.2 内容调整到 3.3，并做了修改；增加 3.2 安全开启；将 3.3 内容调整到 3.4，并将标题改为“包装”，并将“包装尺寸与形状均不应使消费者对其内装物的含量产生误会”改为“包装尺寸与形状应与内装物含量相符，不应使消费者产生误会”；

——第 4 章中，增加了 4.1 总则；

——增加了“参考文献”。

本标准由全国服务标准化技术委员会提出并归口。

本标准起草单位：中国标准化研究院、北京轻工业学院。

本标准主要起草人：曹俐莉、柳成洋、卢丽丽、李涵、郑百哲、祝燕。

本标准所代替标准的历次版本发布情况为：

——GB/T 17306—1998。

引 言

包装为消费者所关心，其成本由消费者间接负担。因此，包装标准化应强调安全、卫生、舒适、方便、可靠等因素，以及环境保护与节约资源等方面的需要。

制定本标准的目的在于向下列组织、人员提供指南：

——为满足消费者对包装的要求而制定标准的个人或组织；

——制定产品或服务标准的委员会；

——产品设计者、生产者以及其他与包装相关的人员；

——其他监督管理组织。

提供具有良好包装的产品，有助于供应商获得较好的声誉，降低消费者花费在咨询和投诉上的时间和费用。

包装 消费者的需求

1 范围

本标准规定了消费品包装为满足消费者的需求应遵循的基本原则和要求。

本标准适用于与消费品包装有关的标准的制定。

本标准的目的在于通过以下方式使消费者能够尽可能多地获益：

——去除不必要的包装以降低产品价格、减少因不必要包装而产生的废物；

——确保消费者所获得产品处于良好状况；

——保护消费者免于包装或内装物所带来的潜在损害；

——使消费者能够正确地贮存产品，正确地保存、处理或循环使用包装，以便最大限度降低包装给环境带来的危害。

本标准不适用于生产商和零售商之间大批量运输产品而使用的包装。

注：“消费品”是指为满足社会成员生活需要而销售的产品。

2 包装材料与人和环境的安全

2.1 贮存

2.1.1 包装材料不应由于下列原因而具有潜在危害：

a) 释放可能危害人体健康或环境的物质；

b) 因包装而使内装物污染，包括包装材料与内装物的组合而引起的问题。

2.1.2 内装物，尤其是有害的内装物不能因下列原因而渗漏：

a) 密封不严；

b) 因外界因素（如温度、光照或可预见的机械因素）的影响而使包装破损；

c) 因内装物的影响而使包装破损。

2.1.3 在有害内装物的包装上，应标明有关的安全警示及贮存与处理方法的说明，可参照 GB/T 2893.1—2004、GB/T 2893.2、ISO 11683 和 ISO 8317。

2.1.4 如产品安全有时间限制，在包装上应标明其安全使用期限。

2.2 使用

2.2.1 对有害内装物：

a) 对此类包装应同食品或饮料的包装明确区分，必要时采用不同颜色、不同形状或其他方法进行区分，避免使人产生误解；

b) 包装上应标明有关的安全警示和使用说明；

c) 如有条件，内包装上也应标明有关的安全警示和使用说明，例如“置于儿童接触不到的地方”；

d) 防止儿童接触的包装应参照 ISO 8317 的规定。

2.2.2 如果在开启包装或取出内装物时有可能危及安全：

a) 应在明显部位清楚地标明包装开启方法；

b) 包装开启方法应适合内装物、包装及使用者；

示例：在某些情况下，不同的使用者对开启方法的要求不同，甚至互相矛盾。应特别注意弱势群体（如儿童、残障人）的不同要求。例如，在儿童有可能接触到的药品包装上，应设有安全闭锁装置，该装置既应使儿童难以开启，同时又应便于残障人打开（或借助于辅助器具）。

c) 包装开启后，应就是否需要从包装中取出内装物给出警示信息，并给出内装物贮存条件；

示例：罐装食品。

d) 包装应便于安全地取出内装物。

更为详细的信息参见 GB/T 2893.1—2004、GB/T 2893.2、GB/T 24021—2001。

2.2.3 如果包装持续敞开有可能使内装物变质或变得有害，应明确标明及时封闭的说明，例如“内装物散发有害气体，用后请关紧”。

2.3 处理

2.3.1 应尽可能少地使用包装材料，应优先采用可重复使用、回收利用和/或能生物降解的包装材料。

更为详细的信息参见 GB/T 20877—2007 和 GB/T 20000.5—2004。在某些情况下，考虑到生态、经济因素以及现有的废物管理体系，使用方便采集的资源作为包装材料是最合理的解决方案。鼓励采用可重复使用的包装。

2.3.2 在常规处理方法不适用时，应给出有关包装和/或内装物的特殊处理说明。

3 实用性

3.1 保护

包装应保护内装物，使其性能与可靠性在运输、存储过程中，在可预见到的包装寿命内均不受下列影响：

a) 冲击或振动等外界机械因素；

b) 水或空气等环境物质；

c) 气候条件，如极限温度；

d) 射线，如紫外线，除非包装在设计时即考虑在一定时间后降解。

3.2 安全开启

设计包装时，应使消费者能够安全开启，如：不能造成人员伤害或内装物损害。

3.3 收存

设计包装时，应便于：

a) 产品从购买到包装处理过程中的运输、贮存和使用；

b) 在使用之前和后续收存中保护产品；

c) 开启，需要时保持其敞开状态，使使用者能够方便和安全地接触到内装物；

d) 封闭，不用时保持其封闭状态，所有的封闭装置应适合于内装物、包装和使用者；

e) 从包装中取出内装物时，不损害内装物；

f) 为重复使用包装，从包装中取出内装物不损害包装；

g) 完整取出内装物；

h) 可重复使用包装填充物时，宜有生产者提供再填充包。

3.4 包装

包装尺寸与形状应与内装物含量相符，不应使消费者产生误会。如果内装物有可能产生沉淀，应在包装外明确地标明这些信息。

每一产品系列，应保持最少的包装规格数。每一规格宜为前一规格的简单倍数(例如 25 g，50 g；10 g，20 g)。

4 节约资源与经济性

4.1 总则

设计包装之前，应考虑包装成本，避免浪费资源。

4.2 节约资源

包装应尽可能从节约资源的角度出发进行设计，尤其应符合以下要求：

a） 采用普通材料；

b） 采用耗能低的制造方法，尽可能减少对环境的损害；

c） 所用包装材料应能重复使用、可回收利用或能生物降解；

d） 对于可重复使用的包装，应易清洗和再填充。

注：详细信息参见 GB/T 24021—2001。

4.3 经济性

4.3.1 消费者的包装成本

应尽量减少附加到产品价格上的包装成本。设计包装时应注意使其运输与贮存费用最少，避免过分考究的包装，在不违反其他要求时，应采用最廉价的材料。

4.3.2 社会费用

在确定成本时，包装的处理费也应考虑在内。

参 考 文 献

[1] GB 5296.1—1997 消费品使用说明 总则(ISO/IEC Guide 37,1995 Instructions for use of—products of consumer interest, MOD)

[2] GB/T 2893.1—2004 图形符号 安全色和安全标志 第1部分:工作场所和公共区域中安全标志的设计原则(ISO 3864-1:2002,Graphical symbols—Safety colours and safety signs—Part 1: Design principles for safety signs in workplaces and public areas,MOD)

[3] GB/T 2893.2 图形符号 安全色和安全标志 第2部分:产品安全标签的设计原则(ISO 3864-2, Graphical symbols—Safety colours and safety signs—Part 2: Design principles for product safety labels, MOD)

[4] ISO 8317,Child-resistant packaging—Requirements and testing procedures for reclosable packages

[5] ISO 11683, Packaging—Tactile warnings of danger—Requirements

[6] GB/T 24021—2001 环境管理 环境标志和声明 自我环境声明(Ⅱ型环境标志)(ISO 14021:1999,Environmental labels and declarations—Self-declared environmental claims(Type Ⅱ environmental labeling, IDT)

[7] GB/T 21737—2008 为消费者提供商品和服务的购买信息(ISO/IEC Guide 14:2003, Purchase information on goods and services intended for consumers, MOD)

[8] GB/T 20000.5—2004 标准化工作指南 第5部分:产品标准中涉及环境的内容(ISO Guide 64:1997,Guide for the inclusion of environmental aspects in product standards, NEQ)

[9] ISO/IEC Guide 71,Guidelines for standards developers to address the needs of older persons and persons with disabilities

[10] GB/T 20877—2007 电工产品标准中引入环境因素的导则(IEC Guide 109:2003,Environmental aspects—Inclusion in electrotechinical product standards,IDT)

ICS 59.060.10
W 31

中华人民共和国国家标准

GB/T 17345—2008
代替 GB/T 17345—1998

亚 麻 打 成 麻

Scutched flax

2008-06-17 发布　　2008-09-01 实施

中华人民共和国国家质量监督检验检疫总局
中国国家标准化管理委员会　发布

前言

本标准代替 GB/T 17345—1998《亚麻打成麻》。

本标准与 GB/T 17345—1998 相比，修订的主要内容如下：

——修订了"加工不足麻"的定义，取消了附录 A 中 A.5.2.3 的括号中加工不足麻的描述的内容。

——增加了"含草量"的定义，取消了附录 A 中 A.5.2.2 的括号中草的描述内容。

——将"亚麻打成麻的公定回潮率为 12.0%"在质量分等规定中以独立条款列出。

——取消了含杂率的"公定值"和复验规则中的 7.6 条款有关含杂率高低按公定值进行扣补的规定。

——取消了长度指标"－20 mm 偏差"的规定。

——取消了感官指标中色泽部分雨露麻 22# "黑灰"的颜色。

——将原物理指标与感官指标的列表顺序对调。

——将原"6 实物标样"的内容调整到"4 质量分等规定"中，并规定亚麻打成麻的分等以文字标准为主，辅以实物标样。

——将原"7.3 取样规定"单列为"5 抽样"，并对附录 A 中有关抽样的规定进行修改。

——在长度试验方法中，将"测量时从根部多数纤维处量起到多数纤维处止，读数精确到毫米。"改为"测量时从纤维根部量起到 80%的纤维能达到的长度止，以厘米为单位读数。"

——检验规则中取消二次复验的规定，增加回潮率不复验的规定。

——将原"7.4 麻号评定方法"内容改为"7 麻号评定"的内容。

——引用了 GB/T 9995 的回潮率指标的检验方法。

——增加强力试验的夹持距离为 100 mm 的规定。

——明确了回潮率、加工不足麻和含草量、含杂率试验结果保留一位小数，强力试验结果保留整数。

本标准的附录 A 为规范性附录。

本标准由中国纤维检验局提出并归口。

本标准起草单位：黑龙江省纤维检验局、黑龙江省纺织产品质量监督检验测试中心、东北农业大学、黑龙江省克山金鼎亚麻纺织有限公司、黑龙江省科学院亚麻综合利用研究所。

本标准主要起草人：时凤芹、胡正明、綦建春、龙国华、付成彦、李明、林长青、张文泰。

本标准所代替标准的历次版本发布情况为：

——GB/T 17345—1998。

亚 麻 打 成 麻

1 范围

本标准规定了亚麻打成麻的有关术语和定义、质量分等规定、试验方法、实物标样、检验规则及标志、包装、运输和贮存。

本标准适用于纤维用亚麻打成麻。

2 规范性引用文件

下列文件中的条款通过本标准的引用而成为本标准的条款。凡是注日期的引用文件，其随后所有的修改单(不包括勘误的内容)或修订版均不适用于本标准，然而，鼓励根据本标准达成协议的各方研究是否可使用这些文件的最新版本。凡是不注日期的引用文件，其最新版本适用于本标准。

GB/T 5707 纺织名词术语(麻部分)

GB/T 8170 数值修约规则

GB/T 9995 纺织材料含水率和回潮率的测定 烘箱干燥法

3 术语和定义

GB/T 5707 中确立的以及下列术语和定义适用于本标准。

3.1

成条性 quality of entirety

单株韧皮纤维的完整程度。

3.2

整齐度 degree of regularity

麻捆中亚麻纤维根端对齐的程度，以及纤维长短的差异程度。

3.3

重度 degree of weighty

麻捆纤维梳理的紧密和手感轻重的程度。

3.4

加工不足麻 inadequate of manufacture flax

因脱胶或打麻不足含有死麻屑(连续长度等于或大于 30 mm 者)的麻。

3.5

含草量 grass content of scotched flax

每公斤亚麻打成麻中草的长度等于或大于 100 mm 的草的根数。

4 质量分等规定

4.1 温水和雨露亚麻打成麻质量等级用“号”(#)表示，分为 7 个号，即 22#、20#、18#、16#、14#、12#、10#，其质量依次降低。

4.1.1 各号麻的感官指标见表 1。

4.1.2 各号麻的物理指标见表 2。

<table>
<caption>表 1　感官指标</caption>
<tr><th rowspan="2">号数(#)</th><th rowspan="2">成条性</th><th rowspan="2">柔软度</th><th rowspan="2">重度</th><th rowspan="2">整齐度</th><th colspan="2">色　　泽</th></tr>
<tr><th>温　水</th><th>雨　露</th></tr>
<tr><td>22</td><td rowspan="2">很好</td><td rowspan="5">较柔软</td><td rowspan="4">重,密实</td><td rowspan="7">整齐,差值不大于 10 cm</td><td rowspan="2">淡黄、淡褐或黄绿,光泽好</td><td>银灰、深灰,光泽好</td></tr>
<tr><td>20</td><td rowspan="3">银灰、深灰或黑灰,光泽较好</td></tr>
<tr><td>18</td><td rowspan="2">好</td><td rowspan="2">淡黄、淡褐或黄绿,光泽较好</td></tr>
<tr><td>16</td></tr>
<tr><td>14</td><td rowspan="2">较好</td><td rowspan="3">较重,较密实</td><td rowspan="3">除上述颜色外,允许有其他颜色,光泽较差</td><td rowspan="3">除上述颜色外,允许有其他颜色,光泽较差</td></tr>
<tr><td>12</td><td rowspan="2">较粗硬</td></tr>
<tr><td>10</td><td>差</td></tr>
</table>

<table>
<caption>表 2　物理指标</caption>
<tr><th rowspan="3">号数(#)</th><th colspan="2">强力/N</th><th colspan="2">含杂率/%</th><th rowspan="3">长度/cm ≥</th><th colspan="3">加工不足麻率/%</th><th colspan="2">含草量/(根/kg)</th><th rowspan="3">回潮率/% ≤</th></tr>
<tr><th colspan="2">允许偏差 −2%</th><th rowspan="2">机制 ≤</th><th rowspan="2">轮制 ≤</th><th rowspan="2">机制 ≤</th><th colspan="2">轮制</th><th rowspan="2">机制 ≤</th><th rowspan="2">轮制 ≤</th></tr>
<tr><th>机制</th><th>轮制</th><th>温水 ≤</th><th>雨露 ≤</th></tr>
<tr><td>22</td><td>260</td><td>240</td><td rowspan="3">3.0</td><td rowspan="3">2.0</td><td>60</td><td>0</td><td>0</td><td>0</td><td>0</td><td>0</td><td rowspan="7">16.0</td></tr>
<tr><td>20</td><td>240</td><td>220</td><td>55</td><td>0</td><td>0</td><td>0</td><td>0</td><td>0</td></tr>
<tr><td>18</td><td>220</td><td>200</td><td>55</td><td>0.5</td><td>0.5</td><td>0.5</td><td>0.5</td><td>0.5</td></tr>
<tr><td>16</td><td>200</td><td>180</td><td rowspan="3">4.0</td><td rowspan="3">3.0</td><td>50</td><td>1.0</td><td>1.0</td><td>1.0</td><td>2.0</td><td>1.0</td></tr>
<tr><td>14</td><td>170</td><td>150</td><td>45</td><td>2.0</td><td>1.0</td><td>2.0</td><td>2.0</td><td>1.0</td></tr>
<tr><td>12</td><td>140</td><td>120</td><td>45</td><td rowspan="2">3.0</td><td rowspan="2">2.0</td><td rowspan="2">3.0</td><td rowspan="2">3.0</td><td rowspan="2">2.0</td></tr>
<tr><td>10</td><td>110</td><td>90</td><td>5.0</td><td>4.0</td><td>37</td></tr>
</table>

4.2　实物标样

4.2.1　实物标样根据表 1、表 2 的规定制作,每两年更新一次。

4.2.2　亚麻打成麻的分等以文字标准为主,辅以实物标样。

4.3　亚麻打成麻的公定回潮率为 12.0%。

5　抽样

按附录 A 中第 A.2 章规定执行。

6　试验方法

亚麻打成麻的试验方法按附录 A 执行。

7　麻号评定

7.1　亚麻打成麻用感官评定结合强力指标及长度指标综合评定麻号。

7.2　分别称量 10 捆麻的质量,以千克为单位,记作 m_i。

7.3　按 4.1.1 感官指标对照实物标样评定麻号,记作 N_i。

7.4　平均麻号按式(1)计算:

$$N = \frac{\sum_{i=1}^{10} N_i m_i}{\sum_{i=1}^{10} m_i} \quad \cdots\cdots (1)$$

式中：

N——平均号数；

N_i——各捆麻的号数；

m_i——各捆麻的质量，单位为克(g)。

7.5 评定麻号：平均号允许误差±0.5号，否则升降到相应的号数，但升号时不能低于所升号数的强力指标。

7.6 强力值、长度值低于标准规定指标时，降到符合本标准相应的号数。

8 检验规则

8.1 检验项目

质量分等要求中表1、表2所规定的项目均为考核项目，按标准规定进行检验。

8.2 检验

8.2.1 生产厂交付产品时，应根据产品检验结果开具产品合格证及检验报告。

8.2.2 验收检查必须是同一批号，并限于收货方尚未开包使用过的亚麻打成麻。

8.2.3 批量交易的亚麻打成麻，实行公证检验制度，由专业纤维检验机构进行检验，出具的检验证书作为交易双方结价凭证。

8.3 复验规则

8.3.1 复验时按原出厂批号进行。

8.3.2 交易双方的一方对检验结果有异议需复验时，应在收到检验证书后十五日内向原检验单位或上级纤维检验部门申请，复验应在接到复验申请后十五日内用原检验单位扦取的备样进行。

8.3.3 回潮率不复验。

8.4 含杂率、加工不足麻率、含草量和回潮率任意指标超过表2规定值时为不合格，可拒收或交易双方协商解决。

8.5 成包公称质量的验收，随机抽出总包数的5%(但不少于两包)进行过秤，计算平均值，折算成在公定回潮率时的质量并进行扣补。

$$m_2 = \frac{m_1(100+12)}{100+R_1} \quad \cdots\cdots (2)$$

式中：

m_2——成包在公定回潮率的质量，单位为千克(kg)；

m_1——成包实际质量，单位为千克(kg)；

R_1——实际回潮率，%。

9 标志、包装、运输和贮存

9.1 标志

亚麻打成麻产品应附有合格证，采用白底黑字印刷，其规格为长80 mm、宽60 mm，质地为硬纸版。在每包麻的两个大面各拴一个标签，并保证在运输中不丢失。填写要清晰，式样如图1。

○ 合格证	
产品名称	
规格型号	
执行标准	
重量(净)	
检验员	
出厂日期	
生产厂名	

图1 合格证样图

9.2 包装

9.2.1 成包的重量:每包净重 75 kg 或 50 kg。

9.2.2 包内小捆麻重量:麻捆长度 45 cm 以下者为 1.5 kg～2.0 kg;45 cm～60 cm 者为 2.0 kg～2.5 kg;60 cm 以上者为 2.5 kg～3 kg。

9.2.3 每包内麻的号数应一致。

9.2.4 小捆麻应在根部三分之一处用同号的麻束捆绑,麻包用绳子横向捆五道。

9.2.5 不同加工方式的亚麻打成麻分别包装,包内不得混有杂物。

9.3 运输

产品在运输途中严禁损坏,并防潮、防火。

9.4 贮存

产品应按批贮存在阴凉、通风、干燥的仓库中。

附　录　A
（规范性附录）
亚麻打成麻试验方法

A.1　调湿和试验用标准大气

调湿和试验用标准大气：实验室环境温度为20℃±2℃，相对湿度(65±3)%。

A.2　抽样

A.2.1　抽样方法

抽样采取随机取样方法，从一批待测亚麻打成麻麻包中，随机抽取一定数量的麻包，作为批样。再从批量样品中每包的上、中、下层取出一定数量的纤维作为实验室样品。抽样应具有代表性。

A.2.2　抽样数量及步骤

A.2.2.1　批样

取样数量按每一交货批(同品种、同号数、同一加工工艺为一批)包数的多少而定。2包及以下者取1包，5包及以下者取2包，10包及以下者取3包，25包及以下者取4包，350包及以下者取5包，350包以上者取6包。

A.2.2.2　实验室样品

从批样麻包中随机抽取共28捆麻，其中14捆作为实验室样品，其余14捆作为备样。

A.2.2.3　试验样品

从实验室样品中随机抽取2捆扦取质量约50 g的回潮率试样2个，现场称量或密封；另取两捆并扦取质量不少于100 g的含杂率试样2个，装入塑料袋；剩余的10捆麻做感官评号、长度、加工不足麻率和含草量试样，然后再从每捆麻中随机扦取3束，每束重约10 g，共30束的强力试样。

A.3　试验方法

A.3.1　回潮率试验方法

按GB/T 9995执行。

A.3.2　长度试验方法

A.3.2.1　仪器和工具

钢卷尺：最小分度值1 mm。

A.3.2.2　测量步骤

用钢卷尺分别测量10捆麻，测量时从纤维根部量起到80%的纤维能达到的长度止，以厘米为单位读数。

A.3.2.3　试验结果

以10捆麻试验长度值的算术平均值为试验结果，修约至整数。

A.3.3　加工不足麻率和含草量试验方法

A.3.3.1　仪器和工具

天平：感量0.01 g。

A.3.3.2　程序

A.3.3.2.1　称量各捆麻的质量。按7.2执行。

A.3.3.2.2　分别捡出加工不足麻和草。

A.3.3.2.3　加工不足麻称重，精确到0.01 g。

A.3.3.2.4 计数草的根数。

A.3.3.2.5 结果计算

A.3.3.2.5.1 加工不足麻率按式(A.1)计算。

$$L=\frac{m_3}{m_4}\times 100 \qquad \cdots\cdots\cdots\cdots(A.1)$$

式中：

L——加工不足麻率，%；

m_3——加工不足麻的质量，单位为千克(kg)；

m_4——试样总质量，单位为千克(kg)。

试验结果按 GB/T 8170 修约至一位小数。

A.3.3.2.5.2 含草量按式(A.2)计算。

$$I=\frac{n}{m_4} \qquad \cdots\cdots\cdots\cdots(A.2)$$

式中：

I——含草量，单位为根每千克(根/kg)；

n——草根数，单位为根；

m_4——试样总质量，单位为千克(kg)。

试验结果按 GB/T 8170 修约至一位小数。

A.3.4 含杂率试验方法

含杂率试验分为杂质分析机法和手检法。

A.3.4.1 仪器及工具

a) 天平：感量 0.01 g；

b) 亚麻杂质分析机；

c) 镊子。

A.3.4.2 杂质分析机法

A.3.4.2.1 称取 100 g 试样 2 个，记为 m_5，精确到 0.01 g。

A.3.4.2.2 将试样打开，分两次均匀喂入杂质分析机，根部朝前。随时挑出麻束内较大的杂草等物。

A.3.4.2.3 将落在杂质箱内的杂质用刷子扫干净，和手拣杂质合并称重，记为 m_6，精确到 0.01 g。

A.3.4.2.4 结果计算按式(A.3)：

$$Z=\frac{m_6}{m_5}\times 100 \qquad \cdots\cdots\cdots\cdots(A.3)$$

式中：

Z——试样的含杂率，%；

m_6——试样的杂质质量，单位为克(g)；

m_5——试样的质量，单位为克(g)。

试验结果按 GB/T 8170 修约至一位小数。

A.3.4.2.5 杂质分析机法为仲裁检验方法。

A.3.4.3 手检法试验方法

A.3.4.3.1 粗检：称取 100 g 试样，记为 m_7，在光面平板上摊平理直，两人各执一端，轻轻抖动，尽量使杂质落下，并在杂质中捡出正常纤维，称出杂质质量，记为 m_8。

A.3.4.3.2 细检：在粗检后的试样中随机抽取 20 g～30 g 纤维并称量，记作 m_9 为细检试样，对每根纤维逐一用镊子剔除杂质，拣出落入杂质中的纤维，然后将杂质称量，记为 m_{10}。

A.3.4.3.3 结果计算按式(A.4)：

$$Z_0 = \left[\frac{m_8}{m_7} + \frac{m_{10}}{m_9}\left(1 - \frac{m_8}{m_7}\right)\right] \times 100 \qquad \cdots\cdots(\text{A.4})$$

式中：

Z_0——含杂率，%；

m_8——粗检杂质质量，单位为克(g)；

m_{10}——细检杂质质量，单位为克(g)；

m_7——粗检试样质量，单位为克(g)；

m_9——细检试样质量，单位为克(g)。

试验结果按 GB/T 8170 修约至一位小数。

A.3.5 强力试验方法

A.3.5.1 仪器和工具

a) 束纤维强力机：夹持距离 100 mm，下降速度 120 mm/min；

b) 定长切断器：长度 270 mm，精度±0.01 mm；

c) 剪刀；

d) 定重天平：420 mg。

A.3.5.2 试验程序

A.3.5.2.1 从 30 个麻束中各取重约 2 g 的试样，共 30 个。

A.3.5.2.2 在每个小麻束的中间用定长切断器切取 270 mm 长的试样。

A.3.5.2.3 将切好的麻束放在调温调湿箱中平衡 24 h。

A.3.5.2.4 平衡好的麻束在称重前要进行整理；拿住麻束的一端约 70 mm～80 mm 处，另一手沿着麻束顺势捋去短、乱纤维；同样再整理另一端。

A.3.5.2.5 将整理好的麻束在定重天平上称重到 420 mg。

A.3.5.2.6 将称重的麻束在强力机上测试强力，测试时先关闭制动扳手，再将麻束的一端绕在上夹持器上，拧紧螺母，然后用手向下拉紧麻束另一端并绕在下夹持器上。使夹持器间的麻束张力均匀一致，拧紧螺母，松开制动扳手，开动机器，保持下降速度 120 mm/min，记录断裂时的强力值，记为 F_i。

A.3.5.3 结果计算

平均强力值按式(A.5)计算。

$$F = \frac{\sum_{i=1}^{30} F_i}{30} \qquad \cdots\cdots(\text{A.5})$$

式中：

F_i——断裂时的强力值，单位为牛顿(N)；

F——平均强力值，单位为牛顿(N)。

计算 30 束麻强力值的算术平均值，试验结果按 GB/T 8170 修约至整数。

ICS 027.010
F 04

GB

中华人民共和国国家标准

GB/T 17357—2008
代替 GB/T 17357—1998,GB/T 18021—2000

设备及管道绝热层表面热损失现场测定 热流计法和表面温度法

In-situ measurements of heat loss through thermal insulation of equipments and pipes—Heat flow meter apparatus and surface temperature method

2008-06-19 发布　　　　2009-01-01 实施

中华人民共和国国家质量监督检验检疫总局
中国国家标准化管理委员会　发布

前言

本标准根据 GB/T 17357—1998《设备及管道绝热层表面热损失现场测定　热流计法》和 GB/T 18021—2000《设备及管道绝热层表面热损失现场测定　表面温度法》的内容整合、修订而成。

本标准同时代替 GB/T 17357—1998 和 GB/T 18021—2000。

本标准与 GB/T 17357—1998 和 GB/T 18021—2000 相比，主要变化如下：

——标准名称改为“设备及管道绝热层表面热损失现场测定　热流计法和表面温度法”；

——表 1 根据 GB/T 8174 中表 1 进行了修改，保持一致；

——将测量误差改为测量不确定度；

——按 GB/T 1.1 的要求对标准的格式进行了修改。

本标准的附录 A 为规范性附录。

本标准由全国能源基础与管理标准化技术委员会提出。

本标准由全国能源基础与管理标准化技术委员会省能材料应用技术分委员会归口。

本标准负责起草单位：建筑材料工业技术监督研究中心、中国疾病预防控制中心环境与健康相关产品安全所。

本标准参加起草单位：无锡市明江保温材料有限公司、中国水利电力物资天津公司、宜兴市中建保温材料有限公司、北京北工国源联合科技有限公司、阿乐斯绝热(广州)有限公司、浙江振申绝热科技有限公司、兰州鹏飞保温隔热有限公司、欧文斯科宁(中国)投资有限公司。

本标准主要起草人：戴自祝、甘永祥、金福锦、吴寿勇、陈斌、单永江、张祥昌。

本标准所代替标准的历次版本发布情况为：

——GB/T 17357—1998；

——GB/T 18021—2000。

设备及管道绝热层表面热损失现场测定 热流计法和表面温度法

1 范围

本标准规定了采用热流计法和表面温度法现场测定设备及管道绝热层表面热损失的术语和定义、测定仪表、传感器的安装、测定段的选取、现场测定条件、热流计法测定步骤、表面温度法测定步骤和结果计算、数据处理和热流密度以确定绝热层表面热(冷)损失的方法及要求,包括测定仪表、测点选取、操作及数据处理等。

本标准适用于现场评价正常工况下的设备及管道绝热层的绝热性能。

2 规范性引用文件

下列文件中的条款通过本标准的引用而成为本标准的条款。凡是注日期的引用文件,其随后所有的修改单(不包括勘误的内容)或修订版均不适用于本标准,然而,鼓励根据本标准达成协议的各方研究是否可使用这些文件的最新版本。凡是不注日期的引用文件,其最新版本适用于本标准。

GB/T 4132 绝热材料及相关术语

GB/T 8174—2008 设备及管道绝热效果的测试与评价

GB/T 10295 绝热材料稳态热阻及有关特性的测定 热流计法

3 术语和定义

GB/T 4132 中确立的以及下列术语和定义适用于本标准。

3.1

热流计 heat flow meter

由热流传感器(或称热流测头)连接测量指示仪表组成的热工仪表。使用时将其传感器埋设在绝热结构内或贴敷在绝热结构的外表面,可直接测量得到热(冷)损失值。

3.2

热流传感器 heat flux transduser;HFT

利用在具有确定热阻的板材上产生温差来测量通过它本身的热流密度的装置。其输出电势(V)与通过传感器的热流密度(q)成正比。

它是由芯板、表面温差检测器和起保护及热阻尼作用的面板等组成。可以做成点状(如圆形、正方形、长方形或其他形状)或带状热流传感器。

3.3

热流传感器的亚稳态 pseudo steady state of HFT

在两个连续的 5 min 周期内热流传感器的输出电势不单调变化,而且其平均值相差不超过 2%。

3.4

表面温度计 surface thermometer

以热电偶或其他类型温度传感器作为敏感元件,用于测量表面温度的测温仪表。如热电偶式表面温度计、电阻式表面温度计。

4 测定仪表

4.1 按 GB/T 8174 的规定,设备及管道的保温(冷)效果的测定分为三级。根据测定等级的要求,应选用相应准确度的传感器及测定仪表，见表1。

表1 传感器及测定仪表的要求

测定项目	准确度	
	一级测定	二、三级测定
热流密度	±5%	±5%
保温结构表面温度	±0.5℃	±1.0℃
保冷结构表面温度	±0.1℃	±0.3℃
环境温度	±0.2℃	±0.5℃
风速	±5%	±10%

4.2 传感器及测定仪表应根据规定的标定周期送交有关部门进行检定或自行校核。

4.3 用于读取传感器输出的指示仪表，其准确度应与所用的传感器准确度相匹配。必要时可选用累积式仪表、记录式仪表或数据采集仪。

4.4 热流传感器的检定

按GB/T 10295的方法对热流传感器进行标定，必要时绘制q/V系数与绝热层表面温度（视作热流传感器的温度）的标定曲线，该曲线还应表示出工作温度与热流密度的范围。

5 传感器的安装

5.1 安装传感器的辅助材料

5.1.1 附着材料

如双面压敏胶带、凡士林等材料，可将传感器固定在被测表面。

5.1.2 热接触材料

如接触胶、导热硅脂等，可使被测表面与传感器之间保持良好的接触。

5.1.3 表面材料

如涂料、薄膜或箔，可用于调整传感器表面的热发射率，并与被测表面的热辐射特性相匹配。

5.2 热流传感器的安装

5.2.1 应保证热流传感器与其附着的绝热层表面有良好的热接触，并对正常的传热状态影响最小。

5.2.2 安装时宜将热流传感器放在外护层内，附着于绝热材料的面层上。除需测定连接处的热损失外，应避免放置在绝热层的连接处或外护层的接缝处。

5.2.3 安装热流传感器时，可用适当的附着材料、热接触材料或其他适当的方法使其附着于绝热层表面。若热流传感器只能放在外护层表面时，传感器表面应贴附表面材料，尽可能使热流传感器表面的热发射率与被测表面的热辐射特性相匹配。

5.3 热电偶

5.3.1 把热电偶直接贴敷在被测表面进行测量。热电偶丝直径应不大于0.4 mm，并应有漆、丝或塑料绝缘。

5.3.2 热电偶与被测表面必须保持良好的热接触，可按以下两种方法进行贴敷：

a) 先将热电偶丝焊在一块导热性能良好的金属集热块或片上，再整体贴敷到被测表面上；

b) 将热电偶焊在或埋在被测面上专门开的小槽里。

5.3.3 热电偶丝沿等温面紧密接触的长度应不小于100 mm。

5.4 表面温度计

将热电偶式、热电阻式等表面温度计的传感器直接与被测表面紧密接触。

6 测定段的选取及测点的选取

6.1 测定段的选取

6.1.1 应根据测定目的、运行工况和绝热结构选择有代表性的区域作为测定段。应避开连接缝隙处、结构破损处或其他不连续处，必要时可将其另设测定段。

6.1.2 有条件时可先用红外温度计、热像仪进行普遍扫描粗测。根据绝热层表面温度的均匀状态分析其表面热损失状况，以确定有代表性的区域。

6.1.3 原则上应按等温区域布置测点。对于使用均质材料的绝热结构，可以按设备内部介质温度的分布来划分；对于使用非均质材料的绝热结构，宜通过测定划分等温区域。

6.2 测点的选取

6.2.1 设备

6.2.1.1 对于圆筒形设备，应分别在筒体、封头或顶盖布置测点。

6.2.1.2 对方形设备，应在其各壁面划分若干正交网格，在网格中布置测点。

6.2.2 管道

6.2.2.1 横管和竖管应分别布置测点。

6.2.2.2 沿管长取若干个测定截面，在每个截面的圆周上布置测点。圆周上的布点位置和数量可采用等分的方法确定，或视表面温度分布状况和环境条件(风、位置等影响)，通过预测试确定。

7 现场测定条件

7.1 应尽可能排除和减少外界因素对测定的影响，测定应原则上满足一维稳定传热条件。宜在稳定工况运行 12 h 以后进行测定，新建工程或修复工程需热态运行 240 h 以上进行测定。

7.1.1 应在风速不大于 0.5 m/s 的条件下进行测定，如不能满足时应增加挡风装置。

7.1.2 室外测定应选择在阴天或夜间进行，以避免传感器受太阳直接辐射的影响；如不能满足时应加遮阳装置，待稳定一段时间后再测定。

7.1.3 室外测定应避免在雨雪天气条件下进行。

7.2 环境温度、风速应在距离测点位置 1 m 处测得，并应避免其他热源的影响。

8 热流计法测定步骤

8.1 测定段选取和传感器安装

8.1.1 按第 6 章的要求在绝热的设备及管道上选择适当的测量区域，并按 5.2 所述的方法正确安装热流传感器。

8.1.2 将热流传感器连接到测定指示仪表、累积式仪表或计算机控制的数据采集装置上。

8.2 数据读取

8.2.1 按第 7 章的要求，当达到亚稳态时读取数据。

8.2.2 由于测试工况和环境条件的变化，输出的数据会有波动，则应求取波动范围内的平均值。必要时可使用累积式仪表、记录式仪表或数据采集仪，分析数据变化状况，取累积平均值。

8.2.3 热流密度分布不均匀时，应取多个位置读取数据，以全面反映保温结构的热损失状况。

8.3 气象条件的测量

测量靠近安装热流传感器处的气象条件。如温度、湿度、风速等，以便于测定结果的综合分析。

9 表面温度法测定步骤及结果计算

9.1 测定步骤

9.1.1 按第 6 章的要求在绝热的设备及管道上选择适当的测量区域。并按 5.3 所述的方法正确安装热电偶或按 5.4 的要求使用表面温度计，测定绝热层的表面温度。

9.1.2 用温度计在离被测物 1 m 以外处，测定环境温度。必要时，可在温度计的感温部位包覆通风的铝箔屏蔽套，以防止其他热辐射源的影响。环境温度测定应与表面温度测定同步进行。

9.1.3 表面温度数据的读取

a） 每个测点应稳定 3 min～5 min，即达到热平衡后读取数据；

b） 每个测点应测量记录三次，按算术平均法求取平均值。

9.1.4 在进行表面温度测定的同时，用风速计测量风速，并测定风向。

9.1.5 测量绝热设备及管道的外型尺寸。

9.2 热流密度的计算

根据被测物的表面温度、环境温度及表面换热系数，按式(1)计算散热热流密度 q：

$$q = \alpha \times (T_W - T_F) \qquad \cdots\cdots (1)$$

式中：

q——热流密度，单位为瓦每平方米（W/m^2）；

α——表面换热系数，单位为瓦每平方米开尔文[$W/(m^2 \cdot K)$]，计算方法见附录 A；

T_W——表面温度，单位为开尔文（K）；

T_F——环境温度，单位为开尔文（K）。

10 数据处理

10.1 散热损失的确定

10.1.1 管道

管道绝热结构的表面温度和散热损失均按求算术平均值的方法处理，即按式(2)计算：

$$\overline{X} = \frac{1}{n}\sum_{i=1}^{n} x_i = \frac{x_1 + x_2 + \cdots + x_{n-1} + x_n}{n} \qquad \cdots\cdots (2)$$

式中：

$\overline{X}$——管道绝热结构的表面温度，单位为摄氏度（℃）；或管道绝热结构的散热损失，单位为瓦每平方米（W/m^2）；

n——测点数，个；

$x_1, x_2, \cdots, x_n$——管道各段的表面温度值，单位为摄氏度（℃）；或管道各段的表面散热热流密度，单位为瓦每平方米（W/m^2）。

当用表面温度法测试散热损失时，可从平均表面温度计算出表面散热损失值。

10.1.2 设备

设备绝热结构的表面温度和散热损失均按求表面积加权平均值的方法处理，即按式(3)计算：

$$\overline{X} = \frac{\sum_{i=1}^{n} x_i A_i}{\sum_{i=1}^{n} A_i} = \frac{x_1 A_1 + x_2 A_2 + \cdots + x_{n-1} A_{n-1} + x_n A_n}{A_1 + A_2 + \cdots A_{n-1} + A_n} \qquad \cdots\cdots (3)$$

式中：

$A_1, A_2, \cdots, A_n$——各区域面积，单位为平方米（m^2）。

10.1.3 对于设备、管道及其附件保冷结构的表面凝露部分的冷损失量以凝露部分面积占总面积的百分比计入平均值。保冷结构表面凝露部分的冷损失量计算方法见 GB/T 8174—2008 附录 B。

10.2 环境温度下测试值的换算

对于常年或季节运行的设备、管道及其附件，应将测试环境温度下的测试值换算到常年或季节运行时平均环境温度下的对应值。

10.2.1 对于保温结构按式(4)换算：

$$q' = q \times \frac{T'_1 - T'_m}{T_1 - T_m} \qquad \cdots\cdots (4)$$

式中：

q'——换算后的散热损失，单位为瓦每平方米（W/m^2）；

q——测试的散热损失，单位为瓦每平方米(W/m^2)；

T'_1——常年运行、季节运行或设计所取的保温结构外表面平均温度，单位为摄氏度(℃)；

T_1——测试时保温结构外表面温度，单位为摄氏度(℃)；

T'_m——常年运行、季节运行或设计所取的平均环境温度，单位为摄氏度(℃)；

T_m——测试时当地环境温度，单位为摄氏度(℃)。

10.2.2 对于设备、管道及其附件保冷结构的防凝露要求

10.2.2.1 当测试值高于测试工况的露点温度时，按式(5)换算：

$$T_s = \frac{T_f - T_a}{T'_f - T'_a}(T'_s - T'_a) + T_a \quad \cdots\cdots(5)$$

式中：

T_s——设计工况下保冷结构的外表面温度，单位为摄氏度(℃)；

T'_s——测试工况下保冷结构的外表面温度，单位为摄氏度(℃)；

T_f——设计工况下的介质温度，单位为摄氏度(℃)；

T'_f——测试工况下的介质温度，单位为摄氏度(℃)；

T_a——设计工况下的环境温度，单位为摄氏度(℃)；

T'_a——测试工况下的环境温度，单位为摄氏度(℃)。

全国主要城市保冷设计室外气象参数按 GB/T 8174—2008 附录 A。

10.2.2.2 当测试值低于测试工况的露点温度时，则应计算出测试工况和设计工况下保冷结构的外表面换热系数，然后再按式(6)换算：

$$T_s = \frac{T_f - T_a}{T'_f - T'_a} \cdot \frac{\alpha'}{\alpha}(T'_s - T'_a) + T_a \quad \cdots\cdots(6)$$

式中：

α——设计工况下保冷结构外表面换热系数，单位为瓦每平方米开尔文[$W/(m^2 \cdot K)$]；

α'——测试工况下保冷结构外表面换热系数，单位为瓦每平方米开尔文[$W/(m^2 \cdot K)$]。

其他参数同式(5)。

10.2.3 对于设备、管道及其附件保冷的减少冷损失要求，应将保冷结构冷损失的测试值按式(7)或式(8)换算到设计工况下的相应值。

10.2.3.1 设备或公称直径大于 1 m 的管道：

$$q = \frac{T_f - T_a}{T'_f - T'_a} \cdot \frac{R' + \frac{1}{\alpha'}}{R + \frac{1}{\alpha}} \cdot q' \quad \cdots\cdots(7)$$

式中：

q——设计工况下的冷损失量，单位为瓦每平方米(W/m^2)；

q'——测试工况下的冷损失量，单位为瓦每平方米(W/m^2)；

R——设计保冷结构热阻，单位为平方米开尔文每瓦[$(m^2 \cdot K)/W$]；

R'——实际保冷结构热阻，单位为平方米开尔文每瓦[$(m^2 \cdot K)/W$]。

其他参数同式(5)、式(6)。

10.2.3.2 设备或公称直径小于 1 m 的管道：

$$q = \frac{T_f - T_a}{T'_f - T'_a} \cdot \frac{R' + \frac{1}{\alpha' \pi D'_o}}{R + \frac{1}{\alpha \pi D_o}} \cdot q' \quad \cdots\cdots(8)$$

式中：

D_o——设计保冷结构外径，单位为米(m)；

D'_{0}——实际保冷结构外径，单位为米(m)。

其他参数同式(5)、式(6)、式(7)。

10.3 单位长度散热损失的换算

对于管道可将单位面积散热损失换算成单位长度的散热损失值，按式(9)换算：

$$q_l = q_s \times \pi \times D \qquad \cdots\cdots(9)$$

式中：

q_l——单位管长的散热损失，单位为瓦每米(W/m)；

q_s——单位面积的散热损失，单位为瓦每平方米(W/m²)；

D——保温结构外径，单位为米(m)。

11 测量不确定度

11.1 不确定度来源

11.1.1 由测定方法引起的不确定度

11.1.1.1 热流计法

a) 实际测试时传热状况与一维稳定传热有差别；

b) 当热流传感器原始标定条件与测定条件不一致时，其任何变化都会产生误差。

11.1.1.2 表面温度法

a) 表面换热系数 α 值的计算误差；

b) 由实际测定条件与本标准规定条件的偏差引起的误差。

11.1.2 由测试仪表引起的不确定度

测试不确定度在很大程度上取决于仪器的正确选择、准确度、校验标定、安装技术和数据采集技术。本标准采用的表面温度计、热流计、风速计等仪器有不同的尺寸、形状、灵敏度和结构，应根据已有的经验、制造厂商的推荐和其他信息来仔细选择测试仪器。

11.2 精度要求

11.2.1 一级测试应对所测的各项参数做出不确定度分析，对测试结果作综合不确定度分析。要求测试结果综合不确定度不超过15%，测试的重复性不超过5%。

11.2.2 二级测试应做出不确定度估计；要求测试结果综合不确定度不超过20%，测试的重复性不超过10%。

11.2.3 三级测试可以不作不确定度分析或不确定度估计，测试的重复性不超过10%。

12 测试报告

12.1 测试报告应包括下列内容：

a) 保温工程概况；

b) 测试概况：主要包括测试目的、测试体系、测试标准及测试对象等；

c) 测试参数、方法与测点布置(必要时应附图)；

d) 测试数据处理及计算；

e) 测试不确定度分析(必要时分析)；

f) 效果的分析与评价；

g) 结论及建议；

h) 其他。

12.2 按GB/T 8174对测定结果进行评价。

附　录　A
（规范性附录）
设备及管道外表面换热系数的计算

设备及管道外表面与大气空间的换热过程包括对流和辐射。对流换热包括自然对流和强制对流。根据测定等级要求，外表面换热系数的计算如下。

A.1　二、三级测定，可用下列方法计算表面换热系数

A.1.1　对于室内布置的设备及管道，在没有外界风力影响时，可按式(A.1)、式(A.2)计算表面换热系数 α：

a)　平壁：

$$\alpha = 9.77 + 0.07(T_W - T_F) \quad \cdots\cdots (A.1)$$

b)　圆筒壁：

$$\alpha = 9.42 + 0.05(T_W - T_F) \quad \cdots\cdots (A.2)$$

A.1.2　露天布置的设备及管道，可按式(A.3)计算表面换热系数 α：

$$\alpha = 11.63 + 7.0\sqrt{\omega} \quad \cdots\cdots (A.3)$$

式中：

ω——风速，单位为米每秒(m/s)。

A.2　一级测定，可用下列方法计算表面换热系数

a)　计算辐射换热系数 α_r：

$$\alpha_r = \varepsilon\sigma\left(\frac{T_W^4 - T_F^4}{T_W - T_F}\right) \quad \cdots\cdots (A.4)$$

式中：

ε——壁面的表面热发射率；

σ——辐射常数，可取 5.7×10^{-8} W/(m²·K)。

b)　计算自然对流换热系数 α_{ca}：

根据格拉晓夫数(Gr)与普朗特数(Pr)的乘积、壁面状况和定性尺寸，从表 A.1 中查出相应的公式，用以计算自然对流换热系数。

表 A.1　自然对流换热系数计算公式

表面形状与位置		$Gr \cdot Pr$ 范围		定性尺寸
		$10^4 \sim 10^9$	$10^9 \sim 10^{13}$	
竖直平壁与竖直圆柱体		$\alpha_{ca} = 1.42\left(\frac{T_W - T_F}{H}\right)^{\frac{1}{4}}$	$\alpha_{ca} = 1.31(T_W - T_F)^{\frac{1}{3}}$	高度 H/m
水平圆柱体		$\alpha_{ca} = 1.32\left(\frac{T_W - T_F}{D}\right)^{\frac{1}{4}}$	$\alpha_{ca} = 1.24(T_W - T_F)^{\frac{1}{3}}$	直径 D/m
水平平壁	放热面向上	$\alpha_{ca} = 1.32\left(\frac{T_W - T_F}{L}\right)^{\frac{1}{4}}$	$\alpha_{ca} = 1.43(T_W - T_F)^{\frac{1}{3}}$	短边 L/m
	放热面向下	$\alpha_{ca} = 0.61\left(\frac{T_W - T_F}{L}\right)^{\frac{1}{4}}$		短边 L/m

可从表 A.2 查普朗特数(Pr)，

可按式(A.5)计算格拉晓夫数(Gr)：

$$Gr = \frac{\beta \cdot g \cdot L^3 \cdot \Delta T}{\nu^2} \quad \cdots\cdots\cdots\cdots\cdots\cdots (A.5)$$

$$\beta = \frac{1}{T} \quad \cdots\cdots\cdots\cdots\cdots\cdots (A.6)$$

$$T = \frac{1}{2}(T_W + T_F) \quad \cdots\cdots\cdots\cdots\cdots\cdots (A.7)$$

式中：

β——为空气的体积膨胀系数；

g——重力加速度(取 9.81 m/s^2)；

L——定性尺寸，对水平圆管取直径；对竖直圆管取高度；对方形设备取短边边长，单位为米(m)；

ΔT——外壁表面温度和环境温度之差，即 $\Delta T = T_W - T_F$，单位为摄氏度(℃)；

ν——空气的运动黏度，可从表 A.2 中查得，单位为平方米每秒(m^2/s)。

表 A.2 不同温度下相关系数值

温度 t/℃	热导率 λ_a/[10^2 W/(m·℃)]	运动黏度 ν/(10^6 m^2/s)	普朗特数 Pr
−50	2.04	9.23	0.728
−40	2.12	10.04	0.728
−30	2.20	10.80	0.723
−20	2.28	11.61	0.716
−10	2.36	12.43	0.712
0	2.44	13.28	0.707
10	2.51	14.16	0.705
20	2.59	15.06	0.703
30	2.67	16.00	0.701
40	2.76	16.96	0.699
50	2.83	17.95	0.698
60	2.90	18.97	0.696
70	2.96	20.02	0.694
80	3.05	21.09	0.692
90	3.13	22.10	0.690
100	3.21	23.13	0.688
120	3.34	25.45	0.686
140	3.49	27.80	0.684
160	3.64	30.09	0.682
180	3.78	32.49	0.681
200	3.93	34.85	0.680
250	4.27	40.61	0.677

表 A.2（续）

温度 t/℃	热导率 λ_a/[10^{2} W/(m·℃)]	运动黏度 ν/(10^{6} m^2/s)	普朗特数 Pr
300	4.60	48.33	0.674
350	4.91	55.46	0.676
400	5.21	63.09	0.678
500	5.74	79.38	0.687
600	6.22	96.89	0.699
700	6.71	115.4	0.706
800	7.18	134.8	0.713
900	7.63	155.1	0.717
1 000	8.07	177.1	0.719
1 100	8.50	199.3	0.722
1 200	9.15	233.7	0.724

c) 计算强制对流换热系数 α_{cw}：

$$\alpha_{cw} = \frac{Nu \cdot \lambda_a}{L} \qquad \text{(A.8)}$$

式中：

λ_a——空气的热导率，按壁面表面温度和环境温度的平均值选取，可从表 A.2 中查得，单位为瓦每米开尔文[W/(m·K)]；

Nu——努塞尔数。

1) 风垂直吹向横卧单管时，可按式(A.9)计算 Nu：

$$Nu = 1.11ARe^{n} \cdot Pr^{0.31} \qquad \text{(A.9)}$$

式(A.9)中 Re 由式(A.10)计算：

$$Re = \frac{\omega \cdot L}{\nu} \qquad \text{(A.10)}$$

式中：

Re——雷诺数；

Pr——普朗特数，可从表 A.2 中查得；

A，n——系数，可从表 A.3 中查得。

表 A.3 A 和 n 系数值

管截面和风向	Re	A	n
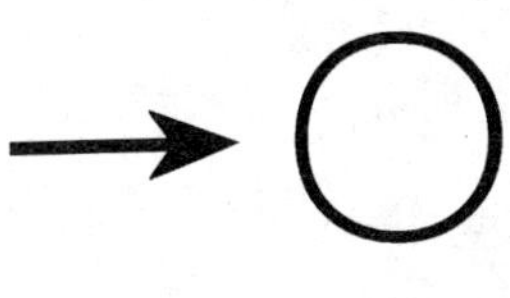	0.4～4	0.891	0.330
	4～4×10	0.821	0.385
	4×10～4×10^{3}	0.615	0.466
	4×10^{3}～4×10^{4}	0.174	0.618
	4×10^{4}～4×10^{5}	0.023 9	0.805

如果风向与管道的轴线成不同的夹角，可将式(A.9)算出的 Nu 值乘以表 A.4 中给出的修正系数，再代入式(A.8)计算强制对流换热系数。

如属排管或多排管束，应另选计算公式。

表 A.4 Nu 值修正系数

风向与管轴夹角	90°	80°	70°	60°	50°	40°	30°	20°
修正系数 ϕ	1.0	1.0	0.99	0.95	0.86	0.75	0.63	0.5

2) 对于平壁,层流边界层和紊流边界层的平均努塞尔数,可用式(A.11)、式(A.12)计算:

层流边界层($Re \leqslant 5 \times 10^5$):

$$Nu = 0.664 Re^{\frac{1}{2}} \cdot Pr^{\frac{1}{3}} \quad \cdots\cdots\cdots\cdots (\text{A}.11)$$

紊流边界层($Re > 5 \times 10^5$):

$$Nu = 0.036 Re^{\frac{4}{5}} \cdot Pr^{\frac{1}{3}} \quad \cdots\cdots\cdots\cdots (\text{A}.12)$$

式中 Re 按式(A.10)计算。

d) 计算表面换热系数 α:

对于室内设备和管道或风速小于 0.1 m/s 的室外设备和管道,可只考虑辐射换热和自然对流换热,按式(A.13)计算表面换热系数:

$$\alpha = \alpha_{\text{r}} + \alpha_{\text{ca}} \quad \cdots\cdots\cdots\cdots (\text{A}.13)$$

对于室外设备、管道,当 $0.1 < \frac{Gr}{Re} < 10$ 时,宜同时考虑辐射、自然对流和强制对流的影响,按式(A.14)计算表面换热系数:

$$\alpha = \alpha_{\text{r}} + \alpha_{\text{ca}} + \alpha_{\text{cw}} \quad \cdots\cdots\cdots\cdots (\text{A}.14)$$

ICS 71.040.99
N 53

中华人民共和国国家标准

GB/T 17360—2008
代替 GB/T 17360—1998

钢中低含量 Si、Mn 的电子探针定量分析方法

Quantitative analysis method of low content Si and Mn in steel with electron probe microanalysis

2008-06-16 发布　　2009-03-01 实施

中华人民共和国国家质量监督检验检疫总局
中国国家标准化管理委员会　发布

前　言

本标准代替 GB/T 17360—1998《钢中低含量 Si、Mn 的电子探针定量分析方法》。

本标准与 GB/T 17360—1998 相比主要变化如下：

——英文名称修改为“Quantitative analysis method of low content Si and Mn in steel with electron probe microanalysis”；

——将标准中的公式统一编号；

——在 4.1 句末加上“或配有波谱仪的扫描电镜”；

——在 4.2 和 6.2 中将“样品”改为“试样”；

——在 5.1 中对所用样品做了具体的要求，并去掉样品编号；

——在 6.2 的“需达到分析部位无污染及其他缺陷”前加上“经抛光和清洗后”，将“无水酒精”改为“无水乙醇”；

——在 7.1.7 和 7.2.1 中将“背景”改为“背底”；

——在 7.2.2 的 a)句末加上“见附录 A”；

——在 7.2.2 的 c)中，标定曲线的覆盖范围，Si：“0.4%～3.6%”改为“(0.40～4.51)%”；

——在 9.1 中将 3.6%改为 4.51%；

——在 10 中将“仪器出射角”改为“仪器检出角”，并规范了实验报告的格式和内容；

——删去附录中的最后一段。

本标准的附录 A 为资料性附录。

本标准由全国微束分析标准化技术委员会提出并归口。

本标准起草单位：中国科学院金属研究所。

本标准主要起草人：孙爱芹、尚玉华、徐乐英。

本标准所代替标准的历次版本发布情况为：

——GB/T 17360—1998。

钢中低含量 Si、Mn 的电子探针定量分析方法

1 范围

本标准规定了低合金钢和碳钢中低含量 Si、Mn 的电子探针定量分析方法，即标定曲线法。

本标准适用于带波谱仪的扫描电镜。

2 规范性引用文件

下列文件中的条款通过本标准的引用而成为本标准的条款。凡是注日期的引用文件，其随后所有的修改单(不包括勘误的内容)或修订版均不适用于本标准，然而，鼓励根据本标准达成协议的各方研究是否可使用这些文件的最新版本。凡是不注日期的引用文件，其最新版本适用于本标准。

GB/T 4930—1993 微束分析 电子探针分析 标准样品技术条件导则(GB/T 4930—2008, ISO 14595:2003, IDT)

GB/T 15074 电子探针定量分析方法通则

3 方法原理

在低含量范围内，元素发射的特征 X 射线的强度比与含量之间有近似线性关系。根据这一特点，采用至少 5 种不同 Si 含量、不同 Mn 含量的 Fe-Si 和 Fe-Mn 系列组合标样各一套，在常规实验条件下，分别绘制组合标样中 Si、Mn 的含量 C_i(Si)、C_i(Mn)与测定的 Si 和 Mn 的 X 射线强度比 K_i(Si)、K_i(Mn)的关系曲线(称为标定曲线，见图 A.1)，便可由测量强度比，在该标定曲线上获得待测钢样中低含量 Si、Mn 的含量。

在一定实验条件下，元素 Si、Mn 的 X 射线强度比 K_i(Si)、K_i(Mn)由式(1)、式(2)给出：

$$K_i(\mathrm{Si}) = I_i(\mathrm{Si})/I_{\mathrm{st}}(\mathrm{Si}) \qquad (1)$$

$$K_i(\mathrm{Mn}) = I_i(\mathrm{Mn})/I_{\mathrm{st}}(\mathrm{Mn}) \qquad (2)$$

式中：

I_i(Si)、I_i(Mn)分别为 Fe-Si、Fe-Mn 组合标样的 SiK_α、MnK_α 线的强度；

I_{st}(Si)、I_{st}(Mn)分别为纯 Si、纯 Mn 标样中 SiK_α、MnK_α 线的强度；

i 为组合标样中单个标样的序号。

4 仪器与辅助设备

4.1 电子探针分析仪或配有波谱仪的扫描电镜。

4.2 制备试样装置和金相显微镜。

4.3 超声波清洗装置。

5 标样

5.1 推荐使用符合 GB/T 4930—1993 电子探针分析标准样品通用技术条件的标准样品，本标准所用 Fe-Si 组合标样，其中 Si 的标准成分分别是：0.42%、0.63%、0.71%、0.87%、1.65%、2.92%、3.53%、4.51%、余量为 Fe；Fe-Mn 组合标样，其中 Mn 的标准成分分别是 0.18%、0.25%、0.32%、0.53%、0.85%、1.76%、2.34%、3.45%、余量为 Fe。

6 试样制备

6.1 按金相试样制备方法将试样研磨抛光。

6.2 在200～500倍金相显微镜下观察试样表面，经抛光和清洗后需达到分析部位无污染及其他缺陷。将试样与标样同时浸泡在无水乙醇中，用超声波装置清洗约10 min，取出后立即用吹风机吹干。

6.3 根据需要可将试样与标样表面作同样程度腐蚀处理或者均不腐蚀。

7 绘制标定曲线

7.1 实验条件

7.1.1 仪器处于定量分析所要求的稳定状态，见GB/T 15074。

7.1.2 采用微分测量方式，选择合适的波高分析器参数，以排除高次线的干扰。

7.1.3 Si和Mn的测量线均为K_α，测量SiK_α时可选用TAP或RAP晶体，MnK_α的测量可选用LiF晶体。

7.1.4 测量SiK_α时加速电压选为15 kV，测量MnK_α的加速电压为20 kV。

7.1.5 电子束流为$1\sim3\times10^{-7}$ A。

7.1.6 电子束斑直径采用1 μm和50 μm两种；1 μm束斑用于测量钢材中的元素偏析，50 μm束斑用于测量钢材的平均成分。

7.1.7 计数时间：峰值计数时间$T_p=(10\sim60)$s，使累计计数达5 000以上，即标准偏差小于$(5\ 000)^{\frac{1}{2}}/5\ 000\times100\%=1.41\%$，背底计数时间$T_b=T_p/2$。

7.2 测量步骤

7.2.1 测量标样的X射线强度比

a) 用波谱仪定点测量Fe-Si组合标样中单个标样的SiK_α之峰值强度I_p(Si)和背底强度I_b(Si)，分别得到单个标样的强度：

$$I_i(\text{Si}) = I_p(\text{Si}) - I_b(\text{Si}) \quad \cdots\cdots(3)$$

用同样步骤得到Fe-Mn系列组合标样中单个标样的强度：

$$I_i(\text{Mn}) = I_p(\text{Mn}) - I_b(\text{Mn}) \quad \cdots\cdots(4)$$

式(3)、式(4)中的i为组合标样中单个标样的序号。

b) 在同样实验条件下测量纯Si标样的SiK_α之峰值强度I_{stp}(Si)和背底强度I_{stb}(Si)，得到纯Si标样的强度：

$$I_{st}(\text{Si}) = I_{stp}(\text{Si}) - I_{stb}(\text{Si}) \quad \cdots\cdots(5)$$

用同样步骤得到纯Mn标样的强度：

$$I_{st}(\text{Mn}) = I_{stp}(\text{Mn}) - I_{stb}(\text{Mn}) \quad \cdots\cdots(6)$$

c) 测量X射线强度时每个标样至少测量10个点位，去掉一个最大值、一个最小值后取其平均值。

d) 分别求得Fe-Si和Fe-Mn组合标样中单个标样的X射线强度比K_i(Si)、K_i(Mn)：

$$K_i(\text{Si}) = I_i(\text{Si})/I_{st}(\text{Si}) \quad \cdots\cdots(7)$$

$$K_i(\text{Mn}) = I_i(\text{Mn})/I_{st}(\text{Mn}) \quad \cdots\cdots(8)$$

7.2.2 绘制标定曲线

a) 利用单个标样的X射线强度比K_i(Si)、K_i(Mn)与其在标样中相对应的含量C_i(Si)、C_i(Mn)绘制出Si和Mn的标定曲线K_i(Si)-C_i(Si)和K_i(Mn)-C_i(Mn)。见附录A。

对于每套组合标样分别绘制出电子束焦斑为1 μm和50 μm的两组标定曲线，分别适用于测量试样中Si和Mn的微区成分和平均成分。

b) 分别求出束斑为1 μm和50 μm时的标定曲线之斜率S_1(Si)、S_{50}(Si)、S_1(Mn)、S_{50}(Mn)。

c) 标定曲线的覆盖范围分别为：Si：(0.40～4.51)%；Mn：(0.18～3.45)%。

7.3 标定曲线的相关系数 γ 应满足：$0.98 \leqslant \gamma \leqslant 1.00$，否则需重测。

8 试样测量

8.1 以纯元素为标样，分别测量出待测试样中 Si、Mn 的 X 射线强度比，利用标定曲线查得试样中 Si、Mn 的含量。

8.2 测量试样时，束斑尺寸应与测量标定曲线时所用的一致，即为 1 μm 或 50 μm。

8.3 电子束加速电压应与制作标定曲线时的一致，即 Si 为 15 kV；Mn 为 20 kV。

8.4 试样中 Si、Mn 的含量应位于标定曲线覆盖范围内。

9 测量误差

9.1 当待测钢样中 Si 的含量为(0.42～4.51)%时，Si 的相对测量误差小于 4%。

9.2 钢样中的 Mn 含量为(0.18～3.45)%时，Mn 的相对测量误差对应不同含量分别小于 6%～3%。

9.3 若钢中 Si 和 Mn 的含量超出上述范围，标定曲线不再适用。

10 实验报告

实验报告参见 ISO/IEC 17025，在结果报告中应包括以下内容：测量条件(加速电压、电子束直径、束流)、仪器、型号、仪器检出角、分析元素及百分含量等。

附　录　A
（资料性附录）
标定曲线示意图

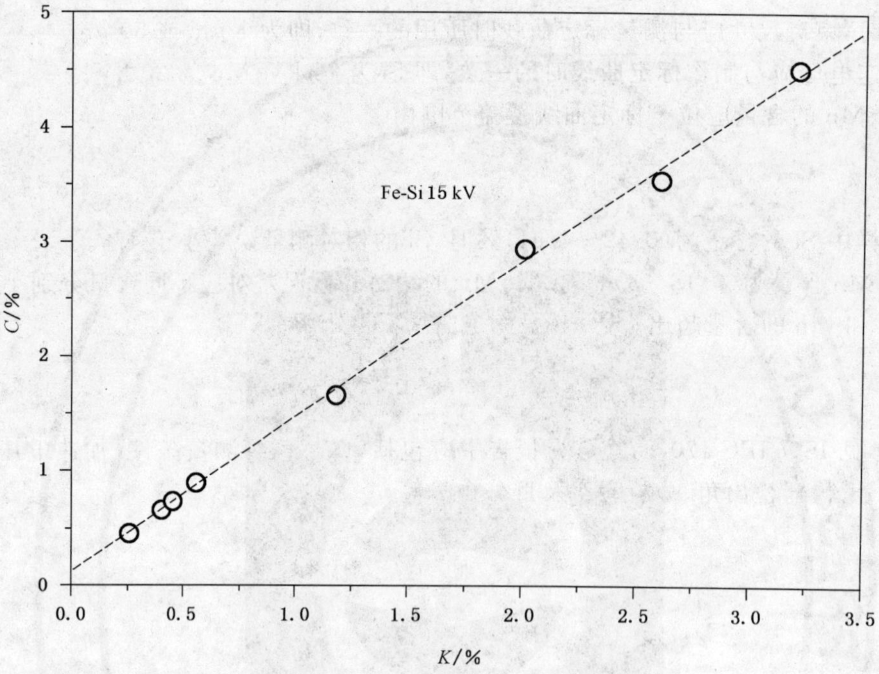

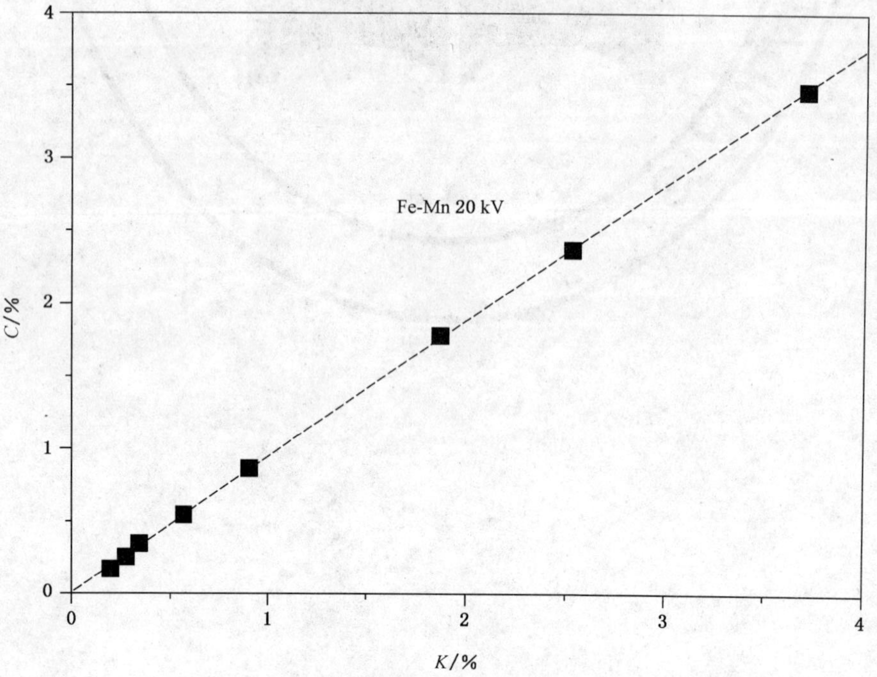

图 A.1　标定曲线示意图

Si 和 Mn 是钢中常见的基本元素。在电子探针分析中常常遇到 Si 和 Mn 的定量问题，例如测定 Si、Mn 在钢中的固溶度、偏析度等。此外，Si 和 Mn 还是鉴别钢种的重要依据，尤其是样量很少或试样不宜破坏时必须用电子探针测量。但是用电子探针测定钢中低含量的 Si 和 Mn 时，不宜采用常规分析方法，其原因是：

a) 由于钢试样中 Si、Mn 的测量谱线 SiK_α、MnK_α 的计数率远低于纯标样的计数率，以致 X 射线接收器-正比流气计数管的振幅漂移效应较严重，使所测结果偏低。

b) 在基质修正中，由于 Fe 对 SiK_α 的质量吸收系数是 Si 的自吸收的 7.7 倍，试样中 Fe 含量大于 90%，因此 Si 的吸收修正量很大，修正量越大定量分析的准确度就越差。并且 FeK_β 的四级衍射线对 SiK_α 线有干扰作用。

c) 对 Mn 而言，尽管基体 Fe 对 MnK_α 的吸收与 Mn 的自吸收接近，Fe 与 Mn 的原子序数只相差 1，从而使 Fe 中 Mn 的三种基质效应的修正量均不大。然而，试验测量指出，Mn 的测量值往往偏高，这是由于 FeK_β 线对 MnK_α 线的荧光增强作用引起的。MnK_α 线系的吸收边的波长为 0.189 2 nm，FeK_β 的波长为 0.175 8 nm，略小于前者。当某初级束的波长接近于另一元素的某壳层吸收边的短波侧时，此壳层便对这束射线发生强吸收而引起较强烈的荧光增强效应。通常由于 K 系谱线中 β 线比较弱，K_β 对 K_α 的强度之比为 1∶9，定量修正计算中往往不考虑 β 线的影响，但这里这一效应却不可忽略。

ICS 71.040.99
N 53

中华人民共和国国家标准

GB/T 17362—2008
代替 GB/T 17362—1998,GB/T 17723—1999

黄金制品的扫描电镜X射线能谱分析方法

Analysis method for gold products with X-ray EDS in SEM

2008-09-18 发布　　2009-05-01 实施

中华人民共和国国家质量监督检验检疫总局
中国国家标准化管理委员会　发布

前　言

本标准代替 GB/T 17362—1998《黄金饰品的扫描电镜 X 射线能谱分析方法》和 GB/T 17723—1999《黄金制品镀层成分的 X 射线能谱测量方法》两个标准。

本标准与 GB/T 17362—1998 和 GB/T 17723—1999 两个标准相比主要修改如下：

——将适用范围进行了合并，使其能分别适用于不同含金量的 K 金制成的黄金制品和表面有含金镀层的镀金制品的镀层成分的测定这两种情况；

——将原来两个标准的相关章节，删去重复的部分，对不同的部分进行整理加工形成新的文本；

——删去了 GB/T 17723 中“术语”这一节；

——原标准中“饰品”一律改为“制品”；

——本标准不再规定选用的校正程序，操作人员可根据实际分析的试样，自行选择采用；

——着重强调测定镀层制品时，工作电压的选择，这是对镀层成分能否测准的关键所在。

本标准的附录 A 为规范性附录。

本标准由全国微束分析标准化技术委员会提出。

本标准由全国微束分析标准化技术委员会归口。

本标准起草单位：北京有色金属研究总院、核工业总公司北京地质研究院、北京钢铁研究总院。

本标准主要起草人：刘安生、张宜、毛允静。

本标准所代替标准的历次版本发布情况为：

——GB/T 17362—1998；

——GB/T 17723—1999。

黄金制品的扫描电镜X射线能谱分析方法

1 范围

1.1 本标准规定了用配置在扫描电镜上的X射线能谱仪对黄金制品化学成分进行无损定量分析的方法和技术要求。

1.2 本标准适用于各种纯金制品和K金制品化学成分的测定，也适用于各种镀金、包金、锻压金等制品表面含金层厚度为0.2 μm以上，3 μm以下的表面层化学成分无损测定。

1.3 本标准适用于黄金制品中质量分数在0.1%～100%的元素定量分析。本标准也适用于配置在电子探针分析仪上的X射线能谱仪对黄金制品的分析。

2 规范性引用文件

下列文件中的条款通过本标准的引用而成为本标准的条款。凡是注日期的引用文件，其随后所有的修改单(不包括勘误的内容)或修订版均不适用于本标准，然而，鼓励根据本标准达成协议的各方研究是否可使用这些文件的最新版本。凡是不注日期的引用文件，其最新版本适用于本标准。

GB/T 4930 电子探针分析标准样品通用技术条件

3 分析方法原理

在扫描电镜中，当具有一定能量并被聚焦的电子束轰击样品时，被照射区发射出各个元素的特征X射线，利用半导体探测器对不同能量的X射线进行色散的特性，对接收的信号进行放大、处理和分析，可获得各元素的特征X射线峰的能量分布及其强度值，再通过与相应的标准样品的X射线谱的对比测定，以及修正计算处理，最终可以获得被测试样的化学组成的定量分析结果。

对镀层试样，通过改变扫描电镜的工作电压，从而改变入射电子在试样中的穿透深度，从而获得不同深度内元素存在的信息。在相同的实验条件下，测量镀层中存在元素和相应的标准样品中同种元素的特征X射线，经对比、修正后求出镀层内相应于电子穿透深度范围内的元素组成的定量分析结果。

4 仪器和材料

4.1 扫描电子显微镜。

4.2 X射线能谱仪。

4.3 超声波清洗器。

4.4 无水乙醇、丙酮。

4.5 电吹风机。

4.6 K金标样一套。

5 标准样品

5.1 黄金制品通常只含有金、银、铜三种元素，在有些情况下，还可能含有锌、镍、镉等元素。

5.2 标准样品的选择原则。推荐使用符合GB/T 4930电子探针分析标准样品通用技术条件的标准样品，金、银采用下列标样：

a) 纯金标样；

b) 22K 金银标样；

c) 18K 金银标样；

d) 12K 金银标样。

6 试样

6.1 首先将黄金饰品试样表面作净化处理，放入盛有无水乙醇或丙酮溶液的烧杯中，置于超声波清洗器中进行超声清洗 5 min，取出用电吹风机吹干。

6.2 对各类不同的黄金饰品建议选用下列表面作为分析表面：

a) 戒指和耳环：环的外表面和侧面；

b) 手镯：环的侧面；

c) 项链、手链：将其盘绕成一盘香状。在能简单拆开而不会造成原件损坏时，应任意取其中的一或二小节做检测；

d) 耳坠、项坠、领花、胸花和各种形状复杂的饰品：选用最大的平整表面；

e) 金质纪念币：任选币的正、反面平整部分；

f) 对镶嵌有玉石、宝石等非金属饰品的首饰，应尽量避开这些镶嵌物和焊接点，选用最大的平整表面。

6.3 试样装入所用仪器的试样座内，调节分析面尽量与试样座上表面取平，试样要固定牢固，不能晃动(最好用双面导电胶固定)。并要与试样台保持良好的导电通路。

7 测量条件的选择

7.1 对黄金饰品工作电压选择 25 kV。

7.2 对镀层制品工作电压选择 10 kV、15 kV、20 kV、25 kV、35 kV，适当改变束流，使能谱死时间小于 30%，分别获得 X 射线能谱，确定谱中包含的元素，进行定性分析特别注意每次改变工作电压新增加的元素和相对量的变化，作定性分析，区分开基体与镀层中分别存在的元素种类。

7.3 调节电子束入射束流的大小，通常为 1×10^{-9} A～3×10^{-10} A，保证 X 射线总计数率在 3 000 cps～5 000 cps 范围内，如仪器使用 SDD 能谱，计数率还可适当增加，死时间小于 30%。

7.3.1 对黄金制品推荐采用的线系：

a) Au：采用 M 线系；

b) Ag、Cd：采用 L 线系；

c) Cu、Zn、Ni 等：采用 K 线系。

7.3.2 对镀层制品推荐采用的线系：

7.3.2.1 镀层厚度为 2 μm～3 μm，工作电压为 25 kV 条件下：

a) Au：采用 M 线系；

b) Ag、Cd：采用 L 线系；

c) Cu、Zn、Ni 等：采用 K 线系。

7.3.2.2 镀层厚度为 1 μm～2 μm，工作电压为 15 kV 条件下：

a) Au：采用 M 线系；

b) Ag、Cd：采用 L 线系；

c) Cu、Zn、Ni 等：采用 K 线系。

7.3.2.3 镀层厚度为 0.2 μm～1 μm，可适当增加束流至 5×10^{-9} A 左右，束斑直径可放大至 50 μm，工作电压为 10 kV 条件下：

a) Au：采用 M 线系；

b) Ag、Cd：采用 L 线系；

c) Cu、Zn、Ni 等：采用 L 线系。

7.4 计数时间设定应满足分析准确度的要求，应使全谱总计数量大于 200 000，一般为 100 s。

7.5 经常检查 X 射线探测器的窗口污染程度。

7.5.1 检查时可应用某一纯元素样品的高、低能量的 X 射线峰值强度比值来估算：

a) 对于一般标准铍窗的 Si(Li) 探头，在工作电压为 20 kV 的条件下，Cu 的 K 与 L 谱峰之比值应为 1∶0.5；

b) 对于超薄窗探头，在工作电压为 15 kV 的条件下，Cu 的 K 与 L 谱峰之比值应为 1∶1.5。

7.5.2 要经常保持探测器窗口清洁，当污染严重影响 X 射线的强度时应及时清洗该窗口。

7.5.3 当污染影响 X 射线的强度不太严重时，可通过增加 X 射线探测器的窗口厚度值参数进行修正。

8 测量分析步骤

8.1 在低倍放大倍数(不大于 50 倍)下的扫描图像上来确定分析部位，先使电子束聚焦，并保持图像清晰，把电子束束斑调到观察荧光屏的中心位置上。并使分析部位于荧光屏的中心位置上。应选取无划痕或划痕较少的部位进行分析。

8.2 在寻找标样和试样时只移动 X、Y、Z 轴，而不再调整电子光学系统(包括物镜聚焦)。

8.3 定性分析

按照第 7 章的规定，针对不同的试样选择适当的测量条件，在低放大倍数(不大于 50 倍)下作选区扫描或将电子束斑直径放大到 50 μm 进行定点分析，收谱并分析试样中所含元素的种类和大致含量的高低。

8.4 定量分析

8.4.1 根据所用能谱仪的定量分析程序和定性分析的结果，选择合适的标准试样。在尽可能完全一致的测量条件下(束流、工作电压、计数时间、放大器的增益、束斑大小、选区扫描的放大倍数、选区的面积)和 X 射线接收几何条件下(检出角、工作距离)收集各个标准样品的 X 射线能谱。

8.4.2 收集试样的定量分析用 X 射线能谱，至少任取三个不同部位的谱图。

8.4.3 根据样品的种类选用能谱仪提供的合适的定量分析程序进行校正计算，获得 Au 含量和其他元素含量值。取多点分析的平均值作为分析结果。

9 方法准确度

9.1 黄金制品

9.1.1 纯金制品：允许分析总量误差不大于±0.5%。

9.1.2 K 金制品：允许分析总量误差不大于±2%。

9.1.3 在满足 9.1，9.2 的条件下，允许使用归一化值作为定量分析的最终结果。

9.2 镀金制品

9.2.1 当镀层厚度为 2 μm～3 μm 时，其元素定量分析总误差不大于±5%。

9.2.2 当镀层厚度为 1 μm～2 μm 时，其元素定量分析总误差不大于±10%。

9.2.3 当镀层厚度为 0.2 μm～1 μm 时，其元素定量分析总误差不大于±15%。

10 分析结果的发布

10.1 对黄金制品分析报告应明确标明黄金制品的名称、含金量，并说明符合何种黄金制品，黄金制品分类见表 1。

表 1　黄金制品分类

黄金制品分类	24K	足金	22K	21K	20K	18K	14K	12K	10K	9K	8K
含金量 Au/‰ ≥	996	990	917	875	833	750	583	500	417	375	333
注：24K 理论含金量为 100%，1K 含金量为 100%×1/24=4.166%。											

10.2　对镀金制品分析报告应明确标明其镀层中的金含量，并提示相应的被分析镀层的 X 射线发射深度，见附录 A。

附 录 A
（规范性附录）
在不同成分镀层中扫描电镜工作电压与X射线发射深度的关系

采用X射线线系	Au M_{α}(2.123 keV)			Au L_{α}(9.713 keV)		
镀层成分	24K	18K	14K	24K	18K	14K
工作电压/kV	X射线发射深度/μm			X射线发射深度/μm		
35	1.78	2.00	2.20	1.40	1.58	1.74
30	1.36	1.53	1.69	0.99	1.11	1.23
25	0.99	1.12	1.23	0.62	0.70	0.77
20	0.67	0.76	0.84	0.30	0.34	0.37
15	0.41	0.46	0.50	0.03	0.30	0.04
12	0.27	0.30	0.34			
10	0.19	0.22	0.24			
8	0.13	0.14	0.16			
6	0.07	0.08	0.09			
5	0.05	0.05	0.06			

表中的数据根据式(A.1)导出：

$$R = 0.033(E_0^{1.7} - E_c^{1.7})A/Z\rho \quad \cdots\cdots(A.1)$$

式中：

R——X射线发射深度，μm；

E_0——测量时采用的工作电压，keV；

E_c——给定元素某条特征X射线的临界激发电压，keV；

A——样品的平均原子量；

Z——样品的平均原子序数；

ρ——样品的平均密度。

ICS 91.120.10
Q 25

中华人民共和国国家标准

GB/T 17371—2008
代替 GB/T 17371—1998

硅酸盐复合绝热涂料

Silicate compound plaster for thermal insulation

2008-06-30 发布　　　　2009-04-01 实施

中华人民共和国国家质量监督检验检疫总局
中国国家标准化管理委员会　发布

前　言

本标准代替 GB/T 17371—1998《硅酸盐复合绝热涂料》。

本标准与 GB/T 17371—1998 相比主要变化如下：

——修改了部分引用文件；

——将分类和标记中优等品、一等品和合格品修改为按产品干密度分为 A、B、C 三个等级；

——修改了 C 等级产品体积收缩率的技术指标；

——将“氯离子含量”修改为“对奥氏体不锈钢的腐蚀性”；

——删除了其他技术性能指标中的“不燃性”、“放射性”；

——修改了体积收缩率的试验方法。

请注意本标准的某些内容可能涉及专利，本标准的发布机构不应承担识别这些专利的责任。

本标准由中国建筑材料联合会提出。

本标准由全国绝热材料标准化委员会(SAC/TC 191)归口。

本标准负责起草单位：河南建筑材料研究设计院有限责任公司。

本标准参加起草单位：茂名华达新型建材厂有限公司、江苏华伟佳建材科技有限公司、曲阜市天宝保温科技有限公司。

本标准主要起草人：白召军、张利萍、冯德平、马挺、王军生、林维、曹晓润、陈胜强。

本标准所替代标准的历次版本发布情况为：

——GB/T 17371—1998。

硅酸盐复合绝热涂料

1 范围

本标准规定了硅酸盐复合绝热涂料的产品分类和标记、要求、试验方法、检验规则及标志、包装、运输、贮存。

本标准适用于热面温度不大于600 ℃的绝热工程用硅酸盐复合绝热涂料。

2 规范性引用文件

下列文件中的条款通过本标准的引用而成为本标准的条款。凡是注日期的引用文件，其随后所有的修改单(不包括勘误的内容)或修订版均不适用于本标准，然而，鼓励根据本标准达成协议的各方研究是否可使用这些文件的最新版本。凡是不注日期的引用文件，其最新版本适用于本标准。

GB/T 4132 绝热材料及相关术语

GB/T 10294 绝热材料稳态热阻及有关特性的测定 防护热板法

GB/T 10299 保温材料憎水性试验方法

GB/T 16777—1997 建筑防水涂料试验方法

GB/T 17393 覆盖奥氏体不锈钢用绝热材料规范

3 术语和定义

GB/T 4132确立的以及下列术语和定义适用于本标准。

体积收缩率 volume shrinkage

浆体成型时的体积与干燥后体积之差与成型时体积之比。

4 分类和标记

4.1 品种

按产品整体有无憎水剂分为普通型(代号P)和憎水型(代号Z)。

4.2 等级

按产品干密度分为A、B、C三个等级。

4.3 产品标记

4.3.1 标记方法

标记顺序为:产品名称、品种、等级及标准编号。

4.3.2 标记示例

A等级憎水型硅酸盐复合绝热涂料标记为:

硅酸盐复合绝热涂料 ZA GB/T 17371—2008

5 要求

5.1 物理性能要求

应符合表1规定。

5.2 其他性能要求

5.2.1 憎水性

憎水型硅酸盐复合绝热涂料的憎水率应不小于98%。

5.2.2 对奥氏体不锈钢的腐蚀性

用于奥氏体不锈钢材料表面绝热时，应符合 GB/T 17393 的要求。

表 1 物理性能要求

<table>
<tr><th colspan="2" rowspan="2">项目</th><th colspan="3">指标</th></tr>
<tr><th>A 等级</th><th>B 等级</th><th>C 等级</th></tr>
<tr><td colspan="2">外观质量</td><td colspan="3">色泽均匀一致粘稠状浆体</td></tr>
<tr><td colspan="2">浆体密度/(kg/m³)</td><td colspan="3">≤1 000</td></tr>
<tr><td colspan="2">浆体 pH 值</td><td colspan="3">9～11</td></tr>
<tr><td colspan="2">干密度/(kg/m³)</td><td>≤180</td><td>≤220</td><td>≤280</td></tr>
<tr><td colspan="2">体积收缩率/%</td><td>≤15.0</td><td>≤20.0</td><td>≤20.0</td></tr>
<tr><td colspan="2">抗拉强度/ kPa</td><td colspan="3">≥100</td></tr>
<tr><td colspan="2">粘结强度/kPa</td><td colspan="3">≥25</td></tr>
<tr><td rowspan="2">导热系数/[W/(m·K)]</td><td>平均温度 350 ℃±5 ℃</td><td>≤0.10</td><td>≤0.11</td><td>≤0.12</td></tr>
<tr><td>平均温度 70 ℃±2 ℃</td><td>≤0.06</td><td>≤0.07</td><td>≤0.08</td></tr>
<tr><td colspan="2">高温后抗拉强度/kPa(600 ℃恒温 4 h)</td><td colspan="3">≥50</td></tr>
</table>

6 试验方法

6.1 外观质量

用目测法检查其外观质量。

6.2 浆体密度

6.2.1 仪器设备

6.2.1.1 容量筒：金属圆柱形，内径 108 mm，净高 109 mm，筒壁厚 2 mm，容积 1 L，筒底厚度 5 mm。

6.2.1.2 天平：分度值不大于 1 g。

6.2.2 试验步骤

称量容量筒质量 m_0，用油灰刀将试样逐层加入容量筒中，填满后用刮刀刮平，清除容量筒外溢出的试样，称量质量 m_1，精确至 1 g。

6.2.3 试验结果

浆体密度按公式(1)计算：

$$\rho_{浆} = \frac{m_1 - m_0}{V} \quad \cdots\cdots(1)$$

式中：

$\rho_{浆}$——浆体密度，单位为千克每立方米(kg/m³)；

m_0——容量筒质量，单位为克(g)；

m_1——试样加容量筒质量，单位为克(g)；

V——容量筒体积，单位为升(L)。

取三次试验结果的算术平均值，按 5 的间隔修约，即末位数是 0 或 5 的整数。

6.3 浆体 pH 值

将精密 pH 试纸在试样上放置 1 s 后与 pH 试纸的标准色相比较，读取 pH 值。试验结果取三次试验的算术平均值。

6.4 干密度

6.4.1 仪器设备

6.4.1.1 电热鼓风干燥箱：精度±2 ℃。

6.4.1.2 天平：分度值不大于 1 g。

6.4.1.3 玻璃干燥器：内径 300 mm 和 500 mm 各一个。

6.4.1.4 游标卡尺：分度值不大于 0.05 mm。

6.4.1.5 钢板尺：分度值为 1 mm。

6.4.1.6 油灰刀。

6.4.1.7 组合式无底试模：300 mm×300 mm×30 mm 三套。

6.4.1.8 玻璃板：400 mm×400 mm×5 mm 三块。

6.4.2 试件制备

将三个空腔尺寸 300 mm×300 mm×30 mm 的无底试模分别放在玻璃板上，用矿物油涂刷试模内壁及玻璃板，用油灰刀逐层将试样加入每个试模，填满后刮平，制备三个试件，将带模试件放入 50 ℃±5 ℃ 电热鼓风干燥箱中，48 h 后取出脱去无底试模，试件仍放入电热鼓风干燥箱中，将温度调至 105 ℃±5 ℃，烘干至恒重。取出放入干燥器中冷却至室温备用。

本标准的恒重判据为恒温 3 h 两次称量试件质量的变化率小于 0.2%。

6.4.3 试验步骤

取按 6.4.2 制备的三块试件分别磨平并称量质量 m_2，精确至 1 g。按顺序用钢板尺在试件两端距边缘 20 mm 处和中间位置分别测量其长度和宽度，精确至 1 mm，取三个测量数据的算术平均值。

用游标卡尺在试件任何一边的两端距边缘 20 mm 处和中间位置分别测量厚度，在相对的另一边重复以上测量，精确至 0.1 mm，取六个测量数据的平均值。算出每个试件的体积。

6.4.4 试验结果

干密度按公式(2)计算：

$$\rho = \frac{m_2}{V} \qquad \cdots\cdots(2)$$

式中：

ρ——干密度，单位为千克每立方米(kg/m³)；

m_2——试件质量，单位为克(g)；

V——试件体积，单位为升(L)。

取三次试验结果的算术平均值，按 2 的间隔修约，即末位数是为偶数的整数。

6.5 体积收缩率

6.5.1 仪器设备

6.5.1.1 天平：分度值不大于 0.1 g。

6.5.1.2 电热鼓风干燥箱：精度±2 ℃。

6.5.1.3 表面皿。

6.5.2 试验步骤

6.5.2.1 称量已清洗干净并烘干的表面皿的质量 m_3。

6.5.2.2 从搅拌均匀的样品中取试样(100～150)g 放入表面皿内，称量表面皿与试样的质量 m_4。然后放入 105 ℃±5 ℃的电热鼓风干燥箱中烘干至恒重，再次称量表面皿与试样的质量 m_5。

6.5.2.3 试验结果

体积收缩率按公式(3)计算：

$$B = 100\left[1 - \frac{\rho_{浆}(m_5 - m_3)}{\rho(m_4 - m_3)}\right] \qquad \cdots\cdots(3)$$

式中：

B——体积收缩率,%；

ρ——干密度,单位为千克每立方米(kg/m³)；

$\rho_{浆}$——浆体密度,单位为千克每立方米(kg/m³)；

m_3——表面皿的质量，单位为克(g)；

m_4——烘干前表面皿与试样的质量，单位为克(g)；

m_5——烘干后表面皿与试样的质量，单位为克(g)。

取三次试验结果的算术平均值,按0.2的间隔修约。

6.6 抗拉强度

6.6.1 仪器设备

6.6.1.1 试验机:精度不低于1%,标称范围为1 000 N。

6.6.1.2 “8”字形金属模具:应符合GB/T 16777—1997第6.1.2条的规定。

6.6.1.3 玻璃板:100 mm×120 mm×5 mm。

6.6.1.4 电热鼓风干燥箱:精度±2 ℃。

6.6.2 试件制备

将“8”字形金属模具放在玻璃板上,用矿物油涂刷试模内壁及玻璃板,用油灰刀逐层将试样加入试模内,填满后刮平,制备六个试件,将带模试件放入50 ℃±5 ℃电热鼓风干燥箱中,48 h后取出脱去“8”字形金属模具,试件仍放入电热鼓风干燥箱中,将温度调至105 ℃±5 ℃,烘干至恒重,取出放入干燥器中冷却至室温备用。

6.6.3 试验步骤

将按6.6.2制备的三个试件用刮刀刮平腰部,并用游标卡尺分别测量其腰部宽度和厚度,精确至0.1 mm,然后置于试验机拉伸夹具上,速度为5 mm/min拉伸至试件破坏,分别记录试件破坏时的荷载值。

6.6.4 试验结果

抗拉强度按公式(4)计算：

$$R=\frac{P}{b\times d}\times 10^{3} \qquad \cdots\cdots(4)$$

式中：

R——抗拉强度,单位为千帕(kPa)；

P——试件破坏时荷载,单位为牛(N)；

b——试件腰部宽度，单位为毫米(mm)；

d——试件腰部厚度，单位为毫米(mm)。

取三次试验结果的算术平均值,修约至整数。

6.7 粘结强度

6.7.1 仪器设备

6.7.1.1 试验机:精度不低于1%,标称范围为4 000 N；

6.7.1.2 钢板:120 mm×100 mm×(5～10) mm 6块。

6.7.2 试验步骤

将试样涂抹于除锈后的两钢板间,制备如图1所示三个试件,放入到50 ℃±5 ℃电热鼓风干燥箱中烘48 h后,再将电热鼓风干燥箱温度调至105 ℃±5 ℃烘干至恒重,将试件取出放入干燥器,冷却至室温。将试件置于试验机加荷台中心,压头以5 mm/min速度下降直至试件破坏,记录试件破坏时的荷载值。

单位为毫米

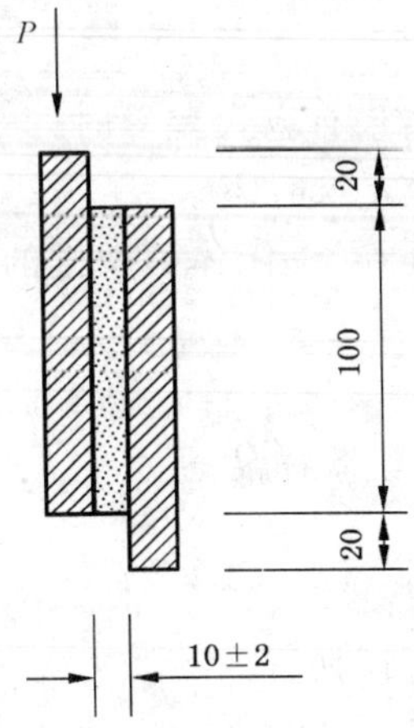

图 1 粘结强度试件及加荷示意图

6.7.3 试验结果

粘结强度按公式(5)计算：

$$R_n = \frac{P}{A} \times 10^3 \qquad \cdots\cdots(5)$$

式中：

R_n——粘结强度，单位为千帕(kPa)；

P——试件破坏时的荷载，单位为牛(N)；

A——粘结面积，单位为平方毫米(mm^2)。

取三次试验结果的算术平均值，修约至整数。

6.8 导热系数

用测定干密度后的试件测定导热系数，按 GB/T 10294 的规定进行。

6.9 高温后抗拉强度

6.9.1 仪器设备

高温炉：灵敏度±10 ℃的电阻式高温炉。

6.9.2 试验步骤

将按 6.6.2 制备的另三个试件放入电阻式高温炉中，以 150 ℃/h 的升温速率升至 600 ℃，恒温 4 h，取出放入干燥器中，冷却至室温，按 6.6.3 及 6.6.4 分别测定及计算其抗拉强度。

6.9.3 试验结果

试验结果取三个试件的算术平均值，精确至 1 kPa。

6.10 憎水性

按 6.4.2 相同的方法制备试件，试件厚度为 35 mm，按 GB/T 10299 的规定进行。

6.11 对奥氏体不锈钢的腐蚀性

取适量样品在 105 ℃±5 ℃烘干至恒重后，按 GB/T 17393 的规定进行。

7 检验规则

7.1 检验分类

检验分出厂检验和型式检验。

7.1.1 出厂检验：检验项目为外观质量、浆体密度、浆体 pH 值、干密度和体积收缩率。

7.1.2 型式检验：型式检验应包括表 1 所有技术性能项目。有下列情况之一时，应进行型式检验：

a) 新产品定型鉴定；

b)、正式生产后，原材料或生产工艺有较大改变，可能影响产品性能时；

c) 正常生产时，每年至少进行一次；

d) 停产半年以上，恢复生产时；

e) 出厂检验结果与上次型式检验结果有较大差异时；

f) 国家质量监督机构提出型式检验要求时。

7.1.3 如用户有特殊要求，尚需对憎水性、对奥氏体不锈钢的腐蚀性项目进行检验。

7.2 抽样

以不大于 30 m^3 产品为一检验批。在该批产品中按 3%的包装桶（袋）随机抽样，从每桶（袋）中各取（1～2）kg，混合均匀后抽取 30 kg 作为检验样品。

7.3 判定规则

7.3.1 将检验样品按 7.1 规定的项目进行检验，若全部项目合格则判该批产品合格。

7.3.2 若有二项或二项以上项目不合格，则判该批产品为不合格。

7.3.3 若有一个项目不符合规定，应从同一批产品中加倍抽样，对不合格项目进行复检，复检合格，判该批产品合格，否则判该批产品不合格。

8 标志、包装、运输、贮存

8.1 标志

每个包装上应标有产品标记，注册商标、重量、制造厂名及地址、生产日期，并注明保质期。

8.2 包装

产品采用塑料桶或内衬塑料薄膜的编织袋包装，应采取封口或扎袋措施，防止浆料溢出，并附有产品质量合格证。

8.3 运输

运输和装卸时应注意轻拿轻放。

8.4 贮存

产品应按品种、等级在室内阴凉处分别存放。

ICS 67.200
X 14

中华人民共和国国家标准

GB/T 17374—2008
代替 GB/T 17374—1998

食用植物油销售包装

Sales package of edible vegetable oil

2008-11-04 发布　　2009-01-20 实施

中华人民共和国国家质量监督检验检疫总局
中国国家标准化管理委员会　发布

前　言

本标准是对 GB/T 17374—1998《食用植物油销售包装》的修订。

本标准与 GB/T 17374—1998 的主要技术差异有：

——修改了术语和定义；

——修改了对包装容器规格的要求；

——修改了对包装容器型式的要求；

——取消了对内装物的要求。

本标准自实施之日起代替 GB/T 17374—1998。

本标准由国家粮食局提出。

本标准由全国粮油标准化技术委员会归口。

本标准负责起草单位：河南工业大学。

本标准参与起草单位：武汉工业学院、中粮北海粮油工业（天津）有限公司、益海嘉里粮油（天津）有限公司、山东鲁花集团有限公司。

本标准主要起草人：刘玉兰、何东平、郝克非、吴晓晨、宫永帅、汪学德。

本标准所代替标准的历次版本发布情况为：

——GB/T 17374—1998。

食用植物油销售包装

1 范围

本标准规定了食用植物油销售包装的术语和定义、技术要求、检验方法、检验规则，以及对标志、储存和运输要求。

本标准适用于食用植物油包装的生产和销售以及提供给消费者的食用植物油销售包装。

2 规范性引用文件

下列文件中的条款通过本标准的引用而成为本标准的条款。凡是注日期的引用文件，其随后所有的修改单（不包括勘误的内容）或修订版均不适用于本标准，然而，鼓励根据本标准达成协议的各方研究是否可使用这些文件的最新版本。凡是不注日期的引用文件，其最新版本适用于本标准。

GB/T 191 包装储运图示标志

GB/T 4857.3 包装 运输包装件基本试验 第3部分：静载荷堆码试验方法

GB/T 4857.5 包装 运输包装件 跌落试验方法

GB 9685 食品容器、包装材料用助剂使用卫生标准

GB/T 13251 包装容器 钢桶封闭器

GB/T 13508 聚乙烯吹塑桶

GB/T 17344 包装 包装容器 气密试验方法

GB/T 17449 包装 玻璃容器 螺纹瓶口尺寸

GB/T 17876 包装容器 塑料防盗瓶盖

3 术语和定义

下列术语和定义适用于本标准。

3.1

销售包装 sales package

以销售食用植物油为目的，所采用的包装容器及材料的总称。

3.2

包装容器 container

盛装食用植物油产品的器具的总称。

3.3

包装材料 packaging material

用于制造包装容器和构成食用植物油包装的材料总称。

3.4

预留容量 headspace

食用植物油包装容器内的空间，以避免密封后由于温度变化而引起的油脂体积膨胀可能造成的容器损坏。

4 技术要求

4.1 基本要求

4.1.1 包装材料应清洁、卫生，不应与油脂发生化学作用而产生变化，符合国家有关食品卫生标准和管理规定。

4.1.2 包装容器应便于消费者开启、使用、搬运、储存;应能保护食用油脂安全、卫生,符合相应包装容器的卫生标准。

4.1.3 包装容器的生产应取得食品包装卫生许可证。对于已纳入容器生产许可管理范围的,应通过相应机构认证并取得生产许可证。

4.2 包装材料要求

4.2.1 金属容器应采用符合国家有关标准规定的薄钢板,与食用植物油接触的表面喷涂的涂料应采用符合食品卫生要求的食品级涂料。

4.2.2 玻璃容器应采用无污染的玻璃制作。

4.2.3 塑料容器材料应采用国家允许使用的材料,并符合 GB 9685 标准规定,如:PE(聚乙烯)、PET(聚酯)等。

4.2.4 复合型包装容器应采用内层为食品级的复合材料。

4.3 包装容器要求

4.3.1 各种包装容器应按照相应产品标准制造,并符合 4.3.2～4.3.6 的要求。

4.3.2 玻璃瓶、塑料桶和塑料软包装袋其内装物净含量应小于 25 L,钢制油桶其内装物净含量应小于 220 L。

4.3.3 应有良好的密闭性及足够的强度。采用旋盖、压盖、铝箔封口等应确保其密封性、无渗漏,并便于开启。

4.3.4 容器形状、规格大小应以使用方便为原则并利于标签牢固粘贴。

4.3.5 瓶口尺寸:螺纹玻璃瓶口尺寸应符合 GB/T 17449 的规定。塑料(桶)容器瓶口尺寸应符合 GB/T 13508 和 GB/T 17876 规定。钢制油桶瓶口尺寸应符合 GB/T 13251 的规定。

4.3.6 预留容量:为容器容量的 3%～10%。

5 检验方法

5.1 质量检验:各类包装容器的产品质量检验按相应产品标准中规定执行。

5.2 密封性检验:容器的气密性试验按 GB/T 17344 规定执行。

5.3 强度检验:容器的跌落试验按 GB/T 4857.5 规定执行。容器的堆码试验按 GB/T 4857.3 规定进行。

6 检验规则

6.1 抽样:不同容器按相应标准规定的抽样方法执行。

6.2 判定规则:销售包装质量要求按 4.3 的要求检验,有一项不合格时,即判定为不合格,不能作为食用油包装。

7 标签和标识

7.1 塑料容器和玻璃容器的外包装纸板箱的标识应符合 GB/T 191 的规定及国家有关部门的其他法律法规要求。并应标明产品名称、厂名、厂址、标称容量及瓶(桶)数、生产日期(或包装日期)和保质期等。

7.2 钢制油桶应在桶的某部位压印制造厂标志和生产日期,每批产品应有合格证。

8 运输和储存

8.1 运输

运输要注意安全,避免碰撞、摔跌和滚动,防止挤压变形、污染、日晒、雨淋及受潮。

8.2 储存

应储存于阴凉、干燥及避光的专用仓房内,不应与有毒、有害物质混存。钢桶堆码存放时底层应置垫层。聚乙烯吹塑桶储存温度应在 40 ℃以下。

ICS 67.200.10
X 14

GB

中华人民共和国国家标准

GB/T 17375—2008/ISO 6884:1985
代替 GB/T 17375—1998

动植物油脂　灰分测定

Animal and vegetable fats and oils—Determination of ash

(ISO 6884:1985,IDT)

2008-08-22 发布　　　　2008-12-01 实施

中华人民共和国国家质量监督检验检疫总局
中国国家标准化管理委员会　发布

前　言

本标准等同采用国际标准 ISO 6884:1985《动植物油脂　灰分测定》(英文版)。

为了便于使用,本标准进行了下列编辑性修改:

——“本国际标准”改为“本标准”;

——删除了国际标准的前言;

——增加了本标准的前言。

本标准自实施之日起替代 GB/T 17375—1998《动植物油脂　灰分测定法》。

本标准由国家粮食局提出。

本标准由全国粮油标准化技术委员会归口。

本标准负责起草单位:河南工业大学。

本标准主要起草人:杨国龙、毕艳兰、梁少华、胡静波、付黎敏。

本标准所代替标准的历次版本发布情况为:

——GB/T 17375—1998。

动植物油脂　灰分测定

1　范围

本标准规定了动植物油脂中灰分测定的原理和步骤等。

本标准适用于所有动植物油脂的灰分测定。

2　规范性引用文件

下列标准中的条款通过本标准的引用而成为本标准的条款。凡是注日期的引用文件，其随后所有的修改单(不包括勘误的内容)或修订版均不适用于本标准，然而，鼓励根据本标准达成协议的各方研究是否可使用这些文件的最新版本。凡是不注日期的引用文件，其最新版本适用于本标准。

GB/T 5524　植物油脂检验　扦样、分样法

GB/T 15687　油脂试样制备(GB/T 15687—1995，eqv ISO 661:1989)

3　术语和定义

下列术语和定义适用于本标准。

3.1

灰分　ash

在规定条件下灼烧后剩余的无机残留物，以质量分数表示。

4　原理

试样在特定温度下灼烧后得到无机残留物，称量残留物的质量。

5　试剂

所有试剂均为分析纯，水为蒸馏水或至少此纯度的水。

5.1　过氧化氢溶液：体积分数为10%。

5.2　碳酸铵。

6　仪器设备

6.1　坩埚：50 mL(深度较浅)，最好是石英坩埚或白金坩埚。

6.2　电热板或电炉。

6.3　马福炉：工作温度在500 ℃～600 ℃之间。

6.4　滤纸：无灰滤纸。

6.5　水浴锅。

6.6　干燥器：装有有效干燥剂的干燥容器。

6.7　分析天平：分度值0.001 g。

7　扦样

扦样按GB/T 5524进行。

8 步骤

8.1 试样制备

实验室试样制备按 GB/T 15687 进行。

8.2 毛油和精炼油

8.2.1 先在 550 ℃～600 ℃的马福炉(6.3)内加热坩埚,然后置于干燥器(6.6)中冷却,取出称取坩埚的质量,精确至 1 mg。称量约 10 g 试样置于坩埚中,精确至 10 mg。在通风橱中用电炉(6.2)小心加热至样品燃烧。

注 1:对于低灰分试样,需增大试样量,即在初步燃烧碳化后再加入 10 g 样品。对于高灰分试样,可以减少试样量。试样量大时可插入少许无灰滤纸、点燃并在电炉上加热进行碳化。

注 2:如果马福炉具有通风功能,初步燃烧碳化可以在马福炉口处进行。

8.2.2 当火焰熄灭,将坩埚转移至马福炉(6.3)中,调整灰化温度在 550 ℃～600 ℃,在此温度下灰化 4 h(如果较快地得到无碳残留物则可适当缩短时间)。无碳残留物即为灰分,其呈红褐色(由于铁的存在)或白色,且无黑色颗粒存在。

8.2.3 如果 4 h 后仍有黑色碳粒,为促进灰化,向坩埚中加入几滴过氧化氢溶液(5.1),置沸水浴(6.5)中干燥,然后放入马福炉中重新灰化至无碳粒。

注 3:必要时重复此操作。

8.2.4 样品灰分完全后,取出坩埚,置于干燥器(6.6)中冷却,称取质量,精确至 1 mg。

8.3 酸性油

8.3.1 测定步骤与 8.2.1 相同,但设定马福炉的温度为 500 ℃～550 ℃。

8.3.2 当火焰熄灭后,将坩埚冷却,把残留物溶于水中。用无灰滤纸过滤并将滤液盛于烧杯中。

8.3.3 将存有残留物的滤纸放入坩埚中,然后将坩埚置于(103±2)℃的烘箱中至滤纸干燥。将坩埚转移至电炉或火焰炉上,并如 8.2.1 所述小心加热,待火焰熄灭后,置于 500 ℃～550 ℃的马福炉中加热至碳颗粒完全消失或残留物不发现任何变化为止。如果残留物含有碳粒,按 8.2.3 进行处理,并冷却坩埚。

8.3.4 定量转移 8.3.2 中的滤液至坩埚(8.3.3)中。在沸水浴上蒸干。

为了充分灰化,加入 0.5 g～2.0 g 碳酸铵(5.2),然后在 500 ℃～550 ℃的马福炉(6.3)中加热残留物至完全灰化。结束后于干燥器(6.6)中冷却坩埚,并称其质量,精确至 1 mg。

9 结果计算

灰分含量(X)用质量分数表示,按式(1)计算:

$$X = \frac{100 \times (m_2 - m_1)}{m_0} \quad \cdots\cdots(1)$$

式中:

X——灰分含量,%;

m_0——试样质量,单位为克(g);

m_1——坩埚质量,单位为克(g);

m_2——坩埚和灰分质量,单位为克(g)。

10 检测报告

检测报告要说明采用的方法和得到的结果。必须注明本标准中未规定的或自选的全部操作细节,以及可能影响测定结果的任何操作。

检测报告应包括完成样品识别所需的全部必要信息。

ICS 67.200.10
X 14

GB

中华人民共和国国家标准

GB/T 17376—2008/ISO 5509:2000
代替 GB/T 17376—1998

动植物油脂 脂肪酸甲酯制备

Animal and vegetable fats and oils—Preparation of methyl esters of fatty acids

(ISO 5509:2000,IDT)

2008-11-04 发布 2009-01-20 实施

中华人民共和国国家质量监督检验检疫总局
中国国家标准化管理委员会 发布

前　言

本标准等同采用 ISO 5509:2000《动植物油脂　脂肪酸甲酯制备》(英文版)。

为便于使用,本标准对 ISO 5509:2000 进行了下列编辑性修改:

——删除国际标准的前言;

——"本国际标准"一词改为"本标准";

——用小数点"."代替作为小数点的逗号","。

本标准是对 GB/T 17376—1998《动植物油脂　脂肪酸甲酯制备》的修订。

本标准与 GB/T 17376—1998 的主要差异如下:

——用异辛烷(色谱纯)代替庚烷试剂;

——用三甲基氢氧化硫(TMSH)法代替原标准中的"不用三氟化硼的替代方法";

——用酯交换法代替原标准中的"四碳或四碳以上脂肪酸甲酯的特殊制备方法";

——将各方法中常用到的一些主要分析程序及原标准的第 6 章内容放在附录 A 中;

——增加了资料性附录 B。

本标准自实施之日起代替 GB/T 17376—1998。

本标准中附录 A 为规范性附录,附录 B 为资料性附录。

本标准由国家粮食局提出。

本标准由全国粮油标准化技术委员会归口。

本标准负责起草单位:国家粮食储备局西安油脂科学研究设计院。

本标准参与起草单位:陕西省产品质量监督检验所、安徽大平工贸(集团)有限公司。

本标准起草人:孟橘、夏天文、陈勇、王慧芳、朱文鑫、任春明。

本标准所代替标准的历次版本发布情况为:

——GB/T 17376—1998。

动植物油脂　脂肪酸甲酯制备

1　范围

本标准规定了脂肪酸甲脂的制备方法。

本标准包括了从动植物油脂、脂肪酸及脂肪酸盐制备脂肪酸甲酯的方法。规定了以下三种甲酯化方法：

a)　三氟化硼法(见第3章)；

b)　三甲基氢氧化硫法(见第4章)；

c)　酯交换法(见第5章)。

本标准适用于气相色谱、薄层色谱、红外光谱等需要甲酯衍生物的各种分析过程。

2　规范性引用文件

下列文件中的条款通过本标准的引用而成为本标准的条款。凡是注日期的引用文件，其随后所有的修改单(不包括勘误的内容)或修订版均不适用于本标准，然而，鼓励根据本标准达成协议的各方研究是否可使用这些文件的最新版本。凡是不注日期的引用文件，其最新版本适用于本标准。

GB/T 6682　分析实验室用水规格和试验方法(GB/T 6682—2008，ISO 3696:2008，MOD)

GB/T 15687　动植物油脂　试样的制备(GB/T 15687—2008，ISO 661:2003，IDT)

3　三氟化硼法(常用方法)

警告：方法中涉及到危险试剂的使用。应采取适当的防护措施以保护眼睛，并避免腐蚀性化学物品灼伤的危险。三氟化硼有毒，建议分析人员尽量不用甲醇和三氟化硼制取三氟化硼甲醇溶液(见附录A中第A.1章)。

3.1　原理

甘油酯在氢氧化钠甲醇溶液中皂化，生成的脂肪酸盐与三氟化硼甲醇溶液反应生成甲酯。如果要分析纯脂肪酸及其脂肪酸盐，则不需要皂化，直接与三氟化硼反应甲酯化。

3.2　适用范围

本方法适用于大多数油脂及衍生物(脂肪酸、脂肪酸盐)，不适用于乳脂和含有下列基团的化合物：

——次氧基化合物(如：酮基、环氧基、羟基、氢过氧基)；

——环丙烷和环丙烷基化合物；

——炔类脂肪酸。

如果油脂中仅含有少量的上述化合物(如棉籽油)，仍可按第3章的一般方法进行酯化。否则要采用第4章或第5章所述方法。

气相色谱分析中使用异辛烷做溶剂制得的甲酯溶液回收率最高，但对己酸甲酯的回收率只有75%。

3.3　试剂

除有特殊说明，仅使用确认为分析纯的试剂。

3.3.1　水：应符合GB/T 6682中3级水的要求。

3.3.2　氢氧化钠甲醇溶液：约0.5 mol/L。

将2 g氢氧化钠溶于100 mL含水不超过0.5%的甲醇中。该溶液存放时间较长时，可能会形成少量白色的碳酸钠沉淀，但不会影响甲酯的制备。

3.3.3　三氟化硼甲醇溶液：质量分数12%～15%[1]（见附录A的第A.1章）。

3.3.4　异辛烷（2,2,4-三甲基戊烷）：色谱纯（见附录A的第A.2章）。

警告：异辛烷易燃易爆，在空气中的爆炸极限为1.1%～6.0%（体积分数）。异辛烷有毒，不要误食或吸入，操作应当在通风橱中进行。

3.3.5　氯化钠：饱和水溶液。

3.3.6　无水硫酸钠。

3.3.7　氮气：含氧量低于5 mg/kg。

3.3.8　己烷：色谱纯，仅用于干酯制备。也可用石油醚：沸程40 ℃～60 ℃，溴值低于1，无残渣（见附录A的第A.2章）。

3.3.9　甲基红：1 g/L，溶于体积分数为60%的乙醇中。

3.4　仪器

实验室常用仪器，以及下列仪器：

3.4.1　磨口烧瓶：50 mL或100 mL，具塞。

3.4.2　回流冷凝器：有效长度200 mm～300 mm，具有与磨口烧瓶（3.4.1）配合的磨口接头。

3.4.3　沸石：脱脂。

3.4.4　移液管或自动加液器：至少10 mL。

3.4.5　玻璃瓶：具螺旋盖，容量至少4 mL。

3.4.6　分液漏斗：250 mL，用于干脂制备。

3.4.7　旋转蒸发仪。

3.4.8　分析天平：分度值为0.001 g。

3.5　试样制备

试样应为液体且无水、透明，按照GB/T 15687制备试样。如需加热样品，则采用刚好高于熔点的温度。

3.6　操作步骤

警告：三氟化硼有毒，以下操作需在通风橱里进行，玻璃器具用后，应立即用水冲洗。

3.6.1　试样

根据所需样品试样量，按表1选择合适的烧瓶及适量的试剂和溶液。

表1　试样称取量

分析方法	试样质量/mg	烧瓶(3.4.1)/mL	氢氧化钠甲醇溶液(3.3.2)/mL	三氟化硼甲醇溶液(3.3.3)/mL	溶剂(3.3.4)或(3.3.8)/mL
GLC（气液色谱）	100～250	50	4	5	1～3
	250～500	50	6	7	2～5
IR/TLC（红外光谱分析/薄层色谱）	500～750	100	8	9	4～8
	750～1 000	100	10	12	7～10

3.6.2　皂化

3.6.2.1　油脂从3.6.2.2开始进行，脂肪酸及脂肪酸盐从3.6.2.3开始进行。

3.6.2.2　将试样置于合适的烧瓶中（见表1和附录A），加入适量（见表1）氢氧化钠甲醇溶液（3.3.2）

1)　可选购14%、20%、(Merck NO. 8.01663)和50%的市售试剂，提供此信息仅是为了方便本标准的使用者，而不是对这些产品的认可。

及沸石(3.4.3),然后接上冷凝器(3.4.2)。

如果存在两个以上双键的脂肪酸,在回流前,迅速向烧瓶中导入几分钟干燥氮气(3.3.7)将空气排掉。

在水浴上回流直至油滴消失,每 30 s～60 s 缓慢摇动烧瓶,以防止氢氧化钠形成固态附着在瓶壁上。回流过程通常需要 5 min ～10 min,有些情况可能会更长(见附录 A 第 A.3 章和第 A.4 章)。用移液管从冷凝器顶部加入适量(见表 1)的三氟化硼甲醇溶液(3.3.3)于沸腾的溶液里。

接下来按照 3.6.3 或 3.6.4 步骤执行。

3.6.2.3 将试样置于合适的烧瓶中(见表 1),加入适量(见表 1)的三氟化硼甲醇溶液(3.3.3),然后接冷凝器(3.4.2)。

接下来按照 3.6.3 或 3.6.4 步骤执行。

3.6.3 甲酯溶液制备(主要用于气液色谱分析)

3.6.3.1 继续煮沸 3 min。对于含长链脂肪酸的油脂,如鱼油,继续煮沸 30 min。

3.6.3.2 从冷凝器顶部加入适量的异辛烷(3.3.4)于沸腾的混合溶液里。

3.6.3.3 取下冷凝器,拿出烧瓶。立即加入 20 mL 氯化钠溶液(3.3.5)。塞住烧瓶,猛烈振摇至少 15 s。

3.6.3.4 继续加入氯化钠溶液(3.3.5)至烧瓶颈部,静置分层。

3.6.3.5 吸取 1 mL～2 mL 上层异辛烷溶液于玻璃瓶(3.4.5)中,加入适量无水硫酸钠(3.3.6)去除溶液中痕量的水,并按照以下几种方式注入气相色谱仪:

a) 直接注入填充柱(见附录 A 的第 A.5 章);

b) 先用异辛烷适度稀释再注入毛细管柱(见附录 A 的第 A.6 章);

c) 对于毛细管柱,特殊情况可使用沸点更低的庚烷稀释。

3.6.4 干甲酯制备(用于薄层色谱或红外光谱分析)

3.6.4.1 继续煮沸 3 min。

3.6.4.2 从冷凝器顶部加入适量的己烷(3.3.8)于沸腾的混合溶液里。

3.6.4.3 取下冷凝器,拿出烧瓶。立即加入 20 mL 氯化钠溶液(3.3.5)。塞住烧瓶,猛烈振摇至少 15 s。

3.6.4.4 将混合溶液转移至 250 mL 分液漏斗中(3.4.6)。加入约 30 mL 饱和氯化钠溶液,静置分层,保留己烷液。放出的氯化钠溶液再用 50 mL 己烷(3.3.8)萃取两次。

3.6.4.5 将己烷液和两次萃取物合并,然后用每次 20 mL 蒸馏水(3.3.1)洗涤,直至用甲基红试剂(3.3.9)检验不显酸性为止。再用无水硫酸钠(3.3.6)干燥、过滤,用水浴通氮气流(3.3.7)或使用旋转蒸发仪(3.4.7)蒸发溶剂。

在干酯制备过程中部分短链甲酯(C_6～C_{10})会流失,不足 500 mg 的试样,最好按比例减少氯化钠溶液、溶剂和蒸馏水体积,见附录 A 的第 A.6 章。

4 三甲基氢氧化硫(TMSH)法

警告:方法中涉及到危险试剂的使用。应采取适当的防护措施以保护眼睛,并避免腐蚀性化学物品灼伤的危险。三甲基氢氧化硫甲醇溶液有毒。

4.1 原理

试样溶解于甲基叔丁醚中,通过与三甲基氢氧化硫甲醇溶液进行酯交换来实现甲酯化。分析样品时气化室温度高于 250 ℃。如果样品中含有短链脂肪酸时(C_4～C_8),推荐使用戊酸甲酯作为内标物(见 4.2)。

4.2 适用范围

本快速甲酯化方法仅适用于气相色谱分析用的甲酯制备。本方法适用于所有油脂,包括乳脂和含有乳脂的混合物,未发现有不饱和脂肪酸的异构化。

本方法也适用于含有3.2中所列化学基团的物质,但不能肯定甲酯化是否完全,游离脂肪酸只有70%~80%被甲酯化。

含有羟基的脂类会部分生成相应的邻甲基醚衍生物,这可能会干扰甲酯的气液色谱分离。因此如样品含有较多羟基,则该方法不适宜,可用气质联用仪分析。

气液色谱分析时,柱温低则该方法不适用。另外,该方法不推荐使用极性固定相。

分析短链脂肪酸(C_4~C_8)时,若样品中不含戊酸建议使戊酸甲酯作为内标物。

4.3 试剂

所有试剂均为分析纯。

4.3.1 甲基叔丁醚。

4.3.2 三甲基氢氧化硫甲醇溶液[2]:0.2 mol/L。4 ℃时,该溶液在密闭试管内可保存2个月以上。

注:如自制,制备方法参见参考文献[3]。

4.3.3 内标储备液:仅用于丁酸或己酸测定。称取大约250 mg(精确至0.1 mg)戊酸甲酯于50 mL容量瓶中,用异辛烷溶解并稀释至刻度。

4.3.4 内标参比液:仅用于丁酸或己酸测定。取10 mL储备液(4.3.3)于100 mL容量瓶中,用异辛烷稀释至刻度。计算浓度(见附录A的第A.8章)。

4.3.5 石油醚。

4.3.6 无水硫酸钠。

4.4 仪器

实验室常用仪器,以及下列仪器:

4.4.1 试管:2 mL,具磨口玻璃塞,或螺旋口自动进样瓶。

4.4.2 移液管:1 000 μL。

4.4.3 容量瓶:50 mL和100 mL。

4.4.4 滤纸。

4.4.5 旋转蒸发仪。

4.5 试样制备

试样应为液体且无水、透明,按照GB/T 15687制备试样。如需加热样品,则采用刚好高于熔点的温度。

4.6 步骤

4.6.1 试样

称取10 mg±2 mg样品于试管(4.4.1)中。如果样品含水量较高,适当增大称样量。对固态样品,在约高于10 ℃的温度下加热使其融化。避免温度过高加热。用石油醚(4.3.5)溶解样品,加入无水硫酸钠(4.3.6)干燥30 min,然后用滤纸过滤,再用石油醚洗涤残渣数次,用旋转蒸发仪(4.4.5)回收溶剂。

4.6.2 甲酯制备

4.6.2.1 用移液管(4.4.2)移取500 μL甲基叔丁醚加入到试样中以溶解试样,如有必要可轻微加热,测定丁酸或己酸时,则移取500 μL内标参比液(4.3.4)代替甲基叔丁醚。

4.6.2.2 用移液管(4.4.2)加入250 μL三甲基氢氧化硫(TMSH)溶液(4.3.2),猛烈振摇30 s(见附录A的第A.7章)。

4.6.2.3 所得溶液(4.6.2.2)即可用于气相色谱分析,气化室温度至少要250 ℃。(见附录A的第

---

2) 三甲基氢氧化硫可由Macherey-Nagel GmbH公司购买,提供此信息仅是为了方便本标准的使用者,而不是对这些产品的认可。

A.2 章和附录 A 的第 A.7 章)。如果需要稀释,使用甲基叔丁醚(4.3.1)和甲醇混合液(9+1),以避免三甲基氢氧化硫(TMSH)析出。

5 酯交换法

警示:方法中涉及到危险试剂的使用。应采取适当的防护措施以保护眼睛,并避免腐蚀性化学物品灼伤的危险。氢氧化钾溶液有毒。

5.1 原理

将油脂溶解在异辛烷中,加入氢氧化钾溶液通过酯交换甲酯化,反应完全后,用硫酸氢钠中和剩余氢氧化钾,以避免甲酯皂化。

5.2 范围

本快速方法适用于四碳或四碳以上,游离脂肪酸(FFA)含量不大于 2% 的食用油脂,也适用于用内标-气相色谱法测定丁酸或己酸。

样品中如游离脂肪酸含量较高,应过量使用氢氧化钾溶液。由于游离脂肪酸及其盐不被氢氧化钾酯化,所以本方法只能使样品中甘油酯部分生成甲酯。

本方法也适用于含有 3.2 中所列化学基团的物质,但不能肯定甲酯化是否完全。

5.3 试剂

除有特殊说明,均为分析纯试剂。

5.3.1 氢氧化钾甲醇溶液:约 2 mol/L。将 13.1 g 氢氧化钾溶于 100 mL 无水甲醇中,可轻微加热,加入无水硫酸钠干燥,过滤,即得澄清溶液。溶液储存一段时间后,可能会形成少量沉淀,用上清液测定不影响使用。

5.3.2 异辛烷(2,2,4-三甲基戊烷):色谱纯,见附录 A 的第 A.2 章。

5.3.3 硫酸氢钠。

5.3.4 内标储备液:仅用于丁酸或己酸测定。称取大约 250 mg(精确至 0.1 mg)戊酸甲酯于 50 mL 容量瓶中,用异辛烷(5.3.2)溶解并稀释至刻度。

5.3.5 内标参比液:仅用于丁酸或己酸测定。取 10 mL 储备液(5.3.4)于 100 mL 容量瓶中,用异辛烷(5.3.2)稀释至刻度。计算浓度(见附录 A 的第 A.8 章)。

5.4 仪器

5.4.1 试管:5 mL,具磨口玻璃塞。

5.4.2 移液管或移液器:4 mL。

5.4.3 微量移液管:200 μL。

5.4.4 玻璃瓶:具螺旋盖,至少 4 mL。

5.4.5 容量瓶:50 mL 和 100 mL。

5.5 试样制备

试样应为液体且无水、透明,按照 GB/T 15687 制备试样。如需加热样品,则采用刚好高于熔点的温度。

5.6 步骤

5.6.1 试样

称取试样 60 mg 至具塞试管(5.4.1)中,如需测定丁酸或己酸,精确至 0.1 mg。

5.6.2 甲酯制备

5.6.2.1 用移液管或移液器(5.4.2)移取 4 mL 异辛烷(5.3.2)溶解试样,必要时可以微微加热使试样溶解。测定丁酸或己酸时,用移液管(5.4.2)移取 4 mL 内标参比液(5.3.5)代替异辛烷溶解试样。

5.6.2.2 用微量移液管(5.4.3)加入 200 μL 氢氧化钾甲醇溶液(5.3.1),盖上玻璃塞猛烈振摇 30 s 后静置至澄清。

5.6.2.3 向溶液中加入约 1 g 硫酸氢钠(5.3.3),猛烈振摇,中和氢氧化钾。

5.6.2.4 待盐沉淀后,将含有甲酯的上层溶液倒入 4 mL 玻璃瓶(5.4.4)中,得到的异辛烷溶液中甲酯含量约为 15 mg/mL,并按照以下几种方式注入气相色谱仪:

a) 直接取一定量注入填充柱(见附录 A 的第 A.5 章);

b) 先用异辛烷适度稀释再注入毛细管柱(见附录 A 的第 A.6 章);

c) 对于毛细管柱,特殊情况可使用沸点更低的庚烷稀释。

6 精密度

附录 B 中给出了国际实验室间对 3 种甲酯化法的比对测试数据,因为甲酯制备过程、色谱柱的选择、气相色谱条件及气相色谱仪器对重复性值和再现性值有影响,所以重复性值和再现性值并未计算出。

附 录 A
（规范性附录）
主要的分析程序

A.1 三氟化硼的制备

如果必须制备三氟化硼甲醇溶液，过程如下：

警告：操作在通风橱中进行。

在2 L烧瓶中加入1 L甲醇溶液，称取质量后放在冰水浴中冷却。保持烧瓶在冰水浴中，让钢瓶中的三氟化硼通过玻璃管导入甲醇溶液中。为避免液体回流到气体系统，在玻璃管浸入甲醇溶液之前至移去为止，都应通以三氟化硼气体。气体流速不能太大，不能产生白烟。

该试剂可在冰箱内保存2年。

A.2 试剂

各种试剂不能对气相色谱分析中的脂肪酸甲酯的出峰有干扰。

在甲酯气相色谱中，某些试剂在图谱中可能会产生一些不可预见的峰。特别是经过长时间储存，三氟化硼甲醇溶液会生成一些组分影响 C_{20}～C_{22} 脂肪酸区域的出峰。

因此，每批新试剂或溶剂都应制备纯油酸的甲酯，并进行色谱分析。如有额外峰出现，则这批试剂应当舍弃。

A.3 皂化

以蓖麻籽油为例，该油样溶于甲醇，将不会观测到油滴。

因此溶液澄清与否不能作为反应完全的证明。

A.4 不皂化物

不皂化物没有被去除，如果把它计算到物质总量中，它可能会影响到分析结果。如果是这种情况，有必要按照下面描述的操作对方法进行补充。

可用蒸馏水稀释皂化液，并用乙醚、己烷或石油醚萃取除去不皂化物，然后将其酸化并用异辛烷或己烷提取脂肪酸。制备甲酯按3.6.3或4.6.2执行。

A.5 甲酯溶液的储存

所制备的甲酯应尽快分析。可将甲酯溶液在惰性气体保护下储存在冰箱中。

若储存时间较长，可添加一定浓度而不会干扰分析结果的抗氧化剂来防止甲酯自动氧化，例如：0.05 g/L的2,6-二叔丁基对甲酚（BHT）溶液。

如甲酯中含有丁酸盐甲酯，应储存在密封安瓿瓶中，采取一定的防护措施，以避免在填充及密封安瓿瓶过程中的蒸发损失。

A.6 干甲酯的储存

干甲酯应立即分析。若有必要，在惰性气体保护下可在冰箱内保存24 h，或在真空密封管内于冷藏库中储存更长时间。

A.7 三甲基氢氧化硫（TMSH）法

游离脂肪酸与三甲基氢氧化硫形成相应的盐，在气化室分解转化成甲酯及二甲基硫化物。

为了防止堵塞，毛细管柱的分流口内径应较宽。如堵塞，可加热或用溶剂冲洗清洁。

如果用戊酸甲酯做内标物，可用甲基叔丁醚（0.5 mg/mL ～1.0 mg/mL）溶解。

A.8 甲酯的量

如果用内标-气液色谱法定量测定脂肪酸，必须精确称量试样的质量（精确到 0.1 mg）。结果将以油脂脂肪酸组分占据油脂的质量分数表示，这与从内标归一化法获得的结果是不一致的。

附　录　B

（资料性附录）

联合实验室的测试结果

1995年开展了一项国际合作研究。在这次测试中，有8个实验室参与测定8份不同的游离脂肪酸样品。这个实验的目的是确定制备甲酯的3种方法对于品种不同和游离脂肪酸含量不同的油脂的适用性。表B.1至B.8列出了测试结果，包括各实验室所测主要脂肪酸的最小值、最大值、平均值及标准偏差。

表 B.1　精炼椰子油（游离脂肪酸含量0.03%）

三氟化硼法（7个实验室）				
脂肪酸甲酯	最小值	最大值	平均值	标准偏差
C 6∶0	0.3	0.6	0.5	0.1
C 8∶0	5.6	7.8	6.7	0.7
C 10∶0	5.3	6.0	5.6	0.3
C 12∶0	46.0	47.6	46.8	0.3
C 14∶0	17.7	19.1	18.3	0.4
C 16∶0	9.0	9.7	9.4	0.3
C 18∶0	2.7	3.0	2.9	0.1
C 18∶1	7.4	7.9	7.7	0.2
C 18∶2	1.9	2.2	2.0	0.1
C 20∶0	0.1	0.1	0.1	0.0
C 20∶1	0.0	0.1	0.0	0.0
总计	96.1	104.0	100.0	2.8
三甲基氢氧化硫（TMSH）法（6个实验室）				
脂肪酸甲酯	最小值	最大值	平均值	标准偏差
C 6∶0	0.5	0.7	0.6	0.1
C 8∶0	7.1	8.5	7.8	0.5
C 10∶0	5.6	6.3	6.0	0.2
C 12∶0	45.8	47.6	46.7	0.7
C 14∶0	16.4	17.9	17.4	0.5
C 16∶0	8.5	9.4	8.9	0.3
C 18∶0	2.5	3.2	2.8	0.2
C 18∶1	6.8	7.9	7.4	0.4
C 18∶2	1.6	2.6	2.1	0.3
C 20∶0	0.1	0.3	0.2	0.1
C 20∶1	0.0	0.5	0.1	0.2
总计	95.0	104.9	100.0	3.7

表 B.1(续)

酯交换法(7个实验室)				
脂肪酸甲酯	最小值	最大值	平均值	标准偏差
C 6:0	0.5	0.7	0.6	0.1
C 8:0	6.5	9.3	7.4	0.6
C 10:0	5.4	7.1	5.9	0.3
C 12:0	45.8	52.0	46.8	0.7
C 14:0	16.7	18.6	18.0	0.4
C 16:0	6.6	9.5	9.1	0.3
C 18:0	1.7	3.0	2.8	0.2
C 18:1	4.7	8.0	7.5	0.3
C 18:2	1.1	2.2	1.9	0.1
C 20:0	0.0	0.1	0.1	0.0
C 20:1	0.0	0.1	0.0	0.0
总计	89.1	110.7	100.0	3.1

表 B.2 精炼大豆油(游离脂肪酸含量0.06%)

三氟化硼法(7个实验室)				
脂肪酸甲酯	最小值	最大值	平均值	标准偏差
C 14:0	0.0	0.1	0.0	0.0
C 16:0	10.4	11.0	10.6	0.2
C 16:1	0.0	0.1	0.1	0.0
C 17:0	0.1	0.2	0.1	0.0
C 18:0	3.6	3.9	3.7	0.1
C 18:1	20.7	21.0	20.9	0.1
C 18:2	54.5	55.7	55.2	0.4
C 18:3	7.9	9.0	8.4	0.4
C 20:0	0.3	0.5	0.4	0.1
C 20:1	0.2	0.3	0.2	0.1
C 22:0	0.3	0.4	0.4	0.0
C 24:0	0.0	0.2	0.1	0.1
总计	98.0	102.4	100.0	1.6
三甲基氢氧化硫(TMSH)法(6个实验室)				
脂肪酸甲酯	最小值	最大值	平均值	标准偏差
C 14:0	0.0	0.2	0.1	0.1
C 16:0	10.5	11.3	10.7	0.3
C 16:1	0.0	0.1	0.1	0.1
C 17:0	0.0	0.2	0.1	0.1

表 B.2(续)

三甲基氢氧化硫(TMSH)法(6 个实验室)				
脂肪酸甲酯	最小值	最大值	平均值	标准偏差
C 18∶0	3.6	3.8	3.7	0.1
C 18∶1	20.6	22.5	21.2	0.7
C 18∶2	53.4	55.7	54.8	0.9
C 18∶3	7.7	9.0	8.3	0.4
C 20∶0	0.3	0.6	0.4	0.1
C 20∶1	0.1	0.7	0.3	0.2
C 22∶0	0.3	0.5	0.4	0.1
C 24∶0	0.0	0.2	0.1	0.1
总计	96.5	104.8	100.0	3.1
酯交换法(8 个实验室)				
脂肪酸甲酯	最小值	最大值	平均值	标准偏差
C 14∶0	0.0	0.1	0.1	0.0
C 16∶0	10.1	12.1	10.7	0.6
C 16∶1	0.0	0.1	0.1	0.0
C 17∶0	3.4	4.0	3.7	0.2
C 18∶0	3.4	4.0	3.7	0.2
C 18∶1	20.4	21.4	20.8	0.3
C 18∶2	54.7	56.2	55.2	0.5
C 18∶3	8.1	9.0	8.5	0.3
C 20∶0	0.3	0.5	0.4	0.1
C 20∶1	0.1	0.3	0.2	0.1
C 22∶0	0.1	0.4	0.3	0.1
C 24∶0	0.0	0.1	0.0	0.0
总计	97.2	104.3	100.0	2.4

表 B.3 精炼植物油(游离脂肪酸含量 0.3%)

三氟化硼法(7 个实验室)				
脂肪酸甲酯	最小值	最大值	平均值	标准偏差
C 8∶0	0.4	0.6	0.5	0.1
C 10∶0	0.4	0.5	0.5	0.0
C 12∶0	5.2	5.5	5.3	0.1
C 14∶0	3.1	3.2	3.2	0.0
C 16∶0	49.2	50.6	50.0	0.5
C 17∶0	0.0	0.2	0.1	0.1
C 18∶0	0.1	0.8	0.5	0.3

表 B.3（续）

三氟化硼法(7个实验室)				
脂肪酸甲酯	最小值	最大值	平均值	标准偏差
C 18：1	0.1	0.8	0.5	0.3
C 18：2	0.0	0.2	0.1	0.1
C 20：0	0.6	0.7	0.6	0.0
C 22：0	0.3	0.4	0.3	0.1
C 24：0	0.0	0.1	0.1	0.1
总计	96.9	102.4	100.0	1.9
三甲基氢氧化硫(TMSH)法(6个实验室)				
脂肪酸甲酯	最小值	最大值	平均值	标准偏差
C 8：0	0.3	0.9	0.6	0.2
C 10：0	0.4	0.6	0.5	0.1
C 12：0	5.2	7.0	5.7	0.7
C 14：0	3.1	3.3	3.2	0.1
C 16：0	47.8	50.1	49.2	0.8
C 17：0	0.0	1.0	0.3	0.4
C 18：0	37.5	39.2	38.3	0.7
C 18：1	0.2	1.0	0.7	0.3
C 18：2	0.0	0.9	0.3	0.4
C 20：0	0.5	0.7	0.6	0.1
C 22：0	0.3	0.7	0.4	0.2
C 24：0	0.0	0.1	0.0	0.0
总计	95.2	105.5	100.0	3.8
酯交换法(8个实验室)				
脂肪酸甲酯	最小值	最大值	平均值	标准偏差
C 8：0	0.5	0.8	0.5	0.1
C 10：0	0.4	0.6	0.5	0.0
C 12：0	5.0	6.6	5.4	0.2
C 14：0	3.1	3.6	3.2	0.1
C 16：0	49.5	51.0	50.2	0.5
C 17：0	0.0	0.2	0.1	0.1
C 18：0	36.7	40.0	38.4	0.6
C 18：1	0.1	0.9	0.6	0.3
C 18：2	0.0	0.2	0.0	0.1
C 20：0	0.5	0.7	0.6	0.0
C 22：0	0.0	0.4	0.4	0.1
C 24：0	0.0	0.1	0.0	0.1
总计	95.7	105.1	100.0	2.0

表 B.4 植物原油(游离脂肪酸含量6.4%)

三氟化硼法(7个实验室)				
脂肪酸甲酯	最小值	最大值	平均值	标准偏差
C 12:0	0.1	0.2	0.1	0.0
C 14:0	1.0	1.1	1.0	0.0
C 16:0	43.3	45.1	43.8	0.6
C 16:1	0.0	0.2	0.1	0.1
C 17:0	0.1	0.1	0.1	0.0
C 18:0	4.5	4.8	4.7	0.1
C 18:1	38.4	39.3	38.9	0.4
C 18:2	9.9	10.8	10.3	0.3
C 18:3	0.2	0.5	0.3	0.1
C 20:0	0.4	0.5	0.4	0.0
C 20:1	0.1	0.2	0.1	0.1
C 22:0	0.0	0.1	0.1	0.0
总计	97.9	102.9	100.0	1.7
三甲基氢氧化硫(TMSH)法(6个实验室)				
脂肪酸甲酯	最小值	最大值	平均值	标准偏差
C 12:0	0.1	1.2	0.5	0.4
C 14:0	1.0	1.3	1.1	0.1
C 16:0	42.6	45.4	43.7	1.0
C 16:1	0.0	0.2	0.1	0.1
C 17:0	0.0	0.2	0.1	0.1
C 18:0	4.4	6.1	4.8	0.6
C 18:1	37.5	38.9	38.4	0.6
C 18:2	9.1	10.9	10.0	0.6
C 18:3	0.2	0.8	0.4	0.2
C 20:0	0.3	0.7	0.5	0.1
C 20:1	0.0	0.3	0.1	0.1
C 22:0	0.0	0.6	0.1	0.2
总计	95.3	108.0	100.0	4.7
酯交换法(8个实验室)				
脂肪酸甲酯	最小值	最大值	平均值	标准偏差
C 12:0	0.0	0.2	0.1	0.0
C 14:0	1.0	1.1	1.0	0.0
C 16:0	43.2	45.9	43.7	0.6
C 16:1	0.0	0.2	0.1	0.1

表 B.4（续）

酯交换法(8个实验室)				
脂肪酸甲酯	最小值	最大值	平均值	标准偏差
C 17∶0	0.0	0.2	0.1	0.1
C 18∶0	4.4	4.9	4.7	0.2
C 18∶1	38.3	39.6	39.1	0.5
C 18∶2	9.9	10.8	10.3	0.3
C 18∶3	0.0	0.5	0.4	0.0
C 20∶0	0.3	0.5	0.4	0.0
C 20∶1	0.0	0.2	0.1	0.0
C 22∶0	0.0	0.1	0.0	0.0
总计	97.0	104.2	100.0	1.9

表 B.5 未经加工的鱼油(游离脂肪酸含量3.8%)

三氟化硼法(7个实验室)				
脂肪酸甲酯	最小值	最大值	平均值	标准偏差
C 12∶0	0.0	1.0	0.2	0.4
C 14∶0	7.0	8.7	7.9	0.6
C 14∶1	0.0	0.5	0.4	0.2
C 15∶0	0.0	0.5	0.4	0.2
C 16∶0	15.9	20.4	18.2	1.6
C 16∶1	8.2	9.7	8.9	0.5
C 16∶2	0.0	2.1	0.8	1.1
C 16∶3	0.0	1.7	0.7	0.9
C 16∶4	0.0	2.6	1.0	1.3
C 17∶0	0.0	1.6	0.8	0.6
C 17∶1	0.0	1.6	0.3	0.6
C 18∶0	3.3	6.0	4.1	0.9
C 18∶1	12.1	13.6	13.0	0.5
C 18∶2	1.3	2.4	1.7	0.4
C 18∶3	0.6	2.0	1.1	0.4
C 18∶4	0.0	2.0	1.1	0.4
C 20∶0	0.3	0.9	0.4	0.2
C 20∶1	0.0	2.3	1.8	0.8
C 20∶2	0.0	0.4	0.2	0.2
C 20∶3	0.0	1.3	0.4	0.5
C 20∶4	0.8	1.6	1.2	0.4
C 20∶5	17.0	18.9	18.2	0.7

表 B.5（续）

三氟化硼法(7 个实验室)				
脂肪酸甲酯	最小值	最大值	平均值	标准偏差
C 22：0	0.0	0.8	0.2	0.3
C 22：1	2.1	2.6	2.4	0.2
C 22：2	0.0	0.8	0.2	0.4
C 22：4	0.0	0.8	0.2	0.4
C 22：5	2.2	2.5	2.3	0.1
C 22：6	9.8	10.9	10.4	0.3
C 24：0	0.0	0.3	0.1	0.1
C 24：1	0.0	0.5	0.3	0.3
总计	80.8	123.0	100.0	16.1
三甲基氢氧化硫(TMSH)法(6 个实验室)				
脂肪酸甲酯	最小值	最大值	平均值	标准偏差
C 12：0	0.0	0.2	0.1	0.1
C 14：0	7.4	9.6	8.6	0.9
C 14：1	0.0	0.6	0.2	0.2
C 15：0	0.0	0.2	0.4	0.2
C 16：0	16.2	21.5	18.8	1.9
C 16：1	8.5	10.2	9.2	0.6
C 16：2	0.0	1.8	0.8	0.9
C 16：3	0.0	1.8	0.6	0.9
C 16：4	0.0	2.1	0.4	0.9
C 17：0	0.4	1.6	0.9	0.5
C 17：1	0.0	1.2	0.2	0.5
C 18：0	3.6	6.5	4.3	1.1
C 18：1	12.9	14.3	13.6	0.5
C 18：2	1.3	1.7	1.5	0.2
C 18：3	0.6	2.4	1.3	0.8
C 18：4	0.0	2.6	2.0	1.0
C 20：0	0.2	1.9	0.6	0.6
C 20：1	0.0	2.6	1.8	0.9
C 20：2	0.0	0.8	0.2	0.3
C 20：3	0.0	0.8	0.2	0.3
C 20：4	0.8	1.4	0.9	0.2
C 20：5	16.7	19.4	17.8	1.3
C 22：0	0.0	0.8	0.2	0.3

表 B.5（续）

三甲基氢氧化硫(TMSH)法(6个实验室)				
脂肪酸甲酯	最小值	最大值	平均值	标准偏差
C 22∶1	0.0	3.0	1.9	1.1
C 22∶2	0.0	2.3	0.7	0.9
C 22∶4	0.0	0.3	0.1	0.1
C 22∶5	1.9	2.6	2.3	0.3
C 22∶6	8.9	11.1	9.9	0.9
C 24∶0	0.0	0.3	0.1	0.1
C 24∶1	0.0	0.9	0.2	0.4
总计	79.4	127.4	100.0	19.1
酯交换法(8个实验室)				
脂肪酸甲酯	最小值	最大值	平均值	标准偏差
C 12∶0	0.0	0.1	0.1	0.1
C 14∶0	6.5	10.7	8.5	1.4
C 14∶1	0.0	0.3	0.2	0.1
C 15∶0	0.0	0.6	0.4	0.2
C 16∶0	15.9	20.8	18.5	1.8
C 16∶1	7.6	10.3	9.0	0.9
C 16∶2	0.0	2.2	0.6	0.9
C 16∶3	0.0	1.8	0.7	0.8
C 16∶4	0.0	2.6	0.6	1.2
C 17∶0	0.4	1.8	1.1	0.6
C 17∶1	0.0	2.7	0.7	1.0
C 18∶0	0.0	4.3	3.3	1.4
C 18∶1	12.6	13.7	13.2	0.4
C 18∶2	1.3	2.7	1.7	0.5
C 18∶3	0.6	1.7	0.9	0.4
C 18∶4	0.0	3.4	2.3	1.0
C 20∶0	0.2	0.8	0.4	0.2
C 20∶1	0.0	2.4	1.7	0.8
C 20∶2	0.0	0.6	0.2	0.2
C 20∶3	0.0	0.9	0.2	0.4
C 20∶4	0.8	1.6	1.1	0.3
C 20∶5	16.6	20.2	18.8	1.1
C 22∶0	0.0	0.7	0.1	0.2
C 22∶1	0.0	2.8	1.8	1.0

表 B.5（续）

酯交换法(8 个实验室)				
脂肪酸甲酯	最小值	最大值	平均值	标准偏差
C 22：2	0.0	2.3	0.5	0.8
C 22：4	0.0	0.8	0.3	0.4
C 22：5	1.9	2.6	2.3	0.2
C 22：6	8.9	15.3	10.7	1.9
C 24：0	0.0	0.3	0.0	0.1
C 24：1	0.0	0.8	0.2	0.3
总计	73.7	132.1	100.0	20.6

表 B.6 油和脂肪酸混合物(游离脂肪酸含量 70%)

三氟化硼法(7 个实验室)				
脂肪酸甲酯	最小值	最大值	平均值	标准偏差
C 6：0	0.2	0.4	0.3	0.1
C 8：0	3.0	3.8	3.5	0.3
C 10：0	2.9	3.3	3.1	0.1
C 12：0	27.3	30.7	28.3	1.2
C 14：0	10.1	11.1	10.5	0.3
C 16：0	20.2	21.3	20.8	0.4
C 16：1	0.0	0.4	0.3	0.1
C 18：0	4.9	5.6	5.3	0.2
C 18：1	18.6	21.1	20.2	0.9
C 18：2	5.9	7.0	6.4	0.4
C 18：3	0.2	0.3	0.2	0.0
C 20：0	0.3	0.4	0.3	0.1
C 20：1	0.2	0.5	0.3	0.1
C 22：0	0.0	0.4	0.2	0.1
C 22：1	0.0	0.4	0.2	0.1
总计	93.9	106.7	100.0	4.6
三甲基氢氧化硫(TMSH)法(5 个实验室)				
脂肪酸甲酯	最小值	最大值	平均值	标准偏差
C 6：0	0.0	0.6	0.5	0.1
C 8：0	0.3	4.8	4.4	0.4
C 10：0	2.1	3.7	3.5	0.2
C 12：0	10.0	30.2	29.0	0.9
C 14：0	7.7	10.6	10.1	0.4
C 16：0	19.8	26.4	20.5	0.6

表 B.6（续）

三甲基氢氧化硫(TMSH)法(5 个实验室)				
脂肪酸甲酯	最小值	最大值	平均值	标准偏差
C 16∶1	0.0	0.3	0.1	0.2
C 18∶0	5.0	9.1	5.4	0.5
C 18∶1	15.3	32.7	18.5	2.0
C 18∶2	5.5	10.2	6.4	0.6
C 18∶3	0.2	0.6	0.4	0.2
C 20∶0	0.3	0.8	0.4	0.1
C 20∶1	0.2	0.5	0.3	0.1
C 22∶0	0.0	0.5	0.3	0.1
C 22∶1	0.0	0.8	0.3	0.3
总计	66.4	131.8	100.0	6.7

表 B.7　猪油(游离脂肪酸含量 70%)

三氟化硼法(7 个实验室)				
脂肪酸甲酯	最小值	最大值	平均值	标准偏差
C 10∶0	0.0	0.1	0.1	0.0
C 12∶0	0.0	0.1	0.1	0.0
C 14∶0	1.5	1.7	1.6	0.1
C 16∶0	24.2	25.6	24.8	0.5
C 16∶1	2.6	3.6	3.0	0.3
C 17∶0	0.3	0.4	0.3	0.0
C 17∶1	0.3	0.4	0.3	0.0
C 18∶0	13.0	13.9	13.4	0.4
C 18∶1	41.9	44.3	43.2	0.7
C 18∶2	10.3	11.3	10.6	0.3
C 18∶3	0.9	1.4	1.0	0.2
C 20∶0	0.2	0.8	0.3	0.2
C 20∶1	0.5	1.1	0.9	0.2
C 20∶2	0.0	0.5	0.4	0.2
C 22∶0	0.0	0.1	0.0	0.0
总计	95.7	105.3	100.0	3.3
三甲基氢氧化硫(TMSH)法(6 个实验室)				
脂肪酸甲酯	最小值	最大值	平均值	标准偏差
C 10∶0	0.0	0.2	0.1	0.1
C 12∶0	0.0	1.5	0.3	0.6
C 14∶0	1.5	1.8	1.6	0.1

表 B.7（续）

三甲基氢氧化硫（TMSH）法（6 个实验室）				
脂肪酸甲酯	最小值	最大值	平均值	标准偏差
C 16∶0	22.1	25.4	24.2	1.2
C 16∶1	2.6	3.3	3.0	0.2
C 17∶0	0.3	0.5	0.4	0.1
C 17∶1	0.2	0.5	0.3	0.1
C 18∶0	12.6	13.7	13.3	0.4
C 18∶1	41.7	44.9	43.2	1.1
C 18∶2	9.8	11.5	10.5	0.6
C 18∶3	0.8	2.0	1.2	0.5
C 20∶0	0.2	0.8	0.4	0.2
C 20∶1	0.2	1.6	1.0	0.5
C 20∶2	0.2	0.6	0.5	0.2
C 22∶0	0.0	0.1	0.0	0.0
总计	92.3	108.4	100.0	6.0
酯交换法（8 个实验室）				
脂肪酸甲酯	最小值	最大值	平均值	标准偏差
C 10∶0	0.0	0.1	0.1	0.1
C 12∶0	0.0	0.2	0.1	0.1
C 14∶0	1.5	1.6	1.6	0.1
C 16∶0	23.6	25.4	24.6	0.7
C 16∶1	2.6	3.4	3.0	0.3
C 17∶0	0.3	0.4	0.3	0.0
C 17∶1	0.2	0.4	0.3	0.1
C 18∶0	12.8	13.7	13.2	0.3
C 18∶1	42.9	44.3	43.5	0.5
C 18∶2	10.3	11.2	10.7	0.3
C 18∶3	0.8	1.5	1.1	0.3
C 20∶0	0.2	0.8	0.4	0.3
C 20∶1	0.6	1.2	0.9	0.2
C 20∶2	0.0	0.5	0.3	0.2
C 22∶0	0.0	0.1	0.0	0.0
总计	95.9	104.7	100.0	3.5

表 B.8 可可黄油和奶油混合物(9:1)

三氟化硼法(7个实验室)				
脂肪酸甲酯	最小值	最大值	平均值	标准偏差
C 4:0	0.0	0.2	0.1	0.1
C 6:0	0.1	0.2	0.2	0.1
C 8:0	0.1	0.1	0.1	0.0
C 10:0	0.2	0.3	0.2	0.1
C 12:0	0.3	0.4	0.3	0.0
C 14:0	1.1	1.6	1.2	0.2
C 14:1	0.0	0.1	0.1	0.0
C 15:0	0.0	0.2	0.1	0.1
C 16:0	25.5	28.3	26.3	0.9
C 16:1	0.3	0.6	0.4	0.1
C 17:0	0.2	0.3	0.3	0.0
C 18:0	31.5	33.9	33.1	0.8
C 18:1	32.6	33.7	33.2	0.4
C 18:2	2.8	3.5	3.0	0.2
C 18:3	0.2	0.3	0.2	0.0
C 20:0	0.8	1.0	0.9	0.1
C 20:1	0.0	0.1	0.9	0.1
C 22:0	0.0	0.2	0.1	0.1
总计	95.7	105.0	100.0	3.3
三甲基氢氧化硫(TMSH)法(6个实验室)				
脂肪酸甲酯	最小值	最大值	平均值	标准偏差
C 4:0	0.0	0.4	0.2	0.2
C 6:0	0.2	0.4	0.3	0.1
C 8:0	0.0	0.4	0.2	0.2
C 10:0	0.3	0.4	0.3	0.0
C 12:0	0.3	0.6	0.4	0.1
C 14:0	1.1	1.8	1.3	0.2
C 14:1	0.0	0.2	0.1	0.1
C 15:0	0.0	0.8	0.3	0.3
C 16:0	25.4	27.3	26.2	0.6
C 16:1	0.3	0.7	0.5	0.1
C 17:0	0.3	0.3	0.3	0.3
C 18:0	28.7	33.7	32.3	1.9
C 18:1	31.8	33.1	32.7	0.5

表 B.8(续)

三甲基氢氧化硫(TMSH)法(6个实验室)				
脂肪酸甲酯	最小值	最大值	平均值	标准偏差
C 18:2	2.8	5.3	3.5	1.0
C 18:3	0.2	0.5	0.3	0.1
C 20:0	0.9	1.3	1.0	0.2
C 20:1	0.0	0.1	0.1	0.1
C 22:0	0.0	0.3	0.2	0.1
总计	92.3	107.6	100.0	5.8
酯交换法(8个实验室)				
脂肪酸甲酯	最小值	最大值	平均值	标准偏差
C 4:0	0.0	0.4	0.2	0.2
C 6:0	0.1	0.3	0.2	0.1
C 8:0	0.0	0.2	0.1	0.1
C 10:0	0.2	0.4	0.3	0.1
C 12:0	0.3	0.7	0.4	0.1
C 14:0	1.1	1.7	1.2	0.2
C 14:1	0.0	0.2	0.1	0.1
C 15:0	0.0	0.2	0.1	0.1
C 16:0	25.5	27.9	26.4	0.8
C 16:1	0.3	0.7	0.4	0.1
C 17:0	0.0	0.4	0.3	0.1
C 18:0	31.4	33.8	32.9	0.8
C 18:1	32.4	33.5	33.2	0.4
C 18:2	2.7	3.6	2.9	0.3
C 18:3	0.0	0.3	0.2	0.1
C 20:0	0.0	1.1	0.8	0.3
C 20:1	0.0	0.1	0.0	0.0
C 22:0	0.0	0.7	0.2	0.2
总计	93.9	106.4	100.0	4.2

参 考 文 献

[1] Bannon, Craske *et al*. 1985. *J. Am. Oil Chem. Soc.*, 62:150.
[2] Bannon, Craske *et al*. 1987. *J. Am. Oil Chem. Soc.*, 64:1413.
[3] Schulte and Weber. 1989. *Fat Sci. Technol.*, 91:181.

ICS 67.200.10
X 14

中华人民共和国国家标准

GB/T 17377—2008/ISO 5508:1990
代替 GB/T 17377—1998

动植物油脂 脂肪酸甲酯的气相色谱分析

Animal and vegetable fats and oils—Analysis by gas chromatography of methyl esters of fatty acids

(ISO 5508:1990,IDT)

2008-11-04 发布　　　　2009-01-20 实施

中华人民共和国国家质量监督检验检疫总局
中国国家标准化管理委员会　发布

前　言

本标准等同采用ISO 5508:1990《动植物油脂　脂肪酸甲酯的气相色谱分析》(英文版)。

为便于使用,本标准对ISO 5508:1990进行了下列编辑性修改:

——“本国际标准”一词改为“本标准”;

——删除国际标准的前言;

——用小数点“.”代替作为小数点的逗号“,”。

本标准是对GB/T 17377—1998《动植物油脂　脂肪酸甲酯的气相色谱分析》的修订。

本标准与GB/T 17377—1998的主要差异如下:

——删除了原标准的“ISO前言”;

——将原标准的“附录A”改为本标准的“5.1.2”。

本标准自实施之日起代替GB/T 17377—1998。

本标准由国家粮食局提出。

本标准由全国粮油标准化技术委员会归口。

本标准负责起草单位:国家粮食储备局西安油脂科学研究设计院、陕西省产品质量监督检验所、中粮黄海粮油工业(山东)有限公司。

本标准主要起草人:孟橘、夏天文、王慧芳、唐欣、徐光洪、倪芳妍、刘配莲。

本标准所代替标准历次版本发布情况为:

——GB/T 17377—1998。

动植物油脂
脂肪酸甲酯的气相色谱分析

1 范围

本标准给出了采用填充柱或毛细管柱气相色谱法，对按 GB/T 17376 规定方法获得的脂肪酸甲酯混合物组成进行定性、定量测定的一般性指南。

本标准不适用于聚合的脂肪酸。

2 规范性引用文件

下列文件中的条款通过本标准的引用而成为本标准的条款。凡是注日期的引用文件，其随后所有的修改单(不包括勘误的内容)或修订版均不适用于本标准，然而，鼓励根据本标准达成协议的各方研究是否可使用这些文件的最新版本。凡是不注日期的引用文件，其最新版本适用于本标准。

GB/T 17376 动植物油脂 脂肪酸甲酯制备(ISO 5509:2000,IDT)

3 试剂

3.1 载气

惰性气体(氮、氦、氩、氢等)，完全干燥且氧气含量低于 10 mg/kg。

注 1：氢气只有在采用毛细管柱进行分析时作载气使用，能使分析速度加快一倍，但氢气危险，应配用安全装置。

3.2 助燃气

3.2.1 氢气(纯度 99.9%)，不含有机杂质。

3.2.2 空气或氧气，不含有机杂质。

3.3 参比标准物

纯脂肪酸甲酯的混合物或已知组成的油脂甲酯，其组成最好与欲分析的脂肪物质相似。

应注意防止多不饱和脂肪酸氧化。

4 仪器

本标准涉及到气相色谱法常用的设备，使用填充柱或毛细管柱及火焰离子化检测器。任何符合 5.1.2中规定的效率和分离度的设备均适用。

4.1 气相色谱仪

气相色谱仪由以下单元组成。

4.1.1 进样装置

可任选一种进样装置：

a) 配用填充柱，死体积尽可能最小(在这种情况下进样口应可被加热至比柱温高 20 ℃～50 ℃的温度)；

b) 配用毛细管柱，在此种情况下，进样装置应特殊设计以便适用于此种柱管。可使用分流式进样装置，也可使用非分流式进样装置。

注 2：在不含少于 16 碳的脂肪酸时，可以使用针式进样器。

4.1.2 柱箱

柱箱应能将色谱柱的温度加热至 260 ℃以上，并能维持所需温度(填充柱为±1 ℃，毛细管柱为±0.1 ℃)。当使用熔融石英管时，后一条件是特别重要的。

在所有情况下，特别是在分析少于16碳的脂肪酸时，建议采用程序升温。

4.1.3 填充柱

4.1.3.1 管柱：所使用的材料应不与被分析物质发生反应（例如玻璃或不锈钢），具有如下尺寸：

a) 长度：1 m～3 m。当存在长链脂肪酸（多于20碳）时，应使用相对短的柱子；当测定4碳或6碳的脂肪酸时，建议使用长度为2 m的柱子；

b) 内径：2 mm～4 mm。

注3：有三个以上双键的多不饱和组分可能会在不锈钢管柱内分解。

注4：可以使用双柱系统。

4.1.3.2 填充物由以下要素构成：

a) 载体：酸洗并硅烷化的硅藻土或其他适用的惰性载体，且粒度分布范围狭窄（粒径在125 μm～200 μm时为25 μm），平均粒度与管柱内径和长度有关；

b) 固定相：聚酯型极性固定液（如二甘醇聚丁二酸酯、丁二醇聚丁二酸酯、乙二醇聚己二酸酯等），氰基硅酮或符合色谱分离要求的其他固定液。固定相用量为填充物质量的5%～20%。非极性固定相也可用于某些分离。

4.1.3.3 柱的老化：如果可能，将柱子与检测器脱开，先以20 mL/min～60 mL/min的流速将惰性气体通入新制备的色谱柱，将柱箱逐渐加热至185 ℃，并在此温度下至少保持16 h后，再于195 ℃的温度下继续通气2 h。

4.1.4 毛细管柱

4.1.4.1 管柱：所使用的材料应不与被分析物质发生反应（通常使用玻璃或熔融石英管）。内径为0.2 mm～0.8 mm。在涂布固定相前，需对内表面进行适当处理（如表面制备、钝化）。在大多数情况下，25 m长已足够。

4.1.4.2 固定相：通常使用聚乙二醇类（聚乙二醇-20 000），聚酯（丁二醇聚丁二酸酯）或极性的聚硅氧烷（氰基硅氧烷）。键合（交联）柱也是适用的。

注5：使用极性聚乙烯硅氧烷柱分离鉴定亚麻酸和20碳酸会有一定困难。

涂层要薄，在0.1 μm～0.2 μm之间。

4.1.4.3 柱的安装、老化：遵从安装毛细管柱的常用注意事项，如色谱柱在柱箱内的位置（支架），选择并安装接头（气密度），柱子末端在进样器和检测器中的位置（减少死体积）。柱内通入载气流[例如对于长25 m内径0.3 mm的柱为30 kPa(0.3 bar)]。

令柱箱以3 ℃/min的速度程序升温，从环境温度升温至比固定相分解温度极限低10 ℃的温度，对柱子进行老化。保持此柱箱温度1 h至基线稳定。再降至180 ℃在恒温状态下进行工作。

注6：可购用已预先老化的色谱柱。

4.1.5 检测器

以可加热到高于柱温的检测器为宜。

4.2 注射器

注射器最大容量应为10 μL，刻度应为0.1 μL。

4.3 记录器

如果由记录曲线计算被分析混合物的组分，则需要一台高精度、能与所用仪器相匹配的电子记录器。记录器应具有如下性能：

a) 响应时间小于1.5 s，最好小于1 s（响应时间是当瞬间输入100%信号时，记录笔从0%移动至90%所需的时间）；

b) 记录纸宽：至少20 cm；

c) 记录纸速：在0.4 cm/min～2.5 cm/min之间可调。

4.4 积分仪或计算机(任选)

可用电子积分仪或计算机进行快速、准确的计算。积分仪应具有满足线性响应的灵敏度,能较好地校正基线偏移。

5 操作步骤

使用火焰离子化检测器时按5.1~5.3步骤进行。

也可使用热导检测器进行气相色谱分析。但操作条件要按第8章执行。

5.1 试验条件

5.1.1 最佳操作条件的选择

5.1.1.1 填充柱

在选择试验条件时,应考虑下列各因素:

a) 柱的长度和直径;

b) 固定相的性质和数量;

c) 柱温;

d) 载气流速;

e) 所需的分离度;

f) 试样用量,选择检测器和静电计结合可给出线性响应的进样量;

g) 分析时间。

通常,按表1和表2中给出的条件可得到较好的分离效果,以硬脂酸甲酯为例,在15 min内洗脱,可达到理论塔板数至少每米柱长2 000。

如仪器性能允许,进样口温度应约为200 ℃,而检测器温度应等于或高于柱温。

一般情况下,根据管柱直径的不同,火焰离子化检测器的氢气流速与载气流速比值为1:2~1:1。氧气(助燃气)的流速是氢气流速的5倍~10倍。

表1

柱内径/mm	载气流速/(mL/min)
2	15~25
3	20~40
4	40~60

表2

固定相质量分数/%	柱温/℃
5	175
10	180
15	185
20	185

5.1.1.2 毛细管柱

毛细管柱的效率和渗透性意味着各组分之间的分离和分析时间主要依赖于柱内的载气流速,因此有必要按照此参数(或者更简单地根据色谱柱的压力损失)使操作条件达到最佳状态,以满足操作者对提高分离效果或缩短分析时间的不同要求。

5.1.2 理论塔板数和分离度的测定

以分析由硬脂酸甲酯和油酸甲酯按等量比例组成的混合物(例如,由可可脂制得的甲酯)为例。

合理选择柱温、载气流速和进样量,使硬脂酸甲酯峰的最大值大约在溶剂峰出现15 min后出现,且峰高达到满标的3/4。见图1。

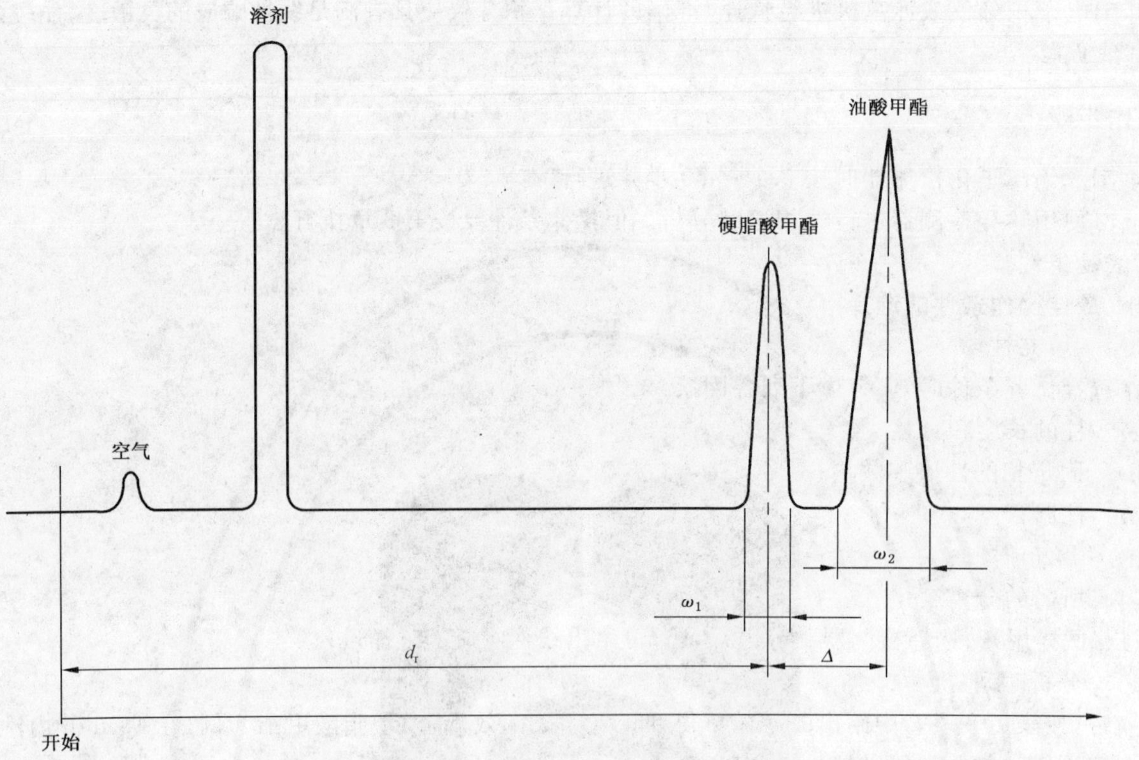

图1 理论塔板数(有效率)和分离度的测定

理论塔板数 n,按式(1)计算:

$$n = 16 \times (\frac{d_r}{\omega_1})^2 \quad \cdots\cdots(1)$$

分离度 R 按式(2)计算:

$$R = \frac{2 \times \Delta}{\omega_1 + \omega_2} \quad \cdots\cdots(2)$$

式中:

n——理论塔板数;

R——分离度;

d_r——保留距离,从色谱图起始点到硬脂酸甲酯最高峰间的距离,单位为毫米(mm);

ω_1——硬脂酸甲酯的峰宽,是从曲线两个拐点作切线与基线的交点间的距离,单位为毫米(mm);

ω_2——油酸甲酯的峰宽,是从曲线两个拐点作切线与基线的交点间的距离,单位为毫米(mm);

Δ——硬脂酸甲酯与油酸甲酯最高峰间的距离,单位为毫米(mm)。

被选择的检测条件应满足理论塔板数(n)每米柱长至少2 000,分离度(R)至少1.25。

5.2 进样量

用注射器(4.2)取0.1 μL~2 μL按照GB/T 17376制备的甲酯溶液进样。

如果是干甲酯,可用色谱纯庚烷将其配制成约100 mg/mL的溶液,取此溶液0.1 μL~1 μL进样。

如果检测痕量组分,试样量可以增大(至10倍)。

5.3 分析

一般情况下,按5.1.1规定的条件操作。

但在测定碳原子数少于12的脂肪酸甲酯时应采用较低的柱温,而测定多于20碳的脂肪酸甲酯时应采用较高的柱温,在上述两种情况下,可以采用程序升温。例如,若试样中含有低于12碳的脂肪酸甲酯，可在100 ℃下进样（如有丁酸存在，则可在50 ℃～60 ℃进样）并立即以4 ℃/min～8 ℃/min的速率升至最佳温度。在某些情况下可以将这两个步骤结合起来。

程序升温后，在恒定温度下继续洗脱直至所有组分洗脱出来。如果仪器无程序升温，可在100 ℃和195 ℃两个固定温度下进行操作。

如有必要，例如在分析鱼油样品或同时存在着C18：3和C20：0或C18：3和共轭的C18：2试样时，建议使用两种极性不同的固定相进行分析，以确认无被隐蔽的峰。

5.4 标准色谱图和标准曲线的制备

用与试样相同的条件分析参比标准混合物（3.3），并测出各脂肪酸甲酯组分的保留时间或保留距离。在半对数坐标纸上以任意不饱和度作图，所得的曲线将显示保留时间或保留距离的对数是碳原子数的函数。在等温条件下，相同不饱和度的直链脂肪酸的曲线应是直线。这些直线大致上是平行的。

应避免存在“隐蔽峰”，即在该处的分离度不足以分离两种组分。

6 结果计算

6.1 定性分析

由按5.4绘制的色谱图上确定样品的甲酯峰，必要时可用内插法。

6.2 定量分析

6.2.1 组成的测定

除特殊情况外，通常使用内部归一化法，即假定试样的所有组分都显示在色谱图上，因此各峰面积的总和即代表100%的组成（完全洗脱）。

如果仪器配有积分仪，可使用由此获得的数据。如无积分仪，则可用峰高乘半峰宽测定各峰的面积，此时应考虑记录过程所使用的不同衰减。

6.2.2 计算方法

6.2.2.1 一般情况

组分i的含量（X_i），按式（3）计算，以甲酯的质量分数表示，数值以%计：

$$X_i = \frac{A_i \times 100}{\sum A} \qquad \cdots\cdots(3)$$

式中：

A_i——组分i的峰面积；

$\sum A$——各峰面积的总和。

计算结果保留至小数点后一位。

注7：一般情况下，由峰面积比计算的结果可被认为代表质量分数。特殊情况，请参阅第6.2.2.2条。

6.2.2.2 校正因子的使用

在某些情况下，特别是存在碳原子数少于8的脂肪酸或有二级基团的脂肪酸，使用热导检测器或需要最高精确度时，应使用校正因子将峰面积比转换成组分的质量分数。

校正因子是在与试样相同的操作条件下，由分析已知组成的甲酯参比混合物得到的色谱图测定的。

对于此种参比混合物，组分i的质量分数（T）可由式（4）求出，数值以%计：

$$T = \frac{m_i \times 100}{\sum m} \qquad \cdots\cdots(4)$$

式中：

m_i——参比混合物中组分i的质量，单位为毫克（mg）；

$\sum m$——参比混合物中各组分的总质量，单位为毫克（mg）。

按式（5）计算组分i的质量分数（Z，面积/面积）：

$$Z = \frac{A_i \times 100}{\sum A} \qquad \cdots\cdots(5)$$

式中：

A_i——组分 i 的峰面积，由参比混合物的色谱图(5.4)得到；

$\sum A$——各峰面积的总和。

则校正因子可按式(6)进行计算：

$$K'_i = \frac{m_i \times \sum A}{A_i \times \sum m} \qquad \cdots\cdots(6)$$

通常，校正因子是以对棕榈酸的校正因子 K_{c16} 的相对值来表示的，故此相对校正因子变为：

$$K'_i = K_i / K_{c16} \qquad \cdots\cdots(7)$$

因此，试样中组分 i 的含量按式(8)计算，以甲酯的质量分数表示，数值以%计：

$$\frac{K'_i \times A_i \times 100}{\sum(K'_i \times A_i)} \qquad \cdots\cdots(8)$$

计算结果保留至小数点后一位。

6.2.2.3 **内标的使用**

在某些分析中(例如在不是所有的脂肪酸组分都能被定量测定时，特别是 4 碳和 6 碳的脂肪酸与 16 碳和 18 碳的脂肪酸并存时，或者需要测定样品中某种脂肪酸绝对量时)需要使用内标。通常使用 5、15 或 17 碳脂肪酸，应测定该内标的校正因子。

以甲酯表示的组分 i 的质量分数(X_i)可由式(9)求出：

$$X_i = \frac{m_s \times K'_i \times A_i \times 100}{m \times K'_s \times A_s} \qquad \cdots\cdots(9)$$

式中：

X_i——甲酯组分的质量分数，%；

A_i——对应于组分 i 的峰面积；

A_s——对应于内标物的峰面积；

K'_i——组分 i 的校正因子(相对于 K_{c16})；

K'_s——内标物的校正因子(相对于 K_{c16})；

m——试样质量，单位为毫克(mg)；

m_s——内标物质量，单位为毫克(mg)。

计算结果保留至小数点后一位。

6.2.3 **精密度**

按照 GB/T 17376 制备甲酯，并按照本标准中所述进行气相色谱分析，结果应满足下述重复性和再现性的要求。这些要求一直以来均被认可。

6.2.3.1 **重复性**

在同一实验室，由同一操作者使用相同设备，按相同的测试方法，并在短时间内对同一被测对象相互独立进行测试获得的两次独立测试结果，对于质量分数大于 5%的组分，相对偏差应不大于 3%，绝对差值不大于 1%；对于质量分数小于等于 5%的组分，绝对差值应不大于 0.2%。

6.2.3.2 **再现性**

在不同的实验室，由不同的操作者使用不同的设备，按相同的测试方法，对同一被测对象相互独立进行测试获得的两次独立测试结果，对于质量分数大于 5%的组分，相对偏差不超过 10%，绝对差值应不超过 3%；对于质量分数小于等于 5%的组分，绝对差值应不超过 0.5%。

7 特殊情况——使用热导检测器

使用热导检测器的气相色谱仪也可用于定性、定量测定脂肪酸甲酯混合物的组成。如果使用热导检测器，应按照表 3 中所示修改第 4 章和第 5 章中规定的条件。

定量分析时，应使用 6.2.2.2 中定义的校正因子。

表 3 热导检测器条件

项 目	条 件
柱管	柱长:2 m～4 m,内径:4 mm
载体/μm	粒度:160～200
固定相质量分数/%	15～25
载气	氦气,若无氦气可用含氧量尽可能低的氢气
助燃气	无
进样口温度/℃	比柱温度高 40～60
柱温/℃	180～200
载气流速/(mL/min)	60～80
进样量/μL	0.5～2

8 测试报告

测试报告应详细说明:

——完成样品测定所需的全部信息;

——甲酯化制备方法;

——气相色谱分析所采用的方法;

——测定结果;

——所有在本标准中未规定或视为任选的操作细节,以及其他可能已经影响了实验结果的事件。

ICS 55.180.10
A 85

中华人民共和国国家标准

GB/T 17382—2008/ISO 3874:1997
代替 GB/T 17382—1998

系列1集装箱　装卸和栓固

Series 1 freight containers—Handling and securing

(ISO 3874:1997,IDT)

2008-08-04 发布　　2008-10-01 实施

中华人民共和国国家质量监督检验检疫总局
中国国家标准化管理委员会　发布

前　言

本标准等同采用 ISO 3874:1997《系列 1 集装箱　装卸和栓固》(英文版)。包括其修正案 ISO 3874:1997/Amd 1:2000《集装箱栓固用转锁、闩锁、堆码连接件和系杆系统》(英文版)、ISO 3874:1997/Amd 2:2002《垂直叠吊》(英文版)和 ISO 3874:1997/Amd 3:2005《双箱叠垛轨道车运输作业》(英文版)。

本标准等同翻译 ISO 3874:1997。

为便于使用,本标准做了下列编辑性修改:

——“本国际标准”一词改为“本标准”;

——删除国际标准的前言;

——删除国际标准参考文献;

——各种“作业适用范围”表中代号“1)”和“2)”被“a ”和“b”代替;

——对于 ISO 3874:1997 引用的其他国际标准中有被等同采用为我国标准的,本标准用引用我国的国家标准代替对应的国际标准,其余未等同采用为我国标准的国际标准,在本标准中均被直接引用(见本标准第 2 章)。

本标准代替 GB/T 17382—1998《系列 1 集装箱　装卸和栓固》。本标准与 GB/T 17382—1998 相比主要技术差异如下:

——新增了 3.5 对“栓固装置”的定义;

——新增了 6.2.5 有关连锁叠吊的内容和其脚注 1、脚注 2;

——新增了 9.3.5 有关“双箱叠垛轨道车运输作业”的内容;

——新增了“集装箱栓固用转锁、闩锁、堆码连接件和拉杆系统”,并作为标准的附录 A～附录 D, 1998 版附录 A“双头转锁”在新增的内容已有规定,予以删除。

本标准附录 A、附录 B、附录 C、附录 D 为规范性附录。

本标准由全国集装箱标准化技术委员会(SAC/TC 6)提出并归口。

本标准起草单位:上海国际港务(集团)股份有限公司。

本标准主要起草人:包起帆、倪志平、朱祖福、闻君、孔令顺、李仁源。

本标准所代替标准的历次版本发布情况为:

——GB/T 17382—1998。

系列1集装箱　装卸和栓固

1　范围

本标准规定了按 GB/T 5338、GB/T 7392、GB/T 16563、GB/T 17274 和 GB/T 16564 制造和试验的系列1集装箱的装卸和栓固方法。

本标准适用于在水陆运输中集装箱重箱和空箱的安全操作。

2　规范性引用文件

下列文件中的条款通过本标准的引用而成为本标准的条款。凡是注日期的引用文件，其随后所有的修改单(不包括勘误的内容)或修订版均不适用于本标准，然而，鼓励根据本标准达成协议的各方研究是否可使用这些文件的最新版本。凡是不注日期的引用文件，其最新版本适用于本标准。

GB/T 1413　系列1集装箱　分类、尺寸和额定质量(GB/T 1413—2008,ISO 668:1995,IDT)

GB/T 1836　集装箱代码、识别和标记(GB/T 1836—1997 ,idt ISO 6346:1995)

GB/T 5338　系列1集装箱　技术要求和试验方法　第1部分:通用集装箱(GB/T 5338—2002,ISO 1496-1:1990,IDT)

GB/T 7392　系列1集装箱的技术要求和试验方法　保温集装箱(GB/T 7392—1998,idt ISO 1496-2:1996)

GB/T 16563　系列1液体、气体及加压干散货罐式集装箱　技术要求和试验方法(GB/T 16563—1996,idt ISO 1161:1984)

GB/T 16564　系列1平台式、台架式集装箱技术要求和试验方法(GB/T 16564—1996,idt ISO 1496-5:1991)

GB/T 17274　系列1无压干散货集装箱技术要求和试验方法(GB/T 17274—1998,idt ISO 1496-4:1991)

ISO 830　集装箱术语

ISO 1161:1984　系列1集装箱　角件技术要求

3　术语和定义

ISO 830 确立的以及下列术语和定义适用于本标准。

3.1

空箱　empty container

处于只有自身质量状态的集装箱。

3.2

重箱　loaded container

不处于空箱状态的集装箱。

3.3

重心的偏心　eccentricity of the centre of gravity

不论是空箱和重箱以及是否带有附件，其实际重心与四个底角件交叉点形成的几何中心在纵向和横向的偏离。

3.4

移动的重心　mobile centre of gravity

装有动态情况下易于移动的液体、干散货、悬挂物等货物的集装箱的重心。

3.5

栓固装置　securing device

用于栓固集装箱的装置。

注：装置直接与集装箱角件连接或连接于运输工具和集装箱角件之间。

4　基本要求

4.1　一般要求

本标准的使用者应注意相关载荷施于集装箱上或装卸机具上或栓固装置上等情况的警示。包括集装箱或栓固装置的损坏，栓固装置的松弛或过紧，集装箱箱内货物的松动，偏心载荷和强风、冰、浪等造成的恶劣环境状况。

注：松动是通用术语，其包括箱货的移动，散货的流动或沉积，液体自由液面的变化等。

4.1.1　应遵循相关的国家和国际法规的要求。

4.1.2　对集装箱和作业中使用的任何机具，均应经过维护。

4.1.3　箱门、罩布、封锁件、可活动或可折叠的部件和任何可拆卸的装置均应适当地固定。

4.1.4　所有从事装卸和栓固的人员均应接受相应的培训，特别是安全方面的培训。

4.1.5　应明确区分集装箱是重箱还是空箱，如无法查明，则应按重箱处理。

4.1.6　在强风和其他外界因素影响到集装箱装卸机械作业时，应谨慎地装卸操作。

4.2　货物包装、装箱和拆箱

4.2.1　在对货物包装、装集装箱和需在箱内栓固时，应按良好的和推荐的作业方式进行，使得货物作用在集装箱上的力不超过设计的受力限度，并符合 4.2.2～4.2.4 规定的基本要求。

4.2.2　用于集装箱装拆箱的设备，其施加给箱体的力不应超过箱体设计的受力限度。

4.2.3　装入箱内的货物和用于包装的所有物件（包括箱内的充塞物料、固货件等）的总质量应不超过箱体允许最大货载（即等于最大允许总质量减去空箱质量）。

4.2.4　箱内的货物应均匀分布，使重心尽可能低且靠近箱中心位置，以避免：

——集装箱吊运时的过分倾斜；

——集装箱或装卸机具超载；

——车辆的轴载超限；

——车辆的稳定性不足；

——出现集装箱箱底无法承受的集中载荷。

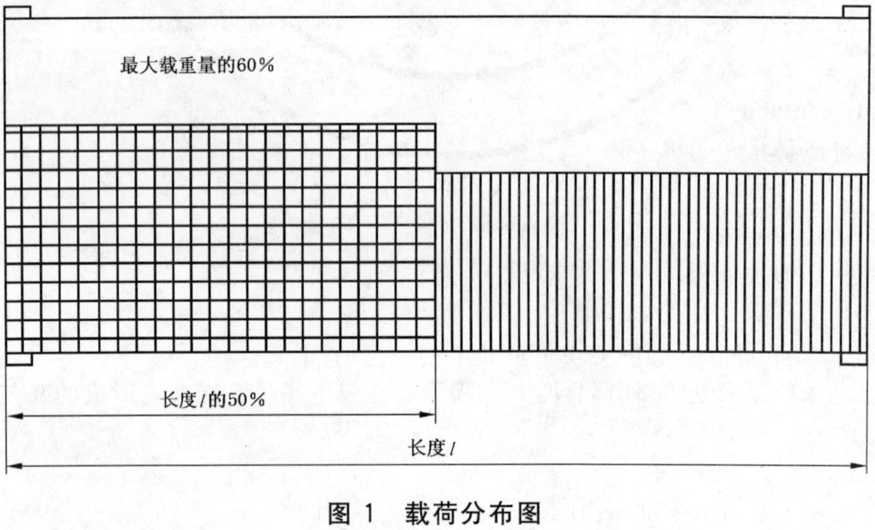

图1　载荷分布图

重箱的重心偏心率是随箱内载荷分布而变化;集装箱和装卸设备的设计者宜考虑这个事实。例如:60%的载荷分布在从箱一端起的50%的箱长承载面时(见图1),其偏心率为5%。

4.3 箱内货物堆码和栓固

为防止集装箱在装卸和运输过程中由于动态导致意外货损,箱内货物应堆码紧密并栓固。

5 装卸

5.1 按规定的吊(举)方式装卸(见第6章)

5.1.1 所使用的起重机具与所受载荷相适应,保证与集装箱安全可靠连接,并使所吊运的集装箱不受到障碍。

5.1.2 单点起吊时,应特别注意因集装箱重心偏离造成倾斜所带来的危险性。

5.1.3 在起吊重心易于移动或重心偏离的集装箱时,应谨慎操作。例如:罐式集装箱、干散货集装箱、装有液体散装袋的集装箱、装有悬挂货物的集装箱或有制冷装置的温控集装箱(整体式或外置式)。

5.2 其他的装卸方式

采用第6章规定之外的方式装卸集装箱,应根据相关的国际和国家集装箱标准对装卸所用的机械和采用的操作方法,进行仔细评估。

6 规定的吊(举)方式

6.1 总则

6.1.1 6.2～6.10中所述的各种规定的吊(举)方式,见表1。

表1 规定的吊(举)方式汇总表

条款	种类	图示
6.2	吊具顶吊作业	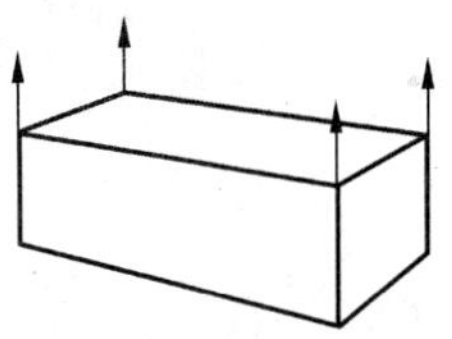
6.3	吊索顶吊作业	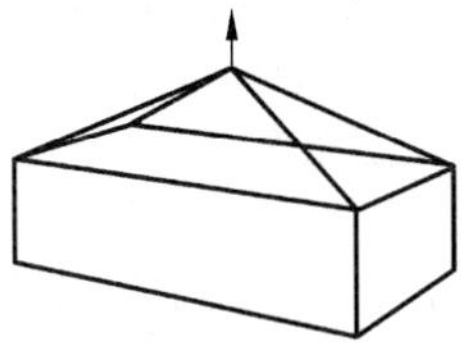
6.4	吊索底吊作业	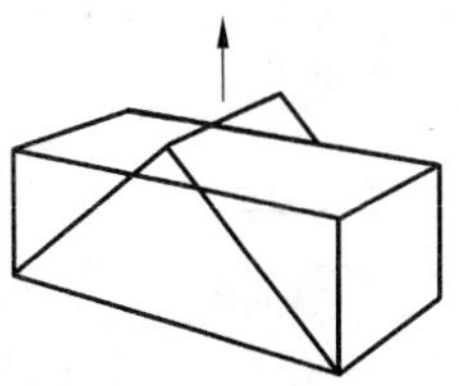
6.5	侧举作业(方式1)	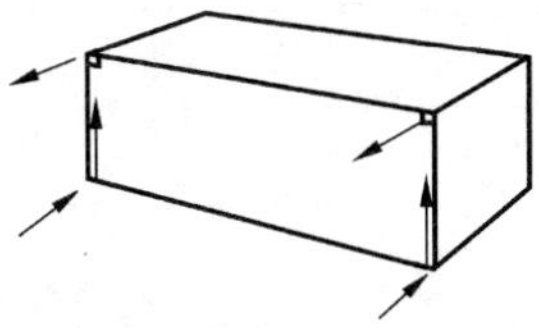

表 1（续）

条　　款	种　　　类	图　　　示
6.6	侧举作业(方式 2)	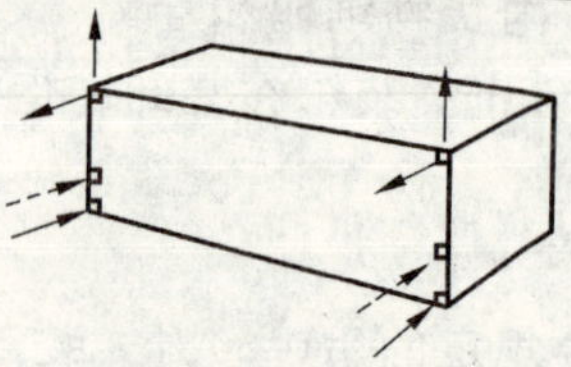
6.7	侧举作业(方式 3)	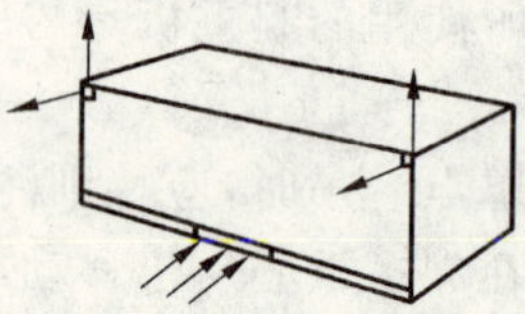
6.8	端举作业(方式 1)	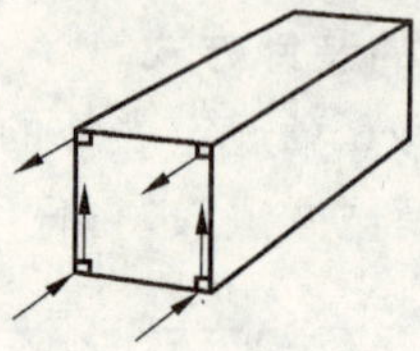
6.9	端举作业(方式 2)	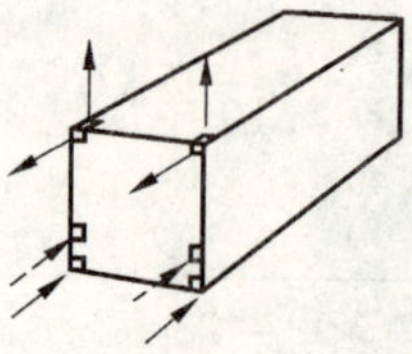
6.10	叉举作业	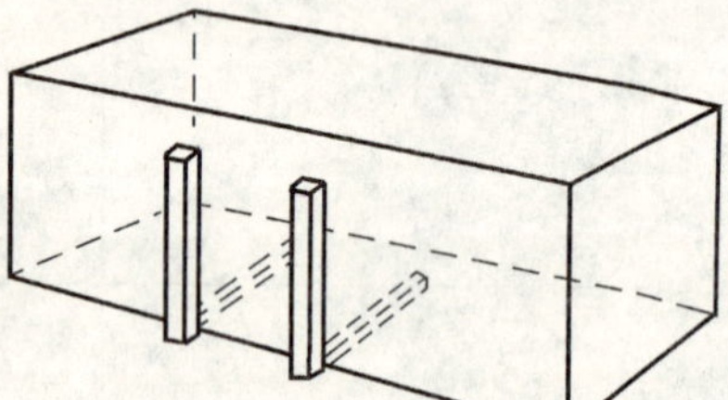

6.1.2　在表 3～表 5 和表 7～表 12 中，“允许”和“不允许”的标记是指各种规定的吊(举)方式对不同类型、尺寸的集装箱的适用性。适用性考虑了集装箱的设计强度、载荷、环境和操作安全等方面。

注：在表 3～表 5 和表 7～表 12 中，对集装箱类型、尺寸、载荷、设计和作业条件组合时的例外情况，没有予以考虑。在这种情况下，应斟酌所使用的方法是否能够确保安全和符合作业要求。在表 3～表 12 中所涉及的尺寸代码，见表 2。

表 2　表 3 至表 12 涉及的尺寸代码

公　称　长　度		公　　　　称　　　　高　　　　度			
m	ft	2 896 mm(9ft0in)	2 591 mm(8ft6in)	2 438 mm(8ft0in)	<2 438 mm(8ft0in)
12	40	1AAA	1AA	1A	1AX
9	30	1BBB	1BB	1B	1BX
6	20	—	1CC	1C	1CX
3	10	—	—	1D	1DX
注：所有集装箱公称宽度均为 2 438 mm(8ft0in)。					

6.2 吊具顶吊作业(见图2)

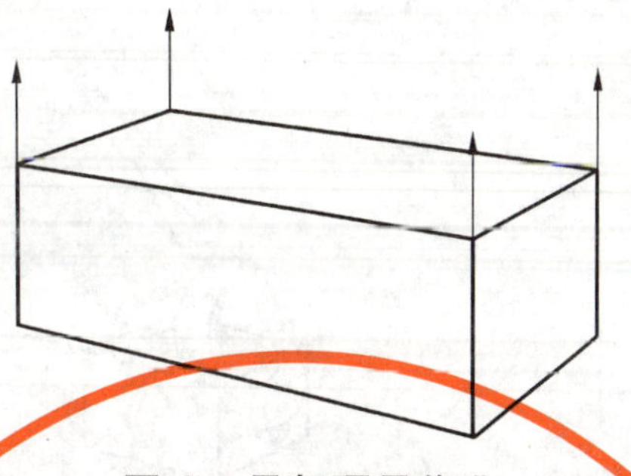

图2 吊架顶吊作业

6.2.1 使用集装箱专用吊架由四个顶角件的顶孔起吊集装箱，起吊力应保持竖直。

6.2.2 起吊装置应与箱体正确连接，连接装置应仅与角件紧密接触。

6.2.3 吊架顶吊作业适用范围见表3。

6.2.4 上部结构可折倒的台架式集装箱(代码PL和PC，见GB/T 1836)在处于空箱和折倒状态时，可联锁成叠装卸。每叠的总质量应不超过按GB/T 1413定义的最大允许总质量。

6.2.5 对不是6.2.4中专指的集装箱，如果垂直作用在集装箱每个角件上力不大于75kN[1)]和起吊所用的转锁或其他连接件经检验合格[2)]，可使用转锁或其他连接件连锁叠吊。转锁或其他连接件应定期检测。

表3 吊具顶吊作业适用范围

空箱													集装箱类型	GB/T 1836	重箱												
AAA	AA	A	AX	BBB	BB	B	BX	CC	C	CX	D	DX			AAA	AA	A	AX	BBB	BB	B	BX	CC	C	CX	D	DX
			■				■			■		■	通用集装箱	GP,VH				■				■			■		■
													敞顶式集装箱	UT													
													干散货集装箱:无压/箱型	BU													
			■				■			■		■	保温集装箱	RE,RT RS				■				■			■		■
													装液体和气体的罐式集装箱	TN,TO TG													
													干散货集装箱:无压/有压漏斗型	BK													
■	■	■		■	■	■		■	■		■	■	平台式集装箱	PL	■	■	■	a	■	■	■	a	■	■	a	■	a
													上部结构不完整 台架式集装箱:有完整固定端壁	PF													
													上部结构不完整 台架式集装箱:有可拆装的角柱	PF													
													上部结构不完整 台架式集装箱:有完整可折倒端壁(竖立状)	PC													
													上部结构不完整 台架式集装箱:有可折倒的角柱(竖立状)	PC													
													上部结构不完整 台架式集装箱:有完整可折倒端壁(折倒状)	PC	■	■	■	■	■	■	■	■	■	■	■	■	■
													上部结构不完整 台架式集装箱:有可折倒的角柱(折倒状)	PC	■	■	■	■	■	■	■	■	■	■	■	■	■
													上部结构完整和敞侧壁集装箱	PS													

注:□——允许;■——不允许(或不适用)。

a 仅在使用延伸件的情况下具有顶吊的可能。

1) 75 kN值规定了锁/角件连接的结构强度最低要求。以两个1AAA集装箱连锁叠吊为例，每个角件受力组成：75 kN=26 kN(风载荷的分布，相当于100 km/h的风速，不考虑集装箱尺寸情况)+22 kN(两集装箱箱体自重的分布)+27 kN(集装箱最大允许载荷的分布)。三个集装箱连锁叠吊，其实际上限也按上述测算。

2) 所期望的验证方法是基于材料的极限强度，其安全系数至少取4倍。

6.3 吊索顶吊作业(见图 3)

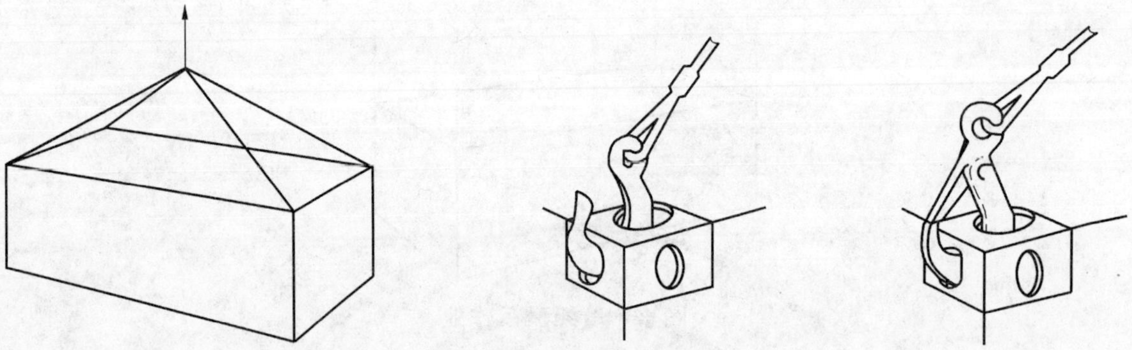

图 3 吊索顶吊作业

6.3.1 使用非竖直力从四个顶角件的顶孔起吊集装箱。

6.3.2 起吊装置应与箱体正确连接。吊钩应由里向外勾挂。

6.3.3 吊索顶吊作业适用范围见表 4。

6.3.4 上部结构可折倒的台架式集装箱(代码 PL 和 PC,见 GB/T 1836)在处于空箱和折倒状态时,可联锁成叠装卸。每叠的总质量应不超过按 GB/T 1413 定义的最大允许总质量。

表 4 吊索顶吊作业适用范围

空箱													集装箱类型	GB/T 1836	重箱												
AAA	AA	A	AX	BBB	BB	B	BX	CC	C	CX	D	DX			AAA	AA	A	AX	BBB	BB	B	BX	CC	C	CX	D	DX
			■				■			■		■	通用集装箱	GP,VH	■	■	■	■	■	■	■	■	■	■	■	b	■
													敞顶式集装箱	UT	■	■	■	■	■	■	■	■	■	■	■	b	b
													干散货集装箱:无压/箱型	BU	■	■	■	■	■	■	■	■	■	■	■	b	b
a	a	a	■	a	a	a	■	a	a	■	a	■	保温集装箱	RE,RT RS	■	■	■	■	■	■	■	■	■	■	■	b	■
													装液体和气体的罐式集装箱	TN,TO TG	■	■	■	■	■	■	■	■	■	■	■	b	b
													干散货集装箱:无压/有压漏斗型	BK	■	■	■	■	■	■	■	■	■	■	■	b	b
■	■	■		■	■	■		■	■		■		平台式集装箱	PL	■	■	■	■	■	■	■	■	■	■	■	■	
■	■	■	■	■	■	■	■	■	■	■	■	■	上部结构不完整 台架式集装箱:有完整固定端壁	PF	■	■	■	■	■	■	■	■	■	■	■	■	■
■	■	■	■	■	■	■	■	■	■	■	■	■	上部结构不完整 台架式集装箱:有可拆装的角柱	PF	■	■	■	■	■	■	■	■	■	■	■	■	■
■	■	■	■	■	■	■	■	■	■	■	■	■	上部结构不完整 台架式集装箱:有完整可折倒端壁(竖立状)	PC	■	■	■	■	■	■	■	■	■	■	■	■	■
■	■	■	■	■	■	■	■	■	■	■	■	■	上部结构不完整 台架式集装箱:有可折倒的角柱(竖立状)	PC	■	■	■	■	■	■	■	■	■	■	■	■	■
													上部结构不完整 台架式集装箱:有完整可折倒端壁(折倒状)	PC	■	■	■	■	■	■	■	■	■	■	■	■	■
													上部结构不完整 台架式集装箱:有可折倒的角柱(折倒状)	PC	■	■	■	■	■	■	■	■	■	■	■	■	■
													上部结构完整和敞侧壁集装箱	PS	■	■	■	■	■	■	■	■	■	■	■		

注 1:装有流体、干散货或悬挂货物等货物集装箱重心可能会移动。

注 2:□——允许;■——不允许(或不适用)。

a 重心可能偏离中心。

b 对起吊 1D 和 1DX 集装箱,所用起吊力的水平夹角应不小于 60°,见图 4。

单位为米

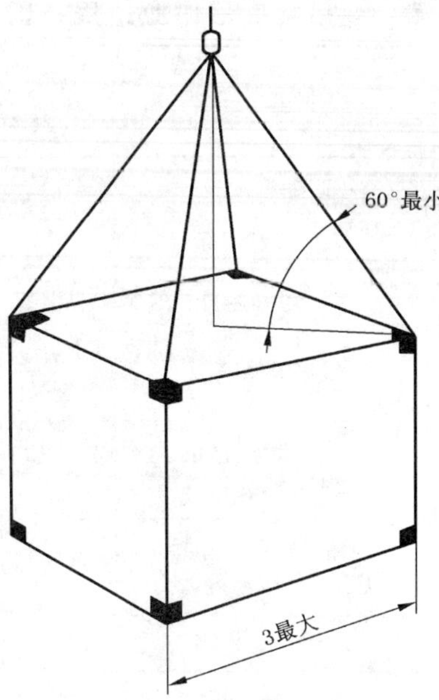

图 4　起吊力的适用范围

6.4　吊索底吊作业(见图5)

6.4.1　用吊索从集装箱四个底角件的侧孔起吊集装箱。吊索连接装置应仅作用于四个底角件上，所施加的起吊作用力离底角件外侧面的距离宜不大于 38 mm (见图 6)。

6.4.2　起吊连接装置应与箱体正确连接。

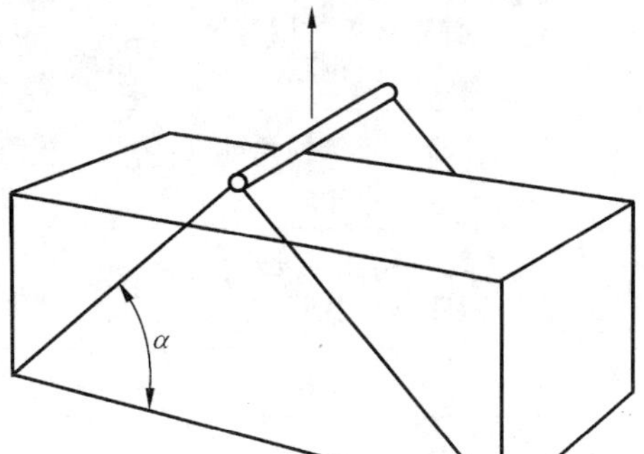

图 5　使用吊索底吊作业

单位为毫米

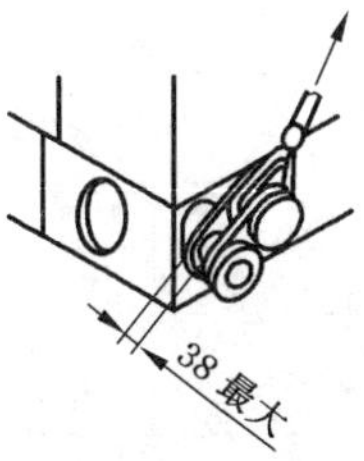

图 6　底吊索装置

6.4.3　底吊索底吊作业的适用范围见表 5。

6.4.4　上部结构可折倒的台架式集装箱(代码 PL 和 PC，见 GB/T 1836)在处于空箱和折倒状态时，可联锁成叠装卸。每叠的总重量应不超过按 GB/T 1413 定义的最大允许总质量。

6.4.5 对重箱起吊的水平夹角 α 如图 5 所示，其值应不小于表 6 所示的最小值。

表 5 吊索底吊作业适用范围

空箱													集装箱类型	GB/T 1836	重箱												
AAA	AA	A	AX	BBB	BB	B	BX	CC	C	CX	D	DX			AAA	AA	A	AX	BBB	BB	B	BX	CC	C	CX	D	DX
			■				■			■		■	通用集装箱	GP,VH				■				■			■		■
													敞顶式集装箱	UT													
													干散货集装箱:无压/箱型	BU	b	b	b	b	b	b	b	b	b	b	b	b	b
a	a	a	■	a	a	a	■	a	a	■	a	■	保温集装箱	RE,RT RS	a b	a b	a b	■	a b	a b	a b	■		a b	■	a b	■
													装液体和气体的罐式集装箱	TN,TO TG	b	b	b	b	b	b	b	b	b	b	b	b	b
													干散货集装箱：无压/有压漏斗型	BK	b	b	b	b	b	b	b	b	b	b	b	b	b
■	■	■		■	■	■		■	■		■		平台式集装箱	PL	■	■	■		■	■	■		■	■		■	
													上部结构不完整 台架式集装箱 有完整固定端壁	PF													
													上部结构不完整 台架式集装箱 有可拆装的角柱	PF													
													上部结构不完整 台架式集装箱 有完整可折倒端壁（竖立状）	PC													
													上部结构不完整 台架式集装箱 有可折倒的角柱（竖立状）	PC													
													上部结构不完整 台架式集装箱 有完整可折倒端壁（折倒状）	PC	■	■	■	■	■	■	■	■	■	■	■	■	■
													上部结构不完整 台架式集装箱 有可折倒的角柱（折倒状）	PC	■	■	■	■	■	■	■	■	■	■	■	■	■
													上部结构完整和敞侧壁集装箱	PS													

注：□——允许；■——不允许(或不适用)。

[a] 重心可能偏离中心。

[b] 重心可能会移动，如集装箱内装有流体、干散货、悬挂货物等。

表 6 重箱的起吊水平夹角

集装箱尺寸代码	起吊最小水平夹角 α
1AAA、1AA、1A、1AX	30°
1BBB、1BB、1B、1BX	37°
1CC、1C、1CX	45°
1D、1DX	60°

6.5 侧举作业(方法1)(见图7)

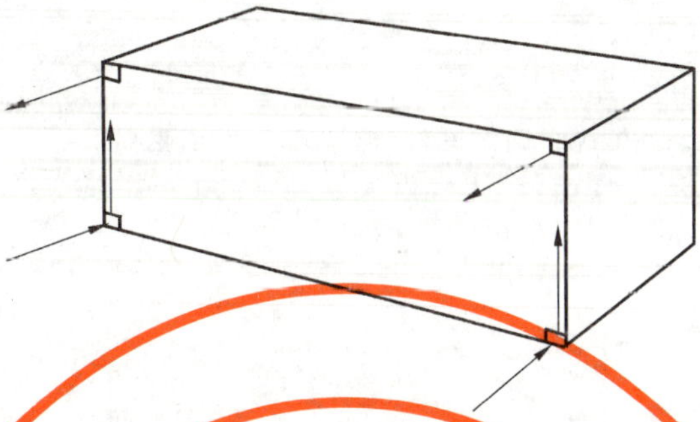

图7 侧举作业(方法1)

6.5.1 使用侧举专用框架,通过对集装箱一侧的两个底角件的提升,并对同侧的两个顶角件的约束,起举集装箱。

6.5.2 提升和约束装置应正确连接。

6.5.3 侧举作业(方法1)的适用范围见表7。

表7 侧举作业(方法1)适用范围

集装箱类型		GB/T 1836	空箱 AAA	空箱 AA	空箱 A	空箱 AX	空箱 BBB	空箱 BB	空箱 B	空箱 BX	空箱 CC	空箱 C	空箱 CX	空箱 D	空箱 DX
通用集装箱		GP,VH				■				■			■		■
敞顶式集装箱		UT													
干散货集装箱:无压/箱型		BU													
保温集装箱		RE,RT RS	a	a	a	■	a	a	a	■	a	a	■	a	■
装液体和气体的罐式集装箱		TN,TO TG													
干散货集装箱:无压/有压漏斗型		BK													
平台式集装箱		PL	■	■	■	■	■	■	■	■	■	■	■	■	■
上部结构不完整台架式集装箱	有完整固定端壁	PF													
上部结构不完整台架式集装箱	有可拆装的角柱	PF													
上部结构不完整台架式集装箱	有完整可折倒端壁(竖立状)	PC													
上部结构不完整台架式集装箱	有可折倒的角柱(竖立状)	PC													
上部结构不完整台架式集装箱	有完整可折倒端壁(折倒状)	PC	■	■	■	■	■	■	■	■	■	■	■	■	■
上部结构不完整台架式集装箱	有可折倒的角柱(折倒状)	PC	■	■	■	■	■	■	■	■	■	■	■	■	■
上部结构完整和敞侧壁集装箱		PS													

集装箱类型		GB/T 1836	重箱 AAA	重箱 AA	重箱 A	重箱 AX	重箱 BBB	重箱 BB	重箱 B	重箱 BX	重箱 CC	重箱 C	重箱 CX	重箱 D	重箱 DX
通用集装箱		GP,VH	■	■	■	■	■	■	■	■			■		■
敞顶式集装箱		UT	■	■	■	■	■	■	■	■					
干散货集装箱:无压/箱型		BU	■	■	■	■	■	■	■	■	b	b	b	b	b
保温集装箱		RE,RT RS	■	■	■	■	■	■	■	■	b	b	■	b	■
装液体和气体的罐式集装箱		TN,TO TG	■	■	■	■	■	■	■	■	b	b	b	b	b
干散货集装箱:无压/有压漏斗型		BK	■	■	■	■	■	■	■	■	b	b	b	b	b
平台式集装箱		PL	■	■	■	■	■	■	■	■	■	■	■	■	■
上部结构不完整台架式集装箱	有完整固定端壁	PF	■	■	■	■	■	■	■	■					
上部结构不完整台架式集装箱	有可拆装的角柱	PF	■	■	■	■	■	■	■	■	■	■	■	■	■
上部结构不完整台架式集装箱	有完整可折倒端壁(竖立状)	PC	■	■	■	■	■	■	■	■					
上部结构不完整台架式集装箱	有可折倒的角柱(竖立状)	PC	■	■	■	■	■	■	■	■	■	■	■	■	■
上部结构不完整台架式集装箱	有完整可折倒端壁(折倒状)	PC	■	■	■	■	■	■	■	■	■	■	■	■	■
上部结构不完整台架式集装箱	有可折倒的角柱(折倒状)	PC	■	■	■	■	■	■	■	■	■	■	■	■	■
上部结构完整和敞侧壁集装箱		PS	■	■	■	■	■	■	■	■					

注:□——允许;■——不允许(或不适用)。

[a] 重心可能偏离中心。

[b] 重心可能会移动,如集装箱内装有流体、干散货、悬挂货物等。

6.6 侧举作业(方法2)(见图8)

6.6.1 使用侧举专用框架,通过对集装箱一侧的两个顶角件的提升,并对同侧的两个底角件或其上方相应的角柱区域施加反力,起举集装箱。角件和角柱载荷承载区的高度 h 应接近或相等,两承载区的间距宜 26 mm～50 mm(见图 9)。

6.6.2　提升装置应正确连接。

6.6.3　侧举作业(方法 2)的适用范围见表 8。

注:在使用该方法时,需注意在动态情况下确保集装箱不过度倾斜或受损。

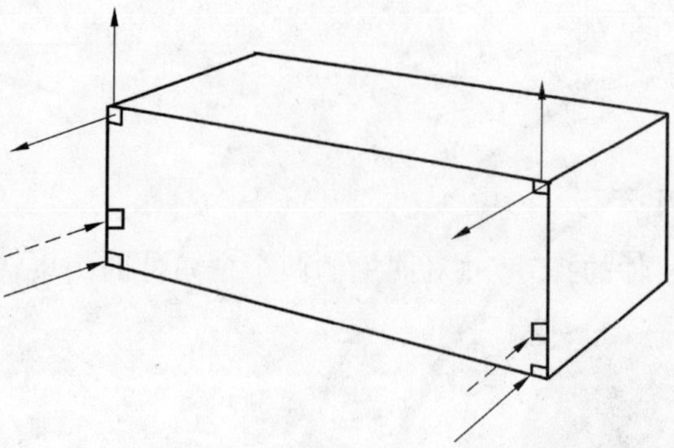

图 8　侧举作业(方法 2)

单位为毫米

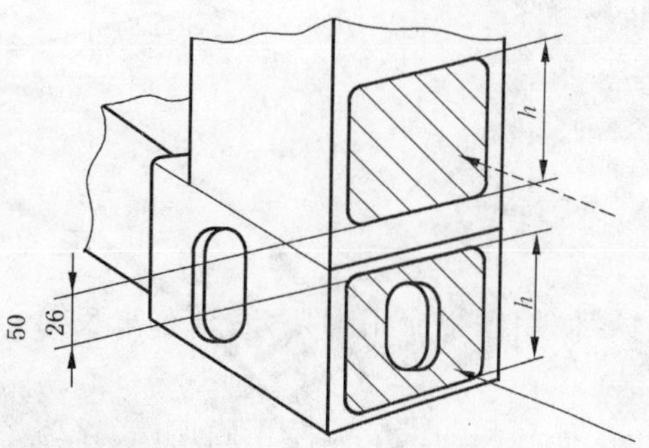

注:尺寸 h 表示两个反力承载面的高度应接近或相等。

图 9　底角件和角柱作用力区域分布

表 8　侧举作业(方法 2)适用范围

空箱													集装箱类型	GB/T 1836	重箱												
AAA	AA	A	AX	BBB	BB	B	BX	CC	C	CX	D	DX			AAA	AA	A	AX	BBB	BB	B	BX	CC	C	CX	D	DX
			■				■			■		■	通用集装箱	GP,VH	■	■	■	■	■	■	■	■			■		■
													敞顶式集装箱	UT	■	■	■	■	■	■	■	■					
													干散货集装箱:无压/箱型	BU	■	■	■	■	■	■	■	■	b	b	b	b	b
a	a	a	■	a	a	a	■	a	a	■	a	■	保温集装箱	RE,RT RS	■	■	■	■	■	■	■	■	b	b	■	b	■
													装液体和气体的罐式集装箱	TN,TO TG	■	■	■	■	■	■	■	■	b	b	b	b	b
													干散货集装箱:无压/有压漏斗型	BK	■	■	■	■	■	■	■	■	b	b	b	b	b
■	■	■	■	■	■	■	■	■	■	■	■	■	平台式集装箱	PL	■	■	■	■	■	■	■	■	■	■	■	■	■
													上部结构不完整 台架式集装箱 有完整固定端壁	PF	■	■	■	■	■	■	■	■					
													上部结构不完整 台架式集装箱 有可拆装的角柱	PF	■	■	■	■	■	■	■	■	■	■	■	■	■
													上部结构不完整 台架式集装箱 有完整可折倒端壁(竖立状)	PC	■	■	■	■	■	■	■	■					
													上部结构不完整 台架式集装箱 有可折倒的角柱(竖立状)	PC	■	■	■	■	■	■	■	■	■	■	■	■	■
■	■	■	■	■	■	■	■	■	■	■	■	■	上部结构不完整 台架式集装箱 有完整可折倒端壁(折倒状)	PC	■	■	■	■	■	■	■	■	■	■	■	■	■
■	■	■	■	■	■	■	■	■	■	■	■	■	上部结构不完整 台架式集装箱 有可折倒的角柱(折倒状)	PC	■	■	■	■	■	■	■	■	■	■	■	■	■
													上部结构完整和敞侧壁集装箱	PS	■	■	■	■	■	■	■	■					

注:□——允许;■——不允许(或不适用)。

[a] 重心可能偏离中心。

[b] 重心可能会移动,如集装箱内装有流体、干散货、悬挂货物等。

6.7 侧举作业(方法 3)(见图 10)

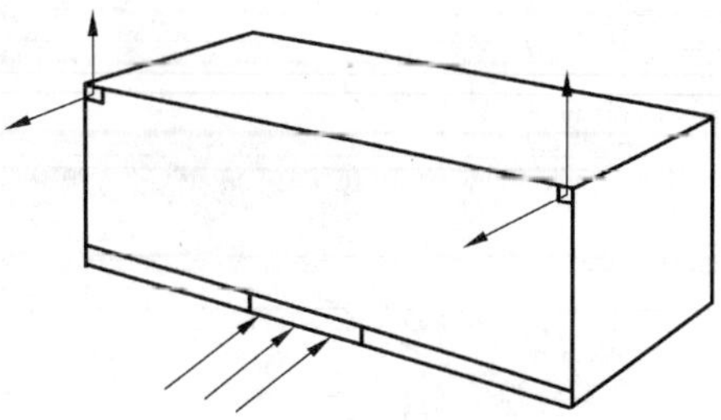

图 10 侧举作业(方法 3)

6.7.1 使用侧举专用框架,通过对集装箱一侧的两个顶角件的提升,并对同侧的下侧梁施加反力,起举集装箱。为避免集装箱受损变形,在施力处要有一块足够尺寸的垫板进行传递。

警示 1:绝对不允许把承载垫板放在集装箱侧壁的下面。

警示 2:绝对不允许使提升力作用在集装箱底侧梁的下面。

6.7.2 提升装置应正确连接。

6.7.3 侧举作业(方法 3)的适用范围见表 9。

表 9 侧举作业(方法 3)适用范围

空箱													集装箱类型	GB/T 1836	重箱												
AAA	AA	A	AX	BBB	BB	B	BX	CC	C	CX	D	DX			AAA	AA	A	AX	BBB	BB	B	BX	CC	C	CX	D	DX
□	□	□	■	□	□	□	■	□	□	■	□	■	通用集装箱	GP,VH	■	■	■	■	■	■	■	■	■	■	■	■	■
□	□	□	□	□	□	□	□	□	□	□	□	□	敞顶式集装箱	UT	■	■	■	■	■	■	■	■	■	■	■	■	■
□	□	□	□	□	□	□	□	□	□	□	□	□	干散货集装箱:无压/箱型	BU	■	■	■	■	■	■	■	■	■	■	■	■	■
□ a	□ a	□ a	■	□ a	□ a	□ a	■	□ a	□ a	■	□ a	■	保温集装箱	RE,RT RS	■	■	■	■	■	■	■	■	■	■	■	■	■
■	■	■	■	■	■	■	■	■	■	■	■	■	装液体和气体的罐式集装箱	TN,TO TG	■	■	■	■	■	■	■	■	■	■	■	■	■
■	■	■	■	■	■	■	■	■	■	■	■	■	干散货集装箱:无压/有压漏斗型	BK	■	■	■	■	■	■	■	■	■	■	■	■	■
■	■	■	■	■	■	■	■	■	■	■	■	■	平台式集装箱	PL	■	■	■	■	■	■	■	■	■	■	■	■	■
□	□	□	□	□	□	□	□	□	□	□	□	□	上部结构不完整 台架式集装箱 有完整固定端壁	PF	■	■	■	■	■	■	■	■	■	■	■	■	■
□	□	□	□	□	□	□	□	□	□	□	□	□	上部结构不完整 台架式集装箱 有可拆装的角柱	PF	■	■	■	■	■	■	■	■	■	■	■	■	■
□	□	□	□	□	□	□	□	□	□	□	□	□	上部结构不完整 台架式集装箱 有完整可折倒端壁(竖立状)	PC	■	■	■	■	■	■	■	■	■	■	■	■	■
□	□	□	□	□	□	□	□	□	□	□	□	□	上部结构不完整 台架式集装箱 有可折倒的角柱(竖立状)	PC	■	■	■	■	■	■	■	■	■	■	■	■	■
■	■	■	■	■	■	■	■	■	■	■	■	■	上部结构不完整 台架式集装箱 有完整可折倒端壁(折倒状)	PC	■	■	■	■	■	■	■	■	■	■	■	■	■
■	■	■	■	■	■	■	■	■	■	■	■	■	上部结构不完整 台架式集装箱 有可折倒的角柱(折倒状)	PC	■	■	■	■	■	■	■	■	■	■	■	■	■
□	□	□	□	□	□	□	□	□	□	□	□	□	上部结构完整和敞侧壁集装箱	PS	■	■	■	■	■	■	■	■	■	■	■	■	■

注:□——允许;■——不允许(或不适用)。

a 重心可能偏离中心。

6.8 端举作业(方法 1)(见图 11)

6.8.1 使用端举专用框架，通过对集装箱一端的两个底角件的提升，并对同端的两个顶角件的约束，起举集装箱。

6.8.2 提升和约束装置应正确连接。

6.8.3 端举作业(方法 1)的适用范围见表 10。

注：在使用该方法时，需注意在动态情况下确保集装箱不过度倾斜或受损。

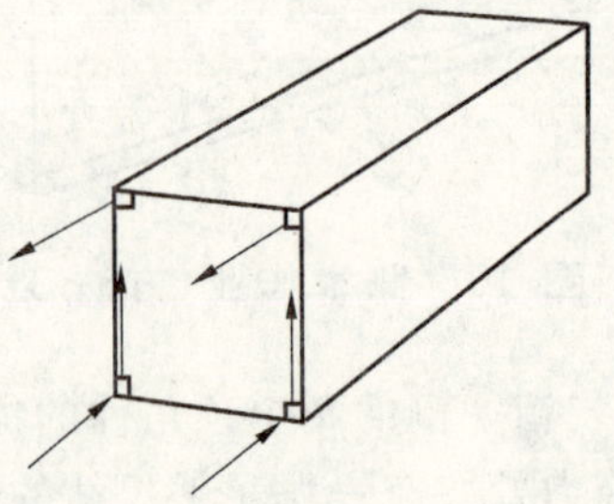

图 11 端举作业(方法 1)

表 10 端举作业(方法 1)适用范围

空箱													集装箱类型	GB/T 1836	重箱												
AAA	AA	A	AX	BBB	BB	B	BX	CC	C	CX	D	DX			AAA	AA	A	AX	BBB	BB	B	BX	CC	C	CX	D	DX
■	■	■	■	■	■	■	■	□	□	■	□	■	通用集装箱	GP,VH	■	■	■	■	■	■	■	■	■	■	■	■	■
■	■	■	■	■	■	■	■	□	□	■	□	■	敞顶式集装箱	UT	■	■	■	■	■	■	■	■	■	■	■	■	■
■	■	■	■	■	■	■	■	□	□	■	□	■	干散货集装箱：无压/箱型	BU	■	■	■	■	■	■	■	■	■	■	■	■	■
■	■	■	■	■	■	■	■	■	■	■	■	■	保温集装箱	RE,RT RS	■	■	■	■	■	■	■	■	■	■	■	■	■
■	■	■	■	■	■	■	■	■	■	■	■	■	装液体和气体的罐式集装箱	TN,TO TG	■	■	■	■	■	■	■	■	■	■	■	■	■
■	■	■	■	■	■	■	■	■	■	■	■	■	干散货集装箱：无压/有压漏斗型	BK	■	■	■	■	■	■	■	■	■	■	■	■	■
■	■	■	■	■	■	■	■	■	■	■	■	■	平台式集装箱	PL	■	■	■	■	■	■	■	■	■	■	■	■	■
■	■	■	■	■	■	■	■	■	■	■	■	■	上部结构不完整 台架式集装箱 有完整固定端壁	PF	■	■	■	■	■	■	■	■	■	■	■	■	■
■	■	■	■	■	■	■	■	■	■	■	■	■	上部结构不完整 台架式集装箱 有可拆装的角柱	PF	■	■	■	■	■	■	■	■	■	■	■	■	■
■	■	■	■	■	■	■	■	■	■	■	■	■	上部结构不完整 台架式集装箱 有完整可折倒端壁(竖立状)	PC	■	■	■	■	■	■	■	■	■	■	■	■	■
■	■	■	■	■	■	■	■	■	■	■	■	■	上部结构不完整 台架式集装箱 有可折倒的角柱(竖立状)	PC	■	■	■	■	■	■	■	■	■	■	■	■	■
■	■	■	■	■	■	■	■	■	■	■	■	■	上部结构不完整 台架式集装箱 有完整可折倒端壁(折倒状)	PC	■	■	■	■	■	■	■	■	■	■	■	■	■
■	■	■	■	■	■	■	■	■	■	■	■	■	上部结构不完整 台架式集装箱 有可折倒的角柱(折倒状)	PC	■	■	■	■	■	■	■	■	■	■	■	■	■
■	■	■	■	■	■	■	■	□	□	■	□	■	上部结构完整和敞侧壁集装箱	PS	■	■	■	■	■	■	■	■	■	■	■	■	■

注：□——允许；■——不允许(或不适用)。

6.9 端举作业(方法 2)(见图 12)

6.9.1 使用端举专用框架，通过对集装箱一端的两个顶角件的提升，并对同侧的两个底角件或其上方相应的角柱区域施加反力，举起集装箱。角件和角柱载荷承载区的高度 h 应接近或相等，两承载区的间距宜 26 mm～50 mm(见图 13)。

6.9.2 提升装置应正确连接。

6.9.3 端侧举作业(方法 2)的适用范围见表 11。

注：在使用该方法时，需注意在动态情况下确保集装箱不过度倾斜或受损。

单位为毫米

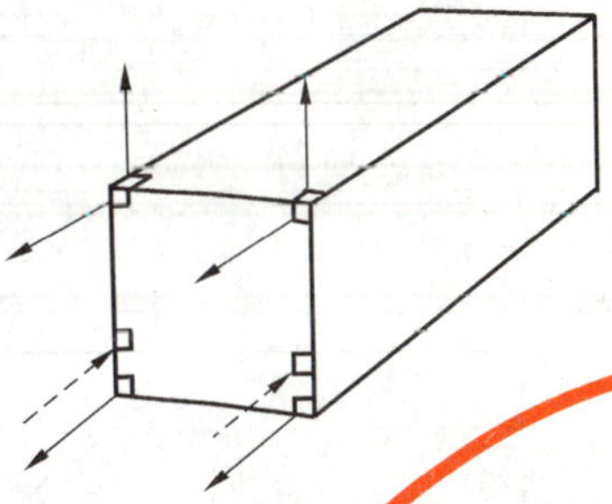

图 12　端举作业(方法 2)

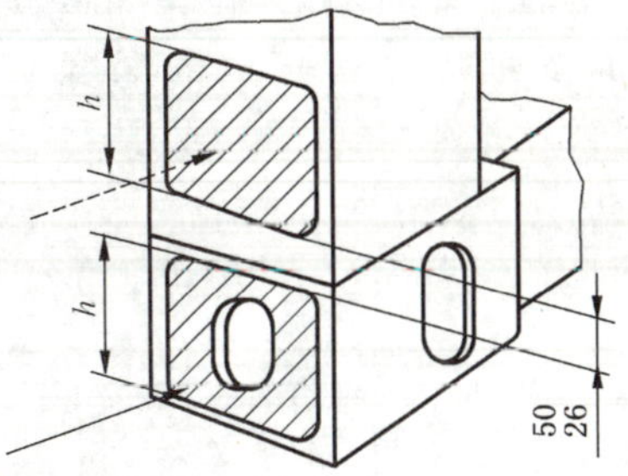

注：尺寸 h 表示两个反力承载面的高度应接近或相等。

图 13　底角件和角柱作用力区域分布

表 11　端举作业(方法 2)适用范围

空箱													集装箱类型	GB/T 1836	重箱												
AAA	AA	A	AX	BBB	BB	B	BX	CC	C	CX	D	DX			AAA	AA	A	AX	BBB	BB	B	BX	CC	C	CX	D	DX
■	■	■	■	■	■	■	■	□	□	■	□	■	通用集装箱	GP，VH	■	■	■	■	■	■	■	■	■	■	■	■	■
■	■	■	■	■	■	■	■	□	□	■	□	■	敞顶式集装箱	UT	■	■	■	■	■	■	■	■	■	■	■	■	■
■	■	■	■	■	■	■	■	□	□	■	□	■	干散货集装箱：无压/箱型	BU	■	■	■	■	■	■	■	■	■	■	■	■	■
■	■	■	■	■	■	■	■	■	■	■	■	■	保温集装箱	RE，RT RS	■	■	■	■	■	■	■	■	■	■	■	■	■
■	■	■	■	■	■	■	■	■	■	■	■	■	装液体和气体的罐式集装箱	TN，TO TG	■	■	■	■	■	■	■	■	■	■	■	■	■
■	■	■	■	■	■	■	■	■	■	■	■	■	干散货集装箱：无压/有压漏斗型	BK	■	■	■	■	■	■	■	■	■	■	■	■	■
■	■	■	■	■	■	■	■	■	■	■	■	■	平台式集装箱	PL	■	■	■	■	■	■	■	■	■	■	■	■	■
■	■	■	■	■	■	■	■	■	■	■	■	■	上部结构不完整 台架式集装箱 有完整固定端壁	PF	■	■	■	■	■	■	■	■	■	■	■	■	■
■	■	■	■	■	■	■	■	■	■	■	■	■	上部结构不完整 台架式集装箱 有可拆装的角柱	PF	■	■	■	■	■	■	■	■	■	■	■	■	■
■	■	■	■	■	■	■	■	■	■	■	■	■	上部结构不完整 台架式集装箱 有完整可折倒端壁（竖立状）	PC	■	■	■	■	■	■	■	■	■	■	■	■	■
■	■	■	■	■	■	■	■	■	■	■	■	■	上部结构不完整 台架式集装箱 有可折倒的角柱（竖立状）	PC	■	■	■	■	■	■	■	■	■	■	■	■	■
■	■	■	■	■	■	■	■	■	■	■	■	■	上部结构不完整 台架式集装箱 有完整可折倒端壁（折倒状）	PC	■	■	■	■	■	■	■	■	■	■	■	■	■
■	■	■	■	■	■	■	■	■	■	■	■	■	上部结构不完整 台架式集装箱 有可折倒的角柱（折倒状）	PC	■	■	■	■	■	■	■	■	■	■	■	■	■
■	■	■	■	■	■	■	■	□	□	■	□	■	上部结构完整和敞侧壁集装箱	PS	■	■	■	■	■	■	■	■	■	■	■	■	■

注：□——允许；■——不允许(或不适用)。

6.10　叉举(见图 14)

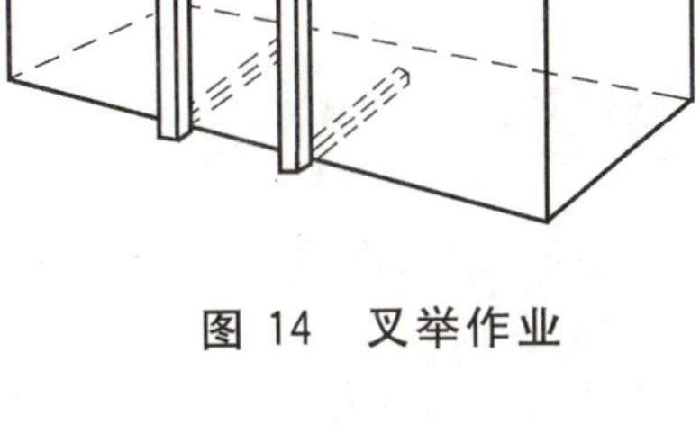

图 14　叉举作业

6.10.1 使用叉车货叉，对置有按 GB/T 5338 规定的叉槽的集装箱进行叉举作业。

警示：在任何情况下，无论集装箱有无叉槽，均禁止从集装箱箱底直接插入货叉进行叉举作业。

6.10.2 货叉插入叉槽理想的深度应为集装箱的全部宽度，但无论如何其插入叉槽深度应不小于1 825 mm。

在 1CC、1C 和 1CX 集装箱上设置两套叉槽时，内侧叉槽只能用于空箱装卸。

6.10.3 叉举作业的适用范围见表 12。

表 12 叉举作业适用范围

空箱													集装箱类型	GB/T 1836	重箱												
AAA	AA	A	AX	BBB	BB	B	BX	CC	C	CX	D	DX			AAA	AA	A	AX	BBB	BB	B	BX	CC	C	CX	D	DX
■	■	■	■	■	■	■	■	□	□	■	□	■	通用集装箱	GP，VH	■	■	■	■	■	■	■	■	□	□	■	□	■
■	■	■	■	■	■	■	■	□	□	□	□	□	敞顶式集装箱	UT	■	■	■	■	■	■	■	■	□	□	□	□	□
■	■	■	■	■	■	■	■	□	□	□	□	□	干散货集装箱：无压/箱型	BU	■	■	■	■	■	■	■	■	□ b	□ b	□ b	□ b	□ b
■	■	■	■	■	■	■	■	□ a	□ a	■	□ a	■	保温集装箱	RE，RT RS	■	■	■	■	■	■	■	■	□ b	□ b	■	□ b	■
■	■	■	■	■	■	■	■	■	■	■	■	■	装液体和气体的罐式集装箱	TN，TO TG	■	■	■	■	■	■	■	■	■	■	■	■	■
■	■	■	■	■	■	■	■	■	■	■	■	■	干散货集装箱：无压/有压漏斗型	BK	■	■	■	■	■	■	■	■	■	■	■	■	■
■	■	■	■	■	■	■	■	■	■	□	■	□	平台式集装箱	PL	■	■	■	■	■	■	■	■	■	■	□	■	□
■	■	■	■	■	■	■	■	□	□	□	□	□	上部结构不完整台架式集装箱：有完整固定端壁	PF	■	■	■	■	■	■	■	■	□	□	□	□	□
■	■	■	■	■	■	■	■	□	□	□	□	□	上部结构不完整台架式集装箱：有可拆装的角柱	PF	■	■	■	■	■	■	■	■	□	□	□	□	□
■	■	■	■	■	■	■	■	□	□	□	□	□	上部结构不完整台架式集装箱：有完整可折倒端壁（竖立状）	PC	■	■	■	■	■	■	■	■	□	□	□	□	□
■	■	■	■	■	■	■	■	□	□	□	□	□	上部结构不完整台架式集装箱：有可折倒的角柱（竖立状）	PC	■	■	■	■	■	■	■	■	□	□	□	□	□
■	■	■	■	■	■	■	■	□	□	□	□	□	上部结构不完整台架式集装箱：有完整可折倒端壁（折倒状）	PC	■	■	■	■	■	■	■	■	■	■	■	■	■
■	■	■	■	■	■	■	■	□	□	□	□	□	上部结构不完整台架式集装箱：有可折倒的角柱（折倒状）	PC	■	■	■	■	■	■	■	■	■	■	■	■	■
■	■	■	■	■	■	■	■	□	□	□	□	□	上部结构完整和敞侧壁集装箱	PS	■	■	■	■	■	■	■	■	□	□	□	□	□

注：□——允许；■——不允许（或不适用）。

[a] 重心可能偏离。

[b] 重心可能会移动，如集装箱内装有流体、干散货、悬挂货物等。

7 着地和支承

7.1 为防止集装箱损坏，集装箱在着地时要注意轻放。

不应在任何表面上拖推集装箱。

7.2 集装箱堆放场地应坚实平坦，排水良好，无障碍物和突出物；在场地上，集装箱应仅由四个底角件支承。

7.3 在运输车辆上，集装箱只能由四个底角件或底部结构中的载荷传递区支承。

8 场地堆码

8.1 堆码时，上下集装箱的底角件与顶角件应充分接触。

8.2 要注意风的情况，特别要注意风对尺寸较大和空的集装箱以及单排箱垛的影响，以避免由此导致集装箱的滑移和倾翻。可以通过下列方式，减小风对集装箱的影响：

——降低码垛高度；

——成堆堆放；

——将集装箱固定在地面上；

——重箱堆码在最上层；

——单独或外围集装箱可采用紧箍装置或绳索栓固。

集装箱堆码应使集装箱纵轴线和该地区主要风向线一致。在暴风警报的情况下，码垛四角的集装箱应予栓固。根据当地的强风预报，在风速超过 15 m/s[3] 时，应采取相应的防范措施。

多排成堆堆放的同类集装箱，在一定的风速下很可能出现如图 15 所示的顺序移动。

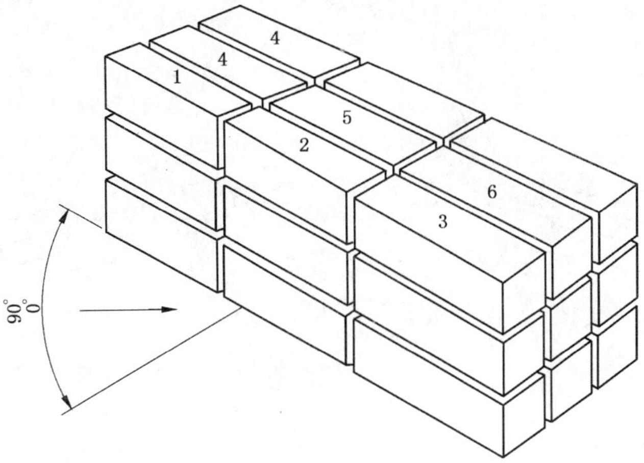

图 15 风对集装箱货垛的影响

9 运输中的栓固

9.1 一般要求

9.1.1 为避免集装箱在船舶或运输车辆上移动而导致人员伤害和货物损坏，除在 9.3.2 中所述情况外，集装箱在运输途中应进行栓固。

9.1.2 集装箱的主要强度来自于底梁，应通过对箱底角件的栓固，限制集装箱水平移动。

9.1.3 对车辆或船舶上的集装箱所使用的栓固方法，应确保集装箱所承受的栓固力不超过其强度和栓固能力的允许值。

9.1.4 在从船舶或车辆上装卸集装箱前，应检查所有的栓固装置是否处于正确的状态。

9.1.5 在运输前或运输途中，应检查栓固装置使用的正确性。

9.2 船舶上的栓固

9.2.1 船舶在航行中的受力

船舶在海上航行，集装箱所受外力来自船舶的运动、风力和波浪（见图 16）。

---

3) 15 m/s=29 哩/小时=7 蒲福风级

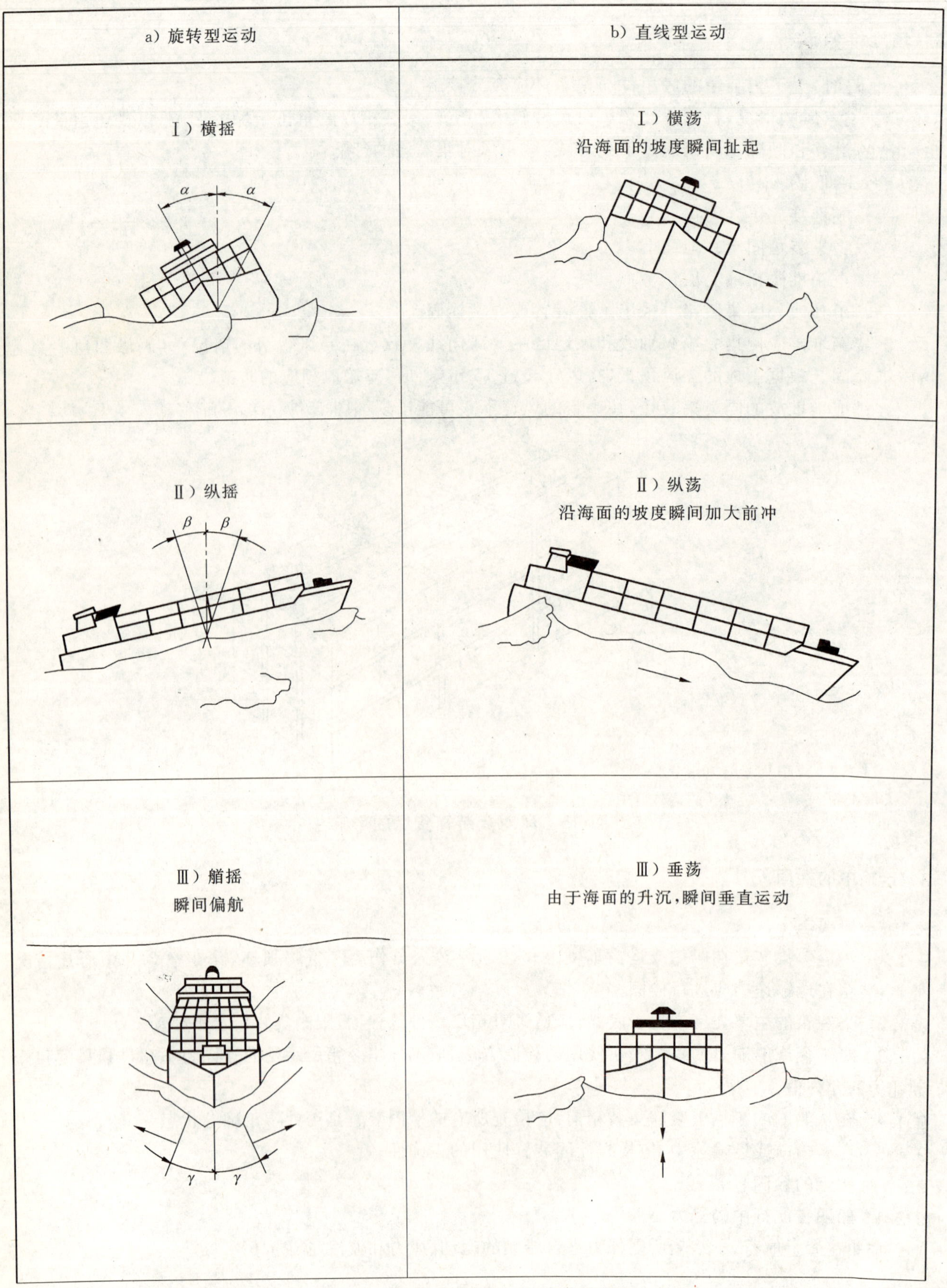

图 16　船舶在海面上运动的实例

9.2.2 作用在集装箱上的力

9.2.2.1 挤压

挤压是集装箱端框和侧框由于受到来自静态和动态的横向合力所产生的变形。

挤压力主要产生于集装箱箱垛横摇时，导致其下层集装箱受到横向作用力；随着风力增大，其横向作用力也增大。

针对以上引起挤压强度超限的力，有必要对相关集装箱予以支撑，以抗衡横向挤压力(见图 17)。

9.2.2.2 倾覆

倾覆是由于船舶横摇或风力产生的横向力，导致单个集装箱或箱垛出现绕箱底边转动的趋势；需要用垂直的栓固装置与之抗衡(见图 17)。

9.2.2.3 滑移

滑移是集装箱在其支承面作水平移动；它可通过使用固位件与之抗衡，但仍会出现在容许范围内的少量移动(图 17)。

9.2.2.4 失稳

失稳是由超过临界值的压力载荷造成角柱失稳损坏现象；栓固装置所施加的力也可能增加压力载荷(见图 18)。

图 17 挤压、倾覆

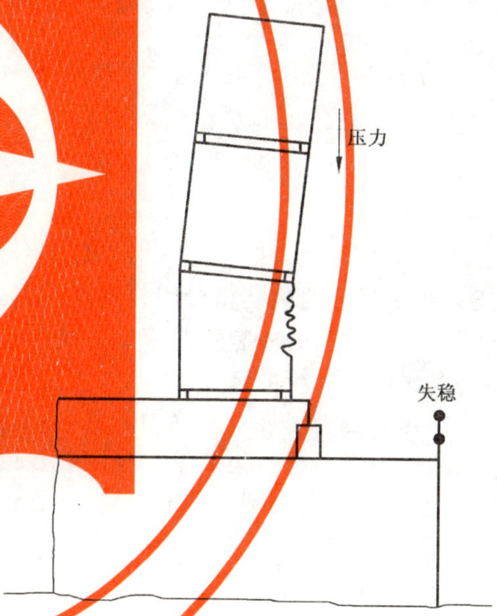

图 18 失稳

9.2.2.5 结构损坏

结构损坏是由于过量外力使集装箱结构件开裂或永久变形。栓固装置的使用不妥、超过临界值的压力载荷或箱内的货物栓固不牢，均会导致此情况的发生。

9.2.3 船舶设计、集装箱配载和栓固

9.2.3.1 运输集装箱的船舶结构设置，应考虑到 9.2.1、9.2.2 所述诸因素，以及在舱内和/或甲板上设置固定式或移动式栓固件。在集装箱配载计划和装载时，应合理地配置和使用栓固件。

9.2.3.2 格栅式集装箱船设置了竖直导柱，以对竖直堆码在舱内(有时在甲板上)的集装箱起到定位和支撑作用。图 19 为甲板格栅导柱。

注 1：一个格栅指一个集装箱装载在上述竖直导柱内所占空间。

注 2：在 40 ft 格栅导柱内装载两只 20 ft 集装箱时，如果已装入的一只集装箱位置偏离，可能导致待装的集装箱无法进入或损坏。

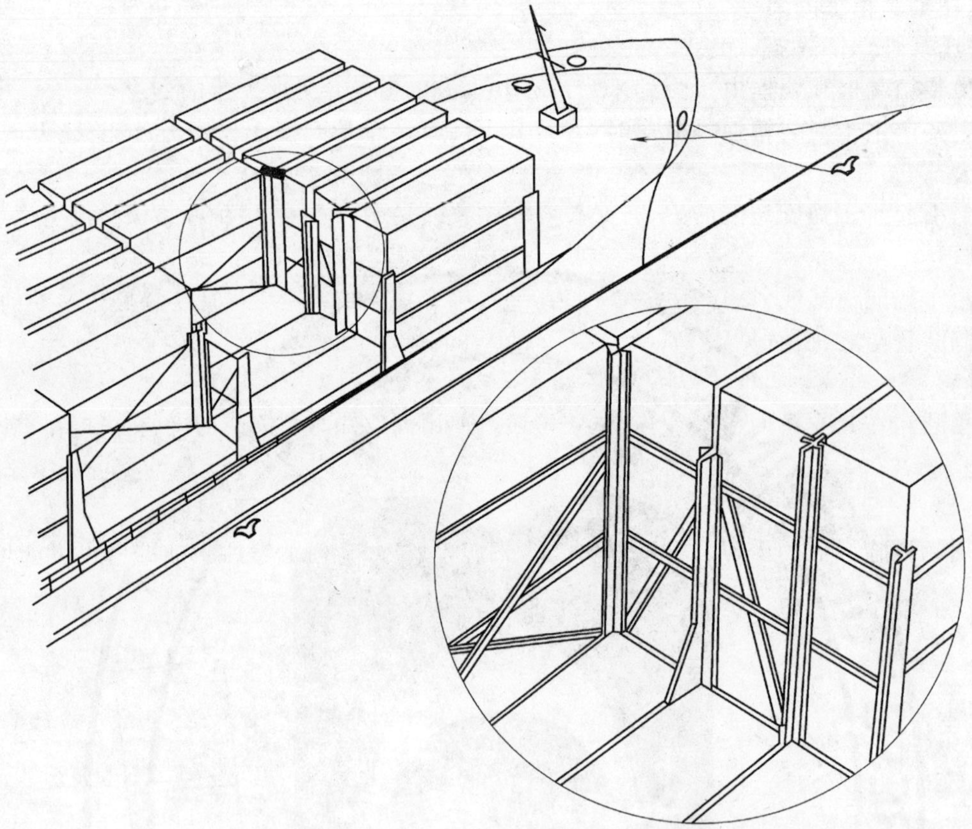

图 19　甲板格栅导柱实例

9.2.3.3　对甲板上的集装箱栓固装置的设置，应按下列任一原则考虑：

——为需要栓固的所有集装箱准备足够强度的栓固装置（假定集装箱装载均达到其允许质量，而没有超过集装箱的强度）；

——预先准备一定强度的栓固装置，然后按其强度选配和装载集装箱，使所装载集装箱质量所产生的作用力不超过集装箱和栓固装置的许用强度。

9.2.3.4　舱内无格栅的集装箱船，其栓固方法类同于 9.2.3.3 规定的方法，但需防止集装箱滑动。

9.2.4　栓固装置的形式

9.2.4.1　一般要求

集装箱运输船舶的实例（见图 20）。

对未设置格栅导柱的船舶，所使用的各种栓固装置的基本形式如下：

——支撑壁柱；

——甲板支座（见图 21 和图 22）；

——拉杆和松紧螺旋扣等系紧装置（见图 21 和图 22）；

——绳索、链条和松紧螺旋扣等系紧装置（见图 21 和图 22）；

——转锁（见图 22）；

——销锁（见图 22）。

上述几种栓固件经常组合使用。

9.2.4.2　支撑壁柱

支撑壁柱是竖立在船舶甲板上的固定结构件，在适当的高度内，能插入框架梁来固定一层集装箱，并作为上层集装箱的底架。

9.2.4.3　拉杆

拉杆用于固定集装箱以抵抗倾覆，并提供支撑以抵抗挤压力。

它们通常与各种相应的堆码锥型连接件配合使用，起到栓固箱体和防止滑移的作用。鉴于拉杆延伸率低的情况，使用时应调节拉力，防止拉力过大而导致箱体结构、拉杆或车船上附加连接装置的损坏（见图21和图22）。

9.2.4.4 链条和拉索

链条和拉索的使用与拉杆相同，不同的是由于其额定工作载荷相对较低，仅适用于堆码质量较轻或单层堆码的集装箱。

9.2.4.5 转锁

转锁用于集装箱箱间的定位和固定，或用于集装箱与车船等运输工具的定位和固定。转锁仅通过角件起作用（见图21和图22）。

要求在同一艘船上使用的所有转锁拨至同一方向，并予锁定。即使在能见度较低的情况下，也应确认转锁的使用方式是否正确、是否锁紧。

9.2.4.6 销锁

销锁用于集装箱与船舶甲板或箱间的定位和固定，由此抵抗滑动和倾覆，但没有抵抗挤压力的支撑作用。销锁仅适用于多层集装箱的栓固，在选配和装载集装箱时，应满足底层集装箱的挤压强度不超限的要求。销锁能与拉杆和拉索等栓固装置组合使用（见图21和图22）。

9.2.4.7 堆码锥

单联或双联式堆码锥适用于对集装箱的箱间定位和对集装箱水平位移的限制（见图21和图22）。

9.2.4.8 桥式连接件

桥式连接件专用于上层相邻集装箱顶角件的连接（见图21和图22）。

9.2.4.9 系紧装置

使用的各类系紧装置包括：

——松紧螺旋扣；

——液力或气力系紧装置；

——偏心系紧装置；

——拉杆系紧装置；

——带钩、链的拉杆系紧装置。

通常需用松紧螺旋扣，为箱体提供足够的抗挤压的能力（见图21和图22）。

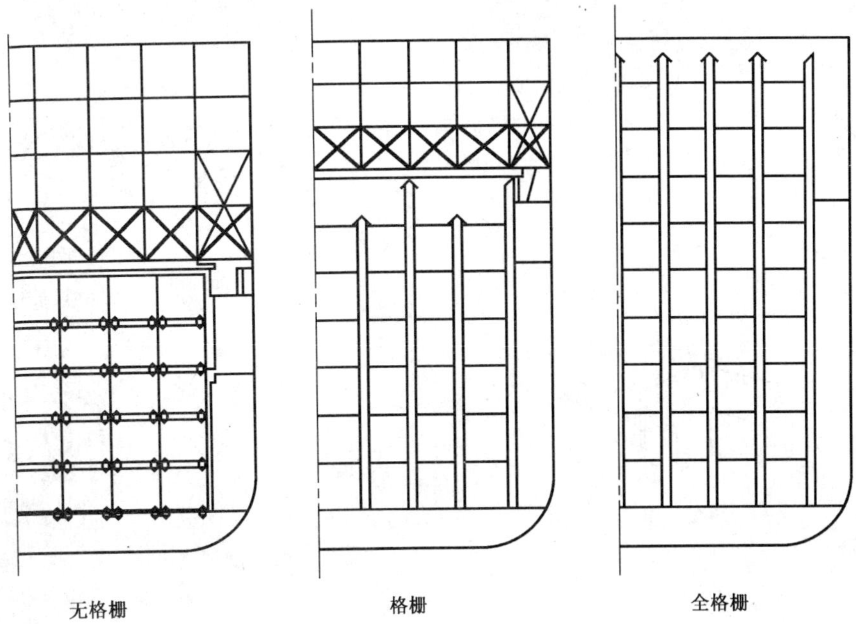

图20 集装箱运输船舶实例

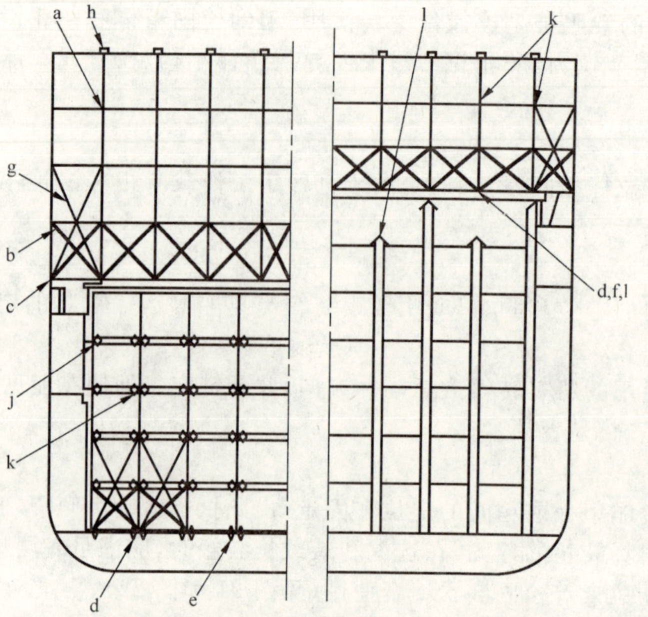

图 21　栓固、系紧和装卸装置类型实例(见图 22)

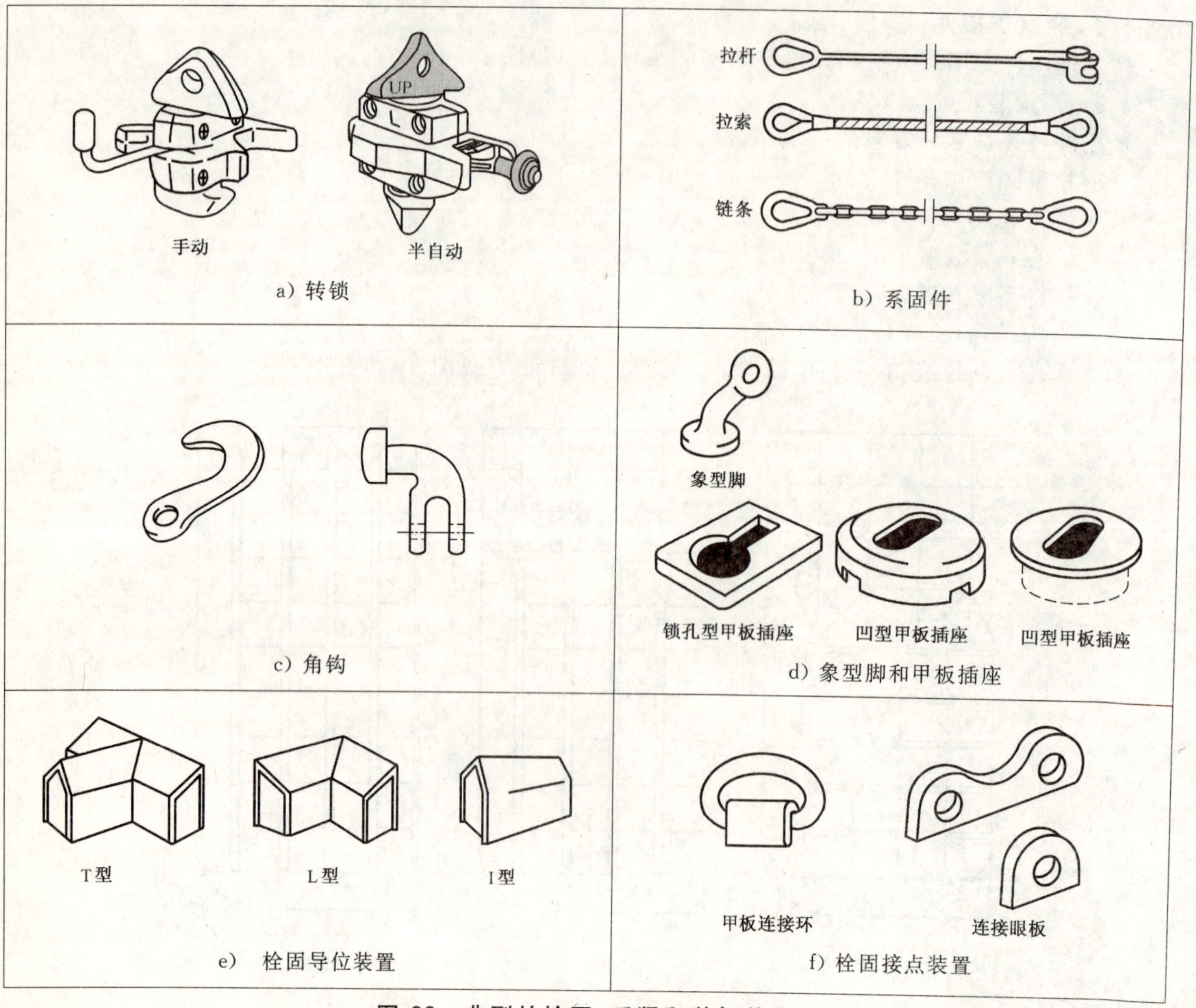

图 22　典型的栓固、系紧和装卸装置

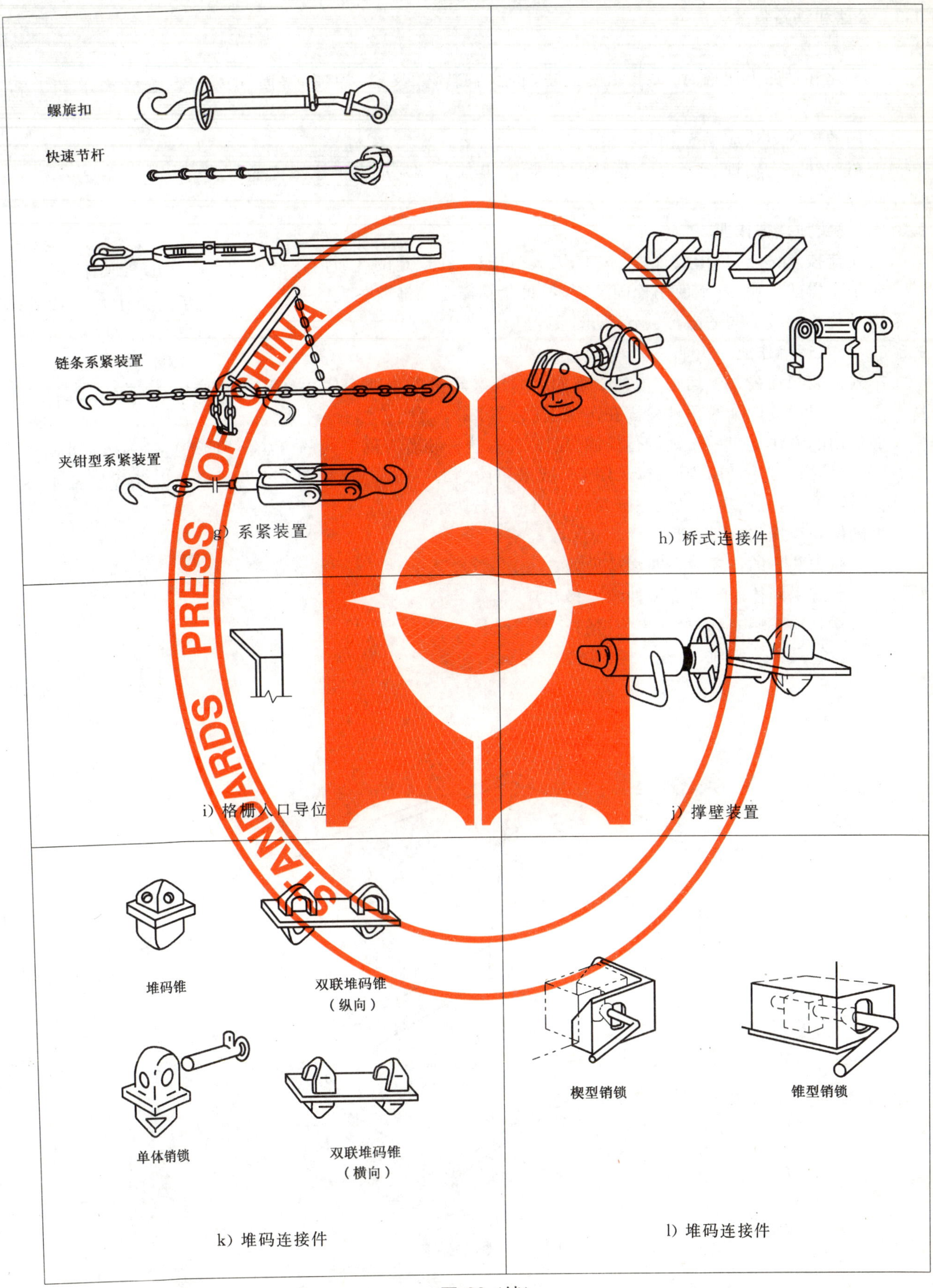
螺旋扣
快速节杆
链条系紧装置
夹钳型系紧装置
g）系紧装置
h）桥式连接件
i）格栅入口导位
j）撑壁装置
堆码锥
双联堆码锥
（纵向）
单体销锁
双联堆码锥
（横向）
k）堆码连接件
楔型销锁
锥型销锁
l）堆码连接件

图 22（续）

9.3 公路和铁路集装箱的栓固

9.3.1 一般要求

在公路和铁路上运输时，集装箱受到来自制动、转弯、叉道、加速、路面和风等影响所产生的力和振动。

采用的栓固方法应考虑到上述和9.1阐述的各要素。

公路和铁路运输，载于运输车辆上的集装箱，其前后端对应车辆承载面的位置应符合车辆安全运输界限。

9.3.2 码头拖挂车作业

码头拖挂车作业，是指载有集装箱的码头拖挂车，在规定的区域内作低速和短距离的行驶作业。

对于这样的作业，可不使用栓固装置，但集装箱需正确地就位在拖挂车上，并防止其水平移动；其通常采用导位装置或类同的限位装置（见图23）。

9.3.3 公路运输作业

车载集装箱在公路上运输时，载于车辆上的集装箱只能由四个底角件或由箱底中的载荷传递区支持。集装箱应由其四个底角件栓固在车辆上（见图24）。

最常用的方法是使用转锁进行栓固（见图25），这种装置有固定式的，也有可伸缩的，有的还可调节其高度。另一种方法是用栓固锥（见图26）或采用插销的导位装置（见图27）进行定位以此克服水平分力，用插销插入边孔或端孔以此克服其向上的垂直分力。

为确保安全操作，应做到：

——栓固装置的位置应在明显易见处；

——所有中间栓固装置应可伸缩或移开；

——在起动车辆前，应检查集装箱的栓固情况；

——在起吊集装箱前，应解开栓固装置。

单位为毫米

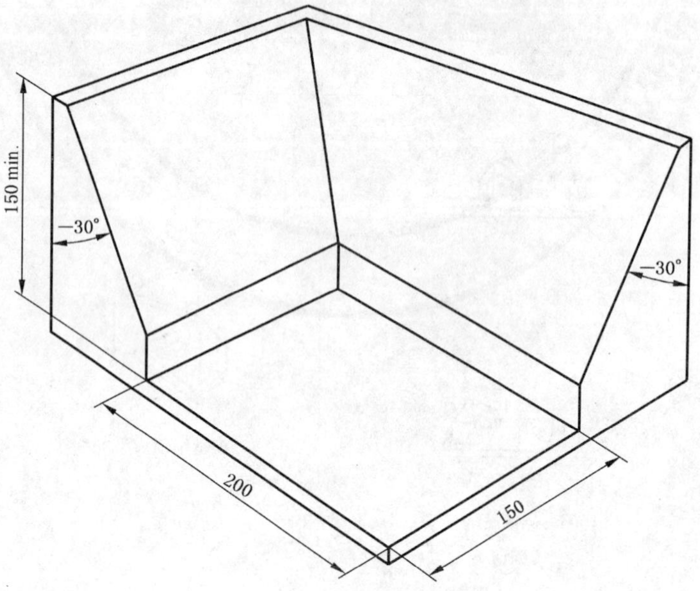

图23 导位装置

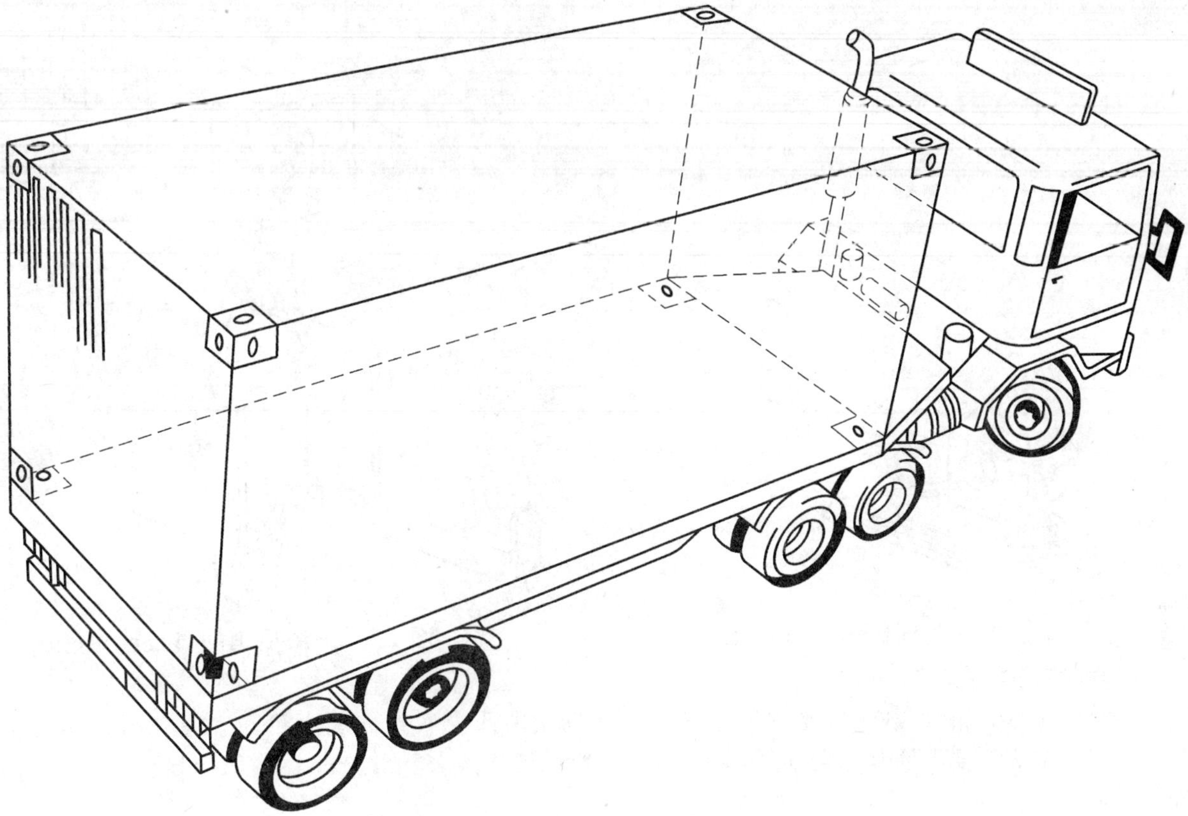

图 24　使用底盘转锁的卡车/半挂车

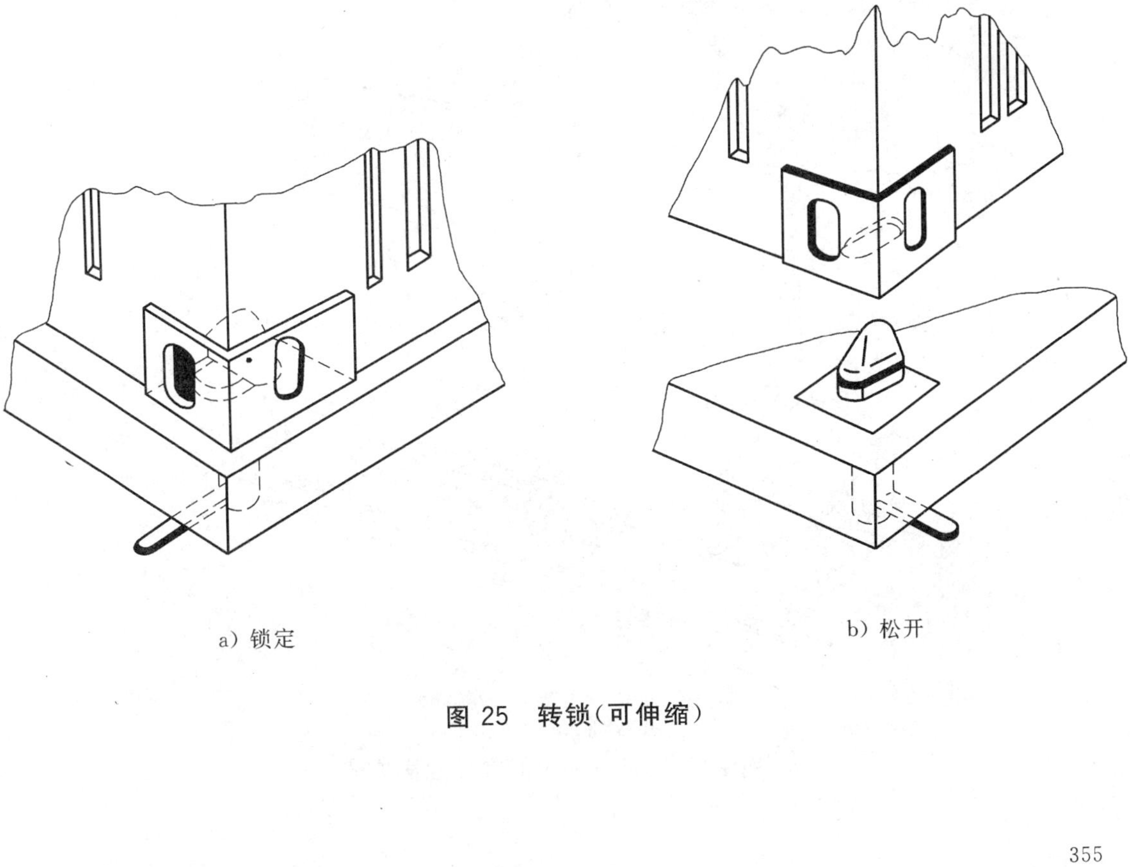

a) 锁定　　　　b) 松开

图 25　转锁(可伸缩)

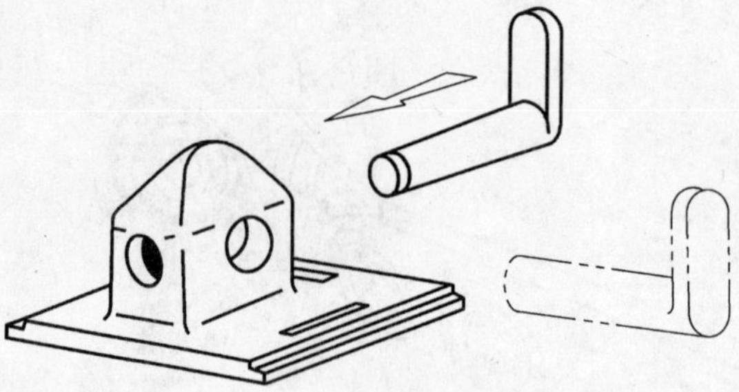

图 26　用插销的锥形锁

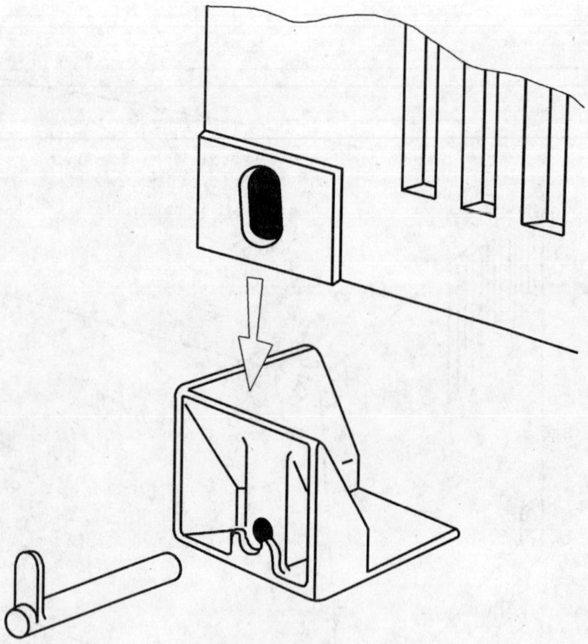

图 27　采用插销的导位装置

9.3.4　铁路运输作业

铁路运输集装箱时，载于铁路货车上的集装箱只能由四个底角件或由箱底中间载荷传递区支持。应用转锁或按 9.1 要求的其他栓固件，通过四个底角件栓固集装箱。铁路运输使用栓固装置的图例见图 28。

为确保安全操作，应做到：

——栓固装置的位置应在明显易见处；

——所有中间栓固装置应可伸缩或可移动；

——在起动车辆前，应检查集装箱的栓固情况；

——在起吊集装箱前，应解开栓固装置。

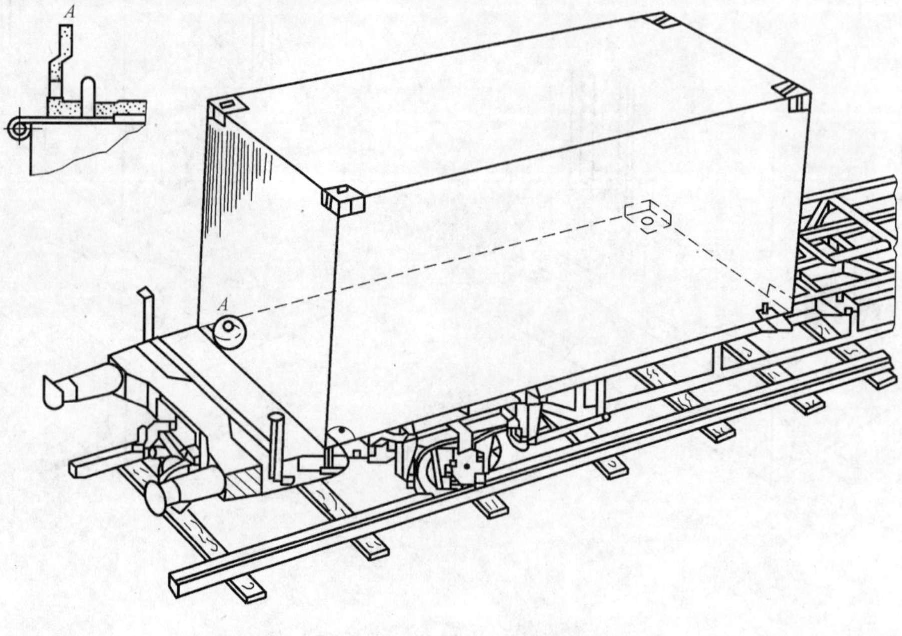

a）铁路车辆上的栓固

图 28　铁路车辆上的常用栓固方式

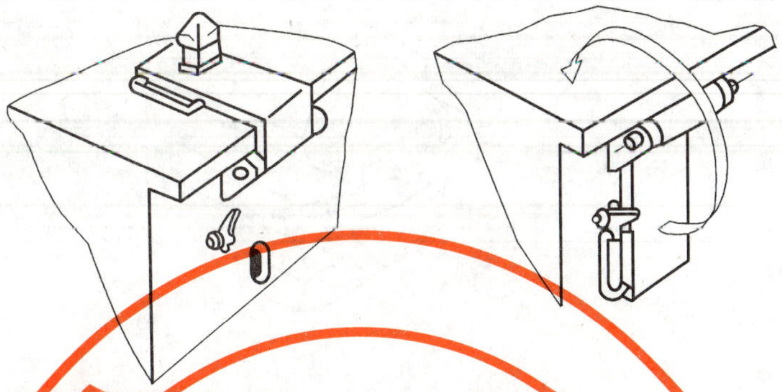

b) 栓固装置示意图

图 28（续）

9.3.5 双箱叠垛轨道车运输作业

为满足双箱叠垛轨道车运输作业的安全，轨道车所载的上面和下面的集装箱均只能由四个底角件支持。应使用转锁或按 9.1 要求的其他栓固装置，使下面的集装箱通过其四个底角件与轨道车固定；使上面的集装箱通过其四个底角件与下面的集装箱固定。注意轨道车在运输作业中应由推力制动，即不允许“转轨”。用于轨道车运输作业的栓固装置和双箱叠垛轨道车图例见图 29。

为确保运输作业的安全，应做到：

——栓固装置的位置应在明显易见处；

——在起动车辆前，应检查集装箱的栓固情况；

——在起吊集装箱前，应解开栓固装置。

a) 一种典型的双箱叠垛轨道车

图 29 常用的带有栓固装置的双箱叠垛轨道车

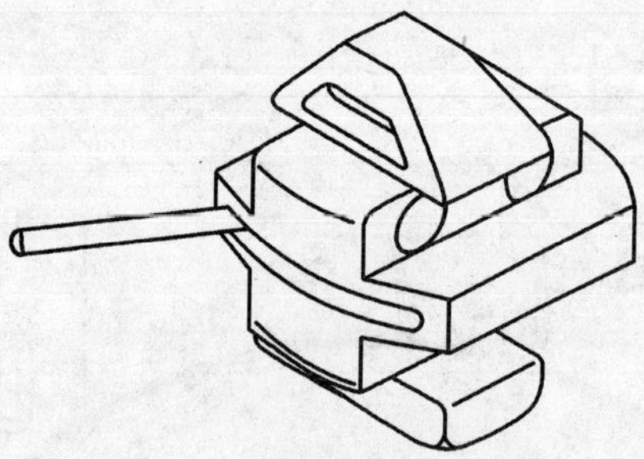

b）栓固装置示意图

图 29（续）

附　录　A
（规范性附录）
集装箱栓固转锁的功能、尺寸、强度要求和试验

A.1　总则

转锁用于对集装箱定位和固定：

——箱垛内集装箱彼此间(通过对集装箱角件的作用)；

——或与运输工具(通过对集装箱底角件与车辆底座的作用)。

转锁也用于连接并起吊集装箱。

A.2　术语和定义

下列对转锁的术语和定义适用于本附录。

A.2.1

轴环　collar

转锁置于集装箱的顶角件或底角件孔的部分，其阻止所连集装箱水平移动。

A.2.2

锁眼　eyehole

转锁顶锥上的孔，其指示转锁的固有方向。

A.2.3

柄尾　handle tail

柄的上翘部分，其指示箱垛内转锁的固有方向。

A.2.4

固定底部　fixed base

轴环的刚体部分，其用于转锁底部的人工预锁。

A.2.5

扳动装置　triggering device

启动转锁由人工操作的装置。

A.2.6

中间板　intermediate plate

转锁承受上下集装箱间压力的部分。

A.2.7

单用途转锁　single purpose twistlock

按标准方位设计的不对称转锁。

注：它仅适用于以下两情况之一：

——转锁置于一集装箱的顶角件内，另一集装箱堆放在该箱的上面(选择 A)；

——转锁置于一集装箱底角件内，随该箱堆码在另一集装箱的顶部(选择 B)。

A.2.8

双头转锁　double twistlock

装有顶锥和底锥的转锁。

A.2.9

双用途转锁　dual purpose twistlock

具有同样方向的转锁，能预锁在顶角件或底角件内。

A.2.10

单锁　single lock

一种用顶锥或底锥锁定的转锁锁定功能。

A.2.11

双锁　double lock

一种同时用顶锥和底锥锁定的转锁锁定功能。

A.3　栓固转锁的形式和说明

A.3.1　手动转锁

A.3.1.1　具有固定底部、双位单锁手动转锁

一种具有固定底部的手动转锁，其构成包括：

——一个能相对于固定底部转动的有孔眼的顶锥；

——一个有轴环和固定底部的中间板；

——一个安装在轴上其柄尾向上的手柄，它能在水平面内转动，有两个极端位置，一端为全锁，另一端为全开（见图 A.1）。

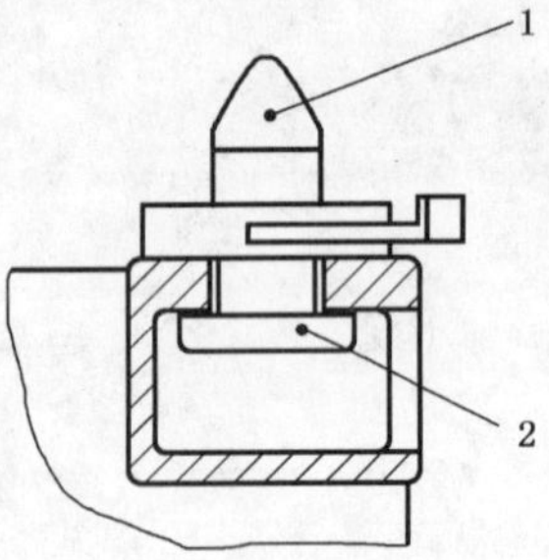

a）全开位置

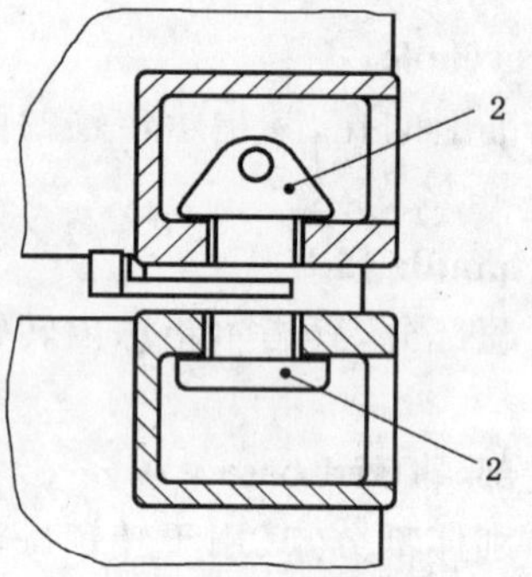

b）全闭位置

1——开锁；

2——闭锁。

图 A.1　具有固定底部、双位单锁的手动转锁

A.3.1.2　具有三位双锁的手动转锁

一种具有三位置双锁的手动转锁，其构成：

a）　一个有孔眼的顶锥和一个底锥，两者由轴刚性连成一体；

b）　一个有轴环的中间板；

c）　一个安装在轴上其柄尾向上的手柄，它能在水平面内转动，并有下列三个位置（见图 A.2）：

1）位置一：底锥全开，使转锁能进入顶角件；

2）位置二：顶锥全开和底锥闭合，使转锁与顶角件固定，并使转锁能进入另一集装箱底角件；

3）位置三：顶锥和底锥均闭合。

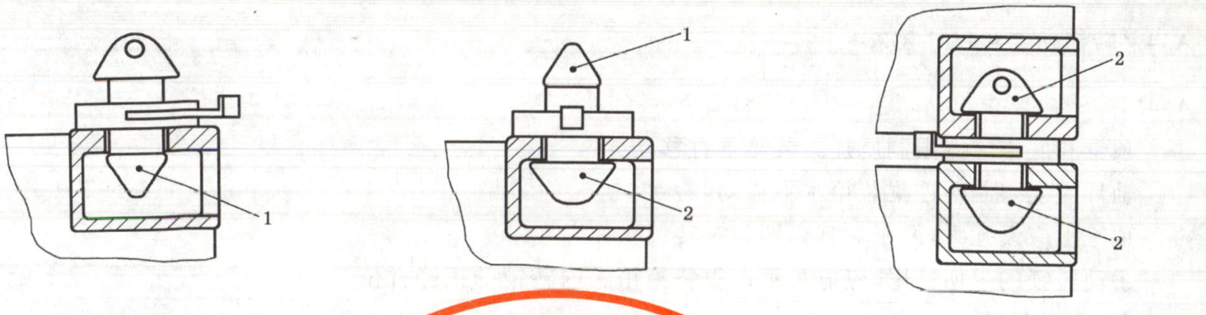

a) 位置一　　b) 位置二　　c) 位置三

1——开锁；
2——闭锁。

图 A.2　具有三位双锁的手动转锁

A.3.2　半自动转锁

一种包括有单用途和双用途的半自动转锁，其构成：

——一个有孔眼的顶锥和一个底锥，两者由机械装置刚性连成一体；

——一个有轴环的中间板；

——一个无论在集装箱放在转锁上时(见图 A.3)或把转锁的底锥插入集装箱顶角件时(见图 A.4)均可使锥体自动闭合的机械装置；

——一个用于开锁的装置。

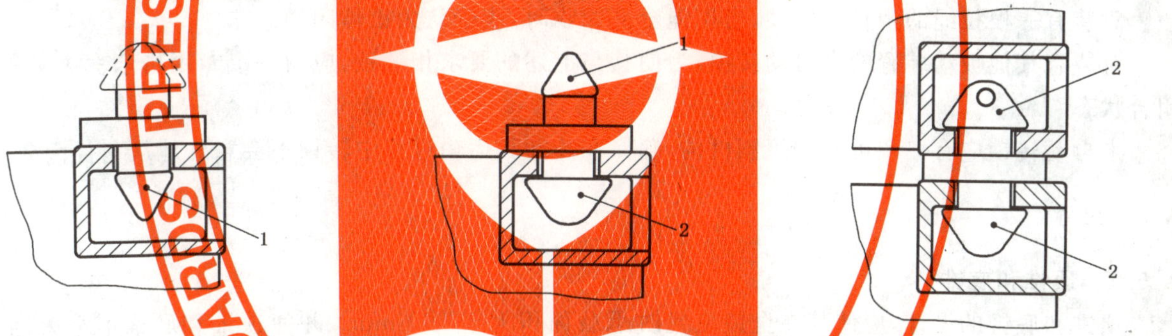

a) 位置一　　b) 位置二　　c) 位置三

1——开锁；
2——闭锁。

图 A.3　半自动转锁，安装在顶角件

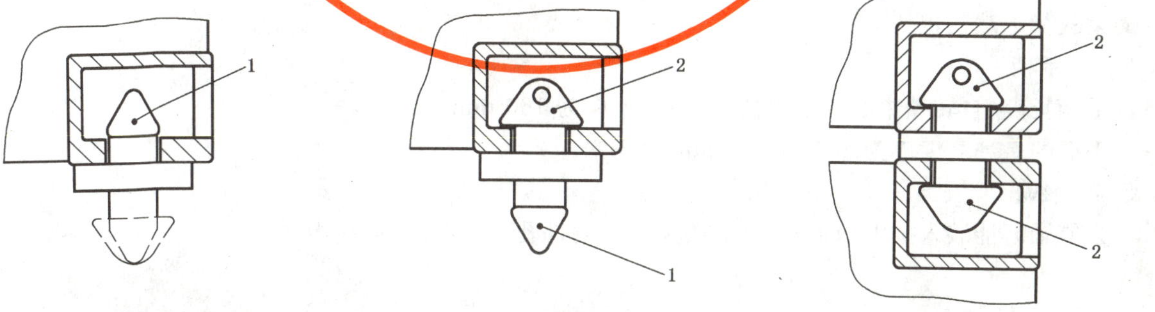

a) 位置一　　b) 位置二　　c) 位置三

1——开锁；
2——闭锁。

图 A.4　半自动转锁，安装在底角件

A.4 转锁功能和尺寸要求

A.4.1 一般要求

顶锥和底锥应能限制所连集装箱垂直移动。

轴环应能限制所连集装箱水平移动。

顶锥上应设孔眼，便于对其识别和对转锁操作。

手动转锁的手柄柄尾，应能指示在集装箱箱垛内转锁的正确方位。

A.4.2 手动转锁

手动转锁应确定方向，有一孔眼的锥体指为上方。

手柄应始终能在水平面内操作，并应在手柄上安装一个指向朝上的柄尾。

为确保安全闭锁，手柄的闭锁方向统一为顺时针方向(俯视)。

所有手动转锁，包括三点定位的转锁，均应有一个可靠的闭锁机构，确保在装卸和运输过程中转锁不会意外地从角件内落出。

A.4.3 半自动转锁

半自动转锁应确定方向，有一孔眼的锥体指为上方。

半自动转锁应装有一个能清晰地指示两锥体闭合的机构。

对装有手柄(在水平面内操作)的半自动转锁，应在手柄上安装一个指向朝上的柄尾，并在手柄扳到最左面时，应确认为锥体闭锁。

对装有一根拉绳的半自动转锁，当拉绳全部回收时，应确认为锥体闭锁。

对装有其他扳动装置的半自动转锁，为使其与上述的要求相一致，应由一个专用指示器表示锥体的闭合状态。

半自动转锁应有一个可靠的闭锁机构，确保在装卸和运输过程中转锁不会意外地从角件内落出。

A.5 尺寸

A.5.1 顶锥和底锥

顶锥和底锥的设计，应使其在全锁位置时承载面积大于 800 mm^2，并使顶锥和底锥不突入图 A.5 所示的角件腔内需供其他系紧装置使用的限制区域。

A.5.2 中间板

中间板的厚度应为 $30_{-5}^{\ 0}$ mm(见图 A.6)。

中间板的载荷面积(凸缘表面受载区域)至少应为 4 500 mm^2。转锁的设计应使朝向角件的一面具有最大载荷承载面积。

A.5.3 手柄

手柄长度(自转锁中心线至手柄末端)最大应为 160 mm。

手柄的上翘高度应为 25 mm±2 mm(见图 A.7)。

A.5.4 轴环

为使轴环能装入按 ISO 1161 制造的集装箱角件孔内，其尺寸应按图 A.8。

单位为毫米

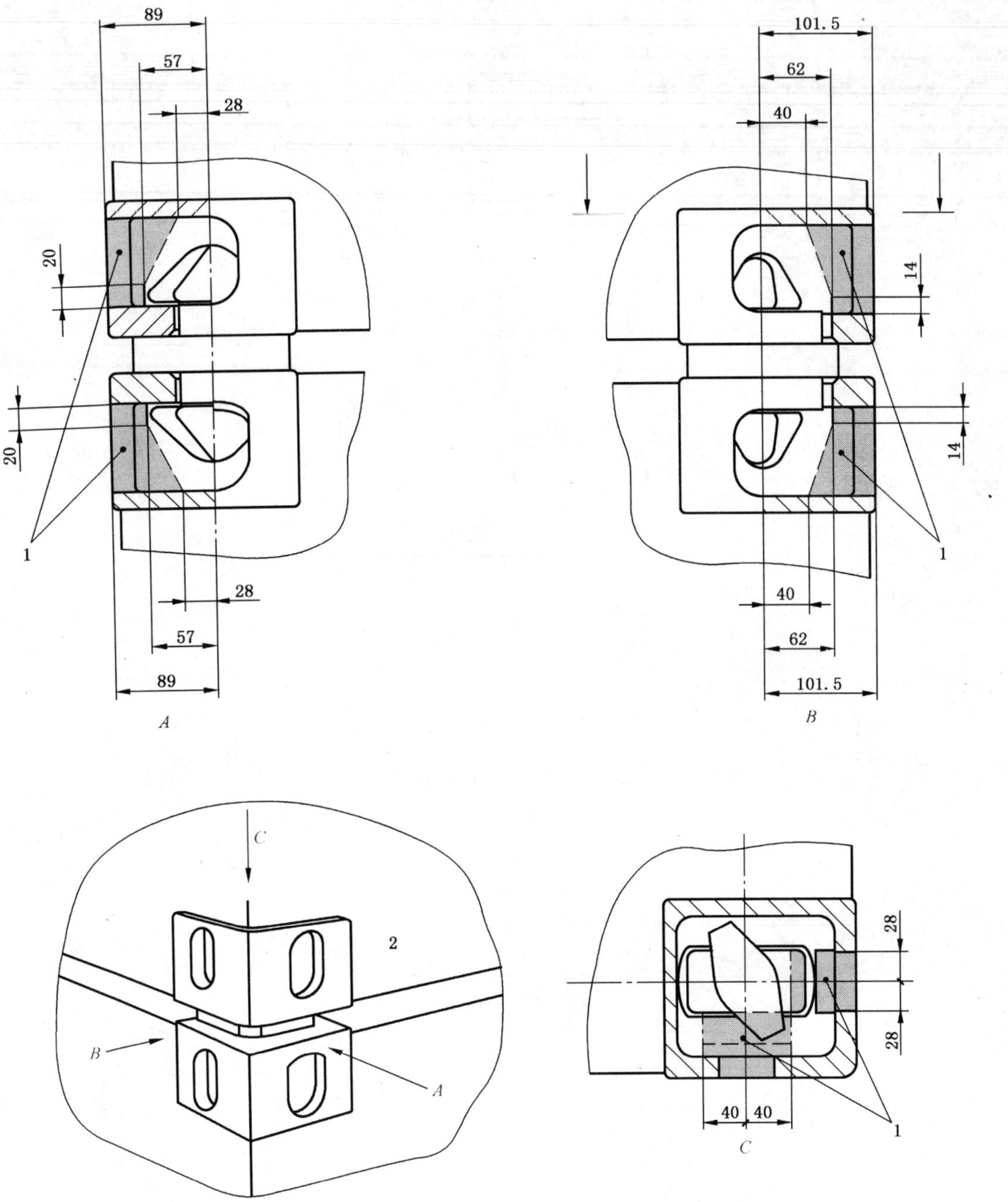

1——被限制区域；

2——集装箱端部。

图 A.5 角件腔内被限制部分

单位为毫米

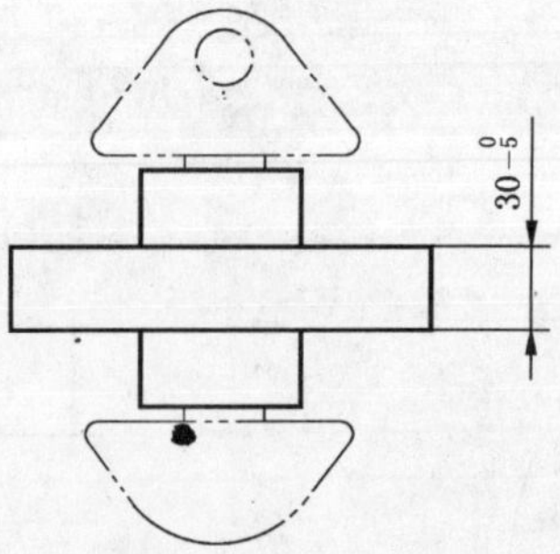

图 A.6　中间板

单位为毫米

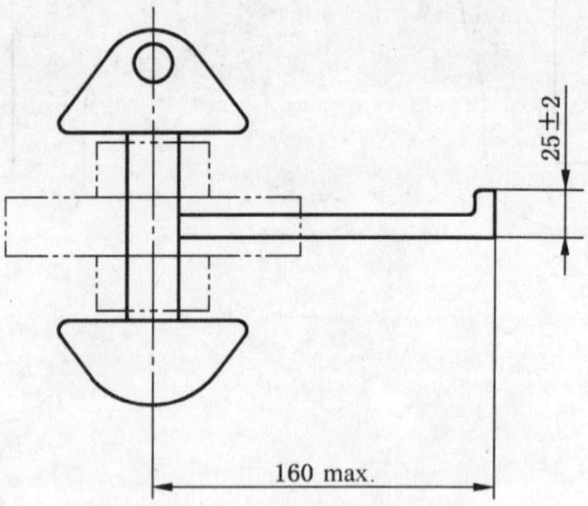

图 A.7　手柄长度

单位为毫米

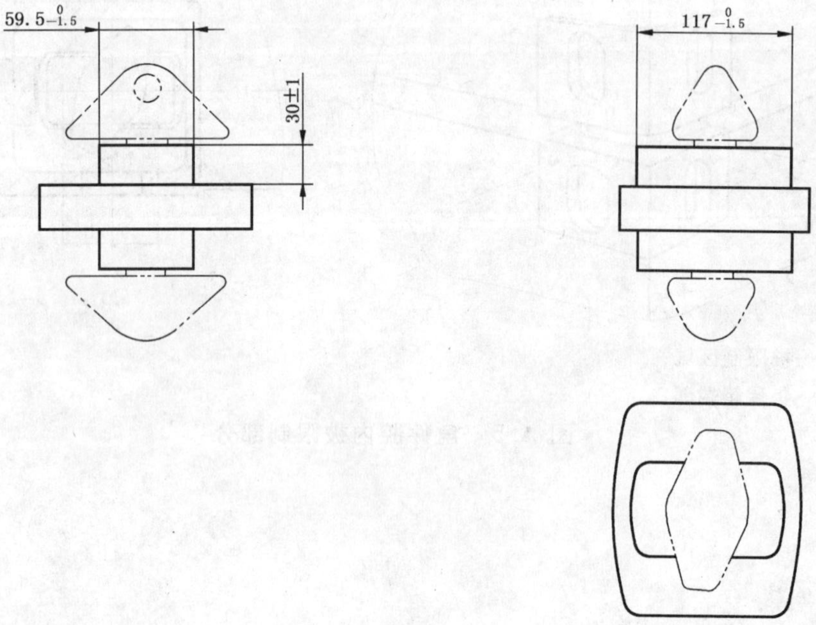

图 A.8　轴环尺寸

A.5.5 顶锁和底锁的间距

顶锁和底锁的间距应以中间板的实际厚度再加 (33±1) mm 两倍厚度,见图 A.9。

单位为毫米

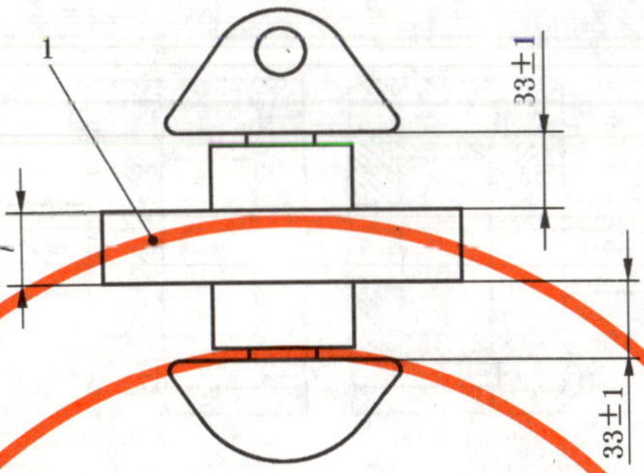

1——中间板;

t——中间板厚度。

图 A.9 顶锁和底锁的间距

A.6 材料和功能设计

转锁的功能和可靠性应体现在功能设计和对材料的选择上。其活动部件,特别对用于控制手柄定位的弹簧的设计,应确保不因强度、腐蚀和脏污等原因而丧失功能。为确保安全,应设置明显的停止位置。

A.7 强度要求

A.7.1 拉伸强度

转锁应承受一个 150 kN 拉力不发生任何永久性变形。验证转锁拉伸强度,应按 A.8.1 的要求进行试验。测试拉力应作用在两锥体之间,或顶锥和固定底部之间。

用于吊运的转锁,应至少承受 178 kN 拉力不发生任何永久性变形。

试验时,应借助于符合 ISO 1161 要求的两个角件或两个等同装置进行拉伸试验。

A.7.2 压缩强度

A.7.2.1 中间板压缩强度

转锁的中间板应承受 850 kN 压力,不发生任何永久性变形或致使其使用不妥等其他异常情况。验证压缩强度,应按 A.8.2.1 的要求进行试验。经过试验,转锁的功能应不受影响。试验时,应借助于两块有孔的钢板(其孔与 ISO 1161 要求的角件孔等同)在试验机内施加压力。

A.7.2.2 锥体压缩强度

转锁的锥体应承受 150 kN 压力,不发生任何永久性变形或致使其使用不妥等其他异常情况。经过试验,转锁的功能不会受到影响。

A.7.3 剪切强度

转锁的轴环应在纵向和横向承受 300 kN 剪切力,不发生任何永久性变形或致使其使用不妥等其他异常情况。

应通过两块有孔的钢板(其孔与 ISO 1161 要求的角件孔等同)在试验机中施力。

验证剪切强度,应按 A.8.3 的要求,对转锁的轴环进行试验。

A.8 试验方法

A.8.1 拉伸试验

在进行拉伸试验时,应由一台拉力试验机和两个尺寸等同于在 ISO 1161 中所规定的角件尺寸的构件，对转锁施加拉力(见图 A.10)。

试验力应保持 5 min。

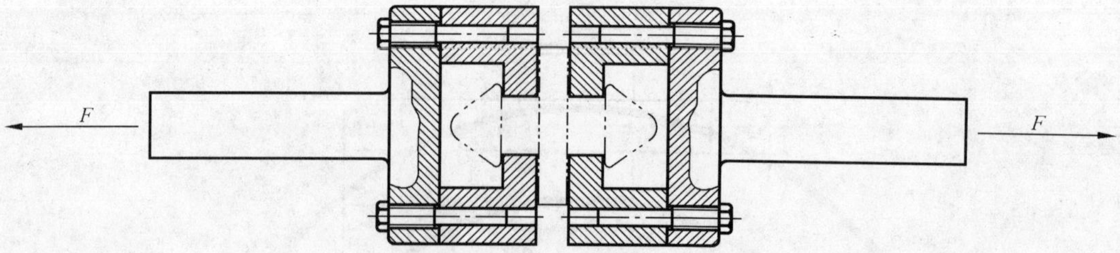

F——试验力。

图 A.10 拉伸试验

A.8.2 压缩试验

A.8.2.1 中间板压缩强度

在对中间板进行压缩试验时，应由两块有孔的钢板(其孔与 ISO 1161 要求的角件孔等同)，在试验机内对中间板施加压力(见图 A.11)。

试验力应保持 5 min。

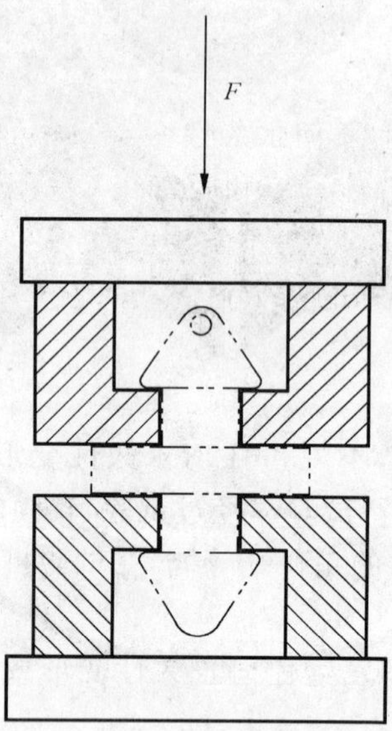

F——试验力。

图 A.11 在中间板上压缩试验

A.8.2.2 锥体压缩试验

在对顶锥或底锥进行压缩试验时，应由一块平钢板和一块有孔钢板(其孔与 ISO 1161 要求的角件孔等同)，在试验机内对锥体施加压力(见图 A.12)。

试验力应保持 5 min。

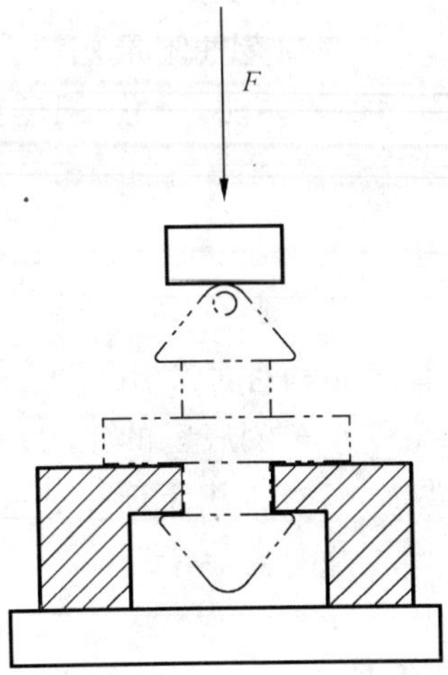

F——试验力。

图 A.12 在顶锥或底锥上压缩试验

A.8.3 剪切强度试验

在对转锁进行剪切强度试验时,转锁应处于闭锁位置,并置于有孔的试验装置(其孔与 ISO 1161 要求的角件孔等同)进行(见图 A.13)。

转锁应进行纵向和横向的试验。试验力应保持 5 min。

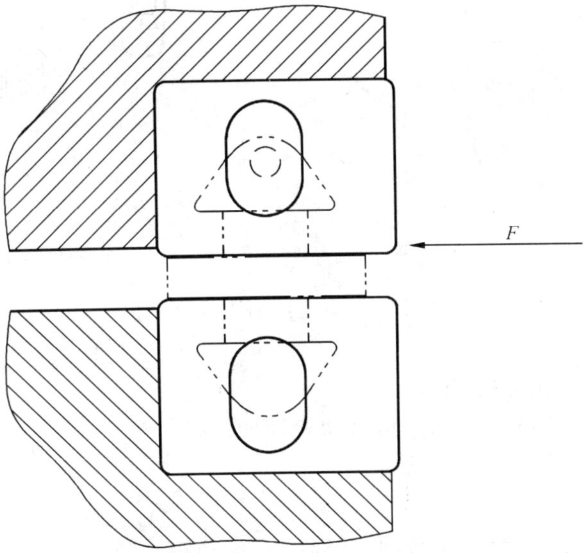

F——试验力。

图 A.13 剪切试验

附　录　B
（规范性附录）
集装箱栓固闩锁的功能、尺寸、强度要求和试验

B.1　总则

闩锁用于对集装箱定位和固定：

——箱垛内集装箱彼此间(通过对集装箱角件的作用)；

——与运输工具(通过对集装箱底角件与车辆底座的作用)。

闩锁的载荷传递面积符合B.5.1要求，其可也用于连接和起吊集装箱。

B.2　术语和定义

下列对闩锁的术语和定义适用于本附录。

B.2.1

闩锁　latchlock

一种用于对在箱垛内集装箱彼此间锁定或集装箱对运输工具锁定的装置。它通过闩的突出，与集装箱角件或固定底座啮合以栓固集装箱(见图B.1)。

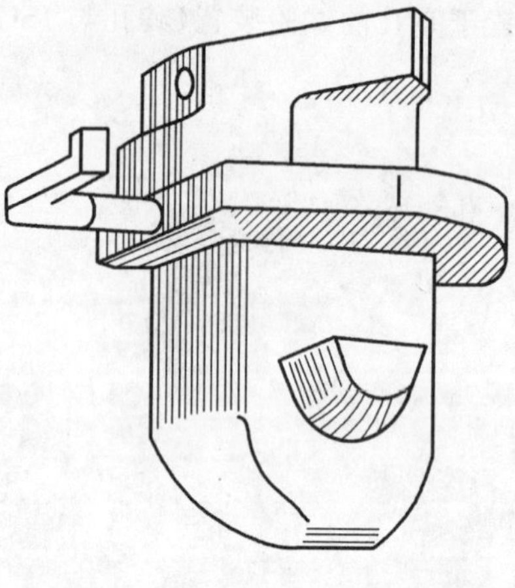

a）闭锁

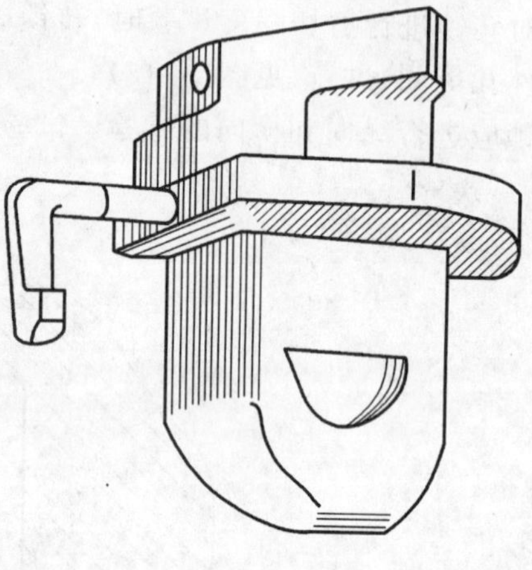

b）未锁

图B.1　半自动闩锁，单锁

B.2.2

半自动闩锁　semi-automatic latchlock

一种由机械装置驱动顶锥和/或底锥，并自动闭锁的闩锁。

B.2.3

顶锥　top cone

具有或没有闭锁装置的闩锁的顶部结构，其通常与集装箱底角件啮合。

B.2.4

底锥　bottom cone

具有或没有闭锁装置的闩锁的底部结构，其通常与集装箱顶角件啮合。

B.2.5

闩　latch

闩锁的闭锁机构，它由锥体内水平移出或转出。

B. 2. 6

手柄　handle

装于闩的构件，以驱动机械装置和闩。

B. 2. 7

轴环　collar

闩锁装入角件的顶孔或底孔的部分，其阻止所连集装箱水平移动。

B. 2. 8

孔眼　eye hole

在闩锁顶锥内的小孔。

B. 2. 9

固定底部　fixed base

可手动预锁集装箱角件的锥体刚性部分。

B. 2. 10

中间板　intermediate plate

闩锁处在堆码的集装箱间承受压力的部分。

B. 2. 11

单用途闩锁　single purpose latchlock

按标准定位设计的不对称闩锁。

注：它仅适用于以下两情况之一：

——闩锁置于一只集装箱的顶角件内，另一只集装箱堆放在该箱的上面(选择 A)；

——闩锁置于一只集装箱底角件内，随该箱堆码在另一只集装箱的顶部(选择 B)。

B. 2. 12

双头闩锁　double latchlock

装有顶锥和底锥的闩锁。

B. 2. 13

双用途闩锁　dual purpose latchlock

具有同样方向的闩锁，不仅能预锁在顶角件内，还能预锁在底角件或栓固底座内。

B. 2. 14

单锁　single lock

一种仅底锥或仅顶锥具有闭锁功能的闩锁。

B. 2. 15

双锁　double lock

顶锥和底锥均具有闭锁功能的闩锁。

B. 3　半自动闩锁类型和说明

半自动闩锁包括单用途和双用途两种。

单用途闩锁的构成如下：

a)　一个有一孔眼的顶锥和一个有一闩的底锥，被连接于一个机械装置；

b)　一个有轴环的中间板；

c)　一个内部的机械装置，当闩锁的顶锥进入集装箱顶角件啮合时，其自动闭闩(见图 B. 2)。

双用途闩锁的构成如下：

a)　一个有一孔眼的顶锥和一个底锥，其刚性连成一体，每一锥体分别装一个与内部机械装置相连的闩；

b)　一个有轴环的中间板；

c)　一个内部的机械装置，在下列情况时它自动地闭闩：

——当一只集装箱放在另一只其顶角件内已锁有闩锁的集装箱上面时(见图 B.3);

——当一只集装箱的底角件已锁有闩锁,在与另一只集装箱的顶角件啮合时。

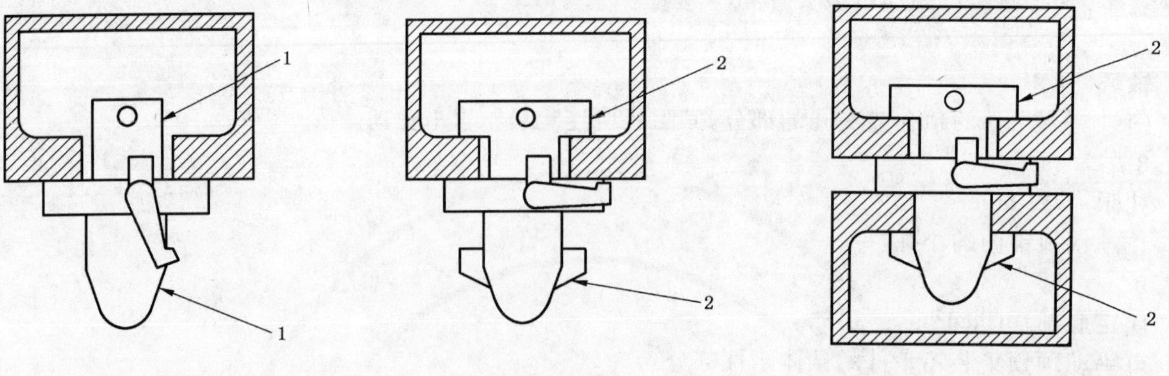

a) 位置一　　b) 位置二　　c) 位置三

1——未锁;

2——闭锁。

图 B.2　半自动闩锁,装于底角件

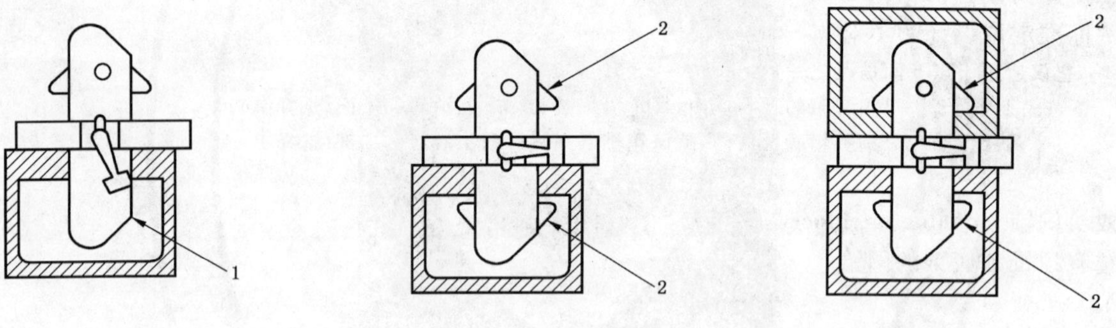

a) 位置一　　b) 位置二　　c) 位置三

1——未锁;

2——闭锁。

图 B.3　半自动闩锁,装于顶角件(仅适用于双用途闩锁)

B.4　闩锁的功能要求

B.4.1　一般要求

顶锥和底锥应能限制所连集装箱垂直移动。

轴环应能限制所连集装箱水平移动。

顶锥上应设孔眼,便于对其识别和对闩锁的操作。

手柄应使闩动作,以关闭或开启闩锁。

可靠的闭锁机械装置应确保集装箱在装卸和运输中闩锁不会意外地从角件内落出。

B.4.2　半自动闩锁

半自动闩锁应确定方向,有一孔眼的锥体指为上方。

半自动闩锁应装有一个能清晰地指示两锥体闭合的机构。

对装有在垂直面内动作的手柄的半自动闩锁,闩的闭锁应在手柄处于水平位置时。

对装有在水平面内动作的手柄的半自动闩锁,应在手柄上安装一个向上的柄尾。集装箱锁定应在手柄扳到最左面时。

B.5 尺寸

B.5.1 顶锥和底锥

顶锥和底锥或各门应按如下要求设计：闩锁处于全锁的位置，当锁在角件孔两边时，其承载区总面积应大于 800 mm^2；当锁在角件孔一边时，其承载区面积应大于 600 mm^2。如果闩锁用于起吊集装箱，无论单边或双边锁定角件孔，其载荷承载面积应不小于 800 mm^2。顶锥和底锥应不突入角件腔内图 B.4所示的需其他系紧装置所使用的限制部分。

单位为毫米

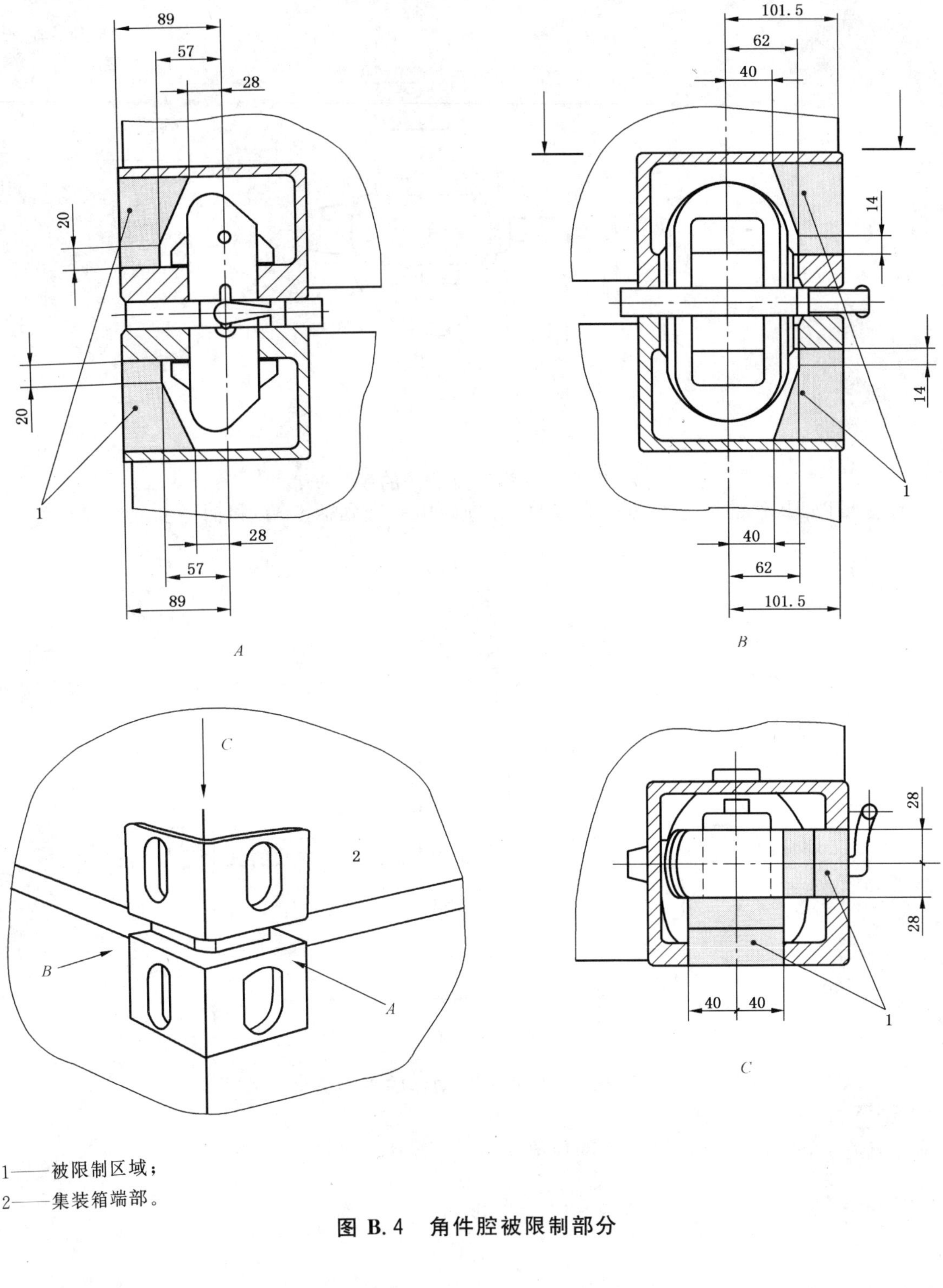

1——被限制区域；

2——集装箱端部。

图 B.4 角件腔被限制部分

B.5.2　中间板

中间板的厚度应为 $30_{-5}^{\ 0}$ mm。中间板的压力承载区（凸缘表面受力区域）的面积最小应为 4 500 mm^2。闩锁的设计应使朝向角件的一面具有最大载荷承载面积。

B.5.3　手柄

手柄在垂直面操作的情况下，手柄杆体的长度（自锁的中心线到弯柄内侧）和弯柄长度（自杆体的中心线到弯柄末端）应按图 B.5 所示。

单位为毫米

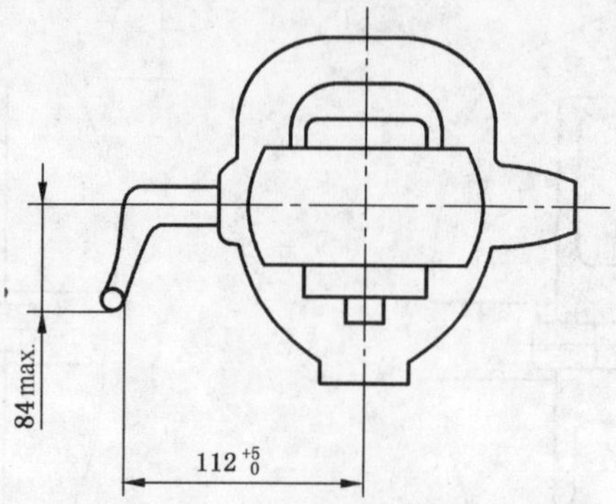

图 B.5　在垂直面动作的手柄长度

手柄在水平面操作的情况下，手柄的长度（自锁的中心线到柄末端）和柄尾上翘的尺寸应按图 B.6 所示。

单位为毫米

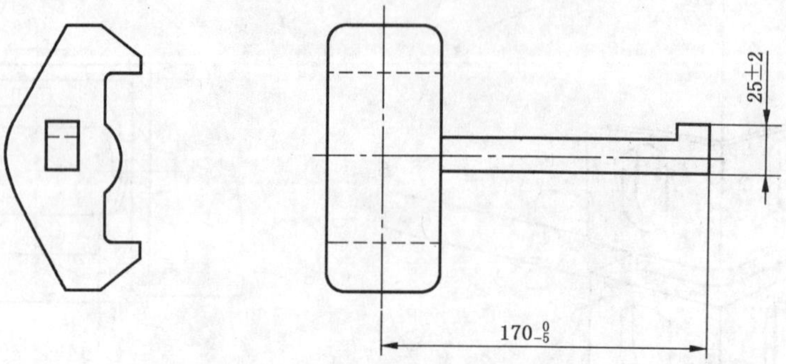

图 B.6　在水平面动作的手柄长度

B.5.4　轴环

轴环应适于装入按 ISO 1161 规定的顶角件和底角件孔内，其尺寸应按图 B.7。

单位为毫米

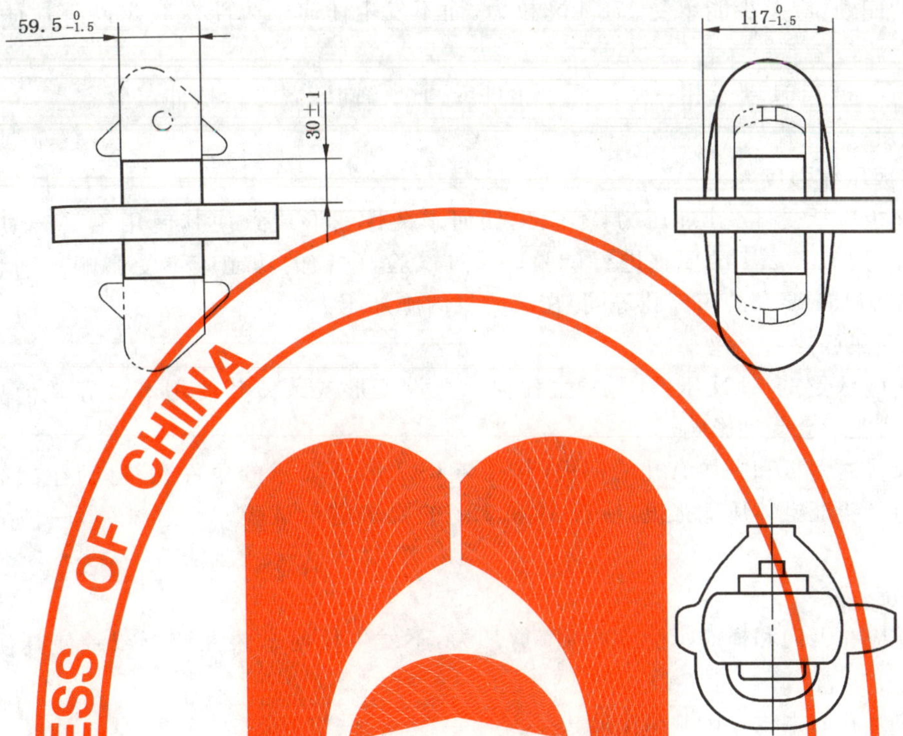

图 B.7 轴环的尺寸

B.5.5 顶闩和底闩的间距

顶闩和底闩的间距应按图 B.8 所示。

单位为毫米

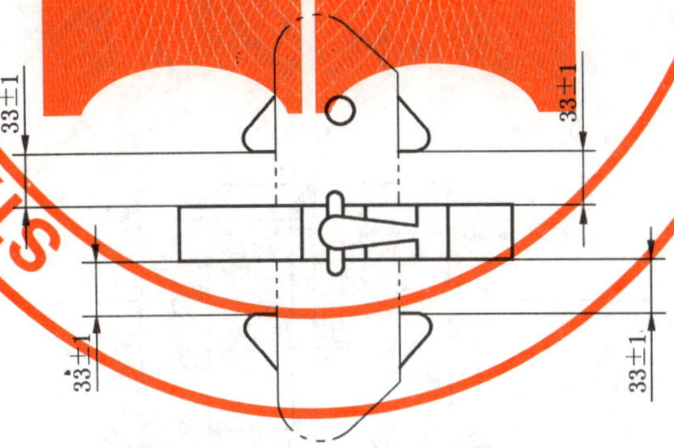

图 B.8 顶闩和底闩的间距

B.6 材料和功能设计

闩锁的功能和可靠性应体现在功能设计和对材料的选择。对用于控制手柄定位的弹簧设计，应确保不因强度、腐蚀和脏污等原因而丧失功能。为确保安全，应确定一个明确的停止位置。

B.7 强度要求

B.7.1 拉伸强度

闩锁应承受一个 150 kN 拉力，而不发生任何永久性变形或致使其使用不妥等其他异常情况。验证闩锁拉伸强度的要求，应按B.8.1的要求进行试验。测试拉力应作用在锁锥体之间，或顶锥和固定底部之间。

用于吊运的闩锁，应至少能承受178 kN拉力，而不发生任何永久性变形或致使其使用不妥等其他异常情况。

应借助于与ISO 1161要求相一致的两个角件或两个等同装置进行拉伸试验。

B.7.2 压缩强度

B.7.2.1 中间板压缩强度

闩锁的中间板应承受850 kN压力，不发生任何永久性变形或致使其使用不妥等其他异常情况。验证压缩强度，应按B.8.2.1的要求进行试验。通过试验，闩锁的功能应不受影响。通过两块有孔的钢板(其孔与ISO 1161要求的角件孔等同)在试验机内施加压力。

B.7.2.2 锥体压缩强度

闩锁的锥体应承受150 kN压力，不发生任何永久性变形或致使其使用不妥等其他异常情况。通过试验，闩锁的功能不会受到影响。

应通过一块普通钢板和一块有孔的钢板(其孔与ISO 1161要求的角件孔等同)在试验机内对顶锥或底锥施加压力。验证锥体压缩强度，应按B.8.2.2的要求进行试验。经过试验，闩锁的功能应不受影响。

B.7.3 剪切强度

闩锁的轴环应在纵向和横向承受300 kN剪切力，不发生任何永久性变形或致使其使用不妥等其他异常情况。

应通过两块有孔的钢板在试验机中施力。

验证剪切强度，应按B.8.3堆码件的要求进行试验。

B.8 试验方法

B.8.1 拉伸试验

由一台拉力试验机和两个尺寸等同于ISO 1161规定的角件尺寸要求的构件，对闩锁施加拉力(见图B.9)。

试验力应保持5 min。

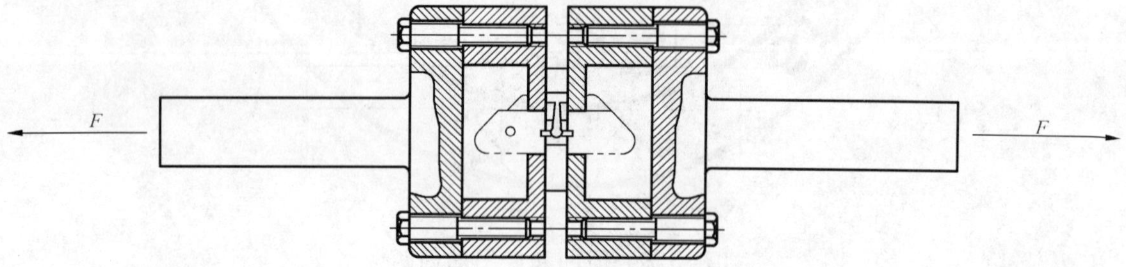

F——试验力。

图B.9 拉伸试验

B.8.2 压缩试验

B.8.2.1 中间板压缩强度

在对中间板进行压缩试验时，应由两块有孔的钢板(其孔与ISO 1161要求的角件孔等同)，在试验机内对中间板施加压力(见图B.10)。

试验力应保持5 min。

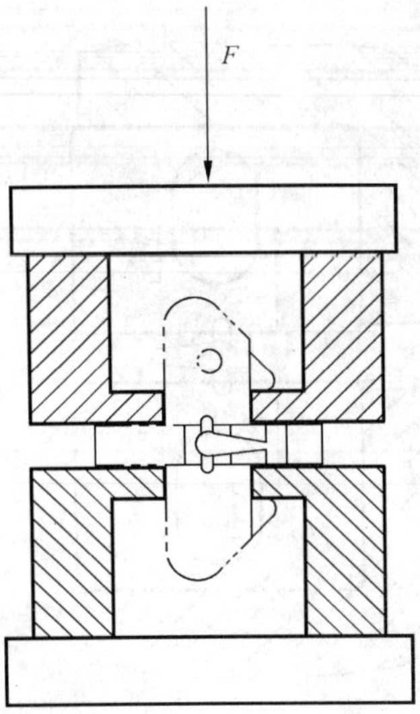

F——试验力。

图 B.10 中间板压缩试验

B.8.2.2 锥体压缩试验

在对顶锥或底锥进行压缩试验时，应由一块平钢板和一块有孔钢板（其孔与 ISO 1161 要求的角件孔等同），在试验机内对锥体施加压力（见图 B.11）。

试验力应保持 5 min。

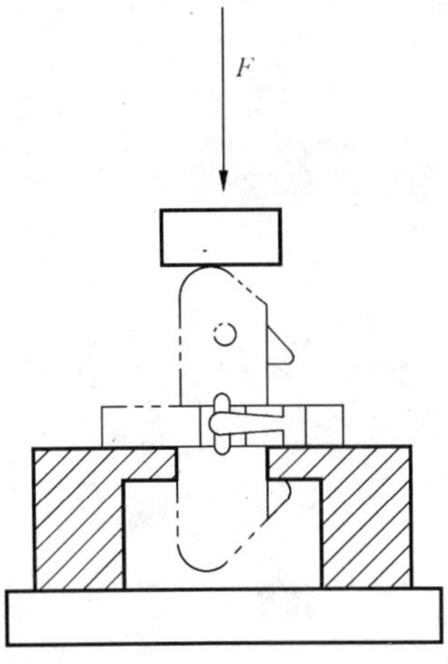

F——试验力。

图 B.11 在顶锥或底锥上压力试验

B.8.3 剪切强度试验

对闩锁进行剪切强度试验，闩锁应处于闭锁位置，并置于有孔的试验装置（其孔与 ISO 1161 要求的角件孔等同）进行（见图 B.12）。

闩锁应进行纵向和横向的试验。

试验力应保持 5 min。

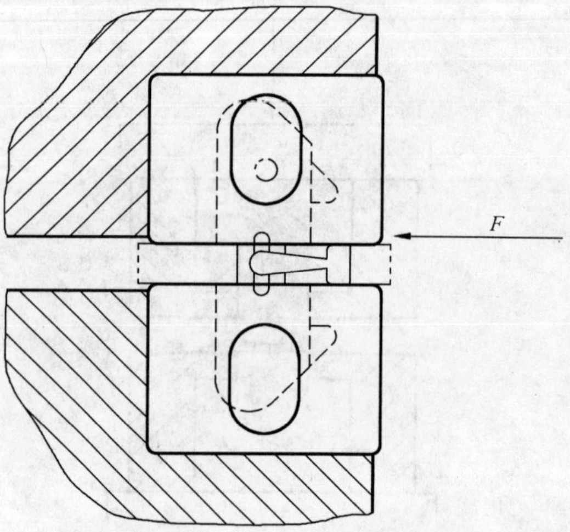

F——试验力。

图 B.12 剪切强度试验

附　录　C
（规范性附录）
栓固集装箱堆码连接件的功能、尺寸、强度要求和试验

C.1　总则

堆码连接件、堆码锥型销或堆码装置，用于箱垛中的集装箱之间或集装箱与运输工具之间的水平定位和栓固。它们应作用于集装箱角件或运输工具上的底座。堆码连接件经常与其他系紧或栓固装置联合使用。

C.2　术语和定义

下列对堆码连接件的术语和定义适用于本附录。

C.2.1

锥体　cone

堆码连接件装入集装箱角件的顶孔或底孔或栓固底座的部分，其限制所连集装箱水平移动。

C.2.2

中间板　intermediate plate

堆码连接件在堆码集装箱间承受压力的部分。

C.2.3

单锥体　single cone

装有一个顶锥和一个底锥的堆码连接件。

C.2.4

双锥体　double cones

装有两个顶锥和两个底锥的堆码连接件。

注：其包括横向型或纵向型两种。

C.3　堆码连接件类型和说明

C.3.1　单锥堆码连接件

单锥堆码连接件由两个置于中间板其朝向互逆的锥体构成(见图 C.1)。

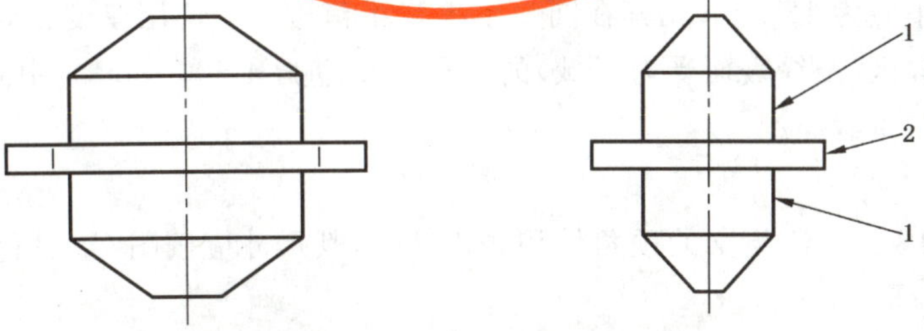

1——锥体；

2——中间板。

图 C.1　单锥堆码连接件

C.3.2 双锥堆码连接件

双锥堆码连接件由两对分别置于中间板两端其朝向互逆的锥体构成。专用于集装箱间相互的连接,包括纵向型和横向型。横向型用于栓固侧壁互为平行且相对的集装箱。纵向型用于栓固端壁互为平行且相对的集装箱(见图 C.2)。

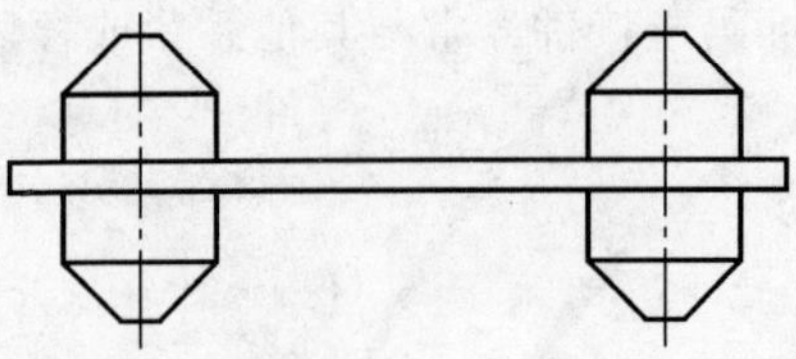

a) 横向型

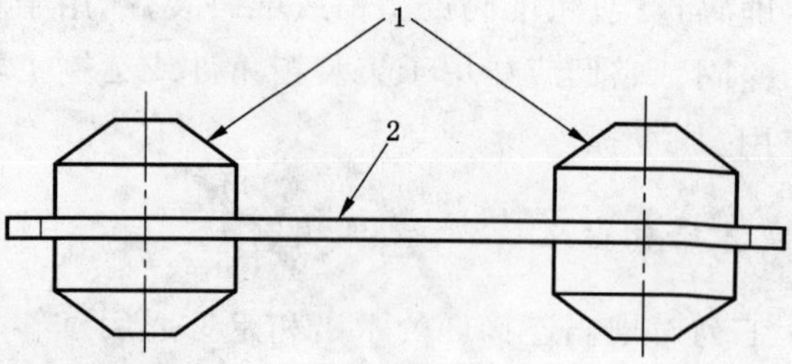

b) 纵向型

1——锥体;
2——中间板。

图 C.2 双锥堆码连接件

C.4 堆码连接件功能和尺寸要求

C.4.1 一般要求

顶锥和底锥应限制所连集装箱水平移动。

中间板用于集装箱彼此间固定。双锥堆码连接件仅适用于在毗邻集装箱的顶角件面处于同一水平面时。

C.4.2 顶锥和底锥

顶锥和底锥的设计,应不使其突入到角件内供其他系紧装置使用的区域,图 C.3 标明了对其限制区域。

C.4.3 中间板

中间板的厚度最小应为 12 mm,尤其在同一个集装箱箱垛中应使用厚度相同的的中间板。

中间板的压力承载区(凸缘表面受力区域)的面积最小应为 4 500 mm^2。中间板的设计应使朝向角件的一面具有最大载荷承载面积。

C.4.4 锥体

锥体应能插入按 ISO 1161 定义的顶角件和底角件孔,其尺寸应按图 C.4 所示。

单位为毫米

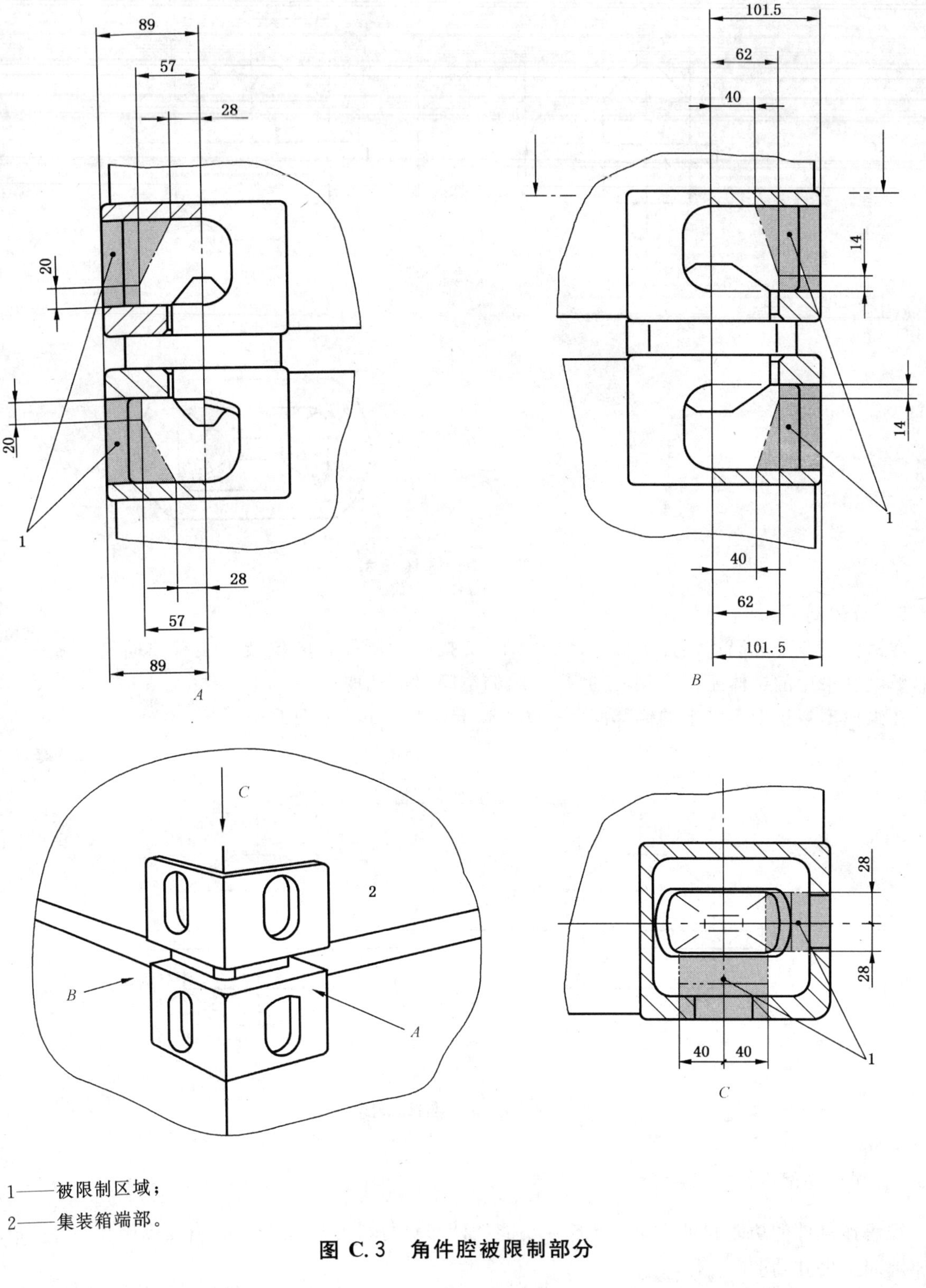

1——被限制区域；

2——集装箱端部。

图 C.3　角件腔被限制部分

单位为毫米

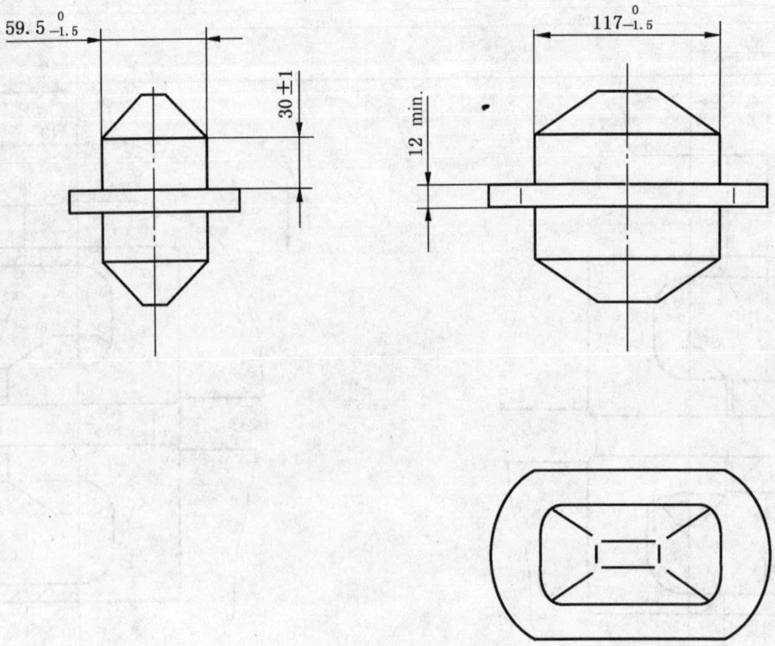

图 C.4　锥体尺寸

C.4.5　锥体间距

在横向型双锥堆码连接件上的锥体的间距，应按船舶所采用的集装箱装载空间尺度确定。在同一的船舶上其采用的锥体距离应相同，并按该船的空间尺度选取。

在纵向型双锥堆码件上的锥体间距应为 280 mm±5 mm(见图 C.5)。

单位为毫米

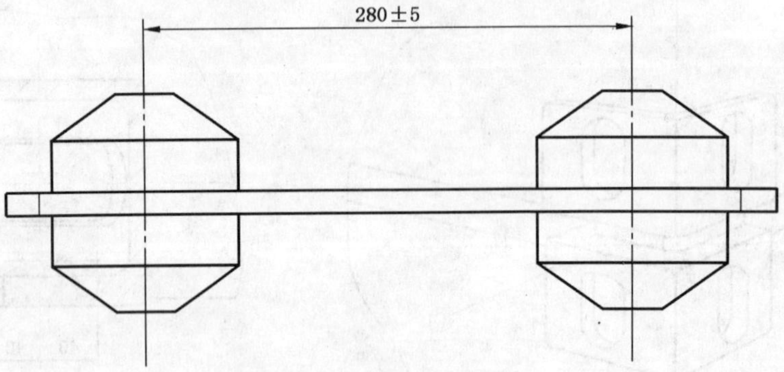

图 C.5　锥体间距

C.5　材料和功能设计

堆码连接件的功能和可靠性应体现在功能设计和对材料的选择上。应确保不因强度、腐蚀和污脏等原因而丧失其功能。

C.6　强度要求

C.6.1　中间板压缩强度

单锥和双锥堆码连接件的中间板应承受 850 kN 压力，不发生任何永久性变形或致使其使用不妥等其他异常情况。

验证压缩强度，应按 C.7.1 的要求进行试验。通过两块有孔的钢板(其孔与 ISO 1161 要求的角件孔等同)在试验机内施加压力。

C.6.2 锥体压缩强度

单锥和双锥堆码连接件的锥体应承受 150 kN 压力，不发生任何永久性变形或致使其使用不妥等其他异常情况。

应通过一块普通钢板和一块有孔的钢板(其孔与 ISO 1161 要求的角件孔等同)在试验机内对顶锥施加压力。

验证锥体压缩强度的要求，应按 C.7.2 的要求进行试验。

C.6.3 剪切强度

堆码连接件在纵向和横向应承受 300 kN 的剪切力，不发生任何永久性变形或致使其使用不妥等其他异常情况。

应通过两块有孔的钢板(其孔与 ISO 1161 要求的角件孔等同)在试验机中施力。

验证剪切强度，应按 C.7.3 堆码装置的要求进行试验。

C.6.4 中间板的拉伸和压缩强度

双锥堆码连接件的中间板应承受 300 kN 的水平拉力和水平压力，不发生任何永久性变形或致使其使用不妥等其他异常情况。验证强度，应按 C.7.4 的要求进行(见图 C.9)。

按横向或纵向的两种类型，使用类似 ISO 1161 定义的四只角件的装置施力。

C.7 试验方法

C.7.1 中间板的压缩强度

在对中间板进行压缩试验时，应由两块有孔的钢板(其孔与 ISO 1161 要求的角件孔等同)，在试验机内对中间板施加压力(见图 C.6)。

试验力应保持 5 min。

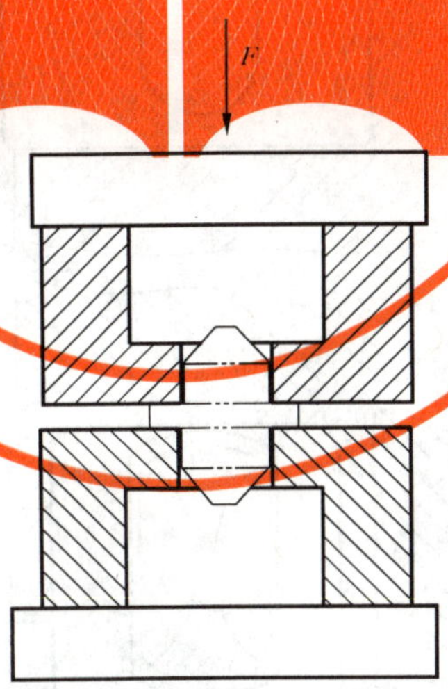

F——试验力。

图 C.6 在中间板上压缩试验

C.7.2 锥体压缩强度

在对顶锥或底锥进行压缩试验时，应由一块平钢板和一块有孔钢板(其孔与 ISO 1161 要求的角件孔等同)，在试验机内对锥体施加压力(见图 C.7)。

试验力应保持 5 min。

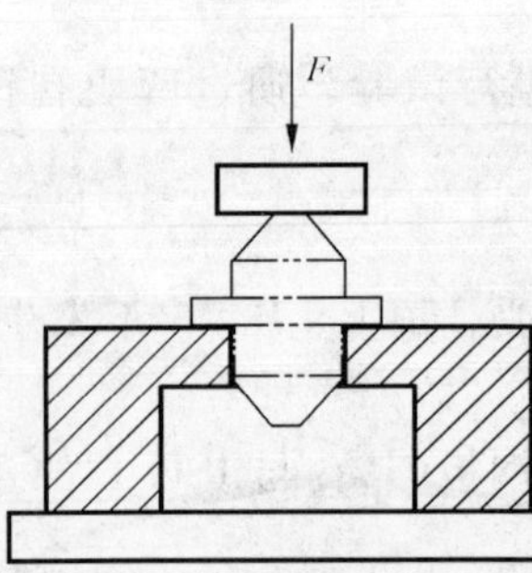

F——试验力。

图 C.7　在顶锥底锥上压缩试验

C.7.3　剪切强度试验

对堆码连接件进行剪切强度试验，应置于有孔的试验装置(其孔与 ISO 1161 要求的角件孔等同)进行(见图 C.8)。

堆码连接件应进行纵向和横向的试验。试验力应保持 5 min。

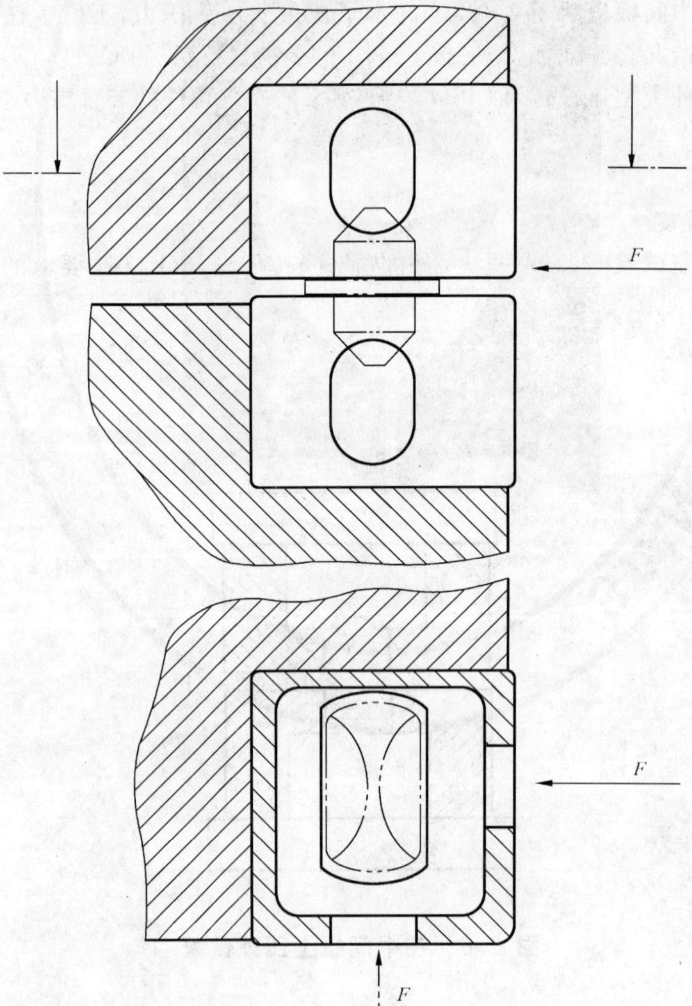

F——试验力。

图 C.8　剪切强度试验

C.7.4 拉伸、压缩和抗变形试验

双锥堆码连接件由四个尺寸等同于 ISO 1161 角件的装置放在拉力试验机中施加作用力(见图C.9)。

试验载荷应保持 5 min。

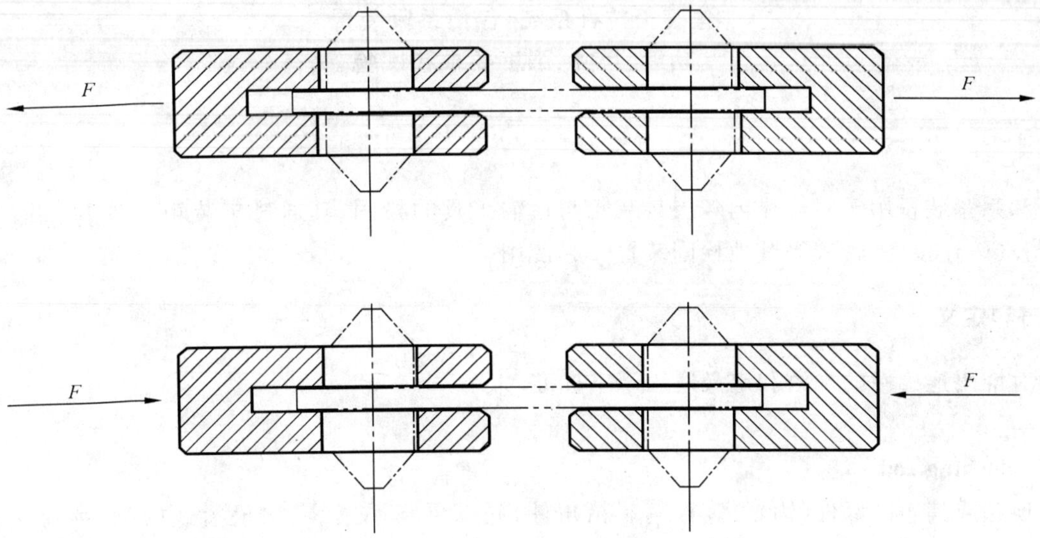

F——试验力。

图 C.9 拉伸和压缩试验

附录 D
（规范性附录）
集装箱拉杆系统，包括系紧装置功能、尺寸、强度要求和试验

D.1 总则

拉杆和系紧装置用于对箱垛内各层集装箱与运输工具的栓固，其通过集装箱角件与运输工具的作用，并常与堆码连接件、转锁等其他栓固装置一起使用。

D.2 术语和定义

下列对堆码连接件的术语和定义适用于本标准。

D.2.1

拉杆 lashing rod

一种顶部或其连接部件（钩）可装入集装箱角件，底部可与系紧装置（松紧螺旋扣）连接的杆体（见图 D.1～图 D.5）。

D.2.2

栓固钩 securing hook

装入集装箱角件内的栓固装件，并能安装于拉杆（见图 D.1～图 D.5）。

D.2.3

插入钩 plug hook

拉杆插入集装箱角件内的刚性部件（见图 D.3）。

D.2.4

铰接钩 hinge hook

拉杆插入角件的铰接部件（见图 D.4）。

D.2.5

系紧装置 tensioning device

其一端与拉杆连接，另一端与运输工具连接（如甲板连环等）的一种装置（见图 D.1）。

D.3 功能和尺寸要求

D.3.1 拉杆

拉杆的设计应按下列要求：

——能直接对集装箱角件连接或对连接角件的一种装置（栓固钩）连接；

——能与系紧装置连接；

——与系紧装置连接于集装箱角件和运输工具之间，应有一个适宜长度（见图 D.2～图 D.4）。

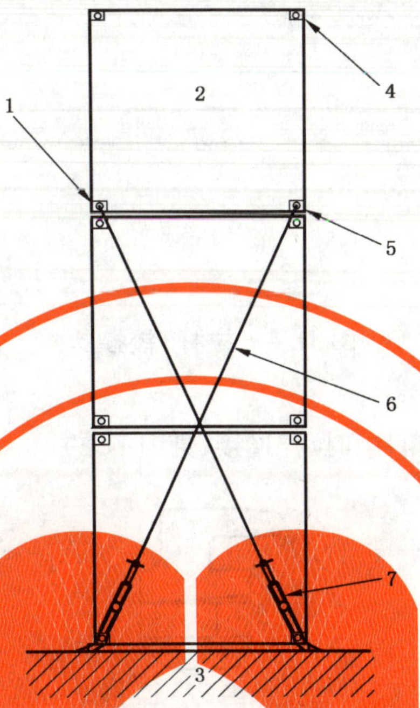

1——栓固钩；
2——集装箱；
3——船体；
4——顶角件；
5——底角件；
6——拉杆；
7——系紧装置。

图 D.1　拉杆系统

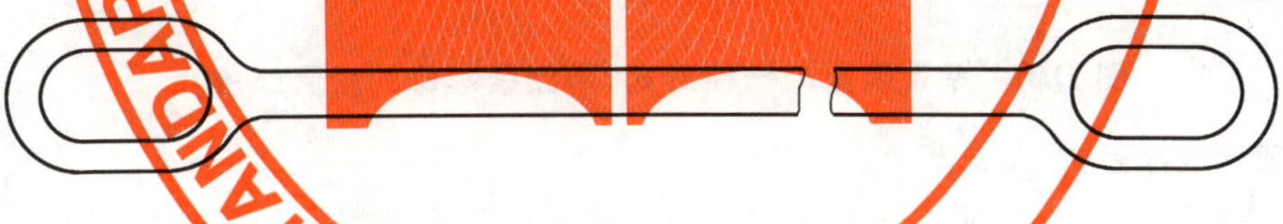

图 D.2　拉杆

图 D.3　拉杆，插入钩

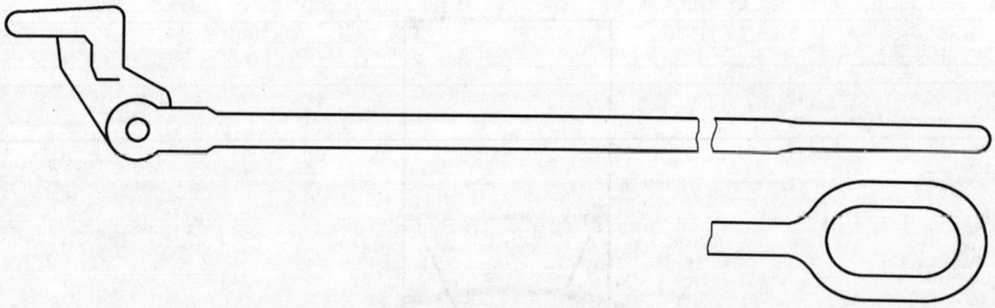

图 D.4　拉杆，铰接钩

D.3.2　栓固钩

栓固钩的设计应使其与集装箱角件和拉杆连接(见图 D.5)。

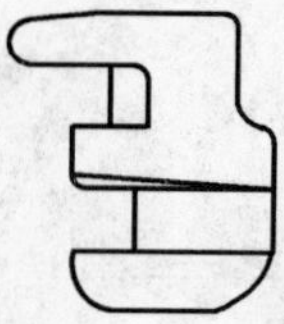

图 D.5　栓固钩

D.3.3　系紧装置

系紧装置的设计应使其一端与拉杆的末端相连，另一端与运输工具相连。它应有足够长度，使其和拉杆一起，能适应对集装箱角件和运输工具之间的连接。它应设有一个系紧装置的构件，如锁紧螺母(见图 D.6)。系紧装置不应处于过松或过紧状态。

注：系紧装置过紧会损坏集装箱。

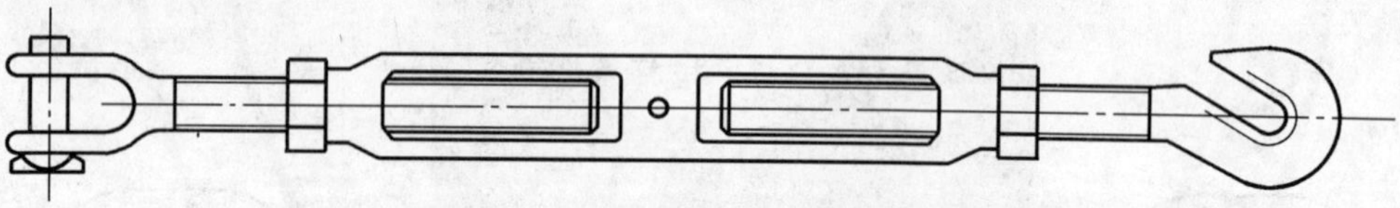

图 D.6　系紧装置的一种形式，带锁紧螺母的松紧螺旋扣

D.3.4　拉杆顶端或栓固钩

拉杆顶端或栓固钩的设计应不突入角件腔内需供其他系紧装置所使用的如图 D.7 所示的限制部分。

D.3.5　拉杆末端

拉杆末端的设计应便于与系紧装置连接。

D.3.6　拉杆和系紧装置的其他部分

拉杆和系紧装置的其他部件的设计，应便于其连成一体，或便于与运输工具连接。

D.4　材料和功能设计

拉杆的功能和可靠性应体现在功能设计和对材料的选择。应确保不因强度、腐蚀和污脏等原因而丧失功能。

D.5　拉杆拉伸强度

拉杆应承受 270 kN 拉力，不发生任何永久性变形或致使其使用不妥等其他异常情况。验证拉伸强度，应按 D.7.1 的要求进行试验。力应作用于集装箱角件和装有系紧装置的类同连接件之间。如拉杆的设计是通过栓固钩对集装箱角件连接的，栓固钩应包括在拉伸试验内。

D.6 系紧装置拉伸强度

系紧装置应承受 270 kN 拉力，不发生任何永久性变形或致使其使用不妥等其他异常情况。

验证拉伸强度，应按 D.7.2 的要求进行试验。力应作用于连接装置之间。

单位为毫米

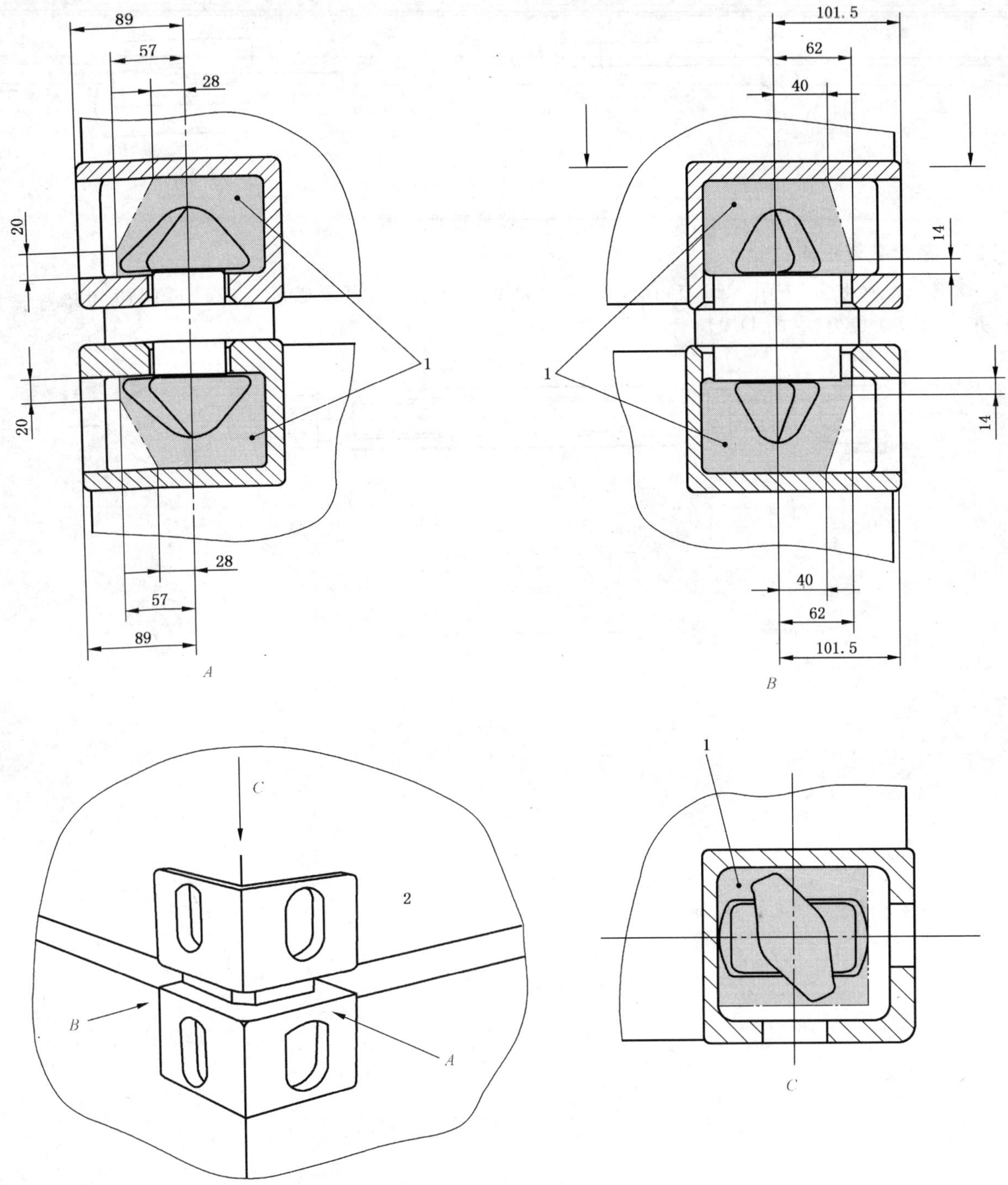

1——限制区域；

2——集装箱末端。

图 D.7 角件腔的限制部分

D.7 试验方法

D.7.1 拉杆拉伸试验

拉杆应承受 270 kN 拉力，保持 5 min，不发生任何永久性变形或致使其使用不妥等其他异常情况。5 min 后应测量延伸的长度，然后增大拉力，直至破断，并应记录破断拉力(见图 D.8)。

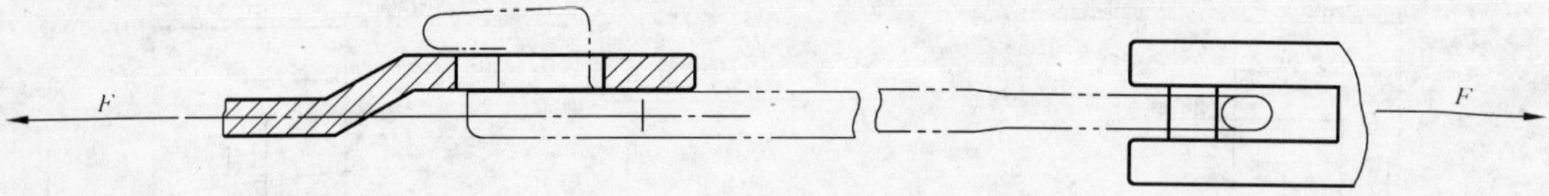

F——试验力。

图 D.8 拉杆拉伸试验

D.7.2 系紧装置拉伸试验

系紧装置应承受 270 kN 拉力，保持 5 min，然后增大拉力，直至破断。应通过相应的装置施加拉力，并记录破断拉力(见图 D.9)。

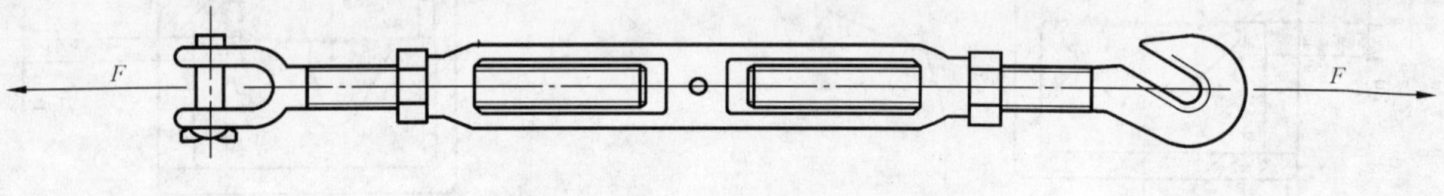

F——试验力。

图 D.9 系紧装置拉伸试验

ICS 59.080.30
W 55

GB

中华人民共和国国家标准

GB/T 17392—2008
代替 GB/T 17392—1998

国旗用织物

Fabric for national flag

2008-05-26 发布　　　　2008-11-01 实施

中华人民共和国国家质量监督检验检疫总局
中国国家标准化管理委员会　发布

前　言

本标准是对GB/T 17392—1998《国旗用织物》的修订。

本标准与GB/T 17392—1998相比主要变化如下：

——对术语和定义进行了修改；

——丝绸织物的“断裂强度/N”由≥200修订为≥400。

本标准由全国颜色标准化技术委员会提出并归口。

本标准负责起草单位：中国科学院心理研究所、深圳市海川实业股份有限公司。

本标准主要起草人：韩布新、孙秀如、黄端、何唯平、黄永衡。

本标准所代替标准的历次版本发布情况为：

——GB/T 17392—1998。

国旗用织物

1 范围

本标准规定了加工制作中华人民共和国国旗用的棉、丝、涤纶、晴纶、锦纶类织物的技术要求、试验方法、检验规则、包装和标志。

本标准适用于国旗用织物。

2 规范性引用文件

下列文件中的条款通过本标准的引用而成为本标准的条款。凡是注日期的引用文件，其随后所有的修改单(不包括勘误的内容)或修订版均不适用于本标准，然而，鼓励根据本标准达成协议的各方研究是否使用这些文件的最新版本。凡是不注日期的引用文件，其最新版本适用于本标准。

GB/T 406—1993 棉本色布

GB/T 3923.1—1997 纺织品 织物拉伸性能 第1部分:断裂强力和断裂伸长率的测定 条样法

GB/T 4668 机织物密度的测定

GB/T 4669 机织物单位长度和单位面积质量的测定

GB/T 15551 桑蚕丝织物

GB/T 15552 丝织物检验方法

GB/T 15553 丝织物检验规则

GB/T 15554 丝织物包装和标志

GB/T 17253—1998 合成纤维丝织物

FZ/T 10009 棉及化纤纯纺、混纺本色布标志与包装

FZ/T 43012—1999 防水锦纶丝织物

3 术语和定义

下列术语和定义适用于本标准。

3.1

国旗用织物 fabric for the national flag

经过炼漂处理后，用于制作国旗的棉、丝、涤纶、晴纶、锦纶或其他类织物。

4 技术要求

4.1 国旗用织物的规格和物理指标见表1。

表1 国旗用织物的规格和物理指标

织物类别	纱线支数		成品密度/(根/10 cm)			断裂强度/N		单位面积质量		织物组织
	经向	纬向	经向	纬向	允差/%	经向	纬向	g/m²	允差/%	
棉	28 dtex	28 dtex	266	212	经密 −1.5 纬密 −1.0	≥400	≥340	134	−5.0	平纹
丝	2/20/22D	2/20/22D	750	410	−4.0	400		52	−5.0	平纹

表 1（续）

织物类别		纱线支数		成品密度/(根/10 cm)			断裂强度/N		单位面积质量		织物组织
		经向	纬向	经向	纬向	允差/%	经向	纬向	g/m²	允差/%	
化学纤维	涤纶	100D 低弹丝	100D 低弹丝	373	257	−5.0	400		76	−5.0	平纹
	晴纶	24×2 dtex	48 dtex	138	145	−5.0	400		144	−5.0	平纹
	锦纶	1/70D 长丝	1/70D 长丝	408	325	−3～−5	400		66	−4～−5	平纹

4.2 国旗用织物的外观品质

4.2.1 棉织物的外观品质共有三项指标：棉结杂质疵点合格率、棉结疵点合格率、布面疵点，应达到 GB/T 406—1993 中对一等品所规定的各项指标。

4.2.2 丝织物的外观品质应达到 GB/T 15551 中对外观疵点一等品所规定的各项指标。

4.2.3 锦纶织物的外观品质应达到 FZ/T 43012—1999 中表 1 对外观疵点所规定一等品的评分。

4.2.4 晴纶织物的外观品质应达到 GB/T 17253—1998 中表 1 对外观疵点所规定一等品的评分。

4.2.5 涤纶织物的外观品质应达到 GB/T 17253—1998 中表 1 对外观疵点所规定一等品的评分。

4.3 达到或高于本标准 4.1、4.2 所规定的各项技术指标的其他织物也可作为国旗用织物。

5 试验方法

5.1 棉织物的试验方法应按 GB/T 406—1993 中 6.1、6.4、6.5 进行。

5.2 丝织物的试验方法应按 GB/T 15552 进行。

5.3 涤纶、晴纶织物的密度试验方法应按 GB/T 4668 中有关规定进行。

5.4 涤纶、晴纶织物的重量试验方法应按 GB/T 4669 中有关规定进行。

5.5 涤纶、晴纶织物的断裂强力试验方法应按 GB/T 3923.1—1997 中有关规定进行。

5.6 锦纶织物的试验方法应按 GB/T 17253—1998 中 4.4、4.5、4.7、4.14、4.15 进行。

6 检验规则

6.1 棉织物的检验规则应按 GB/T 406—1993 中第 7 章进行。

6.2 丝织物的检验规则应按 GB/T 15553 进行。

6.3 涤纶织物的检验规则应按 FZ/T 43012—1999 中第 6 章进行。

6.4 晴纶织物的检验规则应按 FZ/T 43012—1999 中第 6 章进行。

6.5 锦纶织物的检验规则应按 GB/T 17253—1998 中第 5 章进行。

7 包装和标志

7.1 棉织物的包装和标志应按 FZ/T 10009 进行。

7.2 丝织物的包装和标志应按 GB/T 15554 进行。

7.3 涤纶织物的包装和标志应按 FZ/T 43012—1999 第 7 章进行。

7.4 晴纶织物的包装和标志应按 FZ/T 10009 进行。

7.5 锦纶织物的包装和标志应按 GB/T 17253—1998 第 6 章进行。

ICS 91.120.10
Q 25

中华人民共和国国家标准

GB/T 17393—2008
代替 GB/T 17393—1998

覆盖奥氏体不锈钢用绝热材料规范

Specification for thermal insulation for use in contact with austenitic stainless steel

2008-06-30 发布 2009-04-01 实施

中华人民共和国国家质量监督检验检疫总局
中国国家标准化管理委员会 发布

前　言

本标准参考了 ASTM C 795—2003《覆盖奥氏体不锈钢用绝热材料规范》和 ASTM C 692—2006《评估绝热材料对奥氏体不锈钢外部应力腐蚀开裂影响的试验方法》。

本标准代替 GB/T 17393—1998《覆盖奥氏体不锈钢用绝热材料规范》。

本标准与原标准相比，主要技术内容变化如下：

——增加了《评估绝热材料对奥氏体不锈钢外部应力腐蚀开裂影响的试验方法》，作为附录 A；

——增加了《绝热材料水浸出液 pH 值的测定》，作为附录 B。

请注意本标准的某些内容有可能涉及专利，本标准的发布机构不应承担识别这些专利的责任。

本标准附录 A 和附录 B 为规范性附录。

本标准由中国建筑材料联合会提出。

本标准由全国绝热材料标准化技术委员会(SAC/TC 191)归口。

本标准负责起草单位：南京玻璃纤维研究设计院。

本标准参加起草单位：欧文斯科宁(中国)投资有限公司、浙江省德清县浦森耐火材料有限公司、西斯尔(广州)建材有限公司。

本标准主要起草人：沙德仁、杨春颖、葛敦世、王稚。

本标准所替代标准的历次版本发布情况为：

——GB/T 17393—1998。

覆盖奥氏体不锈钢用绝热材料规范

1 范围

本标准规定了覆盖奥氏体不锈钢用绝热材料(以下简称绝热材料)的术语和定义、一般要求、要求、试验方法、检验规则以及包装、标志、运输和贮存。

本标准适用于纤维状绝热材料,包括硅酸铝棉、岩棉、矿渣棉、玻璃棉等及其制品,也适用于其他绝热材料,如硅酸钙、复合硅酸盐、泡沫石棉、泡沫塑料、泡沫橡塑等。

本标准不拟提出与使用本标准相关的所有安全问题。标准的使用者有责任在使用之前建立合适的安全和健康规则并且决定可否采用有关的规章限制。

2 规范性引用文件

下列文件中的条款通过本标准的引用而成为本标准的条款。凡是注日期的引用文件,其随后所有的修改单(不包括勘误的内容)或修订版均不适用于本标准,然而,鼓励根据本标准达成协议的各方研究是否可使用这些文件的最新版本。凡是不注日期的引用文件,其最新版本适用于本标准。

GB/T 228 金属材料 室温拉伸试验方法

GB/T 4132 绝热材料及相关术语

GB/T 15970.3 金属和合金的腐蚀 应力腐蚀试验 第3部分:U型弯曲试样的制备和应用

GB/T 20878 不锈钢和耐热钢 牌号及化学成分

JC/T 618—2005 绝热材料中可溶出氯化物、氟化物、硅酸盐及钠离子的化学分析方法

3 术语和定义

GB/T 4132 确立的以及下列术语和定义适用于本标准。

应力腐蚀开裂 stress corrosion cracking

金属在某些腐蚀环境和所受应力或残余应力的综合影响下可能发生的以裂纹形式出现的破坏。

4 一般要求

绝热材料的外观、尺寸和理化性能应符合相关产品标准的要求。

5 要求

5.1 腐蚀性

绝热材料应通过应力腐蚀试验。产品在批量生产前应完成并通过应力腐蚀试验,以后批量生产的绝热材料应与批量生产前具有相同的配方,用相同种类、性质和质量的原料以相同的工艺生产。

注:应力腐蚀试验是一种预生产试验。

5.2 可溶出离子和浸出液 pH 值

5.2.1 绝热材料中可溶出氯化物、氟化物、硅酸盐及钠离子含量应符合表1的规定,其接收和拒收范围如图1所示。

5.2.2 绝热材料浸出液的 pH 值,在 25 ℃时应为 7.0～11.7。

6 试验方法

6.1 腐蚀性试验按附录A的规定。

6.2 可溶出离子的测定按 JC/T 618—2005 的规定。

6.3 浸出液 pH 值的测定按附录 B 的规定。

表 1 对可溶出氯离子和氟离子含量的要求

$w(SiO_3^{2-})+w(Na^+)$/%	$w(Cl^-)+w(F^-)$/%
0.005 0	≤0.001 0
>0.005 0～<0.90	≤$10^{(-1.192+0.655\lg x)}$
≥0.90	≤0.060

注 1：表中 x 表示按 JC/T 618 所测定的 SiO_3^{2-} 含量与 Na^+ 含量的总和，即 $w(SiO_3^{2-})+w(Na^+)$ 的测定值；

注 2：计算结果取两位有效数字。

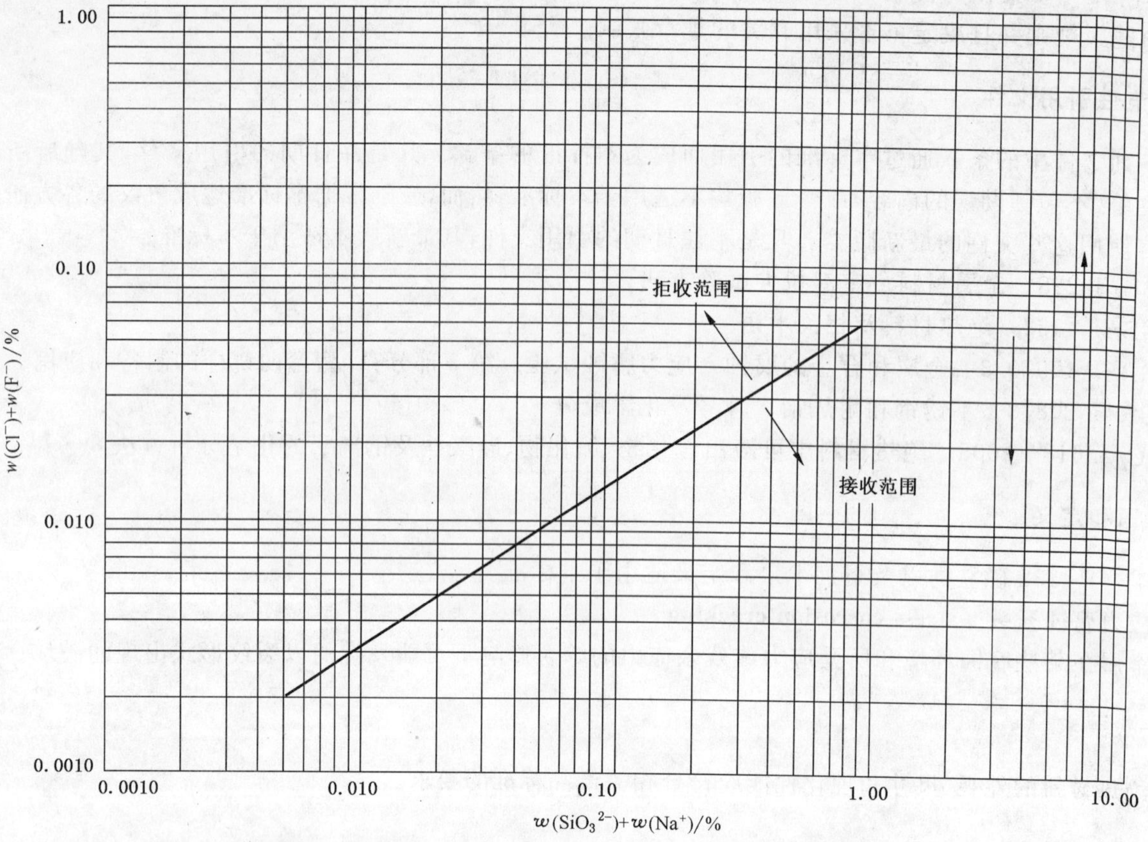

图 1 可溶出氯离子和氟离子含量的接收和拒收范围

7 检验规则

7.1 检验类型

检验分为出厂检验和型式检验。

7.1.1 出厂检验

产品出厂时应进行出厂检验，项目为可溶出离子含量和浸出液 pH 值。

7.1.2 型式检验

有下列情况之一时应进行型式检验：

a) 新产品投产和鉴定时；

b) 原材料和配方发生变化时；

c) 正常生产时每三年进行一次；

d) 国家质量监督机构提出要求时。

型式检验包括要求中的所有项目。

7.2 抽样

应符合相关产品标准的规定。从其他性能检验合格的产品中随机抽取足够数量的试样用于本标准的检验。

7.3 判定规则

7.3.1 可溶出离子和浸出液 pH 值，以测定结果的平均值判定，符合 5.2 的要求判定该项合格。若有一项不符合，判该单项不合格。

7.3.2 应力腐蚀试验，按本标准 A.4 的规定判定。

7.3.3 同时符合 7.3.1 和 7.3.2 的规定，判该批产品合格，否则判该批产品不合格。

8 包装、标志、运输和贮存

应符合相关产品标准的规定。

附　录　A
（规范性附录）
评估绝热材料对奥氏体不锈钢应力腐蚀开裂影响的试验方法（滴注法）

A.1　试剂、材料和设备

A.1.1　试验用水：蒸馏水或去离子水，$c(Cl^-)<0.1$ mg/L。
A.1.2　氯化钠溶液：$c(Cl^-)=1\ 500$ mg/L，2.473 g NaCl 溶于 1 L 水中。
A.1.3　导热油膏：不含氯化物。
A.1.4　染色剂。
A.1.5　奥氏体不锈钢板：代号为 S30408、牌号为 06Cr19Ni10，化学成分符合 GB/T 20878，碳含量（质量分数）为 0.05%～0.06%；尺寸为（1 000×2 000×1.5）mm。
A.1.6　耐水磨砂纸：NO.80。
A.1.7　低尘擦拭纸：$w(Cl^-)\leqslant 1$ mg/kg。
A.1.8　（65×5）mm 不锈钢螺栓和不锈钢螺母。
A.1.9　箱式电阻炉：控温精度±20 ℃。
A.1.10　钻头：ϕ5 mm。
A.1.11　取样器：外径 51 mm。
A.1.12　玻璃下口瓶：500 mL。
A.1.13　加热装置：加热管外径 38 mm，外壁温度为当地水的沸点温度±6 ℃。
A.1.14　多途径的蠕动泵或其他给水装置。
A.1.15　放大镜。
A.1.16　显微镜：10 倍～30 倍。

A.2　试验方法

A.2.1　不锈钢试件的制备

A.2.1.1　从同一块奥氏体不锈钢板上裁取（51×178）mm 的试件 12 块，使试件的长尺寸平行于板的长尺寸。每 4 块一组，其中两组用作验证不锈钢板材，一组用于试样试验。
A.2.1.2　先用清洁剂和自来水清洗试件，再用蒸馏水或去离子水反复清洗，以除去表面的油脂和污染物。然后，将不锈钢试件吹干放在干净的盘子中，备用。操作过程中注意避免氯化物污染。
A.2.1.3　将 12 块不锈钢板试件放入箱式电阻炉中，升温至 650 ℃，恒温加热 3 h，然后关闭电源，让其自然冷却至室温，取出。
A.2.1.4　用 NO.80 耐水磨砂纸顺着试件长尺寸方向向同一方向打磨不锈钢试件，把外面的黑色金属氧化物除去，使金属变亮。只打磨一面。同时，把剪切的边角用砂纸打磨光滑以免伤人。
A.2.1.5　用钻头在每个不锈钢试件两端的中心距边缘 10 mm 处各钻一个孔。然后以半径为 25.4 mm 的金属棒为芯，按 GB/T 15930.3 规定的要求，将每个平板弯成外半径为（25.4±0.25）mm 的 U 型试件，U 型试件的两平面要平行，偏差≤1.6 mm。
A.2.1.6　用经水润湿的低尘擦拭纸擦洗试件的凸表面，漂洗，吹干。之后不得用裸手去接触试件的凸表面。
A.2.1.7　在每个试件上安装螺栓和螺母，平稳地转动螺母，保持 U 型的两平面平行，如图 A.1 所示。转动螺母达到所需的转数，或者用游标卡尺测量两平面的挠度，确保每个试件的应力相同。图 A.1 中挠度 δ 按公式 A.1 计算，公式 A.1 中的数值，可从不锈钢板材料力学性能的测试报告中获得，也可以按照 GB/T 228 进行拉伸试验和对试件做必要的测量来获得。本试验方法所需的弹性应力为 207 MPa。

A.2.2 绝热材料试样的制备

将绝热材料切割成(102×178×38) mm 的试样块,用取样器在每个试样块的中心钻一个孔,然后切成两部分,制成(102×89×38) mm 的试样。如果是不规则的块状,如有夹套的管壳状材料,制备时两部分各取一半。如图 A.2 所示。

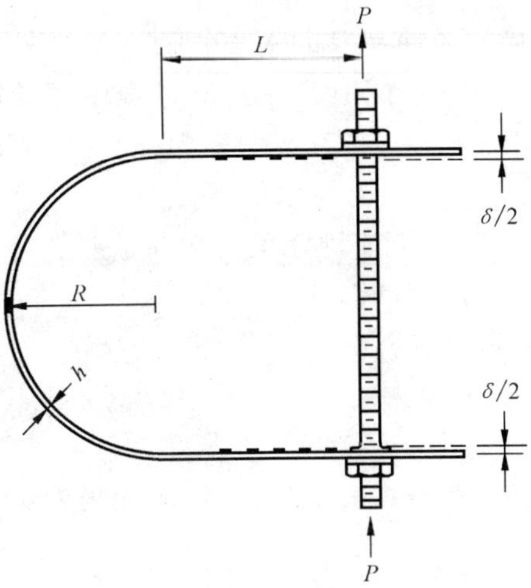

图 A.1 U 型试件示意图

$$\delta=\left(\frac{12S(2R+h)}{(L+R)(8R+h)(h)(E)}\right)\left(\frac{L^3}{3}+R\left(\frac{\pi}{2}L^2+\frac{\pi}{4}R^2+2LR\right)\right) \qquad \text{(A.1)}$$

式中:

δ——挠度,单位为毫米(mm);

S——弹性应力,单位为兆帕(MPa);

R——弯曲半径,单位为毫米(mm);

h——厚度,单位为毫米(mm);

L——平直部位的长度,单位为毫米(mm);

E——弹性模量,单位为兆帕(MPa)。

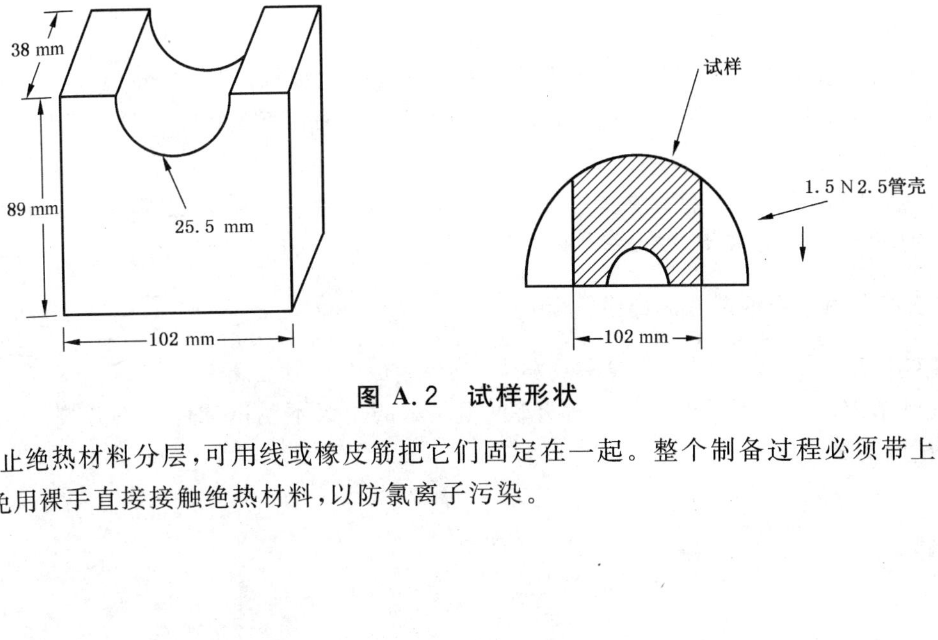

图 A.2 试样形状

为了防止绝热材料分层,可用线或橡皮筋把它们固定在一起。整个制备过程必须带上干净的聚乙烯手套,避免用裸手直接接触绝热材料,以防氯离子污染。

A.2.3 测试步骤

A.2.3.1 把每个不锈钢试件放在加热管上,开口向下,并且将导热油膏搽在试件和加热管之间,使其相互紧密接触。

A.2.3.2 对滴注氯化钠溶液的一组不锈钢试件和滴注水的一组不锈钢试件用(38×100) mm 的低尘擦拭纸代替绝热材料贴在不锈钢试件外表面。将待测的绝热材料试样块用水润湿,放在另外一组不锈钢试件上,并使两者充分接触。

A.2.3.3 将与每个玻璃下口瓶连接的经蠕动泵的滴水管插在试样的中心部位,开动蠕动泵,调节滴水速度,保证每个试样每天均匀滴入 250 mL 试液。在测试过程中每天对每个试样对应的下口瓶中加入 250 mL 氯化钠溶液或水。

A.2.3.4 打开加热装置,管外壁温度控制在当地水的沸点温度±6 ℃,温度达到后开始计时。试验时间:滴注氯化钠溶液的试件为 72 h±30 min,滴注水的空白试验试件和试样试件为 28 d±6 h。在 28 d 测试过程中如遇停电,应补偿停电用去的时间。

A.2.3.5 试验结束后,取下不锈钢试件。

A.2.4 裂纹的检查

A.2.4.1 初步检查

在良好的照明条件下,先用肉眼检查所有的不锈钢试件,如果发现有裂纹则不用继续检查。裂纹的形状如树枝状,如图 A.3 所示。

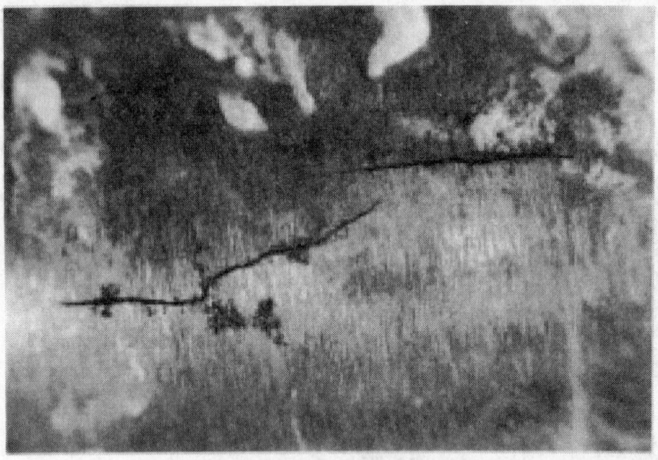

图 A.3 应力腐蚀开裂裂纹的形状

A.2.4.2 进一步检查

手工铺平所有初步检查未发现裂纹的试件,清除表面的固体颗粒,用一个外径 51 mm 的管子将不锈钢再弯为原来的 U 型,用放大镜和显微镜仔细检查试件表面是否有裂纹。

A.2.4.3 深入检查

对可能有裂纹的区域涂上液体染色剂,在显微镜下继续检查。如果有裂纹,染色剂能将其显示出来。至此仍没有检查出裂纹,则认为试件没有开裂。

A.3 试验方法中所用不锈钢试件的合格验证

滴注氯化钠溶液的不锈钢试件,开裂一般发生在边缘,很少在中心开裂。

滴注氯化钠溶液的一组不锈钢试件全都开裂,滴注水的一组不锈钢试件无一开裂,此批不锈钢合格,可以用作试验的试件。

A.4 结果判定

如果不锈钢合格验证中的4个试件经过72 h氯化钠溶液试验后任意一块未出现裂纹，则试验无效。

如果空白试验的试件未出现裂纹，而试样试件出现裂纹，则判定该绝热材料不合格；如果试样试件也未出现裂纹，则判定该绝热材料合格。

如果试样试件未出现裂纹，而空白试件出现裂纹，则判定绝热材料合格。

注：此时尽管不锈钢试件处于“激化”状态，但绝热材料中的抑制剂能有效保护不锈钢材料免受试验腐蚀条件的影响。

如果空白试验中的4个试件中任何一块出现裂纹，而试样试验中也产生裂纹则不能判定绝热材料不合格。

A.5 试验报告

试验报告至少应包括以下信息：

——说明按本标准试验；

——样品的名称、规格型号及形状；

——样品的数量；

——每个不锈钢试件出现裂纹的数目和严重程度，以及发现的方法；

——支持试件中的应力腐蚀裂纹存在的图片或其他证据(可选项)。

附 录 B
（规范性附录）
绝热材料水浸出液 pH 值的测定

B.1 试验条件

按 JC/T 618—2005 第 3 章的规定。

B.2 采样

按 JC/T 618—2005 第 4 章的规定。

B.3 试液制备

按 JC/T 618—2005 第 5 章的规定。

B.4 测定方法

B.4.1 试剂与仪器

B.4.1.1 pH＝4.01、pH＝6.86、pH＝9.18 标准缓冲溶液（25 ℃）：各取 1 支 GBW(E)130070 苯二甲酸氢钾 pH 标准物质、GBW(E)130071 混合磷酸盐 pH 标准物质和 GBW(E)130072 硼砂 pH 标准物质，分别倒入 3 只规定体积（如 250 mL）的容量瓶中，分别用新蒸蒸馏水多次洗涤，并转入各自的容量瓶中，待全部溶解后稀释至刻度，摇匀。贮于塑料瓶中。

B.4.1.2 100 ℃玻璃温度计。

B.4.1.3 pH 计。

B.4.1.4 复合 pH 电极。

B.4.2 测量

B.4.2.1 按 JC/T 618—2005 第 5 章制备的试液，在"……加水至原总质量，搅拌均匀"后应立即取试液测定。

B.4.2.2 将 pH 计预热 30 min。

B.4.2.3 用玻璃温度计测量试液和 pH 标准缓冲溶液的温度，待两者的温度相同后开始用 pH 计测定，并将仪器温度补偿旋钮调至该温度上。

B.4.2.4 用 pH 标准缓冲溶液反复校正定位 pH 计。

B.4.2.5 测定试液的 pH 值，测两次，取其平均值。

B.4.2.6 精密度：重复性限为 0.3，再现性限为 0.5。

ICS 77.140.75
H 48

中华人民共和国国家标准

GB/T 17395—2008
代替 GB/T 17395—1998

无缝钢管尺寸、外形、重量及允许偏差

Dimensions, shapes, masses and tolerances of seamless steel tubes

2008-05-13 发布　　　　2008-11-01 实施

中华人民共和国国家质量监督检验检疫总局
中国国家标准化管理委员会　发布

前　言

本标准对应于 ISO 4200：1991《平端钢管（焊接、无缝）——尺寸和单位长度重量表》、ISO 5252：1991《钢管——偏差系列》和 ISO 1127：1992《不锈钢管——尺寸、偏差和单位长度重量》。本标准与 ISO 4200：1991、ISO 5252：1991 和 ISO 1127：1992 的一致性程度为非等效。

本标准代替 GB/T 17395—1998《无缝钢管尺寸、外形、重量及允许偏差》。本标准与 GB/T 17395—1998 相比，主要变化如下：

——增加了普通钢管外径 232、267(267.4)、302、318.5、368、419、473、699、711、720、762、788.5、813、864、914、965、1 016；

——修改了普通钢管的壁厚上限；

——修改了表 1、表 2 中的单位长度理论重量；

——表 3 中外径 25 以下的钢管的壁厚增加 0.5、0.6、0.7、0.8、0.9；

——增加了全长允许偏差 $^{+15}_{0}$ mm 等级；

——将“椭圆度”改为“不圆度”，增加了“不圆度”的计算公式；

——通常长度范围的上限由原来的“12 000 mm”改为“12 500 mm”；

——修改了实际重量与理论重量的允许偏差规定。

本标准由中国钢铁工业协会提出。

本标准由全国钢标准化技术委员会归口。

本标准起草单位：攀钢集团成都钢铁有限责任公司、冶金工业信息标准研究院。

本标准主要起草人：晏如、李志、黄颖、李奇。

本标准于 1998 年 5 月首次发布。

无缝钢管尺寸、外形、重量及允许偏差

1 范围

本标准规定了无缝钢管的尺寸、外形、重量及允许偏差。

本标准适用于制定各类用途的平端无缝钢管标准时,选择尺寸、外形、重量及允许偏差。

2 外径和壁厚

2.1 分类

钢管的外径和壁厚分为三类:普通钢管的外径和壁厚(见表1)、精密钢管的外径和壁厚(见表2)和不锈钢管的外径和壁厚(见表3)。

2.2 外径

钢管的外径分为三个系列:系列1、系列2和系列3。系列1是通用系列,属推荐选用系列;系列2是非通用系列;系列3是少数特殊、专用系列。

普通钢管的外径分为系列1、系列2和系列3,精密钢管的外径分为系列2和系列3,不锈钢管的外径分为系列1、系列2和系列3。

2.3 允许偏差

2.3.1 外径和壁厚的允许偏差的选择

2.3.1.1 外径和壁厚的允许偏差的选择应考虑钢管用途和制造钢管的工艺装备。

2.3.1.2 产品标准所采用的外径和壁厚的允许偏差应优先选择标准化的允许偏差。根据用户要求及产品的特殊性,亦可选用非标准化或其他允许偏差。

2.3.2 外径允许偏差

2.3.2.1 优先选用的标准化外径允许偏差见表4。

2.3.2.2 推荐选用的非标准化外径允许偏差见表5。

表 1　普通钢管的外径和壁厚及单位长度理论重量

外径/mm			壁厚/mm															
系列 1	系列 2	系列 3	0.25	0.30	0.40	0.50	0.60	0.80	1.0	1.2	1.4	1.5	1.6	1.8	2.0	2.2(2.3)	2.5(2.6)	2.8
			单位长度理论重量[a]/(kg/m)															
	6		0.035	0.042	0.055	0.068	0.080	0.103	0.123	0.142	0.159	0.166	0.174	0.186	0.197			
	7		0.042	0.050	0.065	0.080	0.095	0.122	0.148	0.172	0.193	0.203	0.213	0.231	0.247	0.260	0.277	
	8		0.048	0.057	0.075	0.092	0.109	0.142	0.173	0.201	0.228	0.240	0.253	0.275	0.296	0.315	0.339	
	9		0.054	0.064	0.085	0.105	0.124	0.162	0.197	0.231	0.262	0.277	0.292	0.320	0.345	0.369	0.401	0.428
10(10.2)			0.060	0.072	0.095	0.117	0.139	0.182	0.222	0.260	0.297	0.314	0.331	0.364	0.395	0.423	0.462	0.497
	11		0.066	0.079	0.105	0.129	0.154	0.201	0.247	0.290	0.331	0.351	0.371	0.408	0.444	0.477	0.524	0.566
	12		0.072	0.087	0.114	0.142	0.169	0.221	0.271	0.320	0.366	0.388	0.410	0.453	0.493	0.532	0.586	0.635
	13(12.7)		0.079	0.094	0.124	0.154	0.183	0.241	0.296	0.349	0.401	0.425	0.450	0.497	0.543	0.586	0.647	0.704
13.5			0.082	0.098	0.129	0.160	0.191	0.251	0.308	0.364	0.418	0.444	0.470	0.519	0.567	0.613	0.678	0.739
		14	0.085	0.101	0.134	0.166	0.198	0.260	0.321	0.379	0.435	0.462	0.489	0.542	0.592	0.640	0.709	0.773
	16		0.097	0.116	0.154	0.191	0.228	0.300	0.370	0.438	0.504	0.536	0.568	0.630	0.691	0.749	0.832	0.911
17(17.2)			0.103	0.124	0.164	0.203	0.243	0.320	0.395	0.468	0.539	0.573	0.608	0.675	0.740	0.803	0.894	0.981
		18	0.109	0.131	0.174	0.216	0.257	0.339	0.419	0.497	0.573	0.610	0.647	0.719	0.789	0.857	0.956	1.05
	19		0.116	0.138	0.183	0.228	0.272	0.359	0.444	0.527	0.608	0.647	0.687	0.764	0.838	0.911	1.02	1.12
	20		0.122	0.146	0.193	0.240	0.287	0.379	0.469	0.556	0.642	0.684	0.726	0.808	0.888	0.966	1.08	1.19
21(21.3)					0.203	0.253	0.302	0.399	0.493	0.586	0.677	0.721	0.765	0.852	0.937	1.02	1.14	1.26
		22			0.213	0.265	0.317	0.418	0.518	0.616	0.711	0.758	0.805	0.897	0.986	1.07	1.20	1.33
	25				0.243	0.302	0.361	0.477	0.592	0.704	0.815	0.869	0.923	1.03	1.13	1.24	1.39	1.53
		25.4			0.247	0.307	0.367	0.485	0.602	0.716	0.829	0.884	0.939	1.05	1.15	1.26	1.41	1.56
27(26.9)					0.262	0.327	0.391	0.517	0.641	0.764	0.884	0.943	1.00	1.12	1.23	1.35	1.51	1.67
	28				0.272	0.339	0.405	0.537	0.666	0.793	0.918	0.980	1.04	1.16	1.28	1.40	1.57	1.74

表 1（续）

外径/mm			壁厚/mm															
系列 1	系列 2	系列 3	(2.9)3.0	3.2	3.5(3.6)	4.0	4.5	5.0	(5.4)5.5	6.0	(6.3)6.5	7.0(7.1)	7.5	8.0	8.5	(8.8)9.0	9.5	10
			单位长度理论重量[a]/(kg/m)															
	6																	
	7																	
	8																	
	9																	
10(10.2)			0.518	0.537	0.561													
	11		0.592	0.616	0.647													
	12		0.666	0.694	0.734	0.789												
	13(12.7)		0.740	0.773	0.820	0.888												
13.5			0.777	0.813	0.863	0.937												
		14	0.814	0.852	0.906	0.986												
	16		0.962	1.01	1.08	1.18	1.28	1.36										
17(17.2)			1.04	1.09	1.17	1.28	1.39	1.48										
		18	1.11	1.17	1.25	1.38	1.50	1.60										
	19		1.18	1.25	1.34	1.48	1.61	1.73	1.83	1.92								
	20		1.26	1.33	1.42	1.58	1.72	1.85	1.97	2.07								
21(21.3)			1.33	1.40	1.51	1.68	1.83	1.97	2.10	2.22								
		22	1.41	1.48	1.60	1.78	1.94	2.10	2.24	2.37								
	25		1.63	1.72	1.86	2.07	2.28	2.47	2.64	2.81	2.97	3.11						
		25.4	1.66	1.75	1.89	2.11	2.32	2.52	2.70	2.87	3.03	3.18						
27(26.9)			1.78	1.88	2.03	2.27	2.50	2.71	2.92	3.11	3.29	3.45						
	28		1.85	1.96	2.11	2.37	2.61	2.84	3.05	3.26	3.45	3.63						

表 1(续)

外径/mm			壁厚/mm															
系列 1	系列 2	系列 3	0.25	0.30	0.40	0.50	0.60	0.80	1.0	1.2	1.4	1.5	1.6	1.8	2.0	2.2(2.3)	2.5(2.6)	2.8
			单位长度理论重量[a]/(kg/m)															
		30			0.292	0.364	0.435	0.576	0.715	0.852	0.987	1.05	1.12	1.25	1.38	1.51	1.70	1.88
	32(31.8)				0.312	0.388	0.465	0.616	0.765	0.911	1.06	1.13	1.20	1.34	1.48	1.62	1.82	2.02
34(33.7)					0.331	0.413	0.494	0.655	0.814	0.971	1.13	1.20	1.28	1.43	1.58	1.73	1.94	2.15
		35			0.341	0.425	0.509	0.675	0.838	1.00	1.16	1.24	1.32	1.47	1.63	1.78	2.00	2.22
	38				0.371	0.462	0.553	0.734	0.912	1.09	1.26	1.35	1.44	1.61	1.78	1.94	2.19	2.43
	40				0.391	0.487	0.583	0.773	0.962	1.15	1.33	1.42	1.52	1.70	1.87	2.05	2.31	2.57
42(42.4)									1.01	1.21	1.40	1.50	1.59	1.78	1.97	2.16	2.44	2.71
		45(44.5)							1.09	1.30	1.51	1.61	1.71	1.92	2.12	2.32	2.62	2.91
48(48.3)									1.16	1.38	1.61	1.72	1.83	2.05	2.27	2.48	2.81	3.12
	51								1.23	1.47	1.71	1.83	1.95	2.18	2.42	2.65	2.99	3.33
		54							1.31	1.56	1.82	1.94	2.07	2.32	2.56	2.81	3.18	3.54
	57								1.38	1.65	1.92	2.05	2.19	2.45	2.71	2.97	3.36	3.74
60(60.3)									1.46	1.74	2.02	2.16	2.30	2.58	2.86	3.14	3.55	3.95
	63(63.5)								1.53	1.83	2.13	2.28	2.42	2.72	3.01	3.30	3.73	4.16
	65								1.58	1.89	2.20	2.35	2.50	2.81	3.11	3.41	3.85	4.30
	68								1.65	1.98	2.30	2.46	2.62	2.94	3.26	3.57	4.04	4.50
	70								1.70	2.04	2.37	2.53	2.70	3.03	3.35	3.68	4.16	4.64
		73							1.78	2.12	2.47	2.64	2.82	3.16	3.50	3.84	4.35	4.85
76(76.1)									1.85	2.21	2.58	2.76	2.94	3.29	3.65	4.00	4.53	5.05
	77										2.61	2.79	2.98	3.34	3.70	4.06	4.59	5.12
	80										2.71	2.90	3.09	3.47	3.85	4.22	4.78	5.33

表 1（续）

外径/mm			壁厚/mm															
系列 1	系列 2	系列 3	(2.9)3.0	3.2	3.5(3.6)	4.0	4.5	5.0	(5.4)5.5	6.0	(6.3)6.5	7.0(7.1)	7.5	8.0	8.5	(8.8)9.0	9.5	10
			单位长度理论重量[a]/(kg/m)															
		30	2.00	2.11	2.29	2.56	2.83	3.08	3.32	3.55	3.77	3.97	4.16	4.34				
	32(31.8)		2.15	2.27	2.46	2.76	3.05	3.33	3.59	3.85	4.09	4.32	4.53	4.74				
34(33.7)			2.29	2.43	2.63	2.96	3.27	3.58	3.87	4.14	4.41	4.66	4.90	5.13				
		35	2.37	2.51	2.72	3.06	3.38	3.70	4.00	4.29	4.57	4.83	5.09	5.33	5.56	5.77		
	38		2.59	2.75	2.98	3.35	3.72	4.07	4.41	4.74	5.05	5.35	5.64	5.92	6.18	6.44	6.68	6.91
	40		2.74	2.90	3.15	3.55	3.94	4.32	4.68	5.03	5.37	5.70	6.01	6.31	6.60	6.88	7.15	7.40
42(42.4)			2.89	3.06	3.32	3.75	4.16	4.56	4.95	5.33	5.69	6.04	6.38	6.71	7.02	7.32	7.61	7.89
		45(44.5)	3.11	3.30	3.58	4.04	4.49	4.93	5.36	5.77	6.17	6.56	6.94	7.30	7.65	7.99	8.32	8.63
48(48.3)			3.33	3.54	3.84	4.34	4.83	5.30	5.76	6.21	6.65	7.08	7.49	7.89	8.28	8.66	9.02	9.37
	51		3.55	3.77	4.10	4.64	5.16	5.67	6.17	6.66	7.13	7.60	8.05	8.48	8.91	9.32	9.72	10.11
		54	3.77	4.01	4.36	4.93	5.49	6.04	6.58	7.10	7.61	8.11	8.60	9.08	9.54	9.99	10.43	10.85
	57		4.00	4.25	4.62	5.23	5.83	6.41	6.99	7.55	8.10	8.63	9.16	9.67	10.17	10.65	11.13	11.59
60(60.3)			4.22	4.48	4.88	5.52	6.16	6.78	7.39	7.99	8.58	9.15	9.71	10.26	10.80	11.32	11.83	12.33
	63(63.5)		4.44	4.72	5.14	5.82	6.49	7.15	7.80	8.43	9.06	9.67	10.27	10.85	11.42	11.99	12.53	13.07
	65		4.59	4.88	5.31	6.02	6.71	7.40	8.07	8.73	9.38	10.01	10.64	11.25	11.84	12.43	13.00	13.56
	68		4.81	5.11	5.57	6.31	7.05	7.77	8.48	9.17	9.86	10.53	11.19	11.84	12.47	13.10	13.71	14.30
	70		4.96	5.27	5.74	6.51	7.27	8.02	8.75	9.47	10.18	10.88	11.56	12.23	12.89	13.54	14.17	14.80
		73	5.18	5.51	6.00	6.81	7.60	8.38	9.16	9.91	10.66	11.39	12.11	12.82	13.52	14.21	14.88	15.54
76(76.1)			5.40	5.75	6.26	7.10	7.93	8.75	9.56	10.36	11.14	11.91	12.67	13.42	14.15	14.87	15.58	16.28
	77		5.47	5.82	6.34	7.20	8.05	8.88	9.70	10.51	11.30	12.08	12.85	13.61	14.36	15.09	15.81	16.52
	80		5.70	6.06	6.60	7.50	8.38	9.25	10.11	10.95	11.78	12.60	13.41	14.21	14.99	15.76	16.52	17.26

表 1（续）

外径/mm			壁厚/mm															
系列 1	系列 2	系列 3	11	12(12.5)	13	14(14.2)	15	16	17(17.5)	18	19	20	22(22.2)	24	25	26	28	30
			单位长度理论重量[a]/(kg/m)															
		30																
	32(31.8)																	
34(33.7)																		
		35																
	38																	
	40																	
42(42.4)																		
		45(44.5)	9.22	9.77														
48(48.3)			10.04	10.65														
	51		10.85	11.54														
		54	11.66	12.43	13.14	13.81												
	57		12.48	13.32	14.11	14.85												
60(60.3)			13.29	14.21	15.07	15.88	16.65	17.36										
	63(63.5)		14.11	15.09	16.03	16.92	17.76	18.55										
	65		14.65	15.68	16.67	17.61	18.50	19.33										
	68		15.46	16.57	17.63	18.64	19.61	20.52										
	70		16.01	17.16	18.27	19.33	20.35	21.31	22.22									
		73	16.82	18.05	19.24	20.37	21.46	22.49	23.48	24.41	25.30							
76(76.1)			17.63	18.94	20.20	21.41	22.57	23.68	24.74	25.75	26.71	27.62						
	77		17.90	19.24	20.52	21.75	22.94	24.07	25.15	26.19	27.18	28.11						
	80		18.72	20.12	21.48	22.79	24.05	25.25	26.41	27.52	28.58	29.59						

表 1（续）

外径/mm			壁厚/mm														
系列 1	系列 2	系列 3	0.25	0.30	0.40	0.50	0.60	0.80	1.0	1.2	1.4	1.5	1.6	1.8	2.0	2.2(2.3)	2.5(2.6)	2.8
			单位长度理论重量[a]/(kg/m)														
		83(82.5)									2.82	3.01	3.21	3.60	4.00	4.38	4.96	5.54
	85										2.89	3.09	3.29	3.69	4.09	4.49	5.09	5.68
89(88.9)											3.02	3.24	3.45	3.87	4.29	4.71	5.33	5.95
	95										3.23	3.46	3.69	4.14	4.59	5.03	5.70	6.37
	102(101.6)										3.47	3.72	3.96	4.45	4.93	5.41	6.13	6.85
		108									3.68	3.94	4.20	4.71	5.23	5.74	6.50	7.26
114(114.3)												4.16	4.44	4.98	5.52	6.07	6.87	7.68
	121											4.42	4.71	5.29	5.87	6.45	7.31	8.16
	127													5.56	6.17	6.77	7.68	8.58
	133																8.05	8.99
140(139.7)																		
		142(141.3)																
	146																	
		152(152.4)																
		159																
168(168.3)																		
		180(177.8)																
		194(193.7)																
	203																	
219(219.1)																		
		232																
		245(244.5)																
		267(267.4)																

表 1（续）

外径/mm			壁厚/mm															
系列 1	系列 2	系列 3	(2.9)3.0	3.2	3.5(3.6)	4.0	4.5	5.0	(5.4)5.5	6.0	(6.3)6.5	7.0(7.1)	7.5	8.0	8.5	(8.8)9.0	9.5	10
			单位长度理论重量[a]/(kg/m)															
		83(82.5)	5.92	6.30	6.86	7.79	8.71	9.62	10.51	11.39	12.26	13.12	13.96	14.80	15.62	16.42	17.22	18.00
	85		6.07	6.46	7.03	7.99	8.93	9.86	10.78	11.69	12.58	13.47	14.33	15.19	16.04	16.87	17.69	18.50
89(88.9)			6.36	6.77	7.38	8.38	9.38	10.36	11.33	12.28	13.22	14.16	15.07	15.98	16.87	17.76	18.63	19.48
	95		6.81	7.24	7.90	8.98	10.04	11.10	12.14	13.17	14.19	15.19	16.18	17.16	18.13	19.09	20.03	20.96
	102(101.6)		7.32	7.80	8.50	9.67	10.82	11.96	13.09	14.21	15.31	16.40	17.48	18.55	19.60	20.64	21.67	22.69
		108	7.77	8.27	9.02	10.26	11.49	12.70	13.90	15.09	16.27	17.44	18.59	19.73	20.86	21.97	23.08	24.17
114(114.3)			8.21	8.74	9.54	10.85	12.15	13.44	14.72	15.98	17.23	18.47	19.70	20.91	22.12	23.31	24.48	25.65
	121		8.73	9.30	10.14	11.54	12.93	14.30	15.67	17.02	18.35	19.68	20.99	22.29	23.58	24.86	26.12	27.37
	127		9.17	9.77	10.66	12.13	13.59	15.04	16.48	17.90	19.32	20.72	22.10	23.48	24.84	26.19	27.53	28.85
	133		9.62	10.24	11.18	12.73	14.26	15.78	17.29	18.79	20.28	21.75	23.21	24.66	26.10	27.52	28.93	30.33
140(139.7)			10.14	10.80	11.78	13.42	15.04	16.65	18.24	19.83	21.40	22.96	24.51	26.04	27.57	29.08	30.57	32.06
		142(141.3)	10.28	10.95	11.95	13.61	15.26	16.89	18.51	20.12	21.72	23.31	24.88	26.44	27.98	29.52	31.04	32.55
	146		10.58	11.27	12.30	14.01	15.70	17.39	19.06	20.72	22.36	24.00	25.62	27.23	28.82	30.41	31.98	33.54
		152(152.4)	11.02	11.74	12.82	14.60	16.37	18.13	19.87	21.60	23.32	25.03	26.73	28.41	30.08	31.74	33.39	35.02
		159			13.42	15.29	17.15	18.99	20.82	22.64	24.45	26.24	28.02	29.79	31.55	33.29	35.03	36.75
168(168.3)					14.20	16.18	18.14	20.10	22.04	23.97	25.89	27.79	29.69	31.57	33.43	35.29	37.13	38.97
		180(177.8)			15.23	17.36	19.48	21.58	23.67	25.75	27.81	29.87	31.91	33.93	35.95	37.95	39.95	41.92
		194(193.7)			16.44	18.74	21.03	23.31	25.57	27.82	30.06	32.28	34.50	36.70	38.89	41.06	43.23	45.38
	203				17.22	19.63	22.03	24.41	26.79	29.15	31.50	33.84	36.16	38.47	40.77	43.06	45.33	47.60
219(219.1)										31.52	34.06	36.60	39.12	41.63	44.13	46.61	49.08	51.54
		232								33.44	36.15	38.84	41.52	44.19	46.85	49.50	52.13	54.75
		245(244.5)								35.36	38.23	41.09	43.93	46.76	49.58	52.38	55.17	57.95
		267(267.4)								38.62	41.76	44.88	48.00	51.10	54.19	57.26	60.33	63.38

表 1（续）

外径/mm			壁厚/mm														
系列 1	系列 2	系列 3	11	12(12.5)	13	14(14.2)	15	16	17(17.5)	18	19	20	22(22.2)	24	25	26	28	30
			单位长度理论重量[a]/(kg/m)															
		83(82.5)	19.53	21.01	22.44	23.82	25.15	26.44	27.67	28.85	29.99	31.07	33.10					
	85		20.07	21.60	23.08	24.51	25.89	27.23	28.51	29.74	30.93	32.06	34.18					
89(88.9)			21.16	22.79	24.37	25.89	27.37	28.80	30.19	31.52	32.80	34.03	36.35	38.47				
	95		22.79	24.56	26.29	27.97	29.59	31.17	32.70	34.18	35.61	36.99	39.61	42.02				
	102(101.6)		24.69	26.63	28.53	30.38	32.18	33.93	35.64	37.29	38.89	40.44	43.40	46.17	47.47	48.73	51.10	
		108	26.31	28.41	30.46	32.45	34.40	36.30	38.15	39.95	41.70	43.40	46.66	49.71	51.17	52.58	55.24	57.71
114(114.3)			27.94	30.19	32.38	34.53	36.62	38.67	40.67	42.62	44.51	46.36	49.91	53.27	54.87	56.43	59.39	62.15
	121		29.84	32.26	34.62	36.94	39.21	41.43	43.60	45.72	47.79	49.82	53.71	57.41	59.19	60.91	64.22	67.33
	127		31.47	34.03	36.55	39.01	41.43	43.80	46.12	48.39	50.61	52.78	56.97	60.96	62.89	64.76	68.36	71.77
	133		33.10	35.81	38.47	41.09	43.65	46.17	48.63	51.05	53.42	55.74	60.22	64.51	66.59	68.61	72.50	76.20
140(139.7)			34.99	37.88	40.72	43.50	46.24	48.93	51.57	54.16	56.70	59.19	64.02	68.66	70.90	73.10	77.34	81.38
		142(141.3)	35.54	38.47	41.36	44.19	46.98	49.72	52.41	55.04	57.63	60.17	65.11	69.84	72.14	74.38	78.72	82.86
	146		36.62	39.66	42.64	45.57	48.46	51.30	54.08	56.82	59.51	62.15	67.28	72.21	74.60	76.94	81.48	85.82
		152(152.4)	38.25	41.43	44.56	47.65	50.68	53.66	56.60	59.48	62.32	65.11	70.53	75.76	78.30	80.79	85.62	90.26
		159	40.15	43.50	46.81	50.06	53.27	56.43	59.53	62.59	65.60	68.56	74.33	79.90	82.62	85.28	90.46	95.44
168(168.3)			42.59	46.17	49.69	53.17	56.60	59.98	63.31	66.59	69.82	73.00	79.21	85.23	88.17	91.05	96.67	102.10
		180(177.8)	45.85	49.72	53.54	57.31	61.04	64.71	68.34	71.91	75.44	78.92	85.72	92.33	95.56	98.74	104.96	110.98
		194(193.7)	49.64	53.86	58.03	62.15	66.22	70.24	74.21	78.13	82.00	85.82	93.32	100.62	104.20	107.72	114.63	121.33
	203		52.09	56.52	60.91	65.25	69.55	73.79	77.98	82.13	86.22	90.26	98.20	105.95	109.74	113.49	120.84	127.99
219(219.1)			56.43	61.26	66.04	70.78	75.46	80.10	84.69	89.23	93.71	98.15	106.88	115.42	119.61	123.75	131.89	139.83
		232	59.95	65.11	70.21	75.27	80.27	85.23	90.14	95.00	99.81	104.57	113.94	123.11	127.62	132.09	140.87	149.45
		245(244.5)	63.48	68.95	74.38	79.76	85.08	90.36	95.59	100.77	105.90	110.98	120.99	130.80	135.64	140.42	149.84	159.07
		267(267.4)	69.45	75.46	81.43	87.35	93.22	99.04	104.81	110.53	116.21	121.83	132.93	143.83	149.20	154.53	165.04	175.34

表 1（续）

外径/mm			壁厚/mm											
系列 1	系列 2	系列 3	32	34	36	38	40	42	45	48	50	55	60	65
			单位长度理论重量[a]/(kg/m)											
		83(82.5)												
	85													
89(88.9)														
	95													
	102(101.6)													
		108												
114(114.3)														
	121		70.24											
	127		74.97											
	133		79.71	83.01	86.12									
140(139.7)			85.23	88.88	92.33									
		142(141.3)	86.81	90.56	94.11									
	146		89.97	93.91	97.66	101.21	104.57							
		152(152.4)	94.70	98.94	102.99	106.83	110.48							
		159	100.22	104.81	109.20	113.39	117.39	121.19	126.51					
168(168.3)			107.33	112.36	117.19	121.83	126.27	130.51	136.50					
		180(177.8)	116.80	122.42	127.85	133.07	138.10	142.94	149.82	156.26	160.30			
		194(193.7)	127.85	134.16	140.27	146.19	151.92	157.44	165.36	172.83	177.56			
	203		134.95	141.71	148.27	154.63	160.79	166.76	175.34	183.48	188.66	200.75		
219(219.1)			147.57	155.12	162.47	169.62	176.58	183.33	193.10	202.42	208.39	222.45		
		232	157.83	166.02	174.01	181.81	189.40	196.80	207.53	217.81	224.42	240.08	254.51	267.70
		245(244.5)	168.09	176.92	185.55	193.99	202.22	210.26	221.95	233.20	240.45	257.71	273.74	288.54
		267(267.4)	185.45	195.37	205.09	214.60	223.93	233.05	246.37	259.24	267.58	287.55	306.30	323.81

表 1（续）

外径/mm			壁厚/mm														
系列 1	系列 2	系列 3	3.5(3.6)	4.0	4.5	5.0	(5.4)5.5	6.0	(6.3)6.5	7.0(7.1)	7.5	8.0	8.5	(8.8)9.0	9.5	10	11
			单位长度理论重量[a]/(kg/m)														
273									42.72	45.92	49.11	52.28	55.45	58.60	61.73	64.86	71.07
	299(298.5)										53.92	57.41	60.90	64.37	67.83	71.27	78.13
		302									54.47	58.00	61.52	65.03	68.53	72.01	78.94
		318.5									57.52	61.26	64.98	68.69	72.39	76.08	83.42
325(323.9)											58.73	62.54	66.35	70.14	73.92	77.68	85.18
	340(339.7)											65.50	69.49	73.47	77.43	81.38	89.25
	351											67.67	71.80	75.91	80.01	84.10	92.23
356(355.6)														77.02	81.13	85.33	93.59
		368												79.68	83.99	88.29	96.85
	377													81.68	86.10	90.51	99.29
	402													87.23	91.96	96.67	106.07
406(406.4)														88.12	92.89	97.66	107.15
		419												91.00	95.94	100.87	110.68
	426													92.55	97.58	102.59	112.58
	450													97.88	103.20	108.51	119.09
457														99.44	104.84	110.24	120.99
	473													102.99	108.59	114.18	125.33
	480													104.54	110.23	115.91	127.23
	500													108.98	114.92	120.84	132.65
508														110.76	116.79	122.81	134.82
	530													115.64	121.95	128.24	140.79
		560(559)												122.30	128.97	135.64	148.93
610														133.39	140.69	147.97	162.50

表 1（续）

外径/mm			壁厚/mm														
系列 1	系列 2	系列 3	12(12.5)	13	14(14.2)	15	16	17(17.5)	18	19	20	22(22.2)	24	25	26	28	30
			单位长度理论重量[a]/(kg/m)														
273			77.24	83.36	89.42	95.44	101.41	107.33	113.20	119.02	124.79	136.18	147.38	152.90	158.38	169.18	179.78
	299(298.5)		84.93	91.69	98.40	105.06	111.67	118.23	124.74	131.20	137.61	150.29	162.77	168.93	175.05	187.13	199.02
		302	85.82	92.65	99.44	106.17	112.85	119.49	126.07	132.61	139.09	151.92	164.54	170.78	176.97	189.20	201.24
		318.5	90.71	97.94	105.13	112.27	119.36	126.40	133.39	140.34	147.23	160.87	174.31	180.95	187.55	200.60	213.45
325(323.9)			92.63	100.03	107.38	114.68	121.93	129.13	136.28	143.38	150.44	164.39	178.16	184.96	191.72	205.09	218.25
	340(339.7)		97.07	104.84	112.56	120.23	127.85	135.42	142.94	150.41	157.83	172.53	187.03	194.21	201.34	215.44	229.35
	351		100.32	108.36	116.35	124.29	132.19	140.03	147.82	155.57	163.26	178.50	193.54	200.99	208.39	223.04	237.49
356(355.6)			101.80	109.97	118.08	126.14	134.16	142.12	150.04	157.91	165.73	181.21	196.50	204.07	211.60	226.49	241.19
		368	105.35	113.81	122.22	130.58	138.89	147.16	155.37	163.53	171.64	187.72	203.61	211.47	219.29	234.78	250.07
	377		108.02	116.70	125.33	133.91	142.45	150.93	159.36	167.75	176.08	192.61	208.93	217.02	225.06	240.99	256.73
	402		115.42	124.71	133.96	143.16	152.31	161.41	170.46	179.46	188.41	206.17	223.73	232.44	241.09	258.26	275.22
406(406.4)			116.60	126.00	135.34	144.64	153.89	163.09	172.24	181.34	190.39	208.34	226.10	234.90	243.66	261.02	278.18
		419	120.45	130.16	139.83	149.45	159.02	168.54	178.01	187.43	196.80	215.39	233.79	242.92	251.99	269.99	287.80
	426		122.52	132.41	142.25	152.04	161.78	171.47	181.11	190.71	200.25	219.19	237.93	247.23	256.48	274.83	292.98
	450		129.62	140.10	150.53	160.92	171.25	181.53	191.77	201.95	212.09	232.21	252.14	262.03	271.87	291.40	310.74
457			131.69	142.35	152.95	163.51	174.01	184.47	194.88	205.23	215.54	236.01	256.28	266.34	276.36	296.23	315.91
	473		136.43	147.48	158.48	169.42	180.33	191.18	201.98	212.73	223.43	244.69	265.75	276.21	286.62	307.28	327.75
	480		138.50	149.72	160.89	172.01	183.09	194.11	205.09	216.01	226.89	248.49	269.90	280.53	291.11	312.12	332.93
	500		144.42	156.13	167.80	179.41	190.98	202.50	213.96	225.38	236.75	259.34	281.73	292.86	303.93	325.93	347.93
508			146.79	158.70	170.56	182.37	194.14	205.85	217.51	229.13	240.70	263.68	286.47	297.79	309.06	331.45	353.65
	530		153.30	165.75	178.16	190.51	202.82	215.07	227.28	239.44	251.55	275.62	299.49	311.35	323.17	346.64	369.92
		560(559)	162.17	175.37	188.51	201.61	214.65	227.65	240.60	253.50	266.34	291.89	317.25	329.85	342.40	367.36	392.12
610			176.97	191.40	205.78	220.10	234.38	248.61	262.79	276.92	291.01	319.02	346.84	360.68	374.46	401.88	429.11

表 1（续）

外径/mm			壁厚/mm														
系列 1	系列 2	系列 3	32	34	36	38	40	42	45	48	50	55	60	65	70	75	80
			单位长度理论重量[a]/(kg/m)														
273			190.19	200.40	210.41	220.23	229.85	239.27	253.03	266.34	274.98	295.69	315.17	333.42	350.44	366.22	380.77
	299(298.5)		210.71	222.20	233.50	244.59	255.49	266.20	281.88	297.12	307.04	330.96	353.65	375.10	395.32	414.31	432.07
		302	213.08	224.72	236.16	247.40	258.45	269.30	285.21	300.67	310.74	335.03	358.09	379.91	400.50	419.86	437.99
		318.5	226.10	238.55	250.81	262.87	274.73	286.39	303.52	320.21	331.08	357.41	382.50	406.36	428.99	450.38	470.54
325(323.9)			231.23	244.00	256.58	268.96	281.14	293.13	310.74	327.90	339.10	366.22	392.12	416.78	440.21	462.40	483.37
	340(339.7)		243.06	256.58	269.90	283.02	295.94	308.66	327.38	345.66	357.59	386.57	414.31	440.83	466.10	490.15	512.96
	351		251.75	265.80	279.66	293.32	306.79	320.06	339.59	358.68	371.16	401.49	430.59	458.46	485.09	510.49	534.66
356(355.6)			255.69	269.99	284.10	298.01	311.72	325.24	345.14	364.60	377.32	408.27	437.99	466.47	493.72	519.74	544.53
		368	265.16	280.06	294.75	309.26	323.56	337.67	358.46	378.80	392.12	424.55	455.75	485.71	514.44	541.94	568.20
	377		272.26	287.60	302.75	317.69	332.44	346.99	368.44	389.46	403.22	436.76	469.06	500.14	529.98	558.58	585.96
	402		291.99	308.57	324.94	341.12	357.10	372.88	396.19	419.05	434.04	470.67	506.06	540.21	573.13	604.82	635.28
406(406.4)			295.15	311.92	328.49	344.87	361.05	377.03	400.63	423.78	438.98	476.09	511.97	546.62	580.04	612.22	643.17
		419	305.41	322.82	340.03	357.05	373.87	390.49	415.05	439.17	455.01	493.72	531.21	567.46	602.48	636.27	668.82
	426		310.93	328.69	346.25	363.61	380.77	397.74	422.82	447.46	463.64	503.22	541.57	578.68	614.57	649.22	682.63
	450		329.87	348.81	367.56	386.10	404.45	422.60	449.46	475.87	493.23	535.77	577.08	617.16	656.00	693.61	729.98
457			335.40	354.68	373.77	392.66	411.35	429.85	457.23	484.16	501.86	545.27	587.44	628.38	668.08	706.55	743.79
	473		348.02	368.10	387.98	407.66	427.14	446.42	474.98	503.10	521.59	566.97	611.11	654.02	695.70	736.15	775.36
	480		353.55	373.97	394.19	414.22	434.04	453.67	482.75	511.38	530.22	576.46	621.47	665.25	707.79	749.09	789.17
	500		369.33	390.74	411.95	432.96	453.77	474.39	504.95	535.06	554.89	603.59	651.07	697.31	742.31	786.09	828.63
508			375.64	397.45	419.05	440.46	461.66	482.68	513.82	544.53	564.75	614.44	662.90	710.13	756.12	800.88	844.41
	530		393.01	415.89	438.58	461.07	483.37	505.46	538.24	570.57	591.88	644.28	695.46	745.40	794.10	841.58	887.82
		560(559)	416.68	441.06	465.22	489.19	512.96	536.54	571.53	606.08	628.87	684.97	739.85	793.49	845.89	897.06	947.00
610			456.14	482.97	509.61	536.04	562.28	588.33	627.02	665.27	690.52	752.79	813.83	873.64	932.21	989.55	1 045.65

表 1(续)

外径/mm			壁厚/mm														
系列 1	系列 2	系列 3	85	90	95	100	110	120									
			单位长度理论重量[a]/(kg/m)														
273			394.09														
	299(298.5)		448.59	463.88	477.94	490.77											
		302	454.88	470.54	484.97	498.16											
		318.5	489.47	507.16	523.63	538.86											
325(323.9)			503.10	521.59	538.86	554.89											
	340(339.7)		534.54	554.89	574.00	591.88											
	351		557.60	579.30	599.77	619.01											
356(355.6)			568.08	590.40	611.48	631.34											
		368	593.23	617.03	639.60	660.93											
	377		612.10	637.01	660.68	683.13											
	402		664.51	692.50	719.25	744.78											
406(406.4)			672.89	701.37	728.63	754.64											
		419	700.14	730.23	759.08	786.70											
	426		714.82	745.77	775.48	803.97											
	450		765.12	799.03	831.71	863.15											
457			779.80	814.57	848.11	880.42											
	473		813.34	850.08	885.60	919.88											
	480		828.01	865.62	902.00	937.14											
	500		869.94	910.01	948.85	986.46	1 057.98										
508			886.71	927.77	967.60	1 006.19	1 079.68										
	530		932.82	976.60	1 019.14	1 060.45	1 139.36	1 213.35									
		560(559)	995.71	1 043.18	1 089.42	1 134.43	1 220.75	1 302.13									
610			1 100.52	1 154.16	1 206.57	1 257.74	1 356.39	1 450.10									

表 1（续）

外径/mm			壁厚/mm													
系列 1	系列 2	系列 3	9	9.5	10	11	12(12.5)	13	14(14.2)	15	16	17(17.5)	18	19	20	22(22.2)
			单位长度理论重量[a]/(kg/m)													
	630		137.83	145.37	152.90	167.92	182.89	197.81	212.68	227.50	242.28	257.00	271.67	286.30	300.87	329.87
		660	144.49	152.40	160.30	176.06	191.77	207.43	223.04	238.60	254.11	269.58	284.99	300.35	315.67	346.15
		699					203.31	219.93	236.50	253.03	269.50	285.93	302.30	318.63	334.90	367.31
711							206.86	223.78	240.65	257.47	274.24	290.96	307.63	324.25	340.82	373.82
	720						209.52	226.66	243.75	260.80	277.79	294.73	311.62	328.47	345.26	378.70
	762														365.98	401.49
		788.5													379.05	415.87
813															391.13	429.16
		864													416.29	456.83
914																
		965														
1 016																

表 1（续）

外径/mm			壁厚/mm												
系列 1	系列 2	系列 3	24	25	26	28	30	32	34	36	38	40	42	45	48
			单位长度理论重量[a]/(kg/m)												
	630		358.68	373.01	387.29	415.70	443.91	471.92	499.74	527.36	554.79	582.01	609.04	649.22	688.95
		660	376.43	391.50	406.52	436.41	466.10	495.60	524.90	554.00	582.90	611.61	640.12	682.51	724.46
		699	399.52	415.55	431.53	463.34	494.96	526.38	557.60	588.62	619.45	650.08	680.51	725.79	770.62
711			406.62	422.95	439.22	471.63	503.84	535.85	567.66	599.28	630.69	661.92	692.94	739.11	784.83
	720		411.95	428.49	444.99	477.84	510.49	542.95	575.21	607.27	639.13	670.79	702.26	749.09	795.48
	762		436.81	454.39	471.92	506.84	541.57	576.09	610.42	644.55	678.49	712.23	745.77	795.71	845.20
		788.5	452.49	470.73	488.92	525.14	561.17	597.01	632.64	668.08	703.32	738.37	773.21	825.11	876.57
813			466.99	485.83	504.62	542.06	579.30	616.34	653.18	689.83	726.28	762.54	798.59	852.30	905.57
		864	497.18	517.28	537.33	577.28	617.03	656.59	695.95	735.11	774.08	812.85	851.42	908.90	965.94
914				548.10	569.39	611.80	654.02	696.05	737.87	779.50	820.93	862.17	903.20	964.39	1 025.13
		965		579.55	602.09	647.02	691.76	736.30	780.64	824.78	868.73	912.48	956.03	1 020.99	1 085.50
1 016				610.99	634.79	682.24	729.49	776.54	823.40	870.06	916.52	962.79	1 008.86	1 077.59	1 145.87

表 1（续）

外径/mm			壁厚/mm											
			50	55	60	65	70	75	80	85	90	95	100	110	120
系列 1	系列 2	系列 3	单位长度理论重量[a]/(kg/m)												
	630		715.19	779.92	843.43	905.70	966.73	1 026.54	1 085.11	1 142.45	1 198.55	1 253.42	1 307.06	1 410.64	1 509.29
		660	752.18	820.61	887.82	953.79	1 018.52	1 082.03	1 144.30	1 205.33	1 265.14	1 323.71	1 381.05	1 492.02	1 598.07
		699	800.27	873.51	945.52	1 016.30	1 085.85	1 154.16	1 221.24	1 287.09	1 351.70	1 415.08	1 477.23	1 597.82	1 713.49
711			815.06	889.79	963.28	1 035.54	1 106.56	1 176.36	1 244.92	1 312.24	1 378.33	1 443.19	1 506.82	1 630.38	1 749.00
	720		826.16	902.00	976.60	1 049.97	1 122.10	1 193.00	1 262.67	1 331.11	1 398.31	1 464.28	1 529.02	1 654.79	1 775.63
	762		877.95	958.96	1 038.74	1 117.29	1 194.61	1 270.69	1 345.53	1 419.15	1 491.53	1 562.68	1 632.60	1 768.73	1 899.93
		788.5	910.63	994.91	1 077.96	1 159.77	1 240.35	1 319.70	1 397.82	1 474.70	1 550.35	1 624.77	1 697.95	1 840.62	1 978.35
813			940.84	1 028.14	1 114.21	1 199.05	1 282.65	1 365.02	1 446.15	1 526.06	1 604.73	1 682.17	1 758.37	1 907.08	2 050.86
		864	1 003.73	1 097.32	1 189.67	1 280.80	1 370.69	1 459.35	1 546.77	1 632.97	1 717.92	1 801.65	1 884.14	2 045.43	2 201.78
914			1 065.38	1 165.14	1 263.66	1 360.95	1 457.00	1 551.83	1 645.42	1 737.78	1 828.90	1 918.79	2 007.45	2 181.07	2 349.75
		965	1 128.27	1 234.31	1 339.12	1 442.70	1 545.05	1 646.16	1 746.04	1 844.68	1 942.10	2 038.28	2 133.22	2 319.42	2 500.68
1 016			1 191.15	1 303.49	1 414.59	1 524.45	1 633.09	1 740.49	1 846.66	1 951.59	2 055.29	2 157.76	2 259.00	2 457.77	2 651.61

注：括号内尺寸为相应的 ISO 4200 的规格。

[a] 理论重量按公式(1)计算，钢的密度为 7.85 kg/dm^3。

表 2　精密钢管的外径和壁厚及单位长度理论重量

外径/mm		壁厚/mm																				
系列 2	系列 3	0.5	(0.8)	1.0	(1.2)	1.5	(1.8)	2.0	(2.2)	2.5	(2.8)	3.0	(3.5)	4	(4.5)	5	(5.5)	6	(7)	8	(9)	10
		单位长度理论重量[a]/(kg/m)																				
4		0.043	0.063	0.074	0.083																	
5		0.055	0.083	0.099	0.112																	
6		0.068	0.103	0.123	0.142	0.166	0.186	0.197														
8		0.092	0.142	0.173	0.201	0.240	0.275	0.296	0.315	0.339												
10		0.117	0.182	0.222	0.260	0.314	0.364	0.395	0.423	0.462												
12		0.142	0.221	0.271	0.320	0.388	0.453	0.493	0.532	0.586	0.635	0.666										
12.7		0.150	0.235	0.289	0.340	0.414	0.484	0.528	0.570	0.629	0.684	0.718										
	14	0.166	0.260	0.321	0.379	0.462	0.542	0.592	0.640	0.709	0.773	0.814	0.906									
16		0.191	0.300	0.370	0.438	0.536	0.630	0.691	0.749	0.832	0.911	0.962	1.08	1.18								
	18	0.216	0.339	0.419	0.497	0.610	0.719	0.789	0.857	0.956	1.05	1.11	1.25	1.38	1.50							
20		0.240	0.379	0.469	0.556	0.684	0.808	0.888	0.966	1.08	1.19	1.26	1.42	1.58	1.72	1.85						
	22	0.265	0.418	0.518	0.616	0.758	0.897	0.986	1.07	1.20	1.33	1.41	1.60	1.78	1.94	2.10						
25		0.302	0.477	0.592	0.704	0.869	1.03	1.13	1.24	1.39	1.53	1.63	1.86	2.07	2.28	2.47	2.64	2.81				
	28	0.339	0.537	0.666	0.793	0.980	1.16	1.28	1.40	1.57	1.74	1.85	2.11	2.37	2.61	2.84	3.05	3.26	3.63	3.95		
	30	0.364	0.576	0.715	0.852	1.05	1.25	1.38	1.51	1.70	1.88	2.00	2.29	2.56	2.83	3.08	3.32	3.55	3.97	4.34		
32		0.388	0.616	0.765	0.911	1.13	1.34	1.48	1.62	1.82	2.02	2.15	2.46	2.76	3.05	3.33	3.59	3.85	4.32	4.74		
	35	0.425	0.675	0.838	1.00	1.24	1.47	1.63	1.78	2.00	2.22	2.37	2.72	3.06	3.38	3.70	4.00	4.29	4.83	5.33		
38		0.462	0.734	0.912	1.09	1.35	1.61	1.78	1.94	2.19	2.43	2.59	2.98	3.35	3.72	4.07	4.41	4.74	5.35	5.92	6.44	6.91
40		0.487	0.773	0.962	1.15	1.42	1.70	1.87	2.05	2.31	2.57	2.74	3.15	3.55	3.94	4.32	4.68	5.03	5.70	6.31	6.88	7.40
42			0.813	1.01	1.21	1.50	1.78	1.97	2.16	2.44	2.71	2.89	3.32	3.75	4.16	4.56	4.95	5.33	6.04	6.71	7.32	7.89

表 2（续）

外径/mm		壁厚/mm																
系列 2	系列 3	(0.8)	1.0	(1.2)	1.5	(1.8)	2.0	(2.2)	2.5	(2.8)	3.0	(3.5)	4	(4.5)	5	(5.5)	6	(7)	8
		单位长度理论重量[a]/(kg/m)																	
	45	0.872	1.09	1.30	1.61	1.92	2.12	2.32	2.62	2.91	3.11	3.58	4.04	4.49	4.93	5.36	5.77	6.56	7.30
48		0.931	1.16	1.38	1.72	2.05	2.27	2.48	2.81	3.12	3.33	3.84	4.34	4.83	5.30	5.76	6.21	7.08	7.89
50		0.971	1.21	1.44	1.79	2.14	2.37	2.59	2.93	3.26	3.48	4.01	4.54	5.05	5.55	6.04	6.51	7.42	8.29
	55	1.07	1.33	1.59	1.98	2.36	2.61	2.86	3.24	3.60	3.85	4.45	5.03	5.60	6.17	6.71	7.25	8.29	9.27
60		1.17	1.46	1.74	2.16	2.58	2.86	3.14	3.55	3.95	4.22	4.88	5.52	6.16	6.78	7.39	7.99	9.15	10.26
63		1.23	1.53	1.83	2.28	2.72	3.01	3.30	3.73	4.16	4.44	5.14	5.82	6.49	7.15	7.80	8.43	9.67	10.85
70		1.37	1.70	2.04	2.53	3.03	3.35	3.68	4.16	4.64	4.96	5.74	6.51	7.27	8.02	8.75	9.47	10.88	12.23
76		1.48	1.85	2.21	2.76	3.29	3.65	4.00	4.53	5.05	5.40	6.26	7.10	7.93	8.75	9.56	10.36	11.91	13.42
80		1.56	1.95	2.33	2.90	3.47	3.85	4.22	4.78	5.33	5.70	6.60	7.50	8.38	9.25	10.11	10.95	12.60	14.21
	90			2.63	3.27	3.92	4.34	4.76	5.39	6.02	6.44	7.47	8.48	9.49	10.48	11.46	12.43	14.33	16.18
100				2.92	3.64	4.36	4.83	5.31	6.01	6.71	7.18	8.33	9.47	10.60	11.71	12.82	13.91	16.05	18.15
	110			3.22	4.01	4.80	5.33	5.85	6.63	7.40	7.92	9.19	10.46	11.71	12.95	14.17	15.39	17.78	20.12
120						5.25	5.82	6.39	7.24	8.09	8.66	10.06	11.44	12.82	14.18	15.53	16.87	19.51	22.10
130						5.69	6.31	6.93	7.86	8.78	9.40	10.92	12.43	13.93	15.41	16.89	18.35	21.23	24.07
	140					6.13	6.81	7.48	8.48	9.47	10.14	11.78	13.42	15.04	16.65	18.24	19.83	22.96	26.04
150						6.58	7.30	8.02	9.09	10.16	10.88	12.65	14.40	16.15	17.88	19.60	21.31	24.69	28.02
160						7.02	7.79	8.56	9.71	10.86	11.62	13.51	15.39	17.26	19.11	20.96	22.79	26.41	29.99
170												14.37	16.38	18.37	20.35	22.31	24.27	28.14	31.96
	180														21.58	23.67	25.75	29.87	33.93
190																25.03	27.23	31.59	35.91
200																	28.71	33.32	37.88
	220																	36.77	41.83

表 2（续）

外径/mm		壁厚/mm														
系列 2	系列 3	(9)	10	(11)	12.5	(14)	16	(18)	20	(22)	25					
		单位长度理论重量[a]/(kg/m)														
	45	7.99	8.63	9.22	10.02											
48		8.66	9.37	10.04	10.94											
50		9.10	9.86	10.58	11.56											
	55	10.21	11.10	11.94	13.10	14.16										
60		11.32	12.33	13.29	14.64	15.88	17.36									
63		11.99	13.07	14.11	15.57	16.92	18.55									
70		13.54	14.80	16.01	17.73	19.33	21.31									
76		14.87	16.28	17.63	19.58	21.41	23.68									
80		15.76	17.26	18.72	20.81	22.79	25.25	27.52								
	90	17.98	19.73	21.43	23.89	26.24	29.20	31.96	34.53	36.89						
100		20.20	22.20	24.14	26.97	29.69	33.15	36.40	39.46	42.32	46.24					
	110	22.42	24.66	26.86	30.06	33.15	37.09	40.84	44.39	47.74	52.41					
120		24.64	27.13	29.57	33.14	36.60	41.04	45.28	49.32	53.17	58.57					
130		26.86	29.59	32.28	36.22	40.05	44.98	49.72	54.26	58.60	64.74					
	140	29.08	32.06	34.99	39.30	43.50	48.93	54.16	59.19	64.02	70.90					
150		31.30	34.53	37.71	42.39	46.96	52.87	58.60	64.12	69.45	77.07					
160		33.52	36.99	40.42	45.47	50.41	56.82	63.03	69.05	74.87	83.23					
170		35.73	39.46	43.13	48.55	53.86	60.77	67.47	73.98	80.30	89.40					
	180	37.95	41.92	45.85	51.64	57.31	64.71	71.91	78.92	85.72	95.56					
190		40.17	44.39	48.56	54.72	60.77	68.66	76.35	83.85	91.15	101.73					
200		42.39	46.86	51.27	57.80	64.22	72.60	80.79	88.78	96.57	107.89					
	220	46.83	51.79	56.70	63.97	71.12	80.50	89.67	98.65	107.43	120.23					

表 2（续）

外径/mm		壁厚/mm													
系列 2	系列 3	(5.5)	6	(7)	8	9	10	(11)	12.5	(14)	16	(18)	20	(22)	25
		单位长度理论重量[a]/(kg/m)													
	240			40.22	45.77	51.27	56.72	62.12	70.13	78.03	88.39	98.55	108.51	118.28	132.56
	260			43.68	49.72	55.71	61.65	67.55	76.30	84.93	96.28	107.43	118.38	129.13	144.89

注：括号内尺寸不推荐使用。

[a] 理论重量按公式(1)计算，钢的密度为 7.85 kg/dm³。

表 3 不锈钢管的外径和壁厚

外径/mm			壁厚/mm													
系列 1	系列 2	系列 3	0.5	0.6	0.7	0.8	0.9	1.0	1.2	1.4	1.5	1.6	2.0	2.2(2.3)	2.5(2.6)	2.8(2.9)
	6		●	●	●	●	●	●	●							
	7		●	●	●	●	●	●	●							
	8		●	●	●	●	●	●	●							
	9		●	●	●	●	●	●	●							
10(10.2)			●	●	●	●	●	●	●	●	●	●	●			
	12		●	●	●	●	●	●	●	●	●	●	●			
	12.7		●	●	●	●	●	●	●	●	●	●	●	●	●	●
13(13.5)			●	●	●	●	●	●	●	●	●	●	●	●	●	●
		14	●	●	●	●	●	●	●	●	●	●	●	●	●	●
	16		●	●	●	●	●	●	●	●	●	●	●	●	●	●
17(17.2)			●	●	●	●	●	●	●	●	●	●	●	●	●	●
		18	●	●	●	●	●	●	●	●	●	●	●	●	●	●
	19		●	●	●	●	●	●	●	●	●	●	●	●	●	●
	20		●	●	●	●	●	●	●	●	●	●	●	●	●	●
21(21.3)			●	●	●	●	●	●	●	●	●	●	●	●	●	●
		22	●	●	●	●	●	●	●	●	●	●	●	●	●	●
	24		●	●	●	●	●	●	●	●	●	●	●	●	●	●
	25		●	●	●	●	●	●	●	●	●	●	●	●	●	●
		25.4						●	●	●	●	●	●	●	●	●
27(26.9)								●	●	●	●	●	●	●	●	●
		30						●	●	●	●	●	●	●	●	●
	32(31.8)							●	●	●	●	●	●	●	●	●

表 3（续）

外径/mm			壁厚/mm											
系列 1	系列 2	系列 3	3.0	3.2	3.5(3.6)	4.0	4.5	5.0	5.5(5.6)	6.0	(6.3)6.5	7.0(7.1)	7.5	8.0
	6													
	7													
	8													
	9													
10(10.2)														
	12													
	12.7		●	●										
13(13.5)			●	●										
		14	●	●	●									
	16		●	●	●	●								
17(17.2)			●	●	●	●								
		18	●	●	●	●	●							
	19		●	●	●	●	●							
	20		●	●	●	●	●							
21(21.3)			●	●	●	●	●	●						
		22	●	●	●	●	●	●						
	24		●	●	●	●	●	●						
	25		●	●	●	●	●	●	●	●				
		25.4	●	●	●	●	●	●	●	●				
27(26.9)			●	●	●	●	●	●	●	●				
		30	●	●	●	●	●	●	●	●	●			
	32(31.8)		●	●	●	●	●	●	●	●	●			

表 3（续）

外径/mm			壁厚/mm														
系列 1	系列 2	系列 3	1.0	1.2	1.4	1.5	1.6	2.0	2.2(2.3)	2.5(2.6)	2.8(2.9)	3.0	3.2	3.5(3.6)	4.0	4.5	5.0
34(33.7)			●	●	●	●	●	●	●	●	●	●	●	●	●	●	●
		35	●	●	●	●	●	●	●	●	●	●	●	●	●	●	●
	38		●	●	●	●	●	●	●	●	●	●	●	●	●	●	●
	40		●	●	●	●	●	●	●	●	●	●	●	●	●	●	●
42(42.4)			●	●	●	●	●	●	●	●	●	●	●	●	●	●	●
		45(44.5)	●	●	●	●	●	●	●	●	●	●	●	●	●	●	●
48(48.3)			●	●	●	●	●	●	●	●	●	●	●	●	●	●	●
	51		●	●	●	●	●	●	●	●	●	●	●	●	●	●	●
		54					●	●	●	●	●	●	●	●	●	●	●
	57						●	●	●	●	●	●	●	●	●	●	●
60(60.3)							●	●	●	●	●	●	●	●	●	●	●
	64(63.5)						●	●	●	●	●	●	●	●	●	●	●
	68						●	●	●	●	●	●	●	●	●	●	●
	70						●	●	●	●	●	●	●	●	●	●	●
	73						●	●	●	●	●	●	●	●	●	●	●
76(76.1)							●	●	●	●	●	●	●	●	●	●	●
		83(82.5)					●	●	●	●	●	●	●	●	●	●	●
89(88.9)							●	●	●	●	●	●	●	●	●	●	●
	95						●	●	●	●	●	●	●	●	●	●	●
	102(101.6)						●	●	●	●	●	●	●	●	●	●	●
	108						●	●	●	●	●	●	●	●	●	●	●
114(114.3)							●	●	●	●	●	●	●	●	●	●	●

表 3（续）

外径/mm			壁厚/mm												
系列 1	系列 2	系列 3	5.5(5.6)	6.0	(6.3)6.5	7.0(7.1)	7.5	8.0	8.5	(8.8)9.0	9.5	10	11	12(12.5)	14(14.2)
34(33.7)			●	●	●										
		35	●	●	●										
	38		●	●	●										
	40		●	●	●										
42(42.4)			●	●	●	●	●								
		45(44.5)	●	●	●	●	●	●	●						
48(48.3)			●	●	●	●	●	●	●						
	51		●	●	●	●	●	●	●	●					
		54	●	●	●	●	●	●	●	●	●	●			
	57		●	●	●	●	●	●	●	●	●	●			
60(60.3)			●	●	●	●	●	●	●	●	●	●			
	64(63.5)		●	●	●	●	●	●	●	●	●	●			
	68		●	●	●	●	●	●	●	●	●	●	●	●	
	70		●	●	●	●	●	●	●	●	●	●	●	●	
	73		●	●	●	●	●	●	●	●	●	●	●	●	
76(76.1)			●	●	●	●	●	●	●	●	●	●	●	●	
		83(82.5)	●	●	●	●	●	●	●	●	●	●	●	●	●
89(88.9)			●	●	●	●	●	●	●	●	●	●	●	●	●
	95		●	●	●	●	●	●	●	●	●	●	●	●	●
	102(101.6)		●	●	●	●	●	●	●	●	●	●	●	●	●
	108		●	●	●	●	●	●	●	●	●	●	●	●	●
114(114.3)			●	●	●	●	●	●	●	●	●	●	●	●	●

表 3（续）

外径/mm			壁厚/mm												
系列 1	系列 2	系列 3	1.6	2.0	2.2(2.3)	2.5(2.6)	2.8(2.9)	3.0	3.2	3.5(3.6)	4.0	4.5	5.0	5.5(5.6)	6.0
	127		●	●	●	●	●	●	●	●	●	●	●	●	●
	133		●	●	●	●	●	●	●	●	●	●	●	●	●
140(139.7)			●	●	●	●	●	●	●	●	●	●	●	●	●
	146		●	●	●	●	●	●	●	●	●	●	●	●	●
	152		●	●	●	●	●	●	●	●	●	●	●	●	●
	159		●	●	●	●	●	●	●	●	●	●	●	●	●
168(168.3)			●	●	●	●	●	●	●	●	●	●	●	●	●
	180			●	●	●	●	●	●	●	●	●	●	●	●
	194			●	●	●	●	●	●	●	●	●	●	●	
219(219.1)				●	●	●	●	●	●	●	●	●	●	●	
	245			●	●	●	●	●	●	●	●	●	●	●	
273				●	●	●	●	●	●	●	●	●	●	●	
325(323.9)						●	●	●	●	●	●	●	●	●	
	351					●	●	●	●	●	●	●	●	●	
356(355.6)						●	●	●	●	●	●	●	●	●	
	377					●	●	●	●	●	●	●	●	●	
406(406.4)						●	●	●	●	●	●	●	●	●	●
	426								●	●	●	●	●	●	●

表 3（续）

外径/mm			壁厚/mm									
系列 1	系列 2	系列 3	(6.3)6.5	7.0(7.1)	7.5	8.0	8.5	(8.8)9.0	9.5	10	11	12(12.5)
	127		●	●	●	●	●	●	●	●	●	●
	133		●	●	●	●	●	●	●	●	●	●
140(139.7)			●	●	●	●	●	●	●	●	●	●
	146		●	●	●	●	●	●	●	●	●	●
	152		●	●	●	●	●	●	●	●	●	●
	159		●	●	●	●	●	●	●	●	●	●
168(168.3)			●	●	●	●	●	●	●	●	●	●
	180		●	●	●	●	●	●	●	●	●	●
	194		●	●	●	●	●	●	●	●	●	●
219(219.1)			●	●	●	●	●	●	●	●	●	●
	245		●	●	●	●	●	●	●	●	●	●
273			●	●	●	●	●	●	●	●	●	●
325(323.9)			●	●	●	●	●	●	●	●	●	●
	351		●	●	●	●	●	●	●	●	●	●
356(355.6)			●	●	●	●	●	●	●	●	●	●
	377		●	●	●	●	●	●	●	●	●	●
406(406.4)			●	●	●	●	●	●	●	●	●	●
	426		●	●	●	●	●	●	●	●	●	●

表 3（续）

外径/mm			壁厚/mm										
系列 1	系列 2	系列 3	14(14.2)	15	16	17(17.5)	18	20	22(22.2)	24	25	26	28
	127		●										
	133		●										
140(139.7)			●	●	●								
	146		●	●	●								
	152		●	●	●								
	159		●	●	●								
168(168.3)			●	●	●	●	●						
	180		●	●	●	●	●						
	194		●	●	●	●	●						
219(219.1)			●	●	●	●	●	●	●	●	●	●	●
	245		●	●	●	●	●	●	●	●	●	●	●
273			●	●	●	●	●	●	●	●	●	●	●
325(323.9)			●	●	●	●	●	●	●	●	●	●	●
	351		●	●	●	●	●	●	●	●	●	●	●
356(355.6)			●	●	●	●	●	●	●	●	●	●	●
	377		●	●	●	●	●	●	●	●	●	●	●
406(406.4)			●	●	●	●	●	●	●	●	●	●	●
	426		●	●	●	●	●	●					

注 1：括号内尺寸为相应的英制单位。

注 2："●"表示常用规格。

表 4　标准化外径允许偏差

单位为毫米

偏差等级	标准化外径允许偏差
D1	±1.5%D 或±0.75，取其中的较大值
D2	±1.0%D 或±0.50，取其中的较大值
D3	±0.75%D 或±0.30，取其中的较大值
D4	±0.5%D 或±0.10，取其中的较大值
注：D 为钢管的公称外径。	

表 5　非标准化外径允许偏差

单位为毫米

偏差等级	非标准化外径允许偏差
ND1	+1.25%D −1.5%D
ND2	±1.25%D
ND3	+1.25%D −1%D
ND4	±0.8%D
注：D 为钢管的公称外径。	

2.3.2.3　特殊用途的钢管和冷轧（拔）钢管外径允许偏差可采用绝对偏差。

2.3.3　壁厚允许偏差

2.3.3.1　优先选用的标准化壁厚允许偏差见表 6。

表 6　标准化壁厚允许偏差

单位为毫米

偏差等级		壁厚允许偏差			
		$S/D>0.1$	$0.05<S/D\leq 0.1$	$0.025<S/D\leq 0.05$	$S/D\leq 0.025$
S1		±15.0%S 或±0.60，取其中的较大值			
S2	A	±12.5%S 或±0.40，取其中的较大值			
	B	−12.5%S			
S3	A	±10.0%S 或±0.20，取其中的较大值			
	B	±10%S 或±0.40，取其中的较大值	±12.5%S 或±0.40，取其中的较大值	±15.0%S 或±0.40，取其中的较大值	
	C	−10%S			
S4	A	±7.5%S 或±0.15，取其中的较大值			
	B	±7.5%S 或±0.20，取其中的较大值	±10.0%S 或±0.20，取其中的较大值	±12.5%S 或±0.20，取其中的较大值	±15.0%S 或±0.20，取其中的较大值
S5		±5.0%S 或±0.10，取其中的较大值			
注：S 为钢管的公称壁厚，D 为钢管的公称外径。					

2.3.3.2　推荐选用的非标准化壁厚允许偏差见表 7。

表 7 非标准化壁厚允许偏差

单位为毫米

偏差等级	非标准化壁厚允许偏差
NS1	+15.0%S −12.5%S
NS2	+15.0%S −10.0%S
NS3	+12.5%S −10.0%S
NS4	+12.5%S −7.5%S
注：S 为钢管的公称壁厚。	

2.3.3.3 特殊用途的钢管和冷轧(拔)钢管壁厚允许偏差可采用绝对偏差。

3 长度

3.1 通常长度

钢管的通常长度为 3 000 mm～12 500 mm。

3.2 定尺长度和倍尺长度

定尺长度和倍尺长度应在通常长度范围内，全长允许偏差分为四级(见表 8)。每个倍尺长度按以下规定留出切口余量：

a) 外径≤159 mm，5 mm～10 mm；

b) 外径>159 mm，10 mm～15 mm。

表 8 全长允许偏差

单位为毫米

偏差等级	全长允许偏差
L1	+20 0
L2	+15 0
L3	+10 0
L4	+5 0

3.3 特殊用途钢管长度

特殊用途的钢管，如不锈耐酸钢极薄壁钢管、小直径钢管等的长度要求可另行规定。

4 外形

4.1 弯曲度

钢管的弯曲度分为全长弯曲度和每米弯曲度。

4.1.1 全长弯曲度

对钢管全长测得的弯曲度称为全长弯曲度，全长弯曲度分为五级(见表 9)。

表 9 全长弯曲度

单位为毫米

弯曲度等级	全长弯曲度，不大于
E1	0.2%L
E2	0.15%L

表 9（续）

单位为毫米

弯曲度等级	全长弯曲度，不大于
E3	0.1%L
E4	0.08%L
E5	0.06%L
注：L 为单根钢管的长度。	

4.1.2 每米弯曲度

对钢管每米长度测量的弯曲度称为每米弯曲度，每米弯曲度分为五级(见表 10)。

表 10 每米弯曲度

单位为毫米

弯曲度等级	每米弯曲度，不大于
F1	3.0
F2	2.0
F3	1.5
F4	1.0
F5	0.5

4.2 不圆度

钢管的不圆度分为四级(见表 11)。

表 11 不圆度

不圆度等级	不圆度[a]，不大于外径公差的
NR1	80%
NR2	70%
NR3	60%
NR4	50%
a 不圆度的计算公式为：$\frac{2(D_{max}-D_{min})}{D_{max}+D_{min}}\times 100\%$，式中：$D_{max}$ 为实测钢管同一横截面外径的最大值，D_{min} 为实测钢管同一横截面外径的最小值。	

5 重量

5.1 钢管按实际重量交货，也可按理论重量交货。实际重量交货可分为单根重量或每批重量。

5.2 钢管的理论重量按公式(1)计算：

$$W=\pi\rho(D-S)S/1\,000 \qquad \cdots\cdots(1)$$

式中：

W——钢管的理论重量，单位为千克每米(kg/m)；

$\pi=3.141\,6$；

ρ——钢的密度，单位为千克每立方分米(kg/dm^3)；

D——钢管的公称外径，单位为毫米(mm)；

S——钢管的公称壁厚，单位为毫米(mm)。

5.3 按理论重量交货的钢管，根据需方要求，可规定钢管实际重量与理论重量的允许偏差。单根钢管实际重量与理论重量的允许偏差分为五级(见表 12)。每批不小于 10 t 钢管的理论重量与实际重量的允许偏差为±7.5%或±5%。

表 12 重量允许偏差

偏差等级	单根钢管重量允许偏差
W1	±10%
W2	±7.5%
W3	+10% −5%
W4	+10% −3.5%
W5	+6.5% −3.5%

ICS 71.120;25.180
G 93

GB

中华人民共和国国家标准

GB/T 17410—2008
代替 GB/T 17410—1998

有机热载体炉

Organic heat transfer material heaters

2008-06-04 发布　　　　2008-12-01 实施

中华人民共和国国家质量监督检验检疫总局
中国国家标准化管理委员会　发布

前　言

本标准参照 DIN 4754—1994《有机热载体供热设备安全技术规定及检验》有关要求制定。

本标准代替 GB/T 17410—1998《有机热载体炉》。

本标准与 GB/T 17410—1998 相比主要变化如下：

——在燃料煤类品种中，增加了“水煤浆”、“煤粉”，品种代号分别为“J”、“F”。相应在“燃烧设备代号”中增加“水煤浆燃烧器”、“煤粉燃烧器”，代号分别为“J”、“F”；

——“要求”部分主要增加了“总则”，规定了满足法规的要求、质量体系的要求、制造资质的要求、设计文件的设计鉴定的要求及作业人员资质的要求等；

——在额定功率系列规格中增加了 14 000、16 000、18 000 及 20 000 等规格；

——膨胀槽(器)、储油槽管口公称尺寸按照 DIN 4754—1994 进行了调整；

——射线无损检测、超声无损检测方法等改用执行 JB/T 4730.2～4730.3《承压设备无损检测》。

本标准由中国石油和化学工业协会提出。

本标准由化学工业机械设备标准化技术委员会归口。

本标准起草单位：常州能源设备总厂有限公司、中国化工装备协会、天华化工机械及自动化研究设计院。

本标准主要起草人：王云祥、张声、张俊科、丁宏、李光、何正秋。

本标准所代替标准的历次版本发布情况为：

——GB/T 17410—1998。

有机热载体炉

1 范围

本标准规定了有机热载体炉的术语和定义、分类与命名、要求、试验方法、检验规则、包装、运输和贮存。

本标准适用于固定式有机热载体气相炉(以下简称气相炉)和有机热载体液相炉(以下简称液相炉)。

2 规范性引用文件

下列文件中的条款通过本标准的引用而成为本标准的条款。凡是注日期的引用文件,其随后所有的修改单(不包括勘误的内容)或修订版均不适用于本标准,然而,鼓励根据本标准达成协议的各方研究是否可使用这些文件的最新版本。凡是不注日期的引用文件,其最新版本适用于本标准。

GB 150 钢制压力容器

GB/T 191 包装储运图示标志(eqv ISO 780)

GB/T 711—1988 优质碳素结构钢热轧厚钢板和宽钢带(neq ГОСТ 1577)

GB 713 锅炉用钢板(neq ISO 5832-4:1996(E))

GB 3087 低中压锅炉用无缝钢管(neq ISO 9329-1:1989)

GB/T 3274 碳素结构钢和低合金结构钢 热轧厚钢板和钢带(eqv ISO 13976:2005, ISO 630:1995)

GB 5310 高压锅炉用无缝钢管(neq ASTM A335:1990)

GB/T 5468—1991 锅炉烟尘测试方法

GB 6654 压力容器用钢板

GB 7251.1 低压成套开关设备和控制设备 第1部分:型式试验和部分型式试验 成套设备(idt IEC 60439-1:1997)

GB 7251.2 低压成套开关设备和控制设备 第2部分:对母线干线系统(母线槽)的特殊要求(idt IEC 60439-2:2000)

GB 7251.3 低压成套开关设备和控制设备 第3部分:对非专业人员可进入场地的低压成套开关设备和控制设备 配电板的特殊要求(idt IEC 60439-3:2001)

GB/T 9222 水管锅炉受压元件强度计算

GB/T 10180—2003 工业锅炉热工性能试验规程

GB 13271 锅炉大气污染物排放标准

GB/T 13306—1991 标牌

GB/T 16508—1996 锅壳锅炉受压元件强度计算

GB 50211 工业炉砌筑工程施工及验收规范

HG 20592～20635 钢制管法兰、垫片、紧固件

JB/T 1609—1993 锅炉锅筒制造技术条件

JB/T 1610—1993 锅炉集箱制造技术条件

JB/T 1611—1993 锅炉管子制造技术条件

JB/T 1613—1993 锅炉受压元件焊接技术条件

JB/T 1615—1991 锅炉油漆和包装技术条件

JB/T 1619—2002　锅壳锅炉本体制造技术条件

JB/T 1620—1993　锅炉钢结构技术条件

JB/T 1621—1993　工业锅炉烟箱、钢制烟囱技术条件

JB/T 1623—1992　锅炉管孔中心距尺寸偏差

JB/T 3271—2002　链条炉排技术条件

JB/T 3375—2002　锅炉用材料入厂验收规则

JB/T 3726—1999　锅炉除渣设备　通用技术条件

JB 4726　压力容器用碳素钢和低合金钢锻件

JB/T 4730.2　承压设备无损检测　第2部分:射线检测

JB/T 4730.3　承压设备无损检测　第3部分:超声检测

JB/T 4735　钢制焊接常压容器

JB/T 6521—1992　工业锅炉上煤机通用技术条件

TSG G1001—2004　锅炉设计文件鉴定管理规则

劳部发[1993]356号　有机热载体炉安全技术监察规程

3 术语和定义

下列术语和定义适用于本标准。

3.1

工作压力　working pressure

工作压力指在正常工作情况下,有机热载体炉进口处可能达到的最高压力。

3.2

设计计算压力　design computation pressure

设计计算压力指在相应的设计温度下,用以计算确定受压元件厚度的压力。

3.3

最高工作温度　highest operating temperature

最高工作温度指在正常工作情况下,有机热载体炉出口处可能达到的最高温度。

4 分类与命名

4.1 型号

4.1.1 表示方法

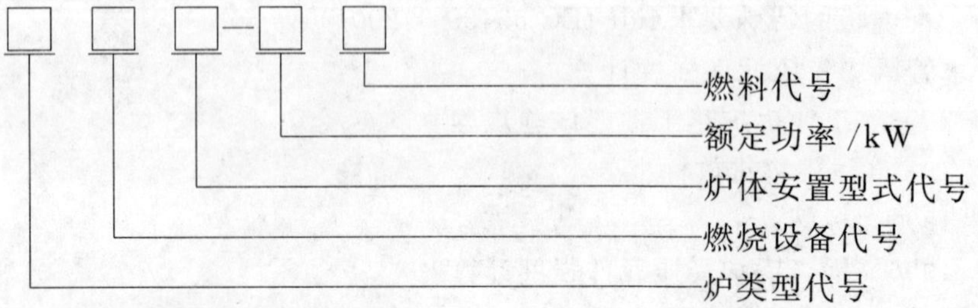

4.1.1.1　有机热载体炉炉类型代号按表1的规定。

表1　炉类型代号

有机热载体炉类型	代　号
液相炉	Y
气相炉	Q

4.1.1.2　燃烧设备代号按表2的规定。

表 2 燃烧设备代号

燃烧设备	代　号
链条炉排	L
往复炉排	W
抛煤机炉排	P
其他炉排	G
水煤浆燃烧器	J
煤粉等燃烧器	F
油燃烧器	Y
气燃烧器	Q

4.1.1.3 有机热载体炉的炉体安置型式代号按表 3 的规定。

表 3 炉体安置型式代号

安置型式	代　号
立式	L
卧式	W
其他	Q

4.1.1.4 有机热载体炉的额定功率规格系列推荐按表 4 规定。

表 4 额定功率规格

单位为千瓦

120	180	240	300	350	500	600	700	800	1 000
1 200	1 400	1 800	2 000	2 400	3 000	3 500	4 600	6 000	7 000
10 000	12 000	14 000	16 000	18 000	20 000				
注：超出本系列的可由供需双方协商确定。									

4.1.1.5 燃料代号按表 5 的规定。

表 5 燃料代号

燃料类别	类别代号	品　种	品种代号
煤类	M	无烟煤	W
		烟煤	A
		其他煤	H
		水煤浆	J
		煤粉等	F
油类	Y	柴油	C
		重油、渣油等	Z
气类	Q	天然气(包括城市煤气)	T
		液化石油气	Y
		焦炉煤气等	J

4.1.2 标记示例

示例 1：

燃料品种为无烟煤，额定功率为 8 000 kW，炉体安置型式为卧式，燃烧设备为链条炉排的液相有机热载体炉：

YLW-8 000 MW

示例 2:

燃料品种为油类,额定功率为 1 000 kW,炉体安置型式为立式,燃烧设备为油燃烧器的气相有机热载体炉:

QYL-1 000 Y

示例 3:

燃料品种为水煤浆,额定功率为 6 000 kW,炉体安置型式为卧式,燃烧设备为水煤浆燃烧器的液相有机热载体炉:

YJW-6 000 MJ

5 要求

5.1 总则

5.1.1 有机热载体炉的设计、制造、检验和验收除应符合本标准外,还应遵守国家颁布的有关法令、法规及规章。

5.1.2 有机热载体炉制造单位应具备健全的质量管理体系。

5.1.3 有机热载体炉制造单位应持有相应级别的锅炉制造许可证。

5.1.4 有机热载体炉设计文件应当按照 TSG G1001—2004 进行设计文件鉴定后方可投入生产制造。对已经通过鉴定的锅炉设计文件进行修改,必须按规则规定程序办理相应手续。

5.1.5 有机热载体炉受压元件焊工、无损检测人员等特种作业人员应按相应规则要求取得操作证,并按相应项目资质进行作业。

5.2 设计

5.2.1 额定功率:有机热载体炉的额定功率按 4.1.1.4 的规定。

5.2.2 热效率:热效率测试应在有机热载体炉 80%~100%的热功率负荷下进行,并符合表 6 的规定。

表 6 热效率

燃料类别	额定热功率/kW	品　　种	热效率/%
煤类	≤1 000	无烟煤	≥60
	>1 000		≥70
	≤1 000	烟煤	≥62
	>1 000		≥73
油类 气类	≤1 000	重油、渣油、焦炉煤气	≥70
	>1 000		≥80
	≤1 000	柴油、天然气、液化石油气	≥75
	>1 000		≥80

5.2.3 工作压力:有机热载体炉的工作压力应根据有机热载体炉及用热设备的系统总体阻力确定,且不低于热油泵的扬程。

5.2.4 设计计算压力:有机热载体炉的设计计算压力为有机热载体炉工作压力加 0.3 MPa,且不低于 0.6 MPa。

5.2.5 有机热载体炉受压元件强度计算按照 GB/T 9222、GB/T 16508—1996 等有关标准进行。

5.2.6 液相炉宜采用盘管式结构。为防止液相炉中热载体过热与积碳,辐射受热面炉管内热载体流速应不低于 2.0 m/s,对流受热面炉管内热载体的流速应不低于 1.5 m/s。

5.2.7 带锅筒的气相炉宜采用水管式锅炉结构,其下降管截面积之和与上升管截面积之和的比值不应低于 40%。

5.3 管道元件

5.3.1 管道连接

管道连接应选用焊接或管法兰连接。

5.3.2 管法兰、垫片及紧固件

5.3.2.1 管法兰推荐采用 HG 20592～20635 规定的法兰、垫片、紧固件。

5.3.2.2 液相炉管法兰应采用突面或凹凸面带颈平焊法兰；气相炉管法兰应采用凹凸面或榫槽面带颈平焊法兰。

5.3.2.3 液相炉管法兰公称压力应不低于 1.6 MPa；气相炉管法兰公称压力应不低于 2.5 MPa。且管法兰在最高工作温度下允许使用压力不得低于有机热载体炉的工作压力。

5.3.2.4 垫片应采用缠绕式垫片或柔性石墨复合垫片。

5.3.3 安全附件

5.3.3.1 安全阀与爆破片

a) 每台气相炉至少应安装两只不带手柄的全启式弹簧式安全阀。安全阀与筒体连接的短管上应串联一只爆破片。液相炉炉体上可不装安全阀。

b) 气相炉安全阀和爆破片爆破时的排放能力应不小于气相炉的额定蒸发量。

c) 气相炉安全阀开启时排出的有机热载体汽化物应通过导管进入用水冷却的冷凝器，再接入集油箱。冷凝器的背压应不超过 0.03 MPa。

d) 爆破片与锅筒或集管连接的短管上应安装一只截止阀，在气相炉运行时截止阀必须处于全开位置。

5.3.3.2 压力表

a) 气相炉的锅筒和出口集箱、液相炉进出口管道上应装压力表。

b) 压力表与锅筒、集箱、管道采用存液弯管连接，存液弯管存液上方应安装截止阀或针形阀。

c) 压力表表盘刻度极限值应为工作压力的 1.5 倍～3 倍，最好 2 倍。

d) 压力表精度等级不低于 2.5 级且表盘直径不小于 100 mm。

5.3.3.3 液面计

a) 气相炉的锅筒上应安装两只彼此独立的液面计，液相炉的储油槽应安装一只液面计。

b) 液面计不应采用玻璃管式液面计。

c) 液面计的放液管必须接到存储管上，放液管上应装有放液旋塞。运行时，放液旋塞必须处于关闭状态。

5.3.3.4 温度显示仪表

气相炉或液相炉出口处以及液相炉回路的入口处应安装温度显示仪表。

5.4 膨胀槽(器)

5.4.1 膨胀槽(器)的调节容积应不低于有机热载体体积膨胀量的 1.3 倍。有机热载体体积膨胀量可根据液相炉和管网系统中有机热载体上升至工作温度的膨胀体积确定。

5.4.2 膨胀槽(器)管口公称直径应符合表 7 的要求。

5.5 储油槽

5.5.1 储油槽的容积应不小于有机热载体炉中有机热载体总量的 1.2 倍。

5.5.2 储油槽应装有液位计及放空管，放空管应接至安全地点。膨胀管、溢流管、排放管与放空管管口公称直径应符合表 7 的要求。

表 7 膨胀槽(器)、储油槽管口公称直径

额定功率/kW	膨胀管与溢流管 DN/mm	排放管与放空管 DN/mm
≤600	25	32
>600～900	32	40
>900～1 200	40	50
>1 200～2 400	50	65

表7（续）

额定功率/kW	膨胀管与溢流管 DN/mm	排放管与放空管 DN/mm
＞2 400～6 000	65	80
＞6 000～12 000	80	100
＞12 000～240 000	100	150

5.6 材料

5.6.1 有机热载体炉受压元件所用的金属材料及焊接材料应符合有关国家标准和行业标准规定，并按《有机热载体炉安全技术监察规程》有关规定选用。受压元件采用国外钢号的钢材应是国外锅炉用钢所列的钢号或者化学成分、力学性能、焊接性能与国内允许用于锅炉的钢材相类似，并列入钢材标准的钢号或成熟的锅炉用钢钢号。

5.6.2 有机热载体炉的主要材料如锅炉钢板、锅炉炉管和焊接材料等应按JB/T 3375—2002规定进行入厂验收，合格后才能使用。

5.6.3 有机热载体炉受压元件材料有以下变更时，应对更改后的锅炉设计文件重新进行鉴定：

a) 用强度低的材料代替强度高的材料；

b) 用厚度小的材料代替厚度大的材料；

c) 代用的钢管公称外径不同于原来的钢管公称外径。

5.6.4 受压元件用的金属材料应符合下列规定：

a) 钢板应符合表8规定；

b) 钢管应符合表9的规定；

c) 锻件主要用于管法兰、人孔手孔法兰和法兰盖等，并应符合表10的要求。

5.7 主要零部件制造

5.7.1 圆筒形盘管的允许偏差(见图1)应符合下列规定：

a) 当 $D \leqslant 1\ 000$ mm 时，$d=5$ mm；

b) $1\ 000$ mm $< D \leqslant 2\ 000$ mm 时，$d=6$ mm；

c) $2\ 000$ mm $< D \leqslant 4\ 000$ mm 时，$d=8$ mm；

d) $D > 4\ 000$ mm 时，$d=10$ mm；

e) 当管子公称直径 $DN \leqslant 80$ mm 时，$m \leqslant 1$ mm，局部不得大于4 mm，$n \leqslant 3$ mm；

f) 当管子公称直径 $DN > 80$ mm 时，$m \leqslant 2$ mm，局部不得大于5 mm，$n \leqslant 4$ mm。

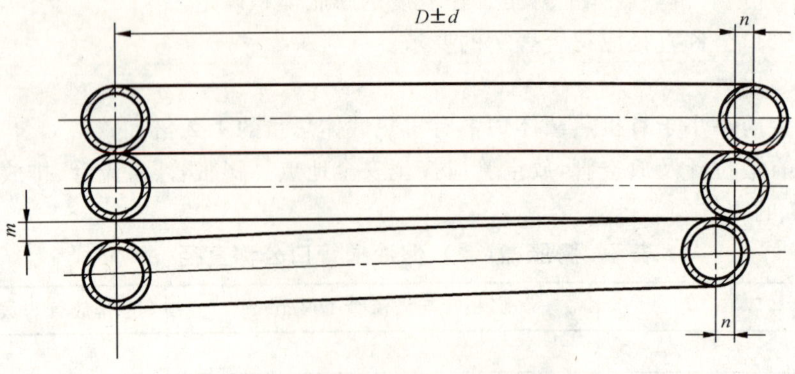

图1 圆筒形盘管的允许偏差

表 8　钢板适用范围

钢的种类	钢　　号	标　准　号	适　用　范　围		
			工作压力/MPa	壁温/℃	炉类型
碳素钢	Q-235B Q-235C	GB/T 3274	≤1.0	≤350	液相炉
	15、20	GB/T 711—1988	≤1.25		
	20R[a]	GB 6654			
	20g	GB 713	≤6.0	≤400	液相炉、气相炉
低合金钢	16Mng	GB 713	≤6.0	≤400	液相炉、气相炉
	16MnR[a]	GB 6654	≤1.25	≤380	液相炉
	14MnMoVg	GB 713	≤6.0	≤400	液相炉、气相炉
	18MnMoNbg				

[a] 用于直接接触火焰部位时，应进行时效冲击试验。

表 9　钢管适用范围

钢的种类	钢　　号	标　准　号	适　用　范　围		
			工作压力/MPa	壁温/℃	炉类型
碳素钢	10、20	GB 3087	≤6.0	≤480	液相炉、气相炉
	20G	GB 5310			
低合金钢	15CrMoG	GB 5310		≤550	
	12Cr1MoVG			≤580	
	12Cr2MoWVTiB				
	12Cr3MoVSiTiB			≤620	

表 10　锻件适用范围

钢的种类	钢　　号	标　准　号	适　用　范　围		
			工作压力/MPa	壁温/℃	炉类型
碳素钢	10、15	JB 4726	≤6.0	≤400	液相炉、气相炉
	20、25			≤450	
低合金钢	16Mn				

5.7.2　方箱形盘管的允许偏差(见图 2)应符合下列规定:

a)　当 $L_1 \leqslant 1\ 000$ mm 时，$l_1 = 3$ mm；

b)　当 $L_2 \leqslant 1\ 000$ mm 时，$l_2 = 3$ mm；

c)　$1\ 000\ \text{mm} < L_1 \leqslant 2\ 000$ mm 时，$l_1 = 4$ mm；

d)　$1\ 000\ \text{mm} < L_2 \leqslant 2\ 000$ mm 时，$l_2 = 4$ mm；

e)　$2\ 000\ \text{mm} < L_1 \leqslant 4\ 000$ mm 时，$l_1 = 5$ mm；

f)　$2\ 000\ \text{mm} < L_2 \leqslant 4\ 000$ mm 时，$l_2 = 5$ mm；

g)　$4\ 000\ \text{mm} < L_1 \leqslant 8\ 000$ mm 时，$l_1 = 6$ mm；

h)　$4\ 000\ \text{mm} < L_2 \leqslant 8\ 000$ mm 时，$l_2 = 6$ mm；

i)　$L_1 > 8\ 000$ mm 时，$l_1 = 8$ mm；

j) $L_2 > 8\ 000$ mm 时，$l_2 = 8$ mm。

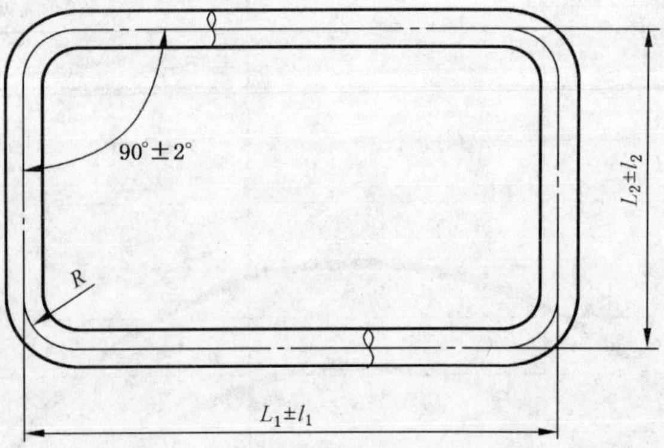

图 2 方箱形盘管的允许偏差

5.7.3 当管子公称直径 $DN \leqslant 40$ mm 时，方箱形盘管弯曲半径 $R \geqslant 2.0DN$；当管子公称直径 $DN > 40$ mm 时，方箱形盘管弯曲半径 $R \geqslant 3.5DN$。

5.7.4 盘形管相邻两根管子的平面错位（见图 3），允许偏差为 $n \leqslant 5$ mm。除拱形的盘形管外，均不得同方向连续相邻正偏差与负偏差。

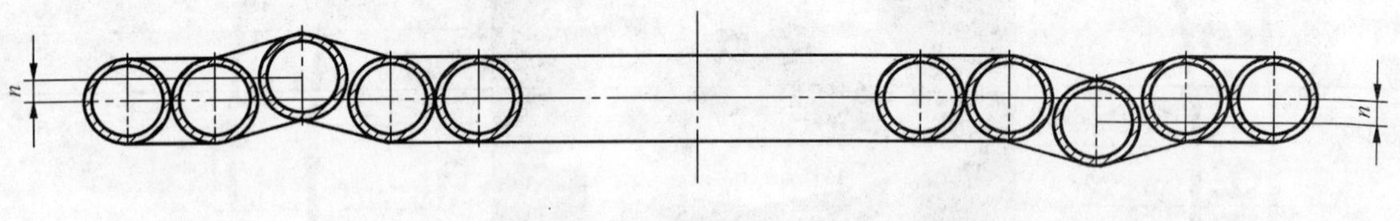

图 3 盘形管相邻两根管子的平面错位

5.7.5 有机热载体炉管子制造应符合 JB/T 1611—1993 的规定。公称外径不大于 60 mm 的对接焊接的受热面管子应按 JB/T 1611—1993 进行通球试验。

5.7.6 集箱制造应符合 JB/T 1610—1993 的规定。

5.7.7 有机热载体炉的炉管孔中心距尺寸偏差应符合 JB/T 1623—1992 的规定。

5.7.8 气相炉锅筒制造应符合 JB/T 1609—1993 的规定。

5.7.9 锅壳式有机热载体炉本体总装应符合 JB/T 1619—2002 的规定。

5.7.10 膨胀槽和储油槽的设计及制造应符合 JB/T 4735 的规定，属于压力容器范围的膨胀槽和储油槽的设计及制造应符合 GB 150 的规定。

5.7.11 有机热载体炉的烟箱、钢制烟囱制造应符合 JB/T 1621—1993 的规定。

5.8 组装

5.8.1 所有零部件经检验合格后，方可组装。

5.8.2 盘管与盘管组装时，盘管之间四周间隙 e 应均匀、通畅。

e 值按式(1)计算；$e \leqslant 50\%$，且 $(E_{\max} - E_{\min}) \leqslant 15$ mm。

$$e = \frac{(E_{\max} - E_{\min})}{E} \times 100\% \qquad \cdots\cdots(1)$$

式中：

e——间隙比值，%；

$E_{\max}$——最大处间隙，单位为毫米(mm)；

$E_{\min}$——最小处间隙，单位为毫米(mm)；

E——理论计算值，单位为毫米(mm)。

5.8.3 有机热载体炉受压元件进行现场组装前，应到当地特种设备安全监察机构办理相应手续，并接受当地特种设备安全监督检验机构的监督检验。

5.9 焊接

5.9.1 有机热载体炉受压元件的焊接工艺应进行评定合格后才能用于生产。

5.9.2 有机热载体炉受热面管子的对接焊接接头应采用气体保护焊。

5.9.3 锅筒筒体的纵缝、环缝和封头拼接的焊接接头宜采用埋弧自动焊。

5.9.4 批量生产的气相炉的锅筒应每10台做一块纵向对接焊接接头焊接检查试板，不足10台按10台计；液相炉的锅筒、管子及管道的对接接头可免做焊接检查试板。

5.9.5 受压元件焊接应符合JB/T 1613—1993的规定。

5.10 无损检测

5.10.1 辐射段受热面管的对接焊接接头应进行不少于接头数10%的射线无损检测；对流段受热面管的对接焊接接头应进行不少于接头数5%的射线无损检测。

5.10.2 公称直径 $DN>150$ mm的集管纵向及环向对接焊接接头应进行100%的射线无损检测或100%超声加不少于25%的射线无损检测。

5.10.3 公称直径 $DN\leqslant 150$ mm的集管纵向及环向对接焊接接头的各条焊接接头应进行至少25%的射线无损检测。

5.10.4 上述射线无损检测的合格级别均为JB/T 4730.2—2005中Ⅱ级。超声无损检测合格级别为JB/T 4730.3—2005中Ⅰ级。采用局部无损检测时，若抽查不合格，应对相应焊接接头以双倍数量进行复测。复查不合格时则应进行全数检测。

5.11 热处理

5.11.1 有机热载体炉受压元件焊接后，受压元件根据材料、公称壁厚按照JB/T 1613—1993要求进行热处理。

5.11.2 有机热载体炉受压元件的焊后热处理宜采用整体热处理，当条件不允许或不需要进行整体热处理时，可采用分段热处理或局部热处理。环缝局部热处理时，焊缝焊接接头两侧的加热宽度应不小于各自壁厚的4倍。

5.11.3 焊后热处理应在水压试验前进行。接管、管座、垫板和其他非受压元件与需要焊后热处理的受压元件连接的全部焊接工作应在其最终热处理前施焊。

5.12 压力试验

5.12.1 制造完工后的有机热载体炉应按相应规范、标准要求规定进行压力试验。

5.12.2 产品及受压元件的压力试验应在无损检测和热处理后(需要进行热处理时)进行。

5.12.3 液压试验

5.12.3.1 单程炉管整形后应以2倍工作压力进行液压试验，受压元件金属壁和各焊接接头上应无渗漏痕迹，无可见的残余变形。

5.12.3.2 炉管总装后，应以1.5倍工作压力进行整体液压试验，受压元件金属壁和各焊接接头上应无渗漏痕迹，无可见的残余变形。

5.12.4 气压试验

有机热载体炉受压元件对接焊接接头经100%无损检测，且不宜进行液压试验时，可采用气压试验代替液压试验。

由于结构原因不能够向炉体内灌注液体，以及运行条件不允许残留试验液体的有机热载体炉，可按设计图样规定，采用气压试验。气压试验压力取1.25倍工作压力且不低于设计压力。

5.12.5 气密性试验

气相炉还应按工作压力进行气密性试验。气密性试验应在液压试验合格后进行，试验压力为1.05倍工作压力。

5.13 燃烧设备

5.13.1 耐火砖砌缝应错开，标准砖灰缝应不大于2 mm，耐火砖砌做完毕后不得碰撞，不得有松动现象。

5.13.2 筑炉及保温应符合 GB 50211 相应规定。

5.13.3 链条炉排制作应符合 JB/T 3271—2002 规定，其他炉排按相应规定进行制作。

5.13.4 挡风门、落灰门、看火门等组装均应开启、关闭灵活，密封性能良好。

5.13.5 炉排组装后应进行 8 h 的冷态连续试运转，运行应平稳，无跑偏、起拱、卡住等现象。

5.14 辅机

5.14.1 输送泵、风机、减速箱等外购件应符合相应的产品标准。燃烧器应符合相应的产品标准，燃油、燃气燃烧器还应符合相应的安全规定。

5.14.2 电器控制柜应符合 GB 7251.1～GB 7251.3 的规定。

5.14.3 上煤机应符合 JB/T 6521—1992 的规定，除渣机应符合 JB/T 3726—1999 的规定。

5.14.4 框架组装及结构件尺寸应符合 JB/T 1620—1993 的规定。

5.15 油漆及表面处理

5.15.1 炉体除锈及除油污后，涂防锈漆(1～2)度，银粉漆 1 度。上煤装置涂防锈漆(1～2)度，黑色烟囱漆 1 度。炉门等铸铁件涂黑色耐热漆 1 度。

5.15.2 炉体外壳有条件的可用烘漆或直接采用彩钢板。

5.15.3 加工表面(如螺纹和密封面等)涂无酸性工业凡士林，一般加工件表面应涂防锈油脂。

5.16 烟尘排放

有机热载体炉烟尘排放应符合 GB 13271 规定。

6 试验方法

6.1 通球试验

对接焊接的受热面管子按 JB/T 1611—1993 中 5.2 要求进行通球试验；先焊后弯的炉管，且弯曲半径 R 小于 600 mm 时，其通球直径为对接焊直管通球直径的 90%。

6.2 无损检测

无损检测按 JB/T 4730.2—2005～4730.3—2005 进行。

6.3 压力试验

6.3.1 液压试验

6.3.1.1 液压试验试验介质一般采用水，需要时也可采用不会导致发生危险的其他液体。

6.3.1.2 液压试验宜在环境温度高于 5℃时进行，低于 5℃时必须有防冻措施。水压试验时水温应保持高于周围露点的温度。

6.3.1.3 压力表的选用应符合下列规定：

a) 应选用 2 只相同量程、相同精度等级且经校验合格的压力表；

b) 压力表表盘刻度极限值应为试验压力的 1.5 倍～3.0 倍，最好选用 2 倍；

c) 压力表精度等级不低于 2.5 级；

d) 压力表表盘直径不小于 100 mm。

6.3.1.4 有机热载体炉进行液压试验时，压力应缓慢上升，上升到工作压力时，应暂停升压，检查有无渗漏或异常现象，然后再升压到试验压力，保持 20 min，再降至工作压力进行检查，检查期间压力应保持不变。

6.3.2 气压试验

6.3.2.1 气压试验应有安全措施。安全措施应经单位技术总负责人批准，并由单位安全生产管理部门检查监督。

6.3.2.2 气压试验所用气体应为干燥、洁净的空气、氮气或其他惰性气体。

6.3.2.3 碳素钢和低合金钢制有机热载体炉的试验气体温度不得低于 15℃。

6.3.2.4 试验时压力应缓慢上升，至规定试验压力的10%，且不超过0.05 MPa时，保压5 min，然后对所有焊接接头进行初次泄漏检查，如有泄漏，卸压修补后重新试压。初次泄漏检查合格后，再继续缓慢升压至规定试验压力的50%，其后按每级为规定试验压力的10%的级差逐级增至规定的试验压力。保压10 min后将压力降至规定试验压力的87%，并保持足够长的时间后再次进行泄漏检查。如有泄漏，卸压修补后再按上述规定重新进行试验。

6.4 冷态试运转

炉排按JB/T 3271—2002进行冷态试运转，并符合5.13.5规定。

6.5 辅机试验

辅机按相应标准中试验方法进行。

6.6 额定功率

额定功率测试按GB/T 10180—2003试验规范进行。

6.7 烟尘测试

烟尘测试方法按GB/T 5468—1991进行。

7 检验规则

7.1 检验分类

有机热载体炉的检验分出厂检验和型式检验。产品须经质检部门检验合格，并附有合格证方可出厂。

7.2 出厂检验项目

出厂检验按5.3、5.4、5.5、5.6、5.7、5.8、5.9、5.10、5.11、5.12进行。

7.3 型式检验

7.3.1 有下列情况之一时，应进行型式检验：

a) 新产品的试制鉴定；
b) 正式生产后，如结构、材料、工艺较大改变，可能影响产品性能时；
c) 正常生产时，每50台进行一次检验；
d) 产品长期停产后，恢复生产时；
e) 出厂检验结果与上次型式检验有较大差异时。

7.3.2 型式检验按5.1～5.16进行。

8 标志、包装、运输和贮存

8.1 标志

每台有机热载体炉应在炉体明显位置装有固定的金属铭牌，标牌尺寸和技术要求应符合GB/T 13306—1991的规定。内容至少应包括：

a) 产品型号和名称；
b) 额定功率，kW；
c) 工作压力，MPa；
d) 最高工作温度，℃；
e) 炉体总重，t；
f) 制造许可证编号；
g) 监督检验印记；
h) 产品编号；
i) 制造日期， 年 月；
j) 制造单位。

8.2 包装

8.2.1 本产品采用裸装形式，管口及法兰密封面（公称直径不大于 200 mm 时）采用防护盖，其余用纤维板和塑料薄膜包扎。

8.2.2 易损件等零部件采用装箱形式。

8.2.3 包装储运图示标志应符合 GB/T 191 的规定。

8.2.4 其他包装要求应符合 JB/T 1615—1991 的规定。

8.3 运输

8.3.1 有机热载体炉起吊部位处，必须有明显的起吊标志。

8.3.2 运输过程中必须有防雨、防倾倒等措施和标志。

8.3.3 有机热载体炉必须用钢丝绳固定在运输车辆上，严禁窜动现象产生。

8.4 贮存

8.4.1 有机热载体炉贮存在室内时，不得与有毒有害及腐蚀性气体混同一库。

8.4.2 有机热载体炉置于室外时，要有防潮、防雨、防晒、防冻等措施。无论室内室外，当环境温度低于0℃时，炉管内不得留有易冻介质（如水等），以防冻裂炉管。

8.5 出厂文件

产品出厂时，一般应随机提供下列图纸及技术文件：

a) 产品合格证及质量证明书；

b) 图样（总图、主要受压部件图、电气原理图、安装图、基础条件图等）；

c) 使用说明书；

d) 主要受压元件强度计算书；

e) 安全阀排量计算书；

f) 供货清单。

ICS 47.020.10
U 26

中华人民共和国国家标准

GB/T 17434—2008
代替 GB/T 17434—1998

船用耐火窗技术条件

Specifications for marine fire-resistant windows

(ISO 5797:2004,NEQ)

2008-02-14 发布　　2008-09-01 实施

中华人民共和国国家质量监督检验检疫总局
中国国家标准化管理委员会　发布

前言

本标准与 ISO 5797:2004《船舶与海上技术——耐火结构的窗和舷窗》的一致性程度为非等效。

本标准代替 GB/T 17434—1998《船用耐火窗技术条件》。

本标准与 GB/T 17434—1998 相比，主要有下列修改：

——增加附录 A“耐火玻璃板”；

——将原附录 A“国际海事组织(IMO)对耐火结构的要求”改为附录 B；

——增加“H”级耐火分隔，并将“中国船级社对‘H’级耐火结构分隔的要求”列为附录 C。

本标准的附录 A、附录 B 和附录 C 均为规范性附录。

本标准由中国船舶工业集团公司提出。

本标准由全国船舶舾装标准化技术委员会归口。

本标准起草单位：沪东中华造船(集团)有限公司、黄山船舶配件有限公司、中国船舶工业综合技术经济研究院。

本标准主要起草人：李富昌、胡祠兴、严青、姚美琴、张美玲。

本标准所代替标准的历次版本发布情况为：

——GB/T 17434—1998。

船用耐火窗技术条件

1 范围

本标准规定了船用耐火窗的分级、耐火玻璃板、窗框、检验规则、试验报告和产品标志。

本标准适用于安装在船舶及海上结构物上耐火结构的矩形窗或舷窗的设计、制造和验收。

2 规范性引用文件

下列文件中的条款通过本标准的引用而成为本标准的条款。凡是注日期的引用文件，其随后所有的修改单(不包括勘误的内容)或修订版均不适用于本标准，然而，鼓励根据本标准达成协议的各方研究是否可使用这些文件的最新版本。凡是不注日期的引用文件，其最新版本适用于本标准。

GB/T 1216 外径千分尺(GB/T 1216—2004,DIN 863-1:1997,MOD)

GB/T 2680—1994 建筑玻璃 可见光透射比、太阳光直接透射比、太阳能总透射比、紫外线透射比及有关窗玻璃参数的测定(neq ISO 9050:1990)

GB/T 3385 船用舷窗和矩形窗钢化安全玻璃 非破坏性强度试验 冲压法(GB/T 3385—2001,idt ISO 614:1989E)

GB/T 5137.3—2002 汽车安全玻璃试验方法 第3部分:耐辐照、高温、潮湿、燃烧和耐模拟气候试验(ISO 3917:1999,MOD)

GB/T 5746 船用普通矩形窗(GB/T 5746—2001,neq ISO 3903:1993)

GB 11946 船用钢化安全玻璃(GB 11946—2001,neq ISO 1095:1989E)

GB/T 14356 船用舷窗定位(GB/T 14356—1993,eqv ISO 5780:1987)

GB/T 14357 船用普通矩形窗定位(GB/T 14357—1993,eqv ISO 5779:1987)

GB/T 14413 船用舷窗(GB/T 14413—1993,eqv ISO 1751:1977)

中国船级社《海上移动平台入级与建造规范》2005

国际海事组织(IMO)《国际海上人命安全公约》2004 综合文本 中国船级社 2005 年 4 月

国际海事组织(IMO)/海安会决议 MSC.61(67)《国际耐火试验程序应用规则》(FTP 规则)以及海安会决议 MSC.101(73)《国际耐火试验程序应用规则修正案》(FTP 规则修正案)

国际海事组织(IMO)A.754(18)《关于“A”、“B”和“F”级分隔耐火试验程序的建议案》

3 分级

3.1 船用耐火窗应符合国际海事组织(IMO)《国际海上人命安全公约》和中国船级社《海上移动平台入级与建造规范》规定的耐火完整性要求。

3.2 船用耐火窗分为 A-60、A-30、A-15、A-0、B-30、B-15、B-0、H-120、H-60、H-0 等 10 个级别，见表 1。

表 1 船用耐火窗的耐火级别

<table>
<tr><th>级别</th><th colspan="3">耐火要求</th></tr>
<tr><td>A-60</td><td rowspan="4">应在 1 h 的标准耐火试验至结束时，能防止烟与火焰通过</td><td>且其背火一面的平均温度</td><td rowspan="3">较初始温度升高不超过 140℃，且在包括任何接头在内的玻璃外表面任何一点的温度，较初始温度升高不超过 180℃</td></tr>
<tr><td>A-30</td><td>在 30 min 内其背火一面的平均温度</td></tr>
<tr><td>A-15</td><td>在 15 min 内其背火一面的平均温度</td></tr>
<tr><td>A-0</td><td colspan="2">对玻璃背火一面的升温无要求</td></tr>
</table>

表 1(续)

<table>
<tr><th>级别</th><th colspan="3">耐火要求</th></tr>
<tr><td>B-30</td><td rowspan="3">应在标准耐火试验最初的 0.5 h 结束时，能防止火焰通过</td><td>且其背火一面的平均温度</td><td rowspan="2">较初始温度升高不超过 140℃，且在包括任何接头在内的玻璃外表面任何一点的温度，较初始温度升高不超过 225℃</td></tr>
<tr><td>B-15</td><td>在 15 min 内其背火一面的平均温度</td></tr>
<tr><td>B-0</td><td colspan="2">对玻璃背火一面的升温无要求</td></tr>
<tr><td>H-120</td><td rowspan="3">应在 2 h 的标准耐火试验至结束时，能防止烟与火焰通过</td><td>且其背火一面的平均温度</td><td rowspan="2">较初始温度升高不超过 140℃，且在包括任何接头在内的玻璃外表面任何一点的温度，较初始温度升高不超过 180℃</td></tr>
<tr><td>H-60</td><td>在 60 min 内其背火一面的平均温度</td></tr>
<tr><td>H-0</td><td colspan="2">对玻璃背火一面的升温无要求</td></tr>
</table>

4 耐火玻璃板

4.1 构成

耐火玻璃板的设计压力应与矩形窗或舷窗安装位置一致，矩形窗或舷窗安装位置应分别按 GB/T 14356和 GB/T 14357 确定，耐火玻璃板至少由一块适当厚度的钢化安全玻璃板构成。钢化安全玻璃板的构成按 GB 11946。

4.2 类型

耐火玻璃板的类型及其结构特征见表 2 和图 1。

表 2 耐火玻璃板类型

类型	结构	构成
T 型	单层结构	由一块钢化安全玻璃板构成
L 型	夹层结构	由两块或更多玻璃板用胶粘剂夹层粘合构成，外面玻璃板为主玻璃板，其材料为钢化安全玻璃板，内面为任选的安全玻璃板
MT 型 ML 型	分隔结构	由两块或更多玻璃板用充满非粘合介质(例如：气体或凝胶)间隙分隔构成，外面玻璃板应符合 T 型或 L 型，内面为任选的安全玻璃板

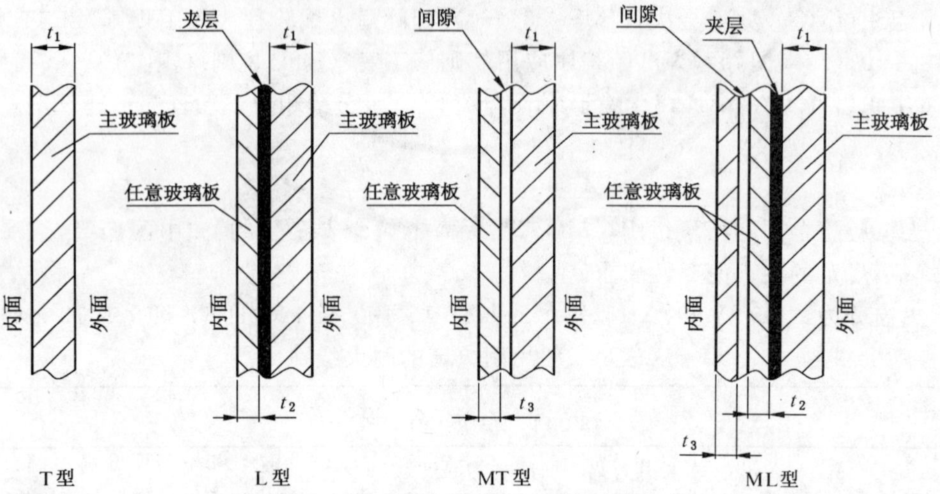

t_1——主玻璃板厚度；

t_2、t_3——任意玻璃板厚度。

图 1 耐火玻璃板

4.3 要求与试验

4.3.1 T型耐火主玻璃板的要求与试验按GB 11946的规定。

4.3.2 L型、MT型和ML型耐火玻璃板的要求与试验见附录A。

5 窗框

5.1 船用耐火窗窗框的结构应根据国际海事组织(IMO)对“A”级和“B”级耐火结构的要求(见附录B)和中国船级社对“H”级耐火结构的要求(见附录C),在试验时应能保持安装窗框的舱壁的完整性。

5.2 矩形窗或舷窗应符合GB/T 5746和GB/T 14413的要求。

6 检验规则

6.1 检验分类

船用耐火窗的检验分为型式检验和出厂检验。

6.2 检验项目

6.2.1 船用耐火窗应按附录B进行耐火试验。

6.2.2 耐火玻璃板应按附录A进行尺寸和厚度、外观、耐火性能、弯曲度、透光度、耐热性能、耐寒性能、耐紫外线辐照性能、抗冲压性能的检验。

7 试验报告

7.1 试验机构应向制造厂出具一份试验报告,试验报告应有编号、日期,并附有一份被试样品的图样。

7.2 试验报告应包括下列内容:

a) 被试验的矩形窗或舷窗的公称尺寸;

b) 安装到矩形窗或舷窗上玻璃板的型式和组成以及玻璃板的厚度(若有间隙,还应有间隙大小);

c) 所试验的矩形窗或舷窗的耐火等级;

d) 窗安装方式的结构详图;

e) 被试样品试验时的向火面;

f) 试验炉实际温升曲线和试样上各测温点的温度记录或热退量记录曲线。

7.3 被试样品试验报告适用于同样型式以及公称尺寸等于或小于被试样品的所有矩形窗或舷窗。

8 产品标志

8.1 除了GB/T 5746和GB/T 14413所述的标志内容之外,耐火结构的矩形窗或舷窗还应标上耐火级别。

8.2 主玻璃板的标志应符合GB/T 3385的要求,同时还应标上可从内侧阅读的印在三角形的各边线和下角处的下列内容:

a) “FIRE-PROOF”(英文“耐火”)和/或“ANTI-FEU”(法文“耐火”);

b) 耐火级别(“A-60”、“A-30”、“A-15”、“A-0”、“B-30”、“B-15”、“B-0”、“H-120”、“H-60”、“H-0”);

c) 在不对称结构情况下,“INSIDE”(英文“内侧”)和/或“INTÉRIEUR”(法文“内侧”)。

注:“INSIDE”(内侧)是指矩形窗或舷窗被火面的标志。例如:油轮的外侧即被认为是向火面。

若需做冲水(hose-stream)试验,在主玻璃板上标注的耐火等级后面应加上字母“HS”。

示例:

一块耐火等级为“A-60”,主玻璃板厚度为 15 mm 需做冲水试验的耐火玻璃板的标志如下：

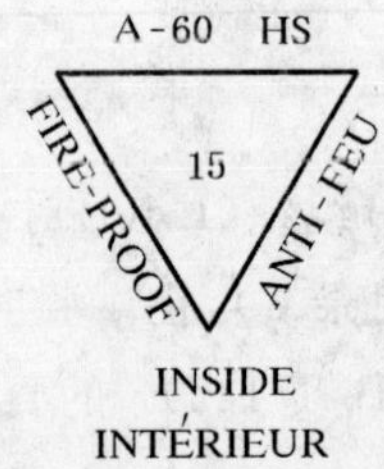

附 录 A
（规范性附录）
耐火玻璃板

A.1 要求

A.1.1 尺寸和厚度

耐火玻璃板的尺寸和厚度允许偏差应符合表 A.1 的要求。

表 A.1 耐火玻璃板的尺寸和厚度允许偏差

单位为毫米

玻璃的总厚度 t	长度或宽度(L)允许偏差		厚度允许偏差
	$L\leqslant 1\,200$	$1\,200<L\leqslant 2\,400$	
$5\leqslant t<11$	±2	±3	±1.0
$11\leqslant t<17$	±3	±4	
$17\leqslant t\leqslant 24$	±4	±5	±1.3
$t>24$	±5	±6	±1.5
注：当长度 $L>2\,400$ mm 时，尺寸允许偏差由供需双方商定。			

A.1.2 外观

耐火玻璃板的外观质量应符合表 A.2 的要求。

表 A.2 耐火玻璃板的外观质量

缺陷名称	要　求
气泡	直径为 300 mm 的圆内允许存在长 0.5 mm～1.0 mm 的气泡 2 个
胶合层杂质	直径为 500 mm 的圆内允许存在长 2.0 mm 以下的杂质 3 个
裂痕	不允许存在
爆边	每米边长允许有长度不超过 20 mm、自玻璃边部向玻璃表面延伸深度不超过厚度一半的爆边 4 个
叠差	不得影响使用，可由供需双方商定
磨伤	
脱胶	

A.1.3 耐火性能

耐火玻璃板的耐火性能应符合下列要求：

a) “A-60”级、“A-30”级、“A-15”级、“A-0”级应符合 B.3 的要求；

b) “B-30”级、“B-15”级、“B-0”级应符合 B.4 的要求；

c) “H-120”级、“H-60”级、“H-0”级应符合附录 C 中的要求。

A.1.4 弯曲度

耐火玻璃板的弯曲度不应超过 0.2%。

A.1.5 透光度

耐火玻璃板的透光度应符合表 A.3 的要求。

表 A.3 耐火玻璃板的透光度

耐火玻璃板的总厚度 t/mm	透光度/%
$5 \leqslant t < 11$	≥75
$11 \leqslant t < 17$	≥70
$17 \leqslant t \leqslant 24$	≥65
$t > 24$	≥60

A.1.6 耐热性能

耐火玻璃板应能耐受 6 h 以上 50℃±2℃的环境温度，其外观质量和透光度应分别符合 A.1.2 和 A.1.5 的要求。

A.1.7 耐寒性能

耐火玻璃板应能耐受 6 h 以上－20℃±2℃的环境温度，其外观质量和透光度应分别符合 A.1.2 和 A.1.5 的要求。

A.1.8 耐紫外线辐照性能

耐火玻璃板应能耐受 GB/T 5137.3—2002 中第 5 章规定的紫外线辐照强度，不产生显著变色、气泡及浑浊现象，同时耐火玻璃板的透光度的相对减小率应不大于 10%，按公式(A.1)计算。

$$\Delta = \frac{a-b}{a} \times 100 \qquad \text{(A.1)}$$

式中：

Δ——耐火玻璃板的透光度的相对减小率，%；

a——紫外线辐照前的透光度；

b——紫外线辐照后的透光度。

A.1.9 抗冲压性能

耐火玻璃板的抗冲压性能应符合 GB/T 3385 要求。

A.2 试验方法

A.2.1 尺寸和厚度

尺寸用最小刻度为 1 mm 的钢直尺或钢卷尺测量，厚度用符合 GB/T 1216 规定的千分尺或与此同等精度的器具测量玻璃四边中点，测量结果以四点平均值表示，数值精确到 0.1 mm。结果应符合 A.1.1 的要求。

A.2.2 外观

在自然光及散射光照条件下，在距离耐火玻璃板的正面 600 mm 处进行目视检查。结果应符合 A.1.2 的要求。

A.2.3 耐火性能

耐火玻璃板按 B.2 规定的方法进行耐火试验。结果应符合 A.1.3 的要求。

A.2.4 弯曲度

将耐火玻璃板垂直立放，水平放置直尺贴紧试样表面，用塞尺测定与直尺之间的最大缝隙，此值与边长之比的百分率即为该耐火玻璃板的弯曲度。结果应符合 A.1.4 的要求。

A.2.5 透光度

耐火玻璃板的透光度按 GB/T 2680—1994 中 3.1 规定的方法进行试验。结果应符合 A.1.5 的要求。

A.2.6 耐热性能

A.2.6.1 取尺寸为 300 mm×300 mm 的试样。试验前，试样应在常温下垂直放置 6 h 以上，目视检查外观质量并详细记录缺陷情况。

A.2.6.2 将试样垂直放入恒温箱，保持50℃±2℃的恒温6 h后取出。

A.2.6.3 将取出的试样，在常温下垂直放置6 h以上，目视检查其外观质量和按A.2.5检查透光度。结果应符合A.1.6的要求。

A.2.7 耐寒性能

A.2.7.1 取尺寸为300 mm×300 mm的试样。试验前，试样应在常温下垂直放置6 h以上，目视检查外观质量并详细记录缺陷情况。

A.2.7.2 将试样垂直放入低温箱，保持−20℃±2℃的恒温6 h后取出。

A.2.7.3 将取出的试样，在常温下垂直放置6 h以上，目视检查其外观质量和按A.2.5检查透光度。结果应符合A.1.7的要求。

A.2.8 耐紫外线辐照性能

耐火玻璃板的耐紫外线辐照按GB/T 5137.3—2002中第5章规定的方法进行。结果应符合A.1.8的要求。

A.2.9 抗冲压性能

耐火玻璃板的抗冲压试验按GB/T 3385的规定的方法进行。结果应符合A.1.9的要求。

附　录　B
（规范性附录）
国际海事组织（IMO）对耐火结构的要求

B.1　国际海事组织（IMO）规则

对于耐火结构的矩形窗或舷窗，国际海事组织（IMO）有关“A”级和“B”级分隔的规则是适用的。它们应按 IMO 规则经受“标准耐火试验”。

《1974 年国际海上人命安全公约》（SOLAS1974）以及修正案附则第Ⅱ-2 章对 IMO 规则作了详细说明。

关于试验程序，海安会决议 MSC.61(67)《国际耐火试验程序应用规则》（FTP 规则）和国际海事组织决议 A.754(18)《关于“A”、“B”和“F”级分隔耐火试验程序的建议案》是适用的。

B.2　标准耐火试验

将需要试验的舱壁和甲板的试样置于试验炉内，加温到大致相当于标准时间-温度曲线的一种试验。该试验应按照《耐火试验程序规则》规定的方法进行。试样暴露表面面积：对舱壁宽为 2 440 mm，高为 2 500 mm；对甲板宽为 2 440 mm，长为 3 040 mm。试样应尽可能与所设计的构件近似，并在相当位置包括至少一个接头。标准时间-温度曲线应是连接下列各温度点（在起始炉温以上测量）的一条光滑曲线，且其符合公式（B.1），见图 B.1。

$$T = 345\lg(8t+1)+20 \qquad \text{(B.1)}$$

式中：

T——平均炉温的数值，单位为摄氏度（℃）；

t——时间的数值，单位为分（min）。

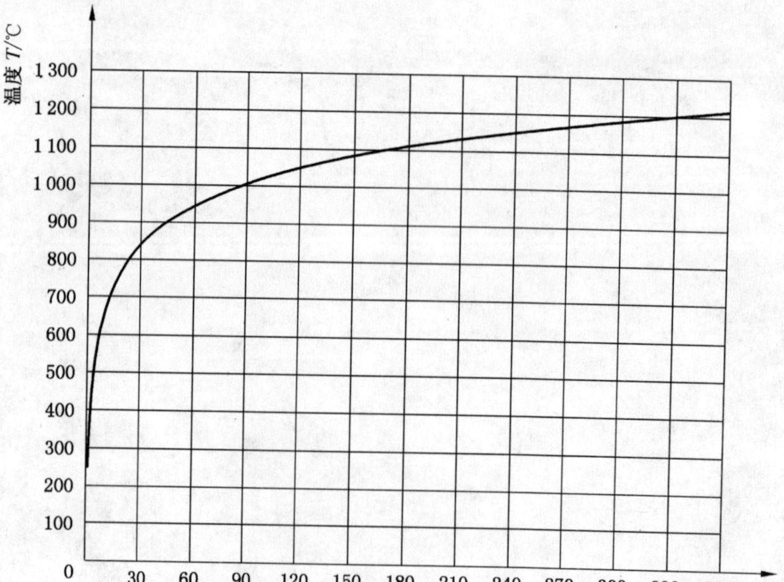

图 B.1　标准时间-温度曲线

自开始至满 5 min 时 576℃；

自开始至满 10 min 时 679℃；

自开始至满 15 min 时 738℃；

自开始至满 30 min 时 841℃；

自开始至满 60 min 时 945℃；

自开始至满 120 min 时 1 049℃。

B.3 “A”级分隔

“A”级分隔应由符合下列要求的舱壁与甲板组成：

a) 应用钢或其他等效的材料制造；

b) 应有适当的防挠加强；

c) 其构造，应在 1 h 的标准耐火试验至结束时能防止烟及火焰通过；

d) 应用经认可的不燃材料隔热，使在下列时间内，其背火一面的平均温度，较初始温度升高不超过 140℃，且在包括任何接头在内的任何一点的温度，较初始温度升高不超过 180℃：

1) “A-60”级，60 min；

2) “A-30”级，30 min；

3) “A-15”级，15 min；

4) “A-0”级，0 min。

e) 主管机关应要求将原型舱壁或甲板按照《耐火试验程序规则》规定进行一次试验，以保证符合对上述完整性及温升的要求。

B.4 “B”级分隔

“B”级分隔应由符合下列要求的舱壁、甲板、天花板或衬板组成：

a) 其构造应在最初 0.5 h 的标准耐火试验结束时，能防止火焰通过；

b) 应具有这样的隔热值，使在下列时间内，其背火一面的平均温度，较初始温度升高不超过 140℃，且在包括任何接头在内的任何一点的温度，较初始温度升高不超过 225℃：

1) “B-30”级，30 min；

2) “B-15”级，15 min；

3) “B-0”级，0 min。

c) 应用经认可的不燃材料制成，制造和装配中“B”级分隔所用的一切材料应为不燃材料，但是，并不排除可燃装饰板的使用，只要这些材料符合《1974 年国际海上人命安全公约》(SOLAS1974)以及修正案附则第Ⅱ-2 章的其他要求；

d) 主管机关应要求将原型分隔按照《耐火试验程序规则》规定进行一次试验，以保证符合对上述完整性及温升的要求。

附 录 C
（规范性附录）
中国船级社对“H”级耐火结构分隔的要求

C.1 “H”级分隔应由符合下列要求的舱壁与甲板组成的分隔：

a） 它们应以钢或其他等效的材料制造；

b） 它们应有适当的防挠加强；

c） 它们的构造应在 2 h 的标准耐火试验至结束时能防止烟及火焰通过；

d） 它们应用认可的不燃材料隔热，使在下列时间内，其背火一面的平均温度，较原始温度增高不超过 140℃，且在包括任何接头在内的任何一点的温度，较原始温度增高不超过 180℃：

1） “H-120”级，120 min；

2） “H-60”级，60 min；

3） “H-0”级，0 min。

C.2 “H”级耐火分隔标准时间-温度曲线见图 B.1。

ICS 13.230
C 67

中华人民共和国国家标准

GB 17440—2008
代替 GB 17440—1998

粮食加工、储运系统粉尘防爆安全规程

Safety regulations for the protection of dust expolsion for grain processing, storage and transportation system

2008-12-11 发布　　　　2009-10-01 实施

中华人民共和国国家质量监督检验检疫总局
中国国家标准化管理委员会　发布

前　言

本标准的全部技术内容为强制性。

本标准是在近年总结我国粮食储运、加工系统粉尘防爆实践经验的基础上对GB 17440—1998《粮食储运、加工系统粉尘防爆安全规程》的修订。

本标准代替GB 17440—1998《粮食储运、加工系统粉尘防爆安全规程》。

本标准与GB 17440—1998相比主要变化如下：

——范围中增加了“不适用于粮食干燥装备”；

——增加了粉尘释放源、爆炸性粉尘环境术语；

——粉尘爆炸危险区域分类变为20区、21区和22区；

——增加了植物油厂的有关场所粉尘爆炸危险区域划分；

——电气设备的选择分为A型设备和B型设备；

——对建(构)筑物的要求根据相关防火规范进行了修改；

——通风和除尘的有关内容改为“粉尘控制”一章；

——增加了“气力输送”一章；

——增加对辐射设备和超声波设备的要求；

——原管理一章更改为“作业安全管理”；

——原附录A“粮食粉尘特性表”改为附录B“粮食粉尘特性表”；

——原附录B“其他引用标准及参考文献”改为附录A“粉尘爆炸危险场所主要机械设备运行状况监控设置一览表”；

——增加了附录C。在附录C中列举了一些案例，并对部分条文进行了补充说明。

本标准的附录A、附录B和附录C为资料性附录。

本标准由国家安全生产监督管理总局提出。

本标准由全国安全生产标准化技术委员会粉尘防爆分技术委员会(SAC/TC 288/SC 5)归口。

本标准由国家粮食储备局郑州科学研究设计院负责起草，无锡威勒机电设备工程有限公司、科林环保装备股份有限公司、广东江门南方输送机械工程有限公司、广东江门振达机电工程成套有限公司、许昌邦迪蛋白有限公司参加起草。

本标准主要起草人：李堑、李军五、闫汉书、刘锦瑜、黄霞云、周和荣、李孔成、徐刚、王建国、沈卫星、沈倩钰、朱国伟、齐志高。

本标准所代替标准的历次版本发布情况为：

——GB 17440—1998。

粮食加工、储运系统粉尘防爆安全规程

1 范围

本标准规定了粮食加工、储运系统粉尘防爆的基本要求。

本标准适用于在粮食装卸、运输、储藏和加工过程中出现或可能出现粮食粉尘爆炸性危险场所的新建、扩建、改建工程的设计、施工、生产和管理全过程。

本标准不适用于油脂浸出车间和粮食干燥装备。

2 规范性引用文件

下列文件中的条款通过本标准的引用而成为本标准的条款。凡是注日期的引用文件，其随后所有的修改单(不包括勘误的内容)或修订版均不适用于本标准，然而，鼓励根据本标准达成协议的各方研究是否可使用这些文件的最新版本。凡是不注日期的引用文件，其最新版本适用于本标准。

GB 12476.1 可燃性粉尘环境用电气设备 第1部分：用外壳和限制表面温度保护的电气设备 第1节：电气设备的技术要求(GB 12476.1—2000，idt IEC 61241-1-1：1999)

GB 12476.2—2006 可燃性粉尘环境用电气设备 第1部分：用外壳和限制表面温度保护的电气设备 第2节：电气设备的选择、安装和维护(IEC 61241-1-2：1999，IDT)

GB/T 15604 粉尘防爆术语

GB 50016 建筑设计防火规范

GB 50057 建筑物防雷设计规范

3 术语和定义

GB/T 15604 确立的以及下列术语和定义适用于本标准。

3.1

粮食 grain

人类食用农产品的总称。主要指小麦、玉米、稻谷、大豆、油料等农作物及其在制品、半成品和成品。

3.2

粮食加工 grain processing

通过特定的工艺将粮食原粮制成成品粮或半成品粮的过程。

3.3

粮食储运 grain storage and transportation

通过粮食流通设施及装备，将粮食按特定的工艺、方式和路线，运输和储存。

3.4

粉尘释放源 source of dust release

能向大气环境中释放可燃性粉尘的部位。

3.5

爆炸性粉尘环境 explosive dust atmosphere

在大气环境条件下，粉尘或纤维状的可燃性物质与空气混合的混合物点燃后，燃烧传至全部未燃混合物的环境。

3.6

粮食粉尘 grain dust

在大气中依靠自身重量可沉淀下来，但也可持续悬浮在空气中一段时间的粮食固体微小颗粒，是一种不导电的可燃性粉尘。

3.7

粮食粉尘防爆　the protection for grain dust explosion

预防粮食粉尘燃烧、爆炸并使粉尘燃烧、爆炸发生时损失减少的技术。

4　粮食粉尘爆炸危险场所的划分和范围

4.1　粮食粉尘爆炸危险场所的划分

4.1.1　根据爆炸性粉尘混合物出现的频繁程度和持续时间，粮食粉尘爆炸危险场所按下列规定分区：

a）20 区：在正常操作过程中，粮食粉尘连续出现或经常出现，其数量足以形成可燃性粉尘与空气混合物和/或可能形成无法控制的和极厚的粉尘层的场所。

b）21 区：在正常操作条件下，可能出现数量足以形成可燃性粉尘与空气混合物的粮食粉尘，但未划为 20 区的场所。

c）22 区：未划分为 21 区的场所，粮食粉尘云偶尔出现并且只是短时间存在，或在异常条件下出现粮食粉尘的堆积或可能存在粉尘层，并且在空气中产生粮食粉尘混合物。如果不能保证排除粮食粉尘堆积或粉尘层，则应划分为 21 区。

4.1.2　粮食粉尘爆炸危险场所的划分，应按粮食粉尘释放源位置、释放粉尘的数量及可能性、爆炸条件和通风除尘等条件确定。

4.1.3　采用无洞孔的墙体和防火弹簧门与 20 区、21 区、22 区隔开的区域，可以划为非危险区域。

4.2　粮食加工、储运系统粉尘爆炸危险场所的范围

粮食粉尘爆炸危险场所的分区如表 1。

表 1　粮食加工、储运粉尘爆炸危险场所的分区[a]

粉尘环境	20 区	21 区	22 区	非危险区域
粉碎间、碾磨间		√		
打包间		√		
清理间		√		
大米厂砻糠间、米糠间	√			
配粉间		√		
饲料加工车间		√		
面粉散存仓	√			
油厂原料库		√		
油厂制油车间				√
立筒仓内[b]	√			
立筒库工作塔及筒上层、筒下层		√	√(溜管层)	
敞开式输送廊道		√(距粉尘释放源 1 m 内)	√	
地下输粮廊道		√		
地上封闭式输粮廊道		√		
散装粮储存用房式仓		√		
包装粮储存用房式仓				√
成品库				√

表 1（续）

粉尘环境		20 区	21 区	22 区	非危险区域
楼梯间	有墙[c]、弹簧门与 20 区、21 区、22 区隔离				√
	敞开				√
灰间		√			
封闭式设备内部		√			
控制室	有墙[c]、弹簧门与 20 区、21 区、22 区隔离				√
	独立建筑				√

a 本表采用以厂房建筑为单位，划定粮食粉尘爆炸性危险区域。

b 浅圆仓、料仓参照立筒仓执行。

c 墙指无洞孔的砖、轻质材料墙体等。

5 工艺设备

5.1 工艺设计

5.1.1 粮食加工、储运系统设计应遵循整体设防的原则，严格遵守防止粉尘爆炸技术要求。

5.1.2 设计文件应明确说明设计中对粮食粉尘爆炸危险区域的划分，并应就建筑结构、工艺选择、设备选型和布置、粉尘控制、电气以及管理等方面，提出明确的防止粉尘爆炸的具体措施和方法。

5.1.3 易发生粉尘爆炸的设备宜布置在室外；在室内布置时，宜布置在建筑物内较高的位置，并靠近外墙。

5.1.4 工艺管道、除尘风网不应穿过与其无关的建筑物。危险场所内不应有无关的管道穿过。

5.1.5 工艺管道、除尘风网不宜与热力管道等共架多层敷设，当与公用工程管道共架多层敷设时，宜将介质温度高于常温的管道布置在上层，并采取隔热措施。

5.2 机械设备

5.2.1 一般要求

5.2.1.1 凡在粮食粉尘爆炸危险场所使用的固定式机械设备，宜采取防爆措施。当采用泄爆方式时，泄爆口宜通过管道引至室外安全方向。

5.2.1.2 观察窗(门)、活动盖板(门)、通风孔，可以视为泄爆口。

5.2.1.3 设备或料仓内的物料最高料位不应超过泄爆口下边缘。泄爆口的位置应确保周围不会受到泄爆火焰和气体危害。泄爆过程不应危及人员或使与安全有关的设备操作受到限制。

5.2.1.4 设备外壳应由非燃材料制成。

5.2.1.5 机壳、外罩、机体、观察窗(门)、检修窗(门)、溜管、管道等连接应紧密、牢固。

5.2.1.6 敞开式溜管(槽)和设备应采取有效的除尘通风措施。

5.2.1.7 输送设备胶带传动装置应具有可靠张紧装置。在爆炸危险区范围内的转动设备若必须使用皮带传动，应采用防静电皮带。

5.2.1.8 设备的运转部件间应运转灵活，不得有刮、碰、卡、擦等现象。

5.2.1.9 设备的轴承和滑道宜避开粮流，并防止粉尘积聚。

5.2.1.10 凡在 20 区、21 区和 22 区使用的移动式机械设备，也应满足本标准的有关防爆要求。

5.2.2 输送设备

5.2.2.1 斗式提升机

——应在机壳垂直段、机头的适当位置设泄爆口，且在机头处应尽可能增大泄爆面积。

——每台斗式提升机应由单独的电动机驱动，电动机功率应满足斗式提升机满负荷工作的要求。

——宜避免使用导电性差的材料制作畚斗，并采取防止静电聚集措施。

——机座处应设适当的清料口。

——机头处应设检查口，用于对机头挡板、畚斗、皮带和卸料口检查。

——畚斗及畚斗带应连接牢固，严格避免脱落、碰撞等情况出现。

——制动器及止逆器应工作可靠，设备无逆行现象。

5.2.2.2 **螺旋输送机**

——螺旋体应转动灵活，与机壳间隙符合要求，不应出现刮蹭、卡死现象。

5.2.2.3 **埋刮板输送机**

——刮板链条进入头轮时应啮合正确，不应出现卡链、跳链现象。

5.2.2.4 **托辊带式输送机和气垫带式输送机**

——输送带运行平稳，跑偏量在规定范围内，皮带与支架、外罩不应直接摩擦。

5.2.3 **计量设备**

——非连续式计量秤的秤上斗与秤下斗之间应设保证秤体内压力平衡、避免粉尘外扬的空气平衡装置，并宜与粉尘控制系统连接。

5.2.4 **清理设备**

——筛孔应通畅，不应有堵塞现象。

5.2.5 **除尘设备**

——除尘器的型式、结构应满足粉尘控制要求；

——除尘器宜采取泄爆方式，并有足够的泄爆面积；

——泄爆膜应保证密封，并能承受风机在各种条件下产生的最大吸压力。

5.2.6 **加工设备**

5.2.6.1 粮食进入高速旋转的设备进行研磨、粉碎、碾削、脱壳等加工时，应在这些设备前设置除去金属杂质的磁选设备、清除无机杂质和其他杂质的清理设备。

5.2.6.2 应及时关闭不运行的作业回路(包括支路)，以免故障时事故扩散。

6 电气

6.1 一般要求

6.1.1 粮食加工、储运系统应按爆炸性粉尘环境对电气工程的要求进行设计。

6.1.2 电气设计应与工艺、土建设计紧密结合，做到安全适用、维修方便、经济合理和技术先进。电气设计应严格遵守防止粉尘爆炸的技术要求，遵循整体设防的原则。

6.1.3 粮食加工、储运系统应按照安全、可靠、先进和适用的原则设计自动控制系统。

6.1.4 粮食加工、储运系统的生产作业，应设置符合工艺作业要求、保障安全生产的电气联锁，以保证在故障时生产作业的安全。电气联锁包括：

a) 生产作业线之间的电气联锁；

b) 生产作业线中各用电设备间的电气联锁；

c) 生产作业线的紧急停车。

6.1.5 电气设备及线路宜在非爆炸危险区或粉尘爆炸性较小的环境设置敷设。

6.1.6 应用或通过危险场所的、有过负荷危险的用电设备都应装设短路、过负荷保护。

6.1.7 21区、22区仅在维修、安装调试时使用的现场开关按钮，可采用非粉尘防爆型产品，但应有坚固的防尘外壳保护。

6.1.8 控制室应对所有工艺作业进行自动控制，并应具有对现场运行设备工况实时监控的功能。主要机械设备运行状况监控装置设置参考附录A。

6.2 电气设备的选择

6.2.1 安装在粮食粉尘爆炸性危险环境的电气设备，应按表2和表3的规定选型。

表2 粮食粉尘爆炸性危险环境电气设备防护等级选用规定

危险场所		20 区	21 区	22 区
防爆电气标志	A 型	DIPA20T_A，T3	DIPA20T_A，T3 DIPA21T_A，T3	DIPA20T_A，T3
				DIPA21T_A，T3
				DIPA22T_A，T3
	B 型	DIPB20T_B，T3	DIPB20T_B，T3 DIPB21T_B，T3	DIPB20T_B，T3
				DIPB21T_B，T3
				DIPB22T_B，T3

6.2.2 在20区、21区和22区安装的电气设备，满负荷运行下电气设备的最高表面温度不应超过表3中所示，并不超过该区域可能出现粮食粉尘的引燃温度(参考附录B)。

表3 电气设备最高表面温度

温度组别	无过负荷	有认可的过负荷
T2	215 ℃	190 ℃
T3	160 ℃	145 ℃

6.2.3 辐射设备的选择应符合GB 12476.2—2006中7.3的规定。

6.2.4 超声波设备的选择应符合GB 12476.2—2006中7.4的规定。

6.2.5 正常运行时可能发生电火花的电气设备，如插座、照明配电箱等宜布置在爆炸性粉尘环境以外。

6.2.6 配电柜和控制柜宜集中设置在非危险区域内。

6.2.7 储粮仓内不应使用任何有可能产生电火花和超过正常仓温的电气设备。

6.2.8 20区、21区和22区内应采用粉尘防爆型照明装置。灯具和粮食净距不应小于500 mm。

6.2.9 在20区、21区和22区内不宜用移动式电气设备。若必须使用移动式电气设备时，导线应选用YC或YCW橡胶电缆。

6.3 布线

6.3.1 与危险场所无关的电缆(导线)应尽可能不通过危险场所，如果不可避免，应符合粉尘爆炸危险场所对电气线路的规定。

6.3.2 用于20区、21区和22区场所中的布线类型可以是：

——电缆应敷设在具有螺纹联接的无缝或有缝焊接钢管中；

——电缆本身具有足够的机械强度，并能防止机械损坏和可燃性粉尘侵入。

6.3.3 电缆系统和附件应尽量安装在免受机械损伤、腐蚀、化学影响及热作用的地方。如果不可避免，则应安装在导管内或选择合适的电缆。

6.3.4 如果电缆或导管系统会受到振动，则应设计成能经受振动而不损坏的结构。

6.3.5 在20区、21区和22区线应选用铜芯绝缘电线或电缆，不应使用裸导线。引向电压为1 000 V以下易过载用电设备支线的长期允许载流量，不应小于电动机额定电流的1.25倍。引向其他用电设备支线的允许载流量不应小于用电设备的额定电流。

6.3.6 在20区、21区和22区内的绝缘导线线路敷设应穿金属管明敷或暗敷，并符合表4的规定。暗敷于楼板内的管线上表皮距地面不应小于40 mm。

表 4　粮食粉尘爆炸性危险环境钢管配线技术要求

爆炸危险区域	绝缘导线的最小截面	接线盒、分支盒	管子连接要求
20 区	铜芯 2.5 mm^2 及以上	DIP IP6x	螺纹旋合应不少于 5 扣
21 区	铜芯 1.5 mm^2 及以上	DIP IP6x，IP5x	螺纹旋合应不少于 5 扣
22 区	铜芯 1.5 mm^2 及以上	DIP IP5x	螺纹旋合应不少于 5 扣

6.3.7　敷设于电缆桥架和竖井内的导线应采用铜芯电缆，并符合表 5 的规定，且中间不应有接头。

表 5　粮食粉尘爆炸性危险环境电缆配线技术要求

爆炸危险区域	电缆的最小截面	移动电缆
20 区	铜芯 2.5 mm^2 及以上	重型
21 区、22 区	铜芯 1.5 mm^2 及以上	中型

6.3.8　电气管线竖井不应兼作其他管道竖井。

6.3.9　电气管线(电缆桥架)穿越墙及楼板时，孔洞应用非可燃性填料严密堵塞。

6.4　防雷与接地

6.4.1　粮食粉尘爆炸性环境防雷与接地设计应符合 GB 50057 的规定。

6.4.2　允许利用建(构)筑物的结构钢筋构成防雷系统。防雷系统宜采用暗装笼式。接地极、引下线、接闪器间由下至上应有可靠和符合规范的焊接，构成一个良好的电气通路。

6.4.3　允许电气工程的工作接地、保护接地、防雷电感应接地和防静电接地系统共接，其接地电阻为其中的最小值。专设的静电接地体的接地电阻值，宜小于 100 Ω。

6.4.4　设备、机架、管道的每段金属外壳间应采用跨接等方式，形成良好的电气通路，不得中断。

6.4.5　在 20 区、21 区和 22 区内，可能产生静电危险的设备和管道，应有防静电接地措施，并应单独与接地体或接地干线相连，不得相互串联后再接地。

7　建筑与结构

7.1　一般要求

7.1.1　建(构)筑物除应遵守国家或行业相关标准外，还应符合本标准规定。

7.1.2　粮食筒仓与其他建筑物之间及粮食筒仓组与组之间的防火间距，应符合 GB 50016 的规定。在立筒库、加工厂主车间四周 10 m 范围内，不宜布置含有 20 区、21 区和 22 区的建(构)筑物。含有 20 区、21 区和 22 区厂(库)房的四周应设有宽度不小于 4 m 的消防通道。

7.1.3　在粮食粉尘爆炸性环境宜在适当位置设置防火、防爆隔墙，以保证作业安全和便于划分爆炸性粉尘环境危险场所。

7.1.4　控制室、配电室宜单独设置，且不宜设置在粮食粉尘爆炸危险场所的上方。

7.2　泄爆

7.2.1　20 区、21 区建(构)筑物应设必要的泄爆口。玻璃门、窗、轻质墙体和轻质屋盖可以作为泄爆面积计算。

7.2.2　作为泄爆口的轻质墙体和轻质屋盖的质量不宜超过 60 kg/m^2。

7.3　地面

7.3.1　粮仓、加工厂的地面应采用不发生火花的地面，且应平整、光滑，易于清扫。

7.3.2　采用绝缘材料作整体面层时，应采取防静电措施。

7.4　墙体

7.4.1　粮食仓库的耐火等级，筒仓不应低于二级，平房仓不低于三级。

7.4.2 建筑物内表面和构件表面应光滑平整。

7.5 通道

输送粮食的地道、地下室，其两端应有通向地面的出口。当地下室面积较小，同时经常工作人数不超过2人时，(如立筒库工作塔)允许只有一个通向地面的出口。

7.6 人孔和泄爆口

所有储粮仓均应设泄爆口，储粮仓的人孔可作为泄爆口，人孔和泄爆口应密闭以防止粉尘向外泄漏。

7.7 窗

窗作为有效的泄爆口，应采用向外开启式。

7.8 门

7.8.1 用于区域之间的隔离门，应不低于乙级防火门，且应严实防尘。

7.8.2 用于泄爆的门应向外开启。

8 粉尘控制

8.1 一般规定

8.1.1 应从人员、机械、方法、材料、环境等多方面因素考虑粉尘控制措施和方法，坚持设防与管理并重，消除粉尘爆炸的条件，防止粮食粉尘爆炸。

8.1.2 粮食储运、加工系统根据危险场所，设置或采取的通风、除尘系统及粉尘控制措施，应符合作业要求，且高效、安全、可靠。

8.2 通风

8.2.1 应利用自然或机械的方法进行有效的通风，保持安全良好的工作环境，保障正常生产作业和储粮安全。

8.2.2 在粮食仓库、加工厂的生产区域中，不宜采用回流通风。如果使用，应装备能有效清除空气中粉尘的过滤系统。

8.2.3 储粮仓上(顶)部应设置通风孔，并在通风孔上装设防雨帽。

8.2.4 由多个仓组成的仓群，各仓之间应独立密闭，无洞孔相连贯通。若确需要设置粮仓之间的排风作业，应采用单独的排风系统，连接处应设密闭性能良好的风门。

8.2.5 通风风道应布置合理，送风均匀，风量满足要求。

8.3 除尘系统

8.3.1 粮食加工、储运系统应设除尘系统，除尘系统应密闭，宜按负压原则设计，防止粉尘向外泄漏。

8.3.2 应根据粮食加工、储运系统各作业设备的具体情况和工艺要求，确定吸尘点数量、位置、风量，合理确定除尘风网的形式和结构。

8.3.3 应根据项目性质及粉尘特性，选择合适的粉尘回收、处理措施和方法。

8.3.4 除尘风网应无回路风向，过渡流畅，不影响工艺操作，便于检修。

8.3.5 吸风口应能有效控制和收集粉尘，并符合下列要求：

——应根据粉尘释放源情况，合理设置吸风口位置与数量；

——吸风罩应正对或接近粉尘释放集中区域，且气流与扬尘方向一致；

——吸风口风速应根据粉尘特性合理选择，避免管道堵塞或不能有效吸尘；

——吸风口的风压、风量应满足作业场所允许粉尘浓度的要求。

8.3.6 风管应满足将粉尘输送至集尘器要求，并符合下列规定：

——管道内风速应保证粉尘不沉积；

——避免过长的水平管段；

——水平管和弯头应在适当位置开设清灰孔；

——管道过渡顺畅，尽量减少弯头和直径骤变；

——管道密闭不漏风；

——管道强度应能承受风机在各种条件下产生的最大吸压力。

8.3.7 应采取预防粉尘爆炸在除尘系统之间传播、扩散的隔爆措施。一个除尘系统同时在多个粮(料)仓设有多个吸风口时，则各个吸风口应分别设截止阀。

8.3.8 除尘风网的各风管支路应装用以调节风量和平衡系统压力的调节阀。

8.3.9 出风口应用导风管引至室外，并设风帽或挡风板。

8.3.10 除尘设备应能有效对粉尘过滤、集尘，除符合5.2.5的规定，还应符合以下要求：

——宜露天放置。如布置在室内，应尽量靠近外墙；

——泄爆口应面向室外，并宜通过管道引至室外安全方向；

——除尘风量应满足系统除尘的要求。

8.4 集尘

8.4.1 所有存在粉尘释放源的机械设备和粮食进出口处，包括缓冲仓和计量漏斗均应密封，并应设置除尘吸风口。

8.4.2 收集到的粉尘，宜专门集中存放，不宜再回到粮流中去。

8.4.3 制粉和粮食粉碎工艺的集尘系统，应单独设置。

8.4.4 集尘设备应密封，由非燃材料制成。

8.4.5 灰间、下脚间等宜与其他建(构)筑物分离单独设置。

8.4.6 灰间、下脚间应具有良好的密闭性，并应设泄爆口。

8.4.7 集尘设备宜露天放置。需要在室内放置时，应设直接通向室外的泄爆管道，其长度不宜超过3 m。

9 积尘的清扫

9.1 积尘的清扫作业应作为粮食储运、加工企业安全生产和粉尘防爆的重要内容。

9.2 应及时清扫附着在地面、墙体、设备等表面上的粉尘。

9.3 从设备和溜管中溢出或堵塞的物料，应及时清扫。

9.4 清扫积尘时，应避免产生二次扬尘。

10 气力输送

10.1 所有气力输送的设施应是由非燃或阻燃材料制成。

10.2 多个气力输送系统并联时，每个系统应装截止阀。

10.3 气力输送系统的除尘系统和粉尘控制应符合第8章的规定。

10.4 正压气力输送系统应严格密闭，以防止粉尘外泄。

11 辐射设备使用的安全措施

11.1 辐射设备的范围

辐射设备包括高强度光源的辐射、被聚焦光线、激光等可能成为粉尘云或粉尘层的点燃源的设备。

11.2 20区或21区的安全措施

产生辐射的电气设备符合GB 12476.1对用于20区或21区电气设备的要求，并且保证射入或发生在 20 区或 21 区的辐射功率或辐照度，在整个辐射过程及在辐射截面的任何点上不应超过以下数值：对于连续激光和其他连续波源为 5 mW/mm^2，对于脉冲间隔至少 5 s 的脉冲激光或脉冲光源为 0.1 mJ/mm^2；脉冲间歇小于 5 s 的辐射源在该点上应被作为连续光源。

11.3 22 区的安全措施

发生辐射的设备在正常运行时的连续辐射强度或辐照度应不超过 10 mW/mm^2，脉冲时应不超过 0.5 mJ/mm^2。

12 超声波设备使用中的安全措施

12.1 在 20 区或 21 区中，超声波设备在声场中的功率密度应不超过 1 mW/mm^2 且频率应不超过 10 MHz。

12.2 在 22 区中，超声装置的功率密度应不超过 1 mW/mm^2 且频率应不超过 10 MHz。

13 作业安全管理

13.1 一般规定

13.1.1 粮食加工、储运企业应制定有效防止粮食粉尘爆炸的措施和操作规程，企业主要负责人，应清楚本企业所有粮食粉尘爆炸性危险场所。

13.1.2 企业应定期对职工进行粮食粉尘防火、防爆专业知识培训。

13.1.3 储运、加工系统中的安全、通风除尘、防爆、泄爆等设施，未经主管部门批准，不允许拆除或改变用途。

13.1.4 企业应建立有效的积尘清扫作业制度。

13.1.5 用于粉尘爆炸危险场所 20 区、21 区和 22 区的电气设备和防爆装置应定期检查和维护，检查和维护应由熟悉防爆专业知识的人员进行。

13.1.6 不应在 20 区内使用燃油机动车和非粉尘防爆型电力机动车。在 21 区、22 区使用时，机动车应在规定路线与范围内运行。路线与范围应由企业安全生产部门综合评估后确定。

13.1.7 20 区、21 区和 22 区内明火作业时，应遵守下列规定：

——操作程序、实施方案和安全措施经企业安全生产管理部门批准；

——应在生产作业线全部停止 4 h 后，并关闭所有的闸阀门；

——对作业点四周进行喷水，清除地面、设备及管道周围、墙体等处的积尘，其范围不少于距作业点 10 m，且现场无粉尘悬浮；

——对设备进行切割、焊接作业时，还应在动工前清除机内积尘，并启动除尘系统不少于 10 min；

——作业点与相连通的管道和设备间均进行可靠封闭隔离；

——作业时应按安全操作规程进行操作，并有防止火花飞溅的控制措施；

——作业过程中，应及时冷却加工工件，防止工件过热；

——所有被切割下的部件，应及时、可靠回收，严防灼热的部件落入密封的溜管、仓、设备等内部；

——作业完毕后，应对作业点监测不少于 1 h；

——涂漆应在焊接作业完成、并在工件冷却后进行。

13.2 生产作业

13.2.1 粮食加工、储运作业系统应遵守操作程序，同时每条作业线应遵循以下原则：

——逆工艺流程开车；

——顺工艺流程停车；

——故障时，故障点前的设备顺工艺流程瞬时停车，停止进料；故障点后的设备顺工艺流程依次停车，排尽物料。

13.2.2　作业前，应对流程中的关键部位和设备进行认真检查，并对机电控制系统进行全面调试。长时间停用的和维修后投入使用的设备，使用前应进行单机调试，并经安全生产负责人批准后，方可投入作业。

13.2.3　除尘系统应在工艺设备启动前开启，作业停止后停机。

13.2.4　作业后，应按规定进行现场清扫，并及时清理磁选器吸出的金属物质。

附 录 A
（资料性附录）
粉尘爆炸危险场所主要机械设备运行状况监控装置设置一览表

粉尘爆炸危险场所主要机械设备运行状况监控装置设置要求见表A.1。

表 A.1 粉尘爆炸危险场所主要机械设备运行状况监控装置设置一览表

设备名称	速度监控	断链监控	紧停监控（拉绳式）	输送带防偏监控	电动机过载、短路监控	防堵监控
斗式提升机	√	—	—	√	√	—
埋刮板输送机	—	√	—	—	√	√
胶带输送机（含气垫输送机）	—	—	√	√	√	—
注：电动机的短路、过载等电气控制是必不可少的，由设计另定。						

附 录 B
（资料性附录）
粮食粉尘特性表

粮食粉尘的特性见表B.1。

表B.1 粮食粉尘特性表

粉尘名称	温度组别	高温表面堆积粉尘层(5 mm)的引燃温度/℃	粉尘云的引燃温度/℃	爆炸下限浓度(g/m³)	粉尘平均粒径/μm	危险性质
裸麦粉	T3	325	415	67～93	20～50	可燃性非导电粉尘
裸麦谷物粉(未处理)		305	430	—	50～100	
裸麦筛落粉(粉碎品)		305	415	—	30～40	
小麦粉		炭化	410	—	20～40	
小麦谷物粉		290	420	—	15～30	
小麦筛落粉(粉碎品)		290	410	—	3～5	
乌麦、大麦谷物粉	T4	270	440	—	50～150	
筛米糠		270	420	—	50～100	
玉米淀粉		炭化	410	—	2～30	
马铃薯淀粉		炭化	430	—	60～80	
布丁粉		炭化	395	—	10～20	
糊精粉		炭化	400	71～99	20～30	
砂糖粉		熔融	360	77～107	20～40	
乳糖		熔融	450	83～115	—	

附　录　C
（资料性附录）
本标准条文的说明

C.1　对本标准前言的说明

本标准此次主要修订了以下内容：

——危险场所的分类。

这是本次修订的重点。粮食粉尘爆炸危险场所的分类等效采用 IEC 61241-10：2004 和 GB 12476.3，取消原分类的 10 区、11 区，采用 20 区、21 区和 22 区，并据此对粮食加工、储运系统的粮食粉尘爆炸危险区域进行重新划分。

——本次在表 1 中增加了油厂的粉爆危险区域的划分。

目前我国植物油厂的原料主要是大豆，其次是菜籽、花生等。从已有资料和实验结果，大豆粉尘发生粉尘爆炸的情况很少。但油厂的原料仓库和一些工段的粉尘防爆仍应给予关注。

——粉尘防爆电气设备的选用。

根据最新的国家标准 GB 12476.1—2000 和 GB 12476.2—2006，对粮食粉尘防爆场所电气设备的选用进行了修订。

——原第八章"通风与除尘"进行较大的改动，改为"粉尘控制"。

——对"气力输送"单独设了一章。

——对原标准"管理"一章中删除了关于企业管理程序和制度的要求，并将这一章改为"作业安全管理"。

——原附录 A"粮食粉尘特性表"改变了序号，变为附录 B。

——原附录 B"其他引用标准及参考文献"改为附录 A"粉尘爆炸危险场所主要机械设备运行状况监控设置一览表"。

——增加了一个附录 C"本标准条文的说明"，列举了一些案例，并对部分条文进行说明，以利于对条文完整的理解。

C.2　本标准修订过程中遵循的原则

C.2.1　运用"整体设防"的原则，进行《规程》编制构思。

粮食粉尘是非导电性可燃粉尘，其爆炸特性较爆炸性粉尘和导电性粉尘惰性大，要完全杜绝粮食粉尘爆炸是不容易的。

分析粮食粉爆事故，其原因可归纳为：

——人的不安全因素；

——物的不安全因素；

——生产过程的不安全隐患；

——管理失误。

上述四种不安全因素如能同时保持在最佳安全状态，则有可能避免和减少粮食粉爆事故的发生。基于此，本《规程》对人、物（物料、机电设备）、生产工艺操作和管理工作做出了系统全面的安全规定，以使不安全因素降到最低限度，构成系统的整体设防。

C.2.2　总结实践经验，引用和借鉴国内外相关标准，采用成熟的技术，力求《规程》条文科学、准确、适用、可行。对于尚有争议的技术一般不予采用。

C.2.3 贯彻“预防为主、防治结合”的原则

安全问题与管理工作之间有密切关系，解决生产中的安全问题，仅靠先进的装备和技术还不够，还应有严格、科学的管理。

当前对粮食粉爆的危险性，还并没有引起足够重视，尤其在粮食加工、储运业，更应加大粮食粉尘防爆知识的普及和相关标准的宣传贯彻工作，必须重视相关项目的工程设计，有关领导和设计人员应本着对安全生产负责的精神，认真贯彻国家的相关法规和标准，保障生产安全。

为了防止事故的发生或在事故发生后，使损失减小到最低限度，本《规程》在规定技术措施时，遵守以下原则：

——消除：通过合理的计划、设计和科学管理，尽可能从根本上消除危险和有害因素；

——减弱：在难以预防的情况下，采取减少危险的措施；

——预防：在消除有困难时，采取预防性技术措施；

——隔离：将人员与危险或不安全因素隔开；

——联锁：通过电气联锁技术，终止不安全运行；

——紧停：在危险性极大时，立即终止工艺生产作业。

C.3 对本标准章条的说明

C.3.1 “范围”一章中，因为油脂浸出车间主要考虑可燃气体防爆，所以本标准只适用于植物油厂产生或释放粉尘的工段和场所。以燃料或其他方式加热的粮食干燥装备有其特殊性，本标准此次不涉及。

C.3.2 “引用标准”一章中，引用了最近发布的相关标准，包括 GB 12476、GB 50016 等，并参考了《可燃性粉尘环境用电器设备 第1部分：用外壳和限制表面温度保护的电气设备 第1节：电气设备的技术要求》（GB 12476.1—2000/IEC 61241-1-1：1999）和《可燃性粉尘环境用电器设备 第3部分：存在或可能存在可燃性粉尘的场所分类》（GB 12476.3—2007/IEC 61241-10：2004），在编写过程中，我们得知 GB 15577《粉尘防爆安全规程》、GB/T 15605《粉尘防爆泄压指南》和 GB 50058《爆炸和火灾危险环境电力装置设计规范》等与本标准相关的标准都在修订中。由于至今对粮食粉尘爆炸的机理，学术界还在不断探讨研究中，希望在本标准使用中，能参考最新的标准。

C.3.3 “第3章 术语和定义”这一章中删去了 GB/T 15604《粉尘防爆术语》中已包括的“粉尘”、“可燃性粉尘”两个词条，增加了“粉尘释放源”、“爆炸性粉尘环境”这两个条目，对“粮食粉尘”这一术语作了修改。

C.3.4 以下是对第4章“粮食粉尘爆炸危险场所的划分和范围”部分的说明。

C.3.4.1 正文4.1.1，根据目前 GB 12476.3 等相关标准制定的20区、21区和22区和非危险区划定原则，明确了电气设备的选择。对于20区、21区和22区的定义，国内外的很多标准都有，但也有一定的差异。在本标准编制过程中，参考了 IEC、我国及世界各主要国家对粮食粉尘环境危险性的分级标准，吸收了最新研究成果，特别是我国粮食加工、储运系统的现状和特点，力求准确、恰当。

C.3.4.2 正文4.1.2，对于粉尘爆炸危险区域的范围，世界上主要国家都没有进一步的具体规定，采取了主要以厂房为单位划定范围的方法，这样便于操作。

C.3.4.3 正文4.1.3中规定与20区的分隔必须采用防爆隔墙或防火墙。采用弹簧门的目的是保证及时关闭，避免粉尘的扩散；如不能避免粉尘的侵入并及时清理干净，仍应划为危险区。

C.3.4.4 正文4.2中，本标准区域划分基于设有必要的除尘和通风系统并运行正常。20区、21区和22区的划分，强调了相对“密闭环境”，这主要是从粮食粉爆机理和分析粮食粉尘爆炸恶性事故得出的。设备内部等部位定为20区。

IEC 61241-10 和 GB 12476.3 都不局限于密闭空间，而是主要考虑是否存在粉尘释放源、通风和除尘条件。根据调查情况，输送带转接点等处，即使在室外，作业时也可能释放和积存大量粉尘，所以将筒上层、敞开式输送廊道的部分部位划为21区。

对于油厂没有粮食粉尘产生和释放的工段和车间，不必对粉尘防爆设防，但仍需考虑其他火灾和爆炸危险因素。

工作塔包括转接塔、计量塔等建(构)筑物。浅圆仓参照筒仓。

对成品粮包装仓，IEC 标准建议划为危险区，是考虑包装袋破裂时会有大量粉尘外逸。

根据我国现状，楼房仓目前多为包装储粮，划为非危险区域。

包装平房仓划为非危险区域。

机械化、自动化程度高的散装高大平房仓，由于散粮作业频繁，小时产量大，定为21区。

楼梯间和控制室参考4.1.2。粮食加工、储运系统的控制室，大多是单独设置。即使设在车间内也是采用玻璃或砖墙隔开，室内粉尘含量很低，定为非爆炸危险区是合适的。考察某饲料厂的恶性粉爆事故发现，设在车间内且用玻璃隔断的控制室并未受损。当然控制室应尽量设在爆炸危险性较小的位置。

当采取措施防止爆炸性粉尘/空气混合物形成时，一般划分为21区的场所可以降为22区场所。这类措施包括排气通风。在(收尘袋)装料和出料点、送料皮带、取样点、卡车卸载站、皮带卸载点等场所附近应采取措施。

C.3.5 以下是对第5章工艺设备部分的说明。

C.3.5.1 正文5.1，过去粮食粉尘防爆侧重的是防止电气火花，实际上摩擦、碰撞、热辐射和自燃等也是引起粉尘爆炸的危险因素，因此，工艺设计应遵循整体设防的原则，并在选择工艺、设备选型、设备布置、粉尘控制等多方面综合考虑，减少粉尘的产生、释放和积聚，避免因摩擦、碰撞、热力装置的危险，避免爆炸的传播。

C.3.5.2 正文5.2中，只列出了应用较广的主要机械设备。

C.3.5.3 正文5.2.1.1，泄爆是主要的措施之一，泄爆口宜直通室外，通过管道引至室外时，泄爆管应尽量短。机座处应设适当的清料口，用于检查机座，并及时清理堵料。泄爆是避免和降低粉爆事故的有效方法，但目前关于泄爆技术还不够成熟，实践中还有一些困难。泄爆装置的设置可参见GB/T 15605。

C.3.5.4 正文5.2.1.5、5.2.1.6的这些措施的目的都是为了防止粉尘外扬。

C.3.5.5 正文5.2.1.7中规定使用张紧装置，是为了避免打滑摩擦生热。

C.3.5.6 正文5.2.3，目的是为了保证对秤的除尘和空气平衡不影响计量精度。

C.3.5.7 正文5.2.5中，袋式除尘器的过滤风速和泄爆面积目前国内较为广泛采用的参数是：过滤风速宜为1 m/ min～5 m/min；泄压比值宜为 $1\ m^2/20\ m^3 \sim 1\ m^2/9\ m^3$。

C.3.6 以下是对第6章电气部分的说明。

C.3.6.1 正文6.1.3、6.1.4，自动控制和电气联锁是安全生产的保障，可以减少事故的发生，避免事故的扩大，有利于减少粉尘的释放，防止粉尘爆炸。

C.3.6.2 正文6.1.7中的现场开关，使用前应先清理现场粉尘。

C.3.6.3 正文6.2.1中对于在爆炸性粉尘环境中专用的粉尘防爆电气设备，我国目前专用的粉尘防爆电气产品，近年有了飞速发展，基本上可以满足市场需求。爆炸性气体环境危险区域内使用的电气设备，并不能完全适用于20区、21区和22区，如隔爆型。若选用不当，不仅投资增加，而且也起不到预防作用，反而会引发爆炸事故。

C.3.6.4 正文6.2.2是为了避免设备表面温度过高而引起堆积其上的粮食粉尘过分脱水或逐渐碳化。

C.3.6.5 正文6.2.3、6.2.4对辐射和超声设备的选择参考GB 12476.2等相关标准。

C.3.6.6 正文6.2.5，如不能满足这一要求，应采用粉尘防爆产品。

C.3.6.7 正文6.3.3，应采取措施防止安装在温度低于－5℃环境中的PV电缆护套或绝缘材料损坏。

C.3.6.8 正文6.3.4，为了把机械损坏的危险减至最小，可采用铠装、屏蔽、无缝、铝护套、矿物绝缘金属护套或半刚性的护套电缆。

C.3.6.9 正文6.3.6，电气线路的铜、铝线选择问题，对具有爆炸危险区域的电气线路来说，选用铜导线或电缆，在机械强度上较铝芯线高，不易造成断线，亦即减少产生电火花的可能性；在电气火花的点燃能力上，铜芯较铝芯低，即对同样的爆炸危险介质，由铝芯导线或电缆产生的电火花较铜芯导线或电缆产生的电火花容易点燃或引爆。故从安全角度出发，在爆炸性粉尘环境内的电气线路采用铜芯导线或电缆是合适的。同时考虑到粮食加工、储运系统中，以往也多是采用铜芯导线或电缆。

C.3.6.10 正文6.4的主要目的之一是防止雷电引发粉尘爆炸，保证人身和设施安全。

C.3.7 以下是对第7章建筑与结构部分的说明。

C.3.7.1 正文7.1，建(构)筑物的间距，目前都是按消防要求的防火间距确定。本标准也依此作为确定建(构)筑物间距的依据。通过调查粮食粉爆实例，可发现粉爆对周围建筑物影响较小。同时考虑到我国地少人多的基本国情，建筑物间距以安全、适度为宜。

粮食加工、储运系统的主厂房及含有20区、21区的建筑物，多为钢筋砼结构或砖混结构。据火灾事故调查，一、二级耐火等级建筑物之间有10 m左右的距离，在火灾初期时能满足扑救需要和控制火势蔓延的要求。

C.3.7.2 正文7.2，在20区、21区设置必要的泄爆面积十分重要。我国GB 50016—2006的推荐值与国内外试验资料、有关国外规范的规定值相差较大。我国粮食部门曾按GBJ 16—1987中泄瀑面积的推荐值用于工程设计中，结果给工程施工、企业管理和安全储粮带来了许多问题，同时是否能达到泄爆效果，不得而知，无法在工程设计中推广使用。因此，本节删去了原标准中7.2.3对泄爆面积/体积比值的要求，对立筒库的立筒仓、星仓和筒下层，加工厂的原料仓，大型散装粮仓(如高大平房仓)，面粉厂润麦仓，面粉、饲料散存仓等的泄爆面积和仓容体积比值本标准暂不作具体规定，待技术成熟时，再做规定。

另外，还删去了原标准中7.2.4，对建筑抗爆要求的规定，因为进行抗爆设计需要爆炸的能量的有关参数，否则无法计算结构强度，但爆炸的能量参数无法确定。

C.3.7.3 正文7.4.2是为了减少粉尘的积聚。

C.3.8 第8章粉尘控制。这一章将原规程的“通风与除尘”进行较大的改动，改为“粉尘控制”，并将技术参数进行了量化。以下是对这部分的说明。

C.3.8.1 正文8.2.4，这些措施是为了防止粉尘爆炸时传播扩散。

C.3.8.2 正文8.2.5，通风系统应能使悬浮于空气中的粉尘尽快散去。

C.3.8.3 正文8.3.5，从使用效果来看，除尘器风量应考虑气垫式输送机等正压设备的影响。对于设备自身密闭不好、或粉尘释放量大的部位，应考虑加在吸风罩容积、扩大密闭范围、增大风量等措施。

C.3.8.4 正文8.3.6，一般要求风管的最小管径不宜小于80 mm，弯头的曲率半径宜取风管的1.5～4倍。

C.3.8.5 正文8.3.10，一般要求泄爆管道的长度小于3 m。

C.3.8.6 正文8.4.1是为了防止粉尘向外泄漏并有效地收集粉尘。

C.3.9 积尘清扫效果比频率更重要，粉尘层出现及持续的时间取决于粉尘源的释放等级、粉尘沉淀的速率和清扫的有效性，良好的清理效果可以降低爆炸危险场所的等级。以下是对第9章 积尘的清扫部分的说明。

C.3.9.1 正文9.1，设备、灯具的表面，设备内部和料仓内部的粉尘都应及时清理。特别是设备运动部件与固定部件较小的间隙处，会因粉尘积聚并被摩擦而产生火灾危险。

C.3.9.2 正文9.4，清扫积尘特别是仓内时，应采用柔性工具，避免摩擦生热或产生火花。室内不应使用吹式除尘装置进行粉尘清扫，宜使用真空吸尘器。

C.3.10 本次修订增加了第11和12章。这主要是考虑了近年来辐射和超声装备在粮食系统中使用日益广泛，技术措施为等效采用IEC相关规定。

光谱范围内的辐射（例如：灯泡、电弧、激光等），尤其在聚焦情况下，能成为粉尘云或粉尘层的点燃源。如果物体将辐射如太阳光集中（例如：凹灯、透镜等），就可引起点燃。来自高强度光源的辐射，例如闪光灯，在某些环境中会被粉尘颗粒大量吸收，这些粉尘颗粒会成为粉尘云或粉尘层的点燃源。

在激光辐射情况下（例如：信号仪、遥测仪、观测仪、测远仪），即使远距离范围内未聚焦的光束，其能量或功率密度可能很大，造成点燃的可能。这时，主要是由于激光束在粉尘层上的作用或环境中粉尘颗粒的吸收而引起的加热。特别是高度聚焦会引起焦点处温度远远超过1 000 ℃。

正文12.1，当采用超声波时，声换能器释放的大部分能量被固体材料或液体材料吸收。受其影响的材料可能加热，在极端的情况下，会使材料温度超过最低点燃温度。对于因声功率产生的点燃危险，为了安全应采用适当的电路元件，以便从经常被用作超声波设备转换器的压电陶瓷中安全地消除电荷。

C.3.11 以下是对“第13章 作业安全管理”部分的说明。

C.3.11.1 正文13.1，《安全生产法》对于企业的安全生产管理已经有了明确的规定，因此，本章删去了原标准中对企业管理的制度和程序性规定，仅保留了与粮食粉尘防爆密切相关的技术性要求。粮食加工、储运系统工程设计，应认真贯彻国家有关法规、规范及本标准中的规定。主管部门应对设计，特别是安全设计进行审核，确保有关标准、规定的具体实施。施工单位应按照批准的设计图纸施工，不得擅自改动，在施工中碰到的实际问题，应由主管、设计、施工部门协商解决。

C.3.11.2 正文13.1.5，对于需要打开设备进行维护的电气设备应处于无尘场所进行，否则，应采取适当措施防止粉尘进入外壳。

C.3.11.3 正文13.1.6，车辆行驶的路线与范围应由企业安全生产部门在考虑粉尘防爆技术要求的基础上，并综合评估后确定。

C.3.11.4 正文13.1.7，明火作业：相关作业人员应经过防爆安全培训，并佩戴经安全生产管理部门核发的作业证；作业批准人应亲临现场指挥和监督作业全过程，并签署完成确认文件。进入20区、21区和22区的人员应严禁明火，并遵守以下规定：不得吸烟、携带火种和使用明火；鞋底不应带有金属物质，如铁钉等；不宜穿戴化纤衣帽；不用铁器敲击设备、管道；涂漆和焊接作业不应同时进行；施工完毕应继续监测一段时间（1 h），以确保无死灰复燃。

本条文对于作业点清扫范围的规定由原标准的5 m提高到10 m。

C.3.11.5 正文13.2.3，作业时，应严密观察生产工况，发现异常，及时停车，排除故障后方可重新生产。

ICS 13.110
J 09

中华人民共和国国家标准

GB/T 17454.1—2008/ISO 13856-1:2001
代替 GB/T 17454.1—1998

机械安全 压敏保护装置 第1部分：压敏垫和压敏地板的设计和试验通则

Safety of machinery—Pressure-sensitive protective devices—Part 1:General principles for design and testing of pressure-sensitive mats and pressure-sensitive floors

(ISO 13856-1:2001,IDT)

2008-03-31 发布 2008-10-01 实施

中华人民共和国国家质量监督检验检疫总局
中国国家标准化管理委员会 发布

前言

GB/T 17454《机械安全　压敏保护装置》由以下三部分组成：
——第1部分：压敏垫和压敏地板设计和试验通则；
——第2部分：压敏边和压敏棒设计和试验通则；
——第3部分：压敏缓冲器、压敏板、压敏线及类似装置设计和试验通则。

本部分是GB/T 17454的第1部分。

本部分等同采用ISO 13856-1:2001《机械安全　压敏保护装置　第1部分：压敏垫和压敏地板设计和试验通则》(英文版)。

本部分等同翻译ISO 13856-1:2001。为便于使用，本部分做了下列编辑性修改：
——删除了国际标准的前言并按照我国标准的要求重新起草了前言；
——用小数点“.”代替作为小数点的逗号“,”；
——修改了规范性引用文件的导语；
——对ISO 13856-1:2001引用的其他国际标准中，用已被采用为我国的标准代替对应的国际标准，未被采用为我国标准的直接引用国际标准。

本部分代替GB/T 17454.1—1998《机械安全　压敏防护装置　第1部分：压敏垫和压敏地板设计和试验通则》。与GB/T 17454.1—1998相比，主要内容修改如下：
——感测范围由体重大于15 kg改为20 kg；
——增加“传感器、控制器、控制单元、输出信号开关装置、致动力、复位、输出信号开关装置接通状态、输出信号开关装置断开状态、响应时间”的术语和定义；
——试件1、2、3改为用于感测体重大于35 kg的压敏垫和压敏地板，取消试件7；
——增加规范性附录A。

本部分的附录A为规范性附录；附录B、附录C和附录D均为资料性附录。

本部分由全国机械安全标准化技术委员会提出并归口。

本部分起草单位：机械科学研究总院中机生产力促进中心。

本部分主要起草人：张晓飞、李勤、宁燕、付大为、富锐、王学智、肖建民、居荣华、王国扣、郭曙光、宋小宁。

本部分所代替标准的历次版本发布情况：
——GB/T 17454.1—1998。

引　言

压敏保护装置广泛应用于极限负荷、电气、物理和化学环境等相关的不同条件下。如果压敏装置被致动，它们通过接口和机器控制器相连接以确保机器回复到安全状态。

每类应用都存在特定的危险，本部分的目的并不是识别这些危险也不针对特定的机器推荐具体的应用方法，这通常是机器专用标准的功能。

机械安全　压敏保护装置　第1部分：压敏垫和压敏地板的设计和试验通则

1　范围

本部分规定了用作保护人员免受机械伤害的安全装置——通常由脚致动的压敏垫和压敏地板的要求。本部分给出了压敏垫和压敏地板性能的最低安全要求、标识和文件。

本部分适用于应用各种能量形式的(如电的、液压的、气动的或机械的)压敏垫和压敏地板。

本部分规定的压敏垫和压敏地板的设计用于感测：

a)　体重大于35 kg的人员；

b)　体重大于20 kg的人员(如儿童)。

本部分未规定能感测体重小于20 kg人员的压敏垫和压敏地板。

本部分未规定与任何具体应用有关的压敏垫或压敏地板有效敏感区的尺寸或外形。

2　规范性引用文件

下列文件中的条款通过GB/T 17454的本部分的引用而成为本部分的条款。凡是注日期的引用文件，其随后所有的修改单(不包括勘误的内容)或修订版均不适用于本部分。然而，鼓励根据本部分达成协议的各方研究是否可使用这些文件的最新版本。凡是不注日期的引用文件，其最新版本适用于本部分。

GB/T 2423.3　电工电子产品环境试验　第2部分：试验方法　试验Cab：恒定湿热试验(GB/T 2423.3—2006,IEC 60068-2-78:2001,IDT)

GB/T 2423.10　电工电子产品环境试验　第2部分：试验方法　试验Fc和导则：振动(正弦)(GB/T 2423.10—1995,idt IEC 60068-2-6:1982)

GB/T 2423.22　电工电子产品环境试验　第2部分：试验方法　试验N：温度变化(GB/T 2423.22—2002,IEC 60068-2-14:1984,IDT)

GB 4208　外壳防护等级(IP代码)(GB 4208—1993,eqv IEC 60529:1989)

GB 5226.1—2002　机械安全　机械电气设备　第1部分：通用技术条件(IEC 60204-1:2000,IDT)

GB 7251.1—2005　低压成套开关设备和控制设备　第1部分：型式试验和部分型式试验成套设备(IEC 60439-1:1999,IDT)

GB/T 15706.1—2007　机械安全　基本概念与设计通则　第1部分：基本术语和方法(ISO 12100-1:2003,IDT)

GB/T 15706.2—2007　机械安全　基本概念与设计通则　第2部分：技术原则(ISO 12100-2:2003,IDT)

GB/T 16855.1—2005　机械安全　控制系统有关安全部件　第1部分：设计通则(ISO 13849-1:1999,IDT)

GB/T 17626.2　电磁兼容　第4部分：试验和测量技术　第2节：静电放电抗扰度试验—基本电磁兼容出版物(GB 17626.2—2006,IEC 61000-4-2:2001,IDT)

GB/T 17626.3　电磁兼容　试验和测量技术　射频电磁场辐射抗扰度试验(GB 17626.3—2006,IEC 61000-4-3:2002,IDT)

GB/T 17626.4 电磁兼容 试验和测量技术 电快速瞬变脉冲群抗扰度试验(GB 17626.4—1998,idt IEC 61000-4-4:1995)

GB/T 17626.5 电磁兼容 试验和测量技术 浪涌(冲击)抗扰度试验(GB/T 17626.5—1999,idt IEC 61000-4-5:1995)

GB/T 17799.2 电磁兼容 通用标准 工业环境中的抗扰度试验(GB/T 17799.2—2003,IEC 61000-6-2:1999,IDT)

GB 17799.3 电磁兼容 通用标准 居住、商业和轻工业环境中的发射标准(GB 17799.3—2001,IEC 61000-6-3:1996,IDT)

GB 18209.2 机械安全 指示、标志和操作 第2部分:标志要求(GB 18209.2—2000,idt IEC 61310-2:1995)

GB/T 19876 机械安全 与人体部位接近速度相关防护设施的定位(GB/T 19876—2005 ISO 13855:2002,MOD)

ISO 6431:1992 气压传动 1 000 kPa(10 bar)系列、缸内径32 mm～320 mm的可拆式单杆气缸安装尺寸

EN 982:1996 机械安全 液压流体动力系统及其部件的安全要求 液压

EN 983:1996 机械安全 液压流体动力系统及其部件的安全要求 气动

3 术语和定义

GB/T 15706.1确立的以及下列术语和定义适用于本部分。

3.1

压敏垫 pressure -sensitive mat

由一个(或一组)能感应所施加压力的传感器、控制单元和一个或多个输出信号开关装置组成的安全装置,用于感测站立在或踩踏到该垫上的人员。

见图1和GB/T 15706.1－2007中的3.26.5。

注:当传感器被致动时,压敏垫的有效敏感区是产生局部变形的。

3.2

压敏地板 pressure -sensitive floor

由一个(或一组)能感应所施加压力的传感器、控制单元和一个或多个输出信号开关装置组成的安全装置,用于感测在该地板上站立或踩踏到其上的人员。

见图1和GB/T 15706.1－2007中的3.26.5。

注:当传感器被致动时,压敏地板的有效敏感区是整体移动的。

3.3

传感器 sensor

压敏垫或压敏地板的组成部分,它包含有效敏感区,在该敏感区施加致动力会使从传感器传至控制单元的信号改变状态。

3.4

有效敏感区 effective sensing area

压敏垫或压敏地板中的传感器或传感器组的上表面能对致动力产生响应的那部分区域(见4.2)。

3.5

控制单元 control unit

响应传感器状态并控制输出信号开关装置状态的装置。

注:控制单元也可以监测压敏垫或压敏地板的完整性(参见GB/T 16855.1－2005中的第6章"类别"),并且可以包含处理复位信号的装置。控制单元可以与机器控制系统集成在一起。

3.6

输出信号开关装置 output signal switching device

压敏垫或压敏地板的组成部分，当传感器或监测功能装置被致动时，会产生一个断开(OFF)状态的响应。

注：输出信号开关装置可以与机器控制系统集成在一起。

3.7

致动力 actuating force

在传感器有效敏感区产生压力并引发输出信号开关装置处于断开(OFF)状态的力。

3.8

复位 reset

假如满足一定条件，允许输出信号开关装置处于接通(ON)状态的功能。

3.9

输出信号开关装置接通(ON)状态 ON state of output signal switching device(s)

输出回路接通，电流或流体处于可流动的状态。

3.10

输出信号开关装置断开(OFF)状态 OFF state of output signal switching device(s)

输出回路断开，电流或流体的流动被中断的状态。

3.11

响应时间 response time

从压力施加到有效敏感区开始到输出信号开关装置开始处于断开状态时所经历的时间(见 4.3)。

3.12

死区 dead zone

传感器上表面除有效敏感区以外的部分。

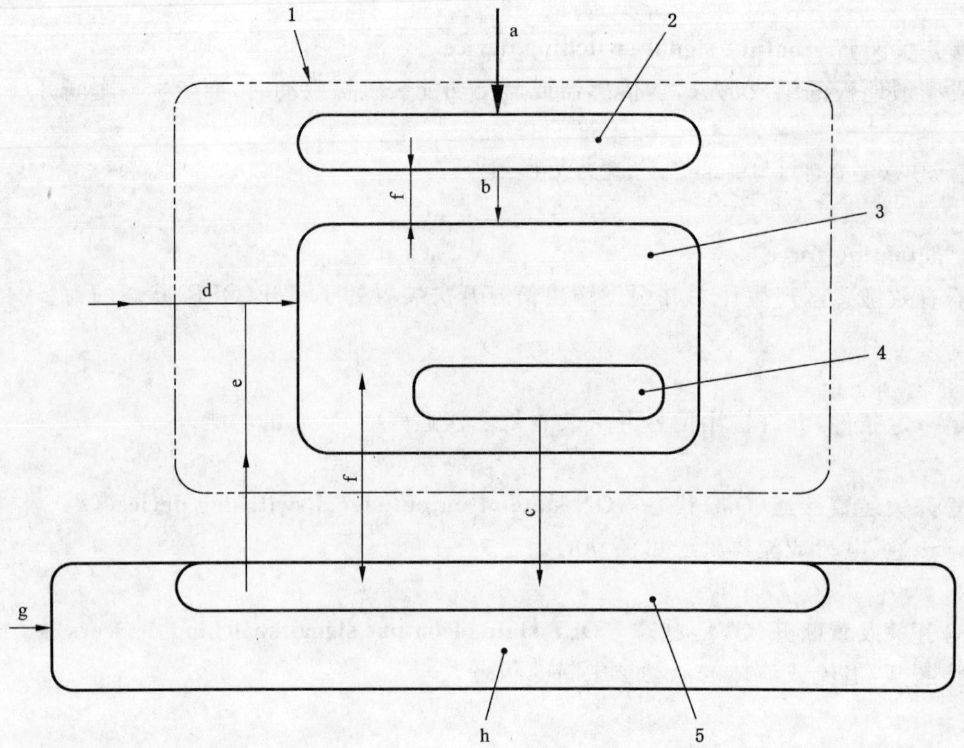

1——压敏垫或压敏地板输出信号处理部分；

2——传感器；

3——控制单元——可以与机器控制系统集成；

4——输出信号开关装置——可以与机器控制系统集成；

5——机器控制系统中处理压敏垫/压敏地板输出信号的部分；

a——致动力；

b——传感器输出；

c——接通状态/断开状态信号；

d——手动复位信号(需要时可选 g)

e——来自机器控制系统的复位信号(需要时)；

f——监测信号(可选)；

g——对机器控制系统的手动复位信号(需要时可选 d)；

h——机器控制系统。

图 1　压敏垫或压敏地板与机器的连接

4　要求

4.1　一般要求

压敏垫和压敏地板应能感测到站立在或踩踏到有效敏感区上的人员。

4.2　致动力

4.2.1　单个传感器(试验方法见 7.4.1 和 7.4.2)

在工作温度范围内，当试件(见图 2)以 2 mm/s 的最高速度作用于有效敏感区时，压敏垫或压敏地板应对表 1 中规定的致动力产生响应。

对于感测体重大于 35 kg 人员的压敏垫和压敏地板，采用试件 1、试件 2 和试件 3 进行测试；对于感测体重大于 20 kg 人员(如儿童)的压敏垫和压敏地板，应附加采用试件 4 进行测试。

表 1 致动力

采用的测试方法	试件		致动力/N
	编号	直径 d/mm	
对于感测体重大于 35 kg 人员的压敏垫和压敏地板	1	11	300
	2	80	300
	3	200	600
对于感测体重大于 20 kg 人员(如儿童)的压敏垫和压敏地板的附加测试	4	40	150

4.2.2 **传感器组合**(试验方法见 7.4.3 和 7.4.4)

当有效敏感区由一个以上的传感器组成时，只采用表 1 中的试件 2 对感测体重大于 35 kg 人员的压敏垫和压敏地板的接缝和结点进行测试并应满足 4.2.1 的要求。

对于感测体重等于或大于 20 kg 人员(如儿童)的压敏垫和压敏地板的接缝和结点，应只采用试件 2 和试件 4 进行测试。

对于有效敏感区的接缝和结点以外的其他部分，应符合 4.2.1 的要求(见表 1)。

单位为毫米

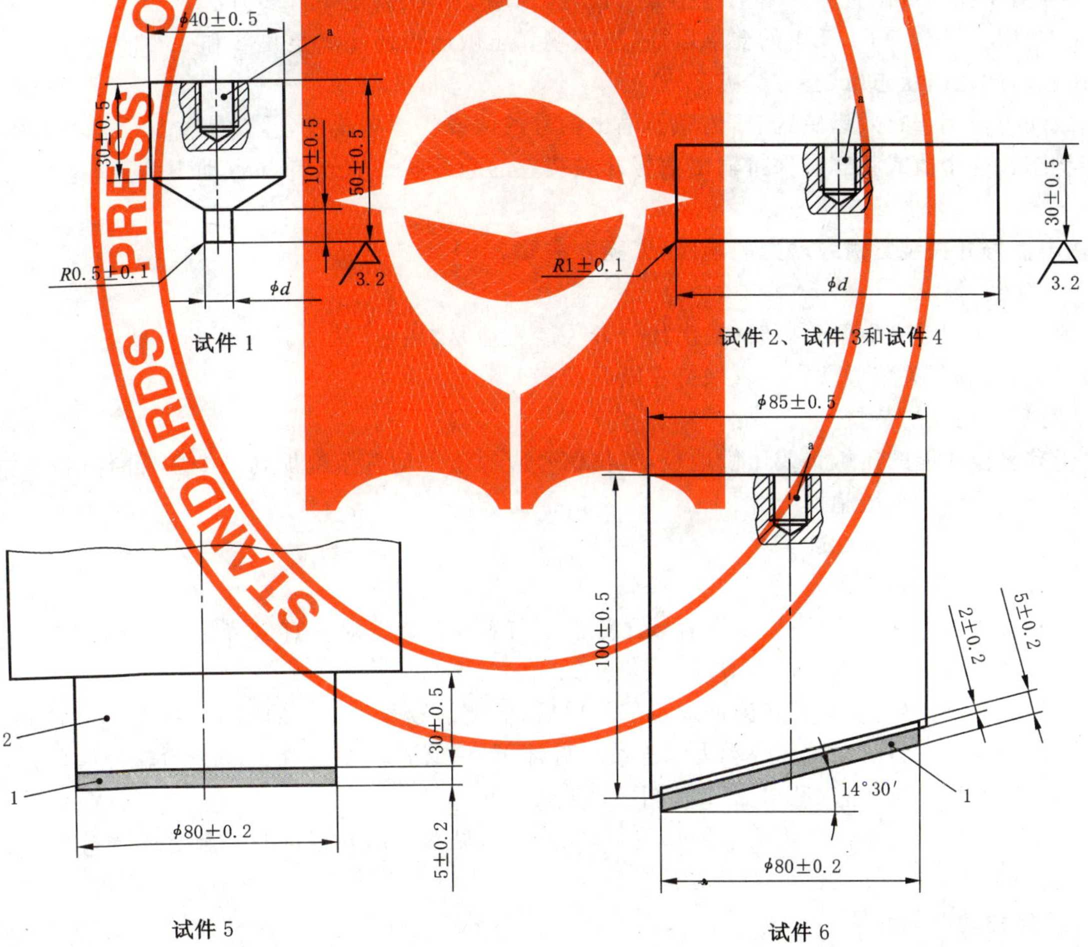

1——用胶粘接的橡胶垫，A 型邵氏硬度 60HS±5HS；

2——钢。

a 仅用于安装。

直径 d 见表 1。

图 2 试件

4.3 **响应时间**(试验方法见7.5)

制造商应声明响应时间,并且响应时间在整个工作温度范围内不应超过200 ms。响应时间是a)和b)之间的时间:

a) 试件以0.25 m/s的速度垂直地触及到有效敏感区的时刻;

b) 输出信号开关装置转换到"断开"状态开始的时刻(见图A.1～图A.3)。

注:规定200 ms的限值是为了防止施加短步距脉冲而使安全装置失效。

4.4 **静载荷**(试验方法见7.6)

4.4.1 在有效敏感区内,通过试件2(见图2)施加2 000 N ± 50 N的静力8 h后,卸除力2 min内输出信号开关装置应改变状态,并且1 h后上表面最低处的变形不应超过2 mm。

4.4.2 在4.4.1所使用过的有效敏感区内的另一位置,通过试件1(图2)施加750 N ± 20 N的静力8 h,卸除力1 h后上表面最低处的变形不应超过2 mm。

4.5 **动作次数**(试验方法见7.7)

4.5.1 压敏垫或压敏地板执行其功能应达到标准的预期动作次数。

4.5.1.1 压敏垫或压敏地板在5个位置的每一位置,其预期动作次数均为100 000次(5个位置总计500 000次)。如果有效敏感区是由传感器组合构成,此要求应适用于传感器组合。

4.5.1.2 对于在其他位置上的单个传感器来说,其预期动作次数是一百多万次。

4.5.2 在满足了4.4和4.5.1的要求以后,压敏垫和压敏地板还应满足4.2和4.3的要求。

4.6 **传感器的输出状态**(试验方法见7.8)

当致动力作用于有效敏感区时,传感器输出信号的值或状态应改变,并会使输出信号开关装置转换到断开状态。这个值或状态应保持输出信号开关装置的断开状态直至卸除致动力为止(见图A.1～图A.3)。

4.7 **输出信号开关装置对致动力的响应**(试验方法见7.9)

4.7.1 **一般要求**

当致动力作用于有效敏感区时,输出信号开关装置应从"接通"状态转换到断开状态。只要施加着致动力,输出信号开关装置就应一直保持在断开状态。

4.7.2 **有复位功能的装置**

对于有复位功能的压敏垫或压敏地板,复位信号应通过手动直接施加到安全装置的控制单元,或应通过手动由机器控制系统施加(见图1)。

复位应执行以下两种功能:

a) 启动被抑制的联锁装置

动力源接通时,在未施加复位信号之前输出信号开关装置应一直保持断开状态;

b) 重新启动被抑制的联锁装置

卸除致动力后,并只有在施加复位信号以后,输出信号开关装置的输出才应转换到接通状态。

如果在施加致动力前或施加致动力时连续地施加了复位信号,则卸除致动力后输出信号开关装置的输出不应转换到接通状态(见图A.1和图A.2)。

复位信号应控制传感器和输出信号开关装置的输出(见图A.1),或应只控制输出信号开关装置的输出(见图A.2)。

4.7.3 **无复位功能的装置**

对于无复位功能的压敏垫或压敏地板,在致动力卸除以后,输出信号开关装置的输出信号当动力接通时应转换到接通状态(见图A.3)。

注:如果使用无复位功能的装置,则宜在机器控制系统中提供复位功能(见GB/T 16855.1—2005中的5.4)。

4.8 **维护性进入**(试验方法见7.10)

应对压敏垫或压敏地板采取密闭措施。需要时,只有借助于钥匙或工具才能进入压敏垫或压敏地板的内部。

4.9 调整(试验方法见7.11)

应使用户无法调整致动力和响应时间。

在供方声明压敏垫或压敏地板的组件能够单个更换时,这种更换不应降低压敏垫或压敏地板的整体性能,且不需任何调整。

4.10 连接(试验方法见7.12)

应按型号、形状、标志或标识(或其组合)清楚正确地配置插头/插座。

在压敏垫或压敏地板内有可互换的不同外形的元件的场合,这些元件的不正确替换或更换不应因失效而产生危险。

如果通过插头和插座连接传感器或子系统,则将传感器或子系统从控制单元或在控制单元内的插头和插座处去除或断开时,应使输出信号开关装置转换到断开状态。

4.11 环境条件(试验方法见7.13)

在下面给出的环境条件下或在制造商声明的任一较宽的范围内,压敏垫或压敏地板应连续工作。

4.11.1 温度范围

在5℃～40℃温度范围内,压敏垫或压敏地板应满足4.2.1和4.3的要求。

注:扩展的环境温度范围可以是－25℃～＋40℃ 和5℃～70℃。

4.11.2 湿度

对湿度的要求应与GB/T 2423.3—1993的试验Ca一致,试验周期为4天。

4.11.3 电磁兼容性

经过按7.13.4中表4的规定以3级特征值试验后,压敏垫或压敏地板应连续正常工作。

4.11.4 振动

下列关于振动的要求只适用于控制单元和输出信号开关装置并应符合GB/T 2423.10的规定:

——频率范围10 Hz ～55 Hz;

——位移0.15 mm;

——每轴向10个循环;

——扫描速率1 oct/min。

注:由于传感器的尺寸和外形总是变化的,因此对其规定专门的振动要求是不实际的。传感器一般都固定在地面上,在这种情况下通常是非临界状态的振动。当传感器固定在机器的某个部件上时,宜考虑振动的影响。见附录B。

4.12 动力源

4.12.1 电动力源(试验方法见7.14)

压敏垫或压敏地板应满足GB 5226.1—2002中4.3的要求。

4.12.2 非电动力源

对于非电动力源,制造商应规定标称压力和保持正常运行的压力允差范围。

在无过压保护装置的场合,当压力变化超出工作范围时不应导致失效而产生危险。

工作范围以下的压力变化不应导致失效而产生危险(见EN 982和EN 983)。

注:对此类装置尚未规定试验方法。

4.13 电气设备(试验方法见7.15)

4.13.1 一般要求

压敏装置的电气设备(部件)应:

——符合现行的国家标准;

——适合预定使用;

——在给定等级内工作。

4.13.2 抗电击保护

电器设备对电击的保护应符合 GB 5226.1—2002 中 6.1、6.2 和 6.3 的规定。

4.13.3 过电流保护

电器设备对过电流的保护应符合 GB 5226.1—2002 中 7.2.1、7.2.3、7.2.7、7.2.8 和 7.2.9 的规定。

注：宜为用户提供压敏装置可能需要的熔断器最大额定值，或提供与输出信号开关装置的输出连接点相连接电路的过电流保护装置的最大设定值。

4.13.4 污染等级

电气设备应符合 GB 7251.1—2005 的 6.1.2.3 中污染等级 2 级的规定。

4.13.5 电气间隙、爬电距离和隔离距离

电气设备的设计和结构应符合 GB 7251.1—2005 中 7.1.2 的规定。

4.13.6 布线

电气设备布线应符合 GB 7251.1—2005 中 7.8.3 的规定。

4.14 外壳(试验方法见 7.16)

4.14.1 传感器外壳

传感器外壳最低防护等级应为 GB 4208 中的 IP 54。

当制造商规定传感器可以浸在水中时，这种场合的传感器外壳最低防护等级应为 GB 4208 中的 IP 67。

4.14.2 控制单元和输出信号开关装置外壳

控制单元外壳最低防护等级应为 GB 4208 中的 IP 54。当设计要将控制单元安装在其他控制设备的外壳内时，该外壳最低防护等级应为 GB 4208 中的 IP 54，该控制单元的最低防护等级应为 GB 4208 中的 IP 2X。输出信号开关装置的外壳也应满足本条要求。

4.15 符合 GB/T 16855.1 的控制系统有关安全部件的类别(试验方法见 7.17)

4.15.1 压敏垫和压敏地板应满足对其所规定和标记的类别要求。GB/T 16855.1—2005 的第 6 章定义了它们的这些类别。

4.15.2 传感器、控制单元和输出信号开关装置最低应满足 1 类的要求。为要满足 1 类的要求，该系统最低应满足本部分的要求和 GB/T 16855.1—2005 的相关要求。

4.15.3 电子控制单元最低应满足 2 类的要求。

注 1：传感器、控制单元和输出信号开关装置可有各自不同的类别。

注 2：当评定控制单元的类别时，宜将能被监测的传感器及其连接的故障条件都考虑进去。

注 3：制定本部分时，大部分传感器还不能满足 2、3 和 4 类规定的所有要求，特别是在考虑到机械损害和长期磨损的情况下。

4.16 传感器的固定(试验方法见 7.1.2)

应提供传感器永久固定的方式。

4.17 防绊倒(试验方法见 7.1.2)

在传感器或其附加覆盖物的外部边缘存在能使人绊倒的危险场合，应做成适当的斜坡。斜坡与水平面的坡度不应超过 20°，并应通过对比色或标志予以区别。斜面不应形成物理障碍或造成其他危险。

在有传感器组合和(或)附加覆盖物的情况下，应采取措施以使传感器间接缝和结点处的绊倒危险减至最小。

注：鉴于目前还没有关于这方面的试验方法标准，因而经协商同意可以考虑采用 GB 17888.2 规定的相应试验方法。

4.18 传感器上表面的防滑和软化(试验方法见 7.18)

应对传感器的上表面采取防滑措施，以使在预期工作条件下的滑倒危险减至最小。

注：鉴于目前还没有关于这方面的试验方法标准，因而经协商同意可以考虑采用 GB 17888.2 规定的相应试验

方法。

4.19 传感器上表面的附加覆盖物(试验方法见 7.19)

本部分的全部要求均应适用于装有附加或可更换覆盖物的传感器,例如:有防护板的传感器(见附录 C)。

4.20 由于阻塞或侵入而导致的失效(试验方法见 7.20)

不应存在由于在传感器、传感器组合或它们相关的连接部分下面堆积了尘土和金属屑等异物而导致失效的风险。

5 标识(试验方法见 7.1.2)

5.1 一般要求

压敏垫或压敏地板应按 GB/T 15706.2—2007 中 6.4 和 GB 5226.1—2002 中 18.1 进行标识。

在压敏垫或压敏地板部件的预期寿命内,其上的所有标牌和标志都应牢固、持久(见 GB 18209.2)。

5.2 控制单元的标识

控制单元的标牌还应包含下列信息,或指明哪里可以获取下列信息:

a) 按 GB/T 16855.1 划分的类别,规定类别只适用于控制单元,还是适用于整个系统;

b) 响应时间;

c) 有无复位功能;

d) 部件编号。

5.3 传感器的标识

传感器的标牌还应包含下列信息,或指明哪里可以获取下列信息:

a) 按 GB/T 16855.1 划分的类别;

b) 是否适合感测体重大于 20 kg 的人员(如儿童);

c) 响应时间;

d) 部件编号。

5.4 其他部件的标识

根据使用信息应识别出能替换的压敏垫或压敏地板的零部件。

6 使用信息

6.1 一般要求

提供给用户的信息及其表述方式应符合 GB/T 15706.2—2007 第 5 章的规定。

6.2 使用说明书(试验方法见 7.1.2)

6.2.1 一般要求

使用说明书(如手册)应包括 6.2.2~6.2.6 所述的对于此类装置安全安装、使用和维修必需的全部信息,见附录 B 和附录 D。使用说明书应包括下述信息。

6.2.2 应用

6.2.2.1 装置的详细描述和警告

"类别符合 GB/T 16855.1 规定的机器上用的压敏垫和压敏地板在 C 类标准中予以叙述。"

在没有 C 类标准的场合,应遵循 GB/T 15706.1—2007 的 5.2 和 GB/T 16856 中规定的原则进行风险评价,该原则表明了依照 GB/T 16855.1—2005 附录 B 选择合适类别的安全装置的重要性。

6.2.2.2 装置特点

a) 符合 GB/T 16855.1 的类别。

1) 对单个传感器的形状和尺寸包括有效敏感区的限定;

2) 对能与一个控制单元一起使用的传感器组合中的个数和尺寸的限定;

3） 部件间的连接。

b） 压敏垫或压敏板的各单个部件间的连接长度和连接件的类型，如电缆规格、插头和插座的限定。

1） 装配——如何组合传感器；

2） 传感器和控制单元的装配；

3） 每平方米传感器的质量和控制单元的质量；

4） 传感器附加覆盖物的详细资料(需要时)；

5） 响应时间；

6） 动力源要求；

7） 符合 GB 4208 的控制单元外壳的技术规格；

8） 输出信号开关装置的开关容量；

9） 输出信号开关装置的配置；

10） 感测诸如手杖和助行架等助行器械的适用性。

c） 应提供所需的与危险位置相关的有效敏感区的计算公式，并应给出公式应用的典型示例(见 GB/T 19876 和 C.3.3.1)。

d） 预定使用装置或被认可装置的应用和工作条件的范围，包括其所符合的类别。还宜给出不适当的应用示例；

1） 安全功能的图解和机器控制接口线路图的示例；

2） 所有输入/输出终端的额定值、特性和位置；

3） 关于抗化学、物理和环境影响等性能的指南(如：抗溶性、允许承载的重量、工作温度范围、允许动力源的变化范围等)；

4） 关于轮式车辆可以在传感器表面上启动、制动或转向的适应性指南；

5） 该装置的设计有否符合 4.7 要求的复位装置。

注：如果使用无复位功能的装置，则机器控制系统宜提供复位功能(见 GB/T 16855.1—2005 的 5.4)。

6.2.3 包装、运输、搬运和贮存

a） 防止设备损坏的包装说明和拆包方法；

b） 防止损坏或人员伤害的运输和搬运方法；

c） 贮存要求(例如平放、温度范围等)。

6.2.4 安装和试运行

a） 在进行任何安装工作之前应全面阅读使用说明书的有关说明；

b） 对用于安装传感器的表面的要求；

c） 安装方法，包括所需的工具(见附录 B 的指南)；

d） 有效敏感区和死区的设计特征以及在安装期间宜如何确定它们的最佳特性(需要时包括图样)；

e） 为确认该装置能否实现其功能，在安装后应制定试运行的方案；

f） 对机器及其安全装置的整体安全性取决于它们之间接口完整性的警告；

g） 有关检查装置的类别与 GB/T 16855.1 符合性的说明。

6.2.5 操作说明

a） 致动器和指示器的用途和操作方法，例如：启动和重新启动；

b） 有关对使用的限制的信息；

c） 故障识别的说明。

6.2.6 维护

a） 对进行任何维护前要全面阅读手册中相关维护篇章的警告。

b) 需要特定技术知识或专门技能的任务宜由经过适当培训、熟练的人员专门执行。

c) 检查和维护的类型与频次的规范。

d) 清洁说明。

e) 有关使经过培训的人员能执行故障查找、保养和维修的信息,如图样和图表。

f) 在更换零部件后要求试验所需的详细资料,以便确认装置能否达到设计的规定功能。

g) 关于维修的警告:在维护过程中所有卸下的盖、夹、压边条和紧固件在维修后均应重新安装,如果不能正确地重新装配这样的零件,则可能不满足该装置的要求。

h) 详尽规定用户可更换的零件清单以保持系统符合本部分的要求。

i) 关于更换零件的警告:只有经过制造商认可的零件用户才可更换;如果使用未经制造商认可的备件或进行未经认可的更改,可能导致该装置不能执行设计要求的功能。

j) 制造商和有资质服务机构的名称与地址。

6.2.7 培训要求

对用户人员的培训,建议至少应包括安装、操作、维修和(或)检验人员,以保证该装置的安装、使用和维修符合本部分的规定。

7 试验

7.1 一般要求

7.1.1 在7.4～7.20描述的第1项至第17项型式试验应确定压敏垫或压敏地板是否满足本部分的要求。应对准备使用的压敏垫或压敏地板进行型式试验。除另有规定外,这些试验应在23℃±5℃的温度条件下进行。

一些能够影响性能的因素如下:

a) 传感器表面积大小;

b) 有效敏感区的顶部或附加覆盖材料;

c) 传感器组合;

d) 连接电缆或管线的长度。

7.4～7.20中规定的各项试验都应针对每一项试验以最不利的因素组合进行。

7.1.2 在未规定专门试验方法的情况下,应通过检查进行检验。

7.2 传感器试验样品

样品尺寸应至少为1 m×0.5 m,且应装有一个传感器(或传感器组合)。

如果压敏垫或压敏地板只有一个传感器,则试验时需要两个传感器。一个传感器用于检验4.2、4.3、4.4和4.5.1.2的要求(选五个位置,每个位置100 000次动作总共500 000次动作),另一个用于检验4.5.1.1(在一个位置上动作一百万次)和4.10的要求。

如果压敏垫或压敏地板设计成由传感器组合形成一个有效敏感区,那么需要把多个传感器都连接到一个控制单元上。检验4.2和4.3的要求时,将使用传感器组合。选择一个传感器对应图3标出的1～16各个位置,用于检验4.4的要求,并与另一个传感器一起检验4.5.2的要求。从其余传感器中选择一个用于检验4.5.1(在一个位置上动作一百万次)和4.10的要求。

7.3 加荷试验用试件

应采用图2中所示的试件进行这些试验。除图2中所规定的试件外,试件均应由铝合金制作。

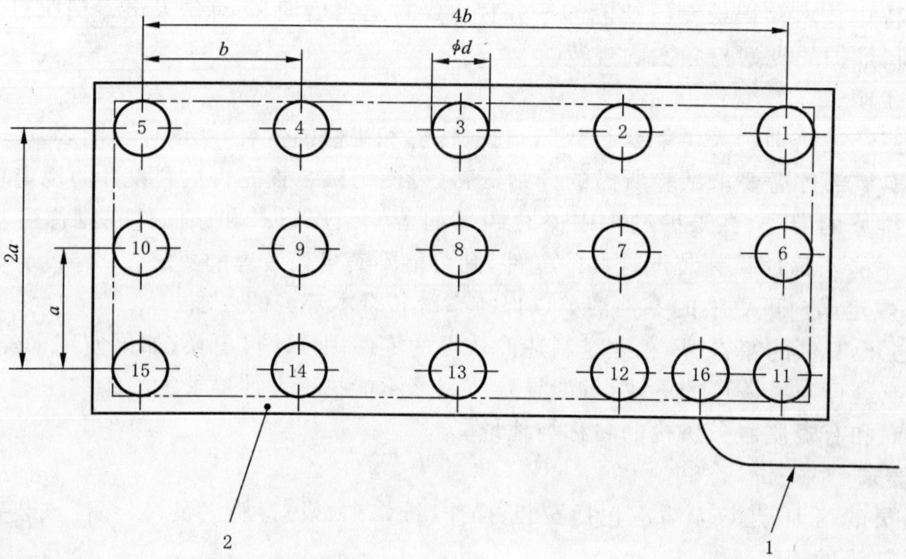

1——连接电缆(示例);

2——死区;

d——相应试件的直径。

图3 在单个传感器的有效敏感区上的试验位置

7.4 第1项试验——致动力试验

致动力试验要求见4.2。

7.4.1 室温下的单个传感器

应选用表1中给出的试件和致动力,垂直施加到图3中所示的有效敏感区的所有位置和另加的认为关键的5个位置上,以满足致动力的要求(见附录C)。对应图3、图4和图5各个位置上示出的圆的直径代表了相应试件的直径。

如果压敏垫或压敏地板是为感测体重大于20 kg的人员(如儿童)设计的,则只选用试件4。在规定的动力源变化的限值内,应选用试件2在随机选择的一个位置上进行附加试验。

7.4.2 工作温度范围(或制造商规定的温度范围)内的单个传感器

从最高温度开始,在温度变化范围的限值内,应选用表1中给出的试件和致动力,垂直施加于图3所示的有效敏感区的1、8和16位置上。在试验以前传感器应与室温达到平衡。

如果在所有情况下,启动输出信号开关装置所需的致动力都低于表1中对应试件给出的致动力的10%以上,则应认为在压敏垫的整个面积内所得出的结果是相似的。如果力不在上述的限值内,但仍低于表1所给出的相应的力值,那么应在温度范围的限值内并在图3所示的传感器的所有位置和7.4.1所选定的关键位置上进行试验。

7.4.3 室温下的传感器组合

7.4.3.1 在两个或多个传感器组合形成一个有效敏感区的情况下,应在室温下用一个传感器进行与7.4.1同样的试验。另外,在随后的试验中,应将试件垂直地施加在图4所示的有效敏感区的接缝位置上或图5所示的接缝和结点位置上。

7.4.3.2 对于为感测体重大于35 kg人员而设计的压敏垫和压敏地板,采用表1给出的试件2和致动力进行试验。

7.4.3.3 对于为感测体重大于20 kg的人员(如儿童)而设计的压敏垫和压敏地板,采用表1给出的试件2和试件4与相应致动力进行试验。

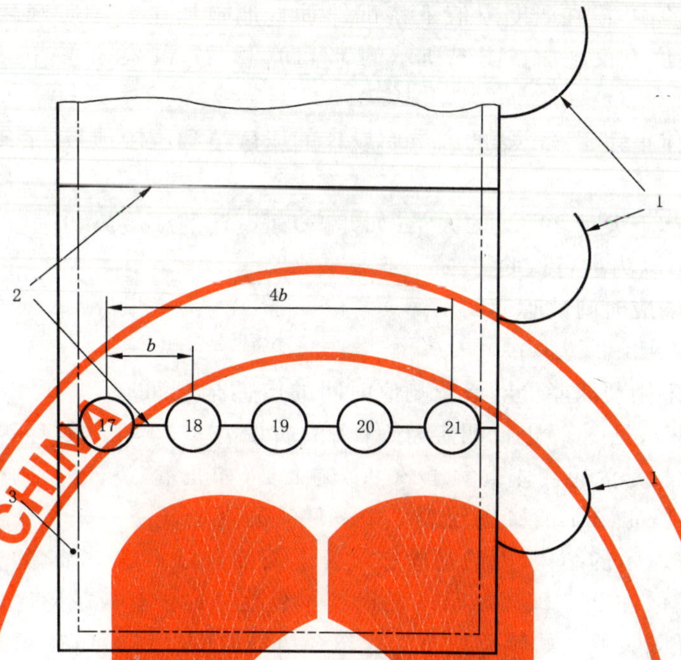

1——连接电缆(示例)；
2——接缝；
3——死区。

图 4 传感器间接缝上的试验位置

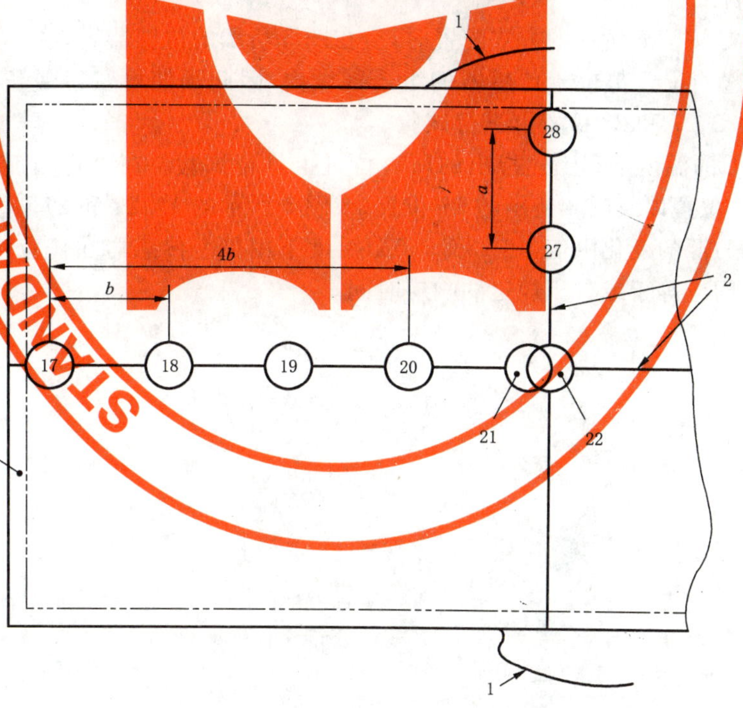

1——连接电缆；
2——接缝；
3——死区。

图 5 传感器间接缝和结点上的试验位置

7.4.4 工作温度范围(或制造商规定的温度范围)内的传感器组合

7.4.4.1 在两个或多个传感器组合形成一个有效敏感区的情况下，应在温度范围的限值下用一个传感器进行与7.4.2同样的试验。

另外,在随后的试验中,应在温度限值下将试件垂直地施加在图 4 所示的有效敏感区的 17、19 和 21 位置上,或在温度限值下仅施加在图 5 所示的 17、19、22、27 和 28 位置上。在试验前传感器应达到温度平衡。

7.4.4.2　对于为感测体重大于 35 kg 的人员而设计的压敏垫和压敏地板,采用表 1 规定的试件 2 和致动力进行试验。

7.4.4.3　对于为感测体重大于 20 kg 的人员(如儿童)而设计的压敏垫和压敏地板,采用表 1 规定的试件 2、试件 4 和相应的致动力进行试验。

7.5　第 2 项试验——响应时间试验

响应时间试验要求见 4.3。

对于该项试验,应采用预期能给出最长响应时间的传感器配置。

响应时间使用试件 7(见图 6)进行测定,试件 7 的质量为 $30^{+0.5}_{0}$ kg,直径等于表 1 中试件 2 的直径 d 如果压敏垫或压敏地板是为感测体重大于 20 kg 的人员(如儿童)设计的,则使用试件 8(见图 6)进行试验,试件 8 的质量为 $15^{+0.5}_{0}$ kg,直径等于表 1 中试件 4 的直径 d。

将试件设计成图 6 所示的结构,为的是使在试件下面部分以不足 10 N 的力触及有效敏感区时,会产生一个电信号。应使试件以 $0.25^{+0}_{-0.03}$ m/s 的速度垂直地施加于有效敏感区,并应测量由试件激发电信号开始到输出信号开关装置开始转换到断开状态经历的时间。试验应在图 3 所示的 1、4、8 和 16 位置上以及在预期给出最长响应时间的任一位置上进行。

当传感器组合是按图 4 配置时,应在图 3 所示的传感器有效敏感区的 1、4、8 和 16 位置上进行试验,因为这些位置都位于传感器的组合区域内,因此预期可获得最长的响应时间,并还应在图 4 所示的 17 和 19 位置上进行试验。

当传感器组合是按图 5 所示的方式配置时,应在图 3 所示的传感器有效敏感区的 1、4、8 和 16 位置上进行试验,因为这些位置都位于传感器的组合区域内,因此预期可获得最长的响应时间,并还应在图 5所示的 17、19、22、27 和 28 位置上进行试验。

应在 23℃±5℃的温度下和上述指出的所有位置上进行试验。在规定温度范围的限值下,只应在图 3 所示的 1 和 16 位置以及图 4 所示的 17 位置(或图 5 所示的 17、22 和 27 位置)上进行试验。

应以规定的动力源的变化限值,在 23℃±5℃温度下用单个传感器在任意一个位置上进行附加试验。测得的最长时间应等于或少于规定的响应时间。

单位为毫米

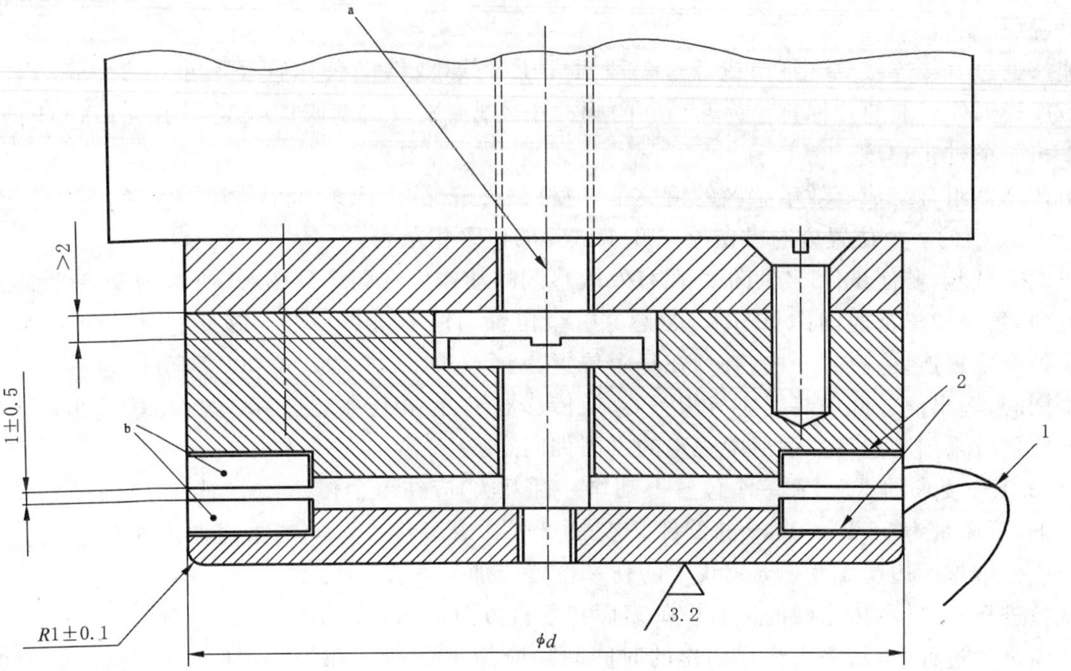

1——连接电缆；

2——绝缘体；

d——直径。

a 仅安装用；

b 导体。

图6　测量响应时间的试件7和试件8

7.6　第3项试验——静载荷试验

静载荷试验要求见4.4。

注：将压敏地板和机器设计为一体是可能的，在此种情况下不可能进行对压敏垫所要求的那些试验。

7.6.1　应通过图2所示的试件2将2 000 N±50 N的静态力垂直地施加在距传感器有效敏感区边缘120 mm内的任一位置上，持续时间为8 h。

当该力卸除以后，输出信号开关装置应在2 min内转换到"接通"状态（如果系统有复位装置，它应被致动）。在卸除该力后1 h以内，应测出由试件引起的有效敏感区的表面变形。由顶面的最低处测得的变形深度不应超过2 mm。

7.6.2　应通过图2所示的试件1将750 N ± 20 N的静态力垂直地施加在距传感器有效敏感区边缘120 mm内的另一位置上，持续时间为8 h。

当该力卸除以后，输出信号开关装置应在2 min内转换到接通状态（如果系统有复位装置，它应被致动）。在卸除该力后1 h以内，应测出由试件引起的有效敏感区的表面变形。由顶面的最低处测得的变形深度不应超过2 mm。

7.6.3　在测量7.6.1和7.6.2的变形后30 min以内，应在已做过试验的位置检查致动力和响应时间。致动力和响应时间的试验应采用表1中规定的试件2。对于为感测体重大于20 kg的人员（如儿童）而设计的压敏垫和压敏地板，还应采用表1中的试件4。

7.7　第4项试验——动作次数试验

动作次数试验要求见4.5。

7.7.1　应采用试件6（见图2）依照图7和图8所示对4.5.1.1的要求（在5个位置中的每一个位置动

作100 000次)进行试验。致动是通过向符合ISO 6431:1992规定的直径50 mm,冲程125 mm的气缸提供3.8 bar±0.2 bar的工作压力来实现的。在试件冲击有效敏感区的时刻,阀的进气口也应存在工作压力(气缸控制)。

这能够通过直接连接到气缸上或经过一段短气压管线(管线的公称直径不小于10 mm,长度小于200 mm)连接到气缸上的公称直径为6 mm的阀门来实现,流量控制阀应安装在出气口以使试件获得$0.55^{+0.05}_{0}$ m/s的冲击速度。

在由传感器组合组成有效敏感区的情况下,应将试件6施加于图9和图10所示的8、16、23、24和26位置上。其中的一个位置应与已做过7.6.1试验的位置相重合。

对于此项试验,要使试件6(见图2)在有效敏感区的动作应在图7到图10所示的两个方向上进行。在每个方向,每个位置都应动作50 000次(总共一个位置动作100 000次)。在此项试验过程中,应将试件6对着每个位置连续施加20次,直到在每个位置、每个方向总共完成50 000次动作为止。

试验期间,输出信号开关装置应与传感器(或传感器组合)相连接,且压敏垫或压敏地板应处于工作状态。传感器应采用制造商在手册中规定的紧固件固定。

7.7.2 4.5.1.2要求的试验(在一个位置上动作一百万次)应在单个传感器上,与输出信号开关装置断开的情况下,用质量为75 kg±1 kg的试件5(见图2),以$0.55^{+0.05}_{0}$ m/s的垂直冲击速度进行。应将该试件在距有效敏感区边缘120 mm直线上的任一位置施加一百万次。

在试验进行中,支承传感器的试验设备表面在垂直方向上的位移不应超过1 mm。

做此项试验过程中,每一次往复动作的时间间隔应为$40^{+1.0}_{0}$ s。在每一个间隔内,试件5应触及有效敏感区0.8 s ± 0.2 s。

单位为毫米

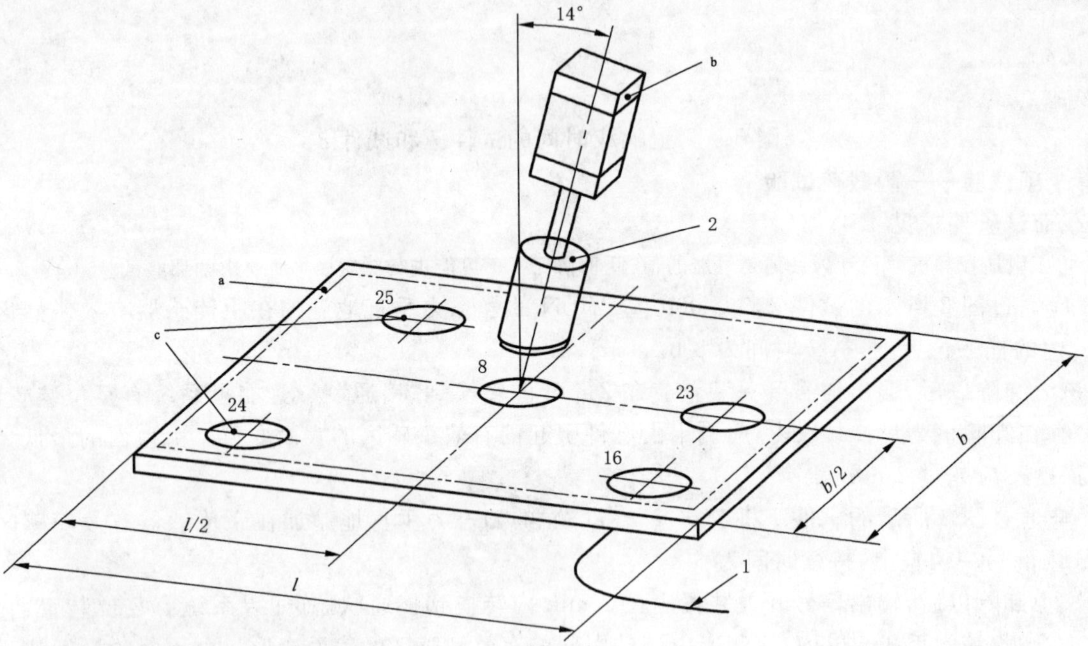

1——连接电缆(示例);
2——试件6(见图2)。
l——传感器长度;
b——传感器宽度。
a 死区;
b 符合ISO 6431规定的汽缸,内径50 mm,冲程125 mm;
c 任一位置。

图7 对单个传感器施加“动作次数”试验时的气缸配置方式和各试验位置

(作用力的水平分力平行于传感器的最长边)

单位为毫米

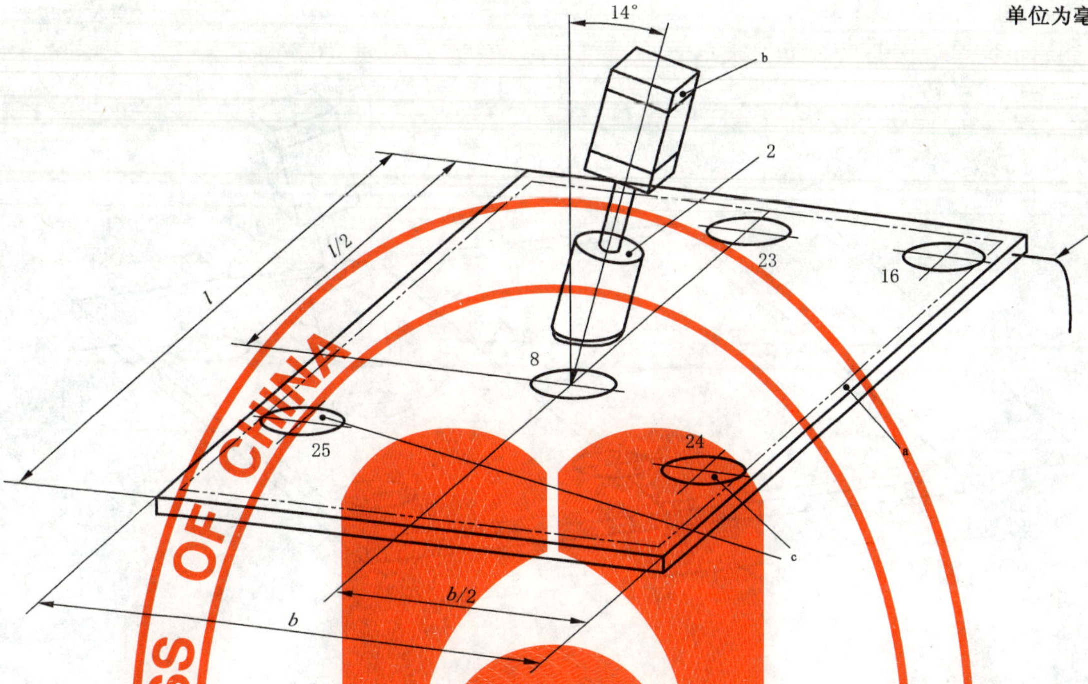

1——连接电缆(示例);

2——试件 6(见图 2)。

l——传感器长度;

b ——传感器宽度。

a 死区;

b 符合 ISO 6431 规定的汽缸,内径 50 mm,冲程 125 mm;

c 任一位置;

图 8 对单个传感器施加"动作次数"试验时的气缸配置方式和各试验位置

(作用力的水平分力平行于传感器的最短边)

单位为毫米

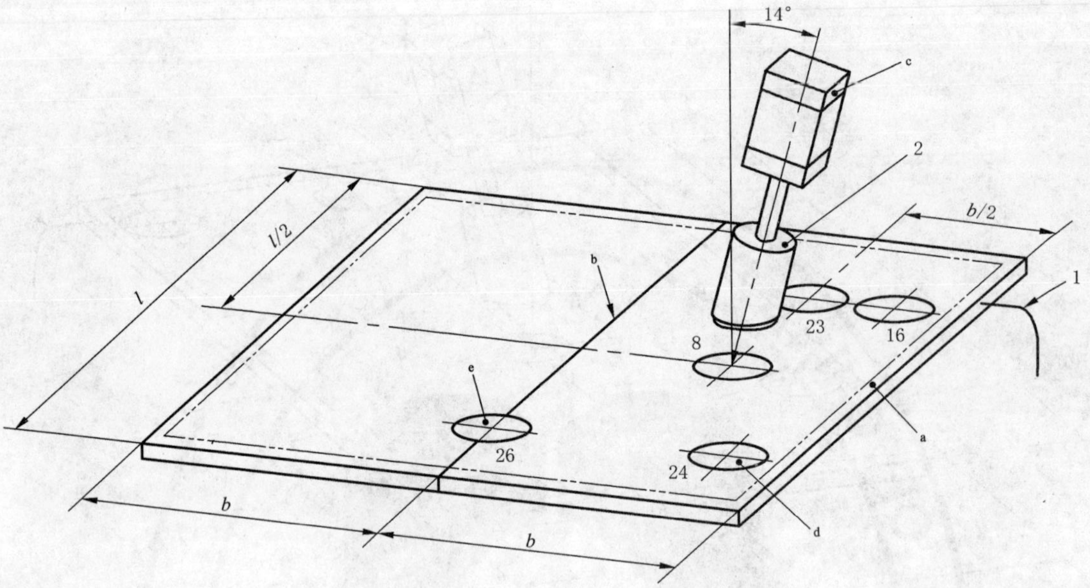

1——连接电缆(示例);

2——试件 6(见图 2)。

l——传感器长度;

b ——传感器宽度。

a 死区;

b 接缝;

c 符合 ISO 6431 规定的汽缸,内径 50 mm,冲程 125 mm;

d 任一位置;

e 接缝上的任一位置;

图 9 对传感器组合施加“动作次数”试验时的气缸配置方式和各试验位置

(作用力的水平分力平行于传感器的最长边)

单位为毫米

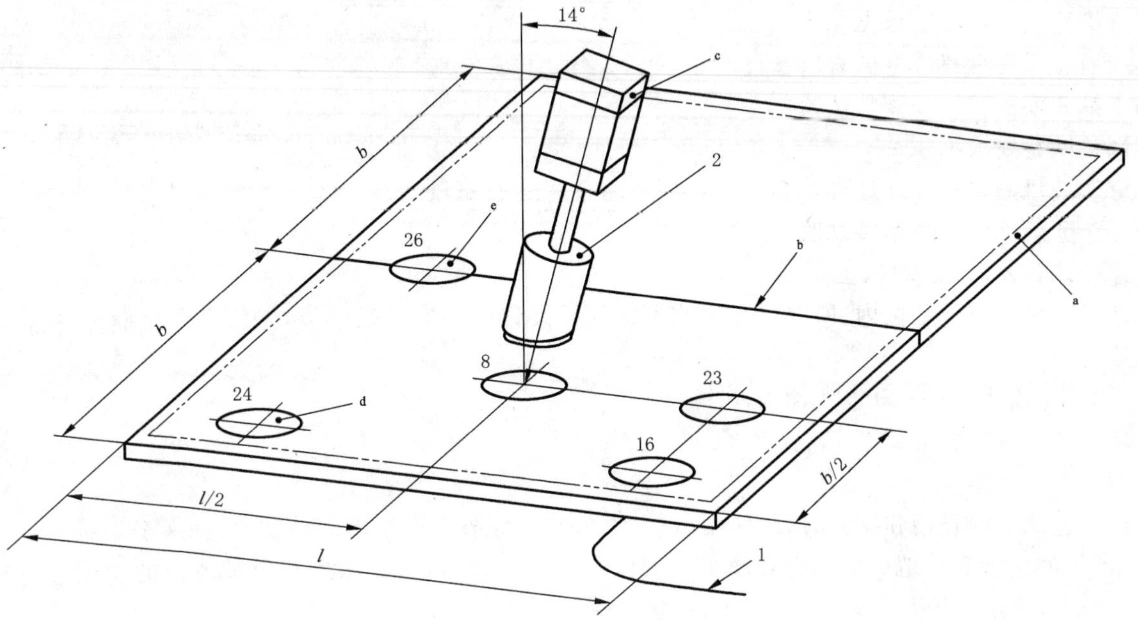

1——连接电缆(示例);

2——试件 6(见图 2)。

l——传感器长度;

b——传感器宽度。

a 死区;

b 接缝;

c 符合 ISO 6431 规定的汽缸,内径 50 mm,冲程 125 mm;

d 任一位置;

e 接缝上的任一位置;

图 10 对传感器组合施加"动作次数"试验时的气缸配置方式和各试验位置

(作用力的水平分力平行于传感器的最短边)

7.7.3 压敏垫或压敏地板的功能应在已做过 7.7.1 和 7.7.2 试验的位置,通过用试件 2(见图 2)试验致动力和用试件 7(见图 6)试验响应时间予以检查。

如果压敏垫或压敏地板是为感测体重大于 20 kg 的人员(如儿童)而设计的,还应在前述试验的同一位置上进行附加试验,附加试验用试件 4(见图 2 和表 1)试验致动力,用试件 8(见图 6)试验响应时间。

7.8 第 5 项试验——传感器的输出状态试验

传感器的输出状态试验要求见 4.6。

应将可产生表 1 中给出的致动力的试件 2(见图 2)垂直地施加在有效敏感区的任意一个位置上至少 8 h。当在有效敏感区上施加了该致动力时,传感器的输出状态应改变并一直保持着那种状态直到致动力卸除为止,如图 A.1~图 A.3 所示。

在该试验进行过程中,传感器的输出电平不应变化到使输出信号开关装置逆转到"接通"状态的电平。

7.9 第 6 项试验——输出信号开关装置对致动力的响应试验

输出信号开关装置对致动力的响应试验要求见 4.7。

图 A.1~图 A.3 所示的独立功能间的交互干扰,应用试件 2(见图 2)和表 1 中给出的致动力,在室温下垂直施加在有效敏感区的任意一个位置上进行试验。

7.10 第7项试验——维护性进入试验

维护性进入试验要求见4.8。

应通过目测检查进行试验。

7.11 第8项试验——调整试验

调整试验要求见4.9。

应通过目测检查并通过更换制造商认同的组件来进行试验。

7.12 第9项试验——连接试验

连接试验要求见4.10。

在压敏垫或压敏地板内,所有可互换的不同接插元件应一次互换一个,并且每个接插元件都不应与电源接通。

7.13 第10项试验——环境条件试验

环境条件试验要求见4.11。

7.13.1 功能试验

在下述试验的开始和结束时,应使用试件2(见图2)和表1中给出的致动力,在室温下以100 mm/s ±5 mm/s的速度垂直地施加在有效敏感区的任意一个位置上,对压敏垫和压敏地板的功能进行检验。在此过程中,输出信号开关装置应从"接通"状态转换到"断开"状态。

7.13.2 第10.1项试验——温度范围试验

温度范围试验要求见4.11.1。

应根据表2,在制造商规定的整个温度范围内进行试验。

表2 温度范围

试验方法	说明
GB/T 2423.22 试验 N	压敏垫或压敏地板与动力源连接

加热和冷却过程中,在整个温度范围内的温度变化率应为0.8 ℃/min±0.3 ℃/min。依照GB/T 2423.22,在试验期间,7.13.1的功能试验应以1 min的间隔进行。可使用一个有效敏感区比7.2规定小的传感器进行该试验,但是,该有效敏感区的面积不应小于400 mm×200 mm。

7.13.3 第10.2项试验——湿热试验

湿热试验要求见4.11.2。

关于耐湿热的要求应按表3进行周期4天的检验。

表3 湿热

试验方法	说明
GB/T 2423.3 试验 Ca	压敏垫或压敏地板不与动力源连接

经过耐湿热试验后,应按GB 7251.1—2005的8.2.2.6对绝缘电阻进行检验。

7.13.4 第10.3项试验——电磁兼容性(抗扰度)试验

电磁兼容性(抗扰度)试验要求见4.11.3。

有关安全的要求只应参照GB 17799.3和GB/T 17799.2进行检验。应根据表4给出的试验方法并选用7.13.1技术要求中指定的特征值,在下列三种开关状态下对抗扰度进行检验:

——压敏垫或压敏地板带有能源;

——在施加了致动力时压敏垫或压敏地板带有能源;

——在卸除致动力之后与执行复位之前,压敏垫或压敏地板带有能源。

表 4 电磁兼容性

试验种类和特征值	试验方法
3 级浪涌安装	GB/T 17626.5 电源、接地和输入/输出线
电快速瞬变(脉冲群), 3 级	GB/T 17626.4 试验持续时间:2 min 电源、接地和输入/输出线
静电放电, 3 级	GB/T 17626.2
辐射,射频电磁场, 3 级	GB/T 17626.3

7.13.5 第 10.4 项试验——振动试验

振动试验要求见 4.11.4。

仅对控制单元和输出信号开关装置的振动要求应按表 5 进行检验。在进行本试验的过程中,将要以 10s 的间隔,如试验开始和结束时那样,按 7.13.1 进行功能试验。

表 5 振动

试验方法	说 明
见 GB/T 2423.10	压敏垫或压敏地板与动力源连接

7.14 第 11 项试验——电源试验

电源试验要求见 4.12.1。

4.12.1 的要求应按 GB 5226.1—2002 第 4 章的要求进行检验。

7.15 第 12 项试验——电气设备试验

电气设备试验要求见 4.13。

应检验电气设备能否满足 4.13 的要求。

7.16 第 13 项试验——外壳试验

外壳试验要求见 4.14。

所有外壳应按 GB 4208 的要求进行试验。

7.17 第 14 项试验——符合 GB/T 16855.1 的控制系统有关安全部件的类别试验

符合 GB/T 16855.1 的控制系统有关安全部件的类别试验要求见 4.15。

应对设备明示的类别进行评价以确认其是否符合 GB/T 16855.1 的规定。

7.18 第 15 项试验——传感器上表面的防滑和柔软性试验

传感器上表面的防滑和柔软性试验要求见 4.18。

在尚无专用试验标准之前,此项要求通过目测检查代替试验。但在试验方法允许时,可以考虑 GB 17888.2规定的方法。

7.19 第 16 项试验——传感器上表面的附加覆盖物试验

传感器上表面的附加覆盖物试验要求见 4.19。

应通过选择在 7.1~7.18 中规定的每项试验中最不利的因素组合进行此项试验。

7.20 第 17 项试验——由于阻塞或侵入而导致失效的试验

由于阻塞或侵入而导致失效的试验要求见 4.20。

此要求应通过目视检查进行检验,如有疑问,则应通过具体的试验予以检验。

附 录 A
（规范性附录）
有复位和无复位装置的时序图

本附录给出了表明输出信号开关装置对致动力响应（见 4.7）的时序图。

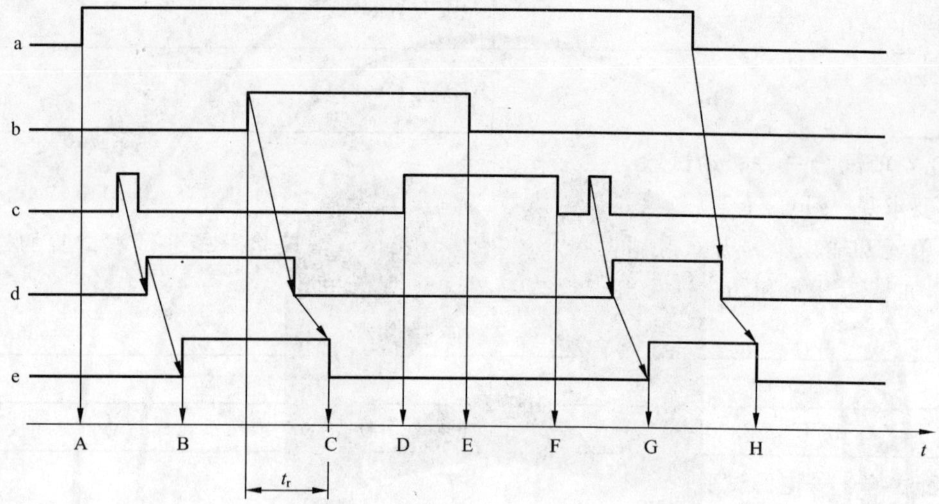

a——压敏垫或压敏地板的动力源；

b——致动力；

c——复位信号；

d——传感器输出；

e——输出信号开关装置的输出。

t＝时间

t_r＝响应时间

A——装置的动力源接通；由于装置还没有被复位；输出保持断开。

B——复位信号出现。由于在没有致动力作用于压敏垫或压敏地板时按下复位按钮会使感器接通因而引起装置的输出变为接通。

C——由于传感器上有致动力作用使传感器变为断开，进而使装置的输出变为断开。

D——复位信号出现。只要传感器上有致动力作用，按下复位按钮对装置的输出没有影响，装置保持断开。

E——从传感器上卸除致了动力；即使复位信号依然存在，装置的输出仍保持断开。

F——清除了复位信号。即使从传感器上已经卸除了致动力，松开复位按钮对装置的输出也没有影响。

G——复位信号出现。由于传感器上没有致动力作用按下复位按钮会使传感器接通，进而使装置的输出变为接通。

H——断开装置的动力源；传感器输出和装置的输出均变为断开。

图 A.1 致动力、复位信号和输出之间的关系

（由复位功能触发的传感器输出）

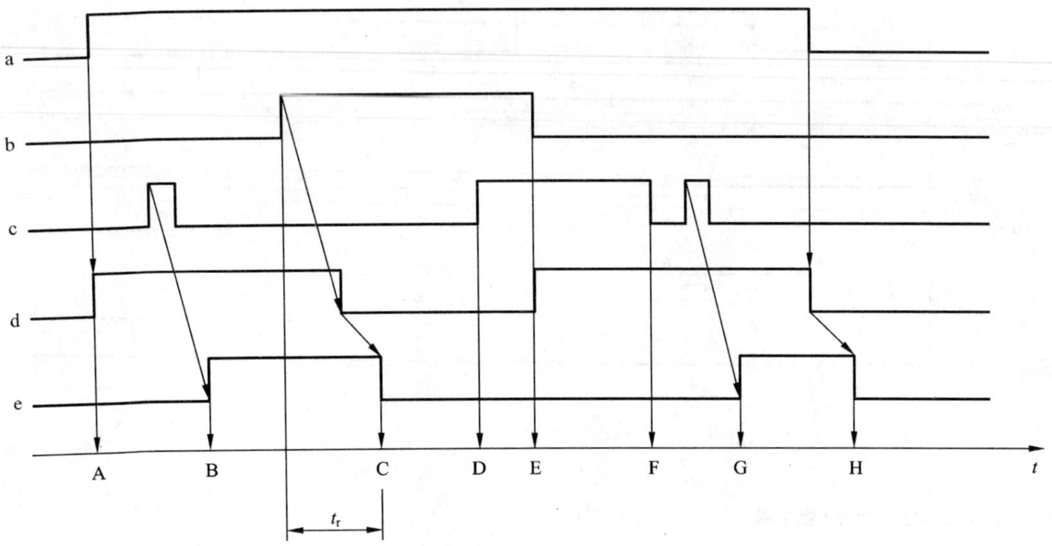

a——压敏垫或压敏地板的动力源；

b——致动力；

c——复位信号；

d——传感器输出；

e——输出信号开关装置的输出。

A——装置的动力源接通；由于装置还没有被复位，输出保持断开。当动力源接通时，传感器变为接通。

B——传感器上没有致动力作用时出现复位信号。只要传感器被接通按下复位按钮会使装置的输出变为接通。

C——传感器上有致动力作用。传感器的输出变为断开，从而使装置的输出也断开。

D——出现了复位信号。只要压敏垫或压敏板的传感器上有致动力作用，按下复位按钮不影响装置的输出；装置保持断开。

E——从传感器上卸除致动力；即使复位信号还存在，传感器输出也会变为接通，但装置保持断开。

F——清除复位信号。松开复位按钮对保持接通的传感器的输出没有影响。装置保持断开。

G——传感器上无致动力作用时出现复位信号。只要传感器被接通按下复位按钮会使装置的输出变为接通。

H——装置的动力源断开；传感器输出和装置输出均变为断开。

t＝时间

t_r＝响应时间

图 A.2　致动力、复位信号和输出之间的关系

（传感器输出和复位功能相互独立）

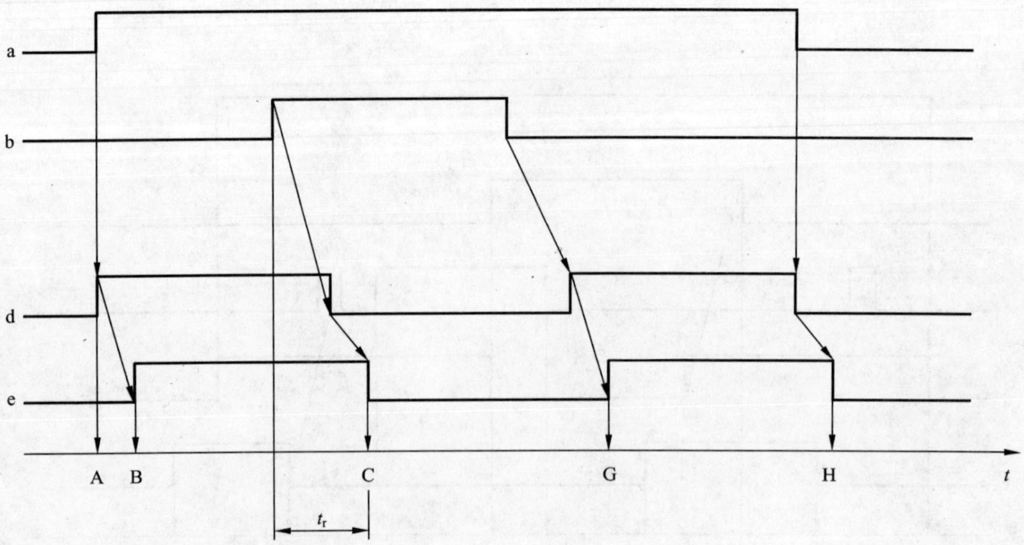

a——压敏垫或压敏地板的动力源； t＝时间

b——致动力； t_r＝响应时间

d——传感器输出；

e——输出信号开关装置的输出。

A——装置的动力源接通；传感器接通。

B——由于传感器上没有致动力作用，装置的输出变为接通。

C——由于传感器上有致动力作用，使传感器的输出断开进而使装置的输出断开。

G——由于从传感器上卸除了致动力，使传感器的输出变为接通进而使装置的输出也变为接通。

H——装置的动力源断开；传感器和装置的输出均被断开。

图 A.3 致动力与不带复位功能装置的输出之间的关系

附　录　B
（资料性附录）
应用注意事项

B.1　一般要求

这些注意事项宜视为有关制造商的使用说明书推荐的条款。当选择压敏垫或压敏地板时，宜制定一个计划，该计划与其他信息一道包括下面推荐的条款。

B.2　安装表面（位置）

表面质量宜符合制造商的规定，例如表面不规则可能会削弱压敏垫和压敏地板的传感器的功能，因此宜尽量将这种表面的不规则程度降低到可接受的水平。

宜考虑电缆与传感器的接入点，以确保：

——控制器处于合适的位置；

——不因连接电缆而产生绊倒危险；

——在被保护区域不能产生死区，如传感器在和连接电缆接入点毗邻处会有死区。

B.3　传感器尺寸

当考虑传感器尺寸时，应按 GB/T 19876 的要求考虑相对危险的最小距离。

B.4　选择准则

选择系统时宜考虑下列因素：

a）作为独立装置使用，或是和别的设备组合使用；

b）传感器组合的性能；

c）避免死区；

d）工作周期的频率和系统寿命；

e）输出信号开关装置开关的容量；

f）静载荷，如置于传感器表面的机械部件；

g）由轮式车辆加荷，如驾驶、制动和转向；

h）温度和湿热；

i）温度和湿热的快速变化；

j）诸如油、溶剂、切削液和这些液体的组合等化学影响；

k）落水或浸泡的影响，如清洗时和泄漏的情况下；

l）诸如金属屑、尘土和沙子等外来物的影响；

m）传感器的附加覆盖物；

n）振动、冲击等产生的应力；

o）诸如某些型式的焊接设备和无线电收发装置产生的强电磁干扰；

p）由大负荷切换可能会引起电源电压的波动超出 GB 5226.1 的规范；

q）灵敏度水平可能会与本部分的要求有差异；

r）复位的需求和复位按钮的位置；

s）符合 GB/T 16855.1 规定的压敏垫或压敏地板所要求的控制类别；

t）需要的专门文字说明、标识或标志；

u) 传感器的固定。

B.5 合理与不合理的安装设计之间的对比

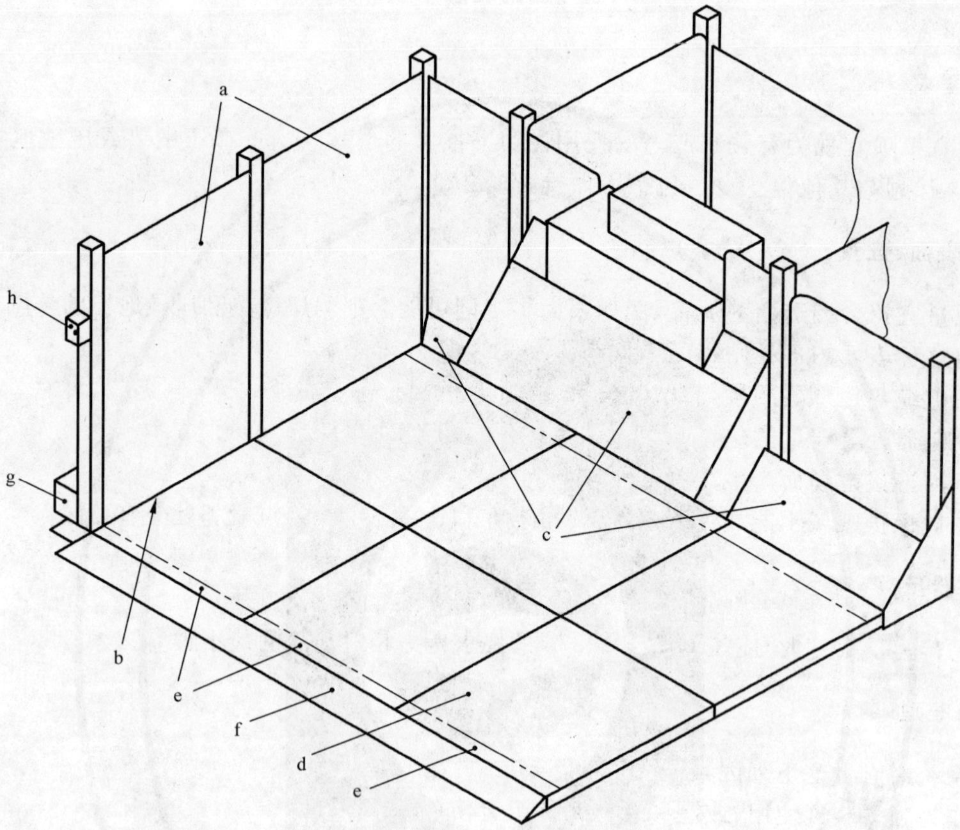

a 安装额外的固定式防护装置，防止进入机械的危险区；

b 安排和设计固定式防护装置，以使人无法进入固定式防护装置和传感器之间的危险区。固定式防护装置只允许经过传感器进入危险区；

c 倾斜的盖板防止操作者站在有效敏感区的侧面和处于危险区中；

d 正确安装传感器；

e 传感器的死区位于不削弱保护功能的位置；

f 进入点设置斜坡降低在传感器边缘被绊倒的危险。斜坡还可保护连接电缆；

g 电缆槽安装在固定式防护装置的外侧；

h 复位按钮位于被充分保护的位置，在此位置危险区完全可见。

图 B.1 合理的安装设计

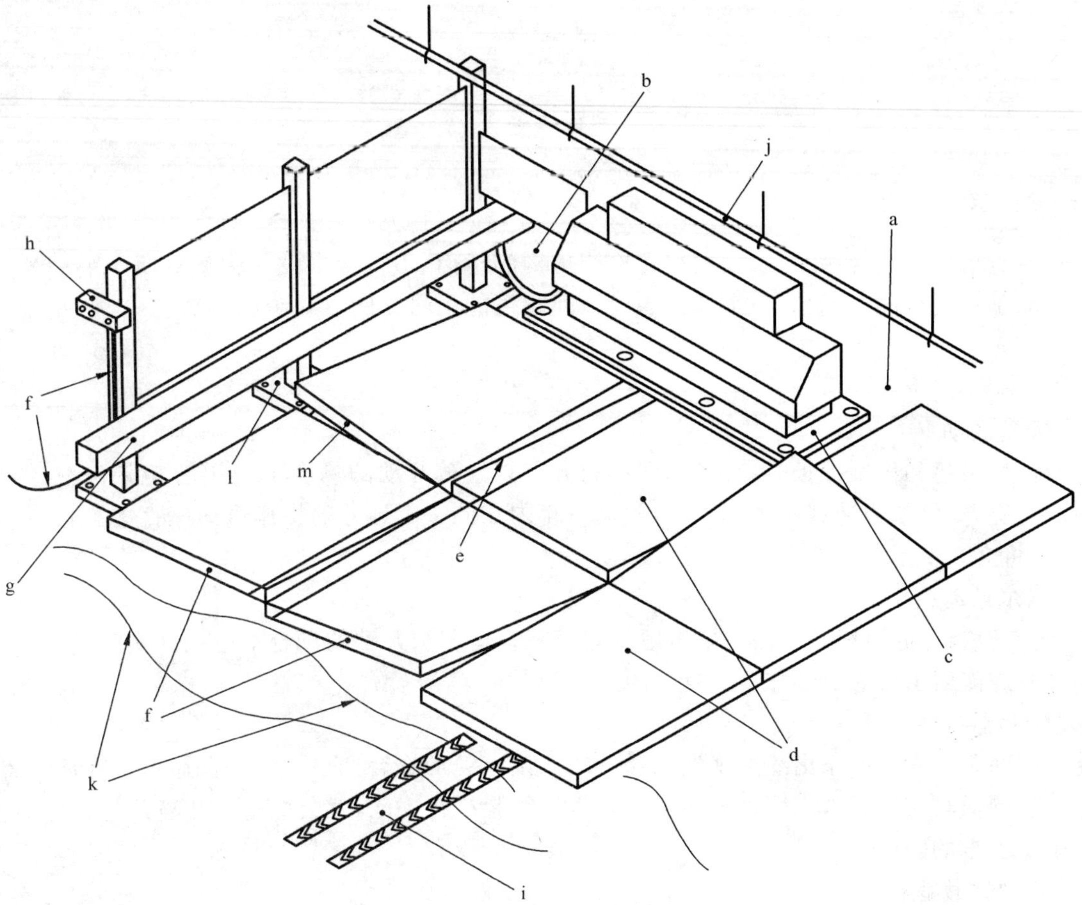

a　危险区的固定式防护装置防护不充分；

b　没有从后部对危险区进行防护，而且由于固定式防护装置太小可从其上面或下面进入危险区；

c　操作者能够站在装在危险区之内的机器底板上；

d　传感器没被正确固定；

e　传感器死区的位置安排不当，这样操作者就能够到达危险区；

f　传感器暴露的边缘和拖曳的电缆存在绊倒危险，并且没有对拖曳的电缆进行避免机械损伤的防护；

g　电缆槽安装在固定式防护装置的内侧，能够由于对防护的误用而进入危险区；

h　控制单元安装在容易遭受损坏的位置，能够遭到过往车辆的机械损伤；

i　不宜将传感器安装在过道上；

j　安装在传感器上方的供应管路可能被误用，能够悬挂在传感器上方进入到危险区；

k　安装地面不平整将会降低传感器的功能和预期使用寿命；

l　通过固定式防护装置的底板可进入危险区；

m　没有将传感器固定好，存在绊倒的危险。

图 B.2　不合理的安装设计

附 录 C
(资料性附录)
设计注意事项

C.1 一般要求

这些注意事项宜视为对制造商、用户和检测机构的指南，不符合本设计注意事项中的建议并不一定意味着产品是不安全的。例如，一个具体的设计问题可能用另外的方式予以解决。

C.2 条件

C.2.1 频繁致动

当设计压敏垫和压敏地板时，宜考虑到它们会在频繁被开动的场合下应用的实际情况。在使用生产机械的情况下，例如当装载一个装置时，预期一年内在同一个地方的操作可达三百多万次。对于压敏垫来讲，这将会改变承载支撑点的灵敏度。

C.2.2 偶尔致动

当设计压敏垫和压敏地板时，也要考虑到它们只在偶尔被开动的场合下应用的实际情况，在它们一旦被驱动时应能给出可靠的动作。

C.2.3 传感器电缆

在只有两条进线和两条出线用来做传感器的连接电缆的场合，宜将导线连接在接触元件的相对应的端子上以确保与接触元件牢固地连接。如果将导线紧拧在一起，就会把一条开路并接到接触元件上，这会产生不安全的隐患。

C.2.4 异常重载荷

有些情况下，在工作期间或更换工具时可能有重载荷(如叉车)作用于传感器上。如有这一要求，用户宜向制造商和(或)供应商明确地表明这一需求。

C.3 压敏垫

C.3.1 一般要求

压敏垫的传感器通常是由上表面、敏感元件和基座组成的夹层结构形式。

C.3.2 传感器表面

传感器上表面材料应能承受预期操作负荷。另外，施加压力不应导致有效敏感区上“桥”型永久变形。

传感器上表面应采用寿命周期内防滑设计。

宜考虑实际应用中上表面可能遇到的液体的影响。例如，某些液体可能导致长期的表面下降或凸起形成不安全状态。

C.3.3 传感器性能

传感器的某些部分的敏感性可能比其他部分低，并且也有些部分比其他部分更容易损坏。敏感性的降低通常是在传感器的周边引入电缆、管道、金属丝或引线连接处附近以及压敏板被分离处。应考虑特定的致动力。

应在易受损坏和较早失效的区域进行寿命试验。这些区域包括电缆入口、引入电缆和传感器之间的连接处以及传感器内部的焊点或其他连接处。

C.3.4 内部气隙

压敏垫传感器内的任何气隙都应保持最小。在使用压敏垫的地方可能会有大大小小的颗粒物质、害虫或液体侵入，这样会使传感器受到腐蚀或失去其敏感性。

在正常维修期间，一般不可能发现压敏垫表面上很小的孔隙。然而，这些孔隙可能大到足以使外来物体或流体进入压敏垫内部。孔隙越大，可能进入其中的外来物体、流体或尘埃就越多，并形成阻止传感器被驱动的障碍。

C.3.5 使用电传感器的压敏垫

在有些设计中，采用电子触板。板间通常用气隙隔开，当有压力作用在其表面时就闭合。板间借助弹簧、绝热垫或弹性泡沫产生气隙。宜考虑弹簧、绝热垫、弹性泡沫和触板失效的影响，还宜考虑传感器的连接。

关于电传感器的其他设计型式，传感器输出将随施加的力以线性方式变化。这种线性变化是以可变电阻、电容或其他效应的形式表现。

宜考虑给出在工作条件下可变部分的长期稳定性和浸入水或其他化学物质的影响。

C.3.6 使用气动传感器的压敏垫

如果压力作用于气动传感器的有效敏感区，将会产生一个压力改变的信号。施加作用力和信号输出之间的时间取决于作用力的位置。宜考虑最长的时间。

C.3.7 使用光纤传感器的压敏垫

当压力作用于光纤传感器的有效敏感区时，通过光纤的光量会发生改变。宜考虑在光发射器、检测器内和纤维中可能出现的长期性变化。

在设计阶段，宜注意不允许光不通过纤维而直接从发射器到检测器。

C.3.8 连接电缆

在实际使用中，可以预见到传感器可能被其连接电缆拉拽移动。因此，连接电缆和传感器之间的接头十分重要，它应经受住突然的和持续的拉拽和连续弯曲。可以选择另一种简单方法，即电缆断开而未损害并保证其处于安全状态。

C.3.9 绊倒危险

水平表面上相邻高度差达到 4 mm 或更高时就存在被绊倒的危险。宜采取措施消除传感器边缘周围的绊倒危险。适合的解决办法是齐地安装传感器，或使用 20°的斜坡。设计可组合的传感器应使它们在组合条件下不产生绊倒危险。宜考虑恶劣条件下寿命的退化。

C.4 压敏地板

C.4.1 一般要求

压敏地板有一个刚性的、像钢板结构一样的有效敏感区。

C.4.2 传感器表面

传感器上表面材料应能承受预期操作负荷。另外，施加压力不应导致有效敏感区上“桥”型永久变形。

传感器上表面应采用寿命周期内防滑设计。

应考虑给出应用中可能遇到的液体影响。例如，某些液体可导致长期的退化或膨胀，这将会产生不安全状态。

C.4.3 传感器表面接触移动的阻塞

刚性传感器表面的运动可能因下列原因导致阻塞：

——传感器表面的楔子；

——外物聚集，如传感器表面下的金属屑、尘土和沙子；

——传感器表面的翘曲；

——腐蚀或结冰导致传感器表面导销卡住。

C.4.4 限位开关的使用

C.4.4.1 在压敏地板中使用限位开关的地方，它们应以不引起失效危险的方法进行选择、定位和集成到控制系统中(见图 C.1)。更多信息也可见 GB/T 18831—2002 的 5.1～5.4。

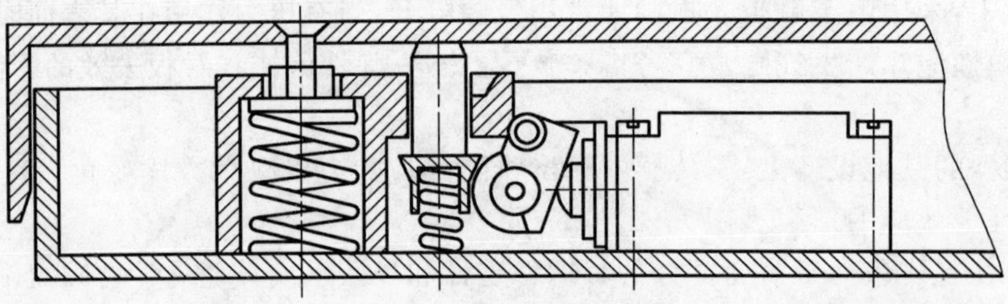

A—A(5:1)

图 C.1 限位开关使用

C.4.4.2 以下原因可造成压敏地板中使用的位置开关失效：

——化学物质的影响导致限位开关腐蚀；

——因不常使用导致限位开关卡住；

——凸轮工作系统问题：凸轮过度磨损或未对准；

——支架上的限位开关松动引起未对准。

C.4.5 连接电缆

连接电缆的安装宜不产生绊倒危险或死区，且不能损坏。

C.4.6 绊倒危险

水平表面上相邻高度差达到 4 mm 或更高时就存在被绊倒的危险。宜采取措施消除传感器边缘周围的绊倒危险。适合的解决办法是齐地安装传感器，或使用 20°的斜坡。设计可组合的传感器应使它们在组合条件下不产生绊倒危险。宜考虑恶劣条件下寿命的退化。传感器表面的移动不应大到在它和周围固定表面之间产生绊倒危险(见图 C.2)。

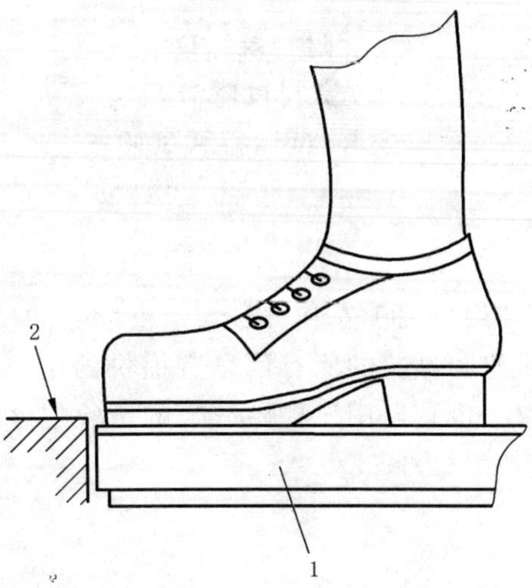

1——传感器表面；

2——毗邻的水平表面。

图 C.2 防绊倒

C.4.7 传感器表面的移除

压敏地板的设计宜使移除传感器表面时不会产生危险。

附 录 D
（资料性附录）
安装、试运行和试验

D.1 一般要求

这些注意事项宜视为制造商和用户关于安装、试运行、安装后的试验和常规试验的建议。

压敏垫和压敏地板的安装、维修和试验的所有信息宜提供给用户。宜给出包括固定、润滑、常规试验、机械和电气部件的更换的建议。也宜向用户提供适当的试验程序或检测压敏垫或压敏地板是否在其技术规范内运行的系统。

D.2 安装

D.2.1 为了正确安装，宜提供关于应用的机械和电气要求以及必要的安装图信息。

D.2.2 制造商宜规定安装压敏垫或压敏地板所要求的技术知识和专门技能。

D.2.3 宜描述安装完成后进行的试验的测试和检验方法。

D.3 试运行

D.3.1 试运行宜包括由培训合格的人员进行的检验和试验。

D.3.2 宜记录检验和试验的结果，该记录的副本宜由用户保存。

D.3.3 在试运行期间，应考虑下面几点：

a） 检查安装表面和环境条件对所用装置的适合程度。

b） 根据 GB/T 19876 的要求检查最小距离。

c） 检验传感器是否被安全地固定在其位置上而且不会产生绊倒危险。

d） 确保任何“死区”不提供进入危险区的途径。

e） 检查断开压敏垫或压敏地板的动力源是否阻止机器继续运行。在动力恢复和操作复位装置前机器应不能被驱动。

f） 致动力作用于有效敏感区时，检查是否防止了危险移动。

g） 必要时，确保提供了附加的安全装置，以防止从压敏垫或压敏地板任何方向进入机械的危险部分。

h） 检查是否防止人员出现在危险区和传感器之间。如果不能做到这一点，检查是否采用了进一步的安全措施。

i） 检查所有的指示灯是否正确运行。

j） 检查压敏垫或压敏地板在整个有效敏感区的敏感度。

k） 对机器充分的安全要求取决于机器和其防护装置之间接口的安全完整性。由 C 类标准或风险评价检查是否符合 GB/T 16855.1 规定的类别时，宜保证机器控制回路和与安全保护装置的连接符合机器控制器制造商和安全保护装置制造商之间商定的连接接口。

l） 需要提供噪声抑制的场合，确保抑制只是发生在机器预定部件的操作期间内，例如，在不存在危险的周期内（见 GB/T 16855.1）。

D.4 定期检验和试验

D.4.1 建议由有资质并且能胜任的人员进行定期检查、检验和试验程序。

D.4.2 宜重复 D.3.3 中陈述的检查。

D.4.3 在定期检验过程中,不能对系统做修改,不能有影响系统整体安全的变化(如刹车片磨损)。

D.4.4 检查所有控制装置外壳是否关闭并处于良好状态,且只有钥匙或工具才能打开。检查钥匙是否已移交给指定人员保管。

如果设备未能通过上述任何一项试验,该设备应被隔离并报告和记录该情况。清除所有的故障后,设备应重新试运行。

D.5 维修后的试验

进行维修后,宜按D.4的规定全面检查该系统。应特别注意给出那些已更换或修理过的零件的功能。

参考文献

[1] GB 1251.3 人类工效学　险情和非险情声光信号体系.

[2] GB/T 4025　人—机界面标志标识的基本和安全规则　指示器和操作器的编码规则.

[3] GB/T 5703　用于技术设计的人体测量基础项目.

[4] GB/T 8196　机械安全　防护装置　固定式和活动式防护装置设计与制造一般要求.

[5] GB 12265.1　机械安全　防止上肢触及危险区的安全距离.

[6] GB 12265.3　机械安全　避免人体各部位挤压的最小间距.

[7] GB/T 16856　机械安全　风险评价的原则.

[8] GB 17888.2　机械安全　进入机器和工业设备的固定设施　第2部分:工作平台和通道.

[9] GB 18209.1　机械安全　指示、标志和操作　第1部分:关于视觉、听觉和触觉信号的要求.

[10] GB/T 18831—2002　机械安全　带防护装置的联锁装置　设计和选择的原则.

[11] GB/T 19436.1　机械电气安全　电敏防护装置　第1部分:一般要求和试验

ICS 13.110
J 09

中华人民共和国国家标准

GB/T 17454.2—2008/ISO 13856-2:2005

机械安全　压敏保护装置　第2部分：压敏边和压敏棒的设计和试验通则

Safety of machinery—Pressure-sensitive protective devices—Part 2: General principles for design and testing of pressure-sensitive edges and pressure-sensitive bars

(ISO 13856-2:2005,IDT)

2008-03-31 发布　　2008-10-01 实施

中华人民共和国国家质量监督检验检疫总局
中国国家标准化管理委员会　发布

前　言

GB/T 17454《机械安全　压敏保护装置》由以下三部分组成：

——第1部分：压敏垫和压敏地板的设计和试验通则

——第2部分：压敏边和压敏棒的设计和试验通则

——第3部分：压敏缓冲器、压敏板、压敏线及类似装置的设计和试验通则

本部分为GB/T 17454的第2部分。

本部分等同采用ISO 13856-2:2005《机械安全　压敏保护装置　第2部分：压敏边和压敏棒的设计和试验通则》(英文版)。

本部分等同翻译ISO 13856-2:2005。为便于使用，本部分做了下列编辑性修改：

——用“本部分”代替了“ISO 13856的本部分”；

——用小数点“.”代替作为小数点的逗号“,”；

——修改了规范性引用文件的导语；

——对ISO 13856-2:2005引用的其他国际标准中，用已被采用为我国的标准代替对应的国际标准，未被采用为我国标准的直接引用国际标准。

本部分的附录A为规范性附录，附录B～附录G均为资料性附录。

本部分由全国机械安全标准化技术委员会(SAC/TC 208)提出并归口。

本部分起草单位：机械科学研究总院中机生产力促进中心。

本部分主要起草人：付大为、李勤、宁燕、张晓飞、富锐、王学智、肖建民、居荣华、郭曙光、王国扣、赵茂程。

引　　言

GB/T 17454 适用于通过人体部位施加的压力或力来感测人体存在的安全装置。经人体触发后，安全装置会发出停止命令，机器控制系统通过接收停止命令为触发该安全装置的人员提供保护。

本部分的附录 A 介绍了带和不带复位功能装置的时序图；附录 B 解释了操作速度、对人体的作用力以及驱动后装置的行程之间的关系；附录 C 为使用者提供了选择合适装置的指南。在定购设备之前，建议供应商与消费者保持紧密联系以便仔细检查使用中存在的限制。

很多不同的方法都可实现机械的安全防护(见 GB/T 15706.1—2007 中的 3.20)。这些方法包括通过设置物理屏障防止进入危险区的防护装置(例如：符合 GB/T 8196 的固定式防护装置，或符合 GB/T 18831的联锁防护装置)、保护装置(例如：符合 GB/T 19436 的电敏防护装置)以及符合 GB/T 17454本部分的压敏保护装置。

C 类标准的制定者和机械/装置的设计者在考虑通过最佳途径达到要求的安全水平时，应考虑预定使用情况和风险评价的结果(见 GB/T 16856)。最好的解决办法可能是综合考虑这些方法中的几种。在决定选择何种安全防护装置之前，也建议机械/装置的供应商和使用者一起仔细检查已有的限制。

附录 D 给出了关于设计压敏边和压敏棒的指导；附录 E 给出了应用压敏边和压敏棒的指导；附录 F 给出了安装、试运行和试验的指导；附录 G 给出了符合 GB/T 16855.1 中类别 2 的一般要求。

对于具体应用，GB/T 17454 的本部分不规定压敏边和压敏棒敏感表面的尺寸或形状。但是，所有安全装置的制造商都需提供足够的信息，以便于用户[也就是机械制造商和(或)机械使用者]能够根据自己的需要进行选定。

压敏边和压敏棒属于“机械致动断开装置”类安全装置。GB/T 15706.1—2007 的 5.1 和 5.2 给出了这类装置(也包括其他安全装置)的一般要求。

压敏边和压敏棒可广泛用于各种不同的使用环境，例如：加载、电气、物理和化学环境。它们通过接口与机器控制器相连接，以保证装置被驱动后能使机器返回到安全状态。

压敏边和压敏棒可安装在机器移动部件可能发生陷入、挤压和碰撞危险的地方，也可安装在机器的固定部件或者屏障上用来防止机器移动部件引发的陷入或挤压危险。压敏边和压敏棒的设计、选择、安装和(或)与机器控制系统的连接，应使得施加于人体或人体部位的力/压力不超过一定的限值。

压敏边、压敏棒、压敏缓冲器和压敏障碍有许多类似之处。表 1 总结了 GB/T 17454 的本部分包括的两种类型的压敏装置在一般应用上的区别，并给出了它们的应用指南。

表 1　压敏边和压敏棒的典型特征(依照 GB/T 17454.2)

特征	压敏边	压敏棒
横截面	规则	规则
长/宽比率	>1	任意比率
有效敏感区	局部偏移	整体移动
感测对象	手指 手 手臂 腿 头 躯干	手指 手 手臂 腿 头 躯干

机械领域的安全标准结构如下：

a) A类标准(基础安全标准)，给出适用于所有机械的基本概念、设计原则和一般特征。

b) B类标准(通用安全标准)，涉及机械的一种安全特征或使用范围较宽的一类安全防护装置：

1) B1类，特定的安全特征(如安全距离、表面温度、噪声)标准；

2) B2类，安全装置(如双手操纵装置、联锁装置、压敏装置、防护装置)标准。

c) C类标准(机器安全标准)，对于一种特定的机器或一组机器规定出详细的安全要求的标准。

按照GB/T 15706.1的规定，本部分属于B2类标准。

当C类标准的内容偏离A类、B类标准的规定时，以C类标准为准，因为机器是根据C类标准的内容进行设计和制造的。

机械安全　压敏保护装置
第 2 部分：压敏边和压敏棒的设计和试验通则

1　范围

本部分规定了压敏边和压敏棒用作安全装置时设计和试验的一般原则和要求。此时，压敏边和压敏棒不用作常规操作的致动装置。带或不带外部复位装置的压敏边和压敏棒可用于感测暴露于危险中(例如：危险的移动部件)的人体或人体部位。本部分主要叙述了安全性与可靠性之间的关系(安全性和可靠性之间的关系见 GB/T 16855.1—2005 中的附录 D)，不涉及安全性与适宜性之间的关系。

GB/T 17454 的本部分仅限于描述压敏边和压敏棒的功能，并没有规定其应用的要求，但第 6 章包含了对制造商提供的使用信息的要求。涉及具体应用的压敏边或压敏棒，本部分没有规定它们的尺寸。本部分不适用于那些符合 GB 5226.1，且仅用于机械正常操作的停止装置(包括急停装置)。在老人、残疾人或小孩容易接近的地方使用压敏边和压敏棒，需要考虑附加要求。

注：当制造商已完成压敏边和压敏棒的设计并与机械设备组装在一起时，完成本部分的所有试验可能是不实际的。

2　规范性引用文件

下列文件中的条款通过 GB/T 17454 的本部分的引用而成为本部分的条款。凡是注日期的引用文件，其随后所有的修改单(不包括勘误的内容)或修订版均不适用于本部分，然而，鼓励根据本部分达成协议的各方研究是否可使用这些文件的最新版本。凡是不注日期的引用文件，其最新版本适用于本部分。

GB/T 2423.3　电工电子产品环境试验　第 2 部分：试验方法　试验 Cab：恒定湿热试验(GB/T 2423.3—2006，IEC 60068-2-78：2001，IDT)

GB/T 2423.6　环境试验　第 2 部分：试验方法、试验 Eb 和导则：碰撞(GB/T 2423.6—1995，idt IEC 60068-2-29：1987)

GB/T 2423.10　环境试验　第 2 部分：试验方法　试验 Fc 和导则：振动(正弦)(GB/T 2423.10—1995，idt IEC 60068-2-6：1982)

GB/T 2423.22　环境试验　第 2 部分：试验方法　试验 N：温度变化(GB/T 2423.22—2002，IEC 60068-2-14：1984，IDT)

GB/T 3766　液压系统　通用技术条件(GB/T 3766—2001，eqv ISO 4413：1998)

GB 4208　外壳防护等级(IP 代码)(GB 4208—1993，eqv IEC 529：1989)

GB 5226.1—2002　机械安全　机械电气设备　第 1 部分：通用技术条件(IEC 60204-1：2000，IDT)

GB 7251.1—2005　低压成套开关设备和控制设备　第 1 部分：型式试验和部分型式试验成套设备(IEC 60439-1：1999，IDT)

GB/T 7932　气动系统　通用技术条件(GB/T 7932—2003，ISO 4414：1998，IDT)

GB 14048.5—2001　低压开关设备和控制设备　第 5-1 部分：控制电路电器和开关元件　机电式控制电路电器(eqv IEC 60947-5-1：1997)

GB/T 15706.1—2007　机械安全　基本概念与设计通则　第 1 部分：基本术语和方法(ISO 12100-1：2003，IDT)

GB/T 15706.2—2007　机械安全　基本概念与设计通则　第 2 部分：技术原则(ISO 12100-2：

2003,IDT)

GB/T 16855.1—2005 机械安全 控制系统有关安全部件 第1部分:设计通则(ISO 13849-1:1999,MOD)

GB/T 16855.2—2007 机械安全 控制系统有关安全部件 第2部分:确认(ISO 13849-2:1999,MOD)

GB/T 16935.1—1997 低压系统内设备的绝缘配合 第1部分:原理、要求和试验(idt IEC 60664-1:1992)

GB/T 17626.2 电磁兼容 试验和测量技术 静电放电抗扰度试验(GB/T 17626.2—2006,IEC 61000-4-2:2001,IDT)

GB/T 17626.3 电磁兼容 试验和测量技术 射频电磁场辐射抗扰度试验(GB/T 17626.3—2006,IEC 61000-4-3:2002,IDT)

GB/T 17626.4 电磁兼容 试验和测量技术 电快速瞬变脉冲群抗扰度试验(GB/T 17626.4—1998,idt IEC 61000-4-4:1995)

GB/T 17626.5 电磁兼容 试验和测量技术 浪涌(冲击)抗扰度试验(GB/T 17626.5—1999,idt IEC 61000-4-5:1995)

GB/T 17626.6 电磁兼容 试验和测量技术 射频场敏感的传导骚扰抗扰度(GB/T 17626.6—1998,idt IEC 61000-4-6:1996)

GB/T 17799.2 电磁兼容 通用标准 工业环境中的抗扰度试验(GB/T 17799.2—2003,IEC 61000-6-2:1999,IDT)

GB 17799.3 电磁兼容 通用标准 居住、商业和轻工业环境中的发射标准(GB 17799.3—2001,IEC 61000-6-3:1996,IDT)

GB/T 19436.1 机械安全 电敏防护装置 第1部分:一般要求和试验(GB/T 19436.1-2004,IEC 61496-1:1997,IDT)

GB/T 19436.2 机械安全 电敏防护装置 第2部分:使用有源光电防护器件(AOPDs)设备的特殊要求(GB/T 19436.2—2004,IEC 61496-2:1997,IDT)

IEC 61496-3 机械安全 电敏防护装置 第3部分:易引起漫反射的有源光电子保护器件设备的特殊要求

3 术语和定义

GB/T 15706.1确立的以及下列术语和定义适用于本部分。

3.1

压敏边 pressure-sensitive edge

用于感测人体或人体部位发生接触的“机械致动断开”类安全装置,由以下部分组成:

a) 传感器,压力作用于其表面一部分时可以产生信号,该表面:

——长度大于宽度;

——贯穿压敏区域的横截面不变;

——横截面的宽度大于8 mm;

——在驱动传感器时,有效敏感区有局部变形。

b) 控制单元,接收来自传感器的信号,并输出信号给机器的控制系统。

见图1。

注:传感器横截面的宽度通常≤80 mm。

3.2

压敏棒 pressure-sensitive bar

由以下部分组成的安全装置：

a) 传感器，压力作用于其表面一部分时可以产生信号，该表面：

——长度大于宽度；

——贯穿压敏区域的横截面不变；

——横截面的宽度大于 8 mm；

——在驱动传感器时，有效敏感区整体产生位移。

b) 控制单元，接收来自传感器的信号，并输出信号给机器的控制系统。

见图 1。

注 1：传感器横截面的宽度通常≤80 mm。

注 2：压敏棒的表面也会局部变形，但此种变形不驱动传感器。

3.3

传感器 sensor

压敏边或压敏棒的部件，当作用于此部件表面的压力足够大时会产生响应信号。

注：3.3～3.5 定义了压敏边或压敏棒的功能部件。这些部件的功能可能被集成为一个功能集或者可能包含在许多单独的功能集中(见图 1)。例如：对于一个简单的用于驱动位置感测开关的压敏边或压敏棒，可以认为由传感器、控制单元和输出信号开关装置组成。

3.4

控制单元 control unit

压敏边或压敏棒的部件，此部件响应传感器的状态并输出信号到机器的控制系统。

注：定义 3.3～3.5 定义了压敏边或压敏棒的功能部件。这些部件的功能可能被集成为一个功能集或者可能包含在许多单独的功能集中(见图 1)。例如：对于一个简单的用于驱动位置感测开关的压敏边或压敏棒，可以认为由传感器、控制单元和输出信号开关装置组成。

3.5

输出信号开关装置 output signal switching device

压敏边或压敏棒的部件，此部件与机器的控制系统相连并且传输输出信号。

注：3.3～3.5 定义了压敏边或压敏棒的功能组件。这些部件的功能可能被集成为一个功能集或者可能包含在许多单独的功能集中(见图 1)。例如：对于一个简单的用于驱动位置感测开关的压敏边或压敏棒，可以认为由传感器、控制单元和输出信号开关装置组成。

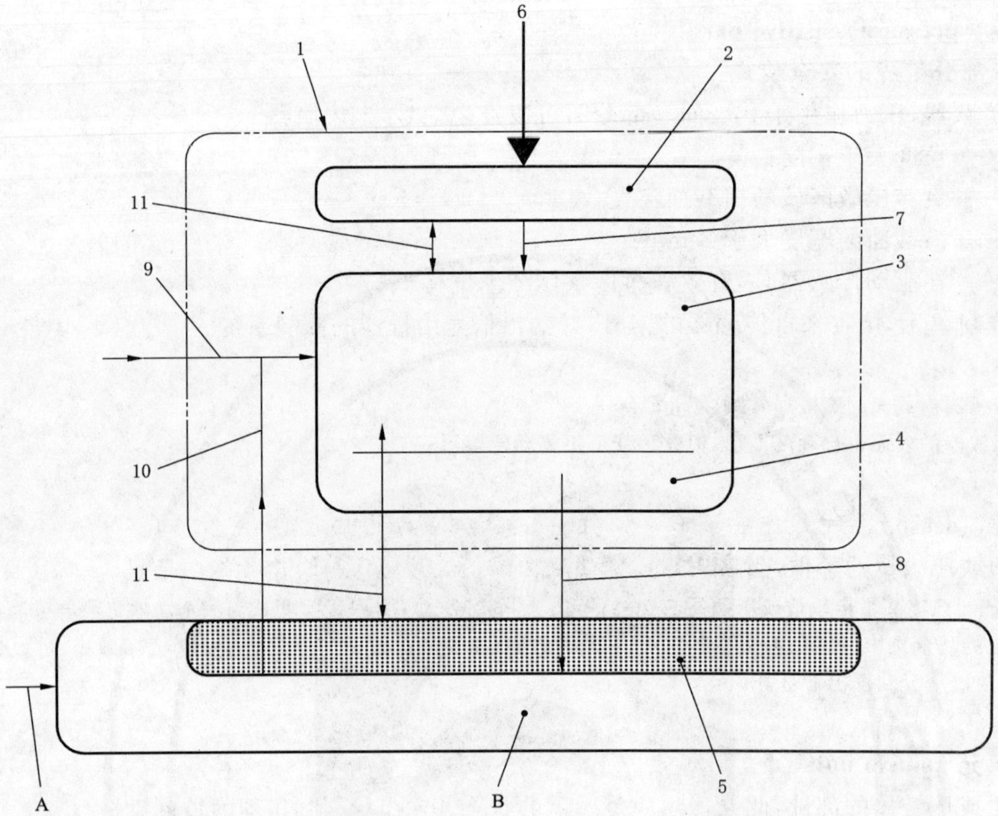

A——机器控制系统的手动复位信号(需要时可选 9)；
B——机器控制系统。
1——压敏边或压敏棒；
2——传感器；
3——控制单元[a]；
4——输出信号开关装置[a]；
5——处理压敏边/压敏棒输出信号的机器控制系统的部件；
6——致动力；
7——传感器输出信号；
8——接通/断开状态信号；
9——手动复位信号(需要时可选择 A)；
10——来自机器控制系统的复位信号(需要时)；
11——监测信号(可选)。

a 可能位于机器控制系统内部，也可能是机器控制系统的部件。

图 1 用于机器的压敏边或压敏棒

3.6

接通状态 ON state

输出信号开关装置的输出回路接通，电流或流体可以处于流动的状态。

3.7

断开状态 OFF state

输出信号开关装置的输出回路断开，电流或流体流动被断开的状态。

3.8

致动力 actuating force

作用于传感器并能使输出信号开关装置变为断开状态的力。

3.9

有效敏感区 effective sensing surface

传感器或传感器组合的表面的一部分，在其有效敏感角度和有效敏感长度内，施加致动力会使输出信号开关装置产生断开状态。

注：示例见图 2 和图 3。

3.10

有效敏感长度　effective sensing length

有效敏感区的长度。

3.11

参考轴　reference axis

用于定义传感器有效敏感区的直线，其方向与传感器长度方向一致，位于传感器横截面视图上。

见图 2 和图 3。

3.12

有效敏感角度　effective sensing angle

绕参考轴的角度，它沿着有效敏感长度限定有效敏感区。

见图 2 和图 3。

3.13

参考方向　reference direction

致动方向，从有效敏感区的一点指向参考轴，它把有效敏感角度一分为二且垂直参考轴。

见图 2 和图 3。

3.14

死区　dead surface(s)

传感器表面除有效敏感区外的区域。

见图 2 和图 3。

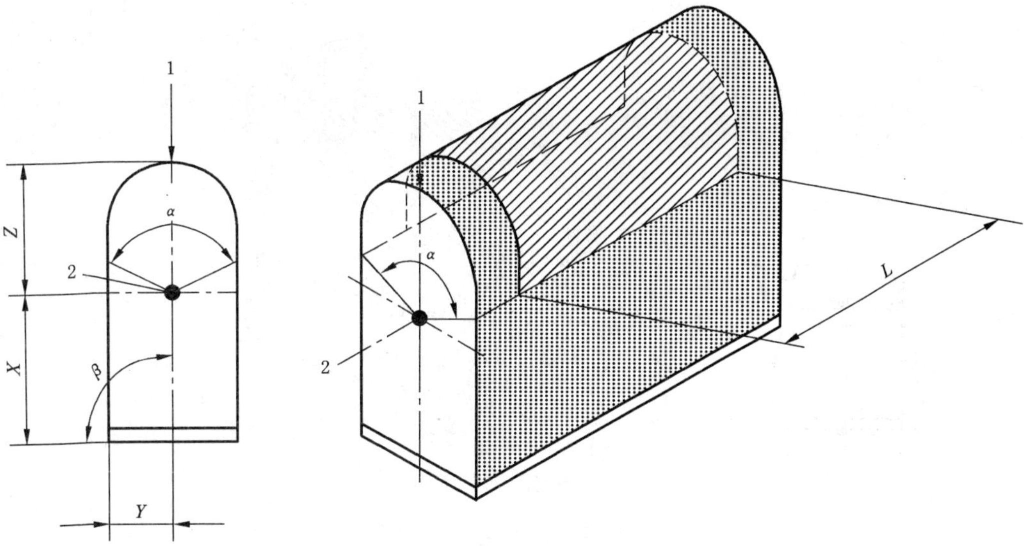

a) 末端有死区（有效敏感区对称）

图 2　压敏边的有效敏感区

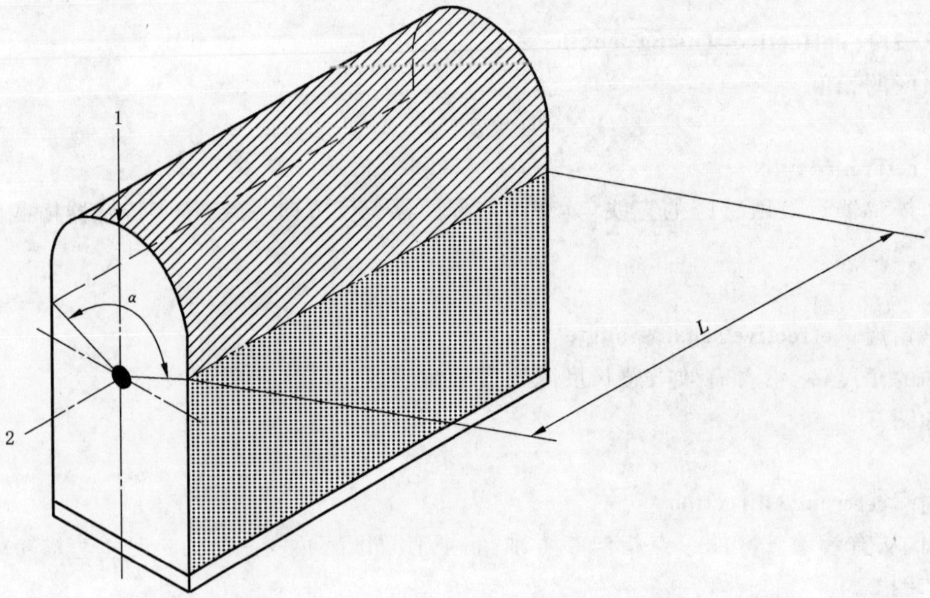

b) 末端无死区（有效敏感区对称）

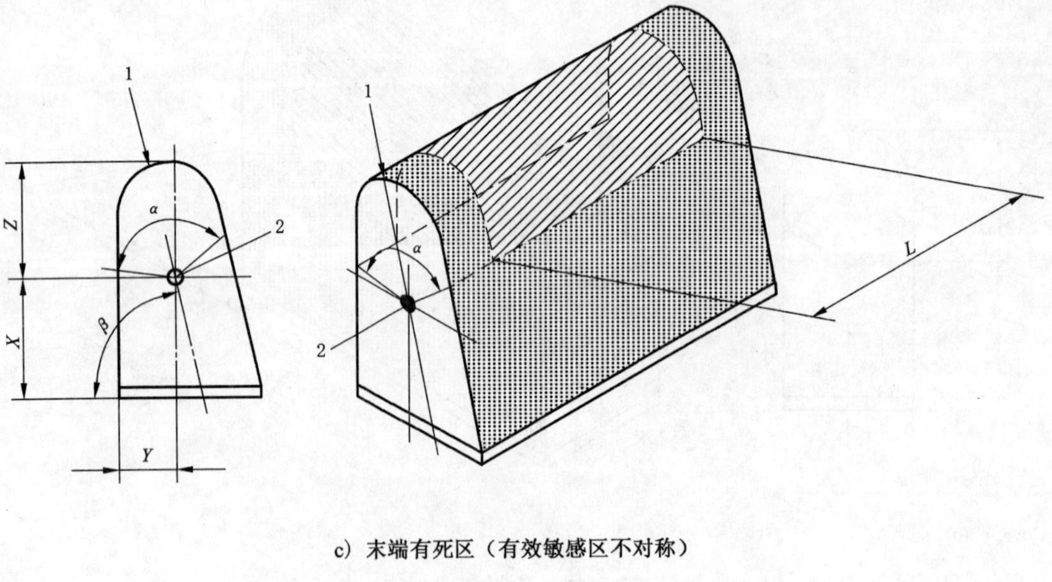

c) 末端有死区（有效敏感区不对称）

图 2(续)

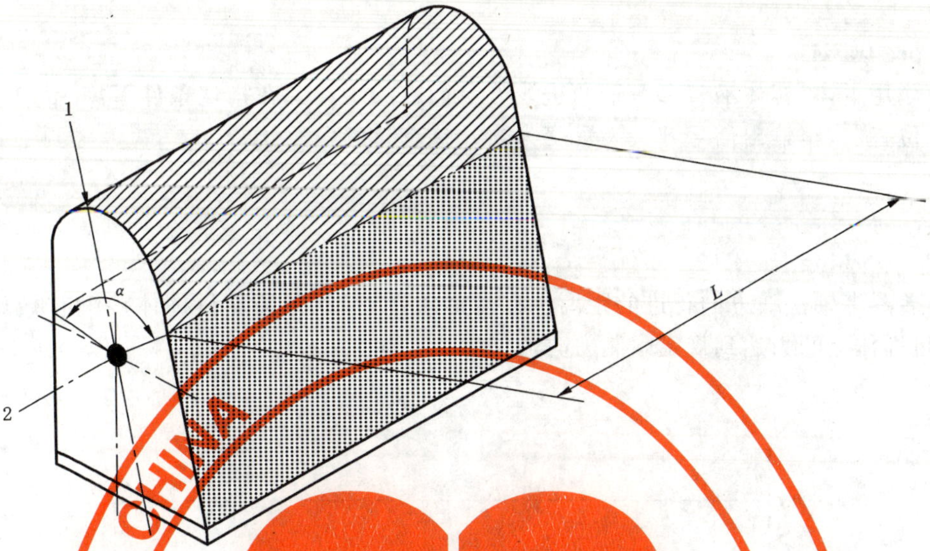

d) 末端无死区（有效敏感区不对称）

▨——有效敏感区；
▦——死区；
L——有效敏感长度；
α——有效敏感角度；
β——见 7.5.2。

1——参考方向；
2——参考轴。

图 2(续)

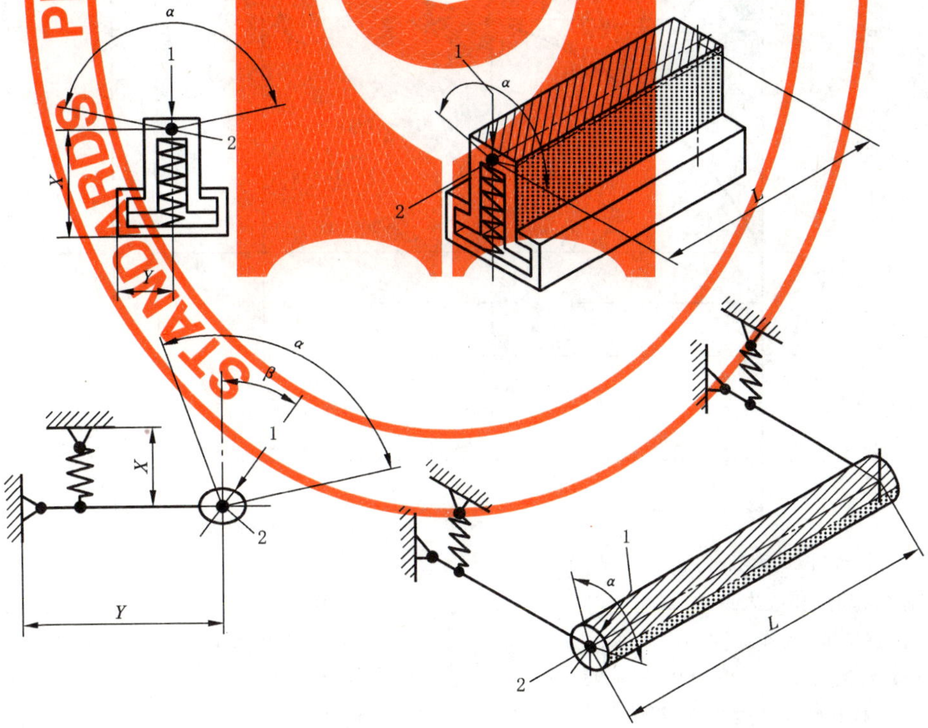

▨——有效敏感区；
▦——死区；
L——有效敏感长度；
α——有效敏感角度；
β——见 7.5.2。

1——参考方向；
2——参考轴。

图 3　压敏棒的有效敏感区

3.15

预行程　pre-travel

在致动力作用下，目标体沿着参考轴的法线方向行进的距离。在指定条件下，此距离从目标体接触有效敏感区的位置起，至输出信号开关装置变为断开状态时的位置止。

见图4。

3.16

工作行程　working travel

目标体沿着参考轴法线方向行进的距离。在指定条件下，此距离从目标体接触有效敏感区的位置起，至作用于目标体上的力达到规定限制力时的位置止。

见图4。

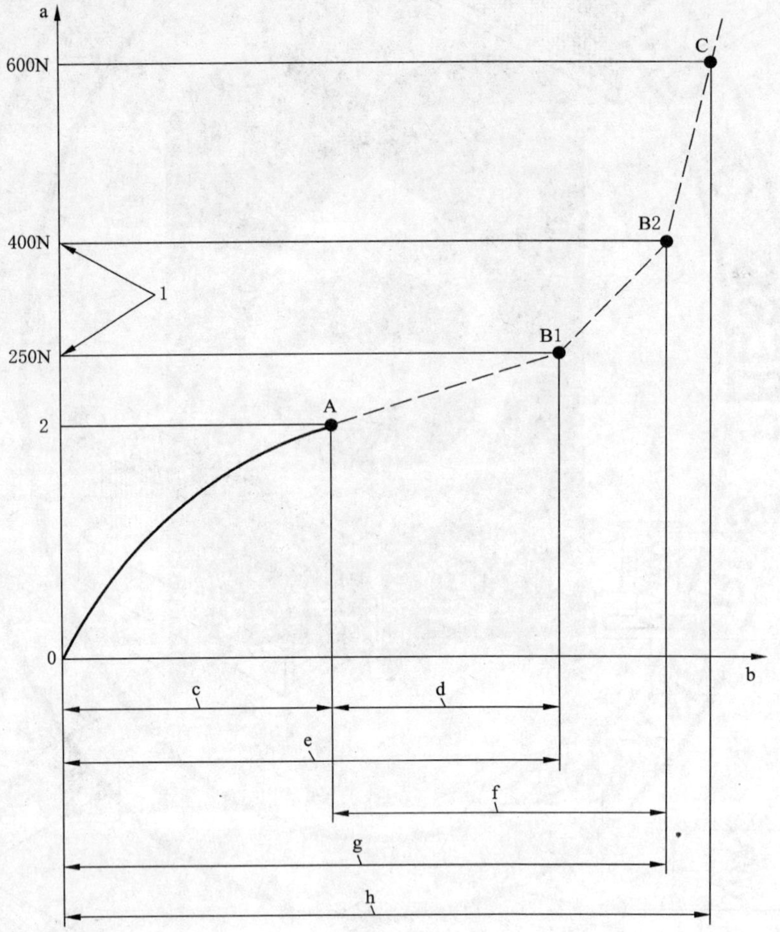

通过图6中的试件1施加力。

A——预行程(致动点和最大致动操作)；

B——工作行程(例如：操作速度小于或等于10 mm/s，施加250 N或400 N时的行程)；

C——总行程(例如：操作速度小于或等于10 mm/s，施加600 N时的行程)；

1——规定的极限力；

2——最小致动力。

a　力(N)；

b　行程(mm)；

c　预行程；

d　250 N时的超行程；

e　250 N时的工作行程；

f　400 N时的超行程；

g　400 N时的工作行程；

h　总行程。

图4　力-行程关系图

3.17

超行程　overtravel

在相同条件下，用同一目标体测量的工作行程和预行程的差值。

见图4。

3.18

力-行程的关系　force-travel relationship

在指定条件下，沿参考轴法线方向施加的力与指定目标体沿参考轴法线方向移动的距离之间的关系。见图4。

3.19

复位　reset

在满足某些条件的情况下，允许输出信号开关装置处于接通状态的功能。

注：见附录A。

3.20

安装方向　mounting orientations

传感器在空间上的定位。

见图5。

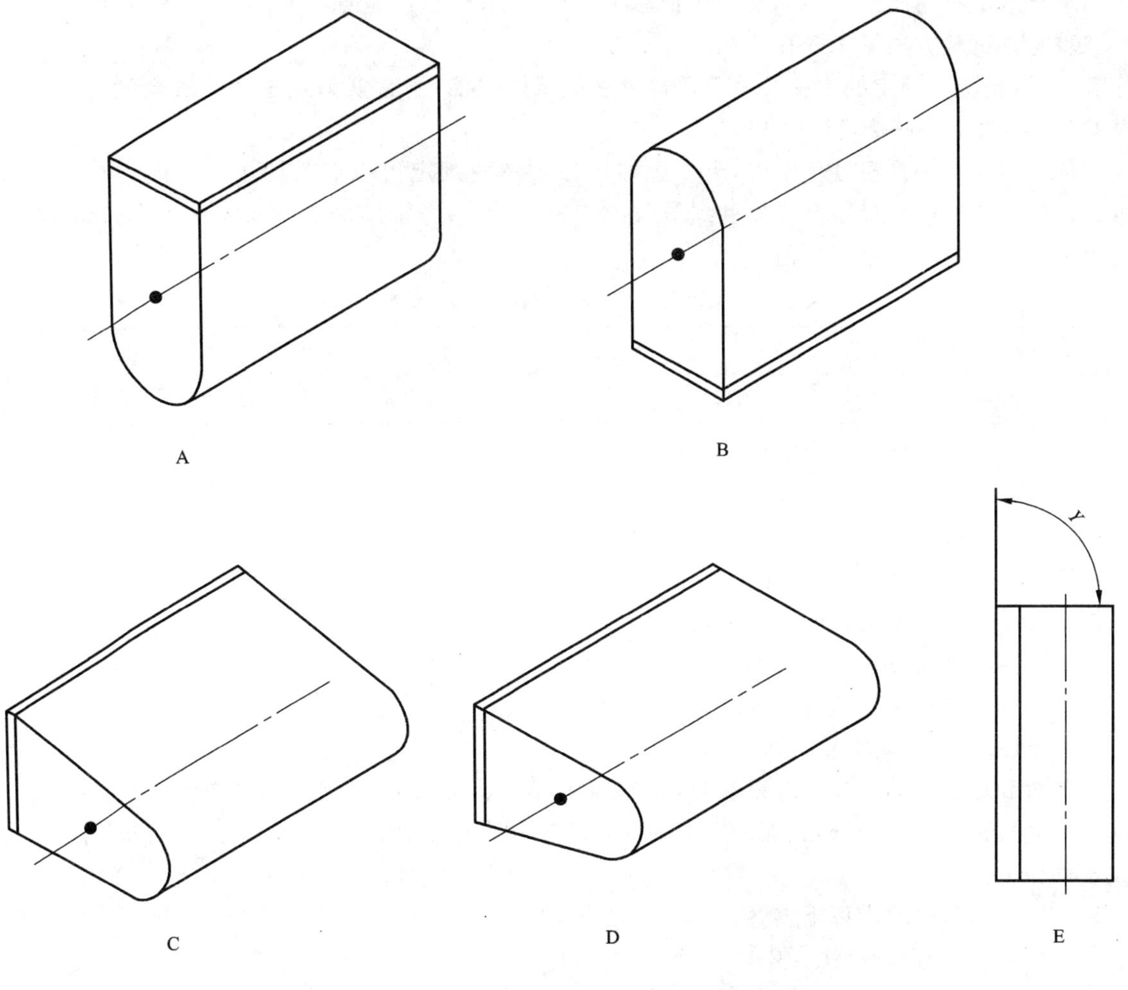

图5　传感器安装方向A到E

3.21

总行程　total travel

在致动力的方向上，从与有效敏感区接触的位置起至其无明显变形时的位置止，压敏边或压敏棒的有效敏感区的移动或变形，如施加 600 N 时。

3.22

启动联锁　start interlock

压敏边或压敏棒动力源(例如：电动力源)接通或中断后恢复接通时，防止机器自动启动的方法。

3.23

操作速度　operating speed

力作用于传感器引起输出信号开关装置断开的速度。

4　要求

4.1　有效敏感区

如图 2 和图 3 所示，制造商应通过给出 x、y、z 的尺寸，角度 α 和 β，有效敏感长度来规定有效敏感区。

高度(见图 2)$x+z\geqslant 40$ mm 的压敏装置其有效敏感角度应$\geqslant 90°$。

高度 $x+z<40$ mm 的压敏装置其有效敏感角度至少为 40°。

如果有效敏感角度小于 90°，在使用信息中应给出明确警告(见第 6 章)。

4.2　致动力(试验方法见 7.5 和 7.6)

警告：本条款中规定的力主要用于评价装置的压敏性能，不宜认为这些力是安全的力(选择指南见附录 C 和 GB/T 8196—2003 中的 5.2.5.2)。

在传感器整个工作温度范围内，当传感器已按制造商规定可以有效使用的方向进行安装时(见图 5)，以不同试验速度(从最小操作速度到最大操作速度)沿参考轴的法线方向作用于有效敏感区的最小致动力不应超过表 2 中给定的值。

表 2　试件与致动力的关系

试件(见图 6)	1	2	3
致动力/N	150	600	50

试件 3 应只用于感测手指的压敏边和压敏棒。

4.3　预行程(试验方法见 7.7.2)

预行程不应超过制造商的规定值。

4.4　超行程(试验方法见 7.7.4)

超行程不应小于制造商的规定值。

4.5　工作行程(试验方法见 7.7.3)

工作行程不应小于制造商的规定值。

4.6　力-行程的关系(试验方法见 7.7)

压敏边和压敏棒的制造商应以如图 4 所示的图表形式，给出一个典型例子的力-行程关系数据。此数据应由通过试件 1(见图 6)施加的力来确定。制造商应规定确定此数据时的温度、操作速度、安装方向以及操作方向。

每个图表应至少给出以下内容：

——致动力和预行程(图 4 中的 A 点)；

——施加 250 N(见注 2)或 C 类标准中规定的力时的工作行程(图 4 中的 B1 点)；

——施加 400 N(见注 2)或 C 类标准中规定的力时的工作行程(图 4 中的 B2 点)；

——施加 400 N 以上时的力-行程关系，例如 600 N(图 4 中的 C 点)。

注 1：操作方向取决于压敏边和压敏棒的预定用途。

注 2：关于可接受的力见引言以及附录 C。

4.7 最小操作速度(试验方法见 7.6)

最小操作速度不应超过 10 mm/s。

单位为毫米

半径公差：±0.2

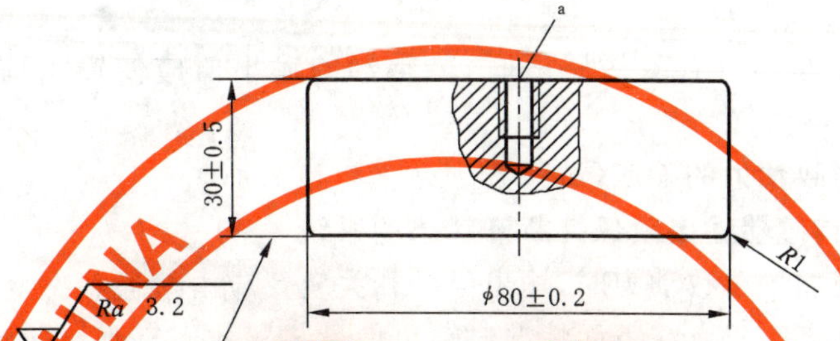

a) 试件 1

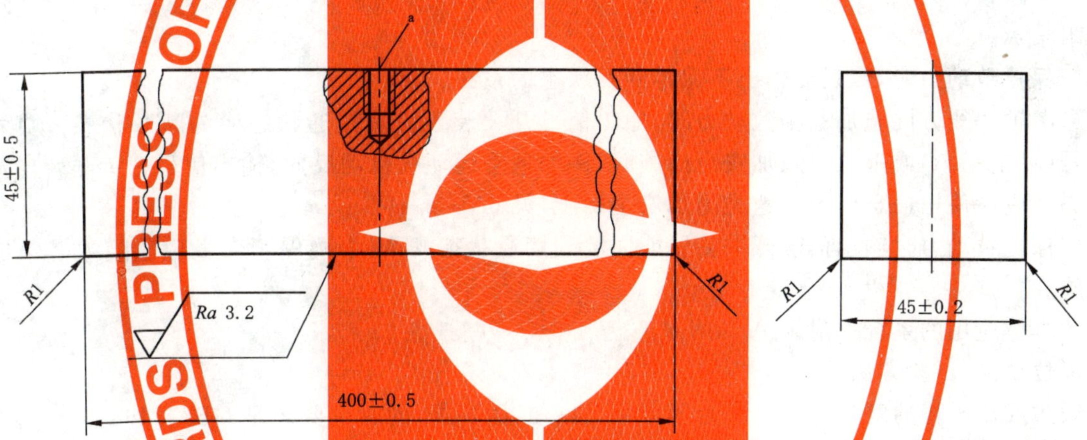

b) 试件 2

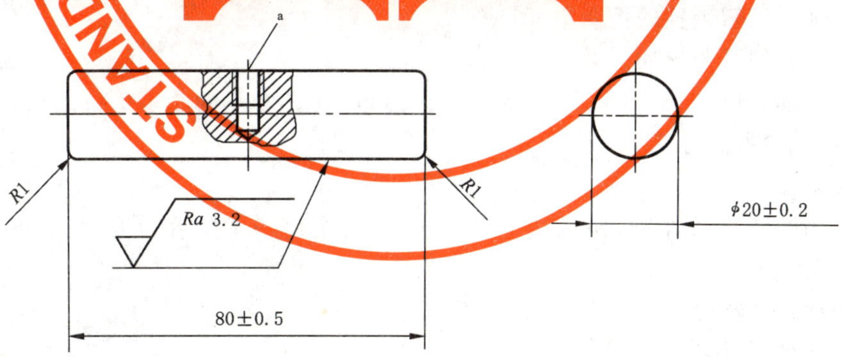

c) 试件 3

a 仅用于安装。

图 6 试件(见 7.3)

4.8 操作次数(试验方法见 7.8)

4.8.1 一般要求

压敏边和(或)压敏棒满足 4.8.2 和 4.8.3 的要求时可认为是可靠的组件。不能满足此要求时应使用其他方法保证系统的安全,例如使用满足 GB/T 16855.1—2005 类别 2 的系统。

4.8.2 单个传感器(试验方法见 7.8.1)

10 000 次操作后,压敏边或压敏棒应能继续正常工作,并且传感器应没有明显的损坏痕迹。

4.8.3 传感器组合(试验方法见 7.8.2)

对于有效敏感区由多个传感器组成的压敏边或压敏棒,在每个接缝处的操作次数达到 1 000 次或更多时,应能继续正常工作,并且传感器应没有明显的损坏痕迹。

4.9 传感器输出(试验方法见 7.9)

垂直于参考轴的致动力作用于有效敏感区时,传感器的输出值应使输出信号开关装置变为断开状态。

4.10 输出信号开关装置对致动力的响应(试验方法见 7.9 和 7.10)

4.10.1 只要施加致动力,传感器输出就保持断开状态的系统

沿参考轴的法线方向施加最小致动力时,输出信号开关装置应由接通状态变为断开状态,且只要施加了致动力就应保持断开状态。只有在下面情况时输出信号装置才回复到接通状态:

——移除致动力并施加复位信号,或者

——移除致动力。

见附录 A。

4.10.2 保持致动力时,传感器输出不保持断开状态的系统

沿参考轴法线方向施加最小致动力时,输出信号开关装置应从接通状态变为断开状态。只有施加复位信号(见附录 A)或采取了附加安全措施时,例如危险运动的自动反向,输出信号开关装置才回复到接通状态。应在使用信息中规定这类附加安全措施,见 6.3。

由于保持致动力时输出信号开关装置能回复到接通状态,所以为确保不会发生危险需要采取附加安全措施。

关于具体应用的系统见附录 A 和附录 G。

4.11 复位功能(试验方法见 7.10)

压敏边或压敏棒的复位功能应满足附录 A 的功能性要求,同时也要满足 GB/T 16855.1—2005 的 5.5 的一般要求。

为了复位压敏边或压敏棒的启动联锁或重启联锁功能,应按以下方式施加复位信号:

——直接施加于压敏装置的控制单元,或

——通过机器控制系统施加。

如果提供了手动复位,应按照附录 A 和 GB/T 16855.1—2005 的 5.4 进行动作。

4.12 环境条件(试验方法见 7.11)

4.12.1 一般要求

在制造商声明的环境条件下,压敏边或压敏棒应能连续正常工作。4.12.2,4.12.3,4.12.4 及 4.12.5规定了最低要求。

4.12.2 气候条件(试验方法见 7.11.2 和 7.11.3)

在以下气候条件下,压敏边或压敏棒应能连续正常工作:

——最小的温度范围应为+5℃~+40℃。如果制造商声明压敏边或压敏棒能工作于更大的温度范围,那么在该温度范围内应满足此要求(见 7.11.2);

——在相对湿度为 93%,温度为+40℃的环境中存放四天后,系统应能连续正常工作(见 7.11)并且应能保持完整的电绝缘性能(见 7.11.3)。

4.12.3 电磁兼容性(试验方法见 7.11.4)

在表 13(见 7.11.4)给出的条件下,压敏边或压敏棒应能连续正常工作。制造商可以声明压敏边或压敏棒能连续正常工作的更高的电磁兼容水平。

4.12.4 振动(试验方法见7.11.5)

依照GB/T 2423.10,在如下振动条件时,压敏边或压敏棒应能连续正常工作而不被致动:

——频率范围10 Hz~55 Hz;

——位移0.15 mm;

——每个轴向10个循环;

——扫描速率1 oct/min。

经过此振动试验后,压敏边或压敏棒应能连续正常工作。

4.12.5 碰撞(试验方法见7.11.6)

在下列条件,压敏棒应能连续正常工作而不被致动。这些要求仅适用于处于参考方向及其相反方向的压敏棒传感器,并且应满足GB/T 2423.6的要求:

最大加速度:100 m/s^2;

脉冲持续时间:16 ms;

脉冲形状:半正弦;

每个方向上的脉冲数:1 000;

近似频率:1 Hz。

在以上条件下,压敏棒应能连续正常工作不被致动。碰撞试验后,压敏棒应能连续正常工作。

4.13 动力源变化

4.13.1 一般要求

当动力源发生如4.13.2和4.13.3给出的变化时,压敏边和压敏棒应能连续正常工作。

4.13.2 电源变化(试验方法见7.12.2)

压敏边和压敏棒应满足GB 5226.1—2002中4.3的要求。

4.13.3 非电动力源变化(试验方法见7.12.3)

当受到制造商声明的动力源变化影响时,压敏边或压敏棒应能连续正常工作,并且满足GB/T 3766液压系统和GB/T 7932气动系统的相关要求。

压敏边或压敏棒没有装配过压保护装置时,超出规定范围的过压变化不应导致危险失效。

超出规定范围的变化不应导致危险失效。

4.14 电气设备(试验方法见7.13.1)

4.14.1 一般要求

压敏边和压敏棒的电气设备(组件)应:

——符合现行EN标准,

——适用于预定使用,且

——在其规定的额定值内工作。

4.14.2 电击保护

应依照GB 5226.1—2002的6.1、6.2和6.3提供电击保护。

4.14.3 过电流保护

应依照GB 5226.1—2002中7.2.1、7.2.2、7.2.4、7.2.8、7.2.9和7.2.10提供过电流保护。

4.14.4 机电设备

机电控制单元和输出信号开关装置应满足GB 14048.5的相关要求。

4.14.5 污染等级

根据GB 7251.1—2005中6.1.2.3,电气设备应满足污染等级2的要求。

4.14.6 电气间隙、爬电距离和隔离距离

应依照GB 7251.1—2005中7.1.2设计和构造电气设备。

4.14.7 布线

电气设备布线应满足 GB 7251.1—2005 中 7.8.3 的要求。

4.15 气动设备(试验方法见 7.13.2)

气动设备应满足 GB/T 7932 的相关要求。

4.16 液压设备(试验方法见 7.13.3)

液压设备应满足 GB/T 3766 的相关要求。

4.17 外壳(试验方法见 7.14)

4.17.1 传感器

制造商应说明传感器对于特殊环境的适应性,例如潮湿或粉尘环境。应定义该说明为防护等级,例如满足 GB 4208 的防护等级 IP 44。对于包含电气组件的传感器,其外壳防护等级最低应为 IP 54。如果制造商声明传感器可以浸入水中时,则该传感器的外壳防护等级最低应为 IP 67。制造商还应声明传感器浸入水中的时间和深度。

4.17.2 控制单元和输出信号开关装置

控制单元和任何外部输出信号开关装置的外壳防护等级最低应为 IP 54。当控制单元和输出信号开关装置设计成安装在另一控制设备的外壳中时,该外壳应满足与该应用相关的本部分关于保护的要求。在这些情况下,控制单元和输出信号开关装置最低应满足防护等级 IP 2X。

4.18 传感器的附加覆盖物(试验方法见 7.15)

制造商声明传感器可以使用附加覆盖物时,仍应满足本部分的所有要求(见附录 D)。

4.19 进入(试验方法见 7.16)

需要时,只有借助于钥匙或工具才能进入压敏边或压敏棒的内部。

4.20 符合 GB/T 16855.1 的类别(试验方法见 7.17)

压敏边和压敏棒应满足制造商声明的类别要求。对于压敏边和压敏棒,其类别如下:

——传感器应满足类别 1 的要求,或者与压敏边和压敏棒其他部件联合使用时应满足类别 2、3 或 4;

——控制单元和输出信号开关装置应满足类别 1、2、3 或 4 的要求。

注 1:压敏边和压敏棒就是由与安全相关的部件组成的系统的范例,因此装置部件的类别能够一一区别。

注 2:准备本部分时,大多数已知的传感器都满足类别 1 的要求。通常认为气动脉冲系统不满足类别 1 的要求。检验安全功能时,气动脉冲系统可能满足类别 2 的要求(关于气动脉冲传感器的指南见附录 A、附录 D 和附录 G)。

注 3:如果传感器满足本部分和 GB/T 16855.1 的要求,可认为满足类别 1 的要求。

注 4:为达到相关的安全水平,C 类标准可能会根据相关的应用规定其他要求。

注 5:准备本部分时,大多数传感器不可能满足类别 3 或 4 规定的所有要求,尤其是考虑到机械损坏和长期磨损。

注 6:准备本部分时,由电子元件组成的控制单元和输出信号开关装置被认为满足类别 2、3 或 4 的要求。

4.21 调整(试验方法见 7.18)

压敏边和压敏棒不宜设置调整手段。

如果在试运行期间必须进行调整,为使所做的调整满足本部分的要求,制造商应提供说明书。还应检查这些调整是否正确。应只能通过钥匙、安全密码或工具才能进行调整。

4.22 传感器固定和机械强度(试验方法见 7.19)

应提供把传感器所有部件安全固定在指定安装方向上的方法。固定后的传感器应有足够的机械强度以经受在制造商规定方向上的最大力。

4.23 变形后的恢复(试验方法见 7.20)

通过试件 1 作用 24 h,工作行程引起传感器有效敏感区变形或移动后,有效敏感区应按照表 3 所示进行恢复。本例中的工作行程来自于试验 4,此试验中,试验速度为 10 mm/s,力为 250 N。

表 3　变形恢复

恢复时间	10 mm/s、250 N 时，工作行程顶点变化的百分比/%
30 s	≤20 %
5 min	≤10 %
30 min	≤5 %

如果制造商声明压敏边或压敏棒适用于超过 24 h 的持续变形，那么传感器应在规定的时间内按照表 3 恢复。或者，传感器有足够的超行程来补偿永久变形。

通过试件 1 作用 24 h，工作行程引起传感器有效敏感区变形或移动后，压敏边或压敏棒应能在 30 s 内正常工作[见 C.2.1 d)]。

4.24　连接(试验方法见 7.21)

在压敏边或压敏棒内部，通过插头和插座连接的不同结构的元件可互换时，这些组件的错误布置或更换不应导致危险失效。

如果传感器通过插头或插座连接，在插头或插座处，从控制单元移除或断开传感器应使得输出信号开关装置变为断开状态。

4.25　尖角、锐边及粗糙表面(试验方法见 7.22)

压敏边和压敏棒暴露在外面的部分应没有尖角、锐边及粗糙表面等，当人员接触到这些装置时，尖角、锐边及粗糙表面等可能会造成伤害(见 GB/T 15706.2—2007 中 4.2.1)。

4.26　机械特征(试验方法见 7.23)

压敏边和压敏棒应满足 GB/T 15706.2—2007 中 5.2 的要求。

对于压敏棒，也可见附录 D。

4.27　抑制和阻塞(试验方法见 7.26)

构造压敏边和压敏棒的传感器时，应确保不能通过有意采取简单方法抑制或阻塞其运行，也可见 D.3。

5　标志(试验方法见 7.24)

5.1　压敏边和压敏棒应依照 GB/T 15706.2—2007 中 6.4 a)进行标记；对于电气设备，其最小额定电压和电流的要求也可见 GB 5226.1—2002 中 17.4。

5.2　在加贴标志的压敏边或压敏棒的部件预期寿命内，所有的标牌和标志应牢固且持久。

5.3　按照使用手册，每个可替换的压敏边或压敏棒的部件都应标出参考类型或者手册中列出的部件号和溯源码。

6　关于选择和使用的信息(试验方法见 7.4 和 7.25)

6.1　一般要求

附录 F 给出了关于安装、试运行和试验的信息和指导，要提供的信息及其表述方法应符合 GB/T 15706.2—2007 中第 6 章的要求。这些信息应随产品的不同而不同。

6.2　用于选择合适装置的基本数据

为便于选择合适的压敏边或压敏棒，制造商应根据下列清单给出可用的相关信息：

——关于与一个控制单元相连的传感器的结构、数量和长度的限制；

——关于传感器和控制单元之间连接的长度和规格的限制；

——安装方向，在此方向上传感器可用(见图 5)；

——传感器和控制单元的固定方式；

——安装传感器能经受的力以及此力施加的方向；

——用于规定有效敏感区的尺寸(见图 2 和图 3);
——传感器的最大尺寸;
——传感器每米的重量和控制单元的重量;
——传感器附加覆盖物详细资料(如果需要);
——按照图 4 以表格或图表的形式给出的预行程和超行程的力-行程关系图;
——传感器耐化学性表;
——工作温度范围;
——动力源要求;
——符合 GB 4208 的控制单元外壳的规范;
——符合 GB 4208 的传感器外壳的规范;
——符合 GB/T 16855.1 的类别;
——依照附录 C 的选择程序;
——单个元件之间连接的临界长度;
——随时间的变形特性;
——符合 GB 14048.5 的输出信号开关装置的开关容量;
——应用指南;
——与输出信号开关装置接触的结构形式;
——是否适宜感测手指;
——最小操作速度(如果需要),例如对于气动系统。

6.3 使用信息

6.3.1 安装和试运行信息

a) 与装置有关的信息:
——装置的详细描述;
——与控制单元相连的传感器的结构、数量和长度的限制;
——传感器和控制单元之间连接的长度和规格的限制;
——确定压敏边或压敏棒超行程的程序,此程序应包括示例(见附录 C);
——装置预定的或被认可的应用和条件的范围,包括符合 GB/T 16855.1 的类别;宜给出不适用的示例;
——电路图,用来提供安全功能示意图以及机器控制连接的例子;
——能达到具体应用所要求的安全等级的附加安全措施(满足 4.10.2);
——所有输入/输出终端的等级、特征和位置(例如保险丝最大额定值,或者过电流保护装置的设置);
——自动检测系统的类型和频率(需要时);
——关于耐环境性能的指南(化学的、物理的,例如:耐溶性、允许载荷、温度范围、允许动力源变化);
——关于在可选择的安装方向上使用装置的指南,见图 5;
——附录 A 相应的图中是否设计有外部复位装置。

b) 关于装置包装、运输、搬运和贮存的信息,包括:
——尺寸;
——质量(kg/m);
——防止装置损坏的包装说明和拆包方法;
——防止损坏或人员伤害的运输和搬运方法,以及
——贮存要求,例如:平放、直放或卷放、温度范围。

c) 关于装置的安装和试运行的信息，包括：

——在尝试安装前宜充分阅读使用信息的警告；

——关于预安装传感器的表面的要求；

——包括必要加工在内的安装方法；

——影响安全功能的有效敏感区的设计特点以及如何通过安装(需要时包括图样)，使死区最小化；

——安装后要实施的试验清单，以确定已安装装置，且与机器控制器正确连接，能正常工作；

——机器及其安全装置的整体安全取决于质量、可靠性以及它们之间连接的正确安装的警告；

——装置应达到的类别应与风险评价确定的类别一致，以及

——由安装人员记录哪些控制单元和传感器已安装的记录清单。

d) 培训要求：为确保装置的安装符合本部分的要求，对设备安装人员的最低培训要求的建议。

6.3.2 装置操作相关信息

a) 关于装置使用的信息，包括：

——控制单元和指示器操作的目的和方法；

——关于使用限制的信息；

——故障确认的说明和干涉后重新启动的说明；

——危险存在时不宜重新启动机器的警告。

b) 维修信息，包括：

——在任何维修前宜阅读维修说明的警告；

——试验、检查和维修的类型和频次；

——允许设置、调整和清理的说明书；

——需要特定的技术知识和(或)特殊技能，因此宜由经过适当培训的、熟练的人员专门执行的任务；

——使经过培训的人员能执行故障查找任务的信息，例如：图样和电路图；

——为确保更换部件后的装置能够正确工作所需的试验详细资料；

——关于拆装零部件的警告：维修期间拆卸的所有部件(例如：盖、线夹、压边条和紧固件)宜在维修后进行替换，如果没有重新装配好这些部件，会削弱装置的性能；

——用户可替换的部件清单；

——只有经制造商确认的那些部件可以由用户替换的警告。如果使用了未经认可的备件或进行了未经认可的修改，装置的性能会被削弱；

——制造商和(或)资质服务机构的名称和地址。

c) 培训要求：为确保装置的使用和维修符合本部分的要求，对包括操作人员和维修/检查人员在内的使用人员的最低培训要求的建议。

注：GB/T 15706.2—2007 中 6.5.2 和 6.5.3 给出了关于起草和编写说明书的更多建议。

7 检验要求

7.1 一般要求

下面的检查、分析和试验用来确定压敏边和压敏棒是否满足本部分的要求。应在制造商声明的最不利条件下，对准备投入使用的压敏边和压敏棒进行试验。除非另有规定，这些试验应在20℃时进行。允许下列误差：

温度：±5℃；

试验速度：±10％。

如果其他周围环境条件(例如：气压和湿度)影响试验结果，应记录这些条件。

注：以下是一些能够影响性能的参数：

——传感器的长度；

——有效敏感区顶部或覆盖物的材料；

——传感器组合；

——相互连接的电缆或管子的类型和长度；

——传感器的安装方向(见图5)。

对于特殊的应用,某些装置可能被设计和制造成机器的一部分。在这种情况下,对这些装置进行本章规定的所有试验是不可能或不切实际的。此时,相关的要求可能要通过分析来检验。对于省略的试验,制造商应说明省略这些试验的原因并提供满足这些要求的解释信息。

除非另有规定,应对压敏边和压敏棒的功能进行如下检验:试件1应按照表2中给出的致动力沿参考方向以最大操作速度作用于有效敏感区的任意位置。

7.2 试样

7.2.1 传感器

为了完成本章规定的试验,传感器样品应满足表4的要求。

表4 用于具体试验的试样

试样序号	样品长度/m	试验子条款
1	1	7.4,7.6.2,7.6.4,7.7,7.9,7.10,7.12,7.14
2	1	7.8.1,7.13,7.19,7.20
3	0.5	7.6.3,7.6.5,7.8.2,7.11.2,7.11.3,7.11.4,7.11.5,7.11.6
4[a]	0.5	7.6.3,7.6.5,7.8.2
[a] 只适用于传感器组合。		

在表4中没有给出的试验可以用试样1、2或3完成。

如果压敏边和压敏棒的有效敏感区由传感器组合组成,那么应提供与控制单元连接的传感器。如果需要,应用规定的最大数量传感器组合来检验4.2～4.7,4.9～4.11,4.13,4.18,4.22和4.27的要求。

如果传感器的长度影响传感器的输出特性,应使用4.1中制造商规定的具有最大有效敏感长度的传感器。

7.2.2 控制单元和输出信号开关装置

应提供三套控制单元和输出信号开关装置,其中的两套用于产品单元,必要时另一套专门准备用于故障条件下的试验。

7.3 试件

除非另有规定,应使用图6给出的试件来完成试验。试件应由合适的铝合金加工而成。

7.4 试验1:选择、安装、试运行、操作和维护合适装置的有关安全数据(见6.2和6.3)

应检验制造商的数据表是否包含了所有的有关安全数据。

7.5 试验2:传感器的安装方向(见图5)

7.5.1 一般要求

如果制造商规定了不同的安装方向,应检验安装方向是否影响安全功能。此检验应首先通过目测检验和(或)实践经验来完成,需要时,可通过分析或以下试验来完成。

7.5.2 边传感器

7.5.2.1 如果制造商规定如图5所示的安装方向A或B,或者A和B,只需在方向A或B上进行后面的试验。

7.5.2.2 如果制造商规定如图5所示的安装方向C或D,则需进行后面的试验:

a) 对于压敏边,在温度20℃ ±5℃以及工作温度上限时,图2中所示的角度β应在传感器的安装方向B上进行测量。称这些角度为β_1和β_2。

b） 在工作温度上限时，角度β应在传感器的安装方向 C 或 D 上进行测量，称此角度为β_3。

c） 如果β_3与β_1或β_3与β_2之间的差值大于 4°，那么以下试验应在所有规定的安装方向上进行。否则后面的试验只需在安装方向 B 上进行。

7.5.2.3 如果制造商规定安装方向 E，需要进行以下试验：

a） 在温度 20℃ ±5℃以及工作温度上限时，图 5 中的角度 y 应在传感器的安装方向 B 上进行测量。称这些角度为 y_1 和 y_2。

b） 在工作温度上限时，应在传感器的安装方向 E 上测量角度 y，称此角度为 y_3。

c） 如果 y_3 与 y_1 或 y_3 与 y_2 之间的差值大于 4°，那么以下试验应在所有指定的安装方向上进行。否则只需在安装方向 B 进行后面的试验。

7.5.3 棒传感器

应在设计的压敏棒安装方向上进行试验。

7.6 试验 3：致动力（要求见 4.2）

7.6.1 一般要求

应在传感器已达到特定的温度平衡后进行试验。

制造商声明其装置适用于感测手指时，试件 3 只适用于压敏边。

7.6.2 20℃时单个传感器

采用试件应以图 7 和表 5 的试验速度和位置进行致动力的试验。试件应垂直作用于参考轴且沿图 7 所示的试验方向。致动力小于或等于表 2 规定的值时，每次对试件的施力都应检验输出信号开关装置是否改变状态。

7.6.3 20℃时传感器组合

有效敏感区由两个或两个以上的传感器组成时，应在单个传感器上进行 7.6.2 规定的试验。此外，采用试件应以表 6 的试验速度和位置进行致动力的试验。试件应垂直于参考轴且沿如图 8 所示的试验方向。

致动力小于或等于表 2 规定的值时，每次对试件的施力都应检验输出信号开关装置是否改变状态。

7.6.4 整个工作温度范围内单个传感器

在温度下限及表 8 中规定的工作温度上限时，应采用试件 1、2 和 3 以表 7 规定的试验速度和位置进行致动力的试验。

试件应以如图 7 所示的试验方向垂直作用于参考轴。当致动力小于或等于表 2 规定的值时，每次试验都应检验输出信号开关装置是否改变状态。

表 5 试验 3 中单个传感器有效敏感区的试验位置（见 7.6.2）

试验编号	试件	试验速度	试验位置
3.1	1	10 mm/s	a1，a3，a5，c1，c3，c5，d1，d5，e3 及一个随机位置
3.2	1	最大操作速度	a1，a3，a5，c1，c3，c5，d1，d5，e3 及一个随机位置
3.3	1	100 mm/s	试验 3.2 施加最大致动力的两个位置及一个随机位置
3.4	2	10 mm/s	a3 和 c3
3.5	2	最大操作速度	a3 和 c3
3.6	2	100 mm/s	c3
3.7	3	10 mm/s	a1，a3，a5，c1，c3，c5，d1，d5，e3 及一个随机位置
3.8	3	最大操作速度	a1，c1，c3，e5 及一个随机位置
3.9	3	100 mm/s	试验 3.8 施加最大致动力的两个位置及一个随机位置

注 1：最大操作速度等于或小于 150 mm/s 时，不需要进行速度为 100 mm/s 的试验。

注 2：最大操作速度小于 100 mm/s 时，应在速度为 10 mm/s 以及制造商规定的最大操作速度时进行试验。

单位为毫米

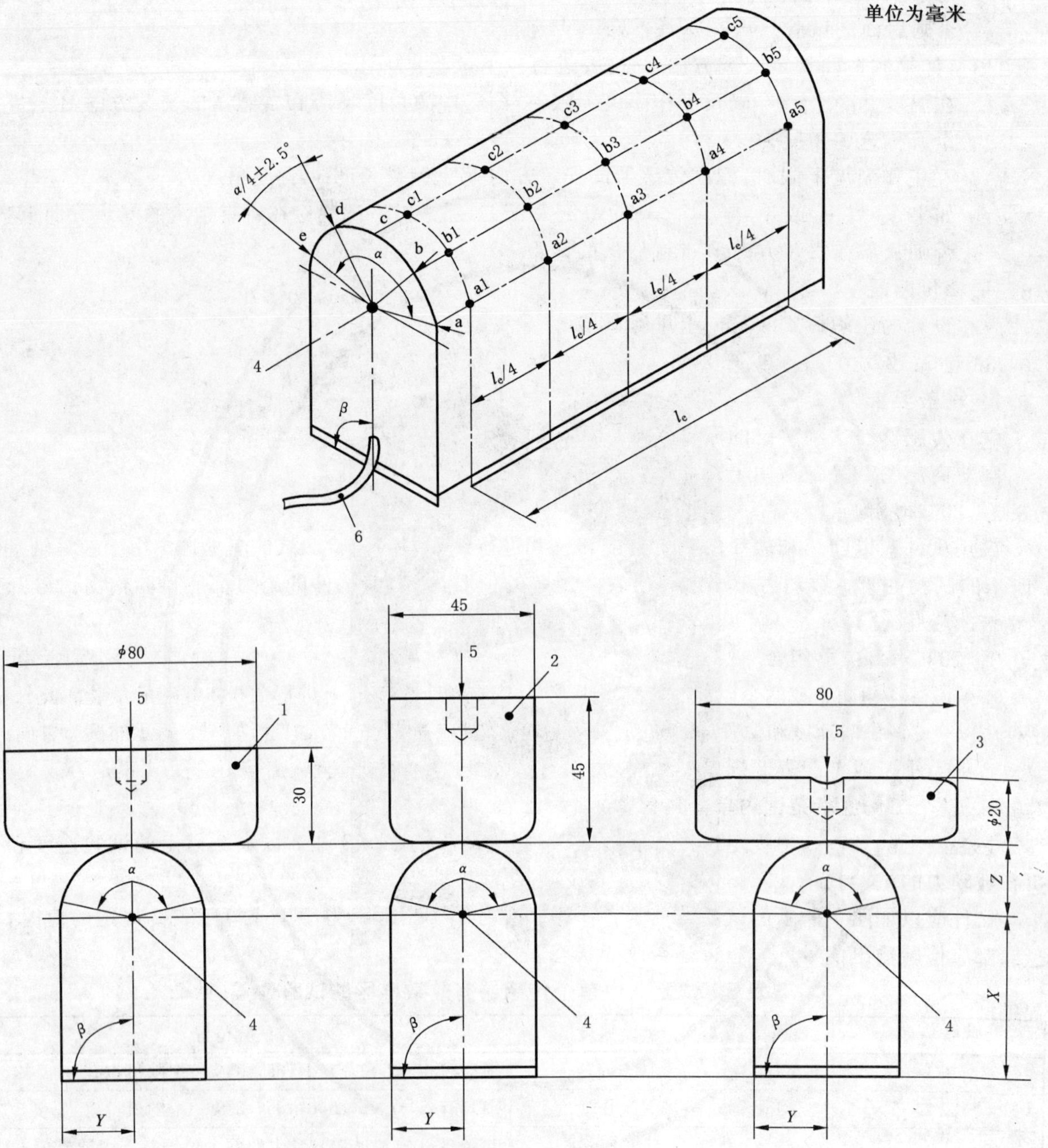

l_e——有效敏感长度；

1——试件 1；

2——试件 2；

3——试件 3；

4——参考轴；

5——试验方向；

6——连接电缆。

图 7　单个传感器有效敏感区的试验位置

表 6　试验 3 中传感器组合有效敏感区的试验位置(见 7.6.3)

试验编号	试　件	试验速度	试验位置
3.10	1	10 mm/s	a6 和 c6
3.11	1	最大操作速度	c6 和 e6
3.12	1	100 mm/s	c6
3.13	2	10 mm/s	c6
3.14	2	最大操作速度	a6
3.15	2	100 mm/s	c6
3.16	3	10 mm/s	c6
3.17	3	最大操作速度	a6
3.18	3	100 mm/s	c6

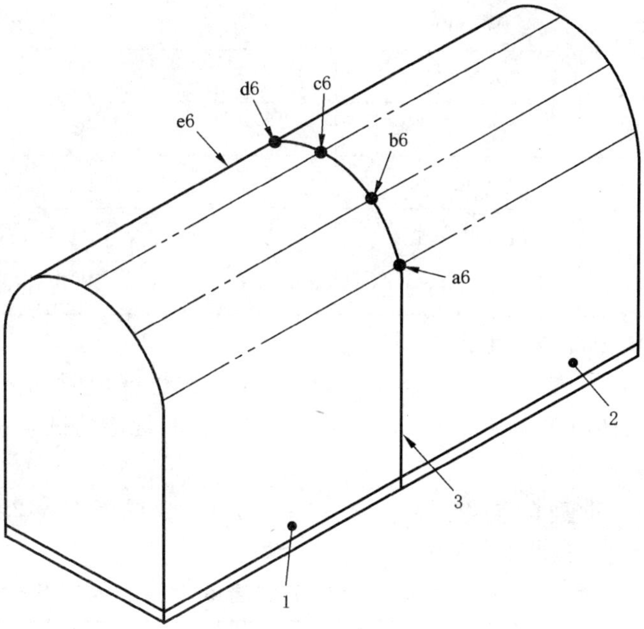

试验方向垂直于表面。

1——传感器 1;

2——传感器 2;

3——接缝。

图 8　传感器组合有效敏感区的附加试验位置

表 7　试验 3 中单个传感器在工作温度下限时的试验位置(见 7.6.4)

试验编号	试件	试验速度	试　验　位　置
3.19	1	10 mm/s	试验 3.1 施加最大致动力的两个位置及一个随机位置
3.20	1	最大操作速度	试验 3.2 施加最大致动力的两个位置及一个随机位置
3.21	1	100 mm/s	与试验 3.3 相同的试验位置
3.22	2	10 mm/s	c3

表 7（续）

试验编号	试件	试验速度	试 验 位 置
3.23	2	最大操作速度	c3
3.24	2	100 mm/s	c3
3.25	3	10 mm/s	试验 3.7 施加最大致动力的两个位置及一个随机位置
3.26	3	最大操作速度	试验 3.8 施加最大致动力的两个位置及一个随机位置
3.27	3	100 mm/s	试验 3.9 施加最大致动力的两个位置及一个随机位置

表 8　试验 3 中单个传感器在工作温度上限时的试验位置(见 7.6.4)

试验编号	试件	试验速度	试 验 位 置
3.28	1	10 mm/s	试验 3.1 施加最大致动力的两个位置及一个随机位置
3.29	1	最大操作速度	试验 3.2 施加最大致动力的两个位置及一个随机位置
3.30	1	100 mm/s	c3
3.31	2	10 mm/s	c3
3.32	2	最大操作速度	c3
3.33	2	100 mm/s	c3
3.34	3	10 mm/s	c3
3.35	3	最大操作速度	c3
3.36	3	100 mm/s	c3

7.6.5　整个工作温度范围内传感器组合

有效敏感区由两个或两个以上的传感器组成时，应在工作温度上限和下限时对单个传感器进行 7.6.4 规定的试验。此外，还应采用试件 1、2 和 3 以表 9 和表 10 规定的试验速度和位置进行致动力的试验。

试件应沿如图 8 所示方向垂直作用于参考轴。当致动力小于或等于表 2 规定的值时，每次试验都应检验输出信号开关装置是否改变状态。

表 9　试验 3 中传感器组合在工作温度下限时的试验位置(见 7.6.5)

试验编号	试件	试验速度	试 验 位 置
3.37	1	10 mm/s	a6 和 c6
3.38	1	最大操作速度	c6 和 e6
3.39	1	100 mm/s	c6
3.40	2	10 mm/s	c6
3.41	2	最大操作速度	a6
3.42	2	100 mm/s	c6
3.43	3	10 mm/s	c6
3.44	3	最大操作速度	a6
3.45	3	100 mm/s	c6

表 10　试验 3 中传感器组合在工作温度上限时的试验位置(见 7.6.5)

试验编号	试件	试验速度	试验位置
3.46	1	10 mm/s	a6 和 c6
3.47	1	最大操作速度	c6 和 e6
3.48	1	100 mm/s	c6
3.49	2	10 mm/s	c6
3.50	2	最大操作速度	a6
3.51	2	100 mm/s	c6
3.52	3	10 mm/s	c6
3.53	3	最大操作速度	a6
3.54	3	100 mm/s	c6

7.7　试验 4:力-行程关系(具体要求见 4.6)

7.7.1　一般要求

通过采用试件 1(见图 6)以最大操作速度作用于传感器直到图 4 中的 A 点,并根据图 4 来确定力-行程的关系。达到致动力之前,应从试件接触到有效敏感区的点连续测量传感器的反作用力及试件移动的距离。采用试件 1 以≤10 mm/s 的速度作用于传感器,根据图 4 确认点 B1、B2 和 C。力-行程关系就可以通过用直线连接点 A、B1、B2 和 C 来表示。应在 20℃、试验位置 c3 上进行该试验。

7.7.2　预行程(要求见 4.3)

应测量预行程,此距离应小于或等于制造商声明的值。

7.7.3　工作行程(要求见 4.5)

测量工作行程时,应施加的力为:

——250N,和

——400N。

工作行程应当大于或等于制造商声明的值。

7.7.4　超行程(要求见 4.4)

测量超行程时,应施加的力为:

——250N,及

——400N。

超行程应当大于或等于制造商声明的值。

7.8　试验 5:操作次数(要求见 4.8)

7.8.1　在安装方向 B(见图 5)上,通过控制单元与输出信号开关装置连接的单个传感器,应采用试件 1(见图 6)以最大操作速度来进行试验。至少在工作行程 B1 的 80%范围内,试验速度应保持不变。

在试验位置 c2(见图 7)上,传感器的有效敏感区应移动或变形至工作行程 B1(见图 4)10 000 次。

试件的收回速度应在最大试验速度±20%的范围内。

在试件的每个试验周期内,接触有效敏感区的时间不应超过 5.0 s±1 s。

7.8.2　有效敏感区由两个或两个以上的传感器组成时,应对其中一个传感器进行 7.8.1 规定的试验。

另外,在 7.8.1 规定的相同条件下,应采用试件 1 对图 8 所示的 c6 位置进行 1 000 次试验。

7.8.3　当完成 7.8.1 或 7.8.2 规定的试验后,试验过的传感器应没有明显的损坏并且仍然满足致动力(见 4.2)、预行程(见 4.3 和 7.7)和超行程(见 4.4 和 7.7)的要求。只需用试件 1 以最大操作速度和速度为 10 mm/s 时进行该试验,对于单个传感器,试验位置在 c2(见图 7);而对于传感器组合,试验位置在 c2 和 c6。

7.9 **试验6:传感器输出状态及输出信号开关装置的状态**(要求见4.9和4.10)

采用试件1沿参考方向、以$150_{-10}^{\ 0}$ N的静力、10 mm/s的速度作用于有效敏感区的任一位置10 min。根据图A.1、图A.2、图A.3和图A.4,施加该静力时,传感器输出信号值和输出信号开关装置应断开并保持。卸除该静力时,传感器输出信号的值和输出信号开关装置的变化应与图A.1、图A.2、图A.3和图A.4一致。

7.10 **试验7:输出信号装置对致动力、复位及动力源状态的响应**(要求见4.10和4.11)

应采用试件1沿参考方向、$150_{-10}^{\ 0}$N的致动力、10 mm/s ±1 mm/s的速度,作用于有效敏感区的任一位置来进行附录A中给出的各单独功能间相互影响的试验。

7.11 **试验8:环境试验**(要求见4.12)

7.11.1 **功能性试验**

下面每个试验(见7.11.2~7.11.5)结束时,应使用试件1检验压敏边或压敏棒的正常功能。应以最大操作速度向有效敏感区任意位置垂直施加表2中给出的相应致动力来进行此检验。如果输出信号开关装置变为断开状态则满足此要求。

7.11.2 **试验8.1:工作温度范围**(具体要求见4.12.2)

规定的工作温度范围的要求应通过表11给出的试验程序来检验。

表11 工作温度范围

试验程序	试 验 条 件
GB/T 2423.22 试验Nb	压敏边或压敏棒与动力源连接

在整个加热和冷却的温度范围内,温度的变化率应为0.8℃/min±0.3℃/min。

在该试验程序中,应采用试件1以1 min的时间间隔施加表2给出的相应致动力来检验压敏边与压敏棒的功能。试件应以10 mm/s±1 mm/s的速度垂直作用于有效敏感区的任一位置。试件作用后应使输出信号开关装置变为断开状态。

7.11.3 **试验8.2:湿度**(要求见4.12.2)

应通过表12中给出的试验程序来检验湿度要求。

表12 湿度

试验程序	试 验 条 件
GB/T 2423.3 试验Ca	压敏边或压敏棒不与动力源连接。此试验结束后,将依照GB/T 16935.1—1997中表1和表5的要求进行电路与控制单元(输出信号开关装置)的暴露导电部件或可及表面之间的高电压试验

7.11.4 **试验8.3:电磁兼容性**(要求见4.12.3)

应只根据GB/T 17799.2和GB/T 17799.3检验有关安全的要求。在以下情况,应根据试验程序、表13给出的特征值以及7.11.1规定的条件对抗扰度进行检验:

——压敏边和压敏棒带有动力源;

——压敏边和压敏棒带有动力源且施加了致动力;

——压敏边和压敏棒带有动力源,卸除致动力后执行复位前。

表13 电磁兼容性

试验和特征值	试 验 程 序
浪涌安装类别3	GB/T 17626.5试验的电源、接地和输入/输出线
电快速瞬变脉冲群水平3级	GB/T 17626.4试验的持续时间:通电、接地和输入/输出线2 min

表 13（续）

试验和特征值	试 验 程 序
静电放电水平 3 级	GB/T 17626.2
射频电磁场辐射水平 3 级	GB/T 17626.3
射频场感应的传导骚扰水平 3 级	GB/T 17626.6

7.11.5 **试验 8.4：振动**（要求见 4.12.4）

应按照表 14 检验这些要求。试验过程中，应检验输出信号开关装置是否保持接通状态。振动试验完成后，应检验压敏边和压敏棒的正常功能。

表 14 振动

试验程序	试 验 条 件
GB/T 2423.10	压敏边或压敏棒与动力源连接。 应按照图 5 所示的安装方向 B 上对传感器进行试验，控制单元和输出信号开关装置应在相互垂直的 3 根轴上进行试验

7.11.6 **试验 8.5：碰撞**（只适用压敏棒的要求，见 4.12.5）

试验过程中，应检验输出信号开关装置是否保持接通状态。碰撞试验完成后，应检验压敏棒的正常功能。

应按照表 15 检验这些要求。

表 15 碰撞

试验程序	试 验 条 件
GB/T 2423.6	压敏棒与动力源连接。 传感器应仅在参考轴及其相反方向上进行试验

试验完成后，应检查压敏棒的机械损伤、部件是否松动等。

7.12 **试验 9：动力源变化**（要求见 4.13）

7.12.1 **一般要求**

压敏边和压敏棒应满足以下分析、检查和（或）试验的要求。

7.12.2 **试验 9.1：电源变化**（要求见 4.13.2）

应根据 GB 5226.1—2002 的 4.3 的要求检验压敏边或压敏棒的正常功能。应采用试件 1 沿参考方向、按表 2 给出的相应致动力、以最大操作速度作用于有效敏感区任一位置来检验压敏边或压敏棒的正常功能。如果输出信号开关装置产生断开信号，则满足所有要求。

7.12.3 **试验 9.2：非电动力源变化**（要求见 4.13.3）

应在制造商规定的动力源变化的极限值处检验压敏边或压敏棒的功能。规定范围以外可能的变化不应导致压敏边或压敏棒产生危险失效。

7.13 **试验 10：电气、气动及液压设备**（要求见 4.14、4.15 和 4.16）

7.13.1 **试验 10.1：电气设备**（要求见 4.14）

应通过分析、目测检验及需要时进行试验来检验是否满足 4.14 的要求。

7.13.2 **试验 10.2：气动设备**（要求见 4.15）

应通过分析、目测检验及需要时进行试验来检验是否满足 GB/T 7932 的要求。

7.13.3 **试验 10.3：液压设备**（要求见 4.16）

应通过分析、目测检验及需要时进行试验来检验是否满足 GB/T 3766 的要求。

7.14 **试验 11：外壳**（要求见 4.17）

应通过分析及需要时进行试验来检验是否满足 GB 4208 的要求。

7.15 试验 12:传感器的附加覆盖物(要求见 4.18)

如果制造商规定了附加覆盖物,应检查它们是否满足 4.18 的要求。

7.16 试验 13:进入(要求见 4.19)

应通过目测检验来检验这些要求。

7.17 试验 14:类别(要求见 4.20)

应检验是否满足 4.20 的要求。

应通过分析(必要时通过试验和仿真)来检验制造商声明的传感器、控制单元及输出信号开关装置(假如有)等的类别是否符合 GB/T 16855.1—2005 的第 6 章的要求及 GB/T 16855.2 的要求。分析的基础应包括制造商规定类别(经验证的原则、容错能力、故障排除等)提供的基本原理。

7.18 试验 15:调整(要求见 4.21)

应通过目测检验(必要时进行试验)来检验这些要求。

7.19 试验 16:传感器固定(要求见 4.22)

在工作温度上限和下限时,应通过试件 1(见图 6)在 a3 位置(见图 7)向压敏边的传感器的有效敏感区持续施加 500 N±25 N 的力一小时,不应产生永久损害。

对于压敏棒,应通过试件 1(见图 6)向压敏棒最容易损害的方向和位置施加制造商声明的最大力持续作用 1h 来完成试验,结果应不产生永久损害。

7.20 试验 17:变形后的恢复(要求见 4.23)

应通过试件 1(见图 6)在试验位置 c3 处,沿参考方向对压敏边或压敏棒的传感器的有效敏感区施加 250 N±25 N 的静力。24 小时后应卸除此静力,应测量卸除静力 30 s、5 min 和 30 min 后有效敏感区的变形。在参考方向上,从位置 c(见图 7)所在的直线到变形表面的顶部,测得的变形深度不应超过表 3 给出的值。应在操作温度上、下限时进行这些试验。

应通过试件 1(见图 6)在试验位置 c3 处沿参考方向对压敏边或压敏棒的传感器的有效敏感区施加 250 N±25 N 的静力。24 小时后应卸除此静力,在卸除此静力后 30 s 内(以及在可行时进行复位后),输出信号开关装置应变为接通状态,并且通过试件 1 在 c3 位置再施加力后,输出信号开关装置应变为断开状态。

应在操作温度范围上、下限时进行该试验。

7.21 试验 18:连接(要求见 4.24)

应通过目测检验来检验这些要求。

7.22 试验 19:尖角、锐边及粗糙表面(要求见 4.25)

应通过目测检验来检验这些要求。

7.23 试验 20:机械特征(要求见 4.26)

应通过目测检验来检验这些要求。

7.24 试验 21:标志(要求见第 5 章)

应通过目测检验来检验这些要求。

7.25 试验 22:选择和使用的信息(要求见第 6 章)

应通过目测检验来检验这些要求。

7.26 试验 23:抑制和阻塞(要求见 4.27)

应通过目测检验和简单的功能试验(例如:通过插入线、销、胶带、楔或磁铁)来检验这些要求。

附　录　A
（规范性附录）
带和不带复位功能装置的时序图

图 A.1～图 A.5 阐明了致动力、复位信号、传感器输出及输出信号开关装置（见 4.10）之间的关系。

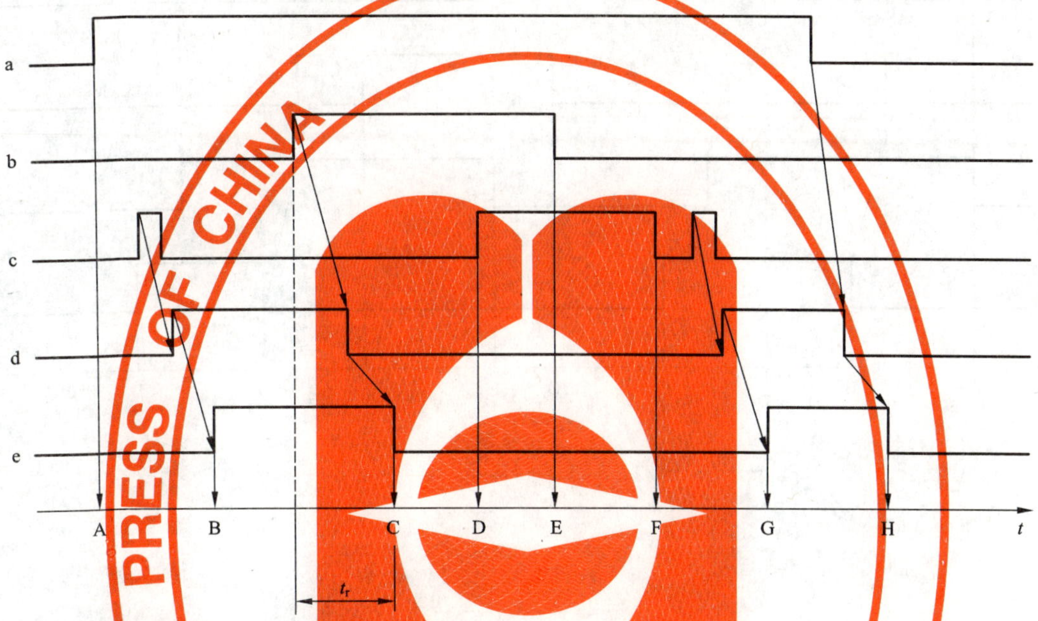

t——时间；

t_r——响应时间；

a——压敏边或压敏棒的动力；

b——致动力；

c——复位信号；

d——传感器输出；

e——输出信号开关装置的输出。

A——装置的动力“接通”，输出保持“断开”，因为装置没有被复位。

B——出现复位信号。因为在没有致动力作用于传感器时操作复位按钮，装置的输出变为“接通”。

C——由于有致动力的作用，传感器变为“断开”，因此输出信号开关装置断开。

D——复位信号出现。只要致动力作用于传感器，操作复位按钮对装置的输出就没有影响，装置保持“断开”。

E——致动力从传感器处卸除。即使复位信号依然存在，装置的输出仍保持“断开”。

F——去除复位信号。即使致动力已经从传感器卸除，松开复位按钮对装置的输出也没有影响。

G——复位信号出现。由于在没有致动力作用于传感器时操作复位按钮，传感器变为“接通”，从而装置的输出变为“接通”。

H——断开装置的动力；传感器输出和装置的输出均变成“断开”。

图 A.1　由复位功能触发传感器输出

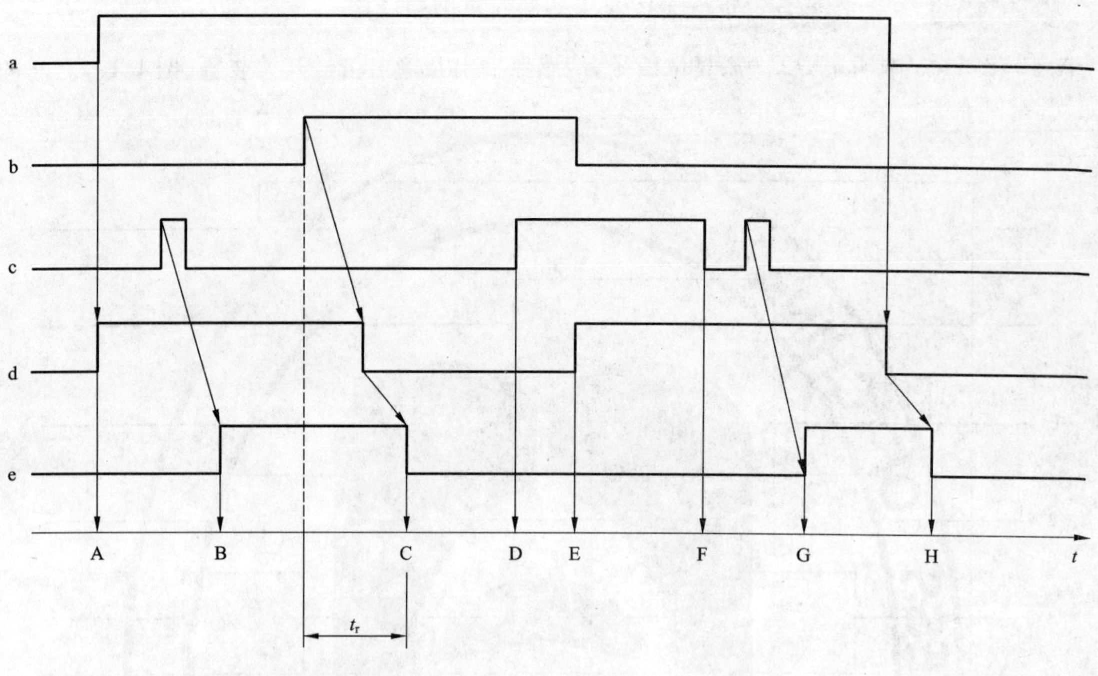

t——时间；

t_r——响应时间；

a——压敏边或压敏棒的动力；

b——致动力；

c——复位信号；

d——传感器输出；

e——输出信号开关装置的输出。

A——装置的动力“接通”，因为装置还没有被复位，输出保持“断开”。当动力“接通”时，传感器输出为“接通”。

B——没有致动力作用于传感器时出现复位信号，只要传感器接通时操作复位按钮，装置的输出即变成“接通”。

C——致动力作用于传感器，传感器输出变为“断开”，从而使装置也“断开”。

D——出现复位信号时，只要传感器上存在致动力，操作复位按钮对装置的输出就没有影响，装置保持“断开”。

E——致动力从传感器卸除，即使复位信号还存在传感器输出也会变为“接通”，但装置保持“断开”。

F——去除复位信号。松开复位按钮对保持“接通”的传感器的输出没有影响，装置保持“断开”。

G——没有致动力作用于传感器上时出现复位信号。因为在传感器“接通”时操作复位按钮，装置的输出为“接通”。

H——装置的动力“断开”，传感器输出和装置输出均变为“断开”。

图 A.2 传感器输出和复位功能相互独立

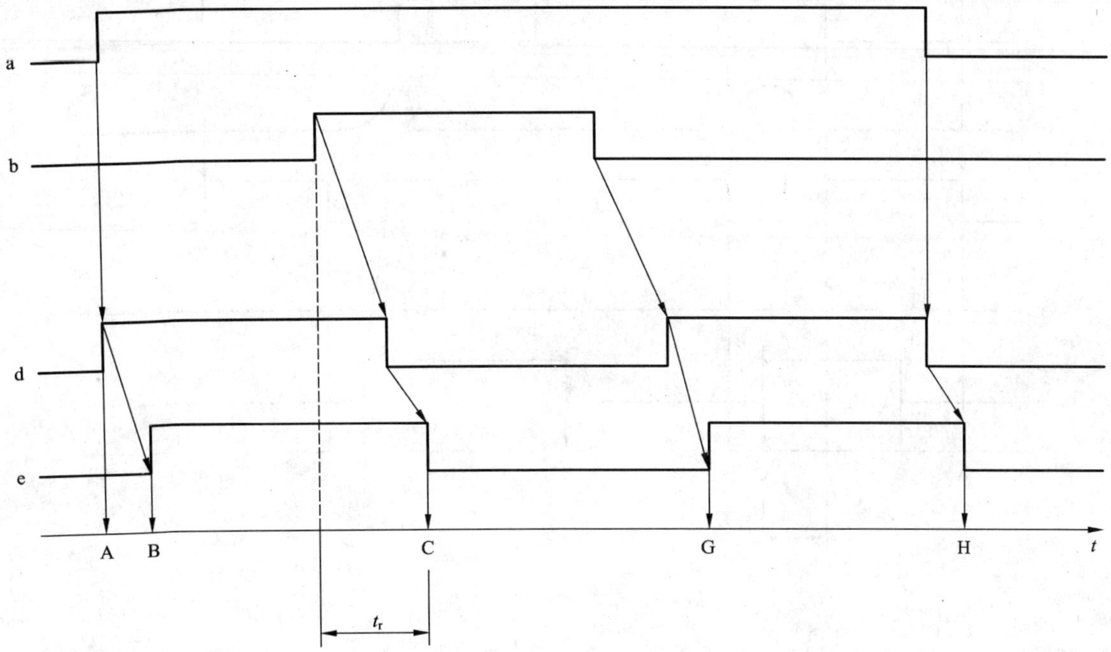

t——时间；

t_r——响应时间；

a——压敏边或压敏棒的动力；

b——致动力；

d——传感器输出；

e——输出信号开关装置的输出。

A——装置的动力"接通"，传感器"接通"。

B——因为没有致动力作用于传感器，装置的输出变为"接通"。

C——因为有致动力作用，传感器输出为"断开"，所以装置输出为"断开"。

G——由于致动力从传感器卸除，传感器变为"接通"，所以装置的输出也变为"接通"。

H——装置的动力"断开"，传感器和装置的输出均"断开"。

图 A.3 不带复位功能的传感器输出

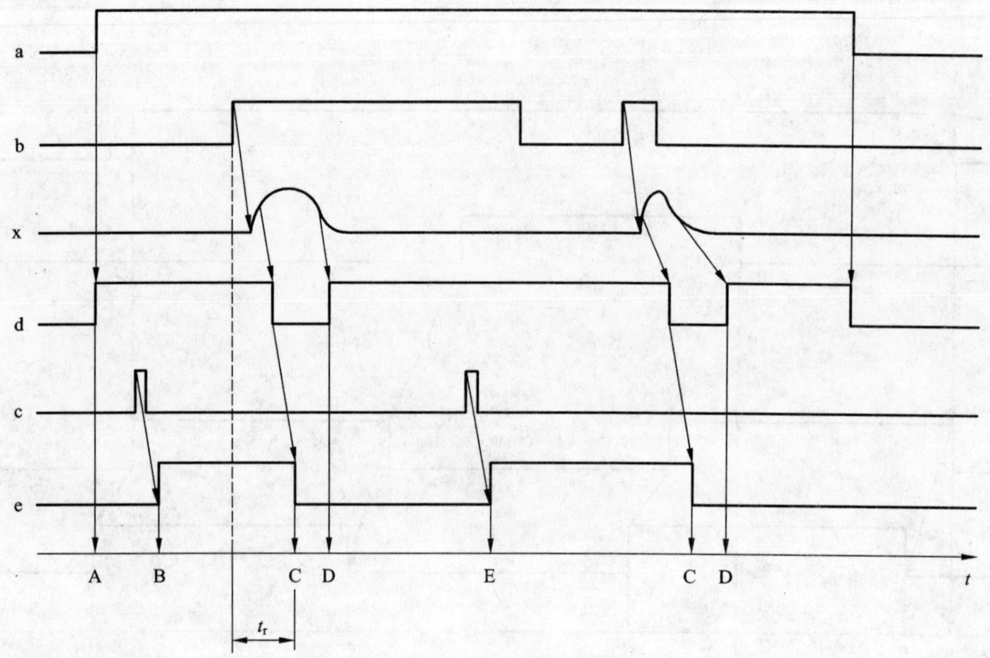

t——时间；

t_r——响应时间；

a——装置电路的电源；

b——致动力；

c——复位信号；

x——传感器上的压力脉冲；

d——传感器的电信号输出(气动脉冲开关)；

e——输出信号开关装置的输出。

A——装置的动力“接通”。

B——出现复位信号，装置的输出变成“接通”。

C——由于有致动力作用于传感器，装置的输出“断开”。

D——由于传感器上的压力衰减使得装置输出变成“接通”。

E——出现复位信号，虽然致动力存在，但装置输出仍变成接通。这可能导致危险。

注 1：D的发生取决于很多因素，例如：施加力的水平及气体从系统泄漏的控制率。

注 2：正如 4.20 的注 2 中指出，可认为气动脉冲系统不满足 GB/T 16855.1—2005 中类别 1 的要求。

为确保没有危险性重启发生，机器的控制系统配有自己的安全系统是必要的。例如，对于动力门，它可以以机器自动反向或手动复位的形式实现。这类控制的正确功能应在相关的 C 类标准中阐述。

因此，该系统没有办法检查传感器动作对压力脉冲的响应。对于门，为了满足类别 2，门控系统必须提供此功能。

注 3：关于气动脉冲系统的附加信息见 D.3.5。

图 A.4 仍存在致动力作用时传感器输出不保持在断开状态的系统其传感器的输出(如气动脉冲系统)

附 录 B
（资料性附录）
操作速度、力和行程——说明性注释及建议

压敏边的力-行程关系见图 B.1。

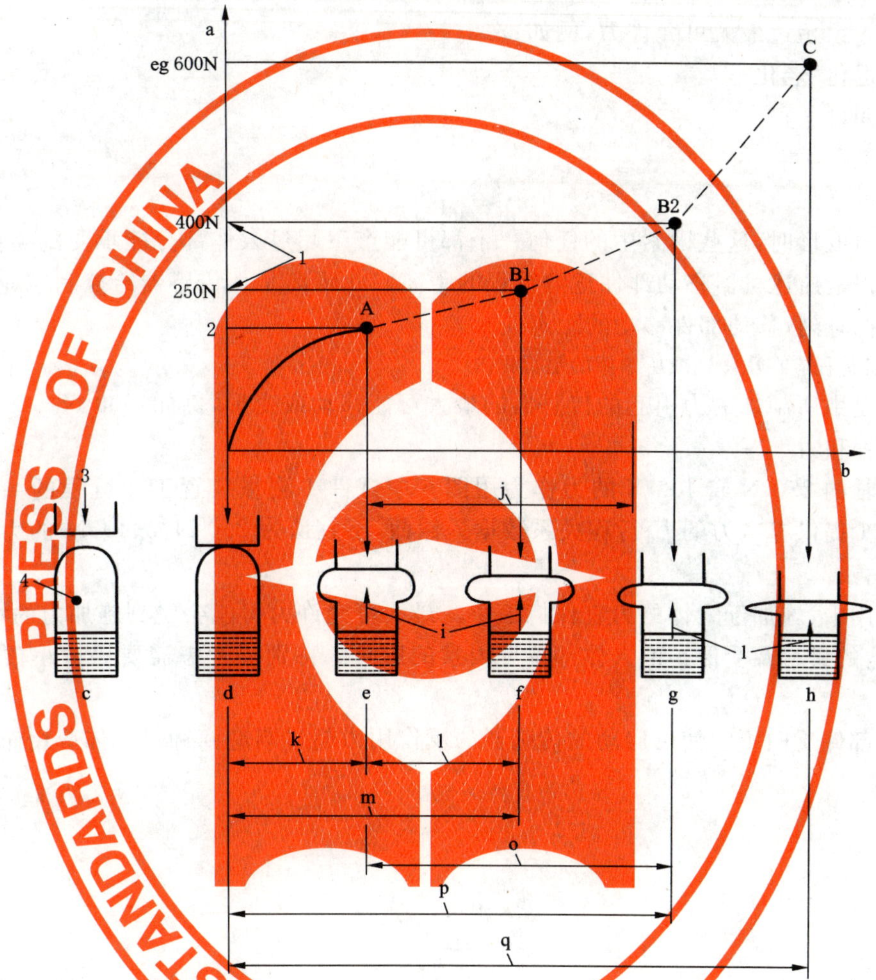

1——规定的极限力；
2——最小致动力；
3——危险速度；
4——传感器。
a 力(N)；
b 行程(mm)；
c 接触前的传感器；
d 接触点；
e 致动点；
f B1 点的变形；
g B2 点的变形；
h 600N 时的变形；
i 反作用力；
j 已设定的停机行程；
k 预行程；
l 超行程 B1；
m 工作行程 B1；
o 超行程 B2；
p 工作行程 B2；
q 总行程。

注：与图 6 中试件 1 有关的力，并且仅是示例。

图 B.1 压敏边的力-行程关系

a） 预行程

力从接触障碍物的点开始增加。在指定的点，传感器发送信号至控制单元产生“断开”状态的信号，然后此信号被送到机器的控制系统来停止危险的运动。这两点之间的距离称作预行程。此距离会随着接近速度和环境条件的不同而变化。

b） 超行程和总行程

超行程是速度减小并且施加的力增加时移动的距离。对于某一应用，供应商规定的及用户选择的最大可允许力宜小于C类标准或风险评价给出的极限力，并且此力应发生在超行程范围内。

很多因素能导致超过最大可允许力，例如：

——制动器退化(老化)；

——响应时间延长；

——机械磨损；

——危险速度增加。

当传感器不再变形时，这些因素中的任何一个都可能产生超过人体部分能承受的力而导致伤害。

c） 停机行程是描述机器移动部件危险行程的距离。此距离是从传感器给控制单元发信号时刻到机器停机时刻，移动部件移动的距离。

注：机器的停机行程应在压敏边或压敏棒的超行程内。

d） 总行程是由所施加的力引起的传感器的最大可能移动或变形，例如：600 N。

e） 工作行程和力

垂直于参考轴的250 N或400 N的力作为用图6中试件1测量装置工作行程的一种参考。根据4.6，制造商需至少提供参考力的力-行程关系数据。然而，不宜认为250 N或400N的力在所有的应用中都不会造成伤害。

在所有的应用中，施加于人体的力宜保持最小。最大可允许力可能会受到施加力的持续时间、传感器的尺寸、传感器的材料及受保护的人体部位等因素的影响。特别要考虑需要保护小孩或老人的那些应用。

制动或移动部件反向不宜使已启动的传感器的反作用力超过制造商针对具体应用而规定的最大可允许力。

附　录　C
（资料性附录）
机械制造商/使用者的装置选择指南

C.1　一般要求

传感器通常安装在可移动的表面，这些表面可能引起碰撞、陷入或挤压的危险，如动力操作门。对于具体应用，制造商/用户应保证移动部件的制动或反向时受力传感器的反作用力不超过规定的最大可允许力，见附录B和C.2.2的c)。

C.2　合适装置的选择

C.2.1　一般要求

以下是影响选择合适装置的四个最重要的因素：

a）根据GB/T 16855.1对应用要求的类别

基于：

——对具体应用的风险评价加上4.20中的要求，或

——相关标准的要求。

b）危险速度

此速度是危险表面移动的速度。通常是一个表面移动而另一表面静止。宜认为最大可能的速度是危险速度。如果两个表面都在移动，需要有特殊的考虑。

c）危险部件的停止行程

此距离是输出信号开关装置向机器控制系统发出停止信号后，危险表面移动的距离。此行程取决于危险速度、机器控制系统的响应时间及机器制动系统的效率。此行程可通过计算和(或)测量得出。考虑到制动退化、测量误差等因素，还宜使用合适的安全系数。

d）传感器变形后的恢复

对于某些应用，正如4.23所规定，传感器连续致动的时间间隔小于30 s。在这种情况下，宜选择在有效时间内能恢复正常运行的传感器。

C.2.2　选择程序

按照GB/T 16855.1确定类别后，程序如下：

a）确定所需的运行速度和最大危险速度

如果没有给出最大危险速度，宜通过测量或计算得出。在行程中出现最大速度的点取决于驱动机构。

装置的最大运行速度宜大于最大危险速度。

b）确定需要的最小超行程距离

确定危险部件的停止行程。如果没有给出，那么宜通过测量和(或)计算得出。应用所要求的最小超行程通过停止行程乘以至少为1.2的合适安全系数得出。如果还有其他因素存在，例如：受退化影响的制动系统，宜使用更高的安全系数。参见图B.1。

测量停止行程的简单方法是临时在靠近发生最大危险速度的地方安装一个位置感测器。通常，位置感测器的闭合接点在输出信号开关装置相连接的点处与机器停止控制电路相连接。机器宜在预期最坏的条件下运行几次，并且宜测量超过了位置感测器致动点的距离。测得的最大距离宜视为停止距离。

c）确定最大可允许力

宜在C类标准中给出或根据风险评价给出最大可允许力。风险评价宜考虑受保护的人体部位或

人的类别,例如:小孩或老人。还宜考虑传感器的速度、形状和材料,以及装置施加的最大压力。最大可允许力应尽可能低。

d) 装置的选择

使用制造商提供的力/距离关系数据或图表,来选择具有必需的最大运行速度的安全装置。在达到最大可允许力之前,该安全装置至少提供所需的最小超行程距离。

如果无法找到有足够超行程的装置,可能必需改善机器的停止性能。

附　录　D
（资料性附录）
设　计　指　导

D.1　绪言

本附录给出了关于设计压敏边和压敏棒的一些指导。但是，不采用这些设计的建议和意见并不意味着产品不安全。

D.2　一般要求

D.2.1　运行的频次

压敏边和压敏棒常用于那些很长时间不被驱动的场合。但是，一旦驱动时它们宜安全的工作。

反之，某些压敏边和压敏棒用在频繁驱动的场合，这有时会导致灵敏度随时间的改变。

D.2.2　组件

宜充分防护压敏边和压敏棒的组件避免可预见的损害，例如采用防护罩。

D.2.3　流体的影响

在组件可能与流体接触的地方，例如：油、化学制品或水，传感器应由不会退化或膨胀的材料制成。

D.3　压敏边

D.3.1　外部材料

传感器的外部材料宜能经受住工作任务和环境条件的考验。

D.3.2　传感器灵敏度

传感器压敏表面可能有些区域的灵敏度低于其他区域，也可能有些区域较其他区域更容易损坏。在靠近引入电缆、管道、金属丝或引线连接处以及接触元件分开处的地方，灵敏度会降低。

D.3.3　物理影响

在传感器要使用的边缘区域，进入可能出现的物质（小的或大的颗粒）、虫子或流体会引起传感器腐蚀或失去其灵敏性。

定期的检查可能无法检测到压敏边表面上非常小的孔。但是，流体可能足以通过这些孔流入传感器的内部并形成障碍，此障碍会防止驱动传感器。与之相反，就是要通过传感器两端开口或使用渗水端头来保证流体能从传感器侧面流走。

D.3.4　具有电子传感器的压敏边

某些设计中使用了电子接触元件。这些元件通常通过空气间隙分开，此间隙在压力施于表面时就消失。空气间隙可通过弹簧、绝缘垫或回弹海绵来保持。宜考虑这些元件失效的影响，例如：部件断裂及部件在压敏边内部的运动不宜导致失效，从而削弱灵敏度或防止运行。

还宜考虑传感器电子连接的方式，它们宜具有高完整性。在使用二进二出的场合，为保证通过接触元件的完整性，宜在接触元件相对末端连接导线。如果导线连接后接触元件上有开路接触点，可能会引起不安全的情况。

D.3.5　具有气动脉冲传感器的压敏边

气动脉冲传感器或其连接元件上有裂纹/小孔，例如：裂缝或洞，可能会导致瞬间丧失其安全功能。在这种情况下，控制系统应能感测到这些裂纹/小孔并在裂纹/小孔存在时使输出信号开关装置保持在断开状态。在经授权人员手动复位前，输出信号开关装置应一直保持断开状态。

对于某些气动脉冲传感器，传感器表面的变形会引起沿着管子传递到气压开关的压力增加。如果系统不能保持恒定的气压，可能会发生以下故障：

——可能感测不到外表面上的切口或永久变形类损伤。

——无法感测到连接管被切断、分离或纽结在一起。

——传感器在低接近速度下产生变形时，气压开关可能不工作。

——传感器与气压开关之间使用长连接管时，反应时间会延长。

——为补偿周围环境的改变，大部分气压开关都能进行空气泄放。如果该空气泄放被阻塞，压敏边可能无法工作。

——空气泄放的安装取决于传感器的横截面、长度、材料以及使用时的温度范围，见4.21(调整)。

——如果空气泄放口太大，会降低装置的灵敏度。

——如果传感器因为受压而导致大部分的内部气体排出，释放后传感器会形成局部真空，该真空会严重降低传感器的灵敏度或防止其立即重新驱动。

通过对机器的每个周期检查压敏边的功能，设计出满足GB/T 16855.1—2005的类别2的气动脉冲系统是可能的。

D.3.6　具有光纤传感器的压敏边

这类压敏边通常依靠通过光纤的光减少来工作。宜考虑在光发射器、感测器以及光纤中发生的长期变化。把机械压力转换为光学变化的方式宜是稳定的。不通过光纤，感测器是不可能从光发射器感测到光的，例如光纤损坏后。

D.4　压敏棒

D.4.1　一般要求

压敏棒刚性表面的运动有被抑制或阻塞的危险。这可能由下列任何一个原因造成：

——阻塞或挤入引起的失效；

——长期积累的灰尘；

——刚性有效表面变形；

——导向装置卡住。

D.4.2　位置感测开关的使用

位置感测开关用于压敏棒时，宜考虑以下的设计特征：

——传感器的提升或拆卸；

——过载引起的顶表面的变形；

——不经常使用引起的位置开关粘滞；

——凸轮操作系统的凸轮过度磨损或未对准；

——支架上的位置感测开关松动造成未对准。

位置感测开关用于压敏棒时，压敏棒的可靠性宜考虑与位置感测开关失效相关的后果。推荐使用符合GB 14048.5—2001的第3章制造的位置感测开关。

D.4.3　陷点

设计压敏棒时宜考虑陷点。如有可能，宜在设计阶段就去除传感器变形时导致的间隙减小。如果传感器运动或变形使间隙减小，那么宜保持足够大的间隙以避免陷入危险。

附 录 E
（资料性附录）
应 用 指 南

E.1 传感器安装

安装表面应适合要使用的传感器。如果安装表面刚性不够或者很不规则，装置的灵敏度和可靠性可能会降低。如果传感器经常与一个表面接触，宜避免会造成损伤的锐边或不规则表面。传感器与控制单元之间的连接电缆、管子等的设计、放置和固定应使得它们：

a） 能经受住所设计的使用条件，

b） 防止受到机械损伤，以及

c） 每个末端都固定牢固以防止连接处受拉。

E.2 考虑的环境

宜考虑下列环境因素：

——液压和切削液的影响；

——混合流体；

——进入密封系统的液体；

——金属屑的影响；

——清洗液的影响；

——热辐射的影响，例如：传感器直接暴露在阳光下或靠近热表面；

——环境温度变化的影响；

——冰冻的影响；

——以上因素任意组合可能的影响。

注：以上列出的因素并不全面，具体应用时需要考虑特定环境。

E.3 传感器布置

传感器宜有足够的有效敏感区，并且宜确保对于可预见的致动方向以最有效的方向安装传感器。

附 录 F
（资料性附录）
安装、试运行及试验的指南

F.1 一般要求

本附录提供了为确保整个系统安全运行而在安装后推荐的试运行和试验的指南(需要提供的选择和使用信息的要求见第6章)。

F.2 系统信息

系统宜按照安全装置制造商提供的信息进行安装、试运行、试验及维修。

F.3 试运行

进行试运行的人员宜确保进行以下检查：

——检查装置是否适合环境条件。

——检查装置是否被安全固定。

——检查所有输入输出的额定值及特点,例如:额定熔断值。

——检查移除压敏边或压敏棒的动力源是否防止了机器进一步的危险运行。在安全功能恢复以前,机器的危险部件不宜再次运行。

——致动力作用于有效敏感区时,机器危险部件不宜处于运动状态。

——确保传感器的安装使得其对所有可预见方向上的驱动提供保护,并且无增加伤害风险的死区。

——在运行周期的危险阶段驱动压敏边或压敏棒,危险运动部件宜停止或者处于另外一种安全状态。在恢复安全功能前,危险运动部件不宜再运动。

——必要时应确保提供附加安全装置,以防止从任何没有被压敏装置保护的方向靠近机器危险部件。

——机器安全的一个重要特征就是机器和其安全装置的接口。依照有关标准的规定,确保包括安全装置、控制电路、与安全装置的连接在内的机器所有部件符合风险评价的结果,并且符合GB/T 16855.1的类别。

——对抑制进行的试验(如果合适)是否符合GB/T 16855.1—2005中5.9的要求。

——检查所有的指示灯是否正常工作。

——根据制造商手册检查压敏边或压敏棒在整个敏感区的敏感度。

注：另外,相关C类标准可能会要求其他检查。

F.4 定期检查及试验

宜根据制造商的建议进行定期检查及试验。

宜重复进行F.3规定的检查。另外,还宜进行下面的检验和(或)试验：

——检查机器控制元件以保证它们正常工作而不需要维修和(或)更换。

——当机器由压敏边或压敏棒停机时,检查机器以确保没有其他机械或结构方面的问题阻碍机器停止或处于另外一种安全状态。

——检查压敏边或压敏棒与机器控制器的连接,以确保所做的修改不会对系统形成不利影响,并且正确记录这些适当的修改。

——检查传感器表面的环境条件及其连接以确保没有引起会妨碍系统按设计运行的损害。

——在动力接通而机器停止的状态下，检查压敏边或压敏棒的有效性。改变致动点以确保整个有效敏感区在一段时间内都进行了试验。

——如带复位功能，系统复位之前不能对机器进行试验。

——检查所有控制单元的外壳是否关闭并处于良好状态，且只有用钥匙或工具才能打开。检查钥匙是否移交给指定人员保管。

F.5　维修后的检查及试验

维修之后，宜按照 F.2 来完成适合维修等级的安全功能试验。

附 录 G
（资料性附录）
满足GB/T 16855.1中类别2的系统的一般考虑

G.1 一般要求

某些系统，尤其是气动脉冲系统，已经使用很多年。然而，不进行自检的系统会发生失效，因此没有经过检查的系统不满足类别2的要求。本附录陈述了压敏安全装置怎样才能符合类别2的要求。

G.2 安全功能检查

宜在装有传感器的机器部件的每个周期内检查整个系统的安全功能，例如：移动门或装有压敏边的防护装置。

G.3 气动脉冲传感器

G.3.1 检查气动脉冲传感器时，气动脉冲（传感器输出）宜在传感器离气压开关最远的末端产生。

G.3.2 此检查的气动脉冲水平不宜强于使用时通过试件1以最小操作速度施加最小致动力产生的脉冲。

G.3.3 气动脉冲传感器的输出宜使输出信号开关装置变为断开状态。只有在本试验成功完成后，才允许进一步操作机器。

参 考 文 献

[1] GB/T 8196—2003 机械安全 防护装置 固定式和活动式防护装置设计与制造一般要求
[2] GB/T 16856 机械安全 风险评价的原则
[3] GB/T 18831 机械安全 带防护装置的联锁装置 设计和选择原则